D1704032

Broichhausen · SCHADENSKUNDE

Josef Broichhausen

Schadenskunde

Analyse und Vermeidung von Schäden
in Konstruktion,
Fertigung und Betrieb

mit 659 Bildern und 17 Tabellen

Carl Hanser Verlag München Wien

Prof. Dr.-Ing. Josef Broichhausen
RWTH Aachen, Institut für Werkstoffkunde

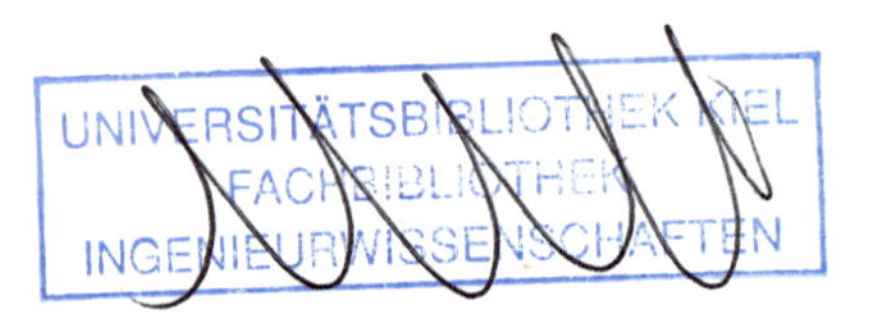

CIP-Kurztitelaufnahme der Deutschen Bibliothek

Broichhausen, Josef:
Schadenskunde : Analyse u. Vermeidung von Schäden
in Konstruktion, Fertigung u. Betrieb / Josef Broichhausen. –
München ; Wien : Hanser, 1985.

ISBN 3-446-13409-3

Einbandgestaltung: Kaselow Design, München
Satz: Daten- u. Lichtsatz-Service, Würzburg
Druck und Bindearbeiten: Graphischer Betrieb Konrad Triltsch, Würzburg

Vorwort

Das Gebiet der Schadenskunde und -forschung ist bekanntlich sehr weitreichend. Es umfaßt direkt die Gebiete Konstruktion, Werkstoffe, Werkstoffprüfung, Fertigung und Betrieb. Demzufolge müssen Betrachtungen über die Werkstoff- und Bauteileigenschaften unter Berücksichtigung der genannten Bedingungen erfolgen, z. B. durch Einbeziehung von Umgebungs- und Temperatureinfluß, unregelmäßiger Belastung, Resonanzerscheinungen, Verschleiß; unter diesen Bedingungen muß auch die zu erwartende Lebensdauer ermittelt werden.

Darüber hinaus setzt die Schadensanalyse voraus, die mit der Entstehung des Schadens zusammenhängenden Vorgänge metallphysikalischer und werkstofftechnischer Art in die Untersuchung mit einzubeziehen, um die Schwachstellen erkennen und die primäre Schadensursache ermitteln zu können. Hierzu gehören vor allem die Kenntnisse der makro- und mikroskopischen Verformungs- und Bruchvorgänge metallischer Werkstoffe unter Einbeziehung der Einwirkung zeitlich veränderlicher und sich gegenseitig beeinflussender Faktoren mechanischer, thermischer und chemischer Art.

Die Forschung und Entwicklung auf dem Gebiet der Werkstofftechnik führt in zunehmendem Maße zu einer Fülle von Kenntnissen, meist nur von Teilgebieten, deren praktische Anwendung schwierig ist, weil einerseits dem berufstätigen Ingenieur meistens die Zeit fehlt, sich mit speziellen Teilproblemen zu befassen, andererseits auch deshalb, weil ihm oft die wissenschaftlichen Zusammenhänge nicht klar sind; ähnlich sind die Verhältnisse bei den Studenten der höheren Fachsemester.

Aus den genannten Gründen erschien es dem Verfasser notwendig, in zusammengefaßter Darstellung den derzeitigen Stand der Kenntnisse auf dem Gebiet der Schadenskunde so darzulegen, daß es sowohl dem Studenten als auch dem in der Praxis tätigen Ingenieur ohne Schwierigkeiten möglich ist, die Zusammenhänge zu verstehen und auf Schadensanalysen anzuwenden.

Zunächst werden deshalb die beteiligten Einflußbereiche als solche behandelt, dann die Auswirkung und gegenseitige Beeinflussung der einzelnen Einflußgrößen und schließlich die daraus resultierende maßgebliche Einflußgröße, die primär zum Versagen führt.

Dementsprechend ist der Inhalt in systematischer Folge so aufgegliedert, daß ausgehend von einer Erläuterung der Grundbegriffe der Schadenskunde die Untersuchungsmethoden, die in der Schadenskunde von wesentlicher Bedeutung sind, behandelt werden sowie die mikroskopische und makroskopische Anrißentstehung und Rißausbreitung, die zum makroskopischen Bruch führen. Nunmehr folgt die Erläuterung der Einflußbereiche Werkstoff, Konstruktion, Fertigung, Reibung, Verschleiß, Korrosion und Betrieb, wobei die Zusammenhänge zwischen den mikroskopischen und makroskopischen Vorgängen jeweils aufgezeigt werden.

In einem weiteren Abschnitt werden bestimmte Konstruktionselemente behandelt, die in großen Stückzahlen verwendet werden und demnach hinsichtlich der Schadensverhütung von besonderer Bedeutung sind, sowie die Einflußgrößen, die während des Betriebes wirksam werden können und häufig zu Schäden führen. Abschließend wird eine ausführliche Anleitung zu einer systematisierten und reproduzierbaren Arbeitsweise bei der Schadensuntersuchung erläutert. Hierbei wird der zu betrachtende Gesamtkomplex derart systematisch aufgeteilt und in Arbeitsschritte unterteilt, daß die Einflußgröße, die den Schaden primär verursacht hat, ermittelt werden kann. Die allgemeine Vorgehensweise bei der Schadensanalyse wird an zahlreichen Beispielen erläutert.

Mein besonderer Dank gilt Herrn Dipl.-Ing. H. J. Wasner für die Mitarbeit bei den Schadensuntersuchungen und bei der Erstellung des Buches. Außerdem danke ich Herrn Betriebs-Ing. G. Bülles für die Durchführung der Laborversuche und die Unterstützung bei den Schadensuntersuchungen, Herrn G. Hansing, Werkstattleiter, für die Herstellung spezieller Versuchseinrichtungen und Proben, Frau R. Peters, die mir bei der Durchführung der metallographischen Arbeiten zahlreicher Schadensuntersuchungen sehr geholfen hat und Frau P. Stappenbeck für die Durchführung der entsprechenden photographischen Arbeiten. Nicht zuletzt danke ich Herrn A. Herbst, Leiter des Zeichenbüros, der die Zeichenarbeiten durchgeführt bzw. koordiniert hat, den Herren Dipl.-Ing. (FH) C. W. Bück und cand. ing. Th. Weindorf für die Anfertigung technischer Zeichnungen und Frau A. Dauven, die das Manuskript dieses Buches geschrieben hat.

Herrn Prof. Dr.-Ing. W. Domke und Herrn Priv. Doz. Dr.-Ing. K.-H. Habig danke ich für die kritische Durchsicht des gesamten Manuskriptes und für die mir gegebenen wertvollen Anregungen. Herr Kollege K.-H. Habig war außerdem bereit, das Kapitel „Einflußbereich, Reibung und Verschleiß" zu bearbeiten. Die abschließende Korrekturdurchsicht wurde von den Herren Dipl.-Ing. W. Calles, Dipl.-Ing. P. Grün und cand. ing. I. Weichert durchgeführt; auch dafür vielen Dank.

Besonders herzlich möchte ich meinem Sohn, Dr.-Ing. K.-D. Broichhausen danken, der mir seit Beginn der Arbeit bis zum Abschluß durch kritische Diskussionen und tatkräftige Unterstützung sehr geholfen hat, das Manuskript zu erstellen.

Aachen, im Sommer 1985 Josef Broichhausen

Inhaltsverzeichnis

Verzeichnis der Symbole XIII
Verzeichnis der Schadensbeispiele XVII

1. Allgemeine Betrachtung 1
1.1 Begriff der Schadenskunde 2

1.2 Lebensdauer 10

1.3 Sicherheitsbeiwerte 11
1.3.1 Streuung der Werkstoffeigenschaften 16
1.3.2 Schwankung der Betriebslast 17

1.4 Ermittlung der Lebensdauer 19
1.4.1 Statistiken 19
1.4.2 Experimentelle Lebensdauerermittlung 21
1.4.2.1 Darstellung und Ergebnisse 21
1.4.2.2 Untersuchungen an Laborproben 23
1.4.2.3 Untersuchungen auf dem Prüfstand 24
1.4.2.4 Betriebsuntersuchungen 29
Literatur Kapitel 1 30

2. Untersuchungsmethoden 33
2.1 Allgemeine Betrachtungen 33

2.2 Mechanische Prüfverfahren 35
2.2.1 Zügige Beanspruchung 35
2.2.2 Einstufen-Dauerschwingversuche 35
2.2.2.1 Schadenslinie 37
2.2.2.2 Überlebenswahrscheinlichkeit 38
2.2.2.3 Bruchverhältnis 41
2.2.2.4 Treppenstufenverfahren 41
2.2.3 Schadensakkumulationshypothese 42
2.2.3.1 *Palmgren-Miner*-Hypothese 44
2.2.3.2 Modifikation der *Palmgren-Miner*-Hypothese . . . 45
2.2.4 Betriebs-Schwingversuche 47
2.2.4.1 Allgemeine Betrachtung 47
2.2.4.2 Beanspruchungs-Zeit-Funktion 50
2.2.4.3 Zählverfahren. 50
2.2.4.4 Beanspruchungskollektiv 53
2.2.4.5 Blockprogramm-Versuch 55
2.2.4.6 Random-Versuch 58
2.2.4.7 Darstellung der Versuchsergebnisse 59
2.2.5 Schlagartige Beanspruchung 62
2.2.5.1 Kerbschlagbiegeversuch 62
2.2.6 Ruhende Beanspruchung 67
2.2.6.1 Zeitstandversuch 67

2.2.6.2 Niedriglastwechselermüdung 72
2.2.6.3 Restlebensdauer 72

2.3 Zerstörungsfreie Prüfverfahren 74
2.3.1 Eindringverfahren 74
2.3.2 Ultraschallprüfverfahren 74
2.3.3 Magnetpulverprüfverfahren 76
2.3.4 Röntgenprüfverfahren 78
2.3.5 Prüfung mit Gammastrahlen 80

2.4 Metallographische Untersuchungsmethoden 81
2.4.1 Makroskopische Untersuchungen 81
2.4.2 Lichtmikroskop 82
2.4.3 Rasterelektronenmikroskop 83
2.4.4 Transmissionselektronenmikroskop 83
2.4.5 Weitere Verfahren der Elektronenmikroskopie 85

2.5 Physikalische Analyseverfahren 85
2.5.1 Spektralanalyse 85
2.5.1.1 Lichtemissions-Spektroskopie 85
2.5.1.2 Röntgen-Spektroskopie 86
2.5.2 Röntgenfeinstruktur-Analyse 86

2.6 Kurzzeit-Korrosionsprüfverfahren 87
2.6.1 Prüfung von unlegierten und niedriglegierten Stählen auf Beständigkeit gegen interkristalline Spannungsrißkorrision 87
2.6.1.1 Allgemeine Betrachtung 87
2.6.1.2 Proben und Probenvorbereitung 87
2.6.1.3 Prüfverfahren 87
2.6.2 Prüfung nichtrostender Stähle auf Beständigkeit gegen interkristalline Korrosion 88
2.6.2.1 Allgemeine Betrachtung 88
2.6.2.2 Proben und Probenvorbereitung 89
2.6.2.3 Prüfverfahren 90

Literatur Kapitel 2 90

3. Entstehung und Aussehen von Brüchen 95
3.1 Allgemeine Betrachtung 95

3.2 Gewaltbruch 96
3.2.1 Sprödbruch 97
3.2.1.1 Anrißentstehung 99
3.2.1.2 Rißausbreitung 100
3.2.2 Verformungsbruch 100
3.2.2.1 Anrißentstehung 100
3.2.2.2 Rißausbreitung 102
3.2.3 Mikroskopische Bruchausbildung 103
3.2.3.1 Sprödbruch 103
3.2.3.2 Duktiler Bruch 107

3.2.4 Makroskopische Bruchausbildung 111
3.2.5 Schadensbeispiele 113

3.3 Zeitstandbruch 122
3.3.1 Allgemeine Betrachtung 122
3.3.2 Kriechvorgänge 122
3.3.3 Mikroskopische Bruchausbildung 123

3.4 Schwingbruch 125
3.4.1 Allgemeine Betrachtung 125
3.4.2 Ermüdung 125
3.4.2.1 Verfestigung 125
3.4.2.2 Entfestigung 128
3.4.2.3 Ermüdungsgleitbänder; Extrusionen, Intrusionen . 129
3.4.2.4 Anrißentstehung 132
3.4.2.5 Rißausbreitung 134
3.4.2.6 Mikroskopische Bruchausbildung 142
3.4.2.7 Makroskopische Bruchausbildung 143
3.4.3 Schadensbeispiele 145
Literatur Kapitel 3 150

4. Einflußbereich Werkstoff 153
4.1 Allgemeine Betrachtung 153

4.2 Werkstoffehler 153
4.2.1 Lunker 154
4.2.2 Einschlüsse, Gasblasen, Poren 155
4.2.3 Seigerungen 157
4.2.4 Dopplung 158
4.2.5 Gefügefehler 159
4.2.5.1 Faser- und Zeilengefüge 159
4.2.5.2 Gefügeinhomogenität 160
4.2.6 Änderung der Werkstoffeigenschaften 160
4.2.7 Wasserstoffinduzierte Fehler 161
4.2.8 Schadensbeispiele 163

4.3 Verhalten der Werkstoffe bei Belastung 170
4.3.1 Allgemeine Betrachtung 170
4.3.2 Zügige Beanspruchung 171
4.3.3 Schwingende Beanspruchung 177
4.3.4 Schlagartige Beanspruchung 180
4.3.5 Beanspruchung bei erhöhter Temperatur 181
4.3.5.1 Ruhende Beanspruchung 181
4.3.5.2 Zeitlich veränderliche Beanspruchung 185
Literatur Kapitel 4 191

5. Einflußbereich Konstruktion 193
5.1 Allgemeine Betrachtung 193

5.2 Planungsfehler 195

5.3 Konstruktionsfehler 195
5.3.1 Unzureichende Ermittlung der Belastung 196
5.3.2 Unzureichende Ermittlung der Tragfähigkeit 197

5.4 Festigkeitsnachweis 198
5.4.1 Spannungszustände an Querschnittsübergängen 200

5.5 Gesichtspunkte für Konstruktionen mit hoher Dauerhaltbarkeit . 207
5.5.1 Kraftfluß und Verformung 207
5.5.2 Gestaltfestigkeit 211
5.5.3 Größeneinfluß 212
5.5.4 Fertigungstechnische Maßnahmen 214
5.5.5 Verbindungselemente 221
5.5.5.1 Schraubenverbindungen 221
5.5.5.2 Welle-Nabe-Verbindungen 228
5.5.6 Zusammenfassende Übersicht 231

5.6 Schadensbeispiele 232
Literatur Kapitel 5 249

6. Einflußbereich Fertigung 253
6.1 Umformung 253
6.1.1 Kaltumformung 253
6.1.2 Warmumformung 254
6.1.3 Spanende Bearbeitung 254
6.1.4 Schadensbeispiele 256

6.2 Wärmebehandlung 269
6.2.1 Einfluß des Werkstoffes 270
6.2.2 Einfluß der Formgebung 270
6.2.3 Verfahren der Wärmebehandlung 271
6.2.3.1 Erwärmen 271
6.2.3.2 Haltedauer 272
6.2.3.3 Abkühlen 272
6.2.3.4 Anlassen 273
6.2.4 Rißbildung 273
6.2.5 Randentkohlung und -aufkohlung 274
6.2.6 Schadensbeispiele 276

6.3 Schweißverbindung 287
6.3.1 Allgemeine Betrachtung 287
6.3.2 Schweißgerechte Konstruktion 287
6.3.3 Schweißeignung von Stahl 288
6.3.3.1 Verbindungsschweißung von ferritischem Stahl . . 288
6.3.3.2 Verbindungsschweißung von ferritischem und austenitischem Stahl 290
6.3.4 Gefügeausbildung 292
6.3.5 Schweißsicherheit 294
6.3.6 Rißbildung im Schweißnahtbereich 294
6.3.6.1 Rißbildung 294

6.3.6.2 Fehlerursachen 296
6.3.6.3 Fehlererkennbarkeit 300
6.3.7 Schadensbeispiele 300

6.4 Auftragschweißung 304
6.4.1 Fehlermöglichkeiten 304
6.4.2 Schadensbeispiele 306

6.5 Lötverbindung 308
6.5.1 Allgemeine Betrachtung 308
6.5.2 Weich- und Hartlöten 309
6.5.3 Schadensbeispiele 310

6.6 Beeinflussung der Dauerhaltbarkeit durch Elektrodenzündstellen, Elektrobeschriftung, Stromübergangsstellen und magnetische Werkstoffprüfung 313
6.6.1 Elektrodenzündstellen 313
6.6.2 Elektrobeschriftung und Stromübergang 315
6.6.3 Magnetische Rißprüfung 317

Literatur Kapitel 6 319

7. Einflußbereich Reibung und Verschleiß 321
7.1 Grundlagen der Reibung 321

7.2 Grundlagen des Verschleißes 325

7.3 Systemanalyse von Reibungs- und Verschleißvorgängen 330
7.3.1 Funktion von Tribosystemen 330
7.3.2 Beanspruchungskollektiv 331
7.3.3 Struktur tribologischer Systeme 331
7.3.4 Tribologische Kenngrößen 333

7.4 Reibungs- und Verschleißprüfmethoden 335

7.5 Maßnahmen zur Reibungs- und Verschleißminderung 337

7.6 Schadensanalyse bei Reibungs- und Verschleißvorgängen 339

Literatur Kapitel 7 340

8. Einflußbereich Korrosion 343
8.1 Allgemeine Betrachtung 343

8.2 Korrosionsvorgänge 343

8.3 Korrosionsarten 347
8.3.1 Flächenkorrosion (gleichmäßig, ungleichmäßig) 347
8.3.2 Lochkorrosion (Lochfraß) 348
8.3.3 Spaltkorrosion 351
8.3.4 Kontaktkorrosion 354
8.3.5 Spannungsrißkorrosion 355
8.3.5.1 Anodische Spannungsrißkorrosion 355
8.3.5.2 Kathodische Spannungsrißkorrosion 357

8.3.6 Schwingungsrißkorrosion . . . 358
8.3.6.1 Mechanismus der Schwingungsrißkorrosion . . . 358
8.3.7 Schadensbeispiele . . . 360
Literatur Kapitel 8 . . . 368

9. Einflußbereich Reibung und Korrosion . . . 371
9.1 Schwingungsverschleiß (Reibkorrosion, Passungsrost) . . . 371
9.1.1 Schädigungsvorgang . . . 371
9.1.2 Schädigungsauswirkung . . . 371
9.1.3 Einflußgrößen . . . 372
9.1.4 Maßnahmen zur Einschränkung von Schwingungsverschleiß 374
9.1.5 Makroskopische Ausbildung . . . 375
9.1.6 Schadensbeispiele . . . 378

9.2 Schwingungsverschleiß unter Einwirkung erhöhter Temperatur (320 °C) und eines korrosiven Mediums . . . 382
9.2.1 Allgemeine Betrachtung . . . 382
9.2.2 Schadensbeispiel . . . 384
Literatur Kapitel 9 . . . 385

10. Ausgewählte Konstruktionselemente . . . 387
10.1 Zahnräder . . . 387
10.1.1 Schadensursachen . . . 387
10.1.2 Gewaltbruch . . . 388
10.1.3 Schwingbruch . . . 389
10.1.4 Flankenschäden . . . 389
10.1.4.1 Grübchenbildung . . . 389
10.1.4.2 Abblätterungen (Flankenschälen) . . . 392
10.1.4.3 Oberflächenrisse . . . 393
10.1.4.4 Fressen . . . 393
10.1.4.5 Wälzverschleiß . . . 395
10.1.4.6 Plastische Verformung . . . 396
10.1.4.7 Stromdurchgang . . . 396
10.1.4.8 Korrosion . . . 396
10.1.5 Schadensbeispiele . . . 397

10.2 Kurbelwelle . . . 408
10.2.1 Beanspruchung . . . 408
10.2.2 Konstruktion . . . 409
10.2.3 Versagenskriterien . . . 411
10.2.4 Schadensbild . . . 412
10.2.5 Schadensursache . . . 415
10.2.6 Schadensbeispiele . . . 416

10.3 Gleitlager . . . 419
10.3.1 Allgemeine Betrachtung . . . 419
10.3.2 Ausbildung der Gleitlagerschäden . . . 420
10.3.2.1 Verschmutzung, Abrasion durch Partikel . . . 420
10.3.2.2 Verschleiß durch Mischreibung . . . 422

10.3.2.3 Ermüdung, Oberflächenzerrüttung 424
10.3.2.4 Auswaschung, Kavitationserosion 425
10.3.2.5 Tribochemische Reaktion, Korrosion 428
10.3.2.6 Schwingungsverschleiß 429
10.3.2.7 Überwachungs- und Schutzeinrichtungen . . . 430

10.4 Wälzlager 431
10.4.1 Schadensursachen 431
10.4.1.1 Unsachgemäße Lagerung 432
10.4.1.2 Beschädigung vor dem Einbau 432
10.4.1.3 Konstruktionsfehler 433
10.4.1.4 Werkstoffehler 434
10.4.1.5 Einbaufehler 434
10.4.1.6 Schmierung 435
10.4.1.7 Schmutzeinwirkung 436
10.4.1.8 Korrosion 436
10.4.1.9 Heißlaufen 438
10.4.1.10 Stillstandserschütterungen 439
10.4.1.11 Stromübergang 439
10.4.1.12 Ermüdung 439
10.4.1.13 Maßnahmen zur Schadensfrüherkennung . . 442
Literatur Kapitel 10 444

11. Einflußbereich Betrieb 447
11.1 Allgemeine Betrachtung 447

11.2 Vermeidung von Schäden 448

11.3 Instandsetzung 449

11.4 Schadensbeispiele 450
Literatur Kapitel 11 466

12. Systematische Vorgehensweise bei der Untersuchung eines Maschinenschadens 467
12.1 Allgemeine Betrachtung 467

12.2 Ermittlung der primären Schadensursache 467
Literatur Kapitel 12 478

Sachwortverzeichnis 483

Verzeichnis der Symbole

Das Verzeichnis enthält die Symbole, die in diesem Buch vorkommen. Wegen des endlichen Umfanges des Alphabetes konnten Doppelbelegungen für Symbole und Indices nicht vermieden werden.

Symbol	Bedeutung
a	Formparameter
a	Konstante
a	halbe Rißlänge
a_0	Gitterabstand
A	Arbeit pro Einheitsfläche zur Trennung zweier Atomebenen
A	Bruchdehnung
A	Kontaktfläche
A	Flächenanteile der Verschleißteilchen
A_v	Kerbschlagarbeit
A_u	Zeitbruchdehnung
b	Burgersvektor
b	Formparameter
b	halbe Breite der Probe
b	Konstante
b	Steilheit
b	Versetzungsbetrag
B	Beanspruchungskollektiv
B	Breite
B	Kontaktfläche
c	dynamische Tragzahl
c	halbe Rißlänge
c	Konstante
c	Korrekturfaktor
C	äquivalente Rißlänge
C	dynamische Tragzahl
C	Einheitskraft
C	Konstante
d	Durchmesser
D	Keilbreite
D	Teilchendurchmesser
e	Basis der natürlichen Logarithmen
e	Normalpotential
E	Eindringtiefe
E	Elastizitätsmodul
E	Potential
E_R	Ruhepotential
f	Frequenz
f	Reibungskoeffizient
f(t)	Dichtefunktion der Ausfälle
F	Kraft, Belastung
F_a	Ausschlagskraft
F_a	Axialkomponente
F_a	Zusatzkraft
F_A	axiale Betriebskraft
F_B	Betriebskraft
F_K	Restvorspannkraft
F_N	Normalkraft
F_o	größte auftretende Last
F_R	Radialkomponente
F_R	Reibungskraft
F_S	maximale Schraubenkraft
F(t)	Ausfallwahrscheinlichkeit
F_V	Vorspannkraft
F_Z	Zusatzkraft
G	Rißerweiterungskraft
G_c	kritischer Wert der Rißerweiterungskraft
h	Dicke
h	Rauhtiefe
h	Beanspruchungsdauer
hex	hexagonal
h_m	Spaltweite
H	Summenhäufigkeit
HB	Brinellhärte
HV	Vickershärte
i	(1 ... j) Anzahl unterschiedlicher Belastungsniveaus
i	Stromdichte
i_σ	Sicherheit
i_L	Sicherheit
i/n	Bruchverhältnis
k	Anzahl der unterschiedlichen Spannungsniveaus
k	Größeneinfluß
k	Tangens des Steigungswinkels multipliziert mit -1

kfz kubisch-flächenzentriert
krz kubisch-raumzentriert
K Formparameter
K Reißkämme
K Kelvin
K Schwingbreite
K Weibull-Anstieg
K Spannungsintensitätsfaktor
K_c Rißzähigkeit, Bruchzähigkeit
K_{Ic} Rißzähigkeit beim ebenen Dehnungszustand
K_{Iscc} Rißzähigkeit bei Einwirkung von Spannungsrißkorrosion (stress corrosion cracking)
l Rißlänge
l_0 halbe Länge der Vorkerbe
l_R halbe Länge des Risses von Spitze zu Spitze einschließlich der Länge der Vorkerbe
L Lebensdauer
L_{na} modifizierte nominelle Lebensdauer
L_{nom} nominelle Lebensdauer
L_{10} nomimelle Lebensdauer
L_t Dehnungswechselschädigung
L_N Kriechschädigung
L_t Dehnungswechselschädigung
m Ordnungszahl
m Tangens des Steigungswinkels
M Rißgeometrie
M_b Biegemoment
M_d Drehmoment
Me Metall
M_t Torsionsmoment
Ma Machzahl
M_1, M_2 Mittelwert
n Anzahl der Stufenversetzungen
n Drehzahl
n Gesamtzahl aller Proben
n Schwingspielzahl
n Stufenversetzung
n_i aufgebrachte Schwingspielwechsel bei Spannungsniveau σ_i
n_z Lastvielfaches
N Schwingspielzahl, Bruchschwingspielzahl
N_A Anrißschwingspielzahl
N_B Bruchschwingspielzahl
N_{ges} Gesamtschwingspielzahl
N_G Grenzschwingspielzahl
N_i Schwingspielzahl der Wöhlerlinie
N_k Schwingspielzahl des idealisierten Knickpunktes der Wöhlerlinie
$N_{Pü}$ Schwingspielzahl bei bestimmter Überlebenswahrscheinlichkeit
N_s Schwingspielzahl der Schadenslinie
p Druck
p Exponent der Lebensdauergleichung
p Flächenpressung
p Kollektivbeiwert
p_a Außendruck
p_i Innendruck
P äquivalente dynamische Lagerbelastung
P Belastung
P_a Prüfkraftamplitude
P_A Ausfallwahrscheinlichkeit
P_B Bruchwahrscheinlichkeit
P_{nom} nominelle Überlebenswahrscheinlichkeit
P_0 max. Pressung
$P(t)$ Überlebenswahrscheinlichkeit in Abhängigkeit von der Laufzeit
$P_{ü}$ Überlebenswahrscheinlichkeit
q Querschnittseinfluß
q Kollektivbeiwert
Q Quelle
r Anzahl gebrochener Proben
r_a Außenradius
r_i Innenradius
R Spannungsverhältnis σ_u/σ_o
R Oberflächenrauheit

R_e	Streckgrenze
R_{eH}	obere Streckgrenze
R_{eL}	untere Streckgrenze
R_m	Zugfestigkeit
R_{mK}	Kerbzugfestigkeit
$R_{m/t/\vartheta}$	Zeitstandfestigkeit
$R_{p\,0,2}$	0,2%-Dehngrenze
R_t	Rauhtiefe
R(t)	Zuverlässigkeitsfunktion bzw. Überlebenswahrscheinlichkeit
RT	Raumtemperatur
s	Amplitude
s	Probendicke
s	Schlupf
S	Fläche
S	kumulativer Schwingspielkoeffizient
S	Querschnitt
S	Schadenslinie
S	Schwingbreite
S	(Gesamt-)Sicherheitsbeiwert
S	Systemstruktur
S	Versetzungsquelle
S_A	Verschleißintensitätsindex
S_K	Kernquerschnitt
S_{min}	(Mindest-)Sicherheitsbeiwert
Sch	Scherflächen
St	Stufen
t	Kerbtiefe
t	Lebensdauer
t	Zeit
t_m	Beanspruchungsdauer bis zum Bruch
t_{Bi}	Bruchzeiten
T	Temperatur (K)
T	Tragfähigkeit
T	charakteristische Lebensdauer eines Bauteils
T_m	mittlere Temperatur
T_s	Schmelztemperatur (K)
$T_ü$	kritische Temperatur
T_w	Temperaturwechsel
U	Atmosphäre
U_E	elastische Energie
U_1	Lochfraßpotential
v	Geschwindigkeit
V	Vergrößerungsfaktor
V	Verformungsgeschwindigkeit
W	Verschleißbetrag
W	Wahrscheinlichkeitsdichte
W	Wöhlerlinie
Wa	Waben
W_G	Gleitwiderstand
W_T	Trennwiderstand
x	Atomabstand
x	beliebige Abszisse
X	Radialfaktor des Lagers
y	zugehörige Ordinate
Y	Axialfaktor des Lagers
z	Standardnormalvariable
Z	Brucheinschnürung
α	Einflußgröße
α_i	relativer Anteil der Schwingspiele mit $(\sigma_a)_i$ am Gesamtkollektiv
α_k	Kerbschlagzähigkeit
α_k	Spannungsformzahl
α_{kpl}	plastische Formzahl
α_{ks}	Formzahl unter Berücksichtigung des Spannungsgradienten
α_R	spezifische Rißausbreitung
β_k	Kerbwirkungszahl
γ	spezifische Oberflächenenergie
δ	Temperatur
δ_p	Nachgiebigkeit der verspannten Teile
δ_s	Nachgiebigkeit der Schraube
ΔH	Klassenhäufigkeit
Δ_k	Spannungsintensitätsfaktor
Δt	Teillaufzeit
ΔT	Temperaturschwingbreite
ε	Dehnung, Stauchung
$\dot{\varepsilon}$	Dehngeschwindigkeit
ε	Gleichgewichtspotential
ε_e	elastische Dehnung
ε_m	Vordehnung
ε_n	Nenndehnung
ε_p	plastische Dehnung

ε_r	bleibende Dehnung
ε_t	gesamte Dehnung
$\varepsilon_{\alpha ges}$	halbe Dehnungsschwingbreite
ζ	Steigungswinkel
η	Viskosität
η	Wirkungsgrad
η_k	Kerbempfindlichkeit
ϑ	Temperatur (°C)
$\varkappa$	Oberflächeneinfluß
λ	Rißfortschritt
$\lambda(t)$	Ausfallrate
λ_{sp}	Verkürzung der vorgespannten Teile
λ_{sv}	Verlängerung der Schraube
μ	Mittelwert der Verteilung
μ	Reibungskoeffizient
ν	Querkontraktionszahl
ϱ	Dichte
ϱ	Kerbradius
σ	Spannung
σ	Standardabweichung der Verteilung
σ	Streuung
σ_a	Axialspannung
σ_a	Spannungsamplitude
$(\sigma_a)_1$	höchste Beanspruchung im gesamten Beanspruchungsablauf
σ_{bD}	Biegedauerfestigkeit im Schwellbereich
σ_b	Biegespannung
σ_{ba}	Biegeausschlagsspannung
σ_{bu}	Biegeunterspannung
σ_{bW}	Biegewechselfestigkeit
σ_{Bruch}	Bruchspannung
σ_c	Kohäsionsfestigkeit
σ_D	Dauerschwingfestigkeit
σ_D	Druckspannung
σ_{Dk}	Dauerschwingfestigkeit eines gekerbten Stabes
σ_e	Eigenspannung
σ_E	Eigenspannung
σ_E	Elastizitätsgrenze
σ_F	theoretische Bruchfestigkeit
σ_i	Beanspruchungshöhe, -niveau
σ_K	Knickspannung
σ_m	Mittelspannung der Dauerfestigkeit
σ_n	Nennspannung
σ_{nZ}	Nennzugspannung
σ_o	Nennoberspannung
σ_{oz}	Zugoberspannung
σ_r	Radialspannung
σ_R	Restspannung
σ_t	Tangentialspannung
σ_T	Trennfestigkeit
σ_u	Unterspannung
σ_v	Vergleichsspannung
σ_v	Vorspannung
σ_{vD}	Dauertragfähigkeit
$\sigma_{v\,Do}$	Dauertragfähigkeit des nicht vorgeschädigten Bauteils
σ_{vGEH}	Vergleichsspannung (Gestaltänderungsenergiehypothese)
σ_{vi}	beliebige Beanspruchungsstufe
σ_{vNH}	Vergleichsspannung (Normalspannungshypothese)
σ_{vo}	Vorspannung
σ_{vSH}	Vergleichsspannung (Schubspannungshypothese)
σ_W	Wechselfestigkeit
σ_{Wk}	Wechselfestigkeit gekerbter Proben
σ_{zdW}	Zug-Druck-Wechselfestigkeit
σ_z	Zugspannung
σ_{zB}	Zugfestigkeit
$\sigma_{z\,Sch}$	Zugschwellfestigkeit
$\sigma_{1,2,3}$	Hauptnormalspannungen
τ	Schubspannung
τ_t	Torsionsspannung
τ_{tk}	Torsionsspannung bei Kerbwirkung
τ_v	Vergleichsschubspannung
τ_W	Torsionswechselfestigkeit
φ	Winkel
φ	Belastung durch Stöße
ψ	Steigungswinkel
ψ	Verdrehwinkel
∞	unendlich

Verzeichnis der Schadensbeispiele

Absatzgerät; Sprödbruch 460
Achsschenkel (LKW); Schwingbruch 266
Achsschenkel (PKW); Gewaltbruch 164
Anhängerkupplung (LKW); Gewaltbruch 115
Antriebswelle (Gattersäge); Schwingbruch 381
Antriebswelle (Gattersäge); Biegedauerbruch 146
Antriebswelle (Brecherwerk); Dauerbruch, umlaufende Biegung 147
Antriebswelle (Getriebe); Schwingbruch 147

Biegefeder (Schenkelfeder); Biegedauerbruch, einseitig 257

Doppelschaufelräder; Schwingbruch 302
Druckluftkessel; Korrosion 360

Flügelräder (Axialgebläse); Schwingbruch 300

Gewinde (Kugelbolzen); Sprödbruch 264
Gewinde von Befestigungsspindeln; Sprödbruch 113
Gelenkwelle (Dieselkran); Gewaltbruch 114

Hochdruckgefäß; Sprödbruch 246

Kesselmäntel (Zweiflamm-Schiffsdampfkessel); Sprödbruch 364
Kompressorpleuel; Dauerbruch 260
Kopfschraube; Schwingungsbruch 167
Kupplungsbolzen; doppelseitiger Biegeschwingbruch 459
Kurbelwelle (Modellflugzeugmotor); Biegeschwingbruch 235
Kurbelwelle (Dieselmotor); Biegeschwingbruch 416
Kurbelwelle (Dieselmotor, LKW); einseitiger Biegeschwingbruch 417
Kurbelwelle (Dieselmotor, LKW); Biegeschwingbruch 418
Kurbelwelle (Dieselmotor, Schiff); Torsionsschwingbruch 450
Kurbelwelle (PKW-Motor); Biegeschwingbruch 465

Lasthaken 113
Lochhammerkolben (Preßlufthammer); Druck-Schwell-Schwingbruch 238
Läufer (Dampfturbine); Sprödbruch 113
Läufer (Asynchronmotor); Schwingbruch, doppelseitige Biegung 148
Lenkwelle (LKW); Torsions-Gewaltbruch 117

Motorschaden (PKW); Schwingbruch 260

Ölrohrverbindung; Schwingbruch 312

Pendelachse (Schaufelrad-Großraumbagger); Sprödbruch 239
Pleuelschaft (Kompressor); Dauerbruch 163
Plunger (Montagekran); Sprödbruch 462
Preßwerkzeug; Sprödbruch 277

Rohrexzenteranschluß 1/2″; Sprödbruch 263
Rohrmuffen-Hartlötverbindung; Lotbrüchigkeit 310
Rohrkrümmer 1″ (Wasserleitung); Wanddurchbruch 256
Rohrschaden 384
Rohrverbindungsmutter; Gewaltbruch 121

Schrauben- (Regler-) Feder; Torsionsschwingbruch 259
Schrauben (TiAl6V4); Zug-Schwingbruch; Reibkorrosion 378
Schlägerkopf (Zerkleinerungsmaschine); Gewaltbruch 114
Stampferzylinder; Zug-Schwingbruch 306
Stampferkolben (Schrottschere); Zug-Schwingbruch 145, 308
Steckachse (Zerkleinerungsmaschine); Verformungsbruch 168
Stempelmatrize; Sprödbruch 276
Strangpreßwerkzeuge; Sprödbruch 279

Tellerstößel (LKW-Motor); Sprödbruch 282
Torsionsfederstab (LKW); Gewaltbruch 118

Überwurfmutter (PKW-Spurstange); Gewaltbruch 120
Überwurfmutter (Rohrverbindung); Sprödbruch 362
Untermesserhalter (Schrottschere); Schwingbruch 244

Ventilteller (Steuerblock); Sprödbruch 248
Verbindungselement (Spannvorrichtung); Reibkorrosion 380

Walze (korrosionsfester Überzug); Schwingbruch 453
Welle (Asynchronmotor); Torsionsverformungsbruch 232

Zapfen (Federbock, LKW); Sprödbruch 454
Zahnrad (Geradverzahnung, elastische Verformung) 397
Zahnrad (Kegelrad, Zugmaschine); Biegeschwingbruch 398
Zahnrad (Kegelritzel, Ausgleichsgetriebe) 401
Zahnrad (Ritzel, Stauchgerät); Grübchen 403
Zahnrad (Schaftritzel, Mischmaschine); Biegeschwingbruch 399
Zahnrad (Stirnräder); Biegeschwingbruch 402
Zahnrad (Wendeuntersetzungsgetriebe); Verschleißschäden 405
Zugstange; Schwingbruch, Zug- oder einseitige Biegung 456

1. Allgemeine Betrachtung

Das Ziel der konstruktiven Gestaltung und Herstellung eines Bauwerkes ist die optimale Erfüllung aller Anforderungen, die an das Einzelteil und an die Gesamtkonstruktion gestellt werden, sowie die Gewährleistung einer optimalen Sicherheit unter Einbeziehung der Umweltbedingungen.

Unter Sicherheit wird dabei sowohl die Bauteilsicherheit verstanden (Sicherheit gegen Bruch, unzulässige Verformung, Verschleiß, Korrosion), die Funktionssicherheit (dauernde Verfügbarkeit), die Arbeitssicherheit (Sicherheit für den Menschen) und schließlich die Umweltsicherheit. Dabei ist anzustreben, die Sicherheitsforderung durch eine unmittelbare Sicherheitstechnik zu gewährleisten und erst, wenn dies nicht möglich ist, die mittelbare Sicherheitstechnik anzuwenden, d.h. zusätzlich Sicherheits- und Schutzmaßnahmen vorzusehen.

Dabei ist zu beachten, daß der Lösung des gestellten Problems in nahezu allen Fällen eine Vielzahl einschränkender Randbedingungen entgegensteht. Beispielsweise bestimmen die im Betrieb auftretenden Beanspruchungen und son-

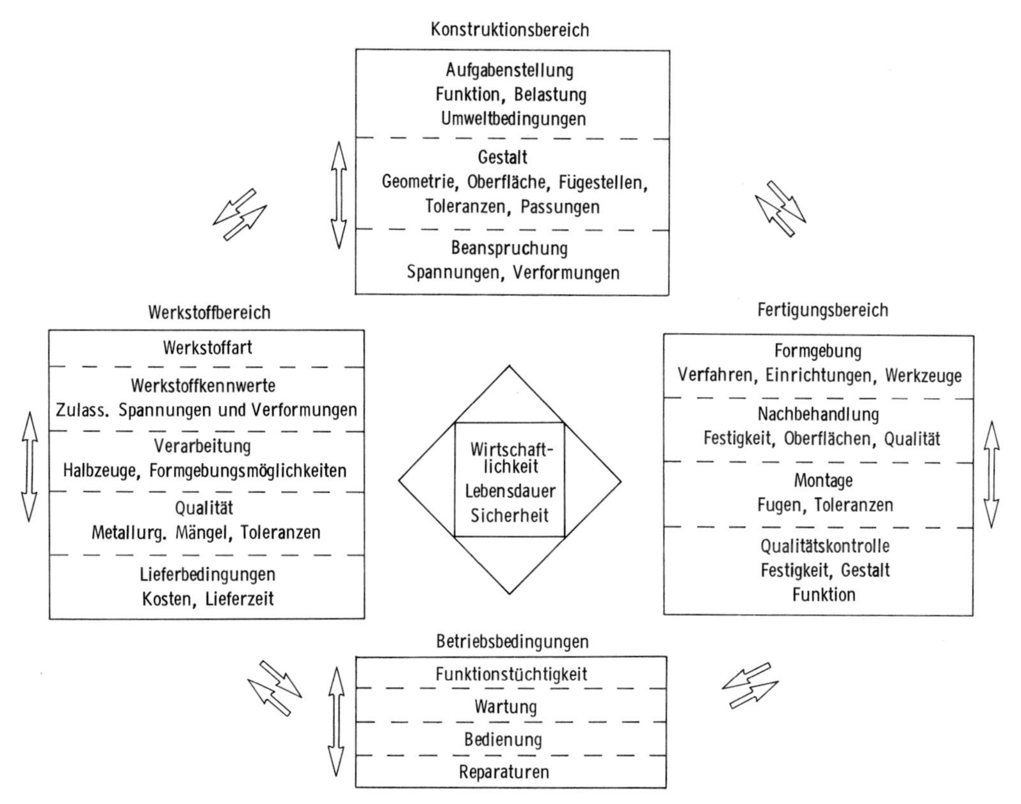

Bild 1–1: Wechselseitige Beziehung zwischen Konstruktions-, Werkstoff-, Fertigungsbereich und Wirtschaftlichkeit

stigen Einflußgrößen weitgehend Formen, Abmessungen und Wahl des Werkstoffes, wobei wirtschaftliche Gesichtspunkte von vergleichbarer Bedeutung sind.

Eine wesentliche Aufgabe des Ingenieurs ist es daher, für technische Probleme, die in der Regel komplexer Art sind, mit Hilfe naturwissenschaftlicher Erkenntnisse Lösungen zu finden und zu verwirklichen. Hierbei sind die Einschränkungen stofflicher, technologischer und wirtschaftlicher Art ebenso zu berücksichtigen wie die gegenseitige Beeinflussung der wirksamen Einflußgrößen (Bild 1–1). Eine dominierende Rolle nehmen dabei die Bereiche Wirtschaftlichkeit, Lebensdauer und Sicherheit ein.

Es gilt also, eine optimale Kompromißlösung zu finden. Dies ist deshalb besonders schwierig, weil u. a. sowohl die im Betrieb auftretende Belastung als auch die vorhandene Tragfähigkeit mehr oder minder starken Schwankungen unterworfen ist, so daß bei der Bemessung in den meisten Fällen von Annahmen ausgegangen werden muß. Besonders kritisch ist die Erfassung der zusätzlich auftretenden Belastungen, die nur kurzzeitig, unregelmäßig und lediglich in bestimmten Betriebszuständen einwirken; dazu gehören beispielsweise Eigenschwingungen, Schalt-, Verzögerungs- und Beschleunigungsvorgänge sowie thermische Wechselbeanspruchungen. Aber gerade derartige Beanspruchungen sind häufig die primäre Ursache von Schäden.

1.1 Begriff der Schadenskunde

Die üblichen, allgemein angewendeten konventionellen Berechnungsmethoden für mechanisch beanspruchte Maschinenbauteile beruhen auf einem oder mehreren der folgenden Grundsätze:

- die Beanspruchung bleibt unter der Streckgrenze (Fließgrenze) $\sigma_n < R_e$; keine plastische Verformung
- die Beanspruchung bleibt unter der Zugfestigkeit $\sigma_n < R_m$; keine mechanische Instabilität, z. B. Knicken oder Einschnüren

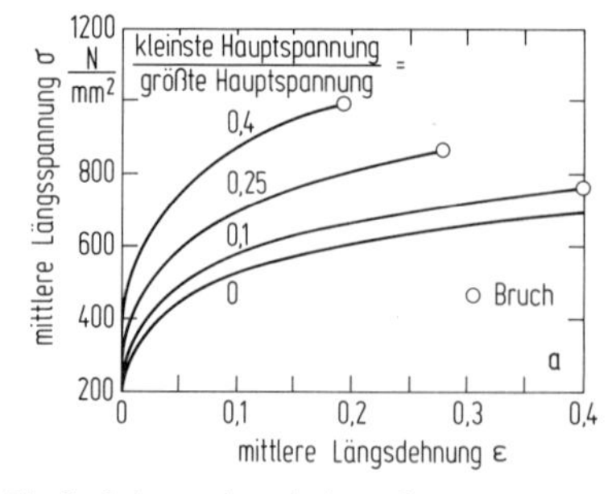

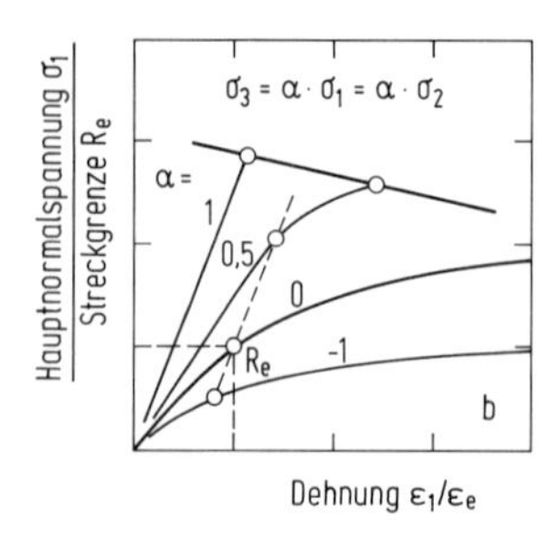

Bild 1–2: Einfluß des mehrachsigen Spannungszustandes auf das Formänderungsvermögen metallischer Werkstoffe

a) Spannungs-Dehnungs-Kurven bei einer Aluminiumlegierung [1]

b) Fließkurven bei einachsigem Spannungszustand (schematisch) ($\alpha = 0$; $\sigma_1 = \sigma_v$) und für $\alpha = -1$, 0,5 und 1

- die Beanspruchung ist örtlich, z. B. an Querschnittsübergängen, höher als die Streckgrenze. Bei der Berechnung wird berücksichtigt, daß der Werkstoff sich um so spröder verhält, je größer die überlagerten Querzugspannungen sind, d. h. je ausgeprägter der räumliche Spannungszustand ist (Bild 1–2a). Im Extremfall fallen Fließgrenze und Reißfestigkeit zusammen, d. h. der Werkstoff versagt spröde (Bild 1–2b).

Unzulänglichkeiten der konventionellen Berechnungsmethoden werden durch Sicherheitsbeiwerte berücksichtigt. Dabei wird vorausgesetzt, daß Versagen nur dann auftreten kann, wenn die Belastungsspannung gleich oder größer der

Bild 1–3: Sprödbruch eines amerikanischen Liberty-Schiffes [2]

Bild 1–4: Sprödbruch einer Straßenbrücke bei Hasselt in Belgien [2]

Zugfestigkeit R_m ist; Einflußgrößen wie z. B. Verschleiß und Korrosion bleiben meistens unberücksichtigt. Spektakuläre Schadensfälle haben außerdem gezeigt, daß Sprödbrüche auch bei Beanspruchungen auftreten können, die weit unterhalb der Streckgrenze liegen. Einige der bekanntesten Beispiele hierfür sind:

- amerikanische Liberty-Schiffe, die 1944 als Versorgungsschiffe eingesetzt wurden und erstmalig als Schweißkonstruktionen hergestellt waren, brachen bei normaler Betriebsbeanspruchung plötzlich auseinander, bei Belastungen, die lediglich bei ca. 50% der zulässigen Belastung lagen. Bei 4694 Schiffen traten 1289 ernsthafte Schadensfälle – davon 233 Totalschäden – auf (Bild 1–3)
- Zoobrücke in Berlin
- Hasseltbrücke in Belgien (Bild 1–4).

Die große Unzulänglichkeit konventioneller Berechnungsmethoden beruht insbesondere darauf, daß diese nichts aussagen über die Möglichkeiten des Auftretens von Sprödbrüchen bei Spannungen, die unter der Streckgrenze liegen. Derartige Brüche treten bevorzugt in der Nähe von „fehlerhaften" Stellen wie Schweißnähten sowie konstruktiven und metallurgischen Kerben auf, insbesondere dann, wenn das Streckgrenzenverhältnis R_e/R_m des Werkstoffes hoch und die Betriebstemperatur niedrig ist.

Seit der Zeit des Auftretens dieser Schadensfälle hat sich in zunehmendem Maße ein neuer Zweig der Ingenieurwissenschaften entwickelt, die Schadensforschung. Sie baute zunächst auf der sog. „Fracture-Toughness-Information" auf, einem Kennwert, der im deutschen Sprachgebrauch als Rißzähigkeit K_c bezeichnet wird. Der Einfluß der Rißzähigkeit auf das Bruchverhalten technischer Werkstoffe wird hauptsächlich metallphysikalisch und werkstofftechnisch untersucht.

Die volkswirtschaftliche Bedeutung der Schadenskunde und -forschung ergibt sich schon daraus, daß die jährlichen Instandsetzungskosten für technische Anlagen im Durchschnitt etwa 6 bis 7% des Anschaffungswertes betragen. Bezieht man die Instandsetzungs- und Reparaturkosten auf den Umsatz, so liegt die Rate z. B. in der eisenschaffenden Industrie bei 7 bis 9%. Außerdem müssen Ersatzteile bereitliegen und geeignete Facharbeiter für die entsprechenden Arbeiten zur Verfügung stehen. In diesen Betrachtungen sind die Folgekosten, z. B. durch Produktionsausfall, die sehr beachtlich sein können, noch nicht enthalten.

Die Tendenz des Instandsetzungs- und Reparaturaufwandes ist steigend trotz des fortschreitenden Wissensstandes auf allen Gebieten der Technik, insbesondere hinsichtlich der Berechnung von Konstruktionen, der modernen Werkstoffentwicklung und der verbesserten Prüf- und Abnahmemethoden.

Die Begründung hierfür scheint in erster Linie in der technischen Entwicklung selbst zu liegen, die insgesamt betrachtet im wesentlichen geprägt wird durch den Prozeß der Rationalisierung, d. h. die Forderung nach größerer Wirtschaftlichkeit. Im einzelnen drückt sich diese Entwicklung aus in der Forderung nach

- immer größeren Einheiten
- modernerer Konzeption der Bauweise, die dazu führen soll, leichter, billiger und sicherer zu bauen
- neuen Techniken bzw. Technologien.

Neuere Betrachtungs- und Entwicklungsmethoden werden in zunehmendem Maße angewendet mit der Zielsetzung, die steigende Tendenz des Instandsetzungs- und Reparaturaufwandes zu stoppen, möglichst sogar rückläufig zu beeinflussen. Hierzu gehören in erster Linie neuartige Untersuchungsmethoden und insbesondere die Methode der Systemtechnik [3]. Diese Methode basiert grundsätzlich darauf, ein gestelltes komplexes Problem systematisch in einzelne Lösungsschritte zu unterteilen, z. B. Planung, Entwicklung, Konstruktion, Herstellung, Qualitätssicherung, Instandhaltung, Umweltschutz. Durch weitere systematische Betrachtung aller möglichen Einflußgrößen, ihrer gegenseitigen Beeinflussung und ihrer Gewichtung innerhalb der einzelnen Lösungsschritte läßt sich eine Bewertung dieser Größen vornehmen. Dadurch kann eine optimale Kompromißlösung des komplexen Teilgebietes erreicht werden. Die derart ermittelten Einzellösungen werden in ihrem gegenseitigen Zusammenwirken weiterhin systematisch untersucht, um schließlich zu einer bestmöglichen Gesamtlösung zu gelangen. Darüber hinaus trägt die Methodik der technischen Prognostik in zunehmendem Maße zur Steuerung der technischen Entwicklungsrichtung bei. Gegenstand der technischen Prognose sind nachprüfbare quantitative Voraussagen von technischen Entwicklungen, die

- unter bestimmten Annahmen mit angebbarer Wahrscheinlichkeit eintreten
- unter bestimmten Voraussetzungen möglich sind
- notwendig sind, wenn bestimmte Ziele erreicht werden sollen.

Die technische Prognostik geht in der Regel von Zeitreihen aus und ermittelt den Trend. Durch eine geeignete Trendextrapolation, die nach statistischen Methoden durchgeführt werden kann, ist es meistens möglich, normale Verhältnisse vorausgesetzt, zu realen Ergebnissen zu gelangen. Bedingung hierfür ist jedoch, daß der zugrunde gelegte Zeitraum genügend groß ist. Ist dies nicht der

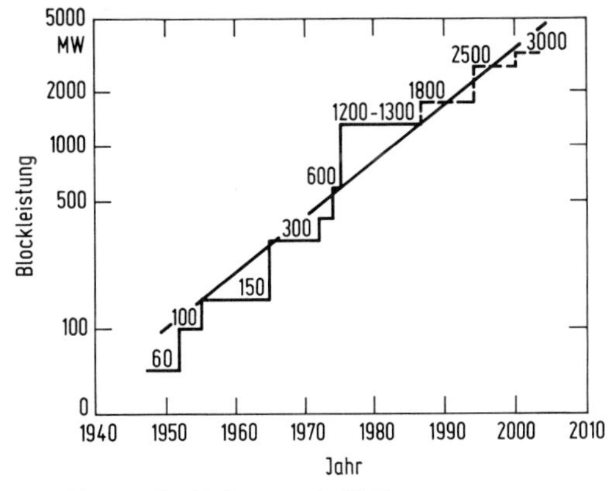

Bild 1–5: Entwicklung der Turbinen-Blockleistung ab 1950

Fall, z. B. bei technischen Neuentwicklungen, so können Betrachtungsmethoden herangezogen werden, wie z. B. die Delphi-Methode, Strukturanalysen, indirekte Prognosen, Wachstumsbetrachtungen, dynamische Modelle [4].

Die Entwicklung der Technik soll an einigen Beispielen erläutert werden. Bild 1–5 zeigt die ab 1950 sprunghaft anwachsende Entwicklung im Kraftwerkbau, charakterisiert durch die Turbinenblockleistung. Zum gegenwärtigen Zeitpunkt ist es möglich, Turbosätze mit einer Blockleistung von ca. 1200–1300 MW herzustellen.

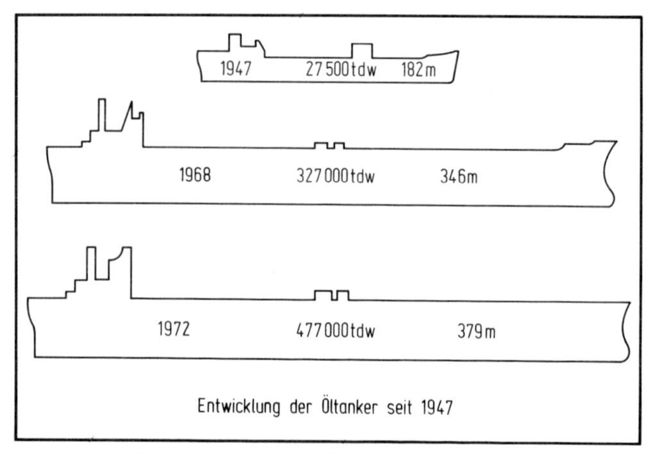

Bild 1–6: Entwicklung der Größe der Tankschiffe in der Zeit von 1947 bis 1972

Eine ähnliche Entwicklung zeichnet sich im Transport- und Verkehrswesen ab. Hier seien insbesondere einige Beispiele aufgeführt, die zumindest in Frage stellen, ob sich der in den 60er Jahren eingeschlagene Trend zur „Großtechnologie“ bedarfsgerecht entwickelt hat. So stieg z. B. im Schiffbau nach Bild 1–6 die Größe der Tankschiffe in der Zeit von 1947 bis 1972 von 27 500 tdw auf etwa 500 000 tdw (tons dead weight = engl. Tonnen zu 1016,5 kg). Dieser Trend führte jedoch zu einem Überangebot an Frachtraum, insbesondere für Rohöl. Daher wurden die Großtanker zum Teil nur für kurze Zeit in Dienst gestellt, zum Teil gar nicht eingesetzt; sie liegen heute auf Reede bzw. werden zu Schleuderpreisen angeboten oder reihenweise verschrottet.

Die Entwicklung im Flugzeugbau ist gekennzeichnet durch den Zuwachs der Passagierkilometerzahl je Jahr. Nach Bild 1–7 stieg diese in der Zeit von 1965 bis 1975 von 150 Mrd. auf 600 Mrd. an. Es wird erwartet, daß im Jahre 2000 eine Passagierkilometerzahl je Jahr von mehr als 14 Bill. erreicht wird.

Die Verwirklichung der genannten Forderungen setzt höhere Leistungen der Antriebsaggregate voraus. Der Verlauf dieser Entwicklung ist in Bild 1–8 für Turbinen anhand der Erhöhung der Gaseintrittstemperatur gezeigt. Ab 1960 konnte die Gastemperatur am Turbineneintritt sprunghaft erhöht werden durch Einführung der Laufschaufelkühlung. In der Zwischenzeit sind technisch perfekt entwickelte und herstellbare Kühlmöglichkeiten verfügbar, wie z. B.

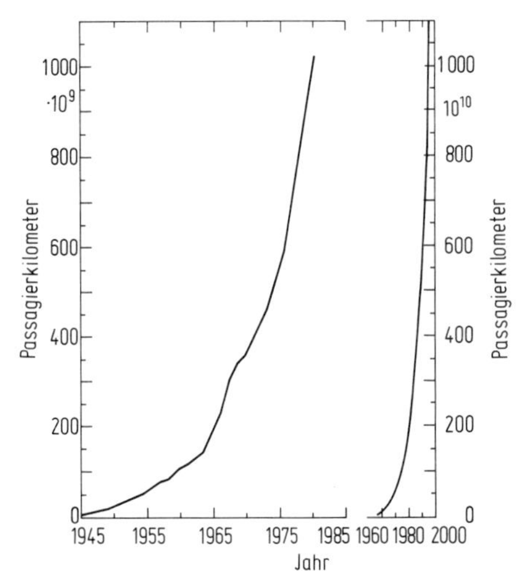

Bild 1–7: Zahl der Passagierkilometer/Jahr in der Zeit bis 1975 und die erwartete Zunahme bis 2000

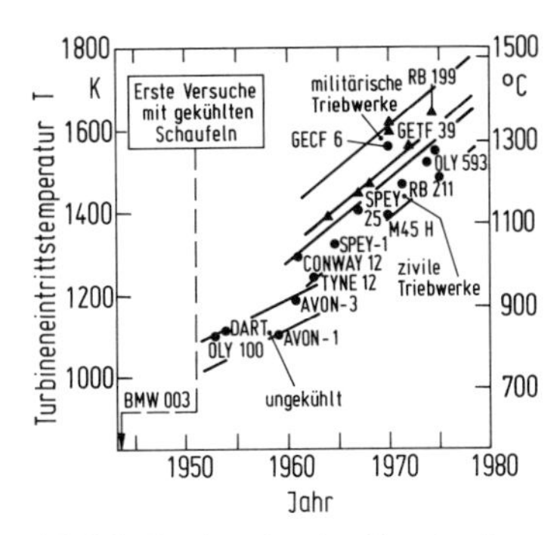

Bild 1–8: Anstieg der Gaseintrittstemperatur in Turbinen ab 1950 [5]

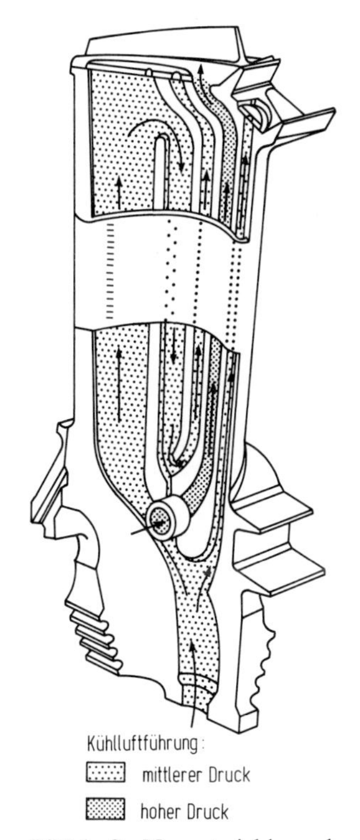

Bild 1–9: Neuentwicklung des Kühlsystems von Turbinenschaufeln zwecks Ausgleich der Temperaturverteilung [7]

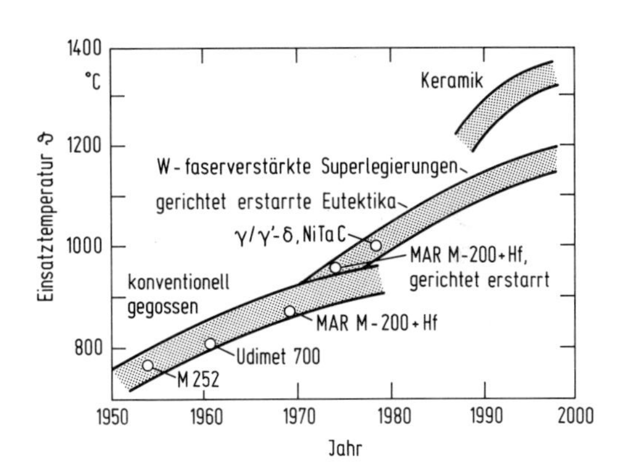

Bild 1–10: Entwicklungstendenz für die Einsatztemperaturen von Turbinenschaufelwerkstoffen [8]

Schleier- und Konvektionskühlung, die gestatten, die Gastemperatur mit ca. 1300 °C einzusetzen, d. h. etwa 300 °C höher als die zulässige Werkstofftemperatur. In neuerer Zeit ist es möglich, eine weitere Erhöhung der Betriebstemperatur zu erreichen durch Verwendung von Turbinenschaufeln mit gerichteter Gefügeerstarrung, z. B. einer Ni-Legierung in Form von Einkristallen [6]. Darüber hinaus wird versucht, durch Weiterentwicklung der Kühlung eine weitgehend gleichmäßige Temperaturverteilung zu erzielen, wodurch die Wärmespannungen vermindert und die Einsatztemperaturen erhöht werden (Bild 1–9); weitere Entwicklungsmöglichkeiten zeigt Bild 1–10.

Eine derartige Entwicklung der Technik begünstigt naturgemäß eine Vielzahl von Fehlerquellen. Diese können trotz der Verschiedenheit zweckmäßigerweise in drei Gruppen zusammengefaßt werden: Produktfehler, Betriebsfehler und unvorhersehbare Ereignisse. Eine erweiterte Übersicht über die wichtigsten Fehlerquellen zeigt Bild 1–11.

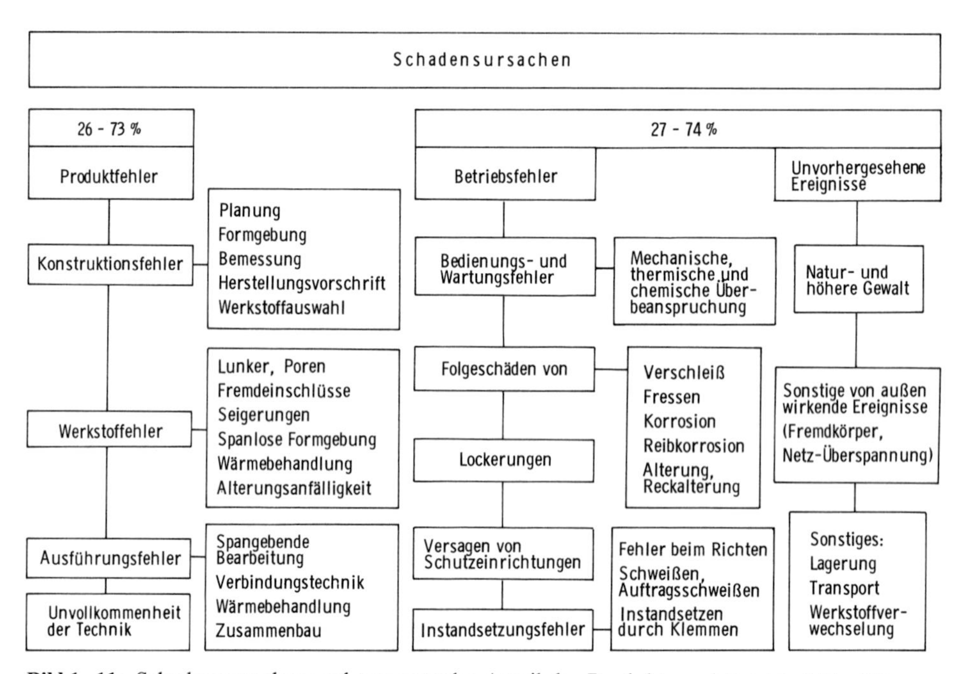

Bild 1–11: Schadensursachen und prozentualer Anteil der Produkt- und Betriebsfehler [9]

Jede dieser Fehlerursachen kann einen ernsten Schaden an einer technischen Anlage hervorrufen, der den Ablauf der Betriebsfunktion stört und nicht zuletzt auch die Sicherheit am Arbeitsplatz und die Umwelt gefährden kann. Die Behebung des Schadens erfordert Leistungen, die einer sinnvolleren wirtschaftlichen Verwendung verlorengehen. Hieraus resultiert in immer stärkerem Maße die Aufgabe des Ingenieurs, nach Möglichkeit Schäden jeglicher Art zu verhüten. Daher gewinnen in neuerer Zeit die Entwicklungen in stark zunehmendem

Maße an Interesse und Bedeutung, die sich mit den Gebieten „Schadensverhütung“, „Zuverlässigkeit“, „Instandhaltung“, „Qualitätssicherung“ und „Umweltschutz“ befassen.

Inzwischen wurden die entsprechenden begrifflichen Definitionen und Regeln weitgehend standardisiert und entsprechende mathematische Hilfsmittel erarbeitet.

Die Zuverlässigkeit wird nach DIN 40041 wie folgt definiert: „Zuverlässigkeit ist die Fähigkeit einer Einheit, denjenigen durch den Verwendungszweck bedingten Anforderungen zu genügen, die an das Verhalten ihrer Eigenschaften während einer gegebenen Zeitdauer gestellt werden.“

Die Qualitätssicherung wird nach DIN 55350 in Übereinstimmung mit internationalen Empfehlungen als die Forderung nach organisatorischen und technischen Aktivitäten angesehen, die notwendig sind, unter Beachtung der Wirtschaftlichkeit diese Sicherung zu gewährleisten.

Unter Instandhaltung, DIN 31051, Blatt 1, wird die „Gesamtheit der Maßnahmen zur Bewahrung und Wiederherstellung des Sollzustandes sowie zur Feststellung und Beurteilung des Ist-Zustandes“ verstanden. Zur Instandhaltung, die bereits im Konstruktionsprozeß weitgehend berücksichtigt werden muß, gehören vor allem

- Optimierung der vorbeugenden Instandhaltungsstrategien zur Schadensverhütung (Inspektion, Wartung, Statistik)
- Verbesserung der Anlagenschwachstellen durch beanspruchungsgerechte Konstruktion ohne Verlagerung der Schwachstellen auf andere Baukomponenten, sorgfältige Werkstoffauswahl und Ausführung
- Vorkehrungen zur schnellen Fehlererkennung und zum gezielten Austausch von Funktionseinheiten bei einfacher Handhabung und guter Zugänglichkeit gefährdeter Stellen.

Übergeordnet steht die Rekonstruktion der Ursachen, die zu einem Schaden geführt und seinen Umfang bestimmt haben, denn nur so können die Zusammenhänge verstanden und ähnliche Fehler in Zukunft vermieden werden. Hierzu wurden in neuester Zeit geeignete analytische Methoden zur Untersuchung der Sicherheit und Zuverlässigkeit technischer Anlagen entwickelt. Ziel dieser Verfahren ist es

- die möglichen Ursachen der Schadensereignisse systematisch zu erfassen und zu beschreiben
- die Eintrittswahrscheinlichkeit dieser Ursachen zu ermitteln
- eine klare und nachvollziehbare Dokumentation der Analysen zu erstellen
- Beurteilungskriterien zur Anlagenauslegung festzulegen
- die Ergebnisse den an Planung, Konstruktion, Fertigung und Betrieb Beteiligten zugänglich zu machen.

1.2 Lebensdauer

Die Lebensdauer ist, allgemein betrachtet, die Zeitspanne von der Inbetriebnahme einer technischen Anlage bis zu ihrem Verschrotten. In dieser Zeit soll die Anlage nicht nur möglichst störungsfrei, sondern auch wirtschaftlich arbeiten. Daher ist die Lebensdauer einer noch funktionsfähigen Anlage möglicherweise zu Ende, weil z. B. eine Neukonstruktion mit

- höherem Wirkungsgrad
- geringeren Personalkosten
- geringerem Platzbedarf
- verminderter Betriebsgefahr
- höherer Umweltsicherheit

auf den Markt gekommen ist oder wenn ein Wandel in der

- Konjunktur
- Normung
- Qualitätsanforderung

eintritt.

In der modernen Technik wird daher in der Regel die Lebensdauer einer Konstruktion vorgegeben. Neuzeitliche Konstruktionen sind demnach Konstruktionen auf Zeit. Dabei wird der Begriff der Lebensdauer eines Bauteils immer häufiger definiert als die Einsatzzeit, die ein Bauteil bis zum technischen Anriß erträgt. Dementsprechend unterscheidet man z. B. bei einem schwingbeanspruchten Bauteil zwei Abschnitte:

- rißfreie Phase
- Intervall von der Entstehung eines Mikroanrisses bis zum technischen Anriß.

Im modernen Leichtbau ist eine dritte Phase, die Phase der Rißausweitung, d. h. die Zeitspanne zwischen der Entstehung des technischen Anrisses und dem Bruch, von wesentlicher Bedeutung. Typische Beispiele hierfür sind Konstruktionen der Raketentechnik, wo viele Teile nur einmal eingesetzt werden, und der Luftfahrt, wo es insbesondere auf möglichst große Sicherheit und hohe Gewichtsersparnis ankommt. Diese Tendenz tritt jedoch auch im übrigen Maschinenbau aus Wirtschaftlichkeitsgründen immer mehr in den Vordergrund.

Die Verwirklichung derartiger Forderungen setzt u. a. eine genaue Kenntnis folgender Einflußgrößen voraus:

- Art und Höhe der Beanspruchung, insbesondere auch der Zufallsbeanspruchung
- Werkstoffeigenschaften, insbesondere die mechanische Festigkeit, etwaige Änderungen der Eigenschaften mit der Zeit, Bruchmechanismen, Rißzähigkeit, Rißausbreitung

- geeignete Methoden zur Bauteilabnahme
- Umgebungseinflüsse wie Atmosphäre, Strahlung, Temperatur, Fremdschwingungen.

Der Erfüllung dieser Voraussetzungen steht eine Reihe von Unsicherheitsfaktoren entgegen:

- bei der Berechnung der wirksamen Kräfte muß vielfach von unsicheren Annahmen ausgegangen werden
- im praktischen Betrieb treten nicht vorhersehbare Zusatzbeanspruchungen auf
- eine genaue Berechnung ist vielfach nicht oder nur unter großem Aufwand möglich
- die Werkstoffkennwerte sind Mittelwerte
- der Werkstoff kann verborgene Fehlstellen aufweisen
- bei der Herstellung können Fehler auftreten, wie Abweichungen von der geometrischen Form, Maßabweichungen
- während des Betriebes kann sich die Festigkeit mindern, z. B. durch Alterung, Verschleiß und Korrosion.

1.3 Sicherheitsbeiwerte

Die Festigkeitsberechnung ist aus den aufgeführten Gründen zwangsläufig mit Unsicherheiten verbunden. Daher ist die Einführung eines Sicherheitsbeiwertes notwendig, dessen Größe jedoch möglichst eng begrenzt sein soll. Ist der Wert zu niedrig, wird der Zweck nicht erfüllt; ist er zu hoch, wird die Konstruktion unnötig schwer, was wegen der höheren Material- und Herstellungskosten sowie wegen der größeren Massenkräfte und der höheren Kerbempfindlichkeit nachteilige Folgen hat.

Unter dem Sicherheitsbeiwert versteht man das Verhältnis einer Grenzspannung zur tatsächlich auftretenden zulässigen größten Spannung. Als Grenzspannung $\sigma_{n\,max}$ können zum Beispiel gewählt werden die Zugfestigkeit R_m, die Streckgrenze R_e, die Dauerschwingfestigkeit σ_D, die Elastizitätsgrenze σ_E, die Knickspannung σ_K. Die zulässige Spannung ist vielfach durch behördliche Vorschriften festgelegt. Die Sicherheit darf um so niedriger gewählt werden, je mehr die theoretische Berechnung den tatsächlichen Verhältnissen entspricht.

Die Sicherheitsbeiwerte stellen Mindestwerte dar, die je nach den Unsicherheiten zusätzlich vergrößert werden müssen. Entsprechend VDI-Richtlinie 2226 setzt sich der erforderliche Gesamt-Sicherheitsbeiwert wie folgt zusammen

$$S = S_{min} \cdot S_1 \dots S_n,$$

wobei S_{min} der Mindest-Sicherheitsbeiwert für die Grundbeanspruchung ist; $S_1 \dots S_n$ stellen weitere Unsicherheiten dar.

Die Auslegung des Sicherheitsbeiwertes S richtet sich nach der Art der Anwendung und den Versagenskriterien. Eine Übersicht über die Größe der Sicherheitsbeiwerte vermittelt Tabelle 1–1.

Tabelle 1–1: Sicherheitsbeiwerte

Anwendung im	Sicherheitsbeiwert S gegen			
	Trennbruch	Dauerbruch	Verformen	Knicken, Einbeulen
Maschinenbau, allgemein	2,0 ... 4,0	2,0 ... 3,5	1,3 ... 2,0	-
Drahtseile	8,0 ... 20,0	-	-	-
Kolbenstangen	-	3,0 ... 4,0	2,0 ... 3,0	5,0 ... 12,0
Zahnräder	-	2,2 ... 3,0	-	
Kessel-, Behälter-, Rohrleitungsbau				
Stahl	2,0 ... 3,0	-	1,4 ... 1,8	3,5 ... 5,0
Stahlguß	2,5 ... 4,0	-	1,8 ... 2,3	-
Stahlbau	2,2 ... 2,6	-	1,5 ... 1,7	3,0 ... 4,0

Bei der Festlegung derartiger Werte müssen die Werkstoffeigenschaften berücksichtigt werden, z. B. ist die Gefahr des Bruchversagens um so größer, je geringer die plastische Verformungsreserve des Werkstoffes ist; bei höheren Temperaturen muß der Werkstoff die erforderliche Warmfestigkeit aufweisen.

Bei schwingender Beanspruchung ist die Anzahl der schwer erfaßbaren Größen, die die Festigkeit beeinflussen können, besonders groß. Hierzu gehören u. a. Größen- und Querschnittseinfluß, Oberflächenbeschaffenheit, Eigenspannungen, stoßartige Beanspruchung durch Abnutzung und Verschleiß, Korrosion. Daher ist hier die Festlegung des Sicherheitsbeiwertes besonders schwierig. Auf der einen Seite müssen Schäden insbesondere dann, wenn durch das Versagen Menschen gefährdet sind oder hohe Folgeschäden und -kosten entstehen können, unbedingt vermieden werden, andererseits verlangt die Forderung nach größerer Wirtschaftlichkeit möglichst niedrige Sicherheitsbeiwerte. Das trifft insbesondere für den Leichtbau zu, wo Werte zwischen 1,1 und 1,5 eingesetzt werden. In zunehmendem Maße werden daher die Sicherheitsbeiwerte durch statistische Erfassung und Auswertung von Erfahrungswerten ermittelt. Hierzu werden die Streubänder der ertragbaren Spannungsamplitude und der im Betrieb auftretenden Spannungsamplituden in Abhängigkeit von der Schwingspielzahl in Beziehung gebracht (Bild 1–12). Dadurch ist es möglich, die Ausfallwahrscheinlichkeit aus der Ausfallsummenkurve für jeden Lebensdauerwert aus dem Mittenabstand der Standardabweichungen der beiden Verteilungen zu berechnen [11].

Die für die Festlegung des Sicherheitsbeiwertes verwendbaren Größen treten in der Regel in einer Gaußschen Normalverteilung auf (Bild 1–13); sie wird durch die Gleichung

$$y = e^{-x^2} \tag{1.1}$$

dargestellt.

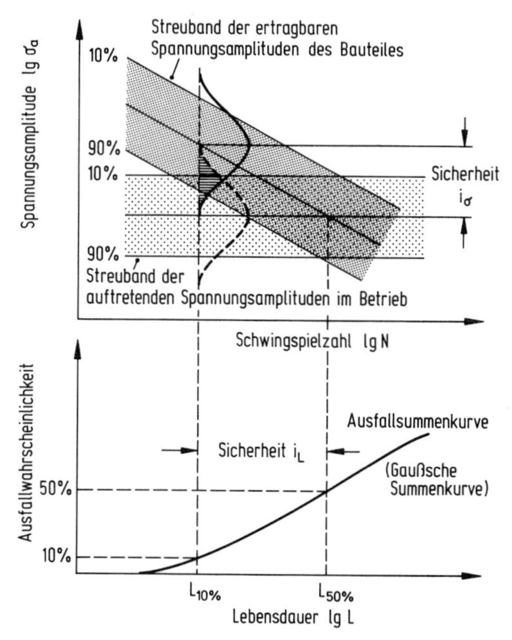

Bild 1–12: Sicherheit und Ausfallwahrscheinlichkeit schwingbeanspruchter Teile [10]

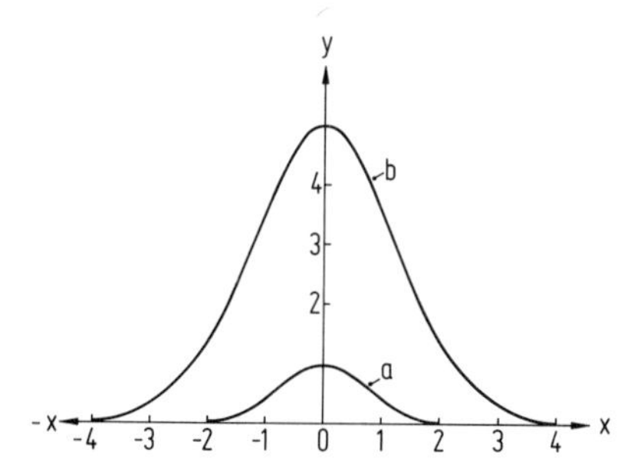

Bild 1–13: Symmetrisch ausgebildete Verteilungskurven (Glockenkurven)
a: $y = e^{-x^2}$
b: $y = a \cdot e^{-bx^2}$; für $a = 5$, $b = \frac{1}{3} \rightarrow y = 5\,e^{-\frac{x^2}{3}}$

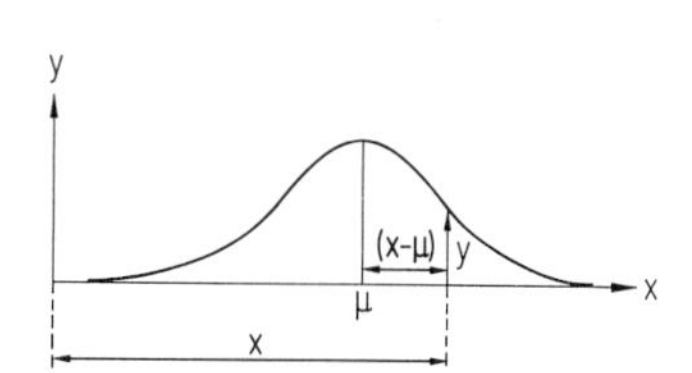

Bild 1–14: Normalverteilungskurve

In allgemeiner Form können Glockenkurven auch durch die Gleichung

$$y = a\,e^{-bx^2} \tag{1.2}$$

beschrieben werden. Diese Darstellung ist für statistische Betrachtungen von grundlegender Bedeutung, weil sich durch derartige Kurven bei zweckmäßig gewählten a und b viele Häufigkeitsverteilungen angenähert darstellen lassen (Bild 1–13).

Die Ordinate y, die die Höhe der Glockenkurve für jeden Punkt der x-Achse darstellt, wird als Wahrscheinlichkeitsdichte (W) beim jeweiligen x-Wert bezeichnet (Bild 1–14). Die Wahrscheinlichkeitsdichte hat ihr Maximum beim Mittelwert und wird durch die Funktion

$$y = f(x) = W(x \mid \mu, \sigma) = \frac{1}{\sigma\sqrt{2\pi}} e^{-\frac{(x-\mu)^2}{2\sigma^2}} \tag{1.3}$$

$$(-\infty < x < \infty, -\infty < \mu < \infty, \sigma > 0)$$

dargestellt.

Darin ist x eine beliebige Abszisse, y die zugehörige Ordinate, σ die Standardabweichung der Verteilung, μ der Mittelwert der Verteilung; π und e sind mathematische Konstanten. Entsprechend (1.3) ist die Normalverteilung durch die Parameter μ und σ vollständig charakterisiert.

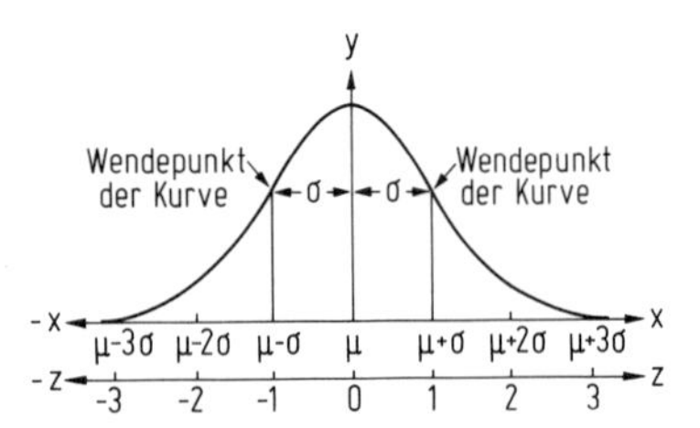

Bild 1–15: Normalverteilungskurve mit Standardabweichung σ und Wendepunkten; Übergang von der Variablen x auf die Standardnormalvariable z

In der Grundgesamtheit der Meßwerte bestimmt der Mittelwert μ die Lage der Verteilung in Bezug auf die x-Achse, die Standardabweichung σ die Form der Kurve (Bild 1–15).

Insgesamt betrachtet weist die Normalverteilung folgende Eigenschaften auf:

- die Kurve verläuft symmetrisch zur Achse $x = \mu$
- das Maximum der Kurve beträgt $y_{max} = 1/(\sigma \cdot \sqrt{2\pi})$
- die Standardabweichung σ ist durch die Abszisse der Wendepunkte gegeben (Bild 1–15)
- bei großen Stichprobenumfängen liegen etwa 90% aller Beobachtungen im Bereich $\mu = \pm 1{,}645 \cdot \sigma$.

Da μ und σ beliebige Werte annehmen können, existieren unendlich viele unterschiedliche Normalverteilungen. Wird in Gl. (1.3) $(x-\mu)/\sigma = z$ gesetzt, so erhält man, da z dimensionslos ist, eine einzige Verteilung mit dem Mittelwert $z = 0$ und den Wendepunkten $z = +1$ bzw. -1 (Bild 1–15). Dadurch geht Gl. (1.3) über in Gl. (1.4). Diese Darstellung wird als „standardisierte Normalverteilung mit Standardabweichung Eins“ bezeichnet (Bild 1–16). Die Werte dieser Funktion sind tabellarisiert [12].

$$y = f(z) = \frac{1}{\sqrt{2\pi}} \cdot e^{-\frac{z^2}{2}} \approx 0{,}3989 \cdot e^{-\frac{z^2}{2}} \approx 0{,}4 \cdot e^{-\frac{z^2}{2}} \tag{1.4}$$

$$-\infty < z < \infty$$

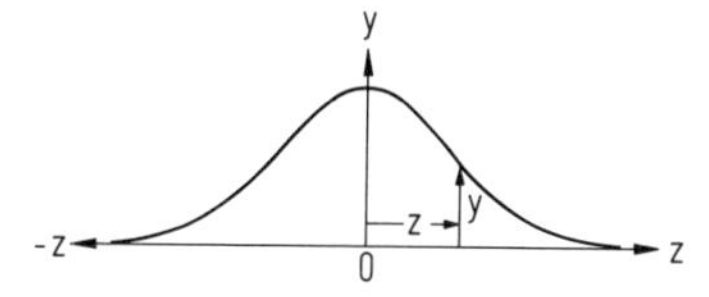

Bild 1–16: Standardnormalkurve

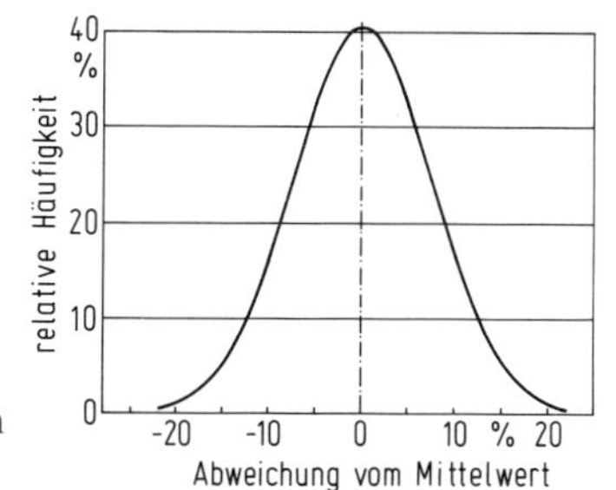

Bild 1–17: Häufigkeitsverteilung der maßgeblichen Werkstoffeigenschaften

Werden Zufallsgrößen einer größeren Anzahl zufälligen Einflußfaktoren unterworfen, so ordnen sich diese, zumindest annäherungsweise, in eine Normalverteilung ein. In dieser Darstellung liegen 99,73 % aller Merkmalausprägungen zwischen $\mu + 3\,\sigma$ und $\mu - 3\,\sigma$ bzw. zwischen $z = +3$ und $z = -3$; diesen Bereich bezeichnet man daher als „Technischen 100 %-Bereich".

Erfolgt die Auslegung einer Konstruktion z. B. auf der Grundlage eines gesicherten Mittelwertes der betrachteten Werkstoffeigenschaften, deren Streuung durch die Häufigkeitsverteilung (Bild 1–17), bekannt ist, so beträgt die Wahrscheinlichkeit des Versagens 50 %, da 50 % aller Proben Werkstoffkennwerte aufweisen, die kleiner als der Mittelwert sind. Die derart dargestellte Häufigkeitsverteilung liefert jedoch ohne zusätzlichen mathematischen Aufwand keine direkte zahlenmäßig ausgedrückte Aussage über die Möglichkeit einer Verbesserung gegenüber Versagen. Vorteilhafter ist es, die aufsummierten Häufigkei-

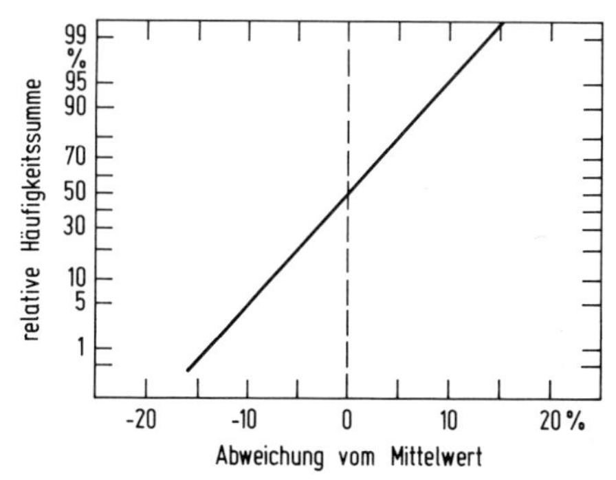

Bild 1–18: Summengerade der Normalverteilung

ten des Versagens im sogenannten Wahrscheinlichkeitsnetz aufzutragen; es entsteht eine gerade Linie (Bild 1–18). Aus dieser Darstellung kann man entnehmen, daß im gewählten Beispiel

- ca. 20 % aller Proben Werkstoffeigenschaften, z. B. Festigkeitswerte, aufweisen, die kleiner sind als 0,95 × Mittelwert
- ca. 5 % aller Proben geringere Werte zeigen als 0,9 × Mittelwert
- ca. 0,5 % aller Proben versagen bei geringeren Belastungen als 0,85 × Mittelwert.

Für die vorgegebene Überlebenswahrscheinlichkeit von 99,5% ist im angeführten Beispiel demnach eine Verstärkung um den Faktor von 1/0,85 = 1,18 erforderlich.

1.3.1 Streuung der Werkstoffeigenschaften (vgl. Kapitel 4)

Inhomogenitäten der Werkstoffeigenschaften treten als Folge der nicht optimalen Verfahrensweise bei der Werkstoffherstellung bzw. -weiterverarbeitung auf. Bekanntlich ändert sich die chemische Zusammensetzung nicht nur von Schmelze zu Schmelze, sondern auch innerhalb einer Charge, wenn nicht besondere Maßnahmen zur Vermeidung von Schwankungen getroffen werden. Die hierdurch bedingte Beeinflussung der Mikrostruktur wird verstärkt durch die thermomechanische Behandlung, ferner durch Mikro- und Makrofehler, wie z.B. Einschlüsse, Faser- und Zeilenstruktur, Seigerungen. Alle diese „Werkstoffehler" tragen dazu bei, daß die Werkstoffeigenschaften mehr oder minder stark streuen. Als Beispiel hierfür ist in Bild 1–19 die Häufigkeitsverteilung der Zugfestigkeit R_m dargestellt, die an verschiedenen handelsüblichen Profilen im Großzahlversuch ermittelt wurde. Die Zugfestigkeit schwankt zwischen 320 und 490 N/mm², d.h. um 65%. Obwohl diese Darstellung bereits 1964 von *Pohl* [13] veröffenlicht wurde, haben sich die Streubereiche bis jetzt nicht wesentlich geändert. Schwankungen der Werkstoffeigenschaften in ähnlichem oder sogar in stärkerem Ausmaß treten in allen Werkstoffen auf, die auf normale metallurgische Weise hergestellt sind. Bild 1–20 zeigt beispielsweise einen Querschnitt durch ein Gesenkschmiedeteil aus dem Werkstoff TiAl6V4. Als Kriterium ist hier die Schwingspielzahl angegeben, die bei konstanter Zugschwellbelastung ermittelt wurde. Die bis zum Bruch ertragenen Schwingspielzahlen N sind als Balkendiagramm dargestellt, sie liegen zwischen $N \approx 1{,}4 \cdot 10^6$ und $N > 24 \cdot 10^6$.

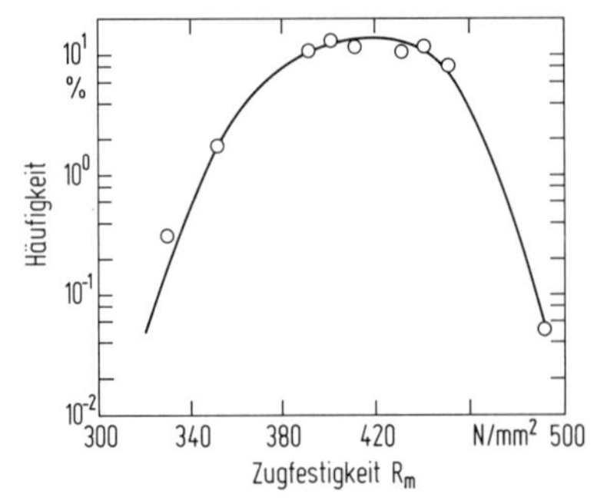

Bild 1–19: Häufigkeitsverteilung der Zugfestigkeit, ermittelt an handelsüblichen Profilen; (I-, C-, L-, F-Profile) [13]

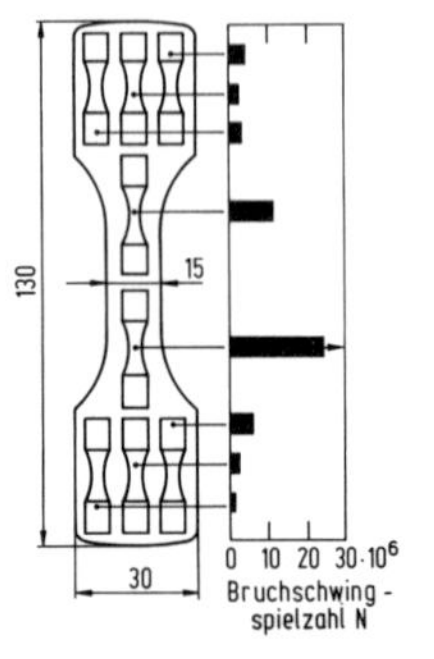

Bild 1–20: Abhängigkeit der Zugschwellfestigkeit von der Lage im Querschnitt eines Gesenkschmiedestückes TiAl6V4 [14]
$\sigma_a = \pm 250$ N/mm² $\sigma_M = +250$ N/mm²

Vereinzelte Gefügeinhomogenitäten bestimmen bei Dauerschwingbeanspruchung normalerweise die untere Grenze der Belastbarkeit (Bild 1–21). Die Auswirkung der Mikrofehler ist um so größer, je kleiner der beanspruchte Quer-

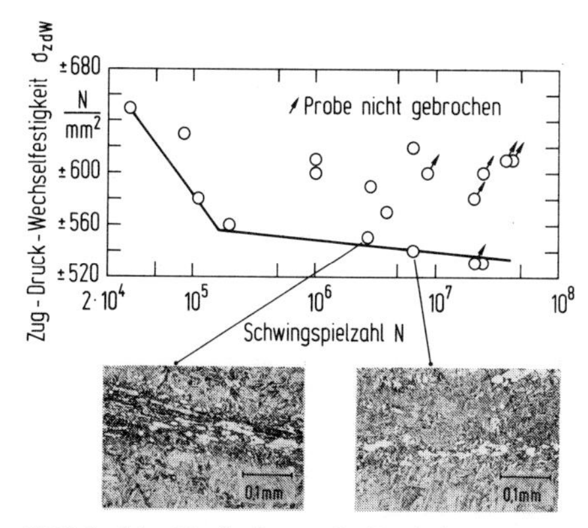

Bild 1–21: Einfluß von Gefügeinhomogenitäten auf die Schwingfestigkeit [15]

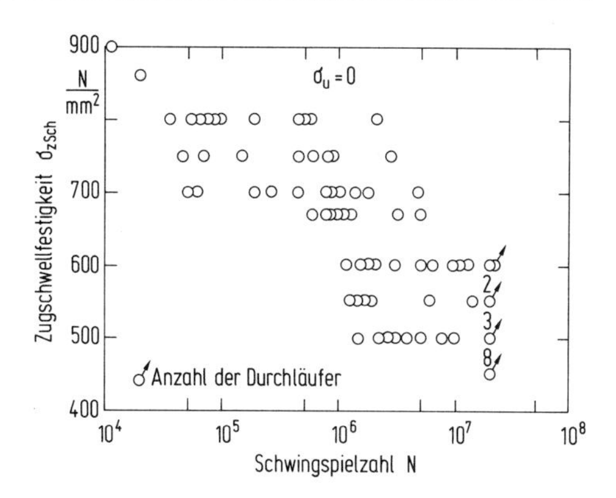

Bild 1–22: Streubereich der Schwingfestigkeit (TiAl6V4) ermittelt an Kleinproben (d = 2 mm) [15]

schnitt ist. So wurde z. B. an Proben aus dem Werkstoff TiAl6V4 mit einem Durchmesser von 2 mm in der Prüfstrecke bei Zug-Druck-Wechselbeanspruchung ein Streubereich ermittelt, wie er in Bild 1–22 dargestellt ist.

Die Streuung derartiger Versuchsergebnisse folgt in der Regel dem Verlauf einer Gaußschen Normalverteilung. Sie kann daher unter der Voraussetzung, daß eine genügend große Anzahl von Meßergebnissen vorliegt, relativ genau ermittelt werden und ermöglicht dann eine gute Abschätzung des Sicherheitsbeiwertes.

1.3.2 Schwankung der Betriebslast

Der Streuung der Festigkeitswerte, die sich in der Streuung der Betriebsfestigkeit ausdrückt, überlagert sich die Schwankung der Betriebslast. Hinzu kommt die Variabilität der Bauteilherstellung und der Einfluß nur schwer erfaßbarer

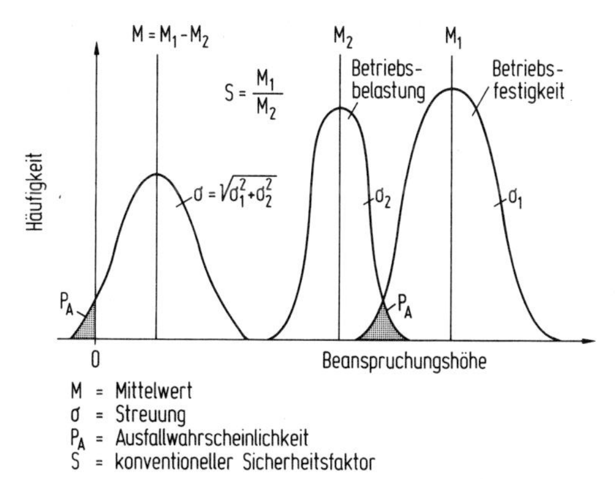

Bild 1–23: Bauteil-Ausfallwahrscheinlichkeit für einen angenommenen Beanspruchungshorizont [16]

Zufallsgrößen. Faßt man in vereinfachter anschaulicher Form die entstehenden Verteilungsfunktionen, die sich in der Regel als Normalverteilung darstellen lassen, zusammen, so erhält man Bild 1–23. Beide Funktionen sind gekennzeichnet durch den Mittelwert M_1 bzw. M_2 und durch die Streuung σ_1 bzw. σ_2. Die Überschneidungsfläche der Verteilungsfunktionen gibt die Ausfallwahrscheinlichkeit an. Der Abstand des Mittelwertes beider Funktionen ist um so geringer, je höher die Auslastung der betrachteten Teile ist.

Liegen beide Funktionen als Normalfunktion vor, so ist auch die Verteilungsfunktion der Differenzen normal verteilt, und die Streuung kann durch den Ausdruck

$$\sigma = \sqrt{\sigma_1^2 + \sigma_2^2} \tag{1.5}$$

dargestellt werden. Die Fläche unter der Summenhäufigkeitskurve im Bereich < 0 ist dann ein direktes Maß für die Ausfallwahrscheinlichkeit. In diesem Fall ist es möglich, den erforderlichen Abstand der Mittelwerte beider Funktionen zu ermitteln, um die Ausfallwahrscheinlichkeit auf ein Mindestmaß zu reduzieren. Sind die Verteilungsfunktionen jedoch nicht bekannt, dann ist nur eine Abschätzung, die durch Erfahrungswerte unterstützt werden kann, möglich.

Werkstoffe mit großer Streuung der Festigkeitseigenschaften machen demnach, ebenso wie die Schwankung der Betriebslast, die Gesamtkonstruktion unsicher. Daher sollte, insbesondere im Leichtbau, zunächst versucht werden, eine Verminderung der Streuung der Werkstoffeigenschaften zu erzielen. Dies kann jedoch dann von Nachteil sein, wenn andere Eigenschaften dadurch verschlechtert werden, z.B. Erhöhung der Kerbempfindlichkeit, Verminderung des Formänderungsvermögens. Wegen der Unsicherheit, die mit der Übertragbarkeit bestimmter Werkstoffeigenschaften auf ein Bauteil hinsichtlich der Überlebenswahrscheinlichkeit verbunden ist, sowie wegen der schwierigen Reproduzierbarkeit dieses Verhaltens ist es häufig notwendig, Maschinen oder Maschinenteile Prüfstanduntersuchungen zu unterziehen; das geschieht vorwiegend an Prototypen. Derartige Untersuchungen erfordern in der Regel einen außerordentlich hohen Aufwand, z.B. bei der Entwicklung eines neuen Flugzeugtyps. Das soll an Hand des „Thermal Fatigue-Verhaltens“ der Concorde SST erläutert werden. Das Flugzeug ist ausgelegt für 15 000 Überschallflüge und 45 000 Flugstunden. Das bedeutet eine aktive Lebensdauer von 12 bis 15 Jahren.

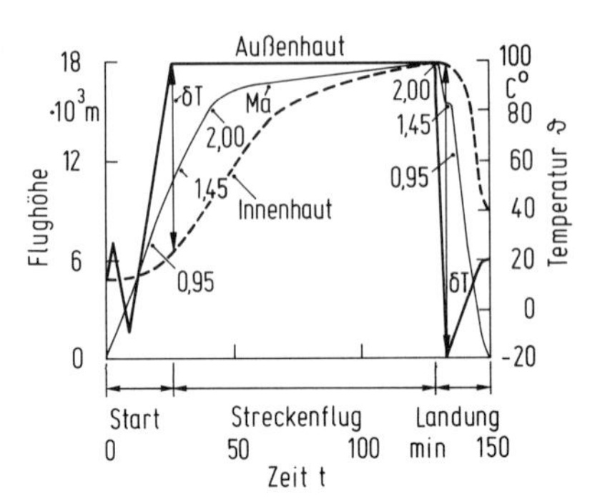

Bild 1–24: Flug- und Temperaturprofil der Concorde SST; Ma = Machzahl

Bild 1–24 zeigt das für den Flugzeugtyp charakteristische Flug- und Temperaturprofil während eines Fluges. Selbst unter größtem Aufwand ist es nicht möglich, das Zusammenwirken der Betriebsbeanspruchungen, beispielsweise mit den Wärmespannungen, mit ausreichender Genauigkeit zu ermitteln. Es ist daher erforderlich, an Prototypen das Verhalten der Konstruktion unter betriebsähnlichen Beanspruchungsverhältnissen zu ermitteln; dies erfordert in der Regel die Erstellung einer geeigneten Versuchsanlage.

Ähnliche Probleme treten im Schiffbau und in Konstruktionen für die Meerestechnik, z. B. Bohrtürme, Wellenbrecher, Deiche, auf. Eine sichere Bemessung derartiger Konstruktionen wird dadurch erschwert, daß das Zusammenwirken der durch Meereswellen verursachten Beanspruchungen mit der übrigen Betriebsbeanspruchung nicht hinreichend genau erfaßt werden kann. Daher wurde in den Niederlanden ein Hydraulik-Labor erstellt, um im Modellversuch eine betriebsähnliche Beanspruchung durchführen zu können. Die verwendeten Steuersignale entsprechen in den Energiespektren weitgehend genau den Spektren natürlicher Wellen.

1.4 Ermittlung der Lebensdauer

1.4.1 Statistiken

Aufgabe der Statistik ist es, an Hand von Beobachtungsdaten Zustände und Ergebnisse, die zufallsbedingt sind, zu untersuchen und zu beschreiben. Hierzu dienen u. a. Tabellen, graphische Darstellungen und Verhältniszahlen. Fast stets interessiert dabei die übergeordnete Gesamtheit der Beobachtungen und Meßergebnisse, um daraus auf allgemeine Gesetzmäßigkeiten schließen zu können.

Einfachste Statistiken, z. B. in Form graphischer Darstellungen, können bereits, wenn übersichtliche Vorgänge vorliegen, einen guten Überblick vermitteln, z. B. über die Lebensdauer, den Betriebseinsatz (Aktivzeit, Reservezeit, Inaktivzeit)

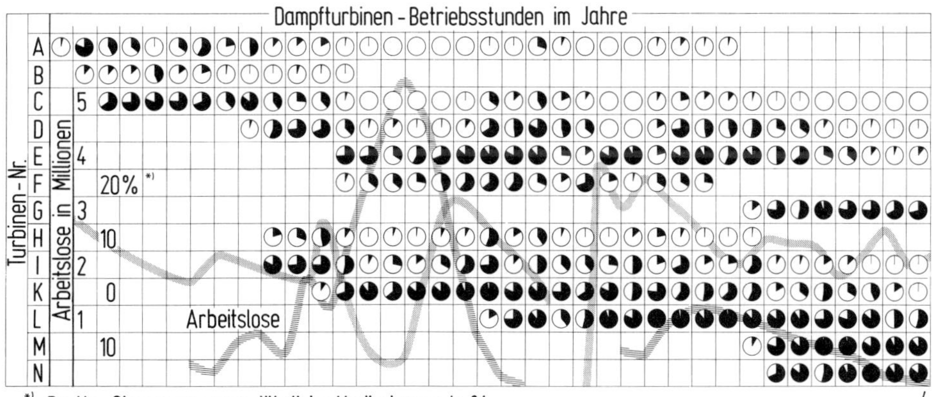

Bild 1–25: Statistische Erfassung des Betriebsverhaltens von Dampfturbinen [13]

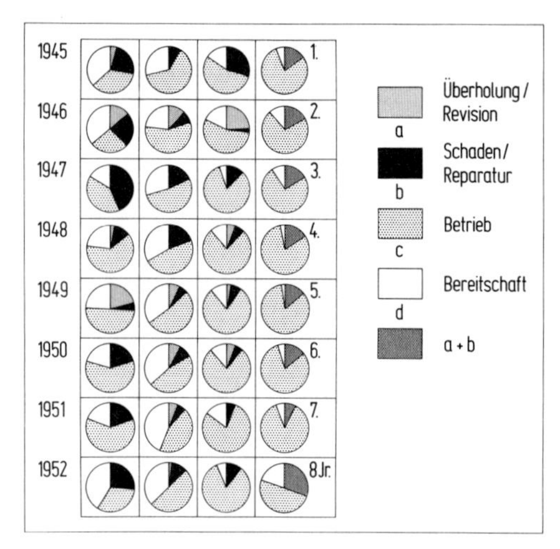

Bild 1–26: Differenzierte Erfassung des Betriebsverhaltens von vier Dampfturbinen [13]

und die Leistung. Ein Beispiel hierfür ist in Bild 1–25 für Dampfturbinen gezeigt [13]. Hier wurde die Veränderung der Energieumwandlung, charakterisiert durch die Bruttostrom-Erzeugung, statistisch erfaßt; Bild 1–26 läßt erkennen, daß gleichzeitig eine differenzierte Erfassung des Betriebsverhaltens der Turbinenanlagen ohne nennenswerten Aufwand möglich ist. Statistiken können ferner Aufschluß geben über den Einfluß von betrieblichen Faktoren auf die Lebensdauer, z. B. bei Dampfkraftanlagen über den Unterschied zwischen durchgehendem Betrieb, wo Schäden durch Kriechen, Verzundern usw. dominierend sind, und unterbrochenem Betrieb, bei dem Schäden durch Temperaturwechsel, Stillstandkorrosion u. dgl. im Vordergrund stehen.

Eine wesentlich größere Aussagefähigkeit haben jedoch nach neuzeitlicheren Gesichtspunkten entwickelte Randlochkarten, die häufig zur Erfassung und Dokumentation von übergeordneten Merkmalen verwendet werden [17]. Diese sollten möglichst alle maßgeblichen Einflußgrößen erfassen, wie z. B. die Art der Maschine oder Anlage, Herstellungsart, Bauteil, Werkstoff, Kerbwirkung, Beanspruchung, Bruchart, makroskopisches Aussehen, Schadensursache. Derartige Aufzeichnungen werden statistisch ausgewertet. In speziell ausgerichteten Unternehmen kann es möglich sein, eine weitere Auffächerung zu fordern, z. B. Trennung von „Maschinen“ und „Anlagen“, Gliederung der Schadensursachen nach „Produktfehler“, „Betriebsfehler“, „Fremdeinflüsse”, „ungeklärte Ursachen“, „Art der Prüfverfahren“. Das bedeutet eine erhebliche Zunahme der Ober- und Einzelbegriffe, so daß es notwendig und zweckmäßig ist, auf eine Datenbank überzugehen [18]. Die Ergebnisse gehen nach systematischer Analyse und Gewichtung in den Konstruktionsfluß ein, um Schäden dieser Art durch entsprechende Korrekturen in Zukunft zu vermeiden.

1.4.2 Experimentelle Lebensdauerermittlung

1.4.2.1 Darstellung der Ergebnisse

Liegt eine Grundgesamtheit vor, die als normalverteilt anzusehen ist, z. B. die Festigkeit eines Werkstoffes, so sind bestimmte Eigenschaftswerte „normal" verteilt. Demnach ist zu erwarten, daß die Streuung von Meßergebnissen sich in der Regel in Form einer Normalverteilung darstellen läßt, sofern eine ausreichende Anzahl von Ergebnissen vorliegt (s. Abschnitt 1.3).

Viele Verteilungen laufen beispielsweise als positiv schiefe, linksseitige Verteilung rechts flach aus. Dieser Verlauf ist oft dadurch bedingt, daß das Merkmal einen bestimmten Schrankenwert nicht unter- bzw. überschreiten kann. Durch Logarithmieren ist es häufig möglich, eine derartige Verteilung in eine Normalverteilung umzuordnen, weil der linke Teil der Abszisse stark gestreckt und der rechte stark gerafft wird; diese Darstellungsart nennt man „logarithmische Normalverteilung" oder „Lognormalverteilung". Sie wird ausgedrückt durch die Beziehung

$$y = \frac{1}{\sqrt{2\pi\sigma^2}} \frac{1}{x} e^{-\frac{(\ln x - \mu)^2}{2\sigma^2}} \quad \text{für} \quad x > 0 \tag{1.6}$$

Nicht selten ist es notwendig, auch funktionsgerechte Aggregate, wie z. B. Fahrzeugteile, derartigen Untersuchungen zu unterziehen. Es liegt nahe, auch in diesen Fällen zur Definition des Ausfallverhaltens eine statistische Betrachtung der Untersuchungsergebnisse vorzunehmen. Dabei hat sich gezeigt, daß es häufig nicht zweckmäßig ist, die Normalverteilung oder die logarithmische Normalverteilung anzuwenden, sondern daß es insbesondere dann, wenn komplexe Probleme vorliegen, vorteilhafter sein kann, andere Verteilungsfunktionen zu wählen. Hierzu gehört in erster Linie die „Weibull-Verteilung" [19].

Mathematische Untersuchungen und die Analyse experimenteller Arbeiten haben gezeigt, daß sich die Normalverteilung und die Lognormal-Verteilung als Sonderfälle der Weibull-Verteilung ergeben. Das weite Spektrum, das mit dieser Verteilung erfaßt wird, macht sie geeignet, die verschiedenartigen Ausfallvorgänge zu beschreiben.

Die Weibull-Verteilungsfunktion lautet

$$F(t) = 1 - e^{-\left(\frac{t}{T}\right)^b} \tag{1.7}$$

$$0 \leqq F(t) \leqq 1$$

- $F(t)$ Ausfallwahrscheinlichkeit, $0 \leqq F(t) \leqq 1$
- t Lebensdauer-Variable, $0 \leqq t < \infty$ (Weg, Zeit, Lastwechsel ...)
- T Charakteristische Lebensdauer, $T > 0$
- b Formparameter; Anstieg der Ausgleichsgeraden im Lebensdauernetz nach Weibull. Ausfallsteilheit $b > 0$

Das Komplement zu der Ausfallwahrscheinlichkeit ist die Überlebenswahrscheinlichkeit R(t) oder Zuverlässigkeit, deren Verteilungsfunktion lautet

$$R(t) = 1 - F(t) = e^{-\left(\frac{t}{T}\right)^b} \tag{1.8}$$

Leitet man die Weibull-Verteilungsfunktion nach dem Lebensdauermerkmal t ab, so erhält man die Dichtefunktion der Ausfälle zu

$$f(t) = \frac{b}{T}\left(\frac{t}{T}\right)^{b-1} e^{-\left(\frac{t}{T}\right)^{b}} \tag{1.9}$$

In ähnlicher Weise erhält man die Ausfallrate

$$\lambda(t) = -\frac{1}{R}\cdot\frac{dR}{dt} = \frac{f(t)}{R(t)} = \frac{f(t)}{1-F(t)} = \frac{b}{T}\left(\frac{t}{T}\right)^{b-1} \tag{1.10}$$

Die Weibull-Verteilung ist deshalb für die Lebensdauer- und Zuverlässigkeitsprobleme von großer Bedeutung, weil sie drei Parameter aufweist und daher in der Lage ist, sowohl die Normalverteilung zu approximieren als auch unsymmetrische Kurvenformen zu beschreiben. Dadurch ist es möglich, die Lebensdauer komplexer technischer Bauteile bzw. Aggregate, die sich in die drei Bereiche Frühausfälle, Zufallsausfälle und Verschleißausfälle aufteilt, durch Anpassung des Formparameters b zu beschreiben (Bilder 1–27 und 1–28).

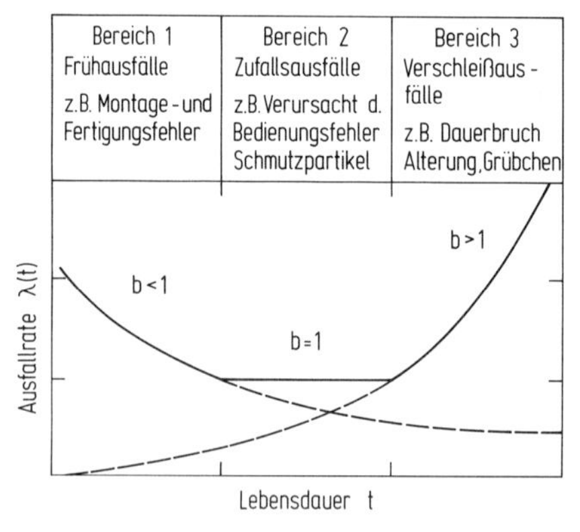

Bild 1–27: Zeitliche Verteilung der Ausfallrate [20]; b = Ausfallsteilheit; Anstieg der Ausgleichsgeraden im Weibull-Lebensdauernetz (b > 0)

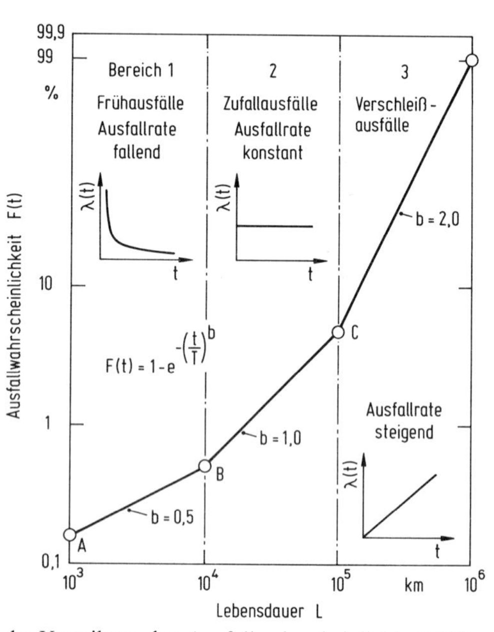

Bild 1–28: Zeitliche Verteilung der Ausfallwahrscheinlichkeit [20]

Die Lebensdauerbestimmung basiert immer auf der Ermittlung beobachteter Ausfälle. Daraus resultiert, daß aus Gründen der Wirtschaftlichkeit versucht wird, mit Hilfe einer möglichst kleinen Anzahl von Stichproben eine Aussage über die Zuverlässigkeit der Gesamtmenge machen zu können; derart ermittelte Lebensdauerwerte streuen in der Regel jedoch sehr stark. Daher wird angestrebt, die Zuverlässigkeit durch eine mathematische Beschreibung ausdrücken zu können. Hierzu eignet sich die aus der Weibull-Verteilungsfunktion abgeleitete Dichtefunktion der Ausfälle (Gl. 1.9).

Ist zu jedem Zeitpunkt die Anzahl der ausgefallenen Elemente bekannt und bezieht man diese Zahl auf die Gesamtzahl der Stichproben, so erhält man die relative Häufigkeit der ausgefallenen Teile. Bild 1–29 zeigt den Verlauf der Dichtefunktion f (t) für einige Ausfallsteilheiten b. (Mit b wird der Anstieg der Ausgleichsgeraden im Weibull-Lebensdauernetz bezeichnet; $b > 0$.)

Mittels der Weibull-Funktion in der Form (1.7) lassen sich durch Variation von b die unterschiedlichsten Verteilungsfunktionen darstellen. So erhält man z. B. für $b = 1$ eine Exponential-Verteilung, für $b = 3{,}5$ eine der Normal-Verteilung ähnliche Funktion. In Bild 1–30 sind die zugehörigen Ausfalls- und Überlebenswahrscheinlichkeiten eingetragen. Dadurch, daß Ordinate und Abszisse logarithmisch geteilt sind, werden die Ausfall- und Überlebenswahrscheinlichkeitsfunktionen zu einer Geraden, deren Steigerung die Ausfallsteilheit b darstellt.

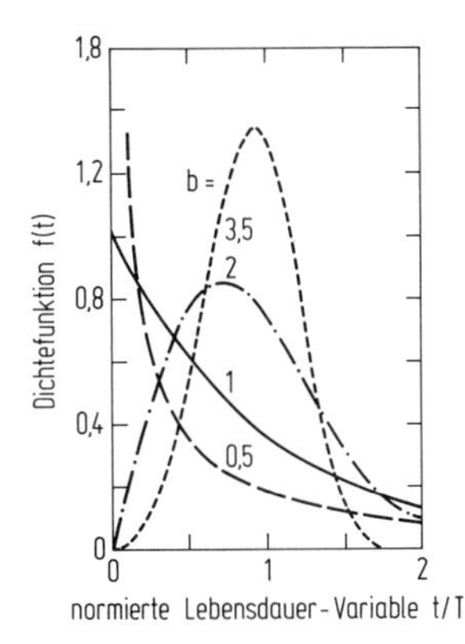

Bild 1–29: Dichtefunktion der Ausfälle [20, 21]

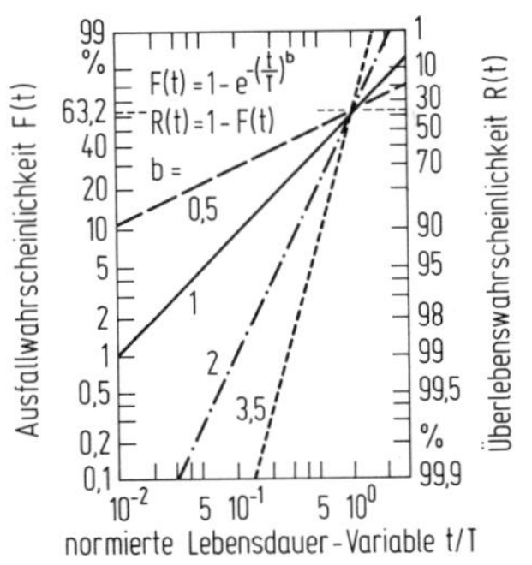

Bild 1–30: Ausfallwahrscheinlichkeit und Überlebenswahrscheinlichkeit der Bauteile [20]

t = Lebensdauer-Variable; Weg, Zeit oder Lastwechsel ($0 \leq t < \infty$)

T = Charakteristische Lebensdauer eines Bauelements ($T > 0$)

Die Geraden für die verschiedenen b-Werte schneiden sich alle in einem Punkt, da Gl. (1.7) $F(t) = 1 - e^{-(t/T)^b}$ für $t = T = 1$ übergeht in $F(t) = 1 - 1/e = 0{,}632$, unabhängig von b, weil $1^b = 1$. Daraus leitet sich die charakteristische Lebensdauer $T(t) = 63{,}2\,\%$ ab.

Darüber hinaus werden häufig je nach Zweckmäßigkeit weitere Verteilungsfunktionen verwendet, wie z. B. t-Verteilung, χ^2-Verteilung, F-Verteilung [12]

1.4.2.2 Untersuchungen an Laborproben

Die Streuung der Lebensdauer ist, abgesehen von organisatorischen und wirtschaftlichen Einflüssen, abhängig von zahlreichen weiteren Faktoren, z. B. von der Art ihrer Ermittlung. Um grundlegende Gesetzmäßigkeiten erkennen zu können, muß man zu Laborproben übergehen, die vereinfacht simulierten Betriebsbedingungen ausgesetzt werden. Hieraus resultiert eine Reihe von Vorteilen, wie einfache geometrische Form, genaue Herstellung, definierte Oberflächengüte, eindeutige Einspannung, eindeutige Belastung sowie maximale Konstanz der Prüfbedingungen wie Temperatur und Atmosphäre. Obschon diese Maßnahmen die Ursachen der Streuungen auf ein Mindestmaß reduzieren, werden auch an Laborproben erhebliche Streuungen beobachtet, die im wesentlichen bedingt sind durch makroskopische Werkstoffinhomogenitäten, wie Gasblasen, Seigerungen, Verunreinigungen, Poren, durch Mikrofehler wie Grobkörnigkeit oder Textur sowie durch submikroskopische Einflüsse wie Gitterbaufehler, Versetzungen.

Das Ergebnis von Laboruntersuchungen gibt einen eindeutigen Aufschluß über die primäre Ursache der Lebensdauerbegrenzung. Die Streuung der Meßergebnisse läßt sich in der Regel stets in Form einer Normalverteilung bzw. logarithmischen Normalverteilung darstellen, sofern eine ausreichende Zahl von Untersuchungsergebnissen vorliegt.

1.4.2.3 Untersuchungen auf dem Prüfstand

Reichen die Ergebnisse von Untersuchungen an Laborproben nicht aus, um eine sichere Auslegung zu gewährleisten, so ist man im allgemeinen darauf angewiesen, Prüfstanduntersuchungen durchzuführen. Hierbei werden einzelne Bauteile aus der Serienproduktion einer eindeutigen Belastung, die nach Möglichkeit der Betriebsbeanspruchung entspricht, ausgesetzt. Der Charakter der Streuung derartiger Untersuchungen entspricht ebenfalls der logarithmischen Normalverteilung (Bild 1–31). Der Streubereich hängt von der Art der Bauteile ab.

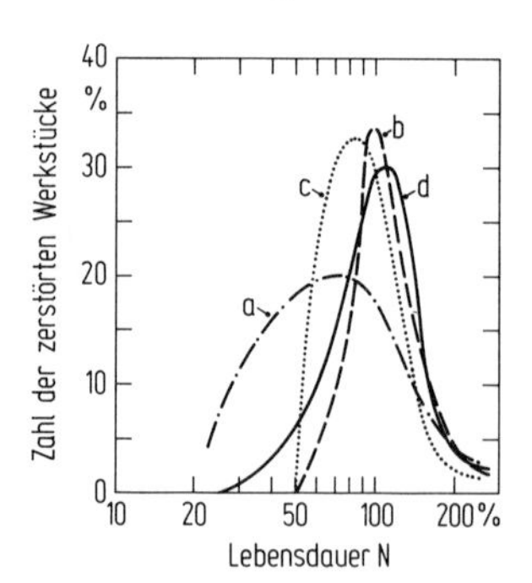

Bild 1–31: Ergebnis der Großzahlprüfung verschiedener Maschinenteile [13]
a) Stirnräder; b) Federn (ohne Sonderbehandung); c) Bolzen; d) Ventilatorriemen; N Lebensdauer in % der durchschnittlichen Lebensdauer

Ein typisches Beispiel für die Durchführung von Prüfstanduntersuchungen und für die Anwendung der Weibull-Verteilungsfunktion ist die Wälzlagerprüfung. Diese Verfahrensweise wird seit langem angewendet, um einen Überblick über die statistische Verteilung der Ermüdungslaufzeiten zu erhalten.

An den Rollflächen von Wälzlagern, die unter Last umlaufen, treten nach längerer Beanspruchung Ermüdungserscheinungen auf. Bedingt durch die örtlich konzentrierte hohe Belastung resultiert ein mehrachsiger Spannungszustand mit entsprechender Dehnungsbehinderung. Im Normalfall bilden sich

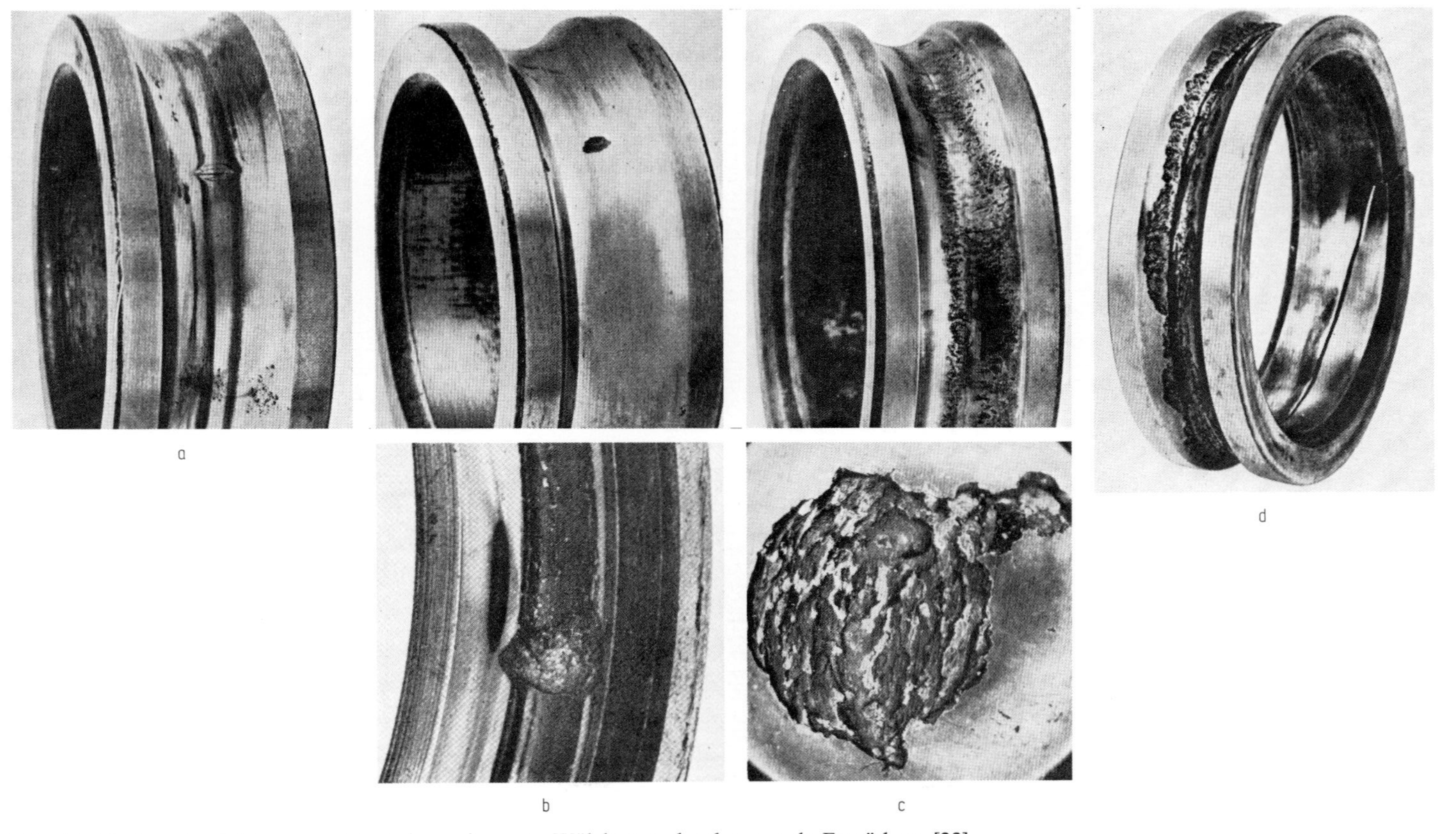

Bild 1–32: Stadien der Bildung von Ermüdungsrissen an Wälzlagern durch normale Ermüdung [22]
a Ermüdungsriß; b Grübchenbildung; c Fortgeschrittene Ermüdungsschäden; d Ringbruch als Folge von Ermüdungsschäden

zunächst feine Risse unter der Oberfläche, die sich bei weiterer Beanspruchung vergrößern. Schließlich blättert die durch Werkstofftrennung unterwanderte Oberflächenschicht ab, und es entstehen Grübchen, auch Pittings genannt. Anschließend tritt eine Schälung größerer Bereiche der Rollflächen ein. Dies führt zum Gewaltbruch durch Überrollen ausgebrochener Werkstoffteilchen. Die einzelnen Stufen der Schäden durch normale Ermüdung sind in Bild 1–32 gezeigt [22]. Die primären Ursachen derartiger Schäden sind in der Regel Werkstoffinhomogenitäten, wie mikroskopisch kleine Verunreinigungen, die im Werkstoff regellos verteilt sind, Seigerungserscheinungen durch ungleichmäßige Verteilung der Legierungselemente und Beanspruchungsunterschiede als Folge fertigungsbedingter Toleranzen. Daraus resultiert, daß zuverlässige theoretische Aussagen über die Ermüdungslaufzeiten und den Ermüdungsvorgang bisher nicht möglich waren, da die Vielzahl der Einflußgrößen, insbesondere deren zufälliges Zusammentreffen und ihre gegenseitigen Wechselwirkungen, nicht sicher erfaßt werden konnten. Es ist auch nicht möglich, die Vielzahl der Kombinationen dieser Einflüsse auf Prüfständen zu untersuchen. Deshalb begnügt man sich damit, in sogenannten Großzahlprüfungen die wesentlichsten Einflußgrößen in ihren Auswirkungen zu erfassen. Man geht so vor, daß eine hinreichend große Anzahl (mindestens 24 Stück) gleicher Lager auf gleichartig ausgebildeten Prüfständen unter konstanten und gleichen Prüfbedingungen untersucht werden. Dabei wird die Streuung der Laufzeiten bis zum Auftreten der ersten Ermüdungserscheinungen registriert. Wie man aus Bild 1–33 ersieht, werden dabei 30- bis 40-fache Laufzeitunterschiede innerhalb einer Versuchsserie festgestellt. Trotz erheblicher Verbesserung der Werkstoffe und Steigerung der Meß- und Fertigungsgenauigkeit konnte dieser Streubereich in den letzten 40 Jahren nicht eingeengt werden.

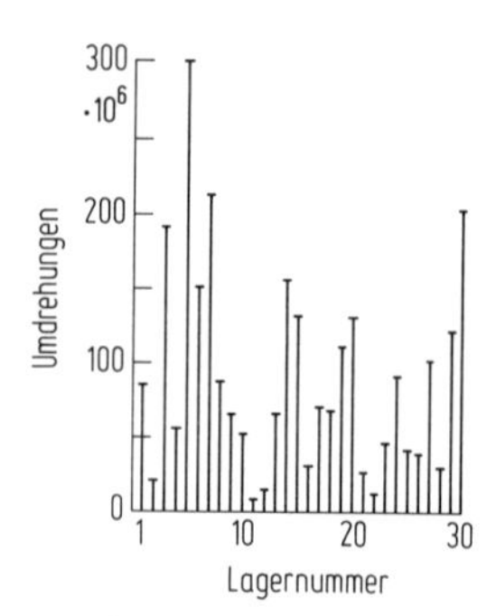

Bild 1–33: Streuung der Ermüdungslaufzeit von 30 Rillenkugellagern 6309 [22]

Angesichts der großen Streuung der Lebensdauer ist es verständlich, daß man über die voraussichtliche Ermüdungslaufzeit eines einzelnen Lagers keine Aussage machen kann. Derartige Aussagen sind nur für eine größere Gruppe gleicher Lager, die in gleicher Weise beansprucht sind, d. h. für ein Kollektiv, möglich. Eine Aussage über das Ermüdungsverhalten von Wälzlagern hat demnach nur statistischen Charakter. Die Auswertung der Versuche muß daher nach den Gesetzen der Wahrscheinlichkeitsrechnung erfolgen. Die mathematische Beschreibung der experimentellen Ergebnisse erfolgt zweckmäßigerweise durch den Ansatz nach Weibull entsprechend den Gleichungen (1.7) und (1.8).

Wertet man die Meßergebnisse derart aus und trägt die Ausfallwahrscheinlichkeit F(t) in Abhängigkeit von der Laufzeit im Wahrscheinlichkeitsnetz auf, so erhält man die Ausfallverteilung in Form einer Geraden (Bild 1–34). Anhand eines solchen Diagrammes läßt sich das Ermüdungsverhalten eines größeren Lagerkollektivs beurteilen. Nach DIN 622 und DIN ISO 281 wird die Lebensdauer eines Wälzlagers folgendermaßen definiert: Die „nominelle Lebensdauer" einer genügend großen Menge offensichtlich gleicher Lager wird ausgedrückt durch die Anzahl der Umdrehungen oder der Stunden bei unveränderter Drehzahl, die 90% dieser Lagermenge erreichen oder überschreiten, bevor die ersten Anzeichen einer Werkstoffermüdung auftreten.

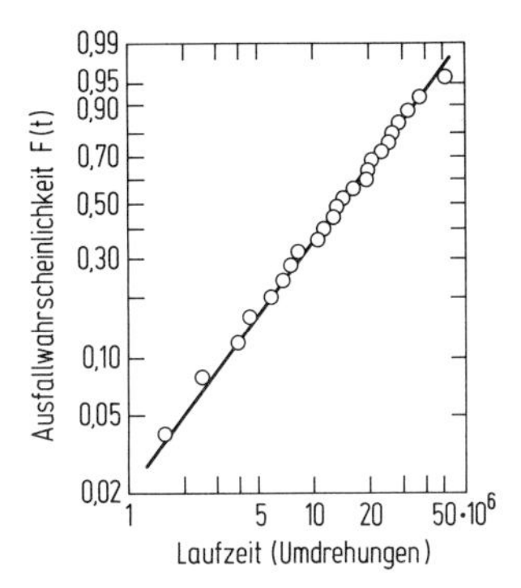

Bild 1–34: Ausfallverteilung einer Serie von 24 Wälzlagern [23]

Untersuchungen mit langen Laufzeiten bis zu 10000 Stunden führten zu der Ermittlung der „nominellen Lebensdauer" nach folgender Beziehung:

$$L_{10} = \left(\frac{C}{P}\right)^p \tag{1.11}$$

L_{10} nominelle Lebensdauer

C dynamische Tragzahl (abhängig von der Lagerart, der inneren Konstruktion und der Lagergröße)

p Exponent der Lebensdauergleichung für Kugellager: $p = 3$, für Rollenlager: $p = 10/3$

P äquivalente dynamische Lagerbelastung, die sich aus den auf das Lager wirkenden konstanten oder veränderlichen, nach Größe und Richtung bekannten Belastungen berechnen läßt; ist die berechnete Lagerbelastung F in Radiallagern rein radial, bei Axiallagern rein axial und zentrisch, so ist $P = F$.

Allgemein gilt

$$P = XF_r + YF_a \tag{1.12}$$

F Lagerbelastung

F_r Radialkomponente der Belastung

F_a Axialkomponente der Belastung

X Radialfaktor des Lagers

Y Axialfaktor des Lagers

Die nominelle Lebensdauer in Betriebsstunden ergibt sich aus Gl. (1.11) zu

$$L_{10h} = \frac{10^6}{60 \cdot n} \cdot \left(\frac{C}{P}\right)^p \tag{1.13}$$

n Drehzahl in 1/min

Durch statistische Auswertung der Versuchsergebnisse unter Einbeziehung der Streuung und der Ermüdungsphase wurden Nomogramme entwickelt, die dem Konstrukteur in übersichtlicher Weise ermöglichen, ohne großen Aufwand die Lebensdauer entsprechend den Anforderungen nach DIN 622 zu ermitteln, Bild 1–35.

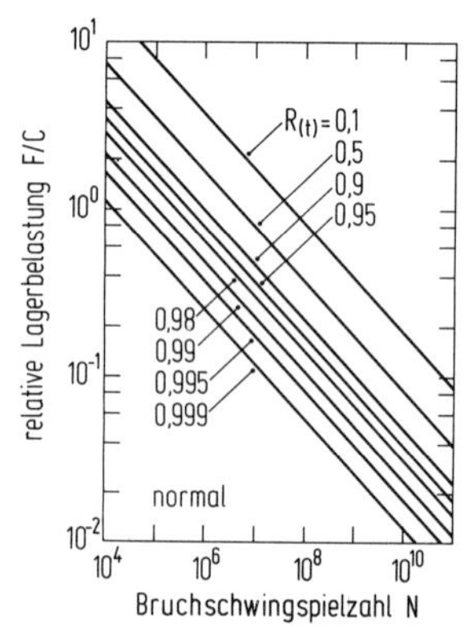

Bild 1–35: Relative Lagerbelastung F/C, Lastwechselzahl L und Überlebenswahrscheinlichkeit $R_{(t)}$ für Kugellager, ermittelt mittels der Weibull-Verteilung [24]

Treten Abweichungen auf, z. B. in der Stahlqualität, der Schmierung, der Ermüdungslaufzeit, so lassen sich diese mit der modifizierten Lebensdauergleichung erfassen

$$L_{na} = a_1 \cdot a_2 \cdot a_3 \cdot \left(\frac{C}{P}\right)^p \tag{1.14}$$

L_{na} modifizierte nominelle Lebensdauer (n gibt die Ausfallwahrscheinlichkeit in Prozent an)
a_1 Beiwert für die Erlebenswahrscheinlichkeit
a_2 Beiwert für den Lagerwerkstoff
a_3 Beiwert für die Betriebsbedingungen

Für die nominelle zugrundegelegte Erlebenswahrscheinlichkeit von 90% (n = 10%), herkömmlichen Werkstoff und übliche Betriebsbedingungen wird $a_1 = a$, $a_3 = 1$. In diesem Fall ist Gleichung (1.14) mit Gleichung (1.11) identisch.

Tabelle 1–2: Beiwert a_1 für verschiedene Erlebenswahrscheinlichkeiten

Erlebenswahrscheinlichkeit in %	90	95	96	97	98	99
Ausfallswahrscheinlichkeit in %	10	5	4	3	2	1
Lebensdauer L_n	L_{10}	L_5	L_4	L_3	L_2	L_1
Faktor a_1	1	0,62	0,53	0,44	0,33	0,21

In Tabelle 1–2 sind für verschiedene Erlebenswahrscheinlichkeiten Beiwerte a_1 angegeben. Die Beiwerte a_2 (Werkstoff) und a_3 (Betriebsbedingungen) sind teilweise voneinander abhängig. Daher wird häufig ein gemeinsamer Beiwert a_{23} verwendet. Die modifizierte Lebensdauergleichung erhält damit folgende Form

$$L_{na} = a_1 \, a_{23} \left(\frac{C}{P}\right)^p \tag{1.15}$$

Die Anwendung derartiger Berechnungsunterlagen setzt voraus, daß die zu erwartende Belastung genau bekannt ist. Das ist jedoch nur selten der Fall, weil in der Regel zusätzliche Beanspruchungen auftreten, z. B. durch elastische Verformung der Lagergehäusebohrung, durch Schwingungen, durch Verunreinigungen, durch Montagefehler. Daher ist die Lebensdauer von Wälzlagern in hochbeanspruchten Maschinen vielfach kürzer als die der Maschine. Die Lager müssen daher während der Lebensdauer einer Maschine in vielen Fällen einmal oder auch häufiger ersetzt werden.

Außerdem kann der Zeitpunkt, zu dem ein Wälzlager nicht mehr funktionsfähig ist, zwar mit einer gewissen Wahrscheinlichkeit für ein Kollektiv gleichartig beanspruchter Lager angegeben werden, nicht aber für das einzelne Lager. Daher ist es unumgänglich, hochbeanspruchte Lager während des Betriebes zu überwachen. Dadurch können in der Regel Folgeschäden vermieden werden, weil die Ausfälle von Wälzlagern nur selten plötzlich oder völlig unerwartet auftreten, sondern sich während einer gewissen Zeitspanne entwickeln. Entsprechende Überwachungsmethoden werden in Abschnitt 10.4.1.13 behandelt.

1.4.2.4 Betriebsuntersuchungen

Im praktischen Anwendungsfall, d. h. unter Betriebsbedingungen, liegen weder „reine" Belastungsarten wie im Laborversuch noch eindeutig bestimmbare Beanspruchungsverläufe wie bei den Prüfstanduntersuchungen vor. Hier treten vielmehr oft wechselnde und häufig zufällige Kombinationen von Einwirkungsfaktoren auf. Diese lassen sich zusammenfassen in Einflüsse

- technischer Art, z. B. Konstruktion, Ausführung, Beanspruchung
- organisatorischer Art, z. B. Bedienung, Qualität der Wartung, Überholen, Reparatur
- der Umwelt
- wirtschaftlicher Art, z. B. Auslastung, Toleranz der Produkte, Bewertung von Ausschuß.

Da die Gesetzmäßigkeiten der einzelnen Faktoren durch das Zusammenwirken mehrerer Einflußgrößen gestört werden, ist der Ablauf der Zerstörung bei Betriebsbeanspruchung wesentlich komplizierter. In der Regel aber ist einer der einwirkenden Faktoren dominierend für den Zerstörungsvorgang.

Daraus ergibt sich zwangsläufig die Notwendigkeit, für komplexe technische Systeme, deren Versagen eine Gefahr für Mensch und Umwelt darstellt oder verhältnismäßig hohe Folgekosten verursacht, „Prototyp"-Untersuchungen unter realen Betriebsbedingungen durchzuführen. Das trifft beispielsweise bei Entwicklungsobjekten der Luft- und Raumfahrt und im Kraftfahrzeugbau zu. Das Erprobungsprogramm des Concorde-Flugzeuges erforderte z. B. für den Nachweis einer ausreichenden Betriebssicherheit:

- acht Flugzeuge (zwei Prototypen, zwei Vorserien- und vier Serienflugzeuge)
- 5530 Flugstunden, davon 2000 bei Überschallgeschwindigkeit
- 52 000 Betriebsstunden für das Triebwerk, davon 26 000 im Flugbetrieb.

Im Kraftfahrzeugbau erstreckt sich das Erprobungsprogramm auf das Befahren besonderer Teststrecken, was weitgehenden Aufschluß über das Betriebsverhalten gibt. Die statistische Auswertung der Ergebnisse von Prüfstand- und Betriebsuntersuchungen gibt Aufschluß über das Verhalten des Bauteils bzw. technischer Systeme im Hinblick auf Frühausfälle, Zufallsausfälle und Verschleißausfälle (s. Bild 1–27). Darüber hinaus wird in verstärktem Umfange auch das Verhalten während des Betriebseinsatzes beobachtet, registriert und statistisch ausgewertet. Diese Ergebnisse fließen ebenfalls in das System Konstruktion ein und werden nach eingehender Analyse berücksichtigt. Außerdem werden hierdurch wertvolle Angaben über die Zeitverfügbarkeit technischer Systeme gewonnen, eine Einflußgröße, die im Rahmen wirtschaftlicher Betrachtungen immer mehr an Bedeutung gewinnt.

Literatur Kapitel 1

[1] *Dana, A. W., Aul, W. L., Sachs, G.:* The tension properties of aluminum-alloys of stress raisers. Entnommen aus: Schmidt, W.: Prüfung der mechanischen Eigenschaften bei statischer oder quasistatischer Beanspruchung. In: Werkstoffkunde der gebräuchlichen Stähle, Teil 1, S. 108–129. Verlag Stahleisen mbH, Düsseldorf 1977 (B)

[2] *Rühl, K. O.:* Die Sprödbruchsicherheit von Stahlkonstruktionen. Werner-Verlag, Düsseldorf 1959 (B)

[3] *Ropohl, G.:* Systemtechnik – Grundlagen und Anwendung. Carl Hanser Verlag München Wien 1975 (B)

[4] *Blohm, H., Steinbusch, K.:* Technische Prognosen in der Praxis. VDI-Verlag Düsseldorf 1972 (B)

[5] *Bayley, F. J., Turner, A. B.:* The transpiration – cooled gas turbine. Trans. ASME Serie A, J. of Engeng. for Power 92 (1970) Nr. 4, S. 351–358

[6] *Mayfield, J.:* Single Crystal Technology Use Starting. Aviation Week & Space Technology, October 1, 1979, S. 69

[7] Rolls-Royces better turbine blade. Flight International, 25. August 1979, S. 584

[8] *Löffler, A. u.a.:* Triebwerksforschung und -technologie in der Bundesrepublik Deutschland, Bd. 5. DFVLR-Mitt. 78–05 (1979)

[9] Handbuch der Schadensverhütung. 2. Auflage. Allianz Versicherungs-AG München und Berlin 1976 (B)

[10] *Haibach, E.:* Beurteilung der Zuverlässigkeit schwingbeanspruchter Bauteile. Luftfahrt-Raumfahrttechnik 13 (1967), S. 188–193

[11] *Sachs, L.:* Angewandte Statistik. Springer-Verlag Berlin Heidelberg New York 1978 (B)

[12] *Blume, J.:* Statistische Methoden für Ingenieure und Naturwissenschaftler, Bd. 1. VDI-Verlag, Düsseldorf 1980 (B)

[13] *Pohl, E. J., Bark, R.:* Wege zur Schadensverhütung im Maschinenbau. Allianz-Versicherungs-AG, München und Berlin, 1964 (B)

[14] *Broichhausen, J., Telfah, M.:* Wechselbeziehung zwischen Mikrostruktur und Schwingfestigkeit der Titanlegierung TiAl6V4. Metall 34 (1980), S. 909–917

[15] *Broichhausen, J.:* Einfluß der Gefügeausbildung auf das Dauerschwingverhalten der unter verschiedenen Bedingungen geschmiedeten Titanlegierung TiAl6V4. Technische Informationen Otto Fuchs Metallwerke, 1973

[16] *Jacoby, G., Nowak, H.:* Auslegungskonzepte für Betriebs- und Gestaltfestigkeit. VDI-Berichte Nr. 385, S. 37–60. VDI-Verlag Düsseldorf 1980

[17] *Kober, A., Schmidt, W.:* Dokumentation und Auswertung von Schadenuntersuchungen, ausgewählte Beispiele mit Folgerungen. VDI-Berichte Nr. 243, S. 29–39, VDI-Verlag Düsseldorf 1975

[18] *Kober, A.:* Allianz-Zentrum für Technik GmbH, Ismaning bei München. Persönliche Mitteilung

[19] *Weibull, W.:* A Statistical Distribution Function of Wide Applicability. J. Appl. Mech. 18, (1951), S. 293–297

[20] *Lechner, G., Hirschmann, K. H.:* Fragen der Zuverlässigkeit von Fahrzeuggetrieben. Konstruktion 31 (1979), H. 1, S. 19–26

[21] *Tittes, E.:* Über die Auswertung von Versuchsergebnissen mit Hilfe der Weibull-Verteilung. Bosch Techn. Berichte 4 (1973), S. 146–158

[22] *Eschmann, P., Hasbargen, L., Weigand, K.:* Die Wälzlagerpraxis. R. Oldenbourg Verlag München Wien 1978 (B)

[23] *Schreiber, H. H.:* Lebensdauerversuche mit Wälzlagern – ihre Aussagegenauigkeit und Planung. Wälzlagertechnik 3/63, S. 2–12

[24] *Schremmer, G.:* Zur Lebensdauerbestimmung von Wälzlagern bei verschiedenen Überlebenswahrscheinlichkeiten. Konstruktion 22 (1970), H. 9, S. 370–371

Ergänzende Literatur

Blume, J.: Statistische Methoden für Ingenieure und Naturwissenschaftler, Bd. 2. VDI-Verlag, Düsseldorf 1974 (B)

Paßmann, W.: Auswerten von Meßreihen. Deutsche Gesellschaft für Qualität eV, Frankfurt 1974 (B)

Wälzlager auf den Wegen des technischen Fortschrittes. Hrsg.: FAG Kugelfischer Georg Schäfer KGaA, Schweinfurt 1984. Verlag R. Oldenbourg GmbH, München (B)

DIN 622 T1: Tragfähigkeit von Wälzlagern; Begriffe, Tragzahlen, Berechnung der äquivalenten Belastung und Lebensdauer. Beuth Verlag, Berlin 1979

DIN ISO 281 T1: Wälzlager; Dynamische Tragzahlen und nominelle Lebensdauer, Berechnungsverfahren. Beuth Verlag, Berlin 1977

DIN 31051: Instandhaltung; Begriffe. Beuth Verlag, Berlin 1974

DIN 44041: Zuverlässigkeit elektrischer Bauelemente; Begriffe. Beuth Verlag, Berlin 1974

DIN 55350: Begriffe der Qualitätssicherung und Statistik. Beuth Verlag, Berlin 1980

2. Untersuchungsmethoden

2.1 Allgemeine Betrachtungen

Voraussetzung für das Versagen eines Bauteiles ist das Einwirken einer in der Regel mechanischen Beanspruchung. Um die Sicherheit eines technischen Systems beurteilen zu können, muß demnach die Reaktion des Werkstoffes auf die Einwirkung äußerer Kräfte bekannt sein. Der Werkstoff reagiert durch eine Formänderung, die zunächst elastisch und dann plastisch sein kann. Das Verhalten des Werkstoffes ist abhängig von dem Beanspruchungsablauf.

Eine Beurteilung des Werkstoffverhaltens unter Beanspruchung ist jedoch nur möglich, wenn zuverlässige und vergleichbare Kennwerte der Werkstoffeigenschaften verfügbar sind. Sie müssen durch geeignete Verfahren der Werkstoffprüfung ermittelt werden.

Die Verfahren zur Ermittlung und Kennzeichnung der Festigkeits- und Verformungskennwerte, die für die Festigkeitsbetrachtungen konventioneller Art verwendet werden, sind in den Materialprüfnormen für metallische Werkstoffe festgelegt [1]. Dabei ist grundsätzlich zu unterscheiden zwischen zunehmender, ruhender, wechselnder und schlagartiger Beanspruchung. Die wechselnde Beanspruchung ist in der Werkstofftechnik von besonderer Bedeutung, weil fast alle technischen Bauteile und Bauwerke während ihres Einsatzes Beanspruchungen unterworfen werden, die zeitabhängig sind. Dabei tritt in der Regel eine statistisch erfaßbare, funktionsbedingte Grundbeanspruchung – deterministische Belastung – und eine überlagerte Zufallsbeanspruchung – stochastische Belastung – mit einem meist ungleichmäßigen dynamischen Verlauf auf.

Die Betriebsbeanspruchung muß demnach grundsätzlich in zwei Arten unterteilt werden:

- deterministische Belastung = Beanspruchungsfolge durch Vorgänge, die bewußt vollzogen werden, wie z. B. Einsatz-, Regelvorgänge
- stochastische Belastung = Beanspruchung, die unperiodisch und regellos nach einer Zufallsfunktion verläuft.

Daraus resultiert eine Last-Zeit-Funktion entsprechend Bild 2–1.

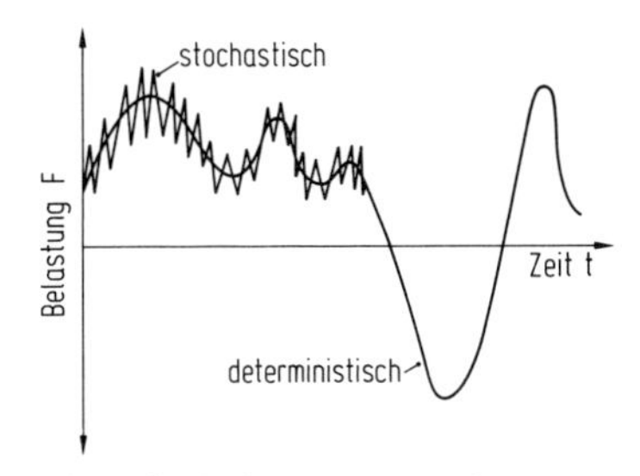

Bild 2–1: Last-Zeit-Funktion bei wechselnder Beanspruchung

Mathematisch wird eine Last-Zeit-Funktion als deterministisch bezeichnet, wenn aufgrund einer expliziten mathematischen Beziehung die Größe der Last zu jedem beliebigen Zeitpunkt vorherbestimmt werden kann. Andererseits wird eine Last-Zeit-Funktion dann, wenn ein den Vorgang charakterisierender Wert zu jedem Zeitpunkt eine andere unvorhersehbare Größe hat, als stochastisch bezeichnet. Um den Einfluß einer derartigen Betriebsbeanspruchung auf die Lebensdauer abschätzen zu können, müssen Bemessungsgrundlagen zur Verfügung stehen, die das Verhalten der Werkstoffe unter einer vergleichbaren Beanspruchung kennzeichnen. Als Bemessungsgrundlage dient die Schwingungsfestigkeit. Nach DIN 50100 [1] ist der Begriff Dauerschwingfestigkeit wie folgt definiert:

Die Dauerschwingfestigkeit (kurz Dauerfestigkeit genannt) ist der um eine gegebene Mittelspannung schwingende größte Spannungsausschlag, den eine Probe „unendlich oft" ohne Bruch und ohne unzulässige Verformung aushält.

Der Leichtbau erfordert jedoch eine Änderung der Definition dahingehend, daß das Kriterium „unendlich oft ohne Bruch" etwa durch „über eine bestimmte Zeit ohne Anriß" ersetzt wird. Dabei können bereits Vorgänge mikroskopischer Art Schadenskriterien sein, wie z. B. Änderung der Hystereseschleife bzw. der σ-ε-Abhängigkeit, Gleitlinienbildung, Änderung der Oberflächenstruktur, weil sich als Folge des irreversiblen zyklischen Verhaltens des Werkstoffes Mikrorisse bilden können, die sich mit einer werkstoffabhängigen Rißausbreitungsgeschwindigkeit vergrößern und schließlich zum Ermüdungsbruch führen.

Die Dauerschwingfestigkeit σ_D ist kein reiner Werkstoffkennwert, sondern ein statistischer Wert, weil er von vielen Faktoren abhängig ist, z. B. von den Einflußgrößen

- Werkstoffeigenschaften: Festigkeit, Formänderungsvermögen
- Probengeometrie: Kerben, Rauhigkeit, Querschnitt
- Versuchstechnik: Lastspielfrequenz, Prüftemperatur
- Umgebungseinfluß: Temperatur, Atmosphäre
- Art der Belastung: Zug, Druck, Biegung, Torsion, Mittelspannung

Tabelle 2–1: Leistungsgewichte von Antriebsaggregaten

Aggregate	Verwendungszweck	Leistungsgewicht kg/kW
Dieselmaschinen	stationär	82 ... 150
Dieselmaschinen	Schiffe	54 ... 82
Dieselmaschinen	LKW	9 ... 13
Ottomotore	PKW	5 ... 8
	PKW (VW)	3
Kreiskolbenmotore	PKW	1,4
Ottomotore	Flugzeug	0,55 ... 0,68
Gasturbinen	Flugzeug	0,27 ... 0,55
Schubrohre	Flugzeug (Überschall)	0,09 ... 0,21

Je genauer die Lebensdauer eines Bauteils vorherbestimmt werden soll, umso genauer muß die Auswirkung dieser Einflußgrößen bekannt sein, desto aufwendiger wird jedoch auch die Versuchstechnik. Im Idealfall wird die tatsächlich im Betrieb auftretende Beanspruchung gemessen, auf Magnetbändern gespeichert und im Labor exakt, jedoch mit Zeitraffung, nachgefahren, bis der Bruch erfolgt. Dieser Aufwand ist jedoch nur in sehr seltenen Fällen gerechtfertigt (z. B. bei der Raumfahrt und im Flugzeugbau). Je genauer die Bemessungsgrundlagen und die Beanspruchungsverhältnisse bekannt sind, desto leichter kann die Konstruktion ausgelegt werden, weil diese der vorgegebenen Lebensdauer weitgehend angepaßt werden kann; Leistungsverluste durch Überdimensionierung werden vermieden. Eine Möglichkeit der Beurteilung einer Konstruktion, z. B. Antriebsaggregate, bietet der Vergleich der Leistungsgewichte (Tabelle 2–1).

2.2 Mechanische Prüfverfahren

2.2.1 Zügige Beanspruchung

Das klassische Verfahren zur Ermittlung der Festigkeits- und Verformungseigenschaften der Werkstoffe bei zügiger Beanspruchung ist der Zugversuch. Dieser ist nach wie vor das bedeutendste Prüfverfahren, zumindest bei der Abnahmeprüfung metallischer Werkstoffe.

Beim Zugversuch nach DIN 50145 [1] wird eine Probe gleichmäßig bis zum Bruch gedehnt und dabei Zugkraft und Verformung laufend gemessen. Die Beziehungen zwischen Spannung und Dehnung sind u. a. geschwindigkeitsabhängig. Daher sind in den Prüfnormen für den Zugversuch verbindliche Angaben über die Dehngeschwindigkeit enthalten. Im elastischen Bereich sind Spannung und Dehnung proportional. Soll die Dehngeschwindigkeit auch oberhalb der Streckgrenze konstant bleiben, so muß die Abzugsgeschwindigkeit des Querhauptes der Prüfmaschine entsprechend gesteuert werden. Heute stehen Prüfmaschinen mit geschlossenem Regelkreis zur Verfügung, die dieser Forderung entsprechen.

2.2.2 Einstufen-Dauerschwingversuche

Das einfachste Verfahren zur Ermittlung des Dauerschwingverhaltens ist der Versuch mit konstanter Mittelspannung und Amplitude, wobei die Amplitude sinusförmig verläuft und die Probenform idealisiert ist. Registriert wird der Zusammenhang zwischen der belastenden Spannung und der ertragenen Schwingspielzahl, wobei diese einen Wert für die Lebensdauer darstellt und damit einen ersten Anhaltswert für die Berechnung. Diese Versuchsdurchführung wird als Einstufenversuch bezeichnet.

In der Regel setzt sich eine Beanspruchung aus einer statischen und einer schwingenden Komponente zusammen, wobei, wie bei quasistatischen Versuchen, nach Beanspruchungsart und Spannungszustand unterschieden werden muß. Bei derartigen Versuchen interessiert der größte schwingende Spannungsausschlag bei vorgegebener Mittelspannung, den eine Probe oder ein Bauteil beliebig oft ohne Bruch ertragen kann. In der Praxis wird jedoch wegen der allgemein beobachteten asymptotischen Näherung der Schwingbeanspruchung an die Schwingspielzahl „unendlich" die Dauerfestigkeit dem Schaubild für eine endliche Grenzschwingspielzahl N_G entnommen; diese beträgt für Stahl $10 \cdot 10^6$, für Leichtmetalle $20 \cdot 10^6$ Schwingspiele.

Die Durchführung der Versuche erfolgt nach DIN 50100 am besten nach dem Wöhlerverfahren. Hierzu werden mehrere Proben, in der Regel 6 bis 12, die hinsichtlich Werkstoff, Gestaltung und Bearbeitung völlig gleichwertig sind, einer zweckmäßig gestaffelten Schwingbeanspruchung unterworfen und die zugehörigen Bruch-Schwingspielzahlen ermittelt. Die Belastung erfolgt derart, daß bei einer vorgegebenen konstant gehaltenen Mittelspannung ein sinusförmig verlaufender ebenfalls konstanter Spannungsausschlag überlagert wird. Die Anzahl der Schwingspiele wird registriert und in Abhängigkeit von dem Spannungsausschlag σ_a aufgetragen (Bild 2–2a). Bei höheren Spannungen wird die Beanspruchung nur über eine begrenzte Schwingspielzahl ertragen; diesen Bereich bezeichnet man mit Zeitfestigkeit. Bei der doppellogarithmischen Auftragung der Versuchsergebnisse erhält man in der Regel, zumindest angenähert, einen aus zwei Geraden bestehenden Kurvenzug mit einem scharf ausgeprägten Knick (Bild 2–2b). Diese Darstellung der Versuchsergebnisse trennt somit eindeutig die Bereiche Zeitfestigkeit/Dauerschwingfestigkeit durch den Knick. Dadurch ist es möglich, den Verlauf der Geraden durch eine einfache Funktion darzustellen; der Wert der Neigung der Geraden kann als Kriterium für das Werkstoffverhalten im Zeitfestigkeitsbereich angesehen werden. Die Streuung derart ermittelter Bruchschwingspielzahlen bei gleicher Beanspruchung ist mei-

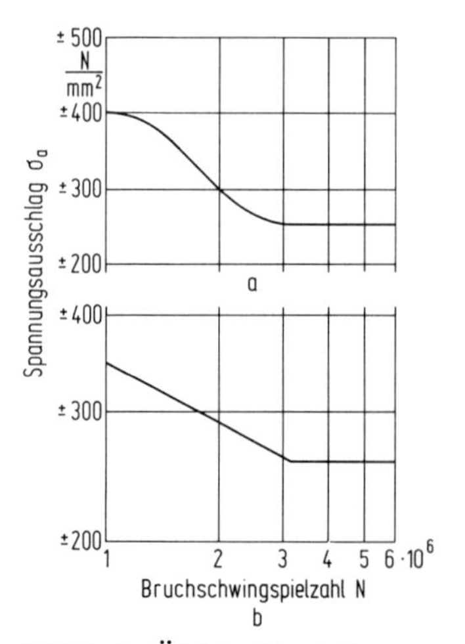

Bild 2–2: Übliche Darstellungsmöglichkeiten der Wöhler-Kurven
a) halblogarithmische Auftragung;
b) doppellogarithmische Auftragung

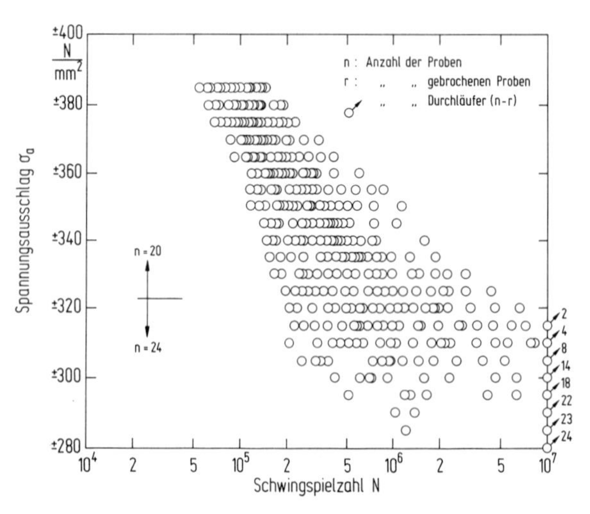

Bild 2–3: Streuung der Bruchschwingzahlen bei der Ermittlung im Einstufenversuch [2]

stens sehr groß (Bild 2–3). Die Ergebnisse üblicher Wöhlerversuche liefern deshalb nur Anhaltswerte für die Dauerschwing- und Zeitfestigkeit; lediglich die untere Begrenzungskurve gewährleistet eine hohe Überlebenswahrscheinlichkeit. Zur Ermittlung der Wöhlerkurve mit hohem Aussagewert sind daher Versuche mit 100 bis 200 Proben notwendig. Bei jedem Spannungsniveau, d. h. $\sigma_a = \text{const.}$, werden 10 bis 20 Proben untersucht.

Derart ermittelte Festigkeitswerte sind jedoch wegen des hohen Aufwandes lediglich für die Bemessung im extremen Leichtbau von Bedeutung. Bei normaler Betriebsbelastung erfolgt die Auslegung nach den Werten herkömmlicher Wöhlerkurven. Nach Bild 2–4 kann ein Bauteil entsprechend der ermittelten Dauerschwingfestigkeit σ_D optimal ausgelegt werden, wenn der Größtwert der Betriebsbeanspruchung $\sigma_a = \sigma_D$ ist und dieser Wert während der vorgesehenen Lebensdauer häufiger als die gewählte Grenzlastspielzahl auftritt (a). Treten bei der Betriebsbelastung Spannungsausschläge $\sigma_a > \sigma_D$ auf, so muß die Anzahl dieser Beanspruchungsgrößen derart berücksichtigt werden, daß sie unterhalb der entsprechenden Bruchschwingspielzahl liegt (b). Bei selten auftretenden Spitzenbelastungen ($\sigma_a \gg \sigma_D$) und sehr häufig auftretenden kleinen Belastungen ($\sigma_a < \sigma_D$) läßt sich durch diese Bemessungsmethode die Dauerfestigkeit jedoch nur in unbefriedigendem Maße ermitteln (c).

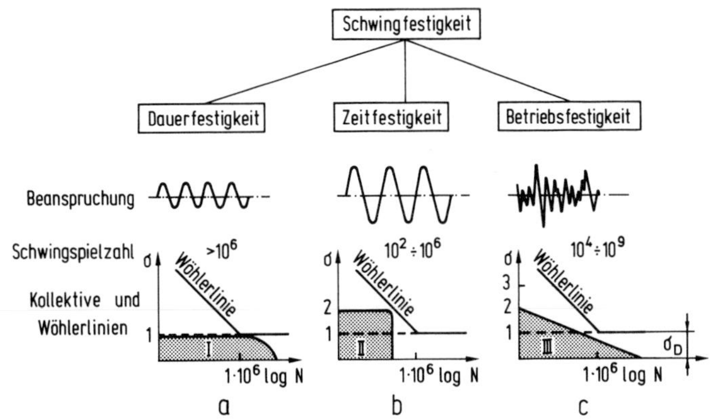

Bild 2–4: Schematische Darstellung der Aussagefähigkeit der Wöhlerkurve [3, 28]
a) Bereich I; b) Bereich II; c) Bereich III

2.2.2.1 Schadenslinie

Schon frühzeitig wurde erkannt, daß wenige Spannungsausschläge $\sigma_a > \sigma_D$ mit einer Schwingspielzahl $N < N_G$ nicht unbedingt die Dauerhaltbarkeit vermindern. Maßgebend hierfür ist die Höhe der Überbeanspruchung bezogen auf Spannung und Häufigkeit. Ferner ist bekannt, daß auch bereits vor der Bildung makroskopischer Anrisse im Bereich der Zeitfestigkeit Werkstoffschädigungen auftreten können. Die Schadenslinie, Bild 2–5, ist diejenige Begrenzung im Wöhlerdiagramm, die angibt, bei welchen Spannungsausschlägen Werkstoffschädigungen auftreten, die sich makroskopisch auswirken. Dadurch wird die Aussagefähigkeit der Wöhlerkurve in der üblichen Darstellung insofern erwei-

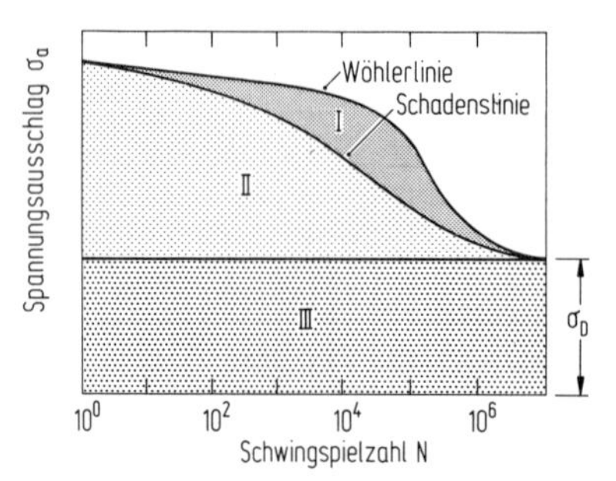

Bild 2–5: Wöhlerkurve mit Schadenslinie [1]

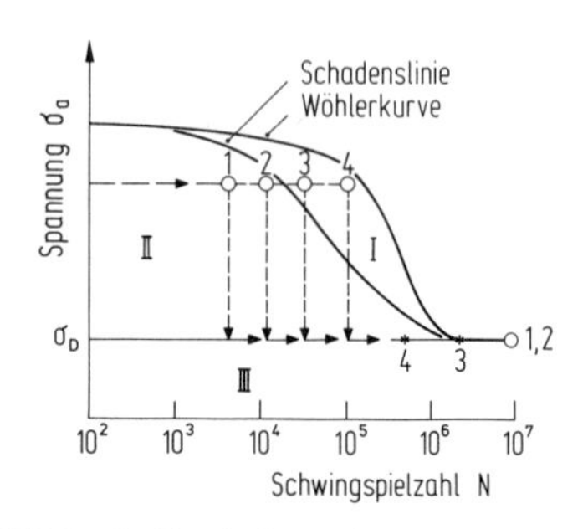

Bild 2–6: Ermittlung der Schadenslinie nach French [1]

tert, da erkennbar ist, daß im Bereich I eine Überbeanspruchung mit Werkstoffschädigung vorliegt, die Beanspruchungen im Bereich II nicht zu einer Werkstoffschädigung führen und daß die Belastungen $\sigma \leqq \sigma_D$, Bereich III, „dauerhaft" ertragen werden.

Zur Ermittlung der Schadenslinie ist eine Vielzahl von Versuchstechniken entwickelt worden, die darauf beruhen, den Beginn der Schädigung nach einer Schwingbeanspruchung mit dem Wert $\sigma_a \geqq \sigma_D$, erkennbar an mikroskopisch feinen Anrissen, durch mechanische oder metallographische Verfahren nachzuweisen. Wegen der Werkstoffzerrüttung nach Überschreiten der Schadenslinie ändern sich z. B. die Werkstoffkennwerte Kerbschlagarbeit, Kerbzugfestigkeit, Bruchdehnung, mechanische Dämpfung mehr oder minder stark gegenüber dem ungeschädigten Werkstoff.

Ein einfach durchzuführendes Verfahren wurde von *French* entwickelt (Bild 2–6). Hierbei werden vier oder mehr Proben mit gleichem Spannungsausschlag im Zeitschwingfestigkeitsbereich beansprucht, wobei $\sigma_a > \sigma_D$ ist. Die Versuche werden, bevor der Bruch eintritt, nach gestaffelten Schwingspielzahlen unterbrochen und bei der Spannung $\sigma_a = \sigma_D$ weiter durchgeführt. Wenn die Schadenslinie noch nicht überschritten wurde, wird die Grenzschwingspielzahl von z. B. 10^7 Lastwechseln bei Stahl erreicht (Proben 1 und 2 in Bild 2–6). Lag die Überbeanspruchung bereits außerhalb der Schadenslinie, so erfolgt bei der Weiterbeanspruchung mit $\sigma_a = \sigma_D$ der Bruch, ehe die Grenzschwingspielzahl erreicht wird (Probe 3 und 4). Dieses Verfahren wird für verschiedene Spannungshorizonte wiederholt. Verbindet man jeweils die Punkte erster Schädigung miteinander, so erhält man die Schadenslinie.

2.2.2.2 Überlebenswahrscheinlichkeit

Wird die Wöhlerkurve durch eine große Anzahl von Proben ermittelt, so ergibt sich zu jedem Spannungshorizont ein natürliches Streuband der Bruchschwingspielzahlen N (Bild 2–7). Ist die Probenzahl je Spannungshorizont genügend groß (10 bis 20), so ergibt sich eine Normalverteilung, die eine Aussage über die Bruchwahrscheinlichkeit P_B bzw. die Überlebenswahrscheinlichkeit $P_ü$ ermöglicht. *Gaßner* hat dafür das in Bild 2–8 dargestellte Auswertungsverfahren vorgeschlagen. Die Versuchsergebnisse jedes Spannungshorizontes werden ta-

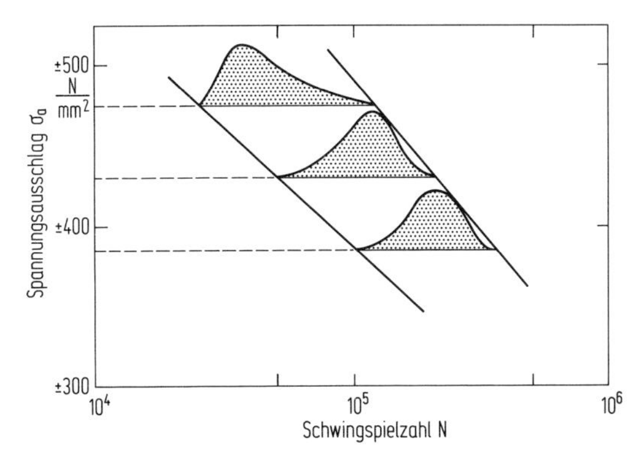

Bild 2–7: Häufigkeitsverteilung der Bruch-Schwingspielzahlen N bei verschiedenen Spannungsausschlägen σ_a [3]

Angaben zur Versuchsreihe:...

Probe	N	m	$P_ü$ %
2	$0{,}95 \cdot 10^5$	18 = n	94,7
4	$1{,}0 \cdot 10^5$	17	89,5
17	$1{,}0 \cdot 10^5$	16	84,2
|	|	|	|
3	$2{,}2 \cdot 10^5$	3	15,8
12	$2{,}4 \cdot 10^5$	2	10,5
7	$2{,}4 \cdot 10^5$	1	5,3

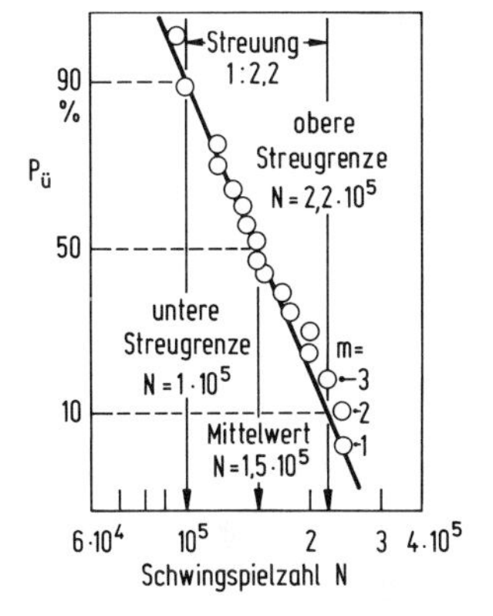

Bild 2–8: Ermittlung der Überlebenswahrscheinlichkeit $P_ü$ [3]

bellarisch nach steigender Bruchschwingspielzahl geordnet. Der Probe mit der größten Bruchschwingspielzahl wird die Ordnungszahl m = 1 zugeordnet, derjenigen mit der zweitgrößten Schwingspielzahl die Ordnungszahl m = 2 und so fort bis m = n, wobei n die Gesamtzahl aller Proben ist. Die Überlebenswahrscheinlichkeit ist definiert als

$$P_ü = \frac{m}{n + 1} \tag{2.1}$$

Mit dieser Beziehung wird für jede Probe die Überlebenswahrscheinlichkeit berechnet und über den Logarithmus der Bruchlastspielzahl im Wahrscheinlichkeitsnetz aufgetragen. Man erhält in guter Näherung eine Gerade. Gleichbedeutend ist die Ermittlung und Auftragung der Bruchwahrscheinlichkeit (Bild 2–9),

$$P_B = 1 - P_ü . \tag{2.2}$$

Aus diesen Darstellungen lassen sich beliebige Überlebens- bzw. Bruchwahrscheinlichkeiten entnehmen.

Meist ist es ausreichend, die Linien für 10, 50 und 90 % Überlebenswahrscheinlichkeit in das Wöhlerschaubild einzutragen (Bild 2–10).

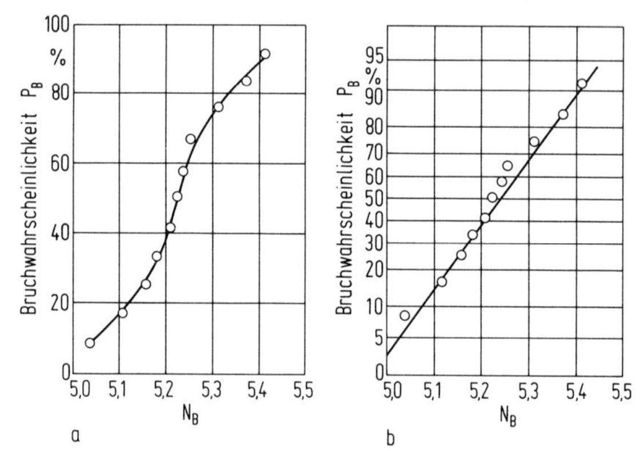

Bild 2–9: Bruchwahrscheinlichkeit als Funktion der Bruchschwingspielzahlen [4]
a) linear aufgetragen
b) im Wahrscheinlichkeitsnetz aufgetragen

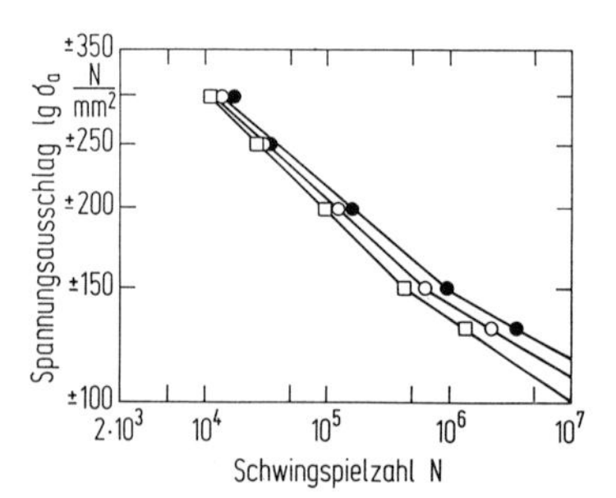

Bild 2–10: Wöhlerkurve in doppellogarithmischer Darstellung mit den Überlebenswahrscheinlichkeiten
$P_ü = 90\%$, 50%, 10% [3]
—□— —○— —●—

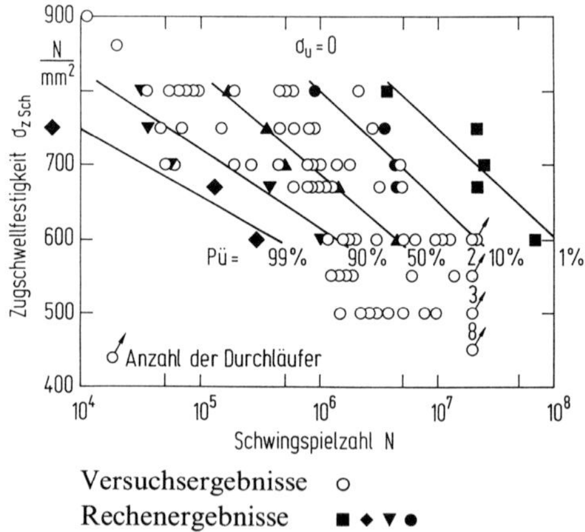

Versuchsergebnisse ○
Rechenergebnisse ■ ◆ ▼ ●

Bild 2–11: Zeitfestigkeitsbereich mit der Überlebenswahrscheinlichkeitsspanne $P_ü = 99\%$ bis 1% für den Werkstoff TiAl6V4 [5]

In Anwendungsbereichen, in denen eine möglichst weitgehende Ausnutzung des Werkstoffes angestrebt und wegen einer hohen Sicherheitsforderung eine zahlenmäßig erfaßbare Überlebenswahrscheinlichkeit verlangt wird, fächert man den Bereich der Versuchsergebnisse weiter auf, z. B. entsprechend Bild 2–11 für die Zugschwellfestigkeit, und erhält dadurch eine Spanne der Aussagefähigkeit von z. B. $P_ü = 1\%$ bis 99%.

Liegen, insbesondere in den Randbereichen $N > N_{Pü}$ bzw. $N_{Pü} < 10\%$, nicht genügend experimentelle Ergebnisse vor, um nach der genannten Methode eine Überlebenswahrscheinlichkeit $P_ü < 10\%$ bzw. $> 90\%$ ermitteln zu können, so ist es möglich, die Ergebnisse der einzelnen Spannungshorizonte durch eine Regressionsrechnung in Abhängigkeit vom Spannungsniveau darzustellen. Hierbei hat sich das arcsin-Verfahren in der Modifikation von *Freeman* und *Tucky* [6] als geeignet erwiesen (Bild 2–11).

2.2.2.3 Bruchverhältnis

Der Übergangsbereich zwischen der Zeitfestigkeit und der Dauerfestigkeit ist dadurch gekennzeichnet, daß ein Teil der Proben bricht, der andere jedoch eine vorgegebene Grenzschwingspielzahl, z. B. $N = 10^7$, ohne Bruch erreicht. Die Breite dieses Gebietes, bezogen auf die Spannungen, kann mehr als 25% der Dauerfestigkeit betragen (Bild 2–12). In diesem Gebiet interessiert die Spannung, bei der ein gewisser Prozentsatz der Proben bricht. Brechen bei den untersuchten Spannungshorizonten im Dauerfestigkeitsbereich jeweils i von n Proben, so ergibt sich bei entsprechender Auftragung der Meßreihe eine Darstellung entsprechend Bild 2–13. Den Quotient i/n nennt man Bruchverhältnis. Durch Wahl eines geeigneten Netzes ist eine Linearisierung der Ausgleichskurve möglich.

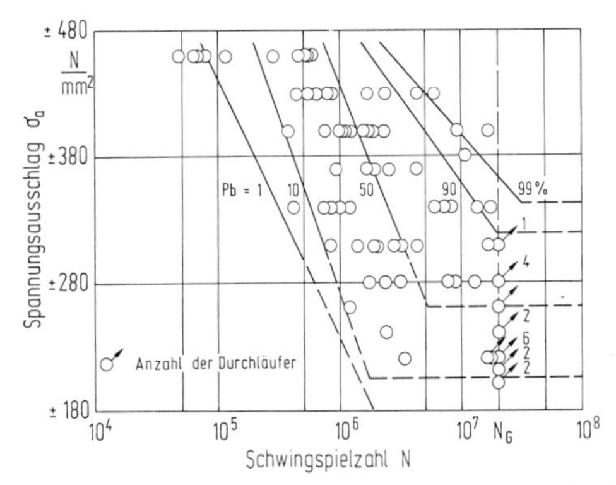

Bild 2–12: Streubereich der Zug-Druck-Wechselfestigkeit von TiA16V4 [5]

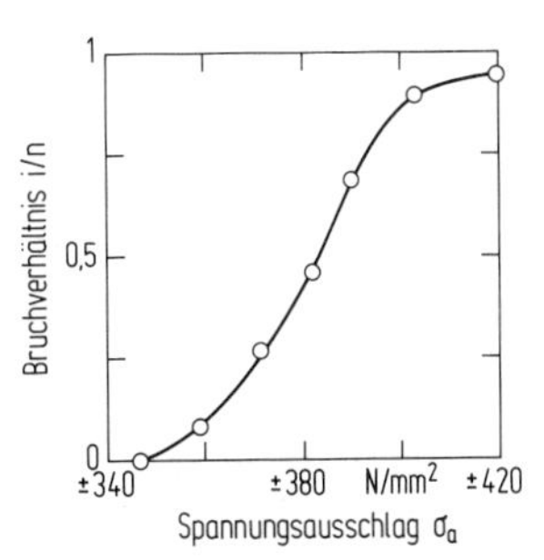

Bild 2–13: Bruchverhältnis in Abhängigkeit vom Spannungsausschlag [4]

2.2.2.4 Treppenstufenverfahren

Eine weitere Möglichkeit, statistisch gesicherte Werte der Dauerschwingfestigkeit zu ermitteln, ist das Treppenstufenverfahren (Bild 2–14). Ausgehend von einem Ausgangswert der Dauerschwingfestigkeit wird der zu erwartende Streubereich in gleichmäßige Stufen $\Delta\sigma$ eingeteilt. Der Ausgangswert wird entweder nach vorliegenden Erfahrungswerten gewählt oder durch Näherungsverfahren bestimmt, z. B. bei Stahl durch die Beziehungen: $R_m \approx 3{,}4 \cdot HV$; $\sigma_{zdW} \approx 0{,}4 \cdot R_m$; $\sigma_{bW} \approx 0{,}5 \cdot R_m$; $\tau_W \approx 0{,}6 \cdot \sigma_{bW}$.

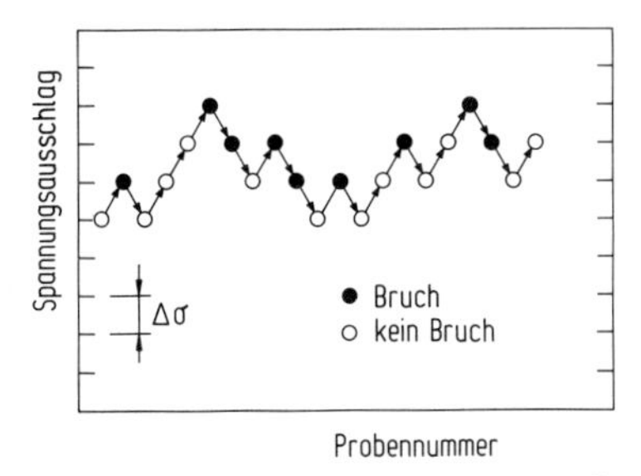

Bild 2–14: Ermittlung der Dauerfestigkeit nach dem Treppenstufenverfahren [7]

Bricht die erste Probe, so wird im folgenden Versuch die Spannungsamplitude um $\Delta\sigma$ erniedrigt, bricht sie nicht, so wird die Beanspruchung um $\Delta\sigma$ erhöht. Demnach wird, außer bei der ersten Probe, die jeweilige Beanspruchung durch das Ergebnis des vorhergehenden Versuches bestimmt. Ein gewisser Vorteil dieses Verfahrens besteht darin, daß eine Konzentration der Versuchsdurchführung um den Mittelwert erfolgt. Nachteilig ist die verhältnismäßig große Probenzahl von etwa 20 bis 40; jede Probe wird nur einmal verwendet.

Zur genaueren Ermittlung der Überlebenswahrscheinlichkeit aus derartigen Versuchsergebnissen stehen nach neuzeitlichen Gesichtspunkten entwickelte Rechenverfahren zur Verfügung.

2.2.3 Schadensakkumulationshypothesen

Die Betriebsbeanspruchungen nahezu aller Bauteile treten meist in regelloser Folge auf. Demgegenüber werden die Untersuchungen zur Ermittlung der Dauerfestigkeitswerte der Werkstoffe in der Regel bei konstanten Spannungsamplituden durchgeführt. Diese Werte können daher nicht direkt zur Berechnung der Lebensdauer verwendet werden. Um trotzdem eine ausreichende Genauigkeit zu erzielen, versucht man, mit Hilfe von Schadensakkumulationshypothesen eine Anpassung an die Verhältnisse im Betrieb zu erzielen.

Ursprünglich trat die Forderung nach der Schadensakkumulation bei schwingender Beanspruchung auf den Gebieten des extremen Leichtbaus auf; neuerdings hat sich diese Forderung auf nahezu alle Gebiete ausgedehnt.

Bei den meisten Bauteilen treten statistisch veränderliche Spannungsamplituden auf, die dadurch gekennzeichnet sind, daß relativ wenige Beanspruchungen weit oberhalb der Dauerschwingfestigkeit liegen, mehr Beanspruchungen weniger weit oberhalb und die meisten unterhalb der Dauerfestigkeit (Bild 2–15). Wer-

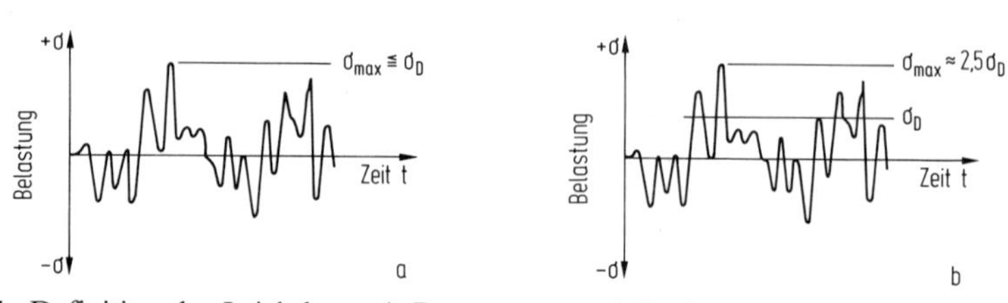

Bild 2–15: Definition des Leichtbaus a) Bemessung nach Wöhler b) Leichtbau

den Belastungen zugelassen, die oberhalb der Dauerfestigkeit liegen, so muß der Nachweis erbracht werden, daß die vorgesehene Lebensdauer dadurch nicht vermindert wird. Ein derartiger Nachweis kann entweder analytisch oder experimentell erfolgen. Zu der ersten Gruppe gehören spezielle Ansätze oder Verfahren, die ermöglichen, mit Hilfe bekannter Werkstoffkennwerte zuverlässige Bemessungsgrößen zu ermitteln, z. B. mittels Ergebnissen aus Einstufenversuchen durch Anwendung geeigneter Schadensakkumulationshypothesen.

Die veröffentlichten Schadensakkumulationshypothesen basieren auf der Annahme, daß Werkstoffschädigungen durch Schwingspiele ausreichender Größe sich akkumulieren und zu einer Werkstoffzerrüttung führen. Weiter wird angenommen, daß die Schadenssumme vor Beginn der Schwingbeanspruchung den Wert Null hat.

Die Schadensakkumulation ist demnach definiert als „Aufsummierung der Teilschädigungen, die bei einem unregelmäßigen Spannungsverlauf durch die einzelnen Lastspiele unterschiedlicher Größe und Häufigkeit hervorgerufen werden."

Nach praktischen Gesichtspunkten muß eine Schadensakkumulationshypothese folgenden Forderungen entsprechen:

- ausreichende Allgemeingültigkeit, d. h. anwendbar für verschiedene Beanspruchungskollektive, Werkstoffe, Bauteile, Formzahlen, Beanspruchungsarten usw.
- Anwendbarkeit für die Rißentstehungsphase, d. h. vom ersten Lastwechsel bis zum technischen Anriß, und für die Rißfortschrittsphase, d. h. vom technischen Anriß bis zum Bruch
- keine Notwendigkeit aufwendiger zusätzlicher Versuche
- Genauigkeit und Zuverlässigkeit müssen bekannt und reproduzierbar sein.

Bis jetzt sind die bisher bekanntgewordenen Hypothesen noch weit davon entfernt, eine allgemeingültige Lebensdauer-Funktion darzustellen, die allen Problemen der Werkstoffermüdung gerecht wird. Das liegt auch daran, daß der werkstoffphysikalische Schädigungsablauf noch nicht ausreichend bekannt ist. Erschwerend wirken sich die steigenden Anforderungen an die Schadenshypothesen zur Ermittlung zuverlässiger Bemessungsmethoden aus verfügbaren Kenngrößen mit dem schrittweisen Übergang zum Leichtbau im allgemeinen Maschinenbau aus. Es wurden zahlreiche Hypothesen entwickelt, von denen aber nur diejenigen von Bedeutung sind, die auf der Methode der linearen Schadensakkumulation beruhen, da sie relativ einfach zu handhaben sind und zudem am häufigsten experimentell überprüft wurden.

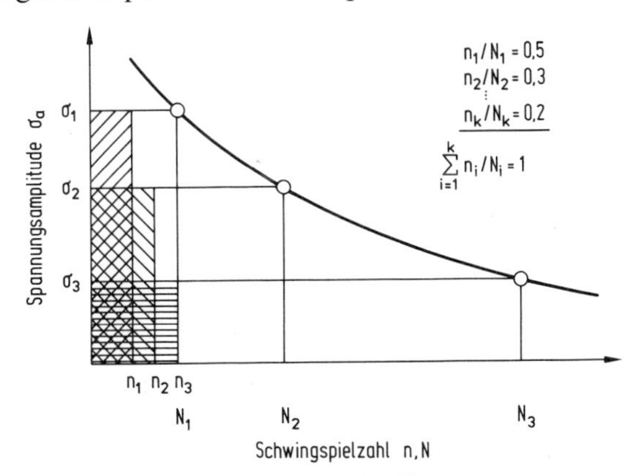

Bild 2–16: Darstellung der Palmgren-Miner-Regel [8, 9]

Die bekannteste Hypothese ist die, die von *Miner* 1945 [8] veröffentlicht wurde. Sie beruht auf Ansätzen, die bereits 1924 vom *Palmgren* [9] publiziert wurden.

2.2.3.1 *Palmgren-Miner*-Hypothese

Unter der Annahme einer linearen Schadensakkumulation kann die Schädigung, die ein Schwingspiel verursacht, durch $1/N_i$ ausgedrückt werden, wobei N_i die Bruchschwingspielzahl im Einstufenversuch bei der Spannungsamplitude σ_{ai} bedeutet. Da eine lineare Aufsummierung der Teilschädigung vorausgesetzt wird, tritt Versagen ein, wenn die aufsummierten Teilschädigungen den Wert 1 erreichen. Die Hypothese läßt sich demnach darstellen durch

$$\sum_{i=1}^{i=k} \frac{n_i}{N_i} = 1 \tag{2.3}$$

n_i aufgebrachte Schwingspiele bei Spannungsniveau σ_i
N_i Bruchschwingspielzahl bei Spannungsniveau σ_i
$i = 1 \ldots k$ Anzahl der verschiedenen Belastungsamplituden bzw. Spannungsniveaus

Bild 2–16 enthält ein Beispiel in schematischer Darstellung.

Diese Hypothese, die eine linear zunehmende Schädigung vom Beginn der unregelmäßigen Belastung bis zum Bruch unterstellt, erfaßt nicht das tatsächliche Verhalten des Werkstoffes bei Ermüdungsbelastung. Aber man gewinnt mit dieser Beziehung zumindest eine erste Näherung für die Lebensdauer bei wechselnden Beanspruchungen allgemein aus der Kenntnis der Betriebsbelastungen, gekennzeichnet durch σ_i, n_i und der Wöhlerkurve.

Zahlreiche experimentelle Untersuchungen, die die Aussagefähigkeit der *Miner*-Hypothese auf breitester Basis überprüften, zeigen, daß die experimentell ermittelten Ergebnisse oft nicht mit den nach dieser Hypothese errechneten Werten übereinstimmen. Es wurden Abweichungen sowohl nach der sicheren als auch nach der unsicheren Seite hin festgestellt. Das ist auf der einen Seite verständlich, weil nur eine lineare Aufsummierung der Schäden erfolgt, andererseits aber auch deshalb, weil die von Miner vorgesehene Einschränkung, daß sämtliche in Betracht gezogenen Spannungsamplituden oberhalb der Dauerfestigkeit liegen müssen, nicht realisiert wird. Außerdem lassen sich aus den experimentell ermittelten Versuchsergebnissen einzelne weitere Ursachen für die Abweichungen der Aussage ableiten, die in der Hypothese von Miner nicht erfaßt werden, z. B.

- Belastungsfolge; die Schwingspiele stimmen nicht mit denjenigen im tatsächlich vorliegenden Beanspruchungsverlauf überein.
- Die Kriterien Rißentstehung und Rißfortschrittsphase werden global behandelt, obwohl beide Kriterien unterschiedlichen Gesetzmäßigkeiten unterliegen.
- Die Bildung von Druckeigenspannungen durch vereinzelt auftretende hohe Zugspannungen ($\sigma_1 > R_p$) bleibt unberücksichtigt. Diese sind in der Regel schädigungsmindernd, wenn aber eine kritische Größe überschritten wird, tritt eine Begünstigung der Schadensbildung auf.

Die letztgenannten Größen beeinflussen die Unsicherheit der Aussagefähigkeit am stärksten.

In Extremfällen liegt die Summe der Quotienten n_i/N_i zwischen 0,02 und 10. Eine zusammenfassende Übersicht der Häufigkeitsverteilung der aus den Ergebnissen von Blockprogrammversuchen nach *Palmgren/Miner* ermittelten Schadenssumme zeigt Bild 2–17 [10]. Demnach ergibt sich bei halblogarithmischer Auftragung angenähert eine Normalverteilung, deren Zentralwert die Bruchbedingung erfüllt. Im Bereich $S < 1$ ist die experimentell ermittelte Lebensdauer kürzer als die berechnete, der Bereich $S > 1$ entspricht der Lebensdauerabschätzung mit Hilfe konventioneller Berechnungsmethoden. Daraus folgt, daß ohne spezielle Erfahrung mit ähnlichen Bauteilen und ähnlichen Beanspruchungsbedingungen die *Palmgren-Miner*-Hypothese zu sehr unterschiedlichen Ergebnissen führt.

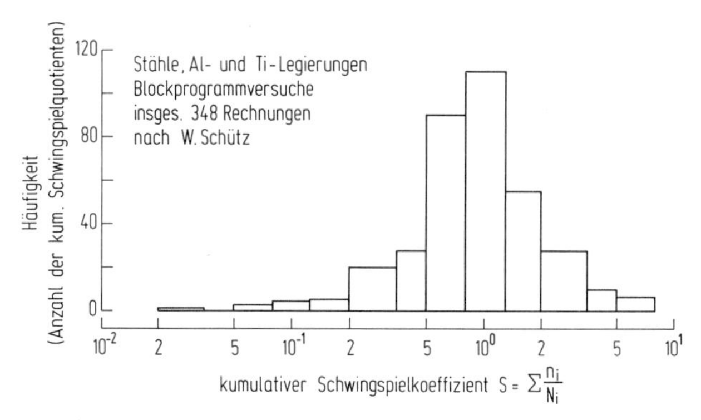

Bild 2–17: Vertrauensbereich der *Palmgren-Miner*-Regel [10]

2.2.3.2 Modifikation der *Palmgren-Miner*-Hypothese

Wegen dieser Mängel ist daher versucht worden, eine Modifikation der linearen Schadensakkumulationshypothese durchzuführen. Im einfachsten Fall wurde vorgeschlagen, den Wert 1 durch die Konstante C zu ersetzen, entsprechend Gleichung:

$$\sum_{i=1}^{i=k} \frac{n_i}{N_i} = C \tag{2.4}$$

Der Wert von C muß experimentell ermittelt werden in Abhängigkeit maßgeblicher Einflußgrößen, wie Werkstoff, Versuchsbedingungen, Formzahl, Art der Spannung, Ausbildung der Belastungsfolge.

Außerdem wurden u.a. folgende Vorschläge veröffentlicht:

- Der Wert 1 wird durch 0,3 ersetzt. In diesem Fall liegen nahezu alle Lebensdauervorhersagen auf der sicheren Seite; eine erhebliche Überdimensionierung muß daher in Kauf genommen werden.
- Modifizierung der Wöhlerlinie. Der in doppellogarithmischer Darstellung im Bereich der Zeitfestigkeit geradlinig verlaufende Teil der Linie wird geradlinig

oder abgeknickt unterhalb der Dauerfestigkeit verlängert (Bild 2–18). Nach Haibach [11] wird vorgeschlagen, die Wöhlerlinie mit halber Neigung bis auf $\sigma_a = 0$ zu verlängern. Die derart modifizierte Hypothese berücksichtigt die Abnahme der Dauerfestigkeit nach Rißentstehung zumindest näherungsweise.

- Schadensakkumulationshypothese nach *Corten/Dolan* [12]. Diese Hypothese stellt ebenfalls eine Modifizierung der *Palmgren-Miner*-Hypothese dar. Nach Bild 2–19 treffen die modifizierten Wöhlerlinien d_1 und d_2 bei $(\sigma_a)_1$ auf die normale Wöhlerlinie des Werkstoffes, besitzen jedoch eine unterschiedliche Steigung 1/d.

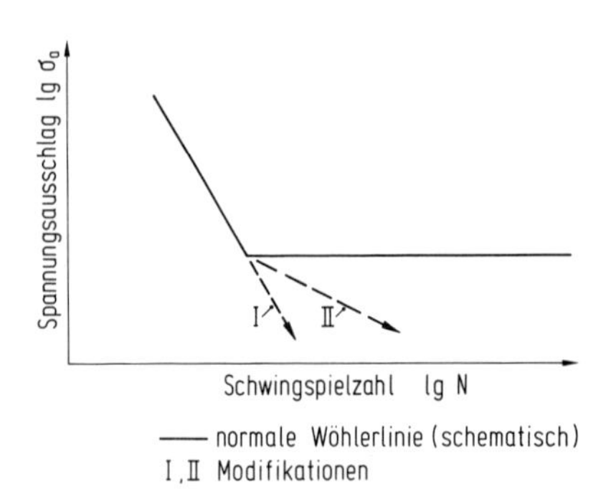

Bild 2–18: Modifizierte Wöhlerlinie für Schadensrechnungen nach Haibach [11]

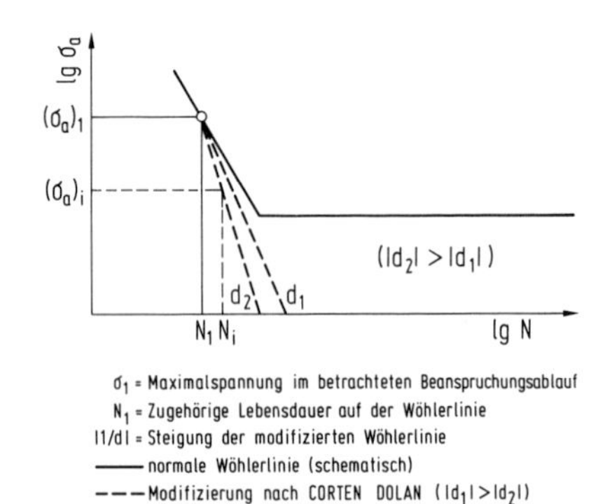

Bild 2–19: Modifizierte Wöhlerlinie nach Corten/Dolan [12]

Die Versagens-Schwingspielzahl N wird nach [12] ermittelt durch

$$N = \frac{N_1}{\sum_{i=1}^{j} \alpha_i \frac{(\sigma_a)_i}{(\sigma_a)_1}^{d}} \tag{2.5}$$

N Versagensschwingspielzahl
N_1 Einstufenlebensdauer bei $(\sigma_a)_1$
$(\sigma_a)_1$ höchste Beanspruchung im gesamten Beanspruchungsablauf
α_i relativer Anteil der Schwingspiele mit $(\sigma_a)_i$ am Gesamtkollektiv
i (1 ... j) Anzahl unterschiedlicher Belastungsniveaus
1/d Steigung der modifizierten Wöhlerlinie

In [12] sind Anhaltswerte für die Steigung der modifizierten Wöhlerlinie, die werkstoffabhängig ist, angegeben.

Eine übersichtliche Darstellung der genannten Hypothesen sowie ein weiterer Vorschlag einer Modifizierung ist in Bild 2–20 [13] gezeigt. In neuerer Zeit sind bei den Verfahren zur Analyse der Schadensakkumulation bei Betriebsbelastungen wesentliche Fortschritte erzielt worden [14].

Hypothesen	Prinzipdarstellung	Besonderheit, Aussage	Anwendungs-, Geltungsbereich
French	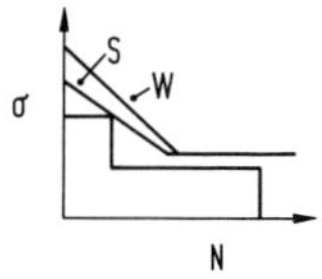 σ S W N	Schadenslinie muß experimentell ermittelt werden. Werkstoff erträgt eine Anzahl von Überlastungen ohne Veränderung der Dauertragfähigkeit.	Auch für zweistufigen Beanspruchungsverlauf nicht gesichert, da bereits nach wenigen Überlastungen eine Veränderung der Dauertragfähigkeit eintritt.
Palmgren-Miner	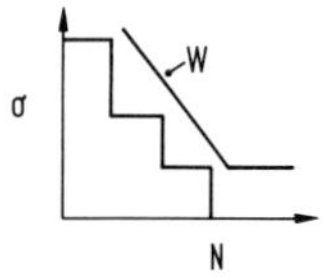 σ W N	Beanspruchung σ_{Vi} < σ_{VD} beeinflussen nicht die Lebensdauer.	Für beliebige Kollektivformen mit Kollektivumfängen $N_{ges} < N_K$, wobei $\sigma_{Vi} \leqq \sigma_{VDO}$
Corten und Dolan	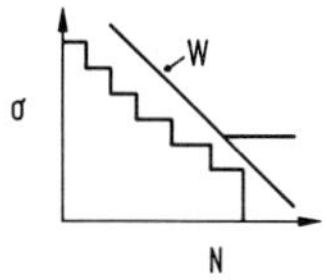 σ W N	Jede Beanspruchung wirkt von Betriebsbeginn an lebensdauervermindernd. Schädigungsrechnung wird gegenüber der Wöhlerlinie, die geradlinig in den Dauertragfähigkeitsbereich verlängert wird, durchgeführt.	Für beliebige Kollektivformen; Lebensdauerwerte liegen im allgemeinen weit auf der sicheren Seite.
Haibach	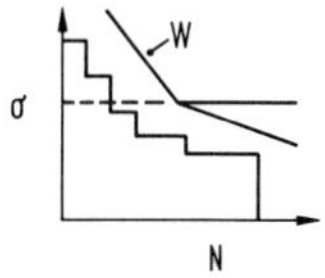 σ W N	Jede Beanspruchung wirkt von Betriebsbeginn an lebensdauervermindernd. Schädigungsrechnung wird gegenüber der Wöhlerlinie und einer fiktiven Wöhlerlinie im Dauertragfähigkeitsbereich durchgeführt.	Für beliebige Kollektivformen; Lebensdauerwerte liegen bei großem Anteil von Beanspruchungen σ_{Vi} < σ_{VDO} auf der sicheren Seite.
neuer Vorschlag	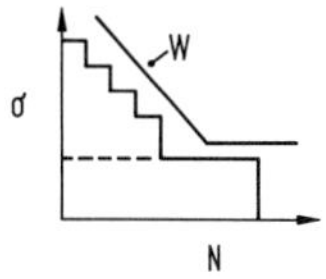 σ W N	Beanspruchungen von σ_{Vi} < σ_{VD} beeinflussen erst nach einer bestimmten akkumulierten Schädigung die Lebensdauer. Schädigungsrechnung wird gegenüber der Wöherlinie des nicht vorgeschädigten und des geschädigten Bauteils durchgeführt.	Für Kollektiv mit relativ großem Anteil von gleichen Beanspruchungen mit σ_{Vi} < σ_{VDO} (erweiterungsfähig auf beliebige Kollektivformen)

σ_{VDO} = Dauertragfähigkeit des nicht vorgeschädigten Bauteils
σ_{Vi} = beliebige Beanspruchungsstufe
W = Wöhlerlinie
S = Schadenslinie

N_{ges} = Gesamtschwingspielzahl
N_S = Schwingspielzahl der Schadenslinie
N_i = Schwingspielzahl der Wöhlerlinie
N_K = Schwingspielzahl des idealisierten Knickpunktes der Wöhlerlinie

Bild 2–20: Gegenüberstellung der bekanntesten Schadensakkumationshypothesen [13]

2.2.4 Betriebs-Schwingversuche

2.2.4.1 Allgemeine Betrachtung

Die Verfahren zur analytischen Behandlung der Schadensakkumulation bei Betriebsbelastung setzen voraus, daß die wesentlichen mechanischen und werkstoff-physikalischen Mechanismen zumindest angenähert bekannt sind. Trotz erheblicher Fortschritte können die nach diesen Verfahren ermittelten Ergebnisse den Aussagewert eines Betriebslasten-Simulationsversuches zum endgültigen Betriebsfestigkeitsnachweis nicht ersetzen. Dabei darf aber nicht übersehen werden, daß die analytische Betrachtung erhebliche Vorteile bietet, sowohl in der Bemessungsphase, bei der Versuchsplanung wie auch als Ergänzung realistisch ermittelter Kenngrößen.

Das Bemessungskonzept für unregelmäßig beanspruchte Bauteile erfordert vielmehr Bemessungsunterlagen, die dieser Beanspruchung entsprechen.

Die Auslegung erfolgt daher, zumindest auf dem Gebiet des extremen Leichtbaus, aufgrund der Erkenntnisse von Betriebsfestigkeitsuntersuchungen und im Extremfall, wie in der Raumfahrt, anhand der Ergebnisse von Randomversuchen. Die Betriebsfestigkeitsversuche sind dadurch gekennzeichnet, daß zur Belastungssteuerung ein zu einem Programm zusammengefaßtes Belastungskollektiv verwendet wird. Beim Randomversuch werden die wirklich auftretenden Belastungsabläufe für die Belastungssteuerung eingesetzt.

Das Problem der sicheren Bemessung eines Bauteils unter unregelmäßiger Beanspruchung liegt demnach darin, die Beanspruchungsverhältnisse einerseits und das Verhalten des Werkstoffes andererseits an den höchstbeanspruchten Stellen des Bauteils optimal abzustimmen. Um dies zu ermöglichen, muß die Beanspruchungs-Zeit-Funktion ermittelt und beschrieben werden. Daraus folgt, daß diese Funktion nach Möglichkeit durch Messung der tatsächlich unter Betriebsbedingungen an einem Bauteil auftretenden Betriebsbeanspruchung aufgenommen werden muß. Dabei soll das Meßergebnis nicht nur zur Überprüfung des untersuchten Bauteils dienen, sondern auch für die Dimensionierung anderer ähnlicher Teile verwendet werden können. Darüber hinaus muß gefordert werden, daß die Ergebnisse einer derart ermittelten Beanspruchungs-Zeit-Funktion extrapolierbar sind, da die Berücksichtigung eines Zeitfaktors aus wirtschaftlichen Gründen notwendig ist.

Bei komplexen Beanspruchungsverhältnissen ist es häufig schwierig, insbesondere bei Bauteilen mit funktionsbedingt komplizierter Formgebung, durch Festigkeitsberechnung kritische Bereiche sicher erfassen und bemessen zu können. Andererseits ist es manchmal nicht einmal möglich, diese Stellen lokalisieren zu können, insbesondere dann, wenn ein Prototyp hergestellt werden muß. Zur Ortung derartiger Bereiche hat sich u. a. das Reißlackverfahren bewährt. Hierzu wird der Reißlack auf das zu untersuchende Bauteil aufgebracht. Nach Aushärtung des Lackes treten bei nachfolgender Belastung des Bauteils in der Lack-

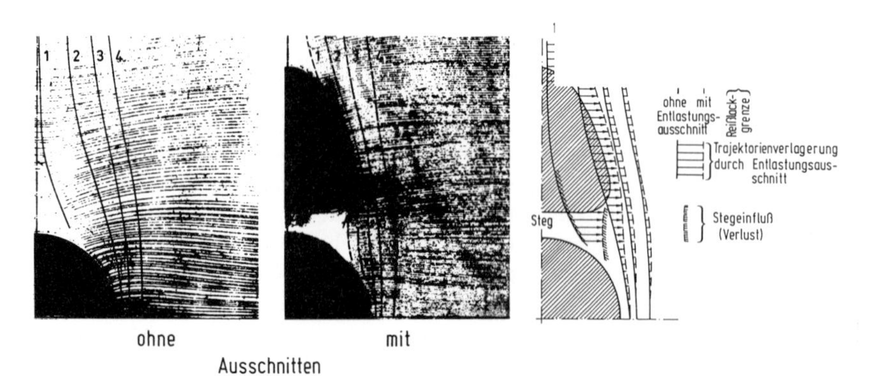

Bild 2–21: Reißlackaufnahmen einer Platte mit Ausschnitten unter Längszugbeanspruchung [15]

schicht Risse auf, wenn die Anrißschwelle des Lackes von der jeweiligen Dehnung überschritten wird, wobei die nominelle Anrißschwelle handelsüblicher Lacke bei etwa 500 µm/m liegt. Bei stufenweiser Belastung des Bauteils werden erste Lackrisse dort auftreten, wo sich Spannungskonzentrationen ausbilden. Da die Risse jeweils rechtwinklig zur Hauptzugdehnung verlaufen, wird damit auch gleichzeitig die Hauptdehnungsrichtung bestimmt.

Bei der Auswertung derartiger Versuche erhält man demnach Aussagen über die Stellen der größten Spannungsanhäufung und über die Richtung der Hauptzugspannungen durch Einzeichnen der Zugspannungstrajektorien; das sind Linien, die senkrecht zu den ermittelten Reißlackrissen verlaufen. Bild 2–21 zeigt Reißlackbilder von einer in Längsrichtung belasteten Platte mit einem Kreisausschnitt und einem Kreisausschnitt mit Entlastungsausschnitten. Der Vergleich der eingezeichneten Trajektorien zeigt die Egalisierung der Spannungen durch die Entlastungsausschnitte.

Eine derartige Information erlaubt es, hinsichtlich der Dehnungsrichtung eine genaue Plazierung von Dehnungsmeßstreifen in kritischen Bauteilbereichen

Bild 2–22: Ermittlung des Spannungszustandes in den Zahnübergangsradien mittels Miniatur-Dehnungsmeßstreifenketten [16]

vorzunehmen. Dann wird die Verformung mittels Dehnungsmeßstreifen möglichst genau ermittelt. Derartige Meßstreifen stehen in einer Vielzahl von Ausbildungsarten zur Verfügung und ermöglichen es, auch Bauteile mit funktionsbedingt komplizierter Formgebung der Festigkeitsberechnung zugänglich zu machen. Die Meßtechnik liefert u. a. mit Miniatur-Dehnungsmeßstreifenketten einfach zu handhabende Hilfsmittel zur Ermittlung der Dehnungs- und damit der Spannungsverteilung in kritischen Bereichen, wie z. B. in Querschnittsübergängen von Zahnrädern, zwecks Ermittlung der Spannungszustände in den Zahnfußausrundungen bei unterschiedlichen Ausrundungsradien (Bild 2–22). Miniatur-Dehnungsmeßstreifen-Ketten ermöglichen die Ermittlung der Verformungs- und damit der Spannungsgradienten auf engstem Raum.

2.2.4.2 Beanspruchungs-Zeit-Funktion

Die Beanspruchungs-Zeit-Funktion wird nach Möglichkeit am Bauteil bei Betriebsbeanspruchung ermittelt. Hierzu werden an den kritischen Stellen während des Betriebes mittels Dehnungsmeßstreifen die Verformungen gemessen und aus diesen die Spannungen berechnet. Bei den Messungen muß unterschieden werden zwischen

- Verformungen bzw. Spannungen aus äußeren Belastungen
- Eigenspannungen
- Wärmedehnungen bzw. -spannungen

2.2.4.3 Zählverfahren

Bei derart ermittelten Beanspruchungs-Zeit-Funktionen wird entsprechend ihrer mathematischen Beschreibbarkeit unterschieden zwischen deterministischen und stochastischen Vorgängen (s. Bild 2–1); die Abhängigkeit der stochastischen Beanspruchungen von der Zeit ist zufallsbedingt. Daher ist es selbst durch Auswertung mittels statistischer Verfahren lediglich möglich, anzugeben, mit welcher Wahrscheinlichkeit ein bestimmter Wert der Funktion zu einer

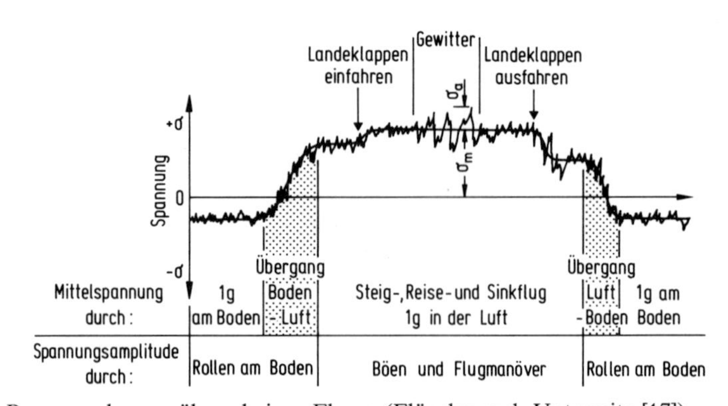

Bild 2–23: Beanspruchung während eines Fluges (Flügelwurzel, Unterseite [17])

bestimmten Zeit auftritt. Bild 2–23 zeigt in Form eines „Beanspruchungsschriebes" die Beanspruchungs-Zeit-Funktion eines Flugzeuges während des Fluges, ermittelt an einer Flügelwurzel; die deterministische Grundfunktion und die Überlagerung der stochastischen Beanspruchung sind deutlich erkennbar. Wie Bild 2–24 erkennen läßt, haben die meisten mechanischen Beanspruchungen stochastischen Charakter.

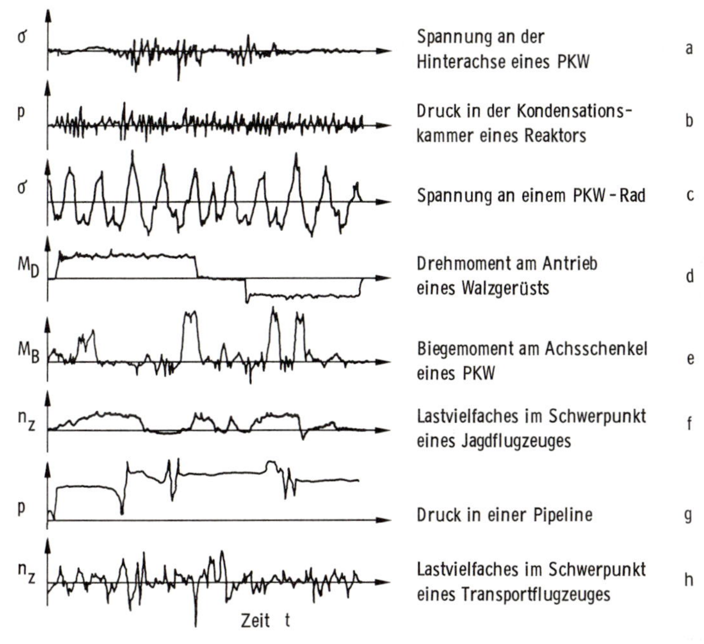

Bild 2–24: Beispiele für gemessene Beanspruchungs-Zeit-Funktion [18]

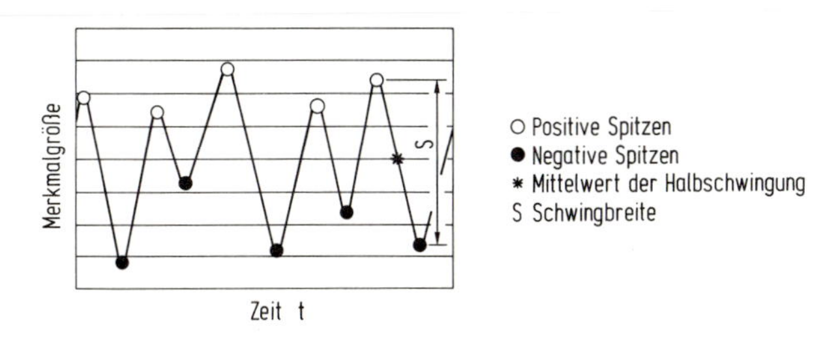

Bild 2–25: Grundprinzip der Zählverfahren

Geht man von der üblichen Methode der Ermittlung der Schwingungsfestigkeit im Einstufenversuch und der Darstellung der Versuchsergebnisse in der Wöhlerkurve aus, so liegt es nahe, auch die regellose Last-Zeit-Funktion vereinfachend als eine Folge einzelner Lastschwankungen aufzufassen und ihre Größe und Häufigkeit zu zählen. Zu diesem Zweck wird der Belastungsbereich in hinreichend viele Klassen, nach DIN 55302 mindestens 10, aufgeteilt (Bild 2–25) und bestimmte Merkmale und Ereignisse innerhalb jeder Klasse gezählt

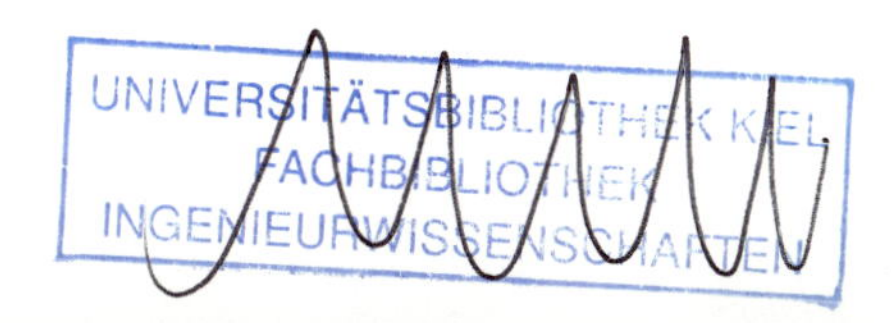

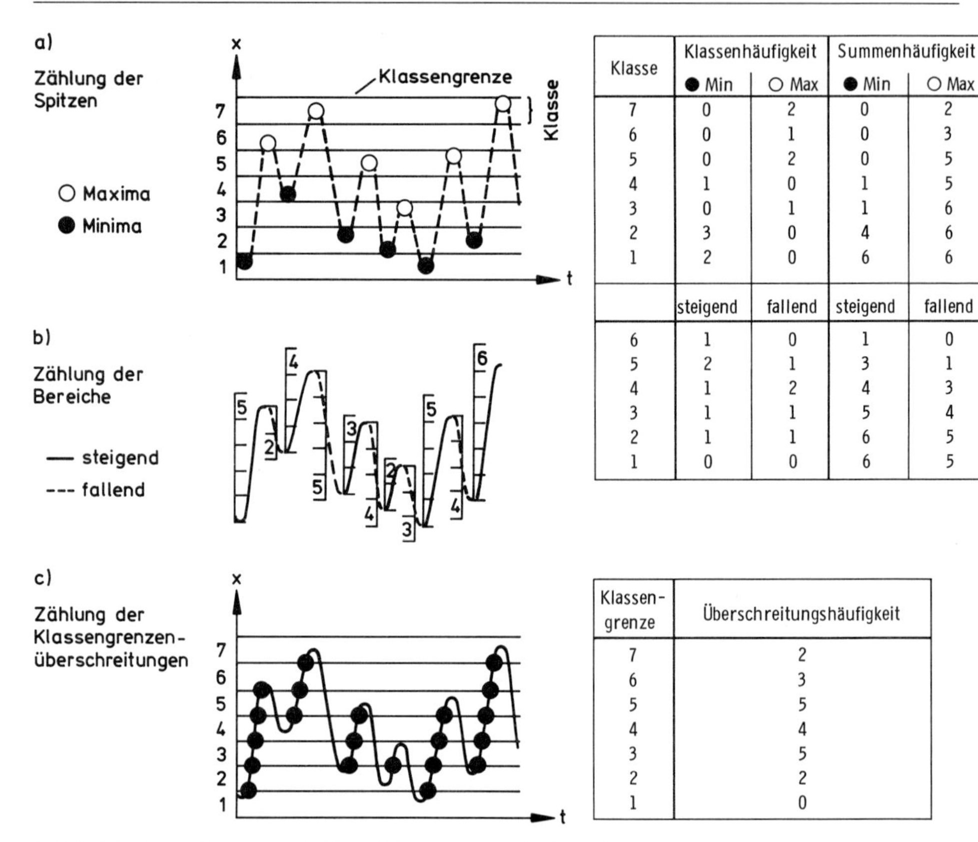

Klasse	Klassenhäufigkeit		Summenhäufigkeit	
	● Min	O Max	● Min	O Max
7	0	2	0	2
6	0	1	0	3
5	0	2	0	5
4	1	0	1	5
3	0	1	1	6
2	3	0	4	6
1	2	0	6	6

	steigend	fallend	steigend	fallend
6	1	0	1	0
5	2	1	3	1
4	1	2	4	3
3	1	1	5	4
2	1	1	6	5
1	0	0	6	5

Klassen-grenze	Überschreitungshäufigkeit
7	2
6	3
5	5
4	4
3	5
2	2
1	0

Bild 2–26: Grundtypen der Zählverfahren (schematisch) [18]

(DIN 45667). Auf dieser Basis wurden verschiedene Zählverfahren entwickelt (Bild 2–26), die sich jedoch im wesentlichen auf drei Grundtypen zurückführen lassen und die folgende definierte Merkmale berücksichtigen:

- Maximum und Minimum (Umkehrpunkt, Spitzenwert)
- Bereich zwischen Minimum und Maximum
- Klassengrenzen bzw. -überschreitungen.

Diese Zählverfahren berücksichtigen nicht den zeitlichen Verlauf der Beanspruchungs-Zeit-Funktion, d. h. die Geschwindigkeit der Lastwechsel sowie die Reihenfolge der Ereignisse. Für besondere Anwendungsfälle wurden spezielle Zählverfahren entwickelt; eine detaillierte Beschreibung ist in [18] angegeben.

Da die Zeit zur Ermittlung der Betriebsbeanspruchung im Verhältnis zu der vorgesehenen Nutzungszeit in der Regel nur kurz ist, muß darauf geachtet werden, daß mögliche, seltener auftretende Höchstwerte berücksichtigt werden.

2.2.4.4 Beanspruchungskollektiv

Das Ergebnis der Auszählung der Ereignisse innerhalb jeder Klasse der über einer längeren Betriebszeit ermittelten Beanspruchungs-Zeit-Funktion besitzt die Eigenschaft einer normalverteilten Klassenhäufigkeitskurve und gibt an, wie oft das Beanspruchungsmerkmal innerhalb der betrachteten Betriebszeit eine bestimmte Größe erreicht hat. Ist das Beanspruchungsmerkmal während der betrachteten Betriebszeit konstant, wie es im Einstufenversuch der Fall ist, so ergibt sich bei halblogarithmischer Darstellung ein Belastungskollektiv in Form eines Rechtecks entsprechend Bild 2–27a. Bei unregelmäßiger Beanspruchung

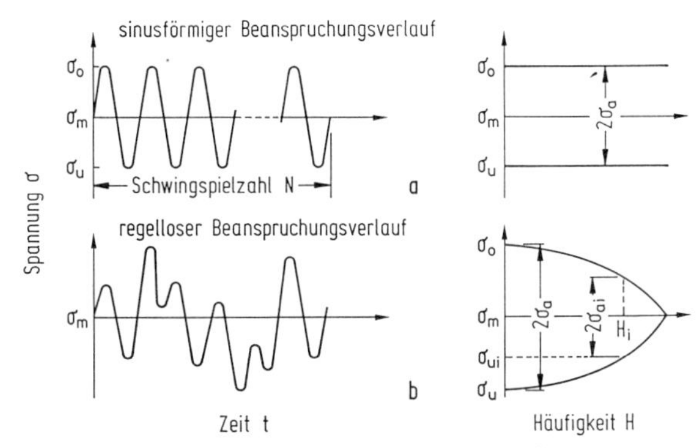

Bild 2–27: Beanspruchungsverlauf [19]. a) sinusförmig; b) regellos

erhält man entsprechend der Häufigkeit des Auftretens verschieden hoher Spannungen ein Belastungskollektiv entsprechend Bild 2–27b. In der Regel ist ein derartiges Belastungskollektiv symmetrisch ausgebildet, so daß dessen Symmetrieachse die Mittelspannung darstellt. Zwecks einfacherer Auswertung hat es sich als zweckmäßig erwiesen, die Werte der einzelnen Klassen in Abhängigkeit von der jeweiligen Häufigkeit aufzutragen; man erhält dann die Klassenhäufigkeit (Bild 2–28). Summiert man die Klassenhäufigkeit auf, jeweils beginnend von der maximalen bzw. minimalen Spannung, und ordnet man jede Teilsumme

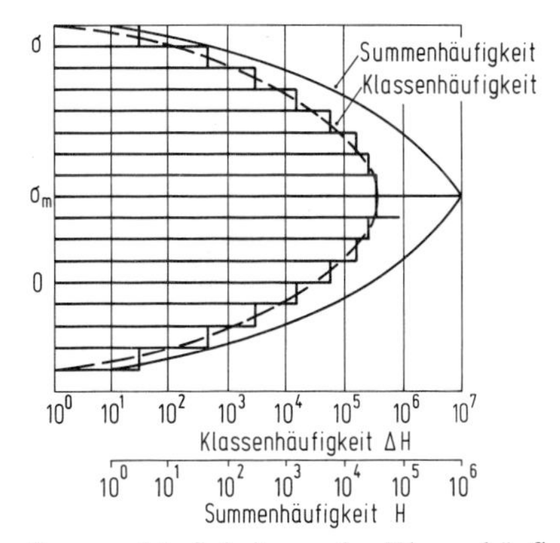

Bild 2–28: Ermittlung der Summenhäufigkeit aus der Klassenhäufigkeit [20]

ihrer Klassengrenze zu, so erhält man die Summenhäufigkeitskurve (Bild 2–28), wobei gleichzeitig der Wert $\Delta H\,10^1 = H\,10^0$ gesetzt und dadurch die Summenhäufigkeitskurve normiert wird. Diese Kurven sind die Grundlage der meisten Verfahren zur Nachahmung der Betriebsbeanspruchung.

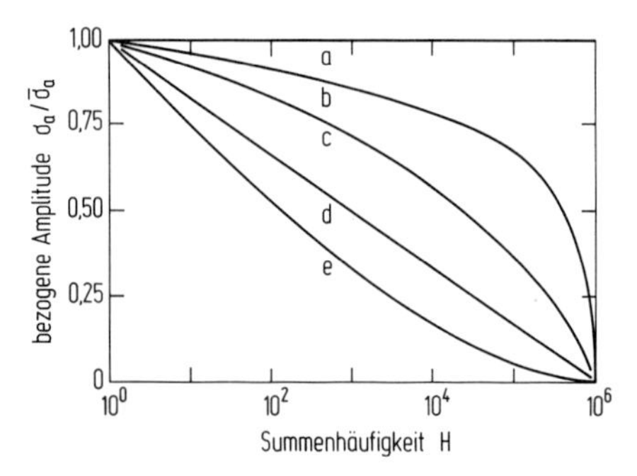

Bild 2–29: Typisierung der Kollektivformen [21]

Die Ausbildung der Belastungskollektive und damit auch der Summenhäufigkeitskurven kann sehr vielfältig sein. Die Erfahrung hat aber gezeigt, daß es zweckmäßig und möglich ist, das Gesamtspektrum mehr oder weniger idealisiert in einige typische und häufig vorkommende Kollektivformen zu unterteilen (Bild 2–29). Die höchste Spannungsamplitude σ_a ist in dem bezogenen Maßstab gleich 1 gesetzt und der Kollektivumfang zu 10^6 angenommen. Dadurch läßt sich der Höchstwert σ_a als diejenige Spannungsamplitude definieren, die im Beanspruchungsverlauf mit einer Häufigkeit von $1:10^6$ auftritt. Seltener auftretende höhere Werte können bezüglich der Betriebsfestigkeit unberücksichtigt bleiben, sie müssen aber unter Umständen in den statischen Festigkeitsnachweis einbezogen werden.

Die Kollektivform c (Bild 2–29) wird als Normalverteilung angenommen, weil sie angenähert für den Sonderfall einer streng regellosen, rein zufallsbestimmten, stationären Schwingbeanspruchung zutrifft. Dieser Fall tritt z. B. bei Fahrzeugteilen ein, wenn die Messung unter stationären Betriebsbedingungen vorgenommen wird, d. h. auf einer Teststrecke mit einheitlicher Straßenbeschaf-

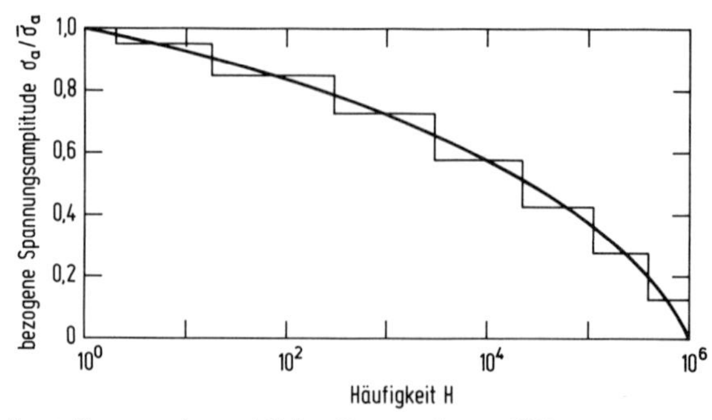

Bild 2–30: Normalverteilung und zugehörige Treppenkurve [21]

fenheit bei gleichbleibender Fahrgeschwindigkeit und Belastung [21]. Daraus ergab sich schon frühzeitig der Gedanke, für den Fall, daß die Verwendung eines speziellen Kollektivs nicht zwingend ist, ein Einheitskollektiv zu empfehlen (Bild 2–30). Auf entsprechende Modifikationen, wie p-Wert-Kollektiv (Bild 2–31), q-Wert-Kollektiv (Bild 2–32) und daraus resultierende Mischkollektive sei hier nur hingewiesen [22].

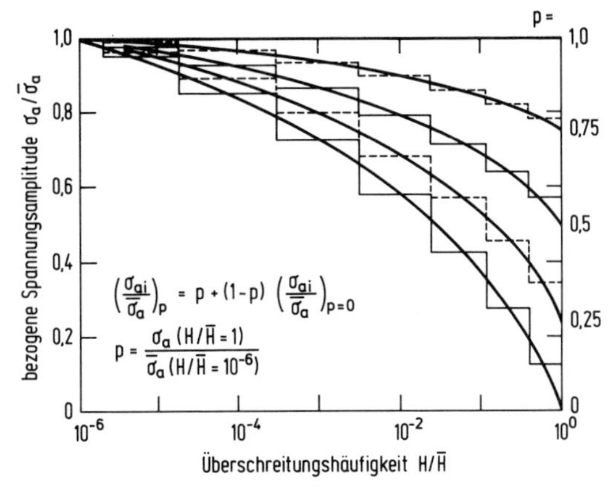

Bild 2–31: p-Wert-Kollektiv [22]

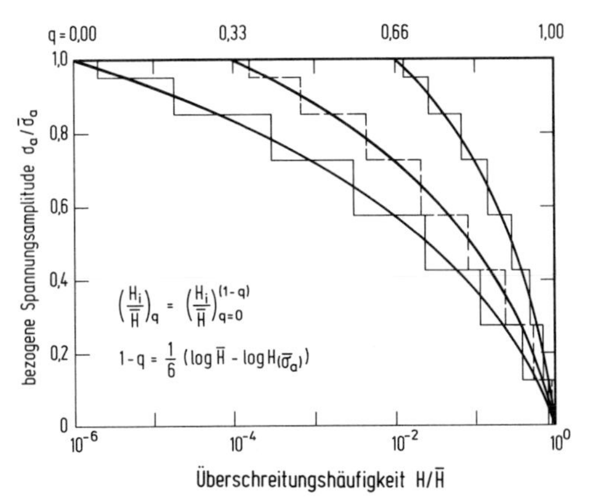

Bild 2–32: q-Wert-Kollektiv [22]

2.2.4.5 Blockprogramm-Versuch

Für den Leichtbau erwies sich der Einstufenversuch (Wöhlerversuch) als eine zu sehr vereinfachende Simulationsmethode hinsichtlich der zu erwartenden Betriebsbeanspruchung. Auf der anderen Seite ist ein zwar zeitlich gerafftes, aber beanspruchungsgerechtes Nachfahren der Betriebsbeanspruchung aus finanziellen und zeitlichen Gründen nur in Ausnahmefällen möglich. Als Kompromißlösung hat sich der Mehrstufenversuch bewährt.

Für die Durchführung der Versuche wird die gesamte Belastungsfolge (Summenhäufigkeit Bild 2–28) aufgeteilt in Teilfolgen (Bild 2–33), und zwar derart, daß in jeder Teilfolge alle Lastspiele entsprechend ihrem Anteil im Gesamtkollektiv vorkommen. Um eine möglichst betriebsähnliche Belastungsfolge zu erreichen, erstellt man das Versuchsprogramm derart, daß hohe und niedrige Belastungen in der Art von Bild 2–33 vermischt werden. Dadurch wird auch ein möglicher Trainiereffekt auf ein Mindestmaß reduziert.

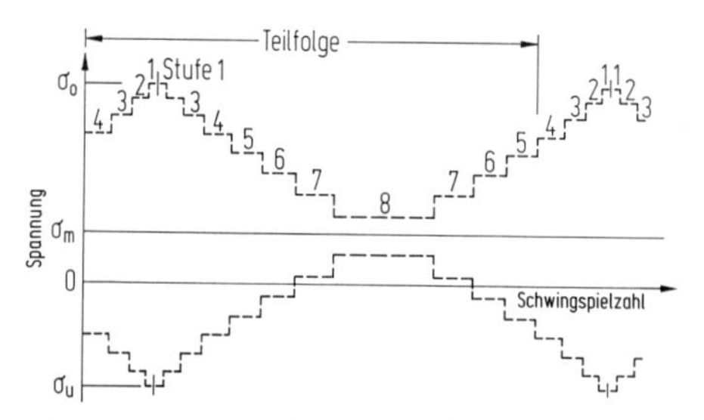

Bild 2–33: Ablaufplan eines 8-Stufen-Blockprogrammes [20]

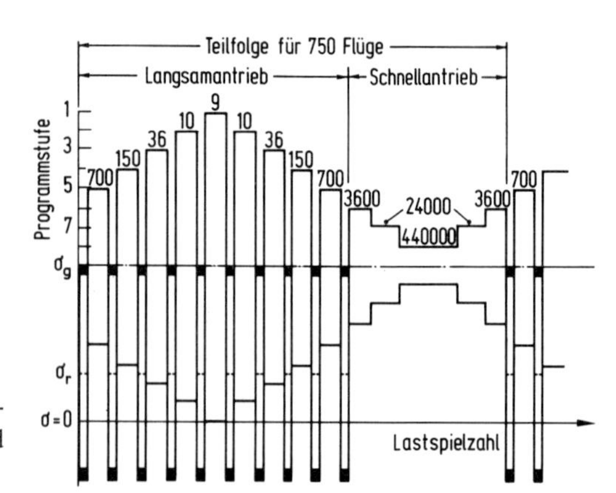

Bild 2–34: Ablaufplan eines 8-Stufen-Blockprogrammes mit Langsam- und Schnellantrieb und eingestreutem Start-Lande-Wechsel [23]

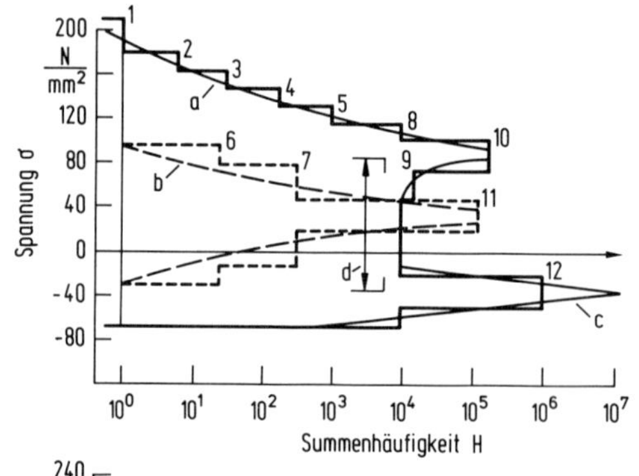

a) Böenbeanspruchung im Reiseflug (6 km Höhe)
b) Böenbeanspruchung im Steig- und Sinkflug
c) Beanspruchung aus Landen und Rollen
d) Boden - Luft - Boden - Lastwechsel

Bild 2–35: Belastungsfolge entsprechend Bild 2–36 [24]

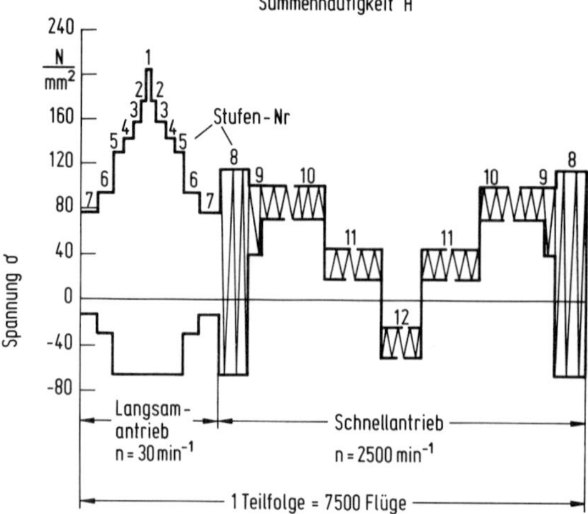

Bild 2–36: Ablauf des 12-Stufen-Blockprogrammes der Belastungskollektion der Tragwerke der HFB 320 Hansa [23]

Belastungen, die während des Betriebes selten auftreten, z. B. Start- und Landelastwechsel, können in das Programm eingestreut werden. Außerdem ist eine Anpassung der Prüffrequenz an die bei Betriebsbeanspruchung auftretende Frequenz durch Langsam- und Schnellantrieb der Prüfeinrichtung möglich (Bild 2–34). Die Anpassungsfähigkeit derartiger Versuche an die Beanspruchungsverhältnisse eines Flugzeuges zeigt Bild 2–35. Dargestellt ist das bei 7500 Flügen auftretende Belastungskollektiv am Tragwerk des Geschäftsflugzeuges HFB 320 Hansa. Das Kollektiv enthält die in den verschiedenen Flugphasen wirksamen Belastungen des Tragwerks einschließlich Landung und Rollen. Die aus dem Belastungs- (Spannungs-) Kollektiv hergeleitete Belastungsfolge für den Betriebsfestigkeitsversuch am Tragwerk zeigt Bild 2–36. Darüber hinaus sind weitere Varianten im Ablauf des Mehrstufenversuchs für bestimmte Einsatzgebiete üblich, die in [25] ausführlich behandelt werden (Bild 2–37).

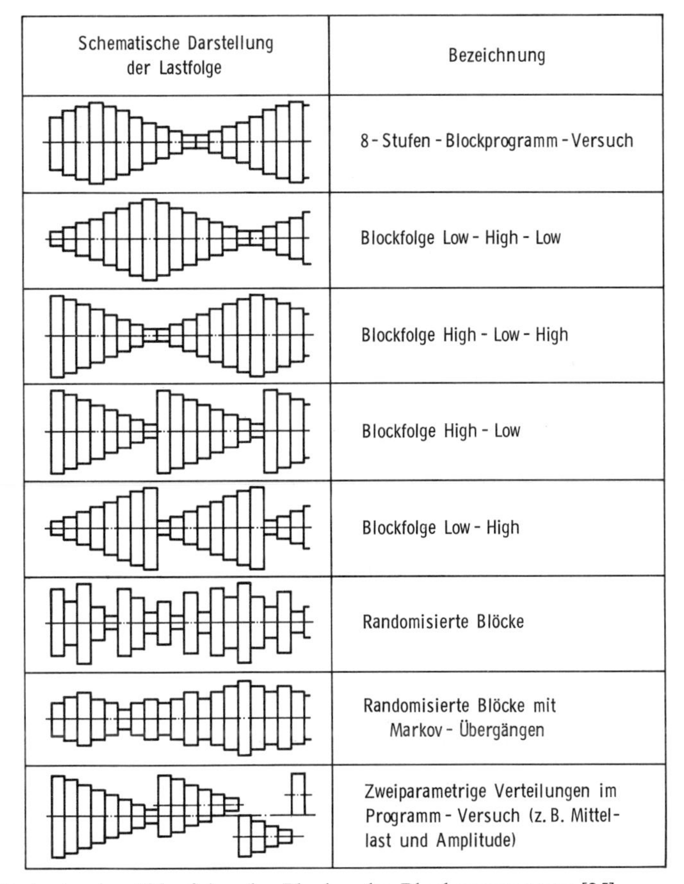

Bild 2–37: Varianten im Ablaufplan des Blockes des Blockprogrammes [25]

Trotz vieler Vorteile, die der Mehrstufenversuch bietet, muß auf einige Abweichungen gegenüber den tatsächlichen Betriebsbeanspruchungen hingewiesen werden:

- die Belastungsfolge ist unterschiedlich und entspricht nicht einer Durchmischung der Betriebsbeanspruchung
- dem Belastungsumkehrpunkt geht immer zyklisch eine Mittelwertüberschreitung voraus.

2.2.4.6 Random-Versuch

Die Bemessung von Bauteilen für den extremen Leichtbau erfordert in der Regel eine hohe Genauigkeit für die Lebensdauerbestimmung. In diesen Fällen muß die Beanspruchungs-Zeit-Funktion den tatsächlichen Betriebsbedingungen entsprechend und unter Einbeziehung der Einflußgrößen Konstruktion, Herstellung, Betrieb, Umgebung ermittelt und derart gespeichert werden, z. B. auf Magnetband, daß eine Übertragung dieser Funktion durch eine Prüfmaschine auf das zu prüfende Bauteil möglich ist.

Seit längerer Zeit stehen servohydraulische Prüfmaschinen zur Verfügung, die es ermöglichen, mittels eines Servoventils den Prüfzylinder über einen geschlossenen servohydraulischen Regelkreis so zu steuern, daß der vorgegebene zeitliche Belastungsverlauf auf das zu prüfende Bauteil übertragen werden kann. Diese Betriebslasten-Nachfahrversuche werden als Random-Versuche bezeichnet.

Die Ermittlung der Last-Zeit-Funktion macht es in der Regel erforderlich, einen nach den verfügbaren modernsten Bemessungs- und Konstruktionsmethoden entwickelten und nach dem Kenntnisstand der neuzeitlichen Fertigungsmethoden hergestellten Prototyp unter möglichst betriebsgerechten Bedingungen zu beanspruchen und hierbei die Last-Zeit-Funktion aufzunehmen.

Hiermit ist jedoch bereits eine nicht vernachlässigbare Einschränkung der Aussagefähigkeit der Random-Versuche verbunden, weil in der zur Verfügung stehenden relativ kurzen Meßzeit im Verhältnis zu der Lebensdauer des Bauteils nur ein Ausschnitt der Beanspruchung aus der tatsächlich zu erwartenden Betriebszeit aufgezeichnet werden kann.

Aufgrund der Konzeption des Random-Versuches können durch derartige Versuche die genauesten Dimensionierungsunterlagen und Lebensdauervorhersagen ermittelt werden, jedoch mit folgenden Vorbehalten:

- die Versuchszeit entspricht nicht der Lebensdauer
- die Ergebnisse treffen nur zu für das untersuchte Bauteil
- die Versuche erfordern einen hohen Aufwand an Geräten, Zeit und Betriebskosten.

Aufgrund dieser Nachteile werden in zunehmendem Maße modifizierte Random-Versuche durchgeführt, die eine Standardisierung der in Wirklichkeit mehr oder minder ungleichmäßig auftretenden Betriebsbeanspruchung zum Ziele haben (Bild 2–38). Die Ergebnisse derartiger Versuche dienen auch dazu, Werkstoffe und Konstruktionen unter weitgehend betriebsähnlichen Beanspruchungsbedingungen zu vergleichen.

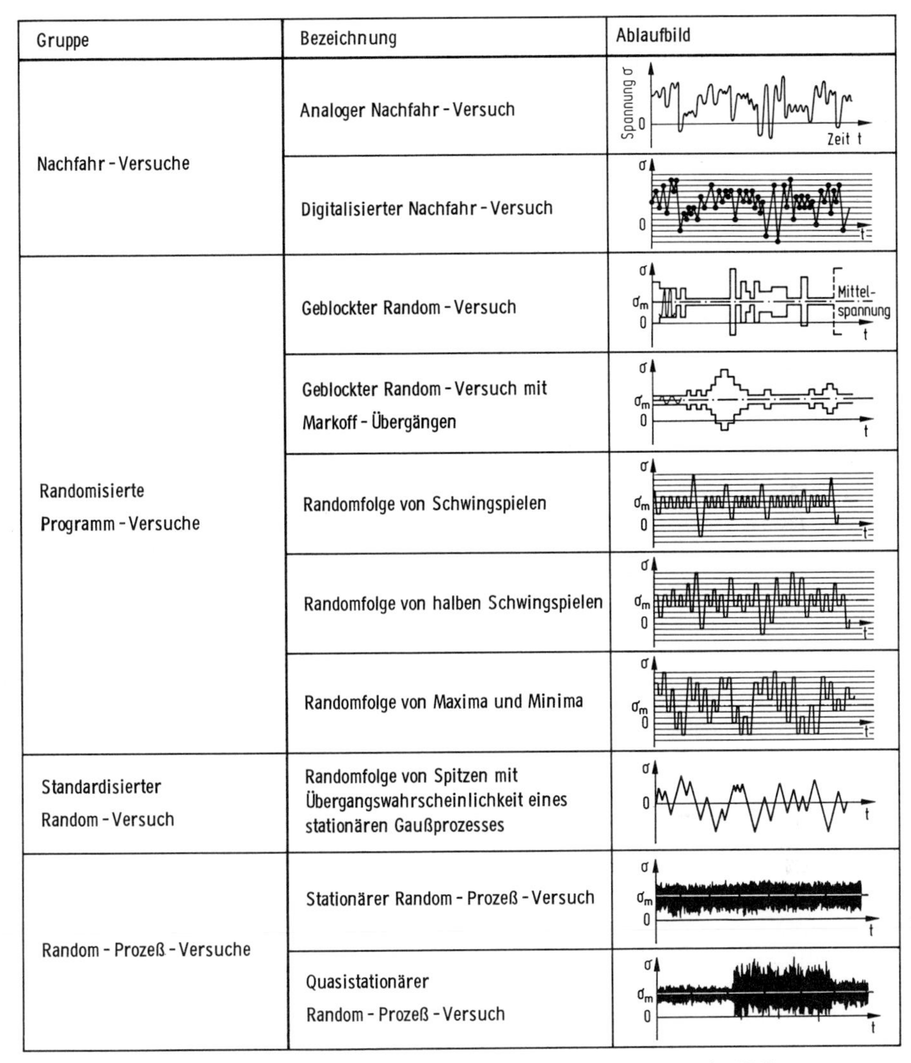

Gruppe	Bezeichnung	Ablaufbild
Nachfahr-Versuche	Analoger Nachfahr-Versuch	
	Digitalisierter Nachfahr-Versuch	
Randomisierte Programm-Versuche	Geblockter Random-Versuch	
	Geblockter Random-Versuch mit Markoff-Übergängen	
	Randomfolge von Schwingspielen	
	Randomfolge von halben Schwingspielen	
	Randomfolge von Maxima und Minima	
Standardisierter Random-Versuch	Randomfolge von Spitzen mit Übergangswahrscheinlichkeit eines stationären Gaußprozesses	
Random-Prozeß-Versuche	Stationärer Random-Prozeß-Versuch	
	Quasistationärer Random-Prozeß-Versuch	

Bild 2–38: Modifikationen der Last-Zeit-Funktionen für Random-Versuche [26]

2.2.4.7 Darstellung der Versuchsergebnisse

Die Darstellung der Versuchsergebnisse von Einstufen-, Mehrstufen- und Randomversuchen erfolgt in der Art, daß in Abhängigkeit von der Spannungsamplitude als Maß für die Beanspruchung die jeweils ertragene Schwingspielzahl als Maß für die Lebensdauer aufgetragen wird (Bild 2–2). Dieser Zusammenhang läßt sich in besonders übersichtlicher Weise darstellen in einer doppellogarithmischen Auftragung (Bild 2–10). Dadurch kann zumindest angenähert ein linearer Zusammenhang zwischen beiden Größen angenommen und mit Hilfe einer statistischen Auswertung die Gerade ermittelt werden, die diesem linearen Zusammenhang näherungsweise entspricht. Die Geraden im Zeitfestigkeitsbereich lassen sich mathematisch eindeutig beschreiben.

Bei Mehrstufenversuchen wird, ebenso wie beim Random-Versuch, als Maß für die Beanspruchung der Kollektivhöchstwert $\sigma_{a\,max}$ verwendet. Als Maß für die Lebensdauer dient beim Mehrstufenversuch die Schwingspielzahl N, die sich aus den in den einzelnen Blockstufen gefahrenen Teillast-Schwingzahlen n_i zusammensetzt. Dadurch wird ein direkter Vergleich zwischen den Ergebnissen des Ein- und Mehrstufenversuches ermöglicht (Bild 2–39). Die dargestellten

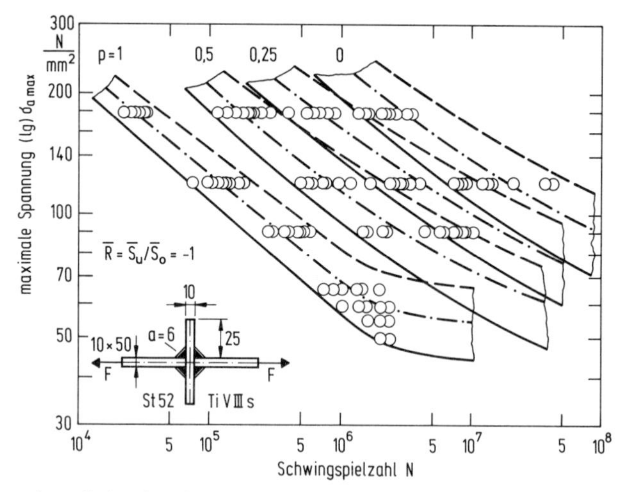

Bild 2–39: Lebensdauerlinien für einen geschweißten Kreuzstoß aus St 52 [27]

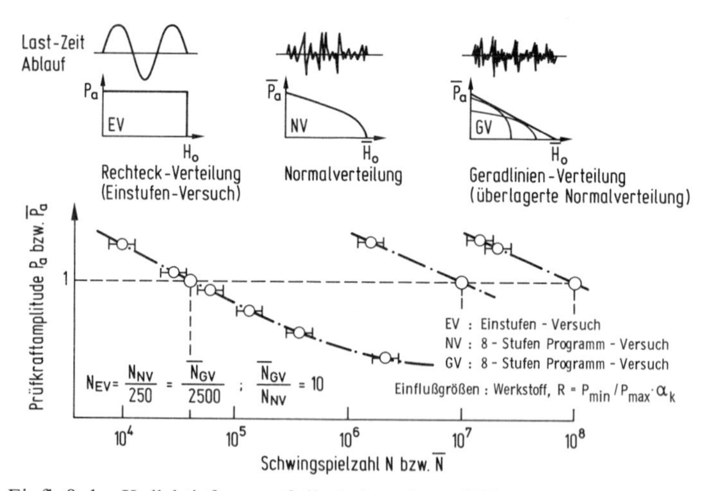

Bild 2–40: Einfluß der Kollektivform auf die Lebensdauer [28]

Versuchsergebnisse wurden an Proben aus dem Werkstoff St52, die in Form eines geschweißten Kreuzstoßes ausgebildet sind, ermittelt. Die Betriebsfestigkeitsversuche sind dargestellt als p-Wert-Kollektiv (Bild 2–31). Die Darstellung läßt erkennen, daß die Geraden der Wöhlerkurven, die im Einstufen- bzw. Mehrstufenversuch ermittelt wurden, im Zeitfestigkeitsbereich parallel verlau-

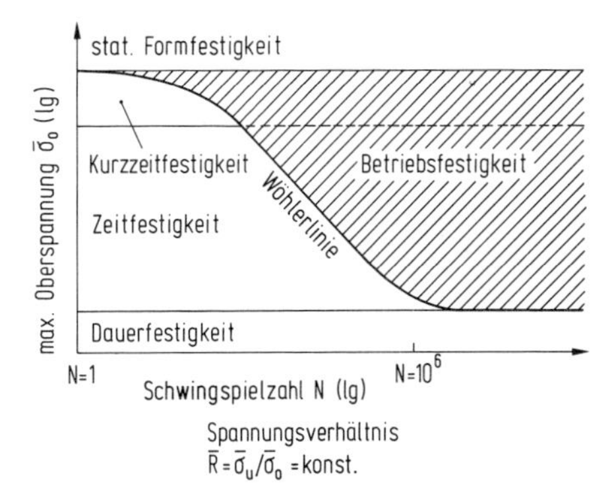

Bild 2–41: Abgrenzung der Festigkeitsbereiche bei schwingender Beanspruchung [29]

fen. Die Verminderung der Kollektivspitzenwerte bewirkt eine Verschiebung der Lebensdauerlinie nach rechts, d. h. zu größeren Schwingspielzahlen hin. Dies tritt noch deutlicher in Erscheinung in Bild 2–40.

Betrachtet man die statische Formfestigkeit als die Begrenzung der zulässigen Oberspannung, so erhält man eine eindeutige Abgrenzung der einzelnen Bereiche, die die Festigkeit bei schwingender Beanspruchung kennzeichnen (Bild 2–41).

Berücksichtigt man die Streuung der Bruch-Schwingspielzahlen durch Einwirkung der Streueinflüsse bei Werkstoffen, Formgebung und Bearbeitung und Streuung der Betriebsbeanspruchung, so ist eine sinnvolle Angabe der Lebensdauer nur unter Berücksichtigung der dadurch hervorgerufenen Ausfallwahrscheinlichkeit möglich. Sie ist in der Regel durch die Kurven 90, 50 und 10 % gekennzeichnet (s. Bild 2–10). Nach Bild 2–42 tritt in einem kritischen Bereich eine Überschneidung der statistisch ermittelten Streubereiche der Einflußgrößen

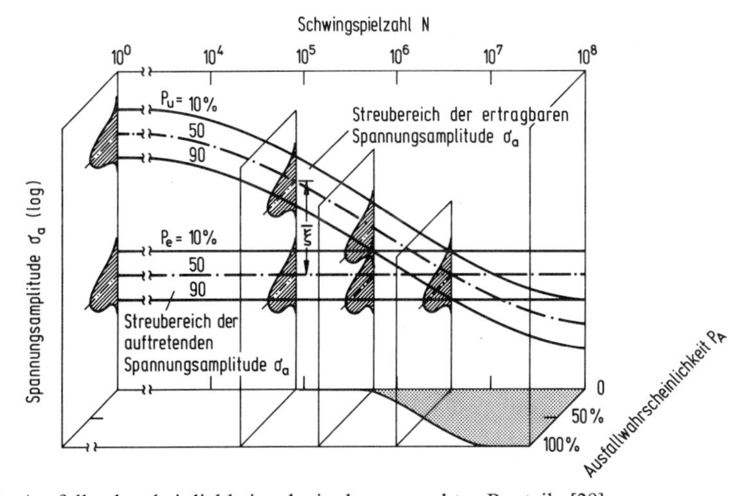

Bild 2–42: Ausfallwahrscheinlichkeit schwingbeanspruchter Bauteile [29]

„ertragbare Spannungsamplitude“ und „auftretende Spannungsamplitude“ auf; ab hier muß mit einem Ausfall gerechnet werden. Durch statistische Betrachtung ist es möglich, die Ausfallwahrscheinlichkeit in dem Bereich der Überschneidung zu ermitteln.

Die Ergebnisse des Random-Versuches werden grundsätzlich in gleicher Weise dargestellt, nur wird hierbei die Lebensdauer entweder durch die Zahl der Umkehrpunkte, durch die Zahl der Spitzenwerte in einer Richtung oder durch die Zahl der Mittellastüberschreitungen mit positiver Steigung ausgedrückt. Die zuletzt genannte Darstellungsart wird heute bevorzugt.

Die kritische Betrachtung der nach den genannten Verfahren bei gleichem Belastungskollektiv ermittelten Lebensdauerwerte führt nach [25] zu dem Ergebnis, daß in 80% der erfaßten Fälle die reale Lebensdauer beim Mehrstufenversuch höher ist als beim Random-Versuch.

2.2.5 Schlagartige Beanspruchung

Die Reaktion des Werkstoffes auf äußere Kräfte ist ein Maß für die Sicherheit eines Bauteiles. Die Reaktion besteht in einer Formänderung, die zunächst elastisch, in der weiteren Phase jedoch plastisch auftritt und die eine Beurteilung des Werkstoffes ermöglicht. Geht dem Bruch eine makroplastische Verformung voraus, so wird der Werkstoff als zäh bezeichnet; tritt eine derartige Verformung nicht auf, so ist der Werkstoffzustand spröde. Entsprechend bezeichnet man die Bruchausbildung: Verformungsbruch, Sprödbruch.

Dem Sprödbruch kommt in der Schadenskunde besondere Bedeutung zu, weil derartige Brüche spontan auftreten und die Bruchauslösung bereits bei Lastspannungen erfolgt, die beträchtlich unter der Streckgrenze liegen können. Begünstigend für die Entstehung eines Sprödbruches sind sowohl äußere, d. h. aus den Beanspruchungsverhältnissen resultierende, als auch innere, durch die Werkstoffstruktur bedingte Faktoren.

2.2.5.1 Kerbschlagbiegeversuch

Der Versuch bezweckt, eine Beurteilung des Bruchverhaltens eines Werkstoffes unter Beanspruchungsbedingungen, die sprödbruchbegünstigend sind, vornehmen zu können. In einfachster Form erfolgt dieses mit Hilfe des Kerbschlagbiegeversuches nach DIN 50115 [1]. Dieser Versuch gestattet, folgende wichtige Einflußgrößen einzubeziehen: Temperatur, mehrachsiger Spannungszustand und erhöhte Verformungsgeschwindigkeit; ermittelt wird die Kerbschlagarbeit A_V des Werkstoffes bei bestimmten Kerbformen und Abmessungen in Abhängigkeit von der Temperatur. Schematisch dargestellt erhält man ein Werkstoffverhalten entsprechend Bild 2–43.

Die Prüfmethode ermöglicht zwar, die Auswirkung verschiedener Einflußfaktoren, wie Legierungszusammensetzung, Gefügeausbildung, Korngröße, Wärmebehandlung, Festigkeit und Verformung getrennt quantitativ zu erfassen, wie Bild 2–44 erkennen läßt, sie gestattet aber nicht, eine eindeutige Aussage über das Sprödbruchverhalten als solches zu machen. Insbesondere auch deshalb

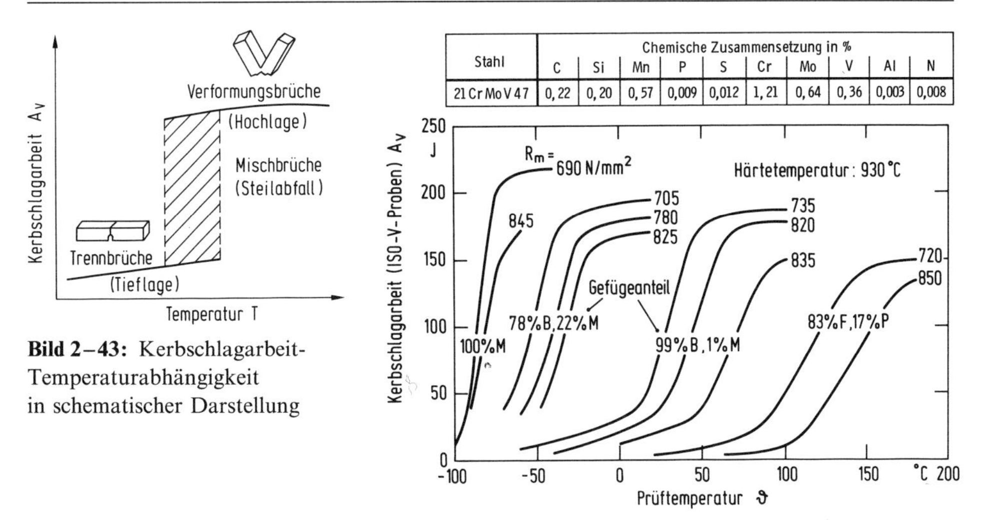

Stahl	Chemische Zusammensetzung in %									
	C	Si	Mn	P	S	Cr	Mo	V	Al	N
21CrMoV47	0,22	0,20	0,57	0,009	0,012	1,21	0,64	0,36	0,003	0,008

Bild 2–43: Kerbschlagarbeit-Temperaturabhängigkeit in schematischer Darstellung

Bild 2–44: Einfluß der Gefügezusammensetzung und Vergütungsfestigkeit auf die A_v-T-Kurve des warmfesten Stahls 21CrMo47 [30]. M: Martensit, B: Bainit, F: Ferrit, P: Perlit

nicht, weil die ermittelte Kenngröße nicht mit den für die Dimensionierung erforderlichen zulässigen Werkstoffkennwerten, wie Spannung und Dehnung, in Zusammenhang gebracht werden kann. Teilweise wird, um eine weitergehende Information zu erhalten, eine Aufzeichnung des Kraft-Zeit-Verlaufes bei der Beanspruchung vorgenommen. Das führt zu Ergebnissen, wie sie in Bild 2–45 schematisch dargestellt sind. Vergleicht man diese Darstellung mit dem Kraft-Verformungs-Schaubild des Zugversuches (Bild 2–46), so liegen in Bezug auf die Aussage über die Rißeinleitungsphase und Rißausbreitungsphase in beiden Fällen analoge Verhältnisse vor. Obwohl diese beiden Größen entscheidend für die Beurteilung des Bruchverhaltens sind, reicht trotzdem die Aussagefähigkeit der durch diesen modifizierten Kerbschlagbiegeversuch ermittelten Ergebnisse nicht aus, eine eindeutige Beurteilung des Werkstoffes hinsichtlich des Sprödbruches vorzunehmen.

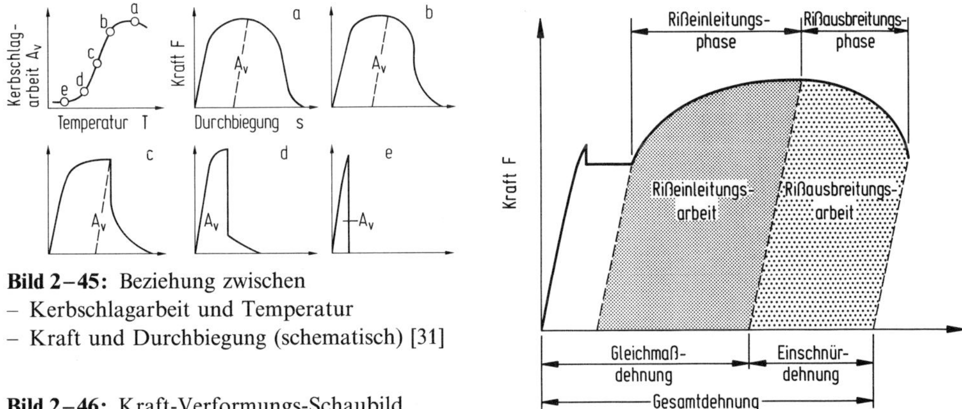

Bild 2–45: Beziehung zwischen
- Kerbschlagarbeit und Temperatur
- Kraft und Durchbiegung (schematisch) [31]

Bild 2–46: Kraft-Verformungs-Schaubild des Zugversuches (schematisch) [31]

Trotz der begrenzten Aussagefähigkeit wird der Kerbschlagbiegeversuch wegen der einfachen Versuchsdurchführung häufig verwendet. Eine Abschätzung hinsichtlich der Beurteilung einzelner Werkstoffgruppen ist auch entsprechend Bild 2–47 durchaus möglich.

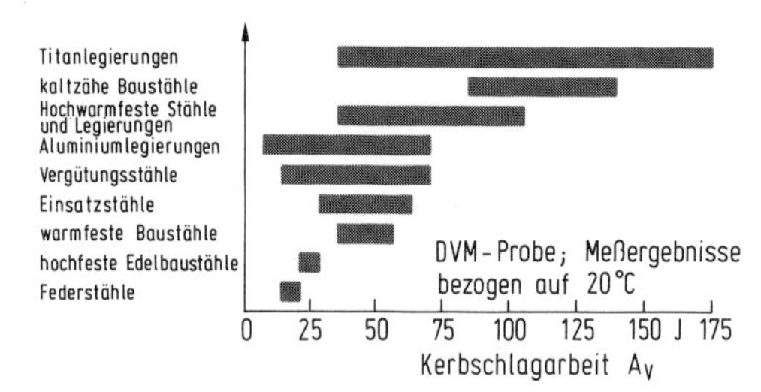

Bild 2–47: Kerbschlagarbeit einiger Werkstoffgruppen

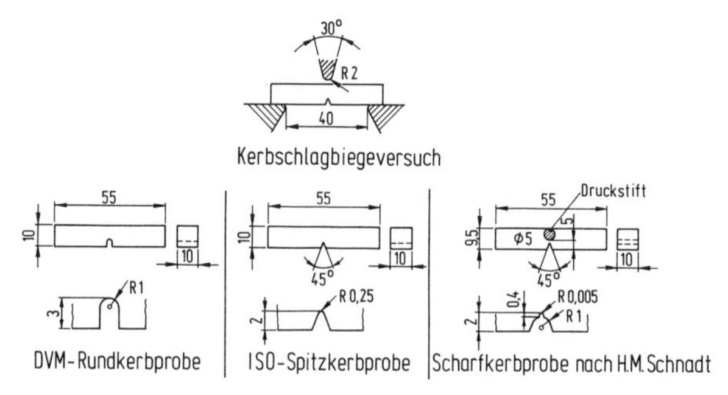

Bild 2–48: Mögliche Probenformen für den Kerbschlagbiegeversuch

Die Anwendung schärferer Versuchsbedingungen, z. B. durch Änderung der Probengeometrie (Bild 2–48), führte zwar zu einer Verbesserung der Aussagefähigkeit der Versuche, insbesondere im Hinblick auf den Temperatureinfluß und auf die Einengung des Streubereiches im Gebiet des Steilabfalles (Bild 2–49), aber nicht zu einer eindeutigen Beurteilungsmöglichkeit des Sprödbruchverhaltens des Werkstoffes.

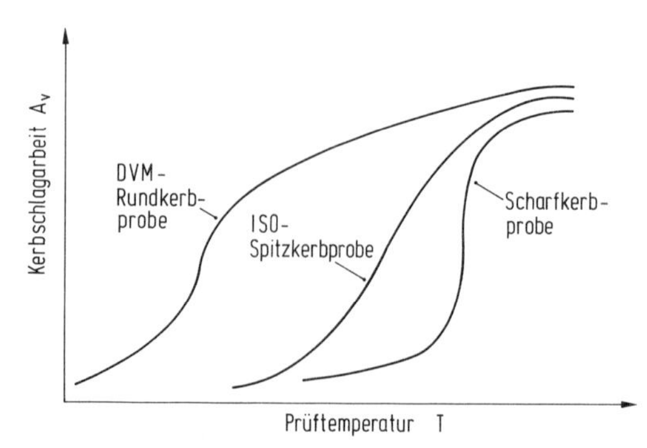

Bild 2–49: Einfluß der Probenform auf die Abhängigkeit der Kerbschlagarbeit von der Prüftemperatur (schematisch)

Aus den vorliegenden Erkenntnissen geht hervor, daß eine Prüfmethode, die das Sprödbruchverhalten eines Bauteiles eindeutig kennzeichnet, folgende Voraussetzungen erfüllen muß:

- die Probenausbildung muß bei Belastung den Spannungszustand des natürlichen Risses aufweisen
- die Verformungsgeschwindigkeit muß genügend groß sein
- der Größeneinfluß muß berücksichtigt werden können.

Auf dieser Basis wurde eine ganze Reihe von Prüfmethoden entwickelt und eingesetzt, um die Auswirkungen der metallphysikalischen Vorgänge, die sich während der Belastung abspielen, im Experiment erfassen zu können. Zunächst wählte man Proben, deren Abmessungen so groß waren, daß die tatsächlich im Betrieb auftretenden Werkstoffanstrengungen zumindest näherungsweise vorlagen. Dadurch wurde es möglich, auf der Basis eines Rißmodells rechnerisch den Einfluß der Abmessungen zu berücksichtigen. In der Zwischenzeit wurden Prüfverfahren und Berechnungsmethoden entwickelt, die gestatten, auch kleinere Probenabmessungen zu verwenden; allerdings ist damit eine Unsicherheit hinsichtlich der Übertragbarkeit derart ermittelter Ergebnisse auf das Bauteilverhalten verbunden.

Mit zunehmender Entwicklung der Bruchmechanik wurde es möglich, eine befriedigende Korrelation zwischen den Versuchsergebnissen an Proben kleiner und mittlerer Abmessungen und dem Verhalten von Großzugproben von Bauteilen herzustellen. Die Korrelation geht davon aus, daß in einer ausgeführten Konstruktion Risse vorhanden sind, die bei der Festlegung der zulässigen mechanischen Beanspruchung berücksichtigt werden müssen, und ermöglicht, zu einer geforderten Betriebsbeanspruchung die maximal zulässige Rißgröße anzugeben. Hierzu ist es notwendig, aus der Riß- bzw. Fehlstellengeometrie die Bruch- oder Rißzähigkeit des Werkstoffes, ausgedrückt durch den Spannungsintensitätsfaktor K, zu ermitteln. Die Größe K ist in der Bruchmechanik eine

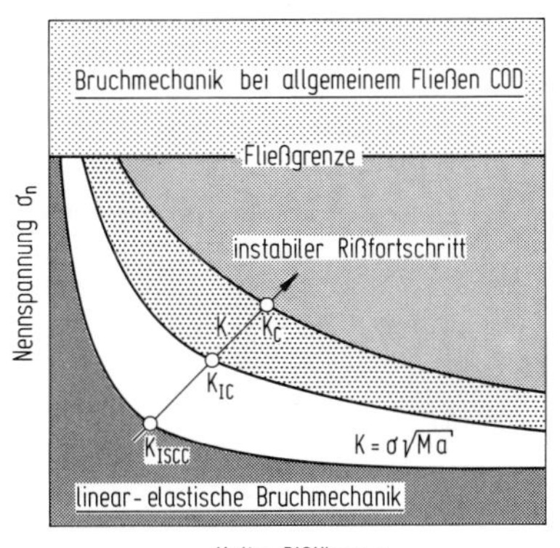

Bild 2–50: Zusammenhang zwischen Nennspannung, Rißlänge und Spannungsintensitätsfaktor (schematisch) [32]. COD = crack opening displacement = Rißaufweitung oberhalb der $R_{p\,0,2}$-Grenze. M = Rißgeometriefaktor

dominierende Größe, weil sie ein Kriterium für den Übergang vom Verformungs- zum Sprödbruch darstellt. Für den Normal-Beanspruchungsfall – ebener Zug – wird der Index I hinzugeführt: K_I.

Die Bruchzähigkeit K ist abhängig von mehreren Faktoren, z. B. Spannungszustand, Werkstoffzustand, Temperatur, Belastungsgeschwindigkeit. Hinzu kommen eine Vielzahl weniger übersichtlicher Einflußgrößen bedingt durch den Werkstoffzustand, wie z. B. Eigenspannungen.

Die Rißausbreitung erfolgt entweder quasistatisch oder dynamisch. Bei Erhöhung der äußeren Belastung breitet sich der Riß zunächst quasistatisch aus und nach Erreichen eines kritischen Schwellenwertes (K_c) dynamisch oder spontan. Daraus ergibt sich der in Bild 2–50 dargestellte Zusammenhang zwischen Nennspannung (σ_n), Rißlänge (2a) und Spannungsintensitätsfaktor (K). Aufgetragen ist für drei verschiedene K-Faktoren die hyperbolische Beziehung zwischen der Nennspanung σ_n und der halben Rißlänge a. Erreicht K die Grenzwerte K_c, K_{Ic} oder K_{Iscc}, so tritt spontane Rißerweiterung auf. Dabei ist

K	Spannungsintensitätsfaktor
K_c	kritische Größe des Spannungsintensitätsfaktores bzw. der Bruchzähigkeit
K_{Ic}	Bruchzähigkeit beim ebenen Dehnungszustand
K_{Iscc}	Bruchzähigkeit bei Einwirkung von Spannungsrißkorrosion (stress-corrosion cracking).

Sprödbruchbegünstigende Einflußgrößen, wie Spannungszustand und Spannungsrißkorrosion, führen zu einer Beeinflussung der Rißzähigkeit. Der Wert K ist von einer bestimmten Probendicke an konstant. Die Bruchfläche zeigt mit zunehmender Wanddicke einen allmählichen Übergang vom Verformungs- zum Sprödbruch; dieser Vorgang wird als Spannungsversprödung bezeichnet. Sie ist aus den an der Oberfläche und im Inneren vorliegenden unterschiedlichen Span-

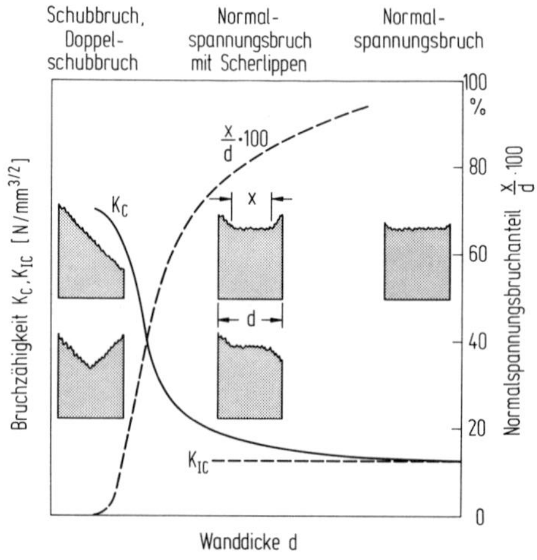

Bild 2–51: Abhängigkeit der Bruchzähigkeit von der Wanddicke; Normalspannungsbruchanteil und Bruchflächenausbildung [32]

nungszuständen zu erklären. So vermindert sich z. B. mit zunehmender Wanddicke eines Behälters der Einfluß des an der Oberfläche vorliegenden Spannungszustandes immer mehr, so daß schließlich die zunehmende Dehnungsbehinderung (Versagensart: Trennbruch nach Erreichen der Trennfestigkeit) maßgebend ist. Bild 2–51 zeigt schematisch, wie sich die Geometrie des Bauteiles auf die Bruchzähigkeit und das Bruchaussehen auswirkt. Bei geringer Wanddicke ist die Bruchzähigkeit groß, und das Bauteil versagt durch Verformungsbruch. Mit zunehmender Wanddicke fällt die Bruchzähigkeit zunächst stark ab und nähert sich dann asymptotisch dem konstanten Mindestwert K_{Ic}. Gleichzeitig wird der Sprödbruchanteil der Bruchfläche größer. Der Werkstoffkennwert K_{Ic} stellt somit eine wichtige Kenngröße zur Beurteilung der Sprödbruchneigung dar, da er eine Aussage über die Zähigkeit des Werkstoffes unter ungünstigen Bedingungen erlaubt. Deshalb wird bei hochwertigen Bauteilen neben dem Nachweis der normalen Festigkeitswerte R_{eH}, R_m, A, Z und A_v auch ein verbindlicher Wert für K_{Ic} verlangt.

2.2.6 Ruhende Beanspruchung

Nach DIN 50119 [1] wird die Ermittlung des Werkstoffverhaltens bei ruhender Beanspruchung als Standversuch bezeichnet. Der Standversuch wird insbesondere dann angewendet, wenn neben den Einflüssen der Beanspruchungshöhe auch die Temperatur bzw. Kerben einen wesentlichen Einfluß auf die Beanspruchungszeit bis zum Versagen ausüben.

2.2.6.1 Zeitstandversuch

Für die Festigkeitsberechnung bei höheren Temperaturen, d. h. oberhalb der Kristallerholungstemperatur T_k des verwendeten Werkstoffes, werden Werkstoffkennwerte benötigt, die, unter Berücksichtigung der Beanspruchungsart, insbesondere die zeit- und temperaturabhängige Verformung und den Zeitpunkt der Bruchentstehung kennzeichnen. Abgesehen davon, daß es möglich ist, bei ruhender Beanspruchung und konstanter Temperatur für die Berechnung der zulässigen Spannung empirisch ermittelte Ansätze zu verwenden, ist es in der Regel notwendig, durch Versuche abgesicherte Werkstoffkennwerte zu ermitteln. Die zugelassenen bleibenden Verformungen sind konstruktiv vorgegeben und liegen in der Größenordnung von 0,2 % bis 2 %. Die Festlegung dieser Werte ist davon abhängig, welche Funktion das Bauteil ausübt. Während beispielsweise bei einer Heißdampfleitung durchaus eine plastische Grenzdehnung von 2 % zulässig sein kann, ist bei konstruktiv dehnungsbegrenzten Teilen, etwa bei Turbinenschaufeln wegen der Anstreifgefahr oder bei Schrauben wegen des Vorspannungsverlustes, nur ein erheblich kleinerer Grenzdehnungswert zulässig.

Die zulässigen Zeiten bis zum Erreichen derartiger Grenzdehnungswerte können sehr unterschiedlich sein, z. B. bei

- Raketenspitzen einige Minuten
- Düsentriebwerken bis etwa 10 000 Stunden
- Heißdampfrohren bis 300 000 Stunden.

Die für die Berechnung der Lebensdauer derartig beanspruchter Bauteile erforderlichen Werkstoffkennwerte sind die

- Zeitdehngrenze
- Zeitstandfestigkeit
- Dauerstandfestigkeit.

Diese Werkstoffkennwerte werden im Zeitstandversuch nach DIN 50118 ermittelt; die einzelnen Begriffe und Sonderprüfverfahren sind in DIN 50119 enthalten. Die Standversuche dienen zur Ermittlung des Werkstoffverhaltens bei ruhender Beanspruchung unter Bedingungen, bei denen neben den Einflüssen der Beanspruchungshöhe und der Temperatur als wesentlicher Einfluß auch die Beanspruchungszeit berücksichtigt wird. Ermittelt werden u. a. die bereits genannten Bemessungsgrößen, die im Zeitstand-Schaubild zusammengefaßt werden. Die Durchführung der Zeitstandversuche erfolgt derart, daß nach Erreichen des Temperaturgleichgewichtes die Probe belastet und dann bei konstanter Last die Verlängerung der Probe ermittelt wird. Man erhält die Zeitdehnlinie, wie sie schematisch in Bild 2–52 dargestellt ist. Zur Ermittlung der Zeitdehn-

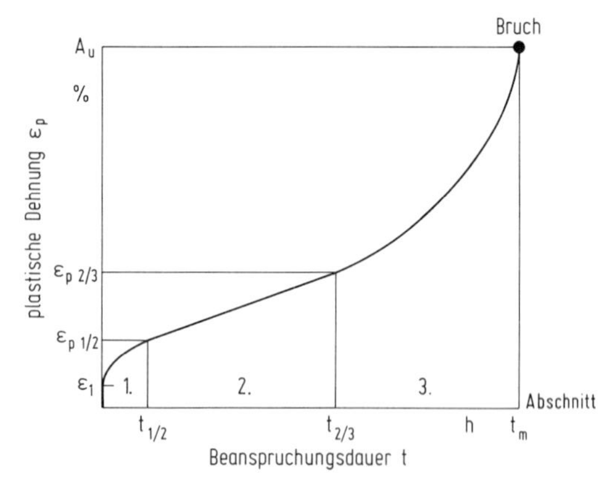

Bild 2–52: Zeitdehnlinie (schematisch), vgl. Bild 4–54

grenzen werden die Zeitdehnlinien in ein Zeitstand-Schaubild umgezeichnet (Bild 2–53). Aus dem Zeitstand-Schaubild können sowohl die gewünschten Zeitdehngrenzen als auch die Zeitstandfestigkeiten entnommen werden. In der Regel werden die Zeitstand-Schaubilder in der Art veröffentlicht, wie sie in Bild 2–54 schematisch dargestellt sind. Die derzeitig allgemein verfügbaren diesbezüglichen Werkstoffkennwerte sind Ergebnisse von Versuchen, die bis 10 000 h durchgeführt werden. Da die Forderung nach längerer Lebensdauer jedoch immer dringlicher wird und eine Extrapolation vorliegender Zeitstandfestigkeitswerte für eine angestrebte Beanspruchungsdauer von 100 000 h bis 300 000 h (rd. 36 Jahre) nach dem derzeitigen Stand der Erkenntnisse nicht genau genug möglich ist, werden in zunehmendem Maße entsprechende Langzeitversuche durchgeführt, um derartige Werte und damit gleichzeitig die Basis für eine Korrekturmöglichkeit zu ermitteln. Nach Bild 2–55 führt eine lineare

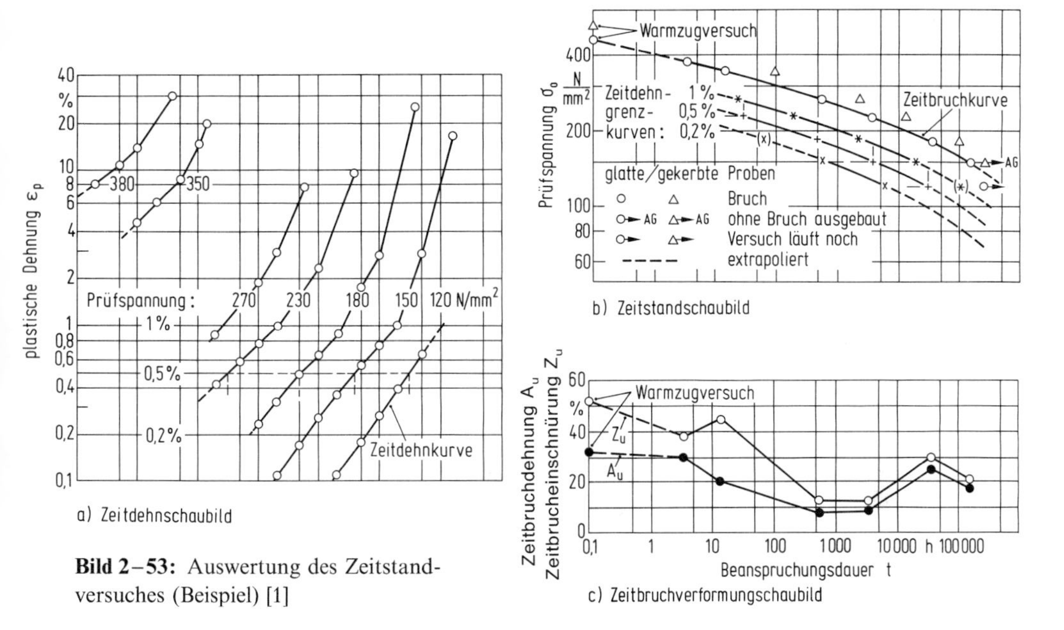

Bild 2–53: Auswertung des Zeitstandversuches (Beispiel) [1]

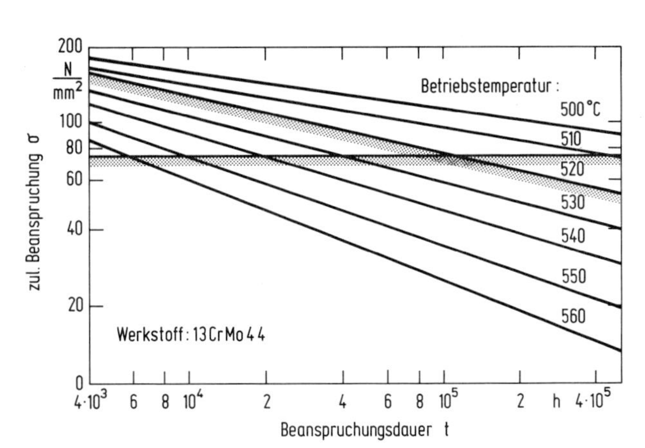

Bild 2–54: Zeitstand-Schaubild für Zugbeanspruchung (schematisch)

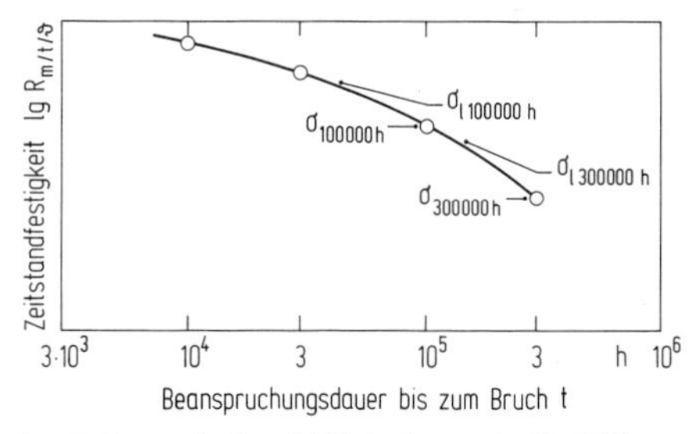

Bild 2–55: Extrapolation im Zeitstandschaubild (schematisch) [33]

Extrapolation zu einem systematischen Fehler, der jedoch näherungsweise korrigierbar zu sein scheint.

Auch hierbei ist zu beachten, daß sich in der Regel im Bereich der statischen Grundbeanspruchung, die sich in Kriechversuchen gut nachvollziehen läßt, zusätzlich weitere Zufallsbeanspruchungen überlagern, die die Lebensdauer vermindern. Derartige Zusatzbeanspruchungen lassen sich in Laborversuchen kaum nachvollziehen.

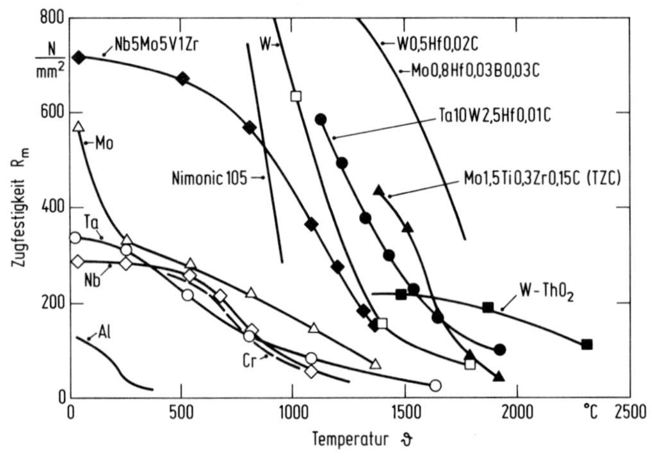

Bild 2–56: Zugfestigkeit hochschmelzender Metalle und Legierungen in Abhängigkeit von der Temperatur [34]

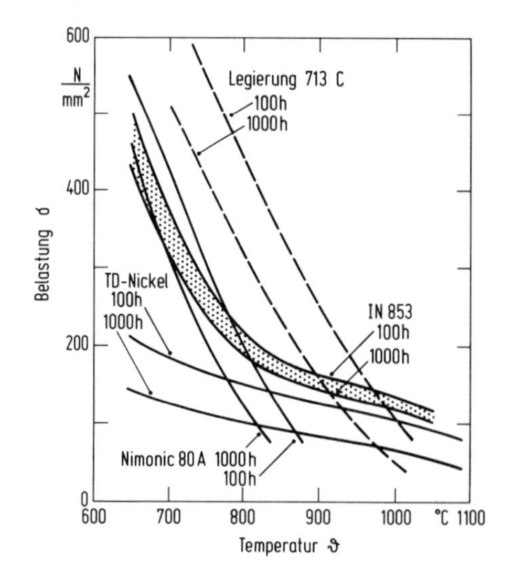

Legierungsbestandteile in Gewichts - %, Rest Ni

Legierung	Cr	Al	Ti	Y_2O_3	Al_2O_3	Th O_2	C	Co
IN 853	~20	~0,9	~2,3	~1,2	~1,1	-	-	-
Nimonic 80 A (ausscheidungshärtbar)	~20	~0,9	~2,3	-	-	-	-	-
T D Nickel	-	-	-	-	-	2,2	0,01	0,03

Bild 2–57: 100 und 1000 Stunden Zeitstandfestigkeit bei verschiedenen Temperaturen und Legierungen [35]

Vergleicht man die Warmzugfestigkeit (Bild 2–56) mit den Werten der Standfestigkeit für die Beanspruchungszeiten 100 h und 1000 h (Bild 2–57) bzw. 1000 h und 100 000 h (Bild 2–58), so erkennt man den dominierenden Einfluß der Zeit.

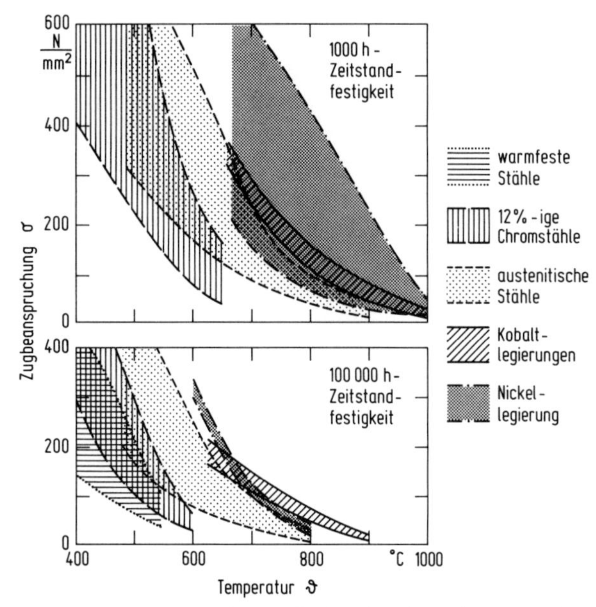

Bild 2–58: 1000 und 10 000 Stunden Zeitstandfestigkeit schmiedbarer Werkstoffe [36]

Die Festlegung derartiger Zeitstandkennwerte einer Stahlsorte erfordert eine Streubandauswertung der Ergebnisse von Versuchen, die an einem repräsentativen Umfang von Werkstoffen aus gleicher Charge durchgeführt wurden. Das Ergebnis einer derartigen Streubandauswertung zeigt Bild 2–59. Demnach kann bei einer Betriebsspannung von $\sigma = 120\ \mathrm{N/mm^2}$ eine bleibende Dehnung von 0,2 % auftreten in der Beanspruchungszeitspanne von 2500 h bis 80 000 h. Dadurch wird die Problematik der Aussagefähigkeit derartiger Versuchsergebnisse besonders klar.

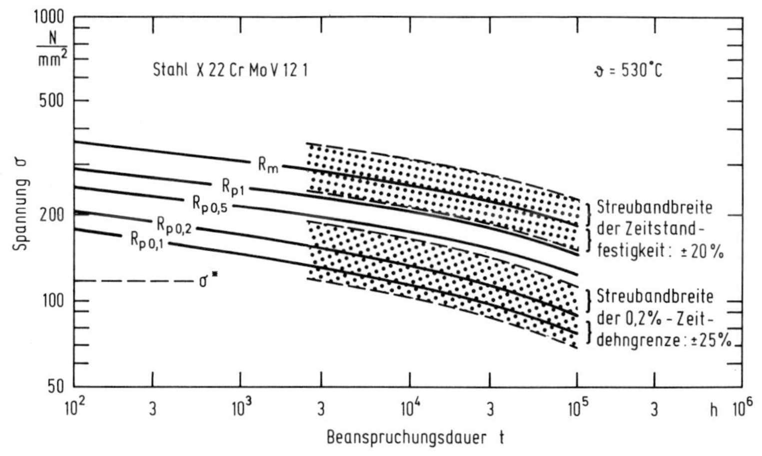

Bild 2–59: Streubereich des Zeitstandfestigkeits- und Zeitdehnverhaltens des Stahles X22CrMoV121 für eine Temperatur von 530 °C [37]. σ^* = Betriebsbeanspruchung

2.2.6.2 Niedriglastwechselermüdung

Neben der ruhenden Belastung, die der Zeitstandfestigkeit zugrunde liegt, treten häufig unregelmäßige Beanspruchungen auf, z. B. durch Belastungs- und Temperaturänderungen während des Betriebes. Dadurch können örtlich begrenzte überelastische Wechselverformungen auftreten, die bei ausreichender Häufigkeit zu einem Anriß führen. Diese Versagensart wird, da die Zahl der auftretenden Beanspruchungswechsel in der Regel relativ niedrig ist, als Niedriglastwechselermüdung (Low-Cycle-Fatigue) bezeichnet. Der Lebensdauerbereich bis zum Anriß oder Bruch erstreckt sich in der Regel bis etwa $5 \cdot 10^4$ Schwingspiele. Eine einheitliche Vereinbarung über die zugrunde zu legende Lebensdauer oder über ein Konzept zur Ermittlung der Lebensdauer bei dieser Beanspruchungsart liegt noch nicht vor [38].

2.2.6.3 Restlebensdauer

Die mit der Lebensdauerermittlung verbundene Unsicherheit, vor allem auch die mit der Langzeitbeanspruchung verbundene Werkstoffveränderung bzw. -schädigung, führte dazu, Untersuchungsmethoden zu entwickeln mit dem Ziel, eine möglichst eindeutige Aussage über den Werkstoffzustand nach einer gewissen Betriebszeit machen zu können. Dadurch sollte eine Abschätzung der noch zu erwartenden Lebensdauer ermöglicht werden [39]. Alle bis etwa 1983 bekannten Verfahren stützen sich auf

- die bekannten Zeitstandschaubilder; Probenahme aus nicht beanspruchtem Werkstoff
- die Gleichungen zur Extrapolation von Zeitstandwerten
- die bekannten Dehnungswechselfestigkeits-Schaubilder
- den Vergleich aussagefähiger Werkstoffeigenschaften
- zusätzliche Versuche.

Die zuerst genannte Methode basiert darauf, im Betrieb ermittelte Daten eines Bauteils mit dem Zeitstandschaubild des Ausgangsmaterials zu vergleichen: die Differenz zwischen der zu erwartenden Bruchzeit und der bisherigen Betriebsdauer ist dann ein Wert für die Restlebensdauer.

Die Gleichungen zur Extrapolation von Zeitstandwerten, z. B. in der Darstellung von *Larson-Miller* [40], gehen von der Temperatur- und Spannungsabhängigkeit der Kriechverformung aus. Sie ermöglichen die Wiedergabe der zeitabhängigen Festigkeitswerte über einem Parameter in einer Darstellung, in der Zeit und Temperatur austauschbar sind. Bild 2–60 zeigt die Versuchsergebnisse von Proben aus betriebsbeanspruchten Werkstoffen, die über dem *Larson-Miller*-Parameter P aufgetragen sind und mit entsprechenden Ergebnissen vorher nicht beanspruchter Proben verglichen werden. Die Differenz beider Kurven ist ein Maß für die noch zu erwartende Lebensdauer; verglichen werden die errechnete und die tatsächliche Vergleichsspannung.

Für Bauteile, die im Niedriglastwechselbereich bei erhöhter Temperatur und Haltezeit wechselnden Dehnungen unterworfen sind, kann die bis zum Anriß

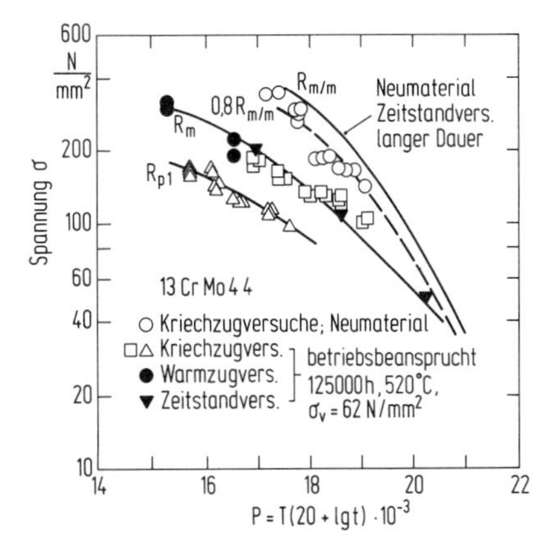

Bild 2–60: Darstellung der durch Warmzug- und Kriechversuche ermittelten Ergebnisse über dem Larson-Miller-Parameter [40]

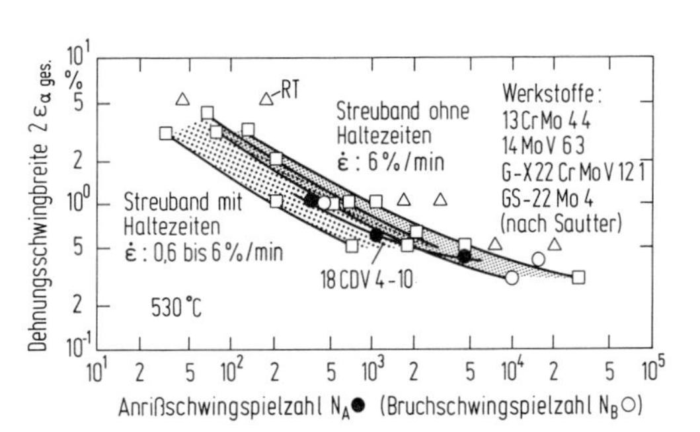

Bild 2–61: Ergebnisse von Dehnungswechselversuchen bei 530 °C [41]

verbleibende Lastwechselzahl abgeschätzt werden mit Hilfe des Dehnungs-Wechselfestigkeits-Schaubildes (Bild 2–61); verglichen werden hier z. B. die Dehnungsschwingbreiten.

Da im wesentlichen der Gefügezustand die Werkstoffeigenschaften bestimmt, liegt es nahe, durch Vergleich des jeweiligen Gefügezustandes mit dem Zustand des Ausgangsmaterials eine Beurteilung über die Restlebensdauer vorzunehmen. Nach [42] ist es insbesondere bei niedriglegierten warmfesten Stählen möglich, aus dem Gefügezustand in erster Näherung einen Rückschluß auf eine vorliegende Zeitstandschädigung und dadurch auf die Restlebensdauer ziehen zu können. Die derzeitig verfügbare Versuchstechnik ermöglicht es, derartige Gefügeuntersuchungen z. B. mit Hilfe von Lackabdrücken, die während des Betriebes entnommen werden, durchzuführen.

Eine weitere Möglichkeit zur Abschätzung der Restlebensdauer besteht darin, Kerbschlagbiegeversuche durchzuführen, um eine irreversible Werkstoffschädigung nachweisen zu können. Im Falle einer Schädigung verschiebt sich der Steilabfall zu höheren Temperaturen.

Eine zuverlässige Aussagemöglichkeit wird von Zeitstandversuchen an Proben aus dem betriebsbeanspruchten Werkstoff erwartet. Auch diese Methode ist jedoch problematisch, weil die Entnahmestelle der Proben eine wesentliche Rolle spielt. Erfahrungsgemäß ist die Beanspruchung inhomogen. Da aber bereits sehr geringe über lange Zeit einwirkende Beanspruchungsunterschiede zu großen Streuungen der Ergebnisse von Langzeitversuchen führen, muß damit gerechnet werden, daß die Ergebnisse derartiger Versuche ebenfalls starke Streuungen aufweisen. Nachteilig ist außerdem der erforderliche große Zeitaufwand. Daher wird versucht, durch Warmzugversuche mit niedrigen, konstanten Dehngeschwindigkeiten zwischen 0,5 und 0,006 %/h und durch Ermittlung der Fließspannung in Abhängigkeit von der Dehngeschwindigkeit, eine Aussage über den Werkstoffzustand zu erhalten. Derartige Versuche erfordern je nach Versuchsbedingungen einen Zeitaufwand von etwa 80 bis 3000 Stunden. Es erscheint zumindest bei einigen gebräuchlichen Werkstoffen möglich zu sein, durch das Kriechzugverfahren, verglichen mit dem Zeitstandversuch, in kürzester Zeit Ergebnisse mit einer vergleichbaren Genauigkeit ermitteln zu können.

2.3 Zerstörungsfreie Prüfverfahren

2.3.1 Eindringverfahren

Als Prüfmittel werden meist rot gefärbte Flüssigkeiten mit einer möglichst geringen Zähigkeit und Oberflächenspannung verwendet. Wird das Bauteil in die Flüssigkeit eingetaucht oder mit ihr besprüht, so dringt diese infolge der Kapillarwirkung in Risse, Poren und Spalten ein. Anschließend wird das Bauteil abgespült und mit einem Entwicklerfilm, der ebenfalls aufgesprüht wird, überzogen. Das in den Fehlern enthaltene Prüfmittel dringt in den getrockneten Entwicklerfilm ein und kennzeichnet die Lage der Fehlstellen. Diese Methode erlaubt, Risse von weniger als 10^{-3} mm Breite mit Sicherheit zu erkennen.

Seltener wird als Prüfmittel heißes Öl (Ölkochprobe) oder Säure (Beizprobe) verwendet.

2.3.2 Ultraschallprüfverfahren

Mit Ultraschall bezeichnet man mechanisch verursachte Schwingungen mit Frequenzen, die oberhalb der Hörgrenze – 20 000 Hz – liegen (DIN 54119). Für die Ultraschall-Prüfung metallischer Werkstoffe verwendet man Frequenzen von 0,5 MHz bis 20 MHz. Bevorzugt werden jedoch möglichst hohe Frequenzen, weil dadurch der Schallstrahl in zunehmendem Maße gebündelt und gerichtet wird und dadurch die Fehlererkennbarkeit steigt. Die Schwingungen werden im allgemeinen durch den piezoelektrischen Effekt erzeugt. Dieser beruht darauf, daß man bei einigen Kristallen, z. B. Quarz, durch Druck- oder Zugspannungen in bestimmten Richtungen zu den Kristallachsen auf den Kristallflächen elektrische Ladungen erzeugen und umgekehrt durch Aufbringung einer elektrischen Ladung Längs- bzw. Dickenänderungen hervorrufen kann.

Die Ultraschallwellen besitzen die Eigenschaft, sich in festen Körpern geradlinig und ohne wesentliche Schwächung fortzupflanzen. Trifft die Ultraschallwelle auf eine Grenzfläche zweier Medien, so wird der Schall entsprechend dem Verhältnis ihrer Schallwiderstände reflektiert. An der Grenzfläche Metall-Luft tritt z. B. nahezu Totalreflexion auf. Bei dem Impulsechoverfahren, welches am häufigsten angewendet wird, ist der Schallgeber gleichzeitig auch Schallempfänger. Die Schallimpulse werden in der Regel über ein Kopplungsmittel, z. B. Öl, vom Schallkopf in das zu untersuchende Bauteil eingeleitet und in dem Intervall zwischen den Impulsen vom Schallkopf, der nunmehr als Empfänger wirkt, wieder aufgenommen. Gleichzeitig wird der Sendeimpuls und ggf. seine Echos auf einem Oszillograph als Reflektogramm wiedergegeben (Bild 2–62). Ist das untersuchte Stück fehlerfrei, so wird das Rückwandecho oder ein formbedingtes

Echo reflektiert. Liegen zwischen Oberfläche und Rückwand Fehler vor, so tritt an der Oberfläche des Fehlers ein Zwischenecho auf. Die Laufzeit ist somit ein Maß für die Tiefenlage der reflektierenden Trennfläche. Liegt die Trennfläche nicht senkrecht zum Schallstrahl, so entsteht ein abgeschwächtes Echo. Die Tiefenlage kann durch Prüfung in anderen Richtungen ermittelt werden.

Die Ultraschallprüfung wird wegen der großen Tiefenwirkung bevorzugt eingesetzt zur Prüfung von

- Schweißnähten auf Fehler, wie z. B. Binde- und Wurzelfehler, Einbrandkerben, Risse...
- Blechen auf Dopplungen
- Halbzeugen auf Fehler, wie z. B. Risse, Lunker, Einschlüsse, Schalenbildung
- Rohren und Blechen auf Fehler, wie z. B. Dopplungen, Risse, Schlacken, Einschlüsse
- Dickenunterschieden

und zur Ermittlung

- von Gefügeunterschieden (Grobkorn, Feinkorn)
- von örtlichen Schweißstellen oder ausgeglühten Bereichen
- der Ausbreitung von Dauerschwinganrissen.

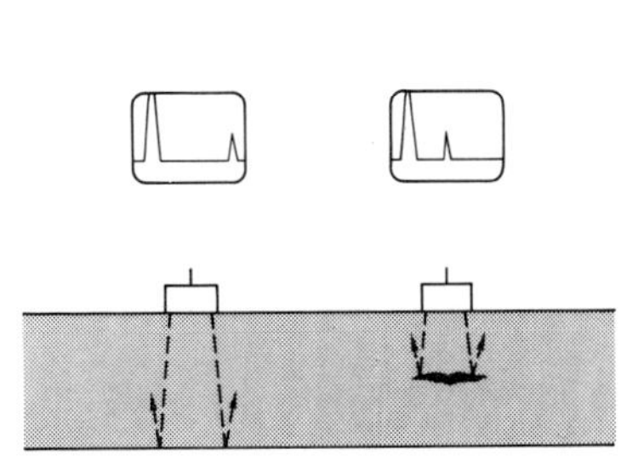

Bild 2–62: Prinzipielle Wirkungsweise der Ultraschallprüfung (Impuls-Echo-Verfahren)

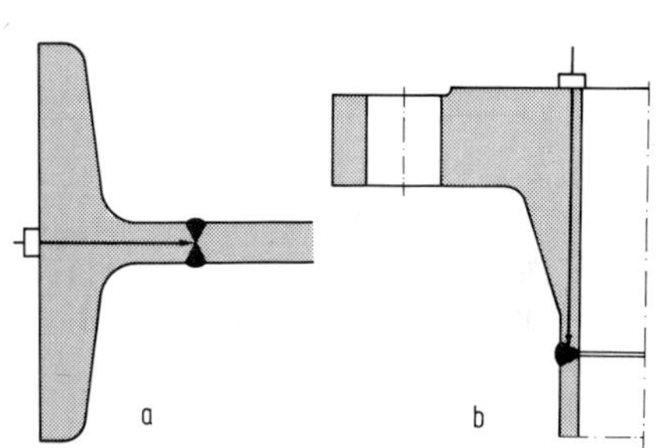

Bild 2–63: Ultraschallprüfung; Beschallung mit Normalprüfkopf. a) Stoßnaht im Träger; b) Stoßnaht am Vorschweißflansch

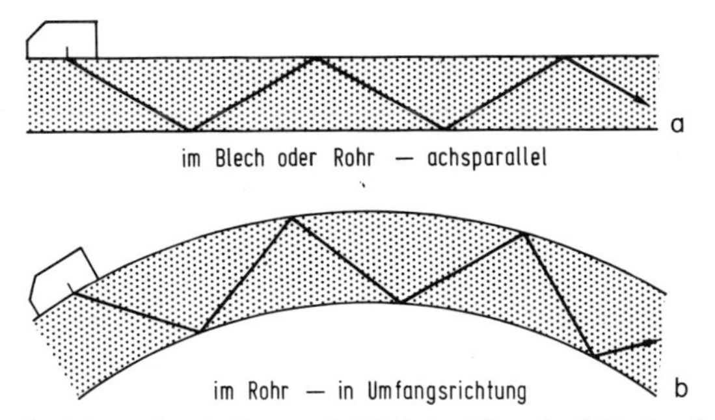

Bild 2–64: Ultraschallprüfung; Beschallung mit Winkelprüfkopf. a) Blech oder Rohr – achsparallel; b) Rohr – in Umfangsrichtung

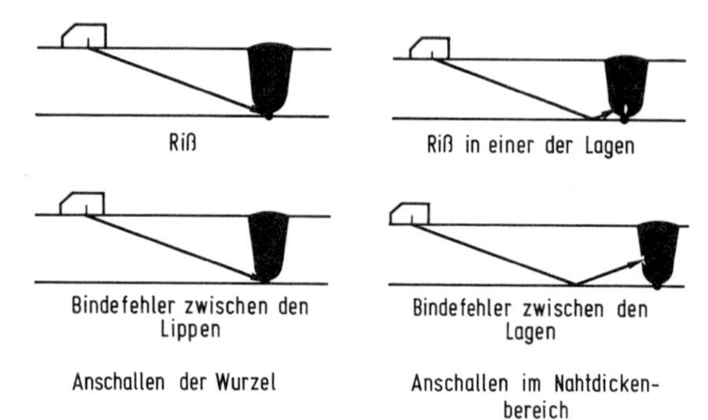

Bild 2–65: Ultraschallprüfung; Anwendungsbeispiele für die Beschallung mit Winkelprüfkopf

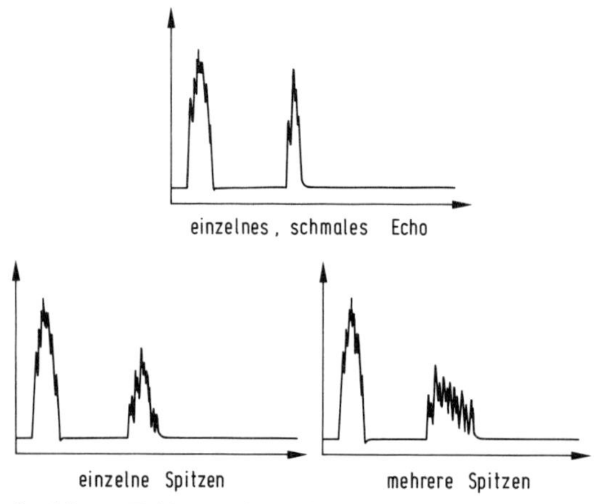

Bild 2–66: Ultraschallprüfung; Fehleranzeige (schematisch)

Besondere Bedeutung hat die Ultraschallprüfung für die Prüfung von Schweißnähten.

Erfolgt die Beschallung mit dem Normalprüfkopf (Schallrichtung ⊥ Oberfläche), so ergeben sich z. B. für Schweißnahtprüfungen die in Bild 2–63 gezeigten Anwendungsbeispiele. Die Fehlerprüfung an Blechen und Rohren erfolgt zweckmäßigerweise mit Winkelprüfköpfen. Hierbei nutzt man die Reflexe an den Blech- bzw. Rohroberflächen aus, so daß die Ultraschallstrahlen zickzackförmig durch den Werkstoff verlaufen (Bild 2–64); der Einfallwinkel muß der Werkstoffdicke angepaßt werden. Bild 2–65 zeigt schematisch einige weitere Anwendungsbeispiele. Aus den Echos können differenzierte Rückschlüsse auf die Ausbildung des Fehlers gezogen werden (Bild 2–66).

2.3.3 Magnetpulverprüfverfahren

Dies Verfahren eignet sich für die Prüfung magnetisierbarer Werkstoffe auf makroskopische Fehler, die an oder nahe unter der Oberfläche liegen (DIN 54131 T2).

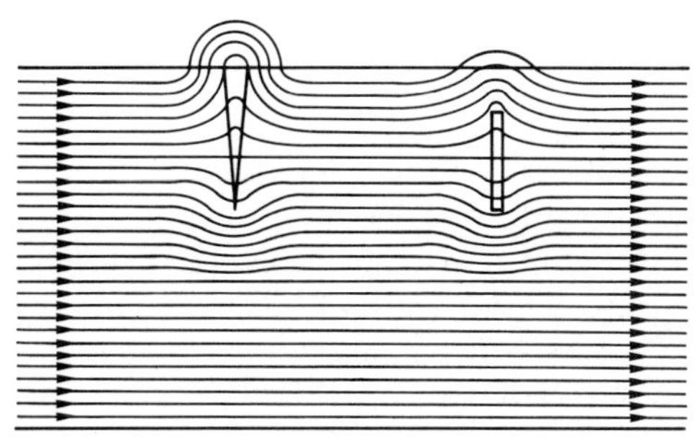

Bild 2–67: Kraftlinienverlauf bei der Magnetprüfung

Wird ein ferromagnetischer Werkstoff von magnetischen Kraftlinien durchflossen, so bildet sich an Werkstofftrennungen, die quer zum Magnetfluß liegen, wegen der geringeren Permeabilität ein magnetisches Streufeld aus, so daß die Kraftlinien aus der Oberfläche austreten (Bild 2–67).

Angewendet wird vorzugsweise die Stromdurchflutung und die Polmagnetisierung (Bild 2–68).

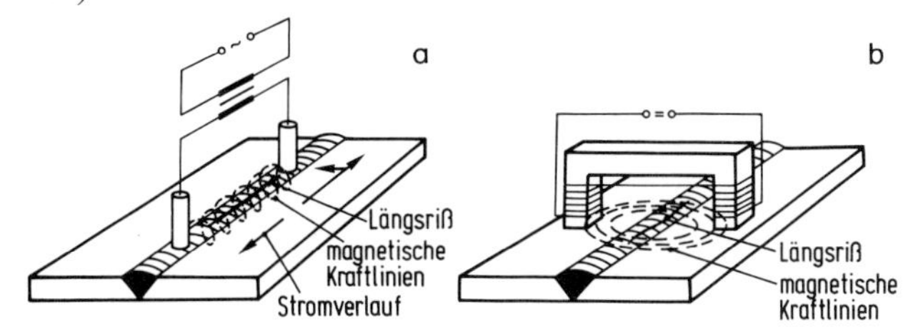

Bild 2–68: Magnetprüfung (schematisch). a) Stromdurchflutung; b) Polmagnetisierung

Bei der Stromdurchflutung werden Fehler angezeigt, die in Richtung der Durchflutung liegen, und bei der Polmagnetisierung Fehler, die senkrecht zum Stromfluß verlaufen.

Die Anzeigegrenze liegt bei einer Rißbreite von 10^{-3} bis 10^{-4} mm. Die Tiefe der erfaßbaren äußeren Zone erstreckt sich bis etwa 8 mm.

Bedeckt man die Oberfläche des zu untersuchenden Bauteiles mit frei beweglichen ferromagnetischen Teilchen, z. B. einer Suspersion aus reinem Eisenpulver und Petroleum, so ordnen sich die Eisenteilchen an der Störstelle längs der austretenden Kraftlinien an und kennzeichnen die Fehlerausbildung.

Dieses Prüfverfahren wird bevorzugt eingesetzt zur Untersuchung von

- Schweißnähten auf Fehler, z. B. Oberflächenrisse, Schlackeneinschlüsse, Bindefehler, Kaltschweißstellen, Porösität
- Bauteilen auf oberflächennahe Fehler, wie z. B. Risse, Schlackenzeilen, Ziehfehler
- Oberflächen schwingbeanspruchter Bauteile auf Risse, Kerben, Bearbeitungsfehler.

2.3.4 Röntgenprüfverfahren

Röntgenstrahlen sind elektromagnetische Schwingungen sehr kurzer Wellenlänge. Derartige Strahlen entstehen in Röntgenröhren, indem von einer Kathode beschleunigt ausgesandte Elektronen auf eine Anode (meist Wolfram) treffen und dessen Gitter zum Aussenden von eigenen Elektronen anregen. Die entstehende Strahlung bezeichnet man als Bremsstrahlung. Sie entsteht durch sekundäre Auslösung von Elektronen und pflanzt sich mit Lichtgeschwindigkeit fort. Mit steigender Auftreffenergie wird die Frequenz größer und die Wellenlänge kleiner. Je kleiner die Wellenlänge ist, umso energiereicher und härter sind die Strahlen. Röntgenstrahlen durchdringen Metalle. Sie dienen dazu, ein Schattenbild des zu untersuchenden Teiles auf einem Film bzw. Leuchtschirm zu erzeugen. Dabei tritt eine Intensitätsschwächung auf, die umso stärker ist, je größer die Dicke des Stückes und je größer die Dichte des Werkstoffes ist. Sind in dem Bauteil Hohlräume oder Einschlüsse aus einem Material kleinerer Dichte, so wird die Strahlung weniger geschwächt und die Intensität größer. Dadurch ist es möglich, vorliegende Fehler zu erkennen. Um eine optimale Fehlererkennbarkeit zu erreichen, müssen Strahlenintensität, Wellenlänge, Dicke des zu durchstrahlenden Teiles und die Durchstrahlungszeit aufeinander abgestimmt sein.

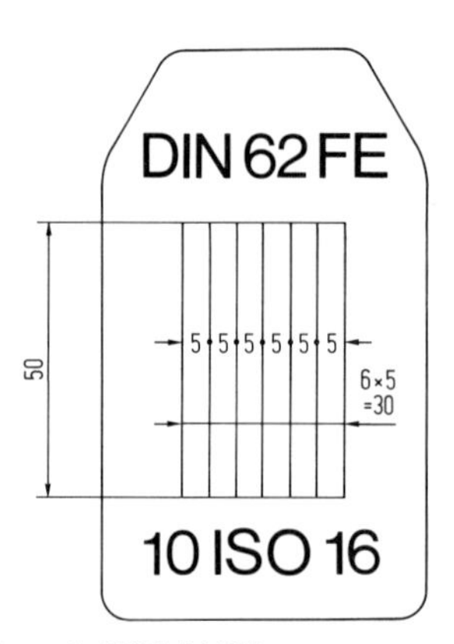

Bild 2–69: Drahtsteg DIN 62 FE nach DIN 54109

Zwecks Kontrolle der jeweils vorliegenden Bildgüte wird ein Testkörper zusammen mit dem Prüfobjekt durchstrahlt. Als Testkörper wird normalerweise ein Drahtsteg (DIN 54109) verwendet, der aus einer Folge von Drähten verschiedener Durchmesser, die in eine durchsichtige Kunststoff-Folie eingebettet sind, besteht (Bild 2–69). Die Durchmesser nehmen angenähert in geometrischer Folge mit dem Quotienten $1/\sqrt[10]{10}$ ab; die Drähte sind numeriert. Nach diesem Verfahren läßt sich eine absolute Bildgüte in Bezug auf das durchstrahlte Objekt angeben durch Angabe der Nummer des kleinsten, gerade noch erkennbaren Drahtes (DIN 54109).

Die noch durchstrahlbare Dicke hängt wesentlich von der Härte der Strahlung ab. Mit Erhöhung der Röhrenspannung erhöht sich die Härte und mit der Härte bei gleicher Werkstoffart die durchstrahlbare Dicke; der Strahlenkontrast nimmt jedoch ab. Das bedeutet eine Verringerung der Fehlererkennbarkeit.

Durch Verwendung von Blenden und Verstärkerfolien läßt sich die Streuung der Röntgenstrahlen vermindern bzw. der Belichtungseffekt erhöhen. Außer der Eigenschaft, feste Stoffe ohne Ablenkung durchdringen zu können und mit Leuchtstoffen bestrichene Flächen zum Aufleuchten zu bringen, sind Röntgenstrahlen in der Lage, fotografische Schichten zu schwärzen. Diese Eigenschaft wird vorwiegend dazu ausgenutzt, die Röntgenstrahlung auf „Röntgenfilm" festzuhalten (DIN 54112).

Die zerstörungsfreie Prüfung mit hochfrequenten elektromagnetischen Strahlen hat besondere Bedeutung bei der Prüfung von Schweißnähten (DIN 54111). Bild 2–70 zeigt einige diesbezügliche Anwendungsbeispiele für die Röntgengrobstrukturuntersuchung von Schweißnähten.

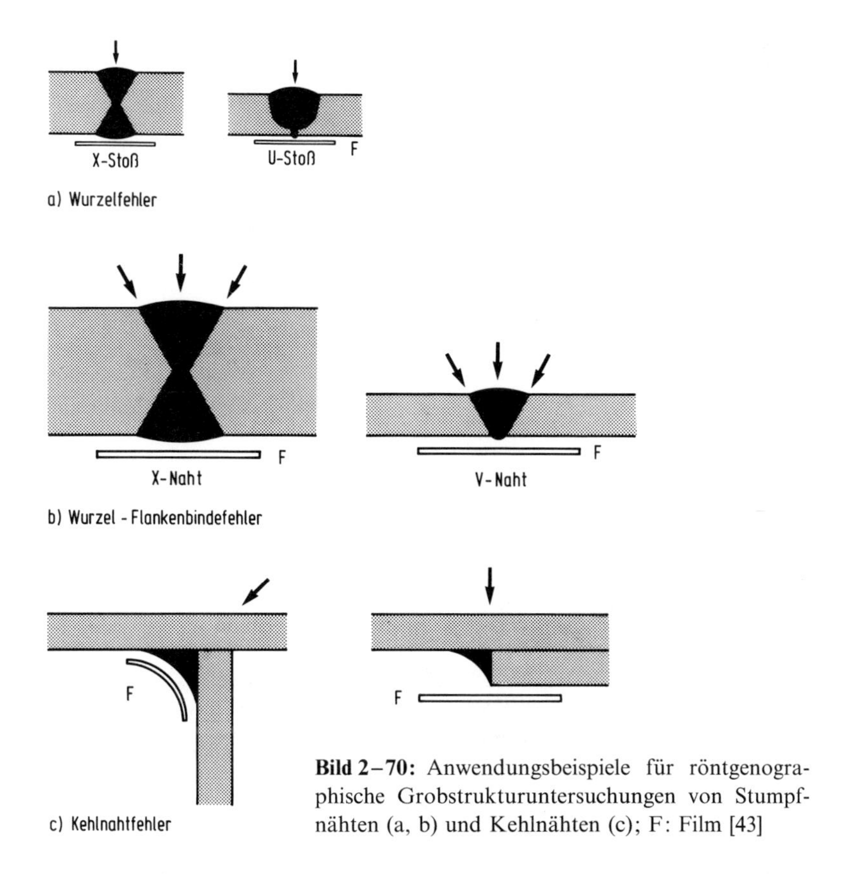

Bild 2–70: Anwendungsbeispiele für röntgenographische Grobstrukturuntersuchungen von Stumpfnähten (a, b) und Kehlnähten (c); F: Film [43]

Darüber hinaus wird dieses Prüfverfahren eingesetzt zur Ermittlung von Hohlstellen, wie Lunkern, Gasblasen und Schlackeneinschlüssen in Bauteilen.

Die Durchführung einer Röntgenprüfung erfordert die Beachtung der diesbezüglichen Strahlenschutzregeln (DIN 54113, DIN 54115).

2.3.5 Prüfung mit Gammastrahlen

Gammastrahlen entstehen bei einem Atomkernzerfall von radioaktiven Elementen. Unter Radioaktivität versteht man die Eigenschaft bestimmter chemischer Grundstoffe, sich unter Aussendung von Strahlen verschiedener Art (α-, β-, γ-Strahlen) in andere Grundwerkstoffe umzuwandeln, die ihrerseits wieder radioaktiv sein können. Man unterscheidet natürliche Radioaktivität, z. B. Thorium, Uran..., und künstliche Radioaktivität von Isotopen. Als Isotop eines Elementes bezeichnet man solche Stoffe, die sich voneinander nur durch eine abweichende Neutronenzahl im Kern unterscheiden. Diese weisen demnach die gleichen chemischen Eigenschaften wie der Grundstoff auf, da sie gleiche Ordnungs- und Kernladungszahl besitzen, haben jedoch eine anderen Massenzahl.

Für die Prüfung, insbesondere auch von Schweißnähten, sind folgende radioaktive Strahler von Bedeutung:

Kobalt 60 (Co^{60}); Halbwertzeit 5,2 Jahre
Iridium 192 (Ir^{192}); Halbwertzeit 74 Tage

Zum Nachweis der Strahlen verwendet man den fotographischen Film oder das Zählrohr. Die Leuchtschirmbetrachtung ist ohne Verwendung einer Leuchtschirmverstärkung nicht möglich, weil die Strahlintensität zu gering ist. Im allgemeinen betrachtet haben die Gammastrahlen, z. B. Co^{60}, eine wesentlich kleinere Wellenlänge als die Strahlen aus der Röntgenröhre, d. h. sie sind härter und haben ein besseres Durchdringungsvermögen. Einige typische Gamma-Durchstrahlungsaufnahmen von Schweißverbindungen sind in Bild 2–71 wiedergegeben.

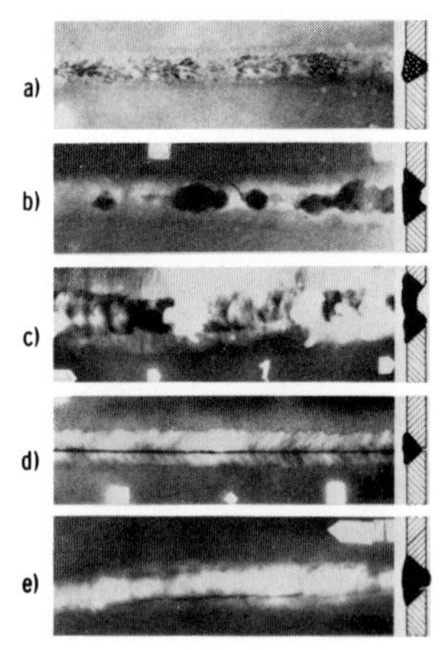

a) Grobe Porenanhäufung (Lichtbogenschweißung)
b) Grobe Durchbrüche (Lichtbogenschweißung)
c) Grober Wurzelrückfall (Lichtbogenschweißung)
d) Scharfer Wurzelfehler (Lichtbogenschweißung)
e) Scharfer Anriß (Autogenschweißung)

Bild 2–71: Charakteristische Schweißnahtfehler im Gamma-Durchstrahlungsbild mit schematischer Darstellung der Fehler im Querschnitt [43]

Die für die Prüfung vorgesehenen radioaktiven Präparate werden in eine dünnwandige Kapsel aus Silber, Messing oder Leichtmetall gefaßt. Diese Kapseln, aus denen die γ-Strahlen laufend austreten, müssen für den Transport und für

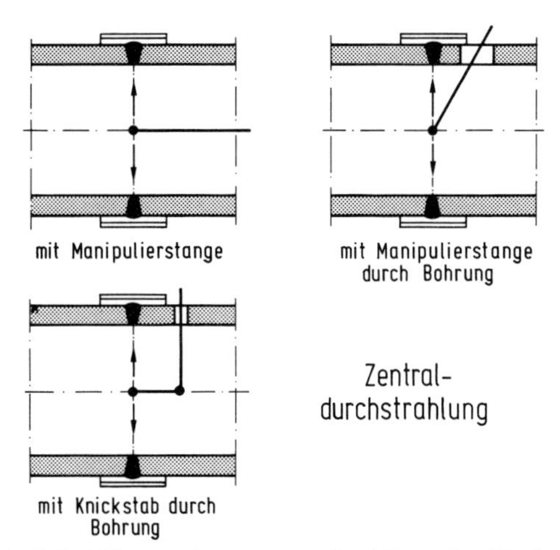

Bild 2–72: Versuchstechnik bei Verwendung von radioaktiven Strahlerkapseln

die Aufbewahrung, zum Teil auch während des Untersuchungsvorganges, mit einem Strahlenschutz versehen werden. Hierzu sind die Strahlenschutzvorschriften zu beachten (DIN 54115).

Wegen der geringen Größe der Strahlenkapseln kann die Versuchstechnik wesentlich erweitert werden (Bild 2–72).

2.4 Metallographische Untersuchungsmethoden

2.4.1 Makroskopische Untersuchungen

Die Untersuchung, bei der lediglich eine Lupe als Hilfsmittel verwendet wird, ermöglicht eine Aussage z. B. über

- die Ausbildung der Bruchfläche
- den Bruchausgang
- die Oberflächenbeschaffenheit
- Fehlstellen.

Darüber hinaus schließt die Methode Untersuchungen an Proben, die aus dem zu untersuchenden Bauteil aufgrund der Ergebnisse der vorhergehenden makroskopischen Betrachtung entnommen wurden, ein. Die Prüffläche wird geschliffen und chemisch behandelt, wobei man unterscheidet zwischen

- Ätzverfahren und
- Abdruckverfahren.

Die Ätzverfahren dienen z. B. zum Nachweis

- der Phosphorseigerung
- von kaltverformten Bereichen

- des Faserverlaufes
- grundsätzlich unterschiedlicher Gefügeausbildung, wie z. B. Schweißnähte, Wärmebehandlungszonen, Primärkristallisation in Gußteilen.

Die bekanntesten Makroätzmittel sind die Ätzmittel nach *Adler, Heyn, Fry* und *Oberhoffer*.

Das Abdruckverfahren nach *Baumann* wird meistens zum Nachweis der Schwefelverteilung und der Schwefelseigerung im Stahl verwendet. Hierzu wird ein mit Schwefelsäure getränktes Fotopapier auf die geschliffene Prüffläche gelegt. Die Sulfideinschlüsse reagieren mit der Schwefelsäure unter Bildung von Schwefelwasserstoff, der mit der Fotoschicht reagiert und zur Bildung von dunklem Silbersulfid führt. Dadurch ist die Verteilung der Sulfideinschlüsse eindeutig zu erkennen.

2.4.2 Lichtmikroskop (LM)

Die Beurteilung der metallurgischen Reinheit und der Gefügeausbildung des Werkstoffes ist nur durch stärkere Vergrößerung der betrachteten Prüffläche möglich. Dies setzt voraus, daß die Prüffläche im polierten Zustand vorliegt. Dieser Oberflächenzustand ermöglicht, Einzelheiten zu erkennen, deren Reflexionsvermögen stark unterschiedlich ist, wie z. B. nichtmetallische Einschlüsse. Zur Steigerung des Kontrastes wird die Prüffläche chemisch oder elektrochemisch angeätzt. Dabei werden die Gefügebestandteile verschieden stark angegriffen. Dadurch entstehen unterschiedliche Reflexionsbedingungen für die verschiedenen Gefügebestandteile. Spezielle Ätzmethoden bewirken z. B. eine stärkere Ätzung der Korngrenzen oder der Kornflächen; man spricht von Korngrenzenätzung und von Kornflächenätzung. Das unterschiedliche Reflexionsvermögen der einzelnen Gefügebestandteile bzw. der sich bildenden Reliefstruktur, die eine Schattenbildung bewirkt, ermöglichen eine eindeutige Identifizierung der Bestandteile. Die Metallmikroskope lassen eine Vergrößerung bis etwa 1000fach zu. Die Vergrößerung kann durch Zwischenschalten von Flüssigkeiten mit höherem Brechungsindex (Immersionslösungen) bis etwa 1600fach erhöht werden. Technische Zusatzeinrichtungen, wie z. B. Hellfeld- und Dunkelfeldbeleuchtung, Lichtpolarisation, Phasenkontrast- und Interferenzkontrastverfahren, Interferenzmikroskopie, erweitern die Aussagefähigkeit der lichtmikroskopischen Untersuchung erheblich. Daher ist es in vielen Fällen der Schadensanalyse möglich, durch derartige Untersuchungen ausreichende Informationen über den Werkstoff, den Werkstoffzustand und über den Einfluß der Oberfläche zu erhalten.

Nachteilig wirkt sich jedoch aus, daß die Schärfentiefe sehr gering ist, z. B. bei 1000facher Vergrößerung 0,01 µm. Daher können Bruchflächen normalerweise durch dieses Verfahren nicht analysiert werden.

2.4.3 Rasterelektronenmikroskop (REM)

Im Rasterelektronenmikroskop werden die Elektronen eines Glühfadens zu einem feinen Strahl (Durchmesser ca. 0,01 μm) zusammengebündelt. Der Strahl trifft die zu untersuchende Oberfläche in einem Punkt. Um ein Bild der gesamten Oberfläche zu bekommen, wird der Strahl in einem Rastermuster hin- und herbewegt. Durch die Wechselwirkung des Strahles mit der Probe wird eine Vielfalt von Signalen ausgelöst. Sekundärelektronen werden von einem geeigneten Detektor für eine Darstellung der Oberfläche aufgenommen. Dabei werden lediglich die Sekundärelektronen, die sehr nahe der Oberfläche ausgelöst wurden, nachgewiesen; diese geben die beste Auflösung. Außerdem wird das emittierende Gebiet verändert, wenn der Winkel eines Oberflächenbereiches nur geringfügig variiert. Herausragende Oberflächenteilchen emittieren mehr Sekundärelektronen als tiefer gelegene Bereiche, folglich erscheinen diese Teilchen heller. Außerdem kann eine Schattenbildung durch Schrägeinfall des Elektronenstrahls erzeugt werden, die zu einer plastischeren Abbildung der Oberflächenstruktur führt.

Die örtliche Verteilung der Sekundärelektronen ergibt nach einer elektronischen Verstärkung auf dem Bildschirm ein topographisches Bild der untersuchten Oberfläche. Die genannten Merkmale, das gute Auflösungsvermögen und die große Schärfentiefe führen zu einer eindeutigen und leichten Interpretation. Vorteilhaft ist außerdem, daß die Vergrößerung, die spannungsabhängig ist, bis zu 200 000fach gesteigert und rasch geändert werden kann. Die Deutung der Bilder erfordert entsprechende Erfahrung.

Die Rasterelektronenmikroskopie wird vorteilhaft eingesetzt zur Untersuchung

- der Morphologie technischer Oberflächen,
- der Veränderung der Oberflächen durch äußere Einwirkung, wie z. B. Korrosion, Verschleiß sowie
- zur Durchführung fraktographischer Analysen von Bruchflächen [44, 45].

2.4.4 Transmissionselektronenmikroskop (TEM)

Dieses Verfahren basiert auf der Fähigkeit von Elektronenstrahlen, dünne Schichten zu durchdringen [45]. Daraus leiten sich drei Untersuchungsmöglichkeiten ab

- direkte Durchstrahlung,
- indirekte Methode,
- bedingt direkte Durchstrahlung.

Für die direkte Durchstrahlung müssen Folien einer Dicke von etwa 0,1 μm bereitgestellt werden. Ist die Herstellung einer Folie nicht möglich, so kann mittels einer ausgereiften Abdrucktechnik ein Lackabdruck der zu untersuchenden Oberfläche entnommen werden, der alle Einzelheiten der Oberfläche enthält; gegebenenfalls wird außerdem ein Positiv-Abdruck angefertigt. Der Abdruck wird in einer Vakuumkammer mit Metall oder Kohlenstoff bedampft; nach Auflösung des Lackes wird die Metall- bzw. Kohlenstoffolie untersucht. Der Kontrast entsteht durch die Dickenunterschiede der Abdruckfolie.

Bei der indirekten Untersuchungsmethode wird ein Extraktionsreplikat von der Oberfläche hergestellt. Durch Anwendung dieses Verfahrens können Einschlüsse aus der Oberfläche herausgezogen und untersucht werden.

Die TEM-Abbildung eines Probenvolumens entsteht durch Streuung der einfallenden Elektronen an den Atomen der Folie. In Kristallen mit periodischer Atomanordnung tritt eine kohärente Streuung auf, die in den einzelnen Werkstoffbereichen zu Laufzeitdifferenzen und zu Beugungsinterferenzen führt. Durch Vergrößerung mit elektromagnetischen Linsen werden die Interferenzen als Hell-Dunkelbild auf eine Mattscheibe abgebildet. Da die Beschleunigungsspannung beim TEM (ca. 1 Million Volt) höher ist als beim REM, sind auch höhere Vergrößerungen möglich (bis zu 10^6fach). Die Auflösung liegt unter 1 nm ($= 10^{-9}$ m) und reicht in den Bereich der Gitterkonstanten (0,2 nm bis 0,5 nm).

Daraus leiten sich vielseitige Anwendungsgebiete ab, z. B. die Untersuchung von Gitterbaufehlern, wie Versetzungen, Stapelfehler, Phasengrenzen, Leerstellen und feinste Ausscheidungen.

Ein wesentliches Problem ist die Repräsentativität der Ergebnisse für technische Bauteile. Wegen der für TEM unumgänglich geforderten dünnen Präparate, von denen nur ein sehr kleiner Ausschnitt (ca. 1 μm) abgebildet wird, müssen gegebenenfalls sehr viele Proben untersucht werden, um eine gewisse statistische Sicherheit der Ergebnisse für Schlußfolgerungen größerer Werkstoffbereiche zu erzielen.

Tabelle 2–2: Vergleich maßgeblicher Kriterien verschiedener physikalischer Untersuchungsverfahren verglichen mit den Kriterien der lichtmikroskopischen Untersuchung [46]

	LM	TEM	REM	ESMA	AES	ESCA	SIMS
Abbildung des Gefüges	ja	ja	ja	ja	(ja)	nein	(ja)
Laterales Auflösungsvermögen in μm	0,5	$5\ 10^{-4}$	10^{-2}	1	10^{-1}	10^{4}	1
Informationstiefe in μm	$<10^{-4}$	10^{-3} -10^{-1}	10^{-2} -10^{-3}	1	10^{-2}	10^{-2}	$1-10^{-2}$
Qualitative Analyse	nein	nein	nein	ja	ja	ja	ja
Quantitative Analyse	nein	nein	nein	ja	nein	(ja)	nein
Nachweisgrenze							
Gramm	entfällt	entfällt	entfällt	10^{-15}	10^{-10}	10^{-10}	10^{-14}
Monolage	"	"	"	10^{-1}	10^{-3}	10^{-2}	10^{-6}
Erfaßte Elemente	nein	nein	nein	Z>3	Z>2	Z>1	alle
Nachweis von							
Elementen	nein	(ja)	nein	ja	ja	ja	ja
Verbindungen	nein	ja	nein	(ja)	ja	ja	ja
Kristallstruktur	nein	ja	nein	nein	nein	nein	nein

2.4.5 Weitere Verfahren der Elektronenmikroskopie

Außer den genannten Verfahren gibt es eine Vielzahl weiterer Analyseverfahren, von denen einige für spezielle Probleme der Schadenskunde von Bedeutung sind, und zwar

- ESMA Elektronenstrahl-Mikroanalyse
- AES Auger-Elektronen-Spektroskopie
- ESCA Elektronenspektroskopie zur chemischen Analyse
- SIMS Sekundärionen-Massenspektroskopie.

Tabelle 2–2 enthält die Kriterien der behandelten bzw. aufgeführten Untersuchungsmethoden im Vergleich mit dem Verfahren für Lichtmikroskopie.

2.5 Physikalische Analyseverfahren

2.5.1 Spektralanalyse

Spektralanalyse ist ein Verfahren zum Nachweis und zur Mengenbestimmung chemischer Elemente aus ihrem Linienspektrum. Sie basiert auf folgenden physikalischen Vorgängen: Der Atomkern wird von Elektronen umkreist, dabei bewegen sich die Atome auf ganz bestimmten Bahnen. Jede Bahn besitzt ein bestimmtes Energieniveau. Durch Energiezufuhr kann ein Elektron aus der äußeren Hülle herausgeschlagen (Ionisation) oder auf eine andere Elektronenschale mit höherem Energieniveau (angeregte Bahn) angehoben werden. Dieser Zustand ist instabil; die Elektronen springen in den stabilen Zustand zurück. Dabei wird entsprechend der Energiedifferenz zwischen der angeregten Bahn und der Grundbahn Energie frei, die in Form von Licht- oder Röntgenquanten abgegeben wird. Jedes Element sendet bei Energiezufuhr Strahlen aus, deren Wellenlängen charakteristisch für den jeweiligen Atomkern sind. Das Spektrum kann demnach zur Bestimmung des Elementes verwendet werden. Außerdem kann man bei Legierungen aus der Intensität der Linien den mengenmäßigen Anteil der einzelnen Elemente bestimmen.

2.5.1.1 Lichtemissions-Spektroskopie

Ein Teil der Spektrallinien, die von Metallen ausgesendet werden, liegt im sichtbaren Bereich. Das Spektrum wird entweder durch eine Funkenstrecke oder durch einen Lichtbogen erzeugt. Die zu untersuchenden Proben werden örtlich so hoch erhitzt, daß es zur Verdampfung eines Teiles des Metalles und dadurch zur Bildung des Linienspektrums kommt. Das Spektrum wird optisch so zerlegt, daß auf der Bildebene eine Schar von einzelnen Linien entsteht, die bestimmten Wellenlängen und damit bestimmten Elementen zugeordnet werden können. Der photometrische Vergleich verschiedener Linien, die mit unterschiedlicher Intensität in dem Spektrum der untersuchten Probe auftreten, ergibt die quantitative Analyse. Zweckmäßigerweise wird für eine genaue Identifizierung eine Vergleichsprobe mit untersucht.

2.5.1.2 Röntgen-Spektroskopie

Durch Einwirkung hochbeschleunigter Elektronenstrahlen können auch Elektronen der innersten Schalen frei und in Form eines Röntgen-Linienspektrums ausgesandt werden. In diesem Falle rückt ein Elektron aus einer Schale höherer Energie nach, oder es wird ein Elektron eingefangen. Da die inneren Bahnen ein wesentlich höheres Energieniveau als die äußeren haben, ist eine hohe Energie notwendig, um die Atome in eine andere Bahn zu bringen. Für die Anregung der Röntgenstrahlen müssen deshalb hochbeschleunigte Elektronenstrahlen verwendet werden.

Der Unterschied zwischen dem Röntgenlinienspektrum und dem Spektrum des sichtbaren Lichtes besteht darin, daß die charakteristischen Linien, die die einzelnen Elemente kennzeichnen, auf wenige begrenzt sind; dadurch wird die Identifizierung erleichtert. Diese Untersuchungsmethode wird als „wellenlängen-dispersives System“ bezeichnet.

Die Energie der ausgesandten Röntgenstrahlen kann ebenso zur Bestimmung der Elemente herangezogen werden. Dies geschieht mit den „energiedispersiven Systemen“, die gemeinsam mit Rasterelektronenmikroskopen betrieben werden können und eine qualitative und quantitative Mikroanalyse ermöglichen. Auf dieser Basis wurde ein Analysegerät (Mikrosonde) entwickelt, welches ermöglicht, die Analyse mit einer Genauigkeit von 0,01 Massenprozent auf einer Fläche von 1 μm Durchmesser zu ermitteln.

2.5.2 Röntgenfeinstruktur-Analyse

Alle Kristallgitter haben die Eigenschaft, Röntgenstrahlen gesetzmäßig zu beugen. Wird ein Atom von Röntgenstrahlen getroffen, so sendet dieses kugelförmig ausgebildete Sekundärstrahlen gleicher Wellenlänge, aber geringerer Intensität aus. Die Röntgenbeugungsbilder sind charakteristisch für die vorliegenden Kristallarten und erlauben demnach die Erkennung der Kristalle und die Bestimmung der Kristallarten.

Von den benachbarten Atomen ausgehende Sekundärwellen löschen sich durch Interferenz aus oder verstärken sich, wenn bestimmte Bedingungen erfüllt sind. Demnach ist es auch möglich, aus der Ausbildung der Interferenzlinien im Beugungsbild die Art und die Abmessungen des Kristallgitters zu bestimmen. Aus der genaueren Analyse des Beugungsbildes lassen sich Schlüsse ziehen auf die Kristallitgröße, auf den Gitterzustand bzw. dessen Veränderungen z. B. durch Wärmebehandlung, Verformungsvorgänge, Ausscheidungen, Textur.

Alle Vorgänge, die eine örtliche Erwärmung bewirken, führen nach dem Abkühlen zu inneren Spannungen (Rest-, Eigenspannungen). Durch die Röntgenfeinstruktur-Analyse können die Eigenspannungen durch Messung der Winkeländerungen des Kristalls oder der Gitterdehnungen zerstörungsfrei ermittelt werden. Hierzu ist es lediglich notwendig, die Oberfläche an der Meßstelle fein zu bearbeiten. Da die Messung die Oberfläche nur mit sehr geringer Tiefe erfaßt, dürfen durch die Bearbeitungen keine Eigenspannungen entstehen.

Speziell entwickelte Versuchseinrichtungen ermöglichen z. B. nach dem *Debye-Scherrer*-Verfahren anhand von Schnitten der Interferenzkegel, die durch Bestrahlung eines Vielkristalles mit monochromatischen Röntgenstrahlen (λ = konstant) erzeugt und auf einen Film abgebildet wurden, eindeutige Aussagen zu machen über

- Merkmale des Gitters
- Aufbau und Zusammenhang des Werkstoffes
- Texturbildung
- Eigenspannungen (Verzerrung des Gitters).

2.6 Kurzzeit-Korrosionsprüfverfahren

2.6.1 Prüfung von unlegierten und niedriglegierten Stählen auf Beständigkeit gegen interkristalline Spannungsrißkorrosion

2.6.1.1 Allgemeine Betrachtung

Unter interkristalliner Spannungsrißkorrosion der Stähle versteht man Rißbildung mit interkristallinem Verlauf in Metallen bei gleichzeitiger Einwirkung korrosiver Mittel und Zugspannungen. Kennzeichnend ist eine verformungsarme Trennung oft ohne Bildung sichtbarer Korrosionsprodukte. Die Zugspannungen können auch als Eigenspannungen vorliegen; die Risse müssen nicht immer, z. B. im Perlit, interkristallin verlaufen.

Das Prüfverfahren nach DIN 50915 ist geeignet, das Verhalten derartiger Stähle gegenüber interkristalliner Spannungsrißkorrosion zu untersuchen.

2.6.1.2 Proben und Probenvorbereitung

Die Probenausbildung nach *Jonas* [47] und die Probengrößen sind in Bild 2–73 angegeben. Die Proben sind ohne Oberflächenbearbeitung zu untersuchen. Ist die Wandstärke größer als 6 mm, so wird eine Seite bis auf 6 mm abgearbeitet. Die nicht bearbeitete Oberfläche ist bei der Prüfung auf die Zugseite zu legen.

Erfahrungsgemäß reichen die Untersuchungen von sechs Proben aus für einen genügend zuverlässigen Mittelwert.

2.6.1.3 Prüfverfahren

Prüflösung: Siedende wässrige Calziumnitrat-Lösung

- 60 Gewichtsteile wasserfreies Calziumnitrat
  40 Gewichtsteile destilliertes Wasser
- Menge: mindestens 10 cm^3/cm^2 Probenoberfläche
- Siedepunkt 118–121 °C

Durchführung: Die Proben werden mit Schrauben um einen Biegedorn von dem Halbmesser r auf den Abstand a gespannt. Die gespannten Proben sind an-

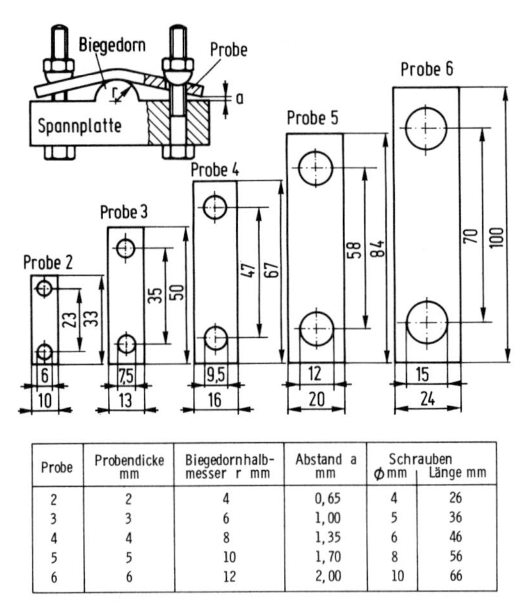

Probe	Probendicke mm	Biegedornhalbmesser r mm	Abstand a mm	Schrauben ⌀ mm	Länge mm
2	2	4	0,65	4	26
3	3	6	1,00	5	36
4	4	8	1,35	6	46
5	5	10	1,70	8	56
6	6	12	2,00	10	66

Bild 2–73: Probenabmessungen und Spannen der Proben (DIN 50915)

schließend in die kochende Prüflösung einzusetzen. Die Prüfdauer ist zu vereinbaren, jedoch mindestens sieben Tage.

Auswertung: Bei Vorhandensein von Rissen bei Ende der Prüfung gilt der Werkstoff als nichtbeständig gegen interkristalline Spannungsrißkorrosion.

2.6.2 Prüfung nichtrostender Stähle auf Beständigkeit gegen interkristalline Korrosion

2.6.2.1 Allgemeine Betrachtung

Als interkristalline Korrosion bezeichnet man Korrosionserscheinungen, bei denen Flüssigkeiten einen metallischen Werkstoff besonders stark längs den Korngrenzen angreifen und einen Zerfall in einzelne Körner herbeiführen können (Kornzerfall). Diese Korrosionsart kann bei nichtrostenden nichtstabilisierten austenitischen Stählen, z. B. bei austenitischen Chrom-Nickel- und Chrom-Nickel-Molybdänstählen, auftreten, nachdem sie in einem Temperaturbereich von etwa 500 °C bis 800 °C gehalten wurden. Bei nichtrostenden ferritischen Stählen, z. B. bei Chrom- und Chrom-Molybdän-Stähle ist die Gefahr einer derartigen Schädigung dann groß, wenn eine Temperatur oberhalb 850 °C eingewirkt hat, z. B. in den durch Schweißen beeinflußten Bereichen.

Das Prüfverfahren nach DIN 50914 ist geeignet, das Verhalten der genannten Werkstoffe gegenüber interkristalliner Korrosion zu bewerten. Hierzu werden Proben nach Kochen in einer Kupfersulfat-Schwefelsäure-Lösung gebogen und auf Risse untersucht.

2.6.2.2 Proben und Probenvorbereitung

Die Mindestabmessungen der Proben sind bei Blechen und Bändern so zu wählen, daß eine Gesamtoberfläche von 15 bis 30 cm^2 vorliegt; die Form kann je nach Art des Erzeugnisses unterschiedlich sein. Die Dicke soll ≦ 6 mm betragen; gegebenenfalls muß eine Oberfläche nachgearbeitet werden.

Zur Prüfung des Werkstoffes im geschweißten Zustand werden

- bei Blechen und Bändern zwei Abschnitte von 100 × 50 mm (Bild 2–74)
- bei Rohren (Quernähten) zwei Abschnitte von etwa 50 mm Länge (Bild 2–75)

durch Schweißen miteinander verbunden.

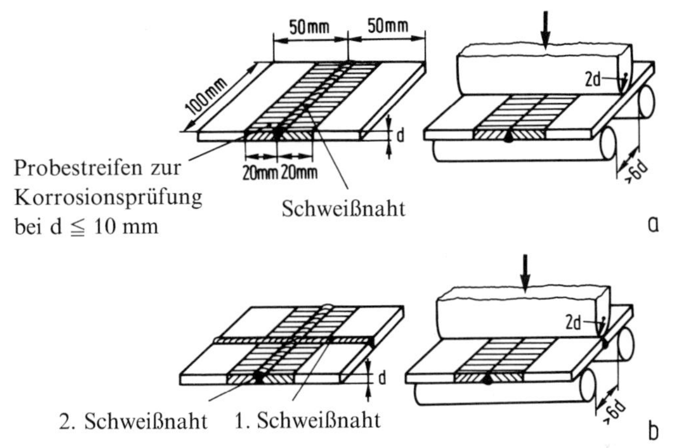

Bild 2–74: Geschweißte Blechproben und Anordnung beim Biegen (DIN 50914)
a) Einfach geschweißte Probe; b) Kreuznaht-Schweißprobe

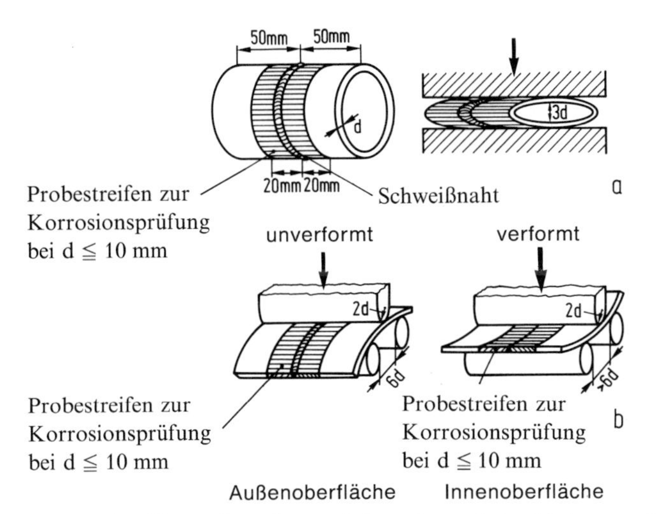

Bild 2–75: Quergeschweißte Rohrproben und Anordnung beim Verformen (DIN 50914)
a) Rohrdurchmesser < 18 mm; b) Rohrdurchmesser > 18 mm

2.6.2.3 Prüfverfahren

Prüflösung: Kochende Lösung aus 1000 ml destilliertem Wasser, 100 ml Schwefelsäure ($\varrho = 1,84$ g/cm^3) und 110 g Kupfersulfat ($CuSO_4 \cdot 5\,H_2O$), zusätzlich Späne aus Elektrolytkupfer (rd. 50 g je 1000 ml Prüflösung). Das empfohlene Verhältnis Prüflösung/Probenoberfläche soll $\geqq 1$ ml/cm^2 sein.

Durchführung: Die Proben verbleiben 15 Stunden lang in der siedenden Prüflösung, sie werden anschließend mit Wasser abgespült und getrocknet. Danach werden sie verformt entsprechend Bild 2–74 und Bild 2–75.

Auswertung: Untersuchung der Oberfläche auf Risse mit 6–10facher Vergrößerung. Der Werkstoff ist kornzerfallsbeständig, wenn auf der konvexen Seite keine Risse festgestellt werden.

Literatur Kapitel 2

[1] DIN Taschenbuch 19: Materialprüfnormen für metallische Werkstoffe. Beuth Verlag GmbH Berlin, Köln 1978 (B)

[2] *Maenning, W. W.:* Untersuchungen zur Planung und Auswertung von Dauerschwingversuchen an Stahl in den Bereichen der Zeit- und Dauerfestigkeit. Dr.-Ing.-Diss., Techn. Univ. Berlin 1966

[3] *Gaßner, E.:* Zur Aussagefähigkeit von Ein- und Mehrstufenschwingversuchen. Materialprüf. 2 (1960) Nr. 4, S. 121–128

[4] *Munz, D, Schwalbe, K., Mayr, P.:* Dauerschwingverhalten metallischer Werkstoffe. Vieweg Verlag, Braunschweig 1971 (B)

[5] *Telfah, M.:* Wechselbeziehung zwischen Mikrostruktur und Schwingfestigkeit der Titanlegierung TiAl6V4. Dr.-Ing.-Diss., RWTH Aachen 1979

[6] *Freeman, F., Tucky, I. W.:* Transformation related to angular and the squere root. Ann. Math. Statistics 21 (1950), S. 607

[7] *Schmidt, W.:* Einführung und Prüfverfahren. In: Verhalten von Stahl bei schwingender Beanspruchung. Hrsg.: Dahl, W., Verlag Stahleisen mbH, Düsseldorf 1978 S. 1–22 (B)

[8] *Miner, M. A.:* Cumulative Damage in Fatigue. Journal of Appl. Mech. Trans. ASME, 12 (1945), S. 159–169

[9] *Palmgren, A.:* Die Lebensdauer von Kugellagern. VDI-Zeitschrift 69 (1924), S. 339–341

[10] *Schütz, W., Zenner, H.:* Schadensakkumulationshypothesen zur Lebensdauervorhersage bei schwingender Beanspruchung, Teil 1. Z. Werkstofftech. 1973, S. 25–33 und 97–102

[11] *Haibach, K.:* Modifizierte lineare Schadensakkumulationshypothese zur Berücksichtigung des Dauerfestigkeitsabfalles mit fortschreitender Schädigung. Hrsg.: Fraunhofer-Gesellschaft zur Förderung der Angewandten Forschung, Darmstadt 1970. Laboratorium für Betriebsfestigkeit, Darmstadt, Techn. Mitt. TM Nr. 50/70

[12] *Corten, H. T., Dolan, T. J.:* Cumulative Fatigue Damage. Inst. f. Mech. Engrs., London 1956 (B)

[13] *Groß, H.:* Bedeutung und Ermittlung von Betriebsfunktionen für die Auslegung von Leistungsgetrieben. Konstruktion 22 (1976), H. 3, S. 85–89

[14] *Nowack, H.:* Ansätze zur Lebensdauervorhersage. In: Verhalten von Stahl bei schwingender Beanspruchung. Hrsg.: Dahl, W., Verlag Stahleisen mbH Düsseldorf 1978, S. 261–276 (B)

[15] *Hertel, H.:* Ermüdungsfestigkeit der Konstruktion. Springer-Verlag Berlin, Heidelberg, New York 1969 (B)

[16] Hottinger Meßtechnische Berichte (1976) H. 1, S. 21

[17] *Ebner, H., Jacoby, G.*: Ermüdungsfestigkeit im Flugzeugbau. Jahrbuch 1964. Der Ministerpräsident des Landes NW, Landesamt für Forschung Köln/Opladen, Westdeutscher Verlag, S. 11–82 (B)

[18] *Buxbaum, O., Zaschel J. M.*: Betriebsfestigkeit. In: Verhalten von Stahl bei schwingender Beanspruchung. Hrsg.: Dahl, W., Verlag Stahleisen mbH, Düsseldorf 1978, S. 208–222 (B)

[19] *Buxbaum, O.*: Statistische Zählverfahren als Bindeglied zwischen Beanspruchungsmessung und Betriebsfestigkeitsversuch. Hrsg.: Fraunhofer-Gesellschaft zur Förderung der Angewandten Forschung, Darmstadt 1966, Laboratorium für Betriebsfestigkeit, Darmstadt, Berichte Nr. TB-65

[20] *Gaßner, E.*: Betriebsfestigkeit. Eine Bemessungsgrundlage für Konstruktionsteile mit statistisch wechselnden Betriebsbeanspruchungen. Konstruktion 6, 1954, S. 97–104

[21] *Haibach, W., Lipp, W.*: Verwendung eines Einheits-Kollektivs bei Betriebsfestigkeits-Versuchen. Hrsg.: Fraunhofer-Gesellschaft zur Förderung der Angewandten Forschung, 1965

[22] *Ostermann, H.*: Die Lebensdauerabschätzung bei Sonderkollektiven nach Betriebsfestigkeitsversuchen mit Einheitskollektiven. In: Gegenwärtiger Stand und künftige Ziele der Betriebsfestigkeitsforschung. Hrsg.: Fraunhofer Gesellschaft zur Förderung der Angewandten Forschung. Darmstadt 1968. Laboratorium für Betriebsfestigkeit Darmstadt, Berichte Nr. TB-80, S. 41–53

[23] *Gaßner, E., Horstmann, K. F.*: Einfluß des Start-Lande-Lastwechsels auf die Lebensdauer der böenbeanspruchten Flügel von Verkehrsflugzeugen. Advances in Aeronautical Sciences, Bd. 4. Pergamon Press 1962, S. 762–780 (B)

[24] *Keil, St.*: Zur Erfassung von Werkstoffbeanspruchungen unter Betriebsbelastung mit Hilfe des Klassiergerätes KS 17. Meßtechnische Briefe, Band 11, (1975) H. 1, S. 19 u. 20, Bild 8 und 10

[25] *Fischer, R., Hück, M., Köbler, H.-G., Schütz, W.*: Eine dem stationären Gaußprozeß verwandte Beanspruchungs-Zeit-Funktion für Betriebsfestigkeitsversuche. Fortschr.-Ber. VDI-Z. Reihe 5, Nr. 30, 1977

[26] *Jacoby, G.*: Verfahren der Schwingfestigkeitsprüfung. VDI-Berichte 268, Verlag des Vereins Deutscher Ingenieure, Düsseldorf 1976, S. 139–150

[27] *Fischer, R., Haibach, F.*: Simulation von Beanspruchungs-Zeit-Funktionen in Versuchen zur Beurteilung von Werkstoffen. In: Verhalten von Stahl bei schwingender Beanspruchung. Hrsg.: Dahl, W., Verlag Stahleisen mbH, Düsseldorf 1978, S. 223–242 (B)

[28] *Ostermann, H., Grubisic, V.*: Einfluß des Werkstoffes auf die ertragbare Schwingbeanspruchung. Hrsg.: Dahl, W.: Verhalten von Stahl bei schwingender Beanspruchung. Verlag Stahleisen bmH, Düsseldorf 1978, S. 243–260 (B)

[29] *Haibach, E.*: Stand und künftige Ziele der Betriebsfestigkeits-Forschung. In: Gegenwärtiger Stand und künftige Ziele der Betriebsfestigkeits-Forschung. Hrsg.: Fraunhofer-Gesellschaft zur Förderung der Angewandten Forschung, Laboratorium für Betriebsfestigkeit, Darmstadt, Berichte Nr. TB-80 (1968), S. 5–25

[30] *Rademacher, L., von den Steinen, A.*: Zähigkeitsverhalten der Einsatz- und Vergütungsstähle. VDI-Berichte Nr. 318, S. 51–64, VDI-Verlag Düsseldorf 1978

[31] *Feldmann, U.*: Zähigkeitsverhalten schweißbarer Baustähle. VDI-Berichte Nr. 318, S. 41–50, VDI-Verlag Düsseldorf 1978

[32] *Kerkhoff, H*: Einführung in die Theorie und Anwendung der Bruchmechanik. TÜV-Informationen 2–72, Schriftenreihe der TÜV-Akademie, TÜV-Rheinland

[33] *Diehl, H., Granacher, J.*: Ergebnisse aus Zeitstandversuchen bei 500 °C mit einer Beanspruchungsdauer bis über 300 000 h. Archiv f. d. Eisenhüttenwesen, 1979, H. 7, S. 299–303

[34] *Gebhardt, E., Fromm, E., Benesovsky, F.*: Hochschmelzende Metalle und ihre Legierungen. Z. f. Werkstofftechnik/J. of Materials Technology, 3. Jahrg. 1972/Nr. 4, S. 197–203

[35] *Unckel, H.*: Dispersionsgehärtete warmfeste Werkstoffe. Metall, 29. Jahrg., 1975, H. 10, S. 1007–1014

[36] *von den Steinen, A.*: Hochwarmfeste austenitische Stähle. In: Festigkeits- und Bruchverhalten bei höheren Temperaturen, Band 2, S. 176–210, Verlag Stahleisen mbH, Düsseldorf 1980 (B)

[37] *Granacher, J., Kaes, H., Keienburg, K.-H., Krause, M., Mayer, K.-H., Weber, H.:* Langzeitversuche warmfester Stähle für den Kraftwerksbau. VGB-Konferenz „Werkstoffe und Schweißtechnik im Kraftwerkbau 1980", S. 61–128, VGB Technische Vereinigung des Großkraftwerksbetriebes e. V.

[38] *Zenner, H.:* Niedriglastwechselermüdung bei hohen Temperaturen (Low-Cycle Fatigue). VDI-Berichte Nr. 302, S. 29–44, VDI-Verlag Düsseldorf 1977

[39] *Frank, R., Hagn, L., Schüller, H.-J.:* Möglichkeiten der Restlebensdauerabschätzung heißdampfführender Bauteile nach langer Betriebsdauer. Der Maschinenschaden 51 (1978), H. 2, S. 59–72

[40] *Larson, F. R., Miller, J.:* A Time-Temperature Relationship for Repture and Creep Stresses. Trans. ASME 75 (1952), P. 765–775

[41] *Wellinger, K., Sautter, W.:* Der Einfluß der Temperatur, Dehnungsgeschwindigkeit und Haltezeit auf das Zeitfestigkeitsverhalten von Stählen. Arch. Eisenhüttenwes. 44 (1943) 1, S. 47–55

[42] *Weber, H.:* Eigenschaften warmfester ferritischer Stähle und ihre Bedeutung für die Berechnung und Überwachung von Anlagen. In: Festigkeits- und Bruchverhalten bei höheren Temperaturen, Band 2. Hrsg.: Dahl, W. und Pitsch, W.: Verlag Stahleisen mbH, Düsseldorf 1980, S. 1–70 (B)

[43] *Kolb, K., Kolb, W.:* Grobstrukturprüfung mit Röntgen- und Gammastrahlen. Vieweg-Verlag, Braunschweig 1970 (B)

[44] *Engel, L., Klingele, H.:* Rasterelektronenmikroskopische Untersuchung von Metallschäden. Gerling Institut für Schadensforschung und Schadensverhütung GmbH Köln 1974 (B)

[45] *Russ, J. G.:* Die Anwendung des Raster-Elekronenmikroskops in den Werkstoffwissenschaften. LWU-Schriftenreihe, H. 2, August 1970

[46] *Baumgartl, W., Bühler, H.-E.:* Wege zur quantitativen Gefügeanalyse mit Hilfe fokussierter Elektronenstrahlen. Sonderbände der praktischen Metallographie, Bd. 6, Hrsg.: Petzow, G., Mühler, H. E., Hillnhagen, E., Dr. Riederer-Verlag GmbH, Stuttgart 1976 (B)

[47] *Jonas, J. A.:* ABC der Stahlkorrosion. 2. Aufl. 1966. Mannesmann AG, Düsseldorf (B)

Ergänzende Literatur

Gaßner, E., Wegner, W.: Zur Tragwerks-Betriebsfestigkeit des Geschäftsflugzeuges HFB Hansa, Jahrbuch 1963 der WGLR, S. 312–314 (B)

Gleiter, H.: Korngrenzen in metallischen Werkstoffen. 2. Aufl. Gebrüder Bornträger, Berlin, Stuttgart 1977 (B)

Glocker, R.: Materialprüfung mit Röntgenstrahlen unter besonderer Berücksichtigung der Röntgenmetallkunde. 5. Aufl. Springer Verlag, Berlin 1971 (B)

Krautkrämer, J. u. H.: Ultrasonic Testing of Materials. 2. Aufl. Springer Verlag, Berlin 1977 (B)

Macherauch, E.: Praktikum in Werkstoffkunde. 2. Aufl. Friedr. Vieweg + Sohn, Braunschweig 1972 (B)

Réti, P.: Zerstörungsfreie Werkstoffprüfung. Hirzel-Verlag, Stuttgart 1974 (B)

Rieth, P.: Zur Nachbildung der betriebsähnlichen Dehnwechselbeanspruchung massiver Bauteile aus warmfesten Stählen. Fortschr.-Ber. VDI-Z. Reihe 5, Nr. 78. VDI-Verlag Düsseldorf 1984

Stüdemann, H.: Werkstoffprüfung und Fehlerkontrolle in der Metallindustrie. 2. Aufl., Carl Hanser Verlag, München 1971 (B)

DIN 45667: Klassierverfahren. Beuth Verlag, Berlin 1969

DIN 50100: Dauerschwingversuch; Begriffe, Zeichen, Durchführung, Auswertung. Beuth Verlag, Berlin 1978

DIN 50115: Kerbschlagbiegeversuch. Beuth Verlag, Berlin 1975

DIN 50118: Zeitstandversuch. Beuth Verlag, Berlin 1953

DIN 50119: Standversuch; Begriffe, Zeichen, Durchführung, Auswertung. Beuth Verlag, Berlin 1952

DIN 50145: Prüfung metallischer Werkstoffe; Zugversuch. Beuth Verlag, Berlin 1975

DIN 50914: Prüfung nichtrostender Stähle gegen interkristalline Korrosion; Kupfersulfat-Schwefelsäure-Verfahren, Strauß-Test. Beuth Verlag, Berlin 1982
DIN 50915: Prüfung von unlegierten und niedriglegierten Stählen auf Beständigkeit gegen interkristalline Spannungsrißkorrosion. Beuth Verlag, Berlin 1975
DIN 54109: Zerstörungsfreie Prüfung; Bildgüte von Durchstrahlungsaufnahmen an metallischen Werkstoffen. Begriffe, Bildgütenprüfkörper, Bildgütenzahl. Beuth Verlag, Berlin 1976
DIN 54111: Zerstörungsfreie Prüfverfahren; Prüfung von Schweißverbindungen metallischer Werkstoffe mit Röntgen- oder Gammastrahlen. Beuth Verlag, Berlin 1977
DIN 54112: Zerstörungsfreie Prüfung; Filme, Aufnahmefolien, Kassetten für Aufnahmen mit Röntgen- und Gammastrahlen, Maße. Beuth Verlag, Berlin 1977
DIN 54113: Strahlenschutzregeln für die technische Anwendung von Röntgeneinrichtungen bis 500 KV. Beuth Verlag, Berlin 1980
DIN 54115: Strahlenschutzregeln für die technische Anwendung umschlossener radioaktiver Stoffe. Beuth Verlag, Berlin 1970
DIN 54119: Ultraschallprüfung; Begriffe. Beuth Verlag, Berlin 1981
DIN 54131: Zerstörungsfreie Prüfung; Magnetisierungsgeräte für die Magnetpulverprüfung. Beuth Verlag, Berlin 1984
DIN 55302: Statistische Auswertungsverfahren; Häufigkeitsverteilung, Mittelwert und Streuung, Rechenverfahren. Beuth Verlag, Berlin 1967
VDI-Richtlinie 2227: Festigkeit bei wiederholter Beanspruchung. Zeit- und Dauerfestigkeit metallischer Werkstoffe insbesondere von Stählen. VDI-Verlag, Düsseldorf 1974

3. Entstehung und Aussehen von Brüchen

3.1 Allgemeine Betrachtung

Mikroskopisch und makroskopisch betrachtet ist der Bruch die Folge der Ausbreitung eines Anrisses in einem Werkstoff, nur laufen die Vorgänge in unterschiedlichen Bereichen ab. In der atomistischen Ebene treten diese Vorgänge in den Bereichen mit Ausdehnungen der Atomabstände von 10^{-8} cm auf. In atomistischer Betrachtungsweise tritt ein Bruch ein, wenn Atombindungen in einer Bruchebene aufgebrochen werden und neue Rißoberflächen entstehen.

In der mikroskopischen Betrachtung weisen solche Bereiche Ausdehnungen auf, die etwa der Korngröße von 10^{-3} cm entsprechen. In der makroskopischen Ebene liegen diese Bereiche in der Größenordnung von etwa 10^{-1} cm entsprechend den Abmessungen von Anrissen oder Kerben.

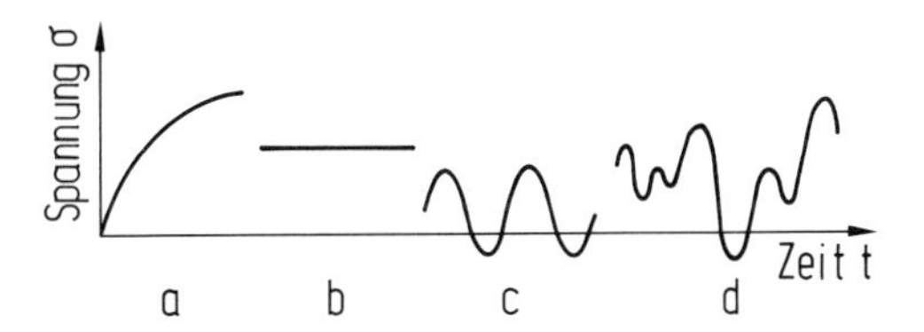

Bild 3–1: Zeitlicher Verlauf der Spannung bei verschiedenen Beanspruchungsarten

Grundsätzlich entstehen Brüche aufgrund äußerer oder innerer Spannungen. Entsprechend dem zeitlichen Verlauf der Beanspruchung (Bild 3–1) wird unterteilt in

- zügige Beanspruchung, d. h. die Spannung wird einsinnig ohne Unterbrechung bis zum Bruch gesteigert. Man erhält einen Gewaltbruch (a),
- ruhende Beanspruchung, d. h. die Spannung ändert sich mit der Zeit nicht. Man erhält einen Zeitstandbruch (b),
- wechselnde Beanspruchung, d. h. die Spannung ändert sich periodisch oder unperiodisch nach Größe und Richtung mit der Zeit. Man erhält einen Dauerbruch (c und d).

Die theoretische Bruchfestigkeit liegt etwa zwei Zehnerpotenzen höher als diejenige, die tatsächlich an realen Metallen beobachtet wird. Folglich kann der Bruch nicht durch gleichzeitige Trennung aller Bindungen über den Probenquerschnitt erfolgen. Ein Bruch entsteht vielmehr in zwei Teilprozessen: der Anrißentstehung (Rißbildung) und dem Rißwachstum. Eine Trennung der Atomebenen erfolgt dabei nur in einem sehr kleinen Bereich an der Rißspitze. Unter Rißbildung versteht man demnach eine irreversible Trennung der atomaren Bindung.

Die technischen metallischen Werkstoffe bilden ein Kristallgemisch aus vielen Einzelkristallen, die lückenlos aneinandergrenzen. Die einzelnen Kristalle, auch Körner genannt, sind manchmal makroskopisch erkennbar. Die Durchmesser der Körner können einige µm bis zu einigen mm betragen; sie sind durch

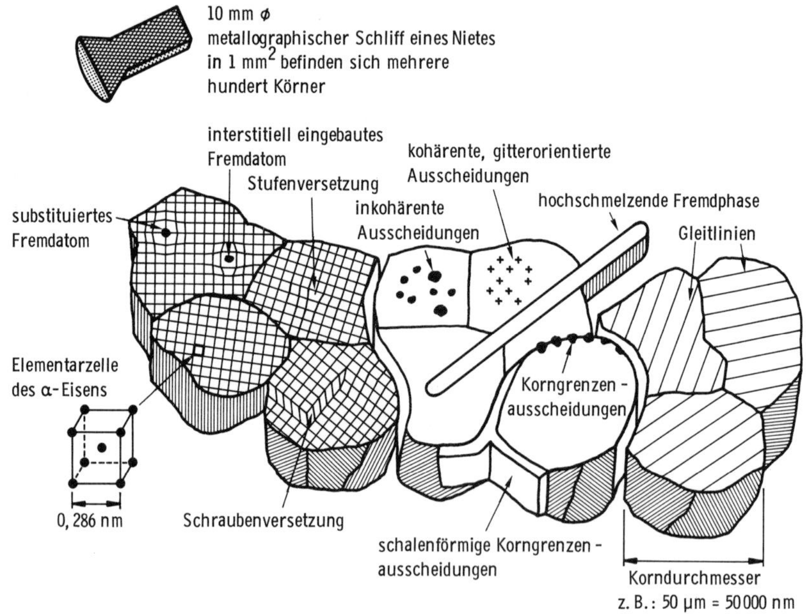

Bild 3–2: Schematischer Aufbau
eines vielkristallinen Metallgefüges am Beispiel eines Eisennietes [1]

die Korngrenzen getrennt. Der schematische Aufbau des Gefüges metallischer Werkstoffe ist in Bild 3–2 am Beispiel eines Eisennietes gezeigt. Die Gefügeausbildung bestimmt weitgehend die Eigenschaften des Werkstoffes. Sie wird geändert durch äußere Vorgänge, wie Verformung durch Einwirkung mechanischer Kräfte, thermische Einwirkung und chemische Einflüsse. Daher bietet sich durch genaue Betrachtung des Gefüges die Möglichkeit, Rückschlüsse auf Vorgänge zu ziehen, die zu einer Veränderung geführt haben. Zur Erkennung örtlicher Strukturmerkmale ist je nach ihrer ebenen bzw. räumlichen Ausdehnung ein angepaßtes Auflösungsvermögen des Abbildungsverfahrens erforderlich. Bild 3–2 vermittelt einen Überblick über die Größenordnungen; sie liegen, ausgedrückt in Å ($1\ \text{Å} = 10^{-7}$ mm), zwischen 1–5 Å (Leerstellen), > 30 Å (Stapelfehler, Versetzungen), > 1000 Å (Korngrenzen, Korndurchmesser) und > 10^3–10^8 Å (Seigerungen). Die makroskopische, mikroskopische und elektronenmikroskopische Untersuchung der Kristallstruktur ist daher wesentlicher Bestandteil der Schadensanalyse.

3.2 Gewaltbruch

Beansprucht man eine Probe oder ein Bauteil einsinnig bis zum Versagen ohne Unterbrechung mit steigender Spannung, so erhält man einen Gewaltbruch. Je nach der Art der Spannung, die den Bruch auslöst, unterscheidet man zwischen Trennbruch (Sprödbruch) und Verformungsbruch (duktiler Schiebungs- oder Gleitbruch). Durch die äußere Beanspruchung entstehen im Bauteil Normalspannungen und Schubspannungen. Bei einachsiger zügiger Beanspruchung tritt für zähe Werkstoffe Versagen durch Fließen ein, wenn die maximal wirkende Schubspannung τ_{max} die durch die Streckgrenze R_e des Werkstoffes gegebene kritische Schubspannung τ_{krit} erreicht (Bild 3–3).

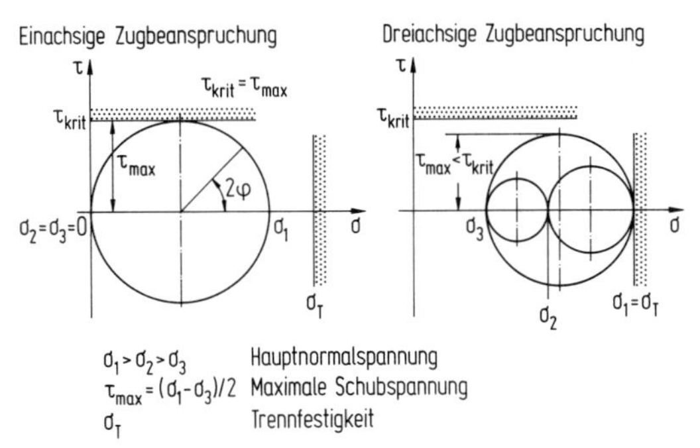

Bild 3–3: Mohr'sche Spannungskreise für ein- und dreiachsige Spannungszustände [2]

3.2.1 Sprödbruch

Bei mehrachsiger, z. B. dreiachsiger, Beanspruchung stellt sich eine Fließbehinderung ein, die umso ausgeprägter ist, je größer die Spannungsformzahl ist. Bei $\sigma_1 = \sigma_2 = \sigma_3$ ist unabhängig vom Werkstoff eine plastische Verformung nicht mehr möglich, weil die größte Normalspannung σ_1 die Trennfestigkeit erreicht, bevor die maximale Schubspannung die kritische Schubspannung überschreitet; es entsteht ein Trennbruch (Bild 3–3). Der Fließbeginn bei mehrachsiger Beanspruchung wird durch Ermittlung einer Vergleichsspanung σ_v z. B. nach der Gestaltänderungsenergiehypothese (*Mises*) berechnet. Der Trennbruch ist dadurch gekennzeichnet, daß er senkrecht zur Zugrichtung ohne makroskopische Verformung entsteht; der Bruch kann sowohl inter- als auch transkristallin auftreten. Die Neigung zum Trennbruch wächst mit fallender Temperatur und steigender Verformungsgeschwindigkeit. Trennbrüche werden bevorzugt bei kubisch-raumzentrierten (krz) und hexagonalen Materialien (hex) beobachtet.

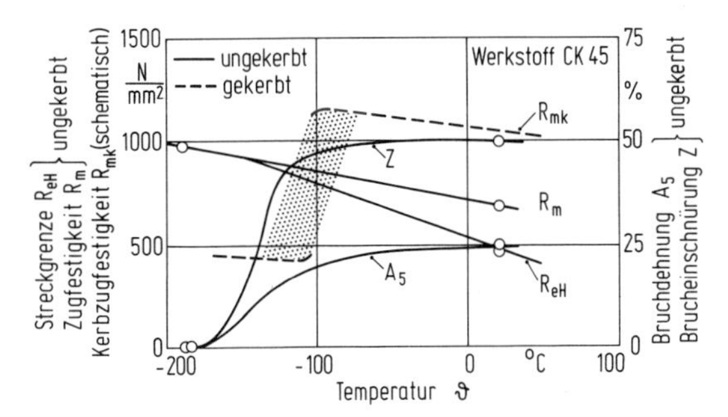

Bild 3–4: Abhängigkeit der im Zugversuch an glatten bzw. gekerbten Proben ermittelten Werkstoffkennwerte R_{eH}, R_m, A_5, Z und R_{mk} von der Temperatur [2]

Mit steigender Temperatur vermindert sich bei ferritischen Stählen die Streckgrenze R_{eH} in stärkerem Maße als die Zugfestigkeit R_m; die das Verformungsvermögen kennzeichnenden Werkstoffkennwerte Bruchdehnung A_5 und Brucheinschnürung Z verhalten sich entgegengesetzt (Bild 3–4). Bei mehrachsiger Beanspruchung, z. B. bei gekerbten Zugproben, liegt die Kerbzugfestigkeit im duktilen Bereich höher als die Zugfestigkeit ungekerbter Proben. In einem kritischen Temperaturbereich, bei dem sich das Formänderungsvermögen des Werkstoffes vermindert, beginnt ein Steilabfall der Kerbzugfestigkeit in eine werkstoffabhängige Tieflage. Bei austenitischen Stählen (kfz) ist der Unterschied zwischen der Trennfestigkeit und der maximal ertragbaren Schubspannung größer als bei den Metallen mit kubisch-raumzentrierter und hexagonaler Kristallstruktur. Daher liegt im allgemeinen die Gleitfestigkeit der kubischflächenzentrierten Werkstoffe auch bei tiefen Temperaturen unterhalb der Trennfestigkeit; die Trennbruchgefahr im Tieftemperaturbereich wird demnach weitgehend ausgeschlossen.

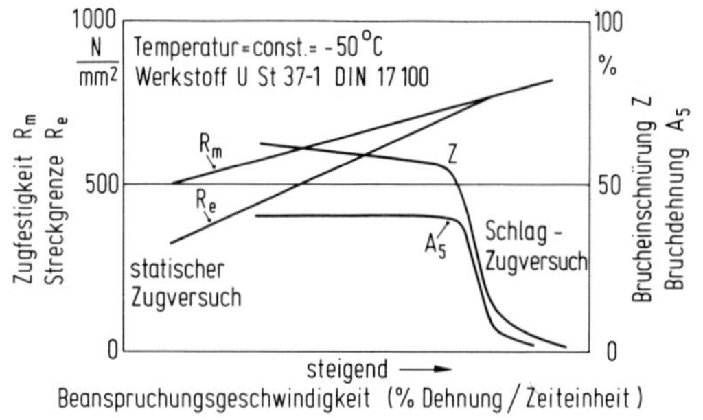

Bild 3–5: Abhängigkeit der im Zugversuch an glatten Proben ermittelten Werkstoffkennwerte R_e, R_m, A_5 und Z von der Beanspruchungsgeschwindigkeit [2]

Analog verhält sich die Verformungsgeschwindigkeit. Mit steigender Beanspruchungsgeschwindigkeit erhöht sich die Zugfestigkeit R_m und in stärkerem Maße die Streckgrenze R_e, so daß die Differenz zwischen beiden Größen bei einer kritischen Geschwindigkeit gleich Null wird (Bild 3–5); der Werkstoff verhält sich unter dieser Voraussetzung vollkommen spröde; die Verformungskenn-

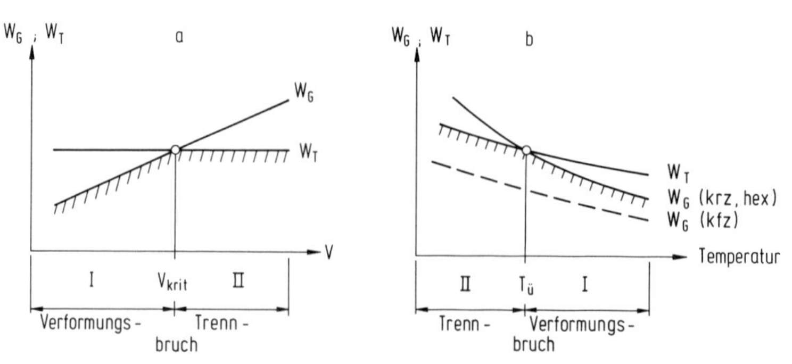

Bild 3–6: Abhängigkeit des Gleitwiderstandes W_G und des Trennwiderstandes W_T von der a) Verformungsgeschwindigkeit; b) Temperatur

werte A und Z vermindern sich mit steigender Verformungsgeschwindigkeit und mit abnehmender Temperatur.

Schematisch betrachtet leiten sich aus den genannten Abhängigkeiten die in Bild 3–6 dargestellten Verhältnisse ab.

3.2.1.1 Anrißentstehung

Zur Entstehung eines Anrisses ist eine örtliche Überschreitung der theoretischen Festigkeit erforderlich. Dies wird ermöglicht durch örtliche Versetzungsbewegungen bei Spannungen, die unterhalb der makroskopischen Streckgrenze liegen. Versetzungsquellen mit günstig orientierten Gleitsystemen werden zur Aussendung von Versetzungen angeregt (Bild 3–7). Die in einer Gleitebene sich

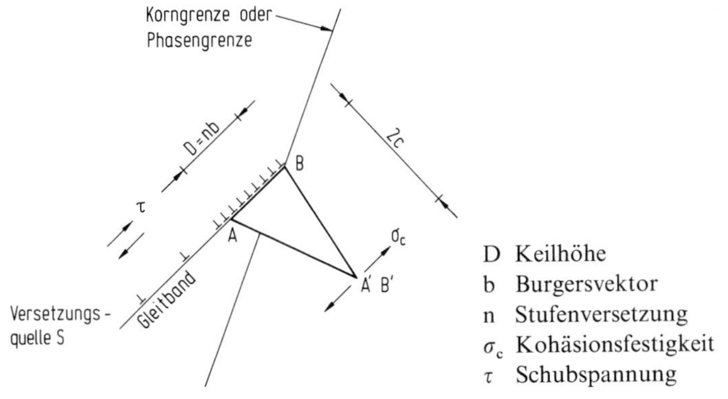

Bild 3–7: Mikrorißbildung durch aufgestaute Stufenversetzungen [3]

bewegenden Versetzungen gleichen Vorzeichens stauen sich vor dem nächsten Hindernis auf. Hindernisse können z. B. Groß- und Kleinwinkelkorngrenzen, Zwillings- und Phasengrenzen sein. Ein derartiges Gleitband kann als ein viskoser Einschub in einer elastischen Matrix betrachtet werden. Da viskose Medien keine Schubspannungen übertragen können, tritt an der Spitze eine Spannungskonzentration auf durch Schubspannungen in der Gleitebene und Zugspannungen senkrecht zu den Atomhalbebenen. Bei stetig ansteigender äußerer Spannung kann es aufgrund der Normalspannungskonzentration zu einem transkristallinen Anriß kommen. Da Stufenversetzungen im Kristall zusätzlich eingefügte Atomhalbebenen sind, bilden benachbarte (blockierte) Versetzungen einen Keil mit der Breite $D = n \cdot b$. Dieser erzeugt einen Anriß durch Aufspaltung der Ebenen AA′ und BB′, wenn die an der Spitze des Gleitbandes konzentrierten Zugspannungen die theoretische Kohäsionsfestigkeit erreichen, vorausgesetzt, daß die Spannungskonzentration nicht durch plastische Verformung abgeschwächt wird.

Unterhalb der Gleitebene wird das Gitter so stark aufgeweitet, daß die Bindungen der Atome aufgebrochen werden. Man kann sich demnach den Anriß durch Einschieben mehrerer zusätzlicher benachbarter Gitterebenen in einen Kristall entstanden denken.

3.2.1.2 Rißausbreitung

Grundsätzlich tritt nach *Griffith* [4] in einer unendlich ausgedehnten Platte aus einem idealplastischen Werkstoff, die einen Riß mit atomar scharf auslaufenden Enden aufweist, unter Einwirkung einer senkrecht zur Rißebene wirksamen Spannung eine Rißverlängerung dann auf, wenn mehr elastisch gespeicherte Energie frei wird als Energie zur Schaffung neuer Rißflächen aufgewendet werden muß; d. h. bei der Rißausbreitung müssen nicht nur neue Oberflächen gebildet werden, sondern es muß außerdem Verformungsarbeit in unmittelbarer Nachbarschaft der Rißflächen geleistet werden.

Unter Zugrundelegung dieser Bedingungen ergibt sich das erweiterte *Griffith*'sche Spannungskriterium für instabile Rißausbreitung in ideal plastischen Körpern für den ebenen Spannungszustand zu

$$\sigma_{kr} = \sqrt{\frac{E \cdot G_c}{\pi \cdot a}} \tag{3.1}$$

und für den ebenen Verformungszustand zu

$$\sigma_{kr} = \sqrt{\frac{E}{1 - \nu^2} \cdot \frac{G_c}{\pi \cdot a}} \tag{3.2}$$

G_c Kritischer Wert der Rißerweiterungskraft
E Elastizitätsmodul
2a Rißlänge
ν Querkontraktionszahl

3.2.2 Verformungsbruch

Bei einachsiger zügiger Beanspruchung tritt bei verformungsfähigen Werkstoffen Versagen durch Fließen ein, wenn die maximal wirkende Schubspannung τ_{max} die durch die Streckgrenze gegebene kritische Schubspannung τ_{krit} erreicht (s. Bild 3–3). Demnach ist für die plastische Verformung die in einer Gleitebene in Gleitrichtung wirkende Schubspannung maßgebend; diese ist abhängig von der Versetzungsbewegung. Die mittlere Schubspannung zum Bewegen der Versetzungen in den Gleitsystemen ist ihrerseits durch alle Maßnahmen beeinflußbar, die zur Ausbildung oder Beseitigung von Hindernissen für die Versetzungsbewegung führen.

Im Gegensatz zum Trennbruch, der bei Überschreitung eines bestimmten Spannungsniveaus plötzlich auftritt, entwickelt sich der Verformungsbruch langsam; die endgültige Materialtrennung erfolgt bei wesentlich höherer effektiver Spannung als der Bruchbeginn.

3.2.2.1 Anrißentstehung

Wird ein vielkristalliner metallischer Werkstoff zügig beansprucht, z. B. im Zugversuch, so entstehen nach örtlicher Überschreitung der Fließgrenze zunächst Poren im mikroskopischen Bereich. Bevorzugte Entstehungsorte der

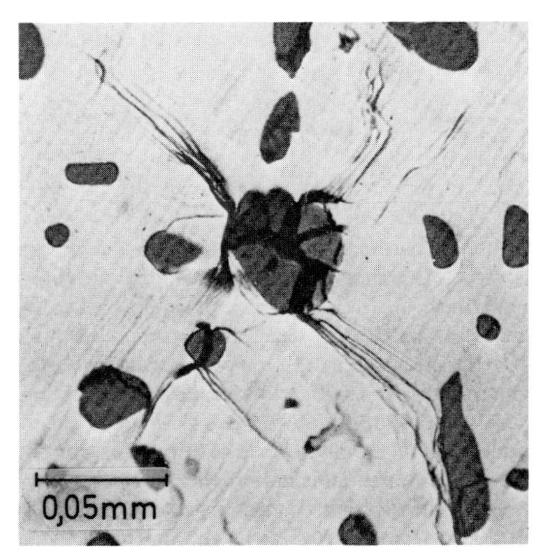

Bild 3–8: Porenbildung durch gerissene Silizium-Teilchen in einer Aluminium-Silizium-Legierung ($\approx$ 13% Si) [3]

Poren sind inhomogene Stellen im Gefüge, wie Korngrenzentripelpunkte und Verunreinigungen, die entweder beabsichtigt durch Zugabe von Legierungselementen entstehen können oder als Fremdphasen isoliert im Metallverbund eingelagert sind. Die Porenbildung führt zu Hohlräumen. Hohlräume können auch dadurch entstehen, daß nichtmetallische Einschlüsse aufbrechen (Bild 3–8). Die spröderen Einschlüsse und Verunreinigungen werden demnach an ihren Grenzflächen zum duktileren Grundwerkstoff durch konzentrierte Spannungen in Form von Trennbrüchen gesprengt. Wegen des plastischen Verhaltens des Grundwerkstoffes breiten sich die derart entstandenen Anrisse nicht

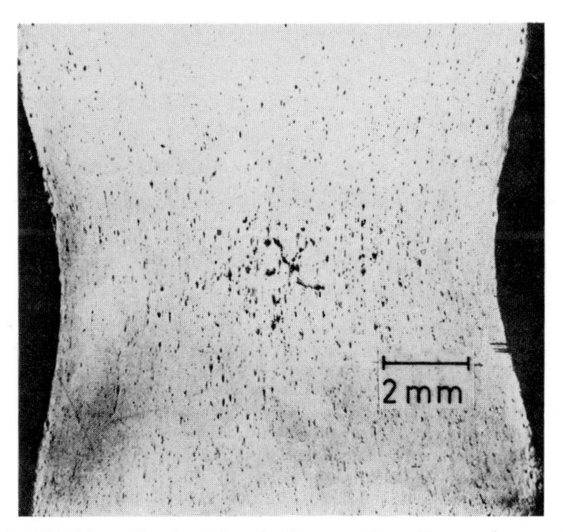

Bild 3–9: Poren- und Rißbildung in der Einschnürzone einer Zugprobe aus Kupfer [3]

flächenhaft aus wie beim Trennbruch, sondern werden im Zuge der Dehnung des Grundwerkstoffes aufgeweitet.

Derartige Poren können sich überall bilden, wo die Voraussetzungen gegeben sind; der eigentliche Rißbeginn tritt aber dort auf, wo der kleinste tragende Querschnitt und die höchste Zugspannung vorliegen (Bild 3–9).

3.2.2.2 Rißausbreitung

Bei weiterer plastischer Verformung tritt eine Einschnürung der Stege zwischen den Poren sowie eine geometrische Einschnürung auf. Dadurch entsteht ein innerlich und äußerlich gekerbter Zustand; im Einschnürbereich liegt ein dreiachsiger Spannungszustand vor. Die Einschränkung der Verformung auf den Einschnürbereich und der dort vorliegende Spannungszustand führen zu einer Ausbreitung des Primäranrisses. Das hat zur Folge, daß sich in zunehmendem Maße Stege zwischen den Poren einschnüren und abscheren; der gebildete Normalspannungsbruch breitet sich in der Ebene des geringsten Querschnittes soweit aus, bis die endgültige Materialtrennung durch reine Gleitung entlang kristallographisch bevorzugt orientierter Ebenen maximaler Schubspannung erfolgt. Die derart entstandenen Brüche entsprechen je nach Art der Gleitung der schematischen Darstellung in Bild 3–10.

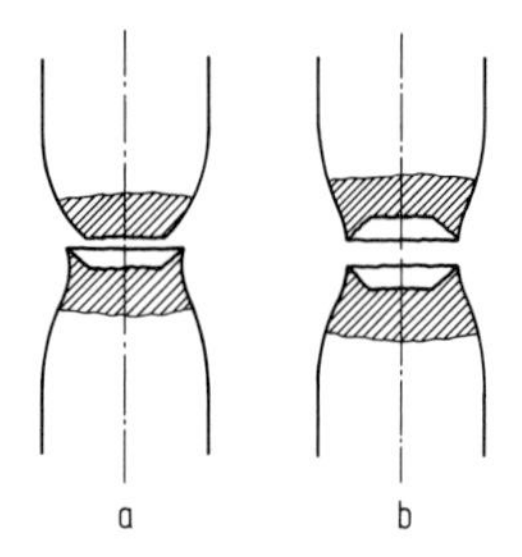

Bild 3–10: Häufig auftretende duktile Bruchausbildungsformen
a) Trichterbruch mit Kegel und Tasse
b) doppelter Trichterbruch

Wird die Porenbildung verhindert, so führt das zu sehr hoher Duktilität, z. B. treten bei sehr reinen kubisch flächenzentrierten Metallen Brucheinschnürungen von bis zu 100 % auf. Das bedeutet, daß die Bruchstelle bis zu einer scharfen Spitze verjüngt wird. Der Bruch erfolgt ohne Anriß, d. h. lediglich aufgrund der Querschnittsverminderung durch Scherung in der Einschnürzone.

Vielfach treten Trenn- und Verformungsbruch nicht in reiner Form auf. Man spricht dann von einem Mischbruch. Welche Bruchart dominierend ist, kann in der Regel anhand des makroskopischen Bruchbildes festgestellt werden.

3.2.3 Mikroskopische Bruchausbildung

3.2.3.1 Sprödbruch

Der Sprödbruch kann transkristallin oder interkristallin verlaufen. Derartige Brüche können sowohl im Bereich der elastischen Verformung entstehen als auch nach einer vorausgegangenen plastischen Verformung. Die Bruchflächen, die als Normalspannungsbrüche stets senkrecht zur Richtung der Hauptspannung verlaufen, sind mikroskopisch betrachtet zumindest bei kleineren Querschnitten eben. Je nach Korngröße des Werkstoffes zeigen derartige Bruchflächen ein mehr oder minder ausgeprägtes glänzendes Aussehen.

Die Sprödbrüche verlaufen in kubisch-raumzentrierten und in hexagonalen Werkstoffen meist entlang bestimmter kristallographischer Ebenen, weil die Kristalle sich in diesen Ebenen besonders gut aufspalten lassen; daher die Bezeichnung Spaltebenen und Spaltbruch. In kubisch-raumzentrierten Kristallen sind die (100)-Ebenen (Bild 3–11) und in hexagonalen Kristallen die (0001)-Ebenen Spaltebenen, während kubisch-flächenzentrierte Kristalle keine Ebenen bevorzugter Spaltbarkeit besitzen. Der Spaltbruch verläuft meistens transkristallin (Bild 3–12).

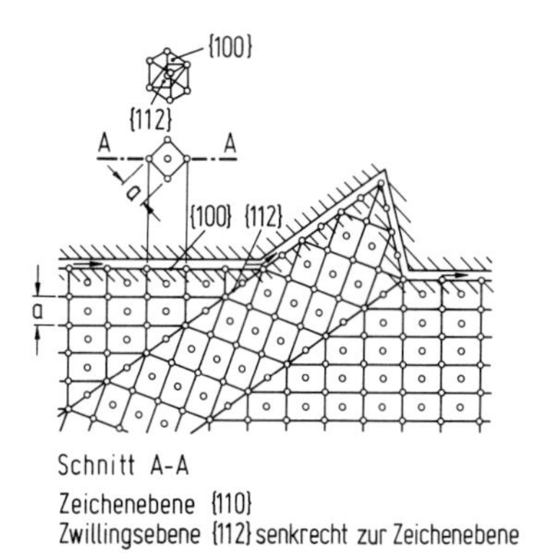

Bild 3–11: Spaltebenen bei kubisch raumzentrierten Metallen; Ablenkung eines Spaltbruches durch einen Zwilling (schematisch) [5]

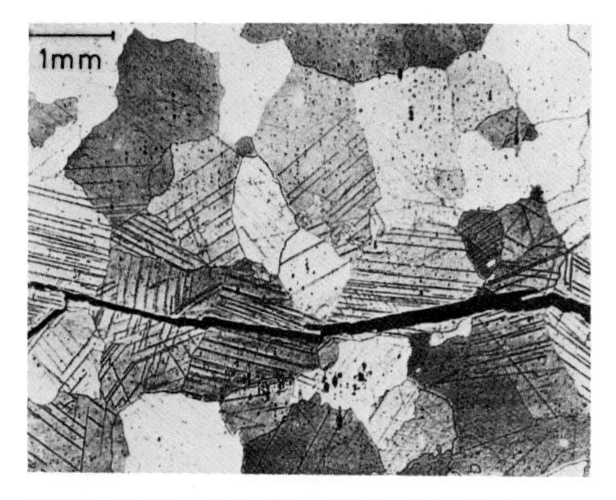

Bild 3–12: Transkristalliner Verlauf des Spaltbruches [6]

Bei Überschreitung einer Korngrenze teilt sich der Spaltbruch wegen der Orientierung des Kornes in der Regel in mehrere planparallel verlaufende Teilspaltebenen auf. Die Abgrenzung erfolgt durch nahezu rechtwinkelige Stufen. Dieses Verhalten ist ein typisches Merkmal des Spaltbruches; die Stufen sind im Elektronenmiskroskop sichtbar.

Betrachtet man die Bruchfläche eines Sprödbruches bei höheren Vergrößerungen, z. B. im Transmissionselektronenmikroskop (TEM), so kann man die flachen Ebenen erkennen, in denen der Riß verläuft (Bild 3–13). Der Bruch erfolgt

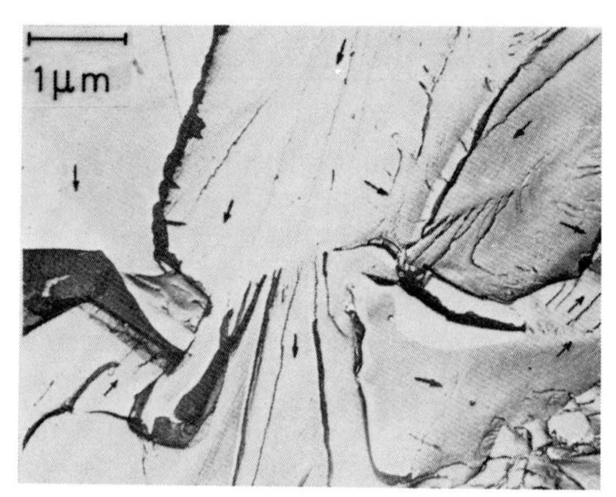

Bild 3–13: Transkristalliner Verlauf eines Trennbruches [7]

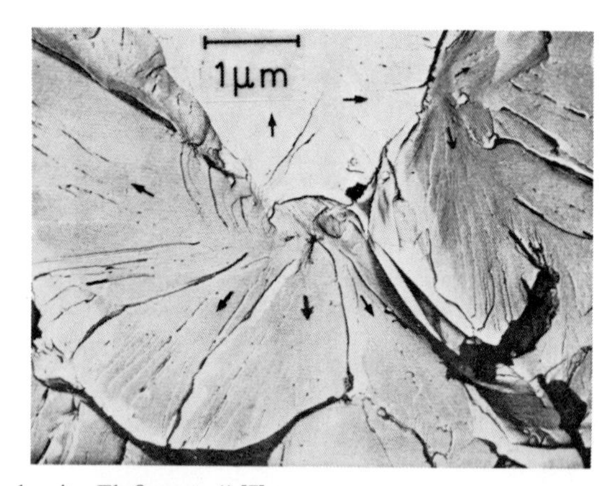

Bild 3–14: Spaltbruch mit „Flußmuster“ [7]

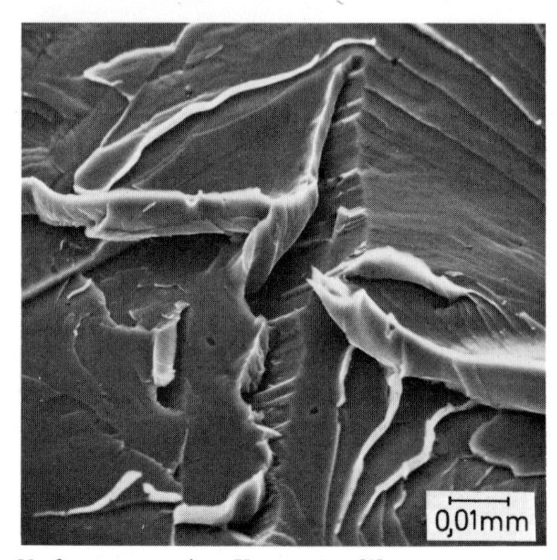

Bild 3–15: Plastische Verformung an einer Korngrenze [8]

nicht in einer einzigen Ebene eines Kornes, sondern in Scharen paralleler Ebenen; durch die Vereinigung der einzelnen Rißebenen entsteht ein Stufenmuster, aus dem man die Ausbreitungsrichtung des Risses erkennen kann. Wegen der optischen Ähnlichkeit des Stufenmusters mit einem Flußdelta (Bild 3–14) spricht man von einem „Flußmuster". Der Riß breitet sich bei dieser Analogie in der Strömungsrichtung des fließenden Wassers aus. Deshalb kann man vielfach den Entstehungsort des Trennbruches ermitteln, indem man das Flußmuster sozusagen stromaufwärts bis zur Quelle verfolgt.

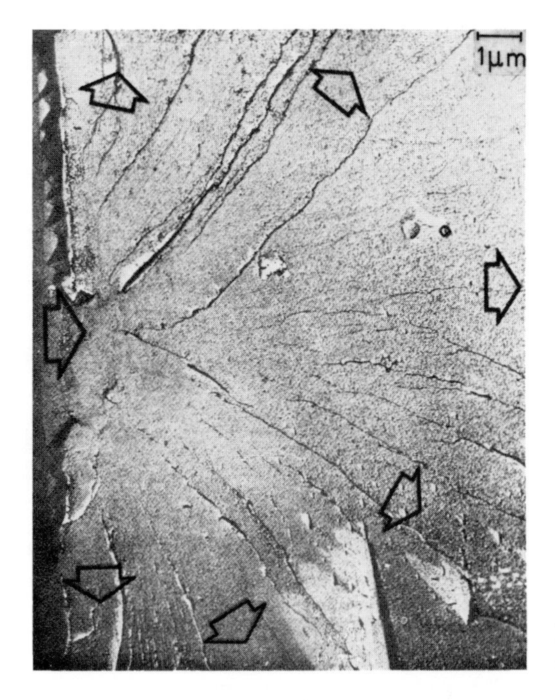

Bild 3–16: Ausbildung eines Spaltfächers [9, 10]

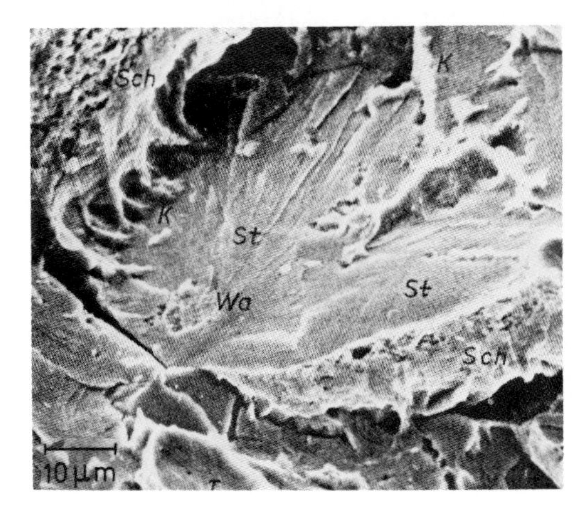

Bild 3–17: Quasispaltbruch in dem Stahl 28 CrNiMo 7 4 [11]
K = Reißkämme
Sch = Scherflächen
St = Stufen
Wa = Waben

Die Spaltbruchflächen enthalten örtlich begrenzte Stellen, die plastisch verformt sind. Diese Stellen liegen an Korngrenzen oder an Zwillingsstufen (Bild 3–15). Häufig geht der Spaltbruch nur von einer Stelle aus, so daß ein Spaltfächer entsteht (Bild 3–16). In diesen Fällen ist die Rißausbreitungsrichtung besonders deutlich zu erkennen.

Bei martensitischer Gefügeausbildung und bei Stählen mit Vergütungsgefüge wird häufig unterhalb der Sprödbruch-Übergangstemperatur ein Spaltbruch beobachtet, der in der Regel ein rosettenartiges Aussehen hat (Bild 3–17). Ausgehend von einer Zentralstelle, z. B. von einer kleinen Wabenansammlung (Wa) breitet sich der Riß aus, wobei sich radiale Stufen (St) oder Kämme bilden. Derartige Brüche nennt man Quasi-Spaltbruch oder auch Rosettenbruch. Bei der Entstehung treten erhebliche plastische Verformungen auf (Bild 3–18).

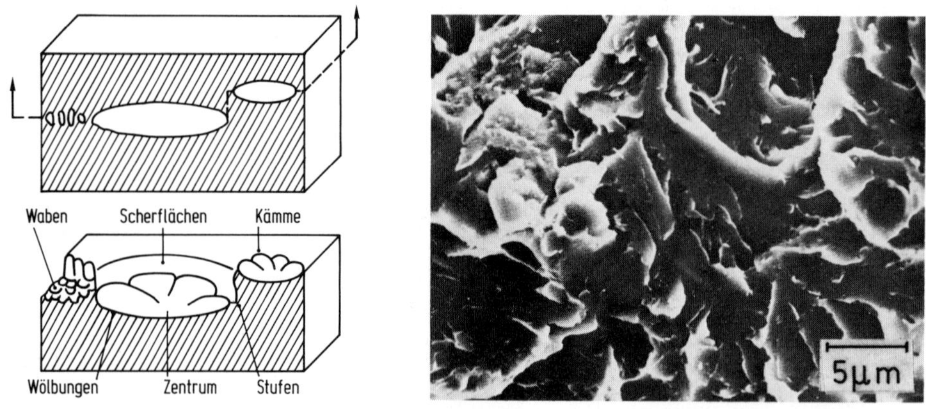

Bild 3–18: Schematische Darstellung der Bildung und Ausbildung des Quasi-Spaltbruches (Rosettenbruch) [12]

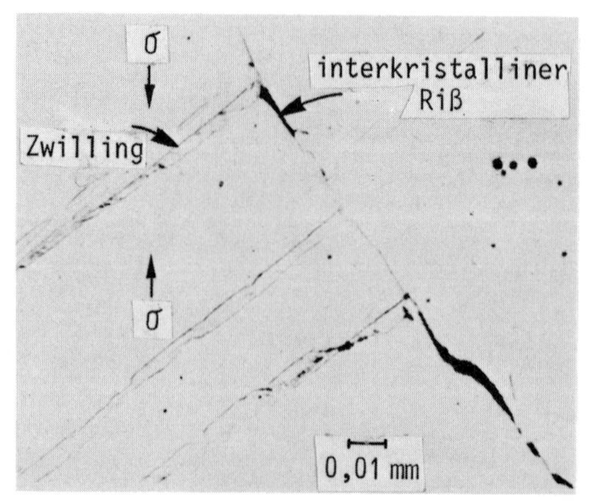

Bild 3–19: Interkristalliner Mikroriß entstanden durch Zwillingsbildung unter Druckbeanspruchung in Molybdän [3]

Die gleichen Bruchbedingungen, die zur Bildung von Spaltbrüchen führen, können auch eine Trennung an den Korngrenzen bewirken (Bild 3–19). Voraussetzung hierfür ist, daß die Trennfestigkeit der Korngrenze kleiner ist als die Trennfestigkeit des Kristalles. Derartige Brüche verlaufen ebenso wie die Spaltbrüche als Normalspannungsbrüche senkrecht zu der Richtung der Hauptspannung. Die Bruchflächen weisen ebenfalls kristallinen Glanz auf und sind daher bei makroskopischer Betrachtung nur dann von Spaltbrüchen zu unterscheiden, wenn die Korngröße so groß ist, daß man die Kornflächen erkennen kann. Mikrofraktographische Untersuchungen (REM) lassen die Korngrenzenbrüche jedoch eindeutig erkennen (Bild 3–20).

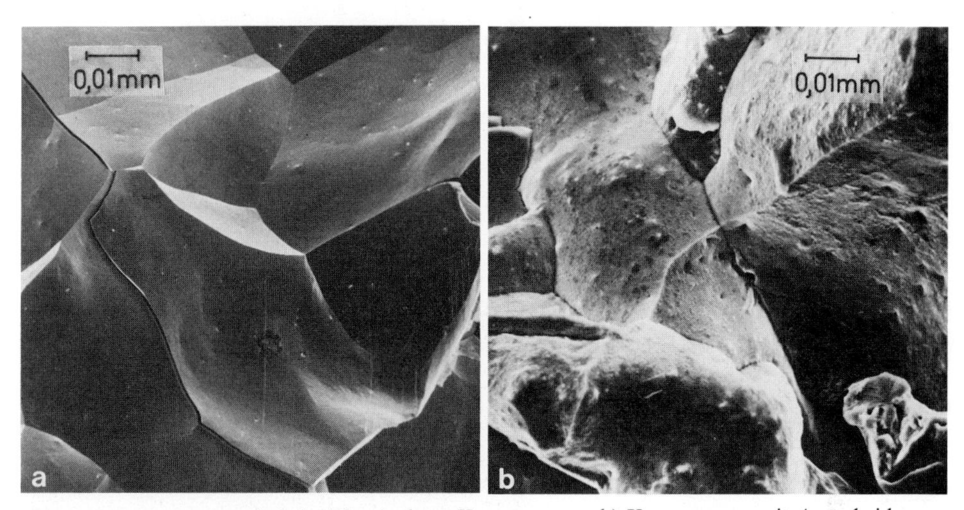

Bild 3–20: Korngrenzenbrüche [8]; a) glatte Korngrenzen; b) Korngrenzen mit Ausscheidungen

3.2.3.2 Duktiler Bruch

Verformungsbrüche, auch duktile Brüche genannt, treten durch Abgleitvorgänge bei Schubspannungen auf und sind makroskopisch je nach Form des Bruchquerschnittes verschiedenartig ausgebildet.

Mikrofraktographisch sind die Poren, die sich bei der Rißentstehung gebildet haben und häufig auch als Waben bezeichnet werden, das eindeutigste Bruchmerkmal. Bild 3–21 zeigt schematisch die Entstehung einer derartigen Waben-

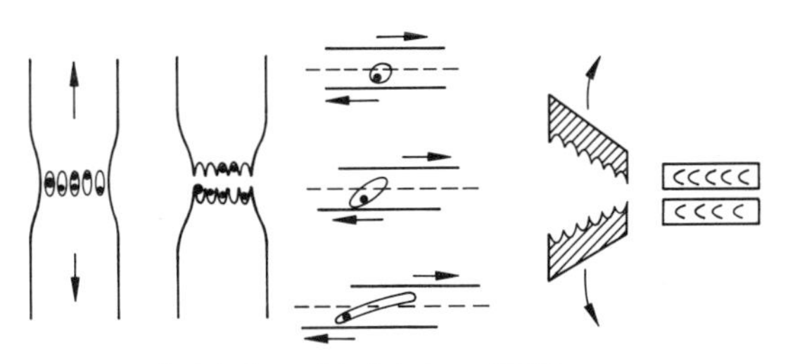

Bild 3–21: Bildung der Wabenstruktur bei Zug-, Scher- und Reißbelastung (schematisch)

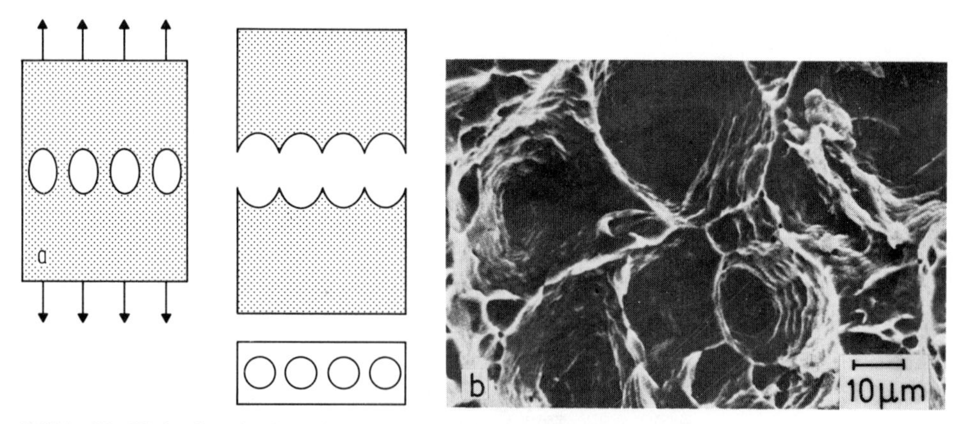

Bild 3–22: Wabenbruch: Gerade Waben durch Einwirkung einer gleichmäßig verteilten Zugspannung [12]. a) schematisch; b) Zugbruchfläche, Werkstoff 18Ni250, lösungsgeglüht

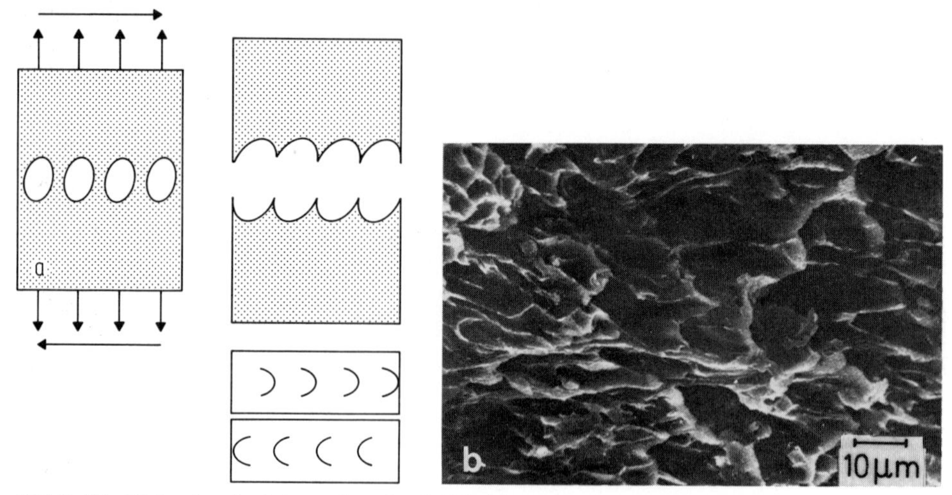

Bild 3–23: Wabenbruch: Scherwaben durch Schubbeanspruchung [12]. a) schematisch; b) Zugbruchfläche, Werkstoff, Weicheisen

struktur. Man erkennt bei stärkerer Vergrößerung bei Normalspannungsbrüchen in Richtung der Hauptnormalspannung geöffnete Waben, bei Schubspannungsbrüchen dagegen einseitig verzerrte Waben (Bild 3–22 und 3–23). Die Wabenstruktur bildet sich in allen technischen Metallen gleichartig aus. Die in den Metallen vorhandenen Verunreinigungen, hierbei kann es sich um beabsichtigte Verunreinigungen handeln, wie z. B. Legierungselemente, oder um unbeabsichtigte, wie z. B. Schlackeneinschlüsse, sind bevorzugte Stellen für die Porenbildung. Daher sind in den Waben häufig derartige Einschlüsse zu erkennen (Bild 3–24).

Lichtmikroskopisch kann man zwar wegen der geringen Schärfentiefe die Bruchflächen nicht untersuchen, jedoch ist es möglich, mit Hilfe von Schliffpro-

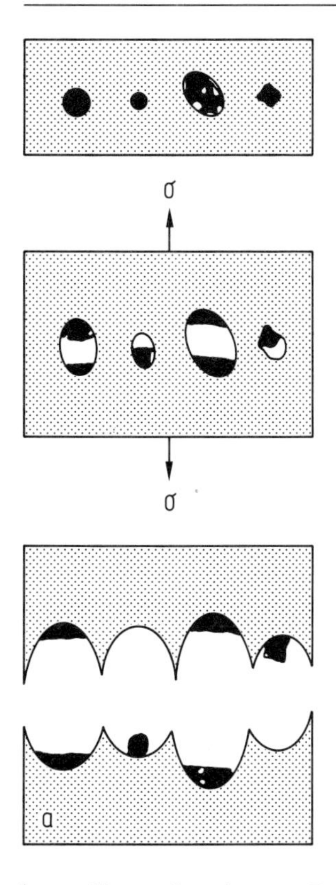

Bild 3–24: Hohlraum- und Wabenbildung an nichtmetallischen Einschlüssen [12]
a) schematisch
b) duktile Kerbschlagbruchflächen; Werkstoff: Vergütungsstahl 28NiCrMoV85

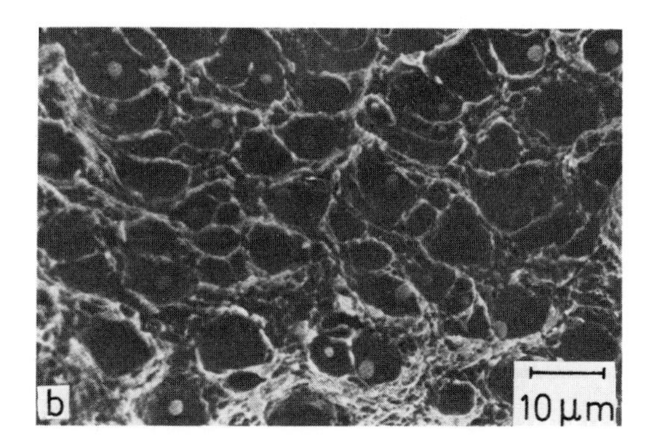

ben, die senkrecht zur Bruchfläche entnommen sind, wertvolle Aufschlüsse zu erzielen. Die Bilder 3–25 und 3–26 zeigen als Beispiel Querschliffe eines Verformungsbruches. Die typische Grübchenbildung, induziert durch einen Einschluß, ist deutlich zu erkennen. Wie der Vergleich der beiden Bilder weiter erkennen läßt, eignen sich derartige Untersuchungsmethoden besonders dazu, die Anrißentstehung durch Einschnürung der Stege zwischen vorhandenen Poren verfolgen zu können.

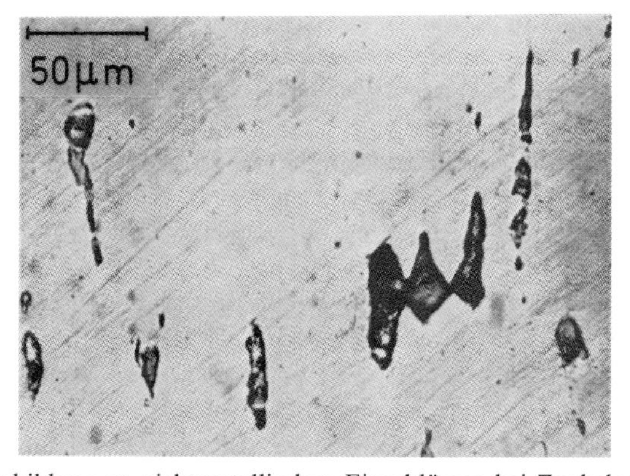

Bild 3–25: Hohlraumbildung an nichtmetallischen Einschlüssen bei Zugbelastung

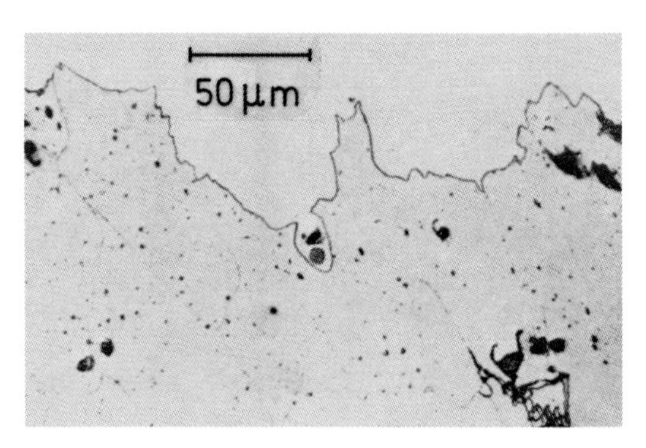

Bild 3–26: Ausbildung der Bruchfläche bei Zugbelastung

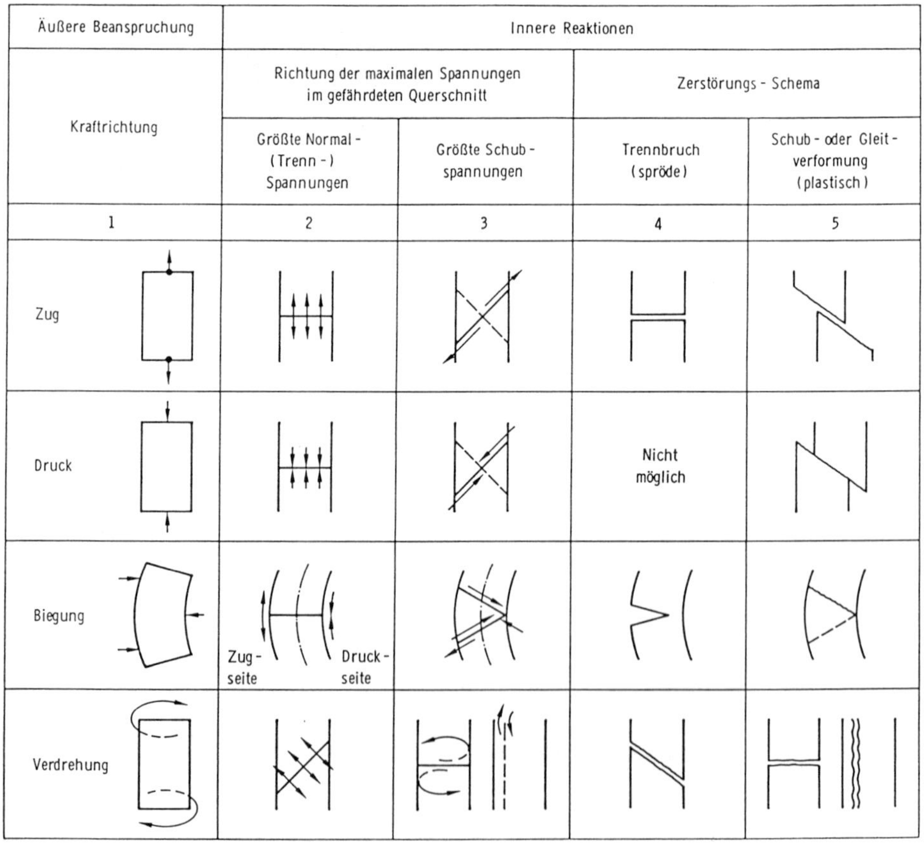

Äußere Beanspruchung	Innere Reaktionen			
Kraftrichtung	Richtung der maximalen Spannungen im gefährdeten Querschnitt		Zerstörungs-Schema	
	Größte Normal-(Trenn-)Spannungen	Größte Schubspannungen	Trennbruch (spröde)	Schub- oder Gleitverformung (plastisch)
1	2	3	4	5
Zug				
Druck			Nicht möglich	
Biegung	Zugseite Druckseite			
Verdrehung				

Bild 3–27: Einfluß der Kraftrichtung auf die Bruchausbildung [13]

3.2.4 Makroskopische Bruchausbildung

Einen Überblick über die möglichen Arten der makroskopischen Ausbildung eines Gewaltbruches in Abhängigkeit von der Beanspruchung zeigt in schematischer Darstellung Bild 3–27. In Spalte 1 sind die äußeren Kräfte aufgeführt und in den Spalten 2 und 3 die jeweils wirksamen Normalspannungen bzw. Schubspannungen im gefährdeten Querschnitt. Je nach den Werkstoffeigenschaften kann ein Spaltbruch (Spalte 4) oder ein duktiler Bruch (Spalte 5) auftreten. Beide Brucharten, Sprödbruch und Verformungsbruch, können gleichzeitig auftreten, jedoch ist die eine oder andere dominierend.

Der spröde Trennbruch wird durch die größte Zug-Normalspannung hervorgerufen und liegt senkrecht zu dieser (Bild 3–27).

Die makroskopische Ausbildung der Bruchflächen eines Sprödbruches ist in der Regel grobkristallin, zerklüftet und körnig (Bild 3–28). Eine Ausnahme bilden legierte, gehärtete oder hochvergütete Stähle, die eine feinkörnige Struktur der Bruchflächen aufweisen (Bild 3–29). Je nach Formgebung, z. B. bei Kerben, ist die Bruchstruktur strähnig ausgebildet (Bild 3–30).

Bild 3–28: Grobkristallin, zerklüftet und körnig ausgebildeter Sprödbruch

Bild 3–29: Feinkörnig ausgebildeter Sprödbruch eines hochvergüteten Bauteiles

Bild 3–30: Strähnig ausgebildeter Sprödbruch eines gekerbten Bauteiles

Der duktile Gewaltbruch entsteht in erster Linie durch Abgleitvorgänge aufgrund von Schubspannungen, daher die Bezeichnung Gleitbruch. Dies führt zunächst zu Gleitungen, die mit einer makroskopisch erkennbaren plastischen Verformung verbunden sind (Bild 3–31), in Extremfällen bis zur Bildung einer Spitze. Je nach Spannungszustand und Beanspruchungsbedingungen bilden sich unterschiedliche Bruchmerkmale, die zu verschiedener Modifikation der Bruchflächen führen (Bild 3–32).

Bild 3–31: Gleitbruch eines Kupferstabes [13]

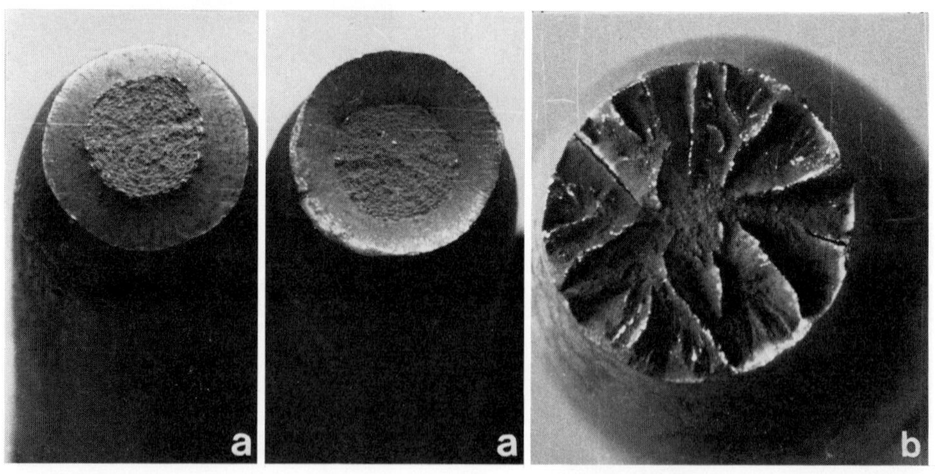

Bild 3–32: Mögliche Ausbildungsarten des Gleitbruches [8]. a) Kegel-Tasse-Bruch; b) Fräserbruch

3.2.5 Schadensbeispiele

Schaden: Gewinde von Befestigungsspindeln

Der Ausleger eines Portalkranes wird durch zwei Spindeln (∅60 mm) mit Gewindeansätzen (Außendurchmesser 70 mm) gehalten. Beim Fahren und Schwenken in unbelastetem Zustand brachen plötzlich die Gewinde beider Spindeln. Die Bruchfläche (Bild 3–33) zeigt die Merkmale eines Trennbruches durch Überbeanspruchung: grobkörnig, zerklüftet und strähnig.

Bild 3–33: Gewindebruch durch Zugbeanspruchung [13]

Primäre Schadensursache: Ungeeigneter Werkstoff; geseigerter Thomasstahl mit sehr niedriger Kerbschlagzähigkeit. Das Gewinde ist außerdem scharfkantig und unsauber geschnitten, dadurch wurde der Bruch begünstigt.

Die gleiche Schadensursache führte zum Versagen eines Lasthakens (Bild 3–34). In diesem Falle hat eine Überbelastung durch Biegebeanspruchung zu dem Trennbruch geführt.

Bild 3–34: Bruch eines Lasthakens durch Biegebeanspruchung [13]

Schaden: Läufer einer Dampfturbine

Der Sprödbruch des Läufers einer Dampfturbine ist auf einen ungeeigneten Werkstoff zurückzuführen (Bild 3–35). Als Folge der zu hohen Schwefel- und Phosphorgehalte und einer grobkörnigen Gefügeausbildung infolge einer nicht einwandfreien Glühbehandlung beträgt die Kerb-

Bild 3–35: Bruch des Läufers einer Dampfturbine [13]

schlagarbeit lediglich 10 J; dieser Wert ist zwar für den normalen Betrieb ausreichend, nicht aber, wenn eine unvorhergesehene schlagartige Beanspruchung eintritt.

Schaden: Gelenkwelle eines Dieselkrans

Durch Verdrehbeanspruchung wurde die Gelenkwelle eines Dieselkrans überbeansprucht. Die Anrisse liegen in den scharfkantig ausgebildeten Übergängen Nutgrund/-flanke (Bild 3–36). Diese führten schließlich zu dem spiralförmig ausgebildeten Totalbruch der Welle.

Bild 3–36: Bruch einer Gelenkwelle mit Vielnutsatz (∅ 118/67) durch Verdrehbeanspruchung [13]

Primäre Schadensursache: Ungeeigneter Werkstoff; Festigkeit normal, Kerbschlagzähigkeit zu niedrig. Überbeanspruchung durch Kerbspannungen.

Schaden: Schlägerkopf einer Zerkleinerungsmaschine

Durch schlagartige Beanspruchung versagte der Schlägerkopf einer Zerkleinerungsmaschine. Das Zusammenwirken der ungünstigen Konstruktion – scharfe Querschnittsübergänge – und der geringen Kerbschlagzä-

Bild 3–37: Bruch eines Schlägerkopfes aus GGG durch schlagartige Beanspruchung

higkeit des Werkstoffes führte zu dem in Bild 3–37 erkennbaren Sprödbruch. Die großen querschnittsabhängigen Härteunterschiede, die zwischen 192 HV 30 und 804 HV 30 liegen, begünstigten das Versagen. Diese sind auf eine fehlerhafte Wärmebehandlung zurückzuführen.

Primäre Schadensursache: Konstruktionsfehler: ungünstige Gestaltung, Werkstoffwahl und Bauteilherstellung.

Schaden: LKW-Anhängerkupplung

Makroskopische Untersuchung: Die Lage des Bruches zeigt Bild 3–38; der Bruch verläuft durch die Bohrung (∅ 15,5 mm) im ersten Absatz der Zugstange (Bild 3–39). Die Bruchflächen weisen, abgesehen von den in Bild 3–40 mit C gekennzeichneten Flächenanteilen, die charakteristischen Merkmale eines Gewaltbruches auf; die makroskopisch ermittelten Details sind angegeben.

Werkstoff: Festigkeitseigenschaften

$R_{p0,2} = 286\ N/mm^2$; $R_m = 571\ N/mm^2$; $A_{10} = 20{,}3\ \%$
A_V (DVM) = 28 J

Härte:

180 HV 30 Kernbereich
328 HV 30 Übergang
400 HV 30 Randzone

Dementsprechend ist die Randzone des ersten Absatzes der Zugstange oberflächengehärtet; die Härtetiefe beträgt ca. 1 mm.

Chemische Zusammensetzung in Gew.-%

C: 0,34; Mn: 0,71; Si: 0,24; P: 0,021; S: 0,20

a

b

Bild 3–38: Bruch der Zugstange einer LKW-Anhängerkupplung
a: Lage des Bruches (Pfeil)
b: Ausbildung der Bruchfläche

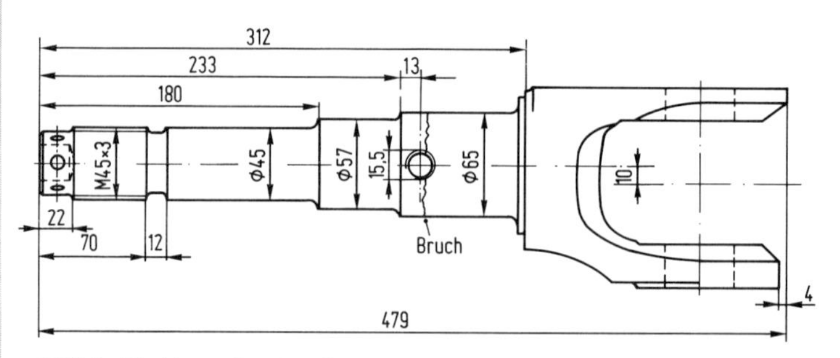

Bild 3–39: Lage des Bruches und Hauptabmessungen der Zugstange

Metallurgische Reinheit: Der Werkstoff weist Verunreinigungen durch Mangansulfide auf, teils in zeilenförmiger Anordnung, teils in größeren Ansammlungen; ferner liegen Manganoxide, vereinzelt auch Eisenoxide, vor.

Gefügeausbildung: Ferritisch/perlitisch, wobei beide Gefügeanteile in etwa gleichen Anteilen vorliegen. Dieses deutet auf eine langsame Abkühlung hin.

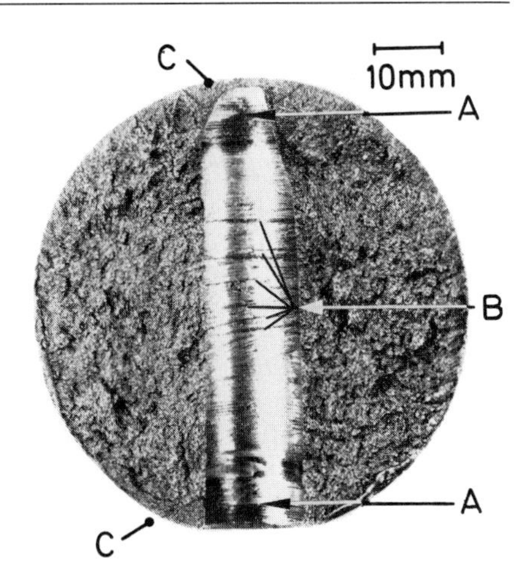

Bild 3–40: Makroskopische Analyse des Bruches
A Anlaßfarben
B Bearbeitungsriefen
C Abweichende Bruchflächenausbildung

Rasterelektronenmikroskopische Analyse der Bruchflächen: Die Bruchfläche zeigt, mit Ausnahme der in Bild 3–40 abgegrenzten Bereiche C, vorwiegend die Merkmale eines spröden Gewaltbruches; sie besteht hauptsächlich aus transkristallinen Spaltbrüchen. In den Randbereichen von Zugstange und Bohrung ist die Struktur feinkörniger; ebenso in den mit C gekennzeichneten Bereichen. Neben den Spaltbruchflächen liegen hier feinkörnig ausgebildete, netzförmig verteilte, interkristalline Bereiche vor.

Folgerung: Der Werkstoff entspricht den Anforderungen des Vergütungsstahls Ck 35 (Werkstoff-Nr. 1.1181) im normalgeglühten Zustand; die Oberfläche des Absatzes mit der Querbohrung (Bild 3–40) ist zwecks Erhöhung des Verschleißwiderstandes oberflächengehärtet.

Primäre Schadensursache: Einmalige stoßartige Überbeanspruchung durch Biegung.

Schaden: Lenkwelle eines Kipperlastwagens

Makroskopische Unersuchung: Der Bruch trat unmittelbar oberhalb des Lenkhebels ein (Bild 3–41). Die Bruchfläche verläuft senkrecht zur Achse und ist, abgesehen von einem kleinen Bereich (V) verformungslos (S). Der Übergang zwischen Nadellagersitz und Kerbverzahnungsbereich weist starke plastische Verformung auf (Bild 3–42).

Werkstoff: Der Werkstoff 41 Cr 4, vergütet, entspricht den Anforderungen nach DIN 17200.

Folgerung: Die ausgeprägte plastische Verformung und die Ausbildung der Bruchfläche zeigen die charakteristischen Merkmale einer Torsions-Gewaltbeanspruchung, die nach einer Abschätzung größer als 10 000 Nm gewesen sein muß. Die REM-Untersuchung bestätigt die Bruchart.

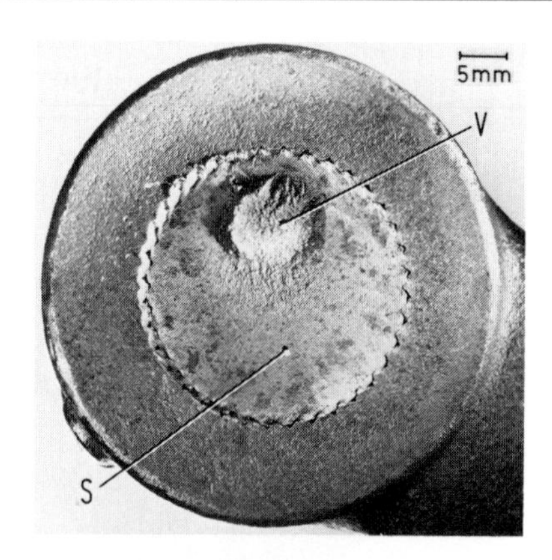

Bild 3–41: Lenkhebelauge mit Bruchfläche der Lenkwelle im Ansatz der Kerbverzahnung
S = Sprödbruch
V = Verformungsanteil

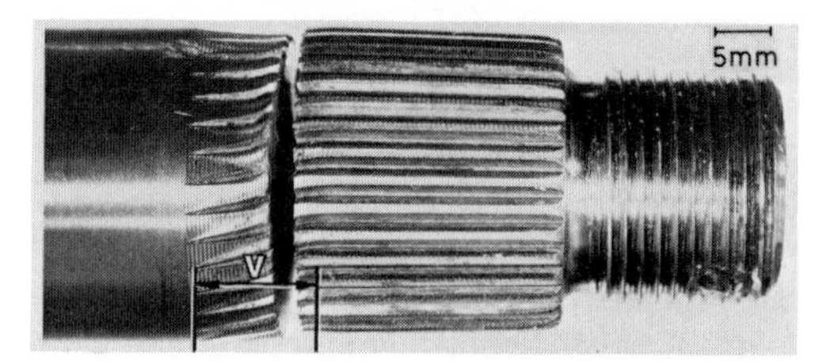

Bild 3–42: Plastisch verformter Bereich im Übergang Nadellagersitz/Kerbverzahnungsansatz der Lenkwelle
V = Plastische Verformung

Die Rekonstruktion des Schadensverlaufes führte zu der Feststellung, daß der Bruch der Lenkwelle die Folge einer stoßartigen Beanspruchung sein mußte. Diese wurde verursacht durch Anfahren einer niedrigen Straßenbegrenzungsmauer in einer Kurve. Durch Anfahr- und Farbspuren, die ca. 100 m vor der Unfallstelle auf der Betonwand zu sehen waren, konnte der Schadensablauf eindeutig nachgewiesen werden. Der Bruch führte zum Versagen der Funktion der Lenkung, und dies führte zum Unfall.

Primäre Schadensursache: Torsions-Überbeanspruchung

Schaden: Torsionsfederstab eines LKW

Zweck der Untersuchung: Klärung der Frage, ob der Bruch des Federstabes primär eintrat und dadurch ein Unfall verursacht wurde, oder ob der Bruch sekundär als Folge des Unfalles entstanden ist; km 5200.

Makroskopische Untersuchung: Die Bruchstelle liegt an der in Bild 3–43 erkennbaren Stelle. Beide Bruchteile sind erheblich plastisch verformt, die größte Durchbiegung beträgt ca. 4 mm. Der lackartige Überzug zum Schutz gegen Oberflächenbeschädigung ist über große Bereiche abgeplatzt. Darüber hinaus sind weitere Konstruktionselemente, die in umittelbarem Funktionszusammenhang stehen, beschädigt bzw. gebrochen.

Der Bruch verläuft nach Bild 3–44a zunächst über dem halben Querschnitt rechtwinklig zur Längsachse des Federstabes und breitet sich dann

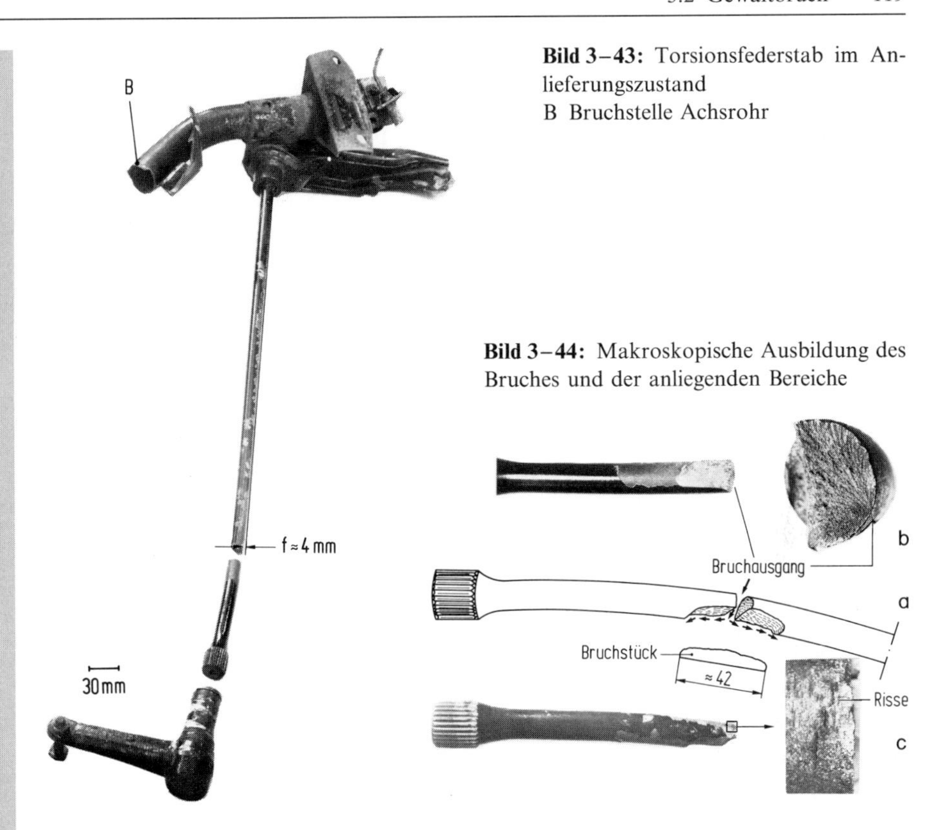

Bild 3–43: Torsionsfederstab im Anlieferungszustand
B Bruchstelle Achsrohr

Bild 3–44: Makroskopische Ausbildung des Bruches und der anliegenden Bereiche

in Achsrichtung nach beiden Seiten aus, bis schließlich der vollständige Bruch erfolgt; die Restbruchfläche verläuft bogenförmig in die Oberfläche. Der Bruchausgang ist eindeutig zu erkennen (Bild 3–44b). In der Nähe der Bruchfläche des kürzeren Drehstabstückes sind weitere Anrisse zu erkennen (Bild 3–44c). Die Bruchflächen sind grobkörnig, zerklüftet und strahlenförmig ausgebildet. Diese Merkmale sind charakteristisch für einen Gewaltbruch; durch rasterelektronenmikroskopische Untersuchung wurde dies bestätigt.

Folgerung: Die starke plastische Verformung durch Biegebeanspruchung, die Lage des Bruchausganges an der auf Zug beanspruchten Seite sowie die Brüche und Beschädigungen weiterer Konstruktionselemente, wie z. B. Querlenker, Vorderachskörper, Ausweitung der Bohrungen, zeigen bereits eindeutig, daß der Bruch durch eine stoßartig, von außen wirkende Kraft, die den Federstab zusätzlich auf Biegung beanspruchte, eingetreten ist; die rasterelektronenmikroskopische Untersuchung der Bruchfläche bestätigt diese Feststellung.

Primäre Schadensursache: Stoßartige Überbeanspruchung. Der Bruch wurde demnach durch den Unfall verursacht.

Schaden: Überwurfmutter einer PKW-Spurstange

Zweck der Untersuchung: Klärung der Frage, ob die Überwurfmutter einen alten Anriß mit nachfolgendem Dauerbruch oder einen auf einmalige Überbelastung zurückzuführenden Gewaltbruch aufweist.

Makroskopische Untersuchung: Den Zustand der Überwurfmutter bei Anlieferung zeigt Bild 3–45; das Verbindungselement ist stark plastisch verformt und aufgeweitet (B). An der mit A gekennzeichneten Stelle sind weitere Anrisse erkennbar.

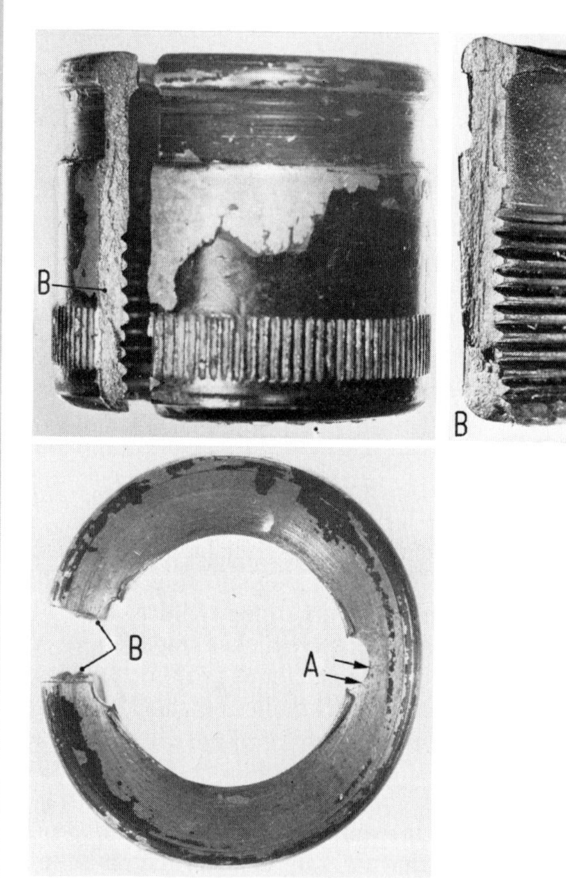

Bild 3–45: Überwurfmutter im Anlieferungszustand
A = Anrisse
B = Bruchfläche

Die Bruchflächen sind grobkristallin ausgebildet; die kristallinglänzende Oberflächenstruktur ist über die gesamten Flächen gleichartig ausgebildet. Charakteristische Merkmale, die auf einen Dauerbruch hinweisen, liegen nicht vor (Bild 3–45).

Mikroskopische Untersuchung: Metallurgische Reinheit: Ausgeprägte Verunreinigungen durch Mangansulfideinschlüsse, weniger stark durch Eisenoxide.

Gefügeausbildung: Ferritisch-perlitisch
Verlauf der Bruchfläche: Interkristallin

Verhalten bei mechanischer Beanspruchung: An unbeanspruchten Überwurfmuttern der gleichen Ausführung (geometrische Ausbildung, Herstellung, Werkstoff, Gefügeausbildung, metallurgische Reinheit) wurden durch geeignete Beanspruchungsvorrichtungen im Labor Brüche erzeugt, und zwar

- durch schwingende Beanspruchung Schwingbrüche
- durch zügige Gewaltbeanspruchung Gewaltbrüche.

Folgerungen: Der Vergleich der nachträglich an neuen Spurstangenmuttern erzeugten Bruchflächen mit den zu untersuchenden zeigte eindeutig, daß die aus dem Unfallfahrzeug stammende Spurstangenmutter einen Gewaltbruch aufweist. Das Ergebnis wurde durch eine REM-Untersuchung bestätigt.

Primäre Schadensursache: Bruch durch Überbeanspruchung

Schaden: Rohrverbindungsmutter

Makroskopische Untersuchung: Die Bruchfläche weist die Merkmale eines spröden Gewaltbruches auf; außerdem ist eine ausgeprägte Faserstruktur zu erkennen (Bild 3–46). Die Gewindeoberfläche zeigt ausgeprägte Bearbeitungsriefen.

Bild 3–46: Bruchausbildung

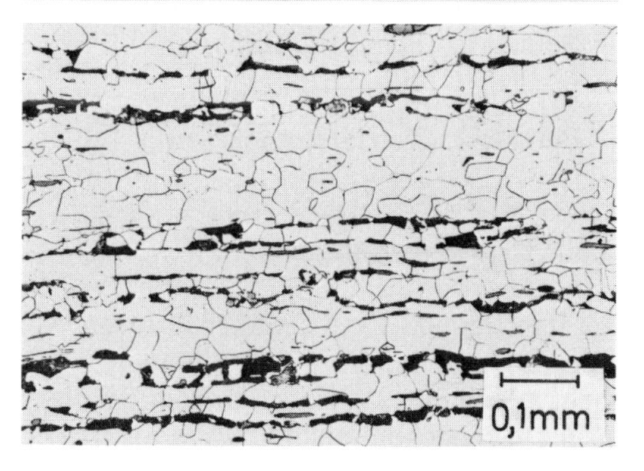

Bild 3–47: Gefügeausbildung des Werkstoffes
Ätzung: 3%ige HNO_3

Mikroskopische Untersuchung: Der Werkstoff ist stark verunreinigt durch Mangansulfid-, Silikat- und Schlackeneinschlüsse (Bild 3–47). Die Gefügeausbildung ist ferritisch-perlitisch mit ausgeprägter Zeilenstruktur.

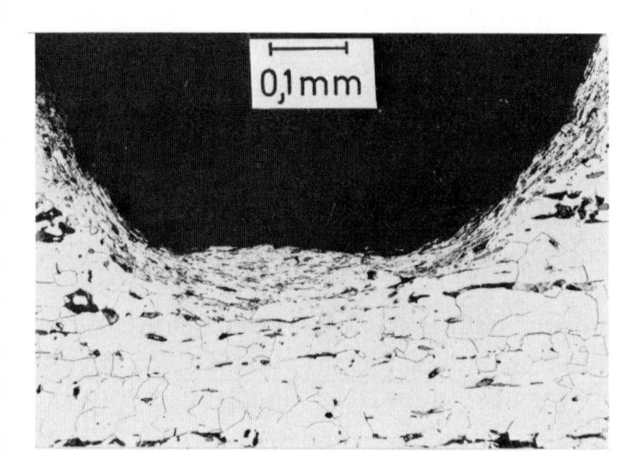

Bild 3–48: Ausbildung des Gewindekerbgrundes

Die geometrische Ausbildung des Gewindes entspricht nicht den Anforderungen (Bild 3–48). Die nahezu scharfkantigen Querschnittsübergänge im Gewindekerb führten zu erheblichen Kerbspannungen, die sich bei dem vorliegenden Werkstoffzustand besonders ungünstig auswirken. Die in der Randzone erkennbare plastische Verformung ist bei der Herstellung des Gewindes entstanden.

Primäre Schadensursache: Ungeeigneter Werkstoff und Fertigungsfehler.

3.3 Zeitstandbruch

3.3.1 Allgemeine Betrachtung

Die Kriechkurve besteht aus drei Bereichen, die als primärer, sekundärer und tertiärer Kriechbereich bezeichnet werden und durch die Steigung m der Kurvenabschnitte definiert sind (s. Bild 2–52):

- Bereich 1 (Primärbereich), $m < 1$
- Bereich 2 (Sekundärbereich), $m = 1$
- Bereich 3 (Tertiärbereich), $m > 1$

3.3.2 Kriechvorgänge

In dem Bereich 1 tritt zunächst durch Aufbringen der Belastung die Anfangs- oder Spontandehnung auf, die auch Belastungsdehnung genannt wird. Sie besteht aus einem elastischen und einem plastischen Anteil. Anschließend setzt das primäre Kriechen, auch Übergangskriechen genannt, ein, im wesentlichen verursacht durch interkristalline Verformung. Als Folge der dabei entstehenden Verfestigung durch sich schneidende und dadurch sich gegenseitig blockierende Versetzungen nimmt die Kriechgeschwindigkeit stetig ab. Diese Vorgänge sind insbesondere bei tieferen Temperaturen in dem Bereich (0,4...0,5) T_S entscheidend für den Kriechvorgang, weil die durch Diffusion aktivierten Vorgänge hier von untergeordneter Bedeutung sind.

In dem Bereich 2 treten zusätzlich Erholungs- und Rekristallisationsvorgänge auf; demgegenüber wird die Verfestigung mit zunehmender Temperatur vermindert. Die thermisch aktivierten Prozesse Erholung und Rekristallisation kompensieren daher bei höheren Temperaturen in zunehmendem Maß die Verfestigung, so daß ein Gleichgewicht zwischen den Vorgängen entsteht und die Kriechgeschwindigkeit konstant bleibt.

In dem Bereich 3 treten als Folge der Verformung in verstärktem Maße Leerstellenbildung, Risse und ausgeprägte Korngrenzenanrisse auf. Dadurch wird der tragende Querschnitt kleiner und die Spannung größer. Die stetige Wiederholung dieser Vorgänge führt schließlich zum Bruch.

3.3.3 Mikroskopische Bruchausbildung

Bei hohen Spannungen sind unabhängig von der Temperatur die Mechanismen wirksam, die auch bei einsinniger, zügiger Beanspruchung auftreten. Die Verformung erfolgt hauptsächlich durch Gleiten.

Bei niedrigen Spannungen und niedrigen Temperaturen tritt vorwiegend Korngrenzengleiten auf. Dies führt zur Bildung von keilförmigen Rißkeimen, die infolge Spannungskonzentration an den Tripelpunkten bevorzugt von diesen ausgehen (Bild 3–49a). Bei höheren Temperaturen wird jedoch mit steigender Temperatur in zunehmendem Maße eine Kriechdeformation durch Leerstellendiffusion wirksam, die zur Bildung von Poren auf den Korngrenzen, die senkrecht zur Beanspruchungsrichtung liegen, führt (Bild 3–49b).

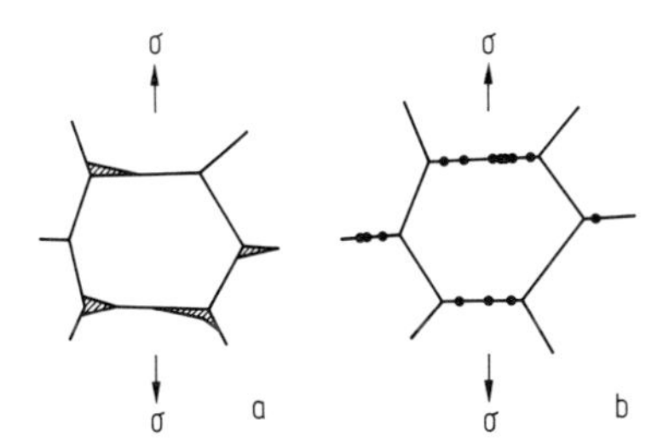

Bild 3–49: Ausbildung interkristalliner Risse unter Kriechbedingungen bei höheren Temperaturen a) Risse an Schnittpunkten mehrerer Korngrenzen; b) Bildung von Poren auf Korngrenzen senkrecht zur Zugrichtung

Die durch diese Vorgänge verursachte Querschnittsverminderung nimmt proportional mit der Dehnung zu. Beide Vorgänge können durch lichtmikroskopische Beobachtung nachgewiesen werden (Bild 3–50 und 3–51).

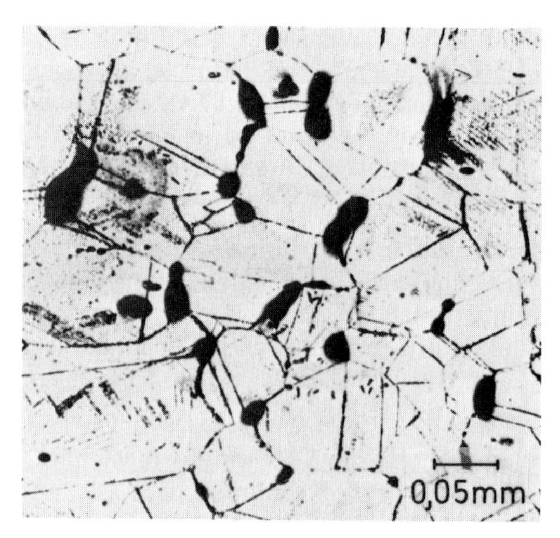

Bild 3–50: Zeitstandprobe mit Anrissen, die sich in den Tripelpunkten gebildet haben [8]

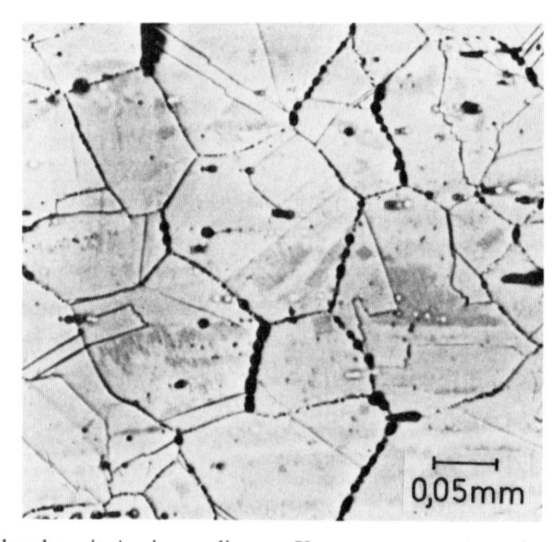

Bild 3–51: Zeitstandprobe mit Anrissen, die von Korngrenzporen ausgehen [8]

Die beiden Arten der Rißbildung sind kennzeichnend für die Ausbildung der Bruchflächen. Entsteht der Bruch durch Korngrenzengleiten, so sind die Kornflächen glatt (Bild 3–52a); wird ein Korngrenzenbruch durch Porenbildung verursacht, so sind die Kornflächen mit Grübchen überdeckt (Bild 3–52b).

Die Bruchfläche verläuft bei niedrigen Temperaturen bzw. bei hohen Spannungen und kurzen Standzeiten vorwiegend transkristallin, bei hohen Temperaturen bzw. bei niedrigen Spannungen und langen Standzeiten interkristallin.

Während des Kriechvorganges entstehen durch die thermische und durch die mechanische Langzeitbeanspruchung Änderungen der Werkstoffeigenschaften,

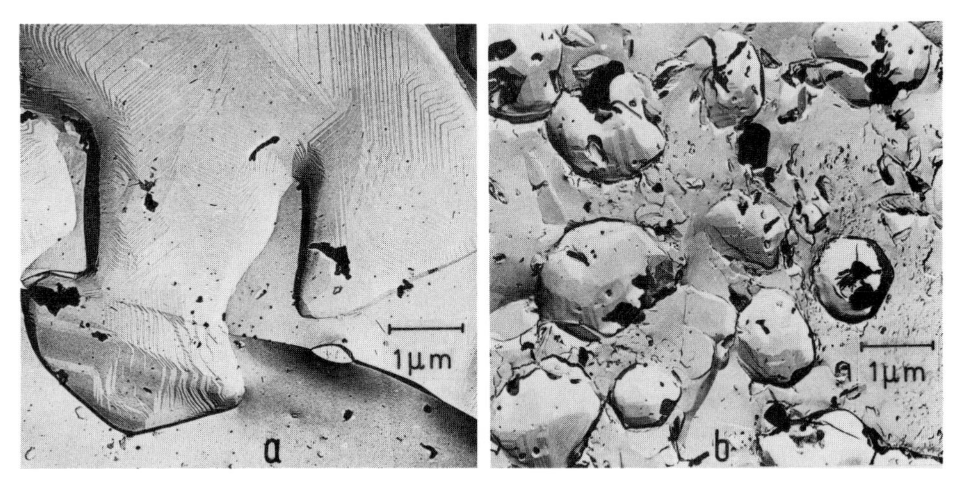

Bild 3–52: Zeitstandbrüche [8]. a) linienförmig angeordnete Hohlräume; b) Korngrenzenporen

wie Verfestigung infolge der Kriechverformung, Entfestigung durch thermisch aktivierte Erholung, Änderung der Versetzungsstruktur, Bildung von Poren und Mikrorissen, Rekristallisation und Teilchenkoagulation; diese Vorgänge beeinflussen den Beginn des Bruchvorganges. Die Kenntnis der Auswirkungen der Einflußfaktoren auf das Kriechverhalten des Werkstoffes ermöglicht, durch Variation der Legierungspartner eine Optimierung zu erreichen. So führt z. B. eine Erhöhung der Rekristallisationstemperatur mittels legierungstechnischer Maßnahmen zu einer Verminderung der Kriechgeschwindigkeit.

3.4 Schwingbruch

3.4.1 Allgemeine Betrachtung

Der Schwingbruch unterscheidet sich vom Waben- und Spaltbruch dadurch, daß er die Folge einer allmählich fortschreitenden Rißbildung ist, die schließlich zu einem Gewaltbruch führt, ohne daß eine Veränderung der geometrischen Form zu erkennen ist. Derartige Risse treten bevorzugt an Stellen auf, wo eine örtlich begrenzte Spannungskonzentration vorliegt, wobei die durchschnittliche Nennbeanspruchung des Bauteiles in der Regel relativ gering ist und weit unterhalb der Streckgrenze liegt.

3.4.2 Ermüdung

3.4.2.1 Verfestigung

Wird eine weichgeglühte Probe aus einem kubisch-flächenzentrierten Metall wechselnd beansprucht, so stellt man bei einem anschließenden Zugversuch fest, daß sich die Streckgrenze $R_{p0,2}$ und die Zugfestigkeit R_m erhöht haben

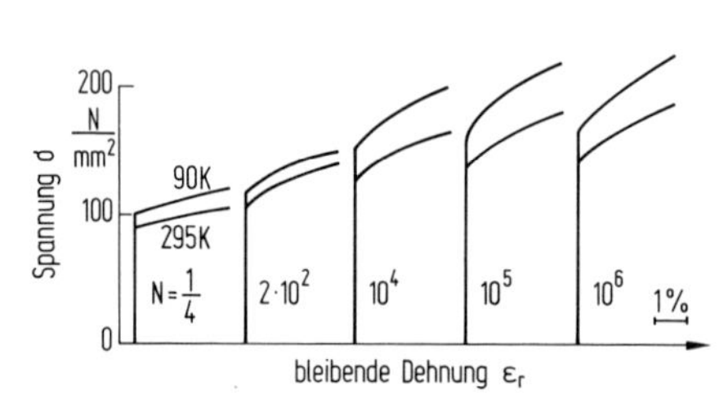

Bild 3–53: Spannungs-Verformungsverhalten von Kupfer nach einer Wechselverformung bei den Temperaturen 90 und 295 K [14]. N = Schwingspiele

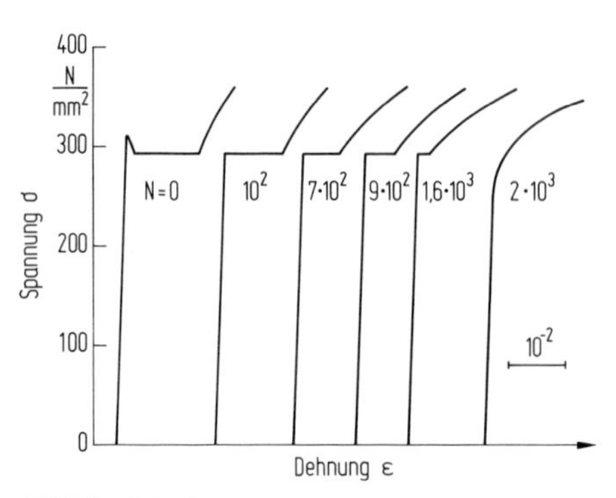

Bild 3–54: Spannungs-Verformungs-Verhalten einer Eisen-Kohlenstofflegierung nach einer Wechselvorverformung [15]. N = Schwingspiele

(Bild 3–53). Bei kubisch-raumzentrierten Stählen sind die Verhältnisse insofern etwas unübersichtlicher, weil vor Erhöhung der Festigkeitswerte die ausgeprägte Streckgrenze (Fließgrenze) abgebaut werden muß (Bild 3–54).

Eine Erhöhung der mechanischen Festigkeit wird auch bei zügiger Belastung beobachtet und als Verfestigung bezeichnet. Analog nennt man die Verfestigung aufgrund wechselnder Belastung Wechselverfestigung; man kann sie als indirekten makroskopischen Beweis für plastische Verformung bei schwingender Beanspruchung unterhalb der Streckgrenze ansehen.

An den Oberflächen wechselverformter Proben treten bereits während der ersten Schwingspiele Gleitbänder auf, die mit dem Lichtmikroskop erkennbar sind (Bild 3–55); diese Erscheinung tritt unabhängig vom Werkstoff nahezu

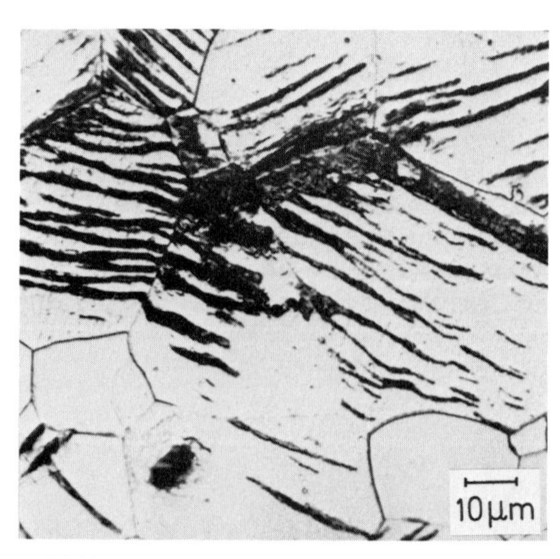

Bild 3–55: Bildung von Gleitbändern in der Oberfläche einer biegewechselbeanspruchten Probe aus weichem Stahl [8]

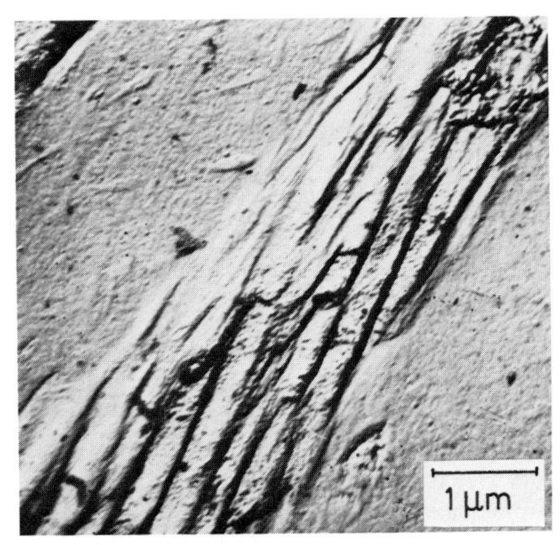

Bild 3–56: Gleitlinien innerhalb des Gleitbandes entlang der Gleitebenen bei einer biegewechselbeanspruchten Probe aus weichem Stahl [8]

immer auf. Bei starker Vergrößerung erkennt man innerhalb der Gleitbänder Gleitlinien, die entlang den Gleitebenen der Kristallite verlaufen (Bild 3–56).

Durch Beschichten der Oberflächen der Probe mit spannungsoptisch aktivem Material kann die plastische Verformung bei wechselnder Beanspruchung nachgewiesen werden.

Zur quantitativen Untersuchung der Wechselverfestigung wendet man meist den Hystereseversuch an. Dabei läßt man normalerweise eine konstante, vorgegebene Dehnungsamplitude auf eine Probe einwirken und mißt die zur Verformung benötigte Spannung. Da bekannt ist, daß plastische Verformung die Ursache der Verfestigung sowie des Dauerbruches ist und der Betrag der plasti-

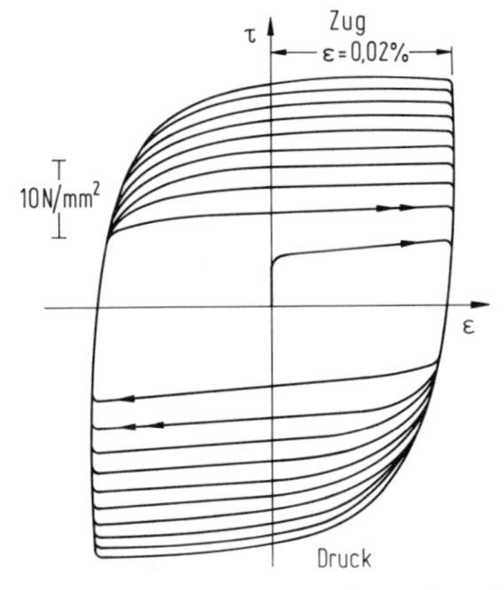

Bild 3–57: Spannungs-Dehnungs-Verhalten von Kupfer während der ersten 10 Beanspruchungswechsel [16]. T = 200 K

schen Wechselverformung den Bruchvorgang nicht prinzipiell verändert, führt man Hystereseuntersuchungen meistens mit makroskopisch plastischen Dehnungsamplituden durch, um die Versuchszeit abzukürzen und eine vorteilhafte Übersichtlichkeit der Meßschriebe zu erreichen (Bild 3–57). Die Spannung nimmt bei konstanter Dehnung asymptotisch bis zu einem Sättigungswert zu; im Bereich der Sättigung ist die Hystereseschleife näherungsweise geschlossen.

3.4.2.2 Entfestigung

Verwendet man statt weichgeglühtem stark verfestigtes Material, so wird bei einer Hystereseuntersuchung der umgekehrte Effekt beobachtet. Bei konstanter Dehnungsamplitude fällt die zur Verformung benötigte Spannung asymptotisch auf einen konstanten Sättigungswert ab. Werden die Hystereseuntersuchungen mit konstanter Spannungsamplitude durchgeführt, so verringert sich bei Verfestigung die Dehnung, während sich diese bei Entfestigung erhöht. Bild 3–58 zeigt schematisch die Vorgänge der Verfestigung und Entfestigung bei Hystereseversuchen mit konstanter Spannungs- bzw. Dehnungsamplitude. Bei reinen Metallen wird der jeweilige Sättigungswert bis zum Bruchbeginn beibehalten. Beide Vorgänge können sich bei Legierungen, insbesondere bei ausscheidungsgehärteten Werkstoffen, durch Änderung des Mikrogefüges überlagern (Bild 3–59).

Bevor der Sättigungsbereich der Wechselverfestigungskurve reiner Metalle erreicht wird, tritt eine Änderung in der Versetzungsstruktur ein. Kaltverfestigtes Material entwickelt ebenso wie weichgeglühtes im Sättigungsbereich die gleiche Versetzungsstruktur.

Bei Legierungen sind die Verhältnisse komplexer. Die Zellbildung ist erschwert; es treten auch bei höheren Amplituden vorzugsweise Versetzungsstränge auf,

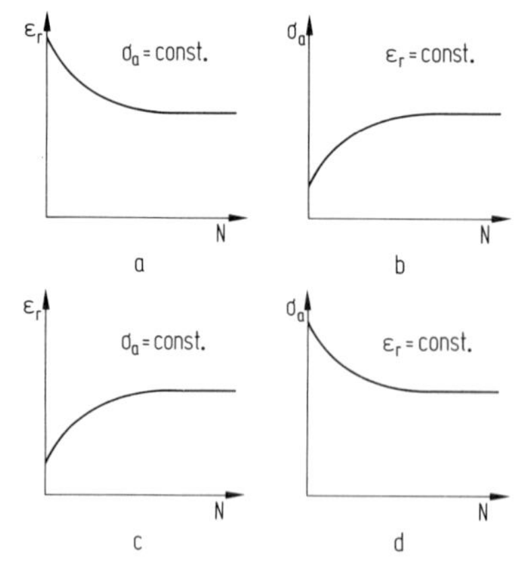

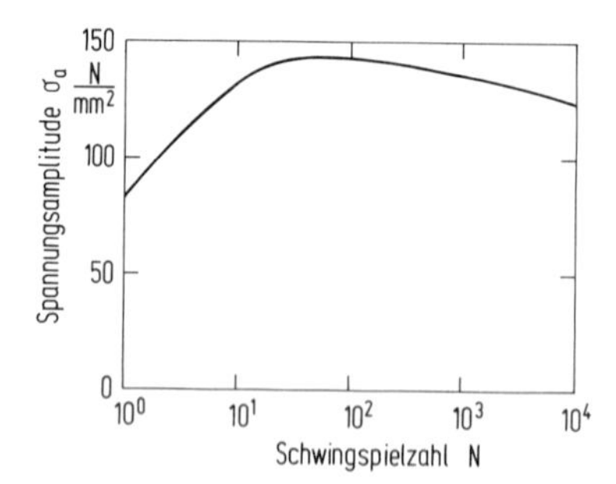

Bild 3–59: Verfestigung und Entfestigung mit konstanter Gesamtdehnungsamplitude bei einer Al-Cu-Legierung [16]

Bild 3–58: Spannungs- und Dehnungsamplitude in Abhängigkeit von der Schwingspielzahl [10] a) Verfestigung bei konstanter Spannungsamplitude; b) Verfestigung bei konstanter plastischer Dehnungsamplitude; c) Entfestigung bei konstanter Spannungsamplitude; d) Entfestigung bei konstanter plastischer Dehnungsamplitude

die teilweise entlang bestimmter kristallographischer Richtungen angeordnet sind. Bei kleinen Amplituden ist die Versetzungsverteilung dagegen regellos oder bandartig.

In Legierungen, deren hohe mechanische Festigkeit auf einer feinverteilten zweiten Phase beruht, wie das bei ausscheidungsgehärteten Werkstoffen, z. B. Al-Legierungen, der Fall ist, kann die während der Wechselbeanspruchung auftretende Versetzungswanderung eine Entfestigung durch den in Bild 3–60

Bild 3–60: Durchschneidung von Ausscheidungen durch Versetzungen [17] a) schematisch; b) Al-Atome in einem geschnittenen N_3Al-Teilchen

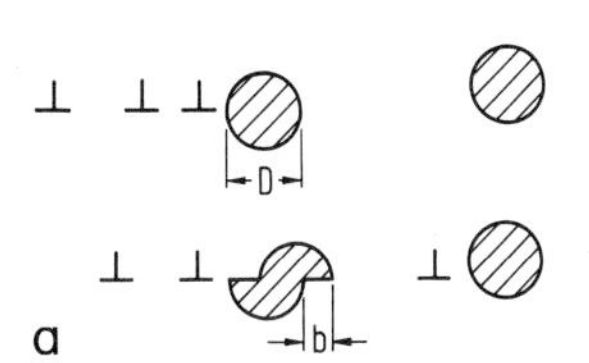

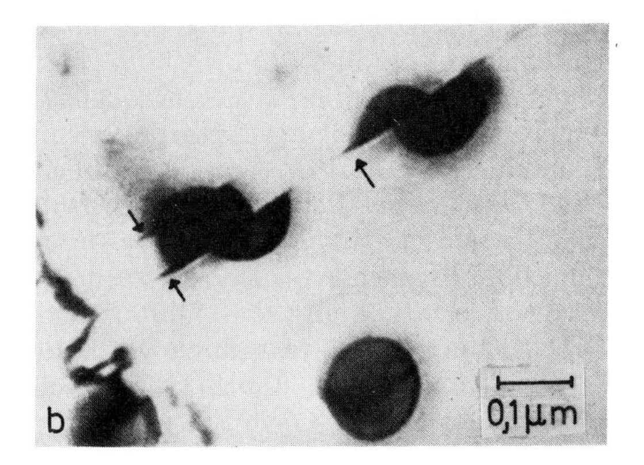

dargestellten Vorgang bewirken. Stauen sich die Versetzungen vor einer Ausscheidung, so kann die Schubspannung an der Spitze des Aufstaues so groß werden, daß das Teilchen (Durchmesser D) die weitere Versetzungsbewegung nicht mehr aufhalten kann und von der Versetzung geschnitten wird. Dabei verschiebt sich der obere Teil des geschnittenen Partikels um einen Burgersvektor b, und der in der Gleitebene wirksame Teilchenquerschnitt wird kleiner. Dadurch wird die Bewegung der nachfolgenden Versetzung weniger behindert, der nächste Schneidprozeß kann unter geringerer Spannung erfolgen. Ist die Ausscheidung in der Gleitebene vollkommen geschnitten worden, liegt keine Behinderung der Versetzungsbewegung mehr vor. Mit der Anzahl der geschnittenen Ausscheidungen vermindert sich die Festigkeit des Werkstoffes.

Manchmal werden Ausscheidungen in mehreren parallelen Ebenen geschnitten, wobei sehr kleine Teilchen entstehen können. Nach Überschreiten einer Mindestgröße lösen sich die Bruchstücke in der Matrix vollständig auf. Diese Auflösung von Ausscheidungen erfolgt nicht gleichmäßig im Gefüge, sondern in Bändern, in denen dann bevorzugt die weitere Abgleitung erfolgt. Auf derartige Schneid- und Auflösungsprozesse ist vielfach die Entfestigung bei Wechselbeanspruchung hochfester, ausscheidungsgehärteter Legierungen zurückzuführen (vgl. Bild 3–58).

3.4.2.3 Ermüdungsgleitbänder; Extrusionen, Intrusionen

Während der Wechselverformung entstehen auf der polierten Oberfläche einer wechselnd beanspruchten Probe infolge von Versetzungswanderungen feinst ausgebildete Linien, sogenannte Gleitlinien. Die Entstehung der Gleitlinien

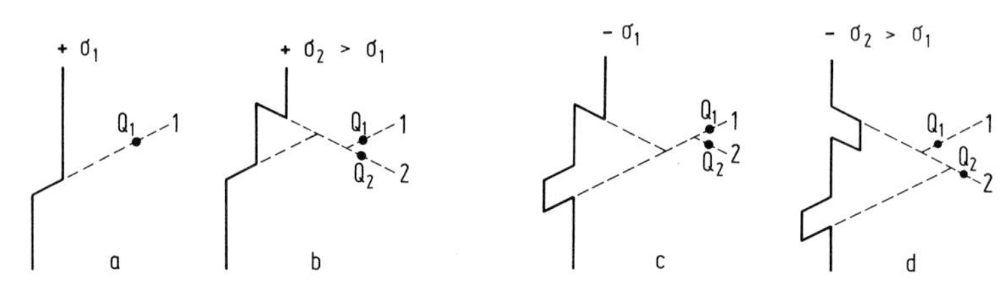

Bild 3–61: Bildung von Extrusion und Intrusion [18]

während der Wechselbeanspruchung durch irreversible Abgleitungen kann man sich entsprechend Bild 3–61 wie folgt vorstellen. Wird z. B. durch Zugbeanspruchung σ_1 zunächst die Versetzungsquelle Q_1 der Gleitebene 1 betätigt, so führt die Versetzungsbewegung zu einer Gleitstufe auf der Oberfläche (a). Bei höheren Spannungen σ_2 wird die Versetzungsquelle Q_2 der Gleitebene 2 betätigt, wodurch eine zweite Gleitstufe entsteht. Dabei wird die Gleitebene 1 entlang der Schnittkante mit der Gleitebene Q_1 versetzt (b). In der Druckphase $-\sigma_1$ tritt zunächst, ausgehend von der Versetzungsquelle Q_1, eine Abgleitung in entgegengesetzter Richtung auf; dies führt zu einer Erhebung (c). Durch die höhere Druckspannung $-\sigma_2$ tritt durch Betätigung der Quelle Q_2 eine Vertiefung auf (d). Gleitstufen und Gleitlinien können sich nur dann bilden, wenn bei Druckbeanspruchung andere Gleitebenen betätigt werden als bei Zugbeanspruchung.

Im Verlauf der Wechselverfestigung bilden sich zunächst nur einzelne Gleitlinien, von denen sich einige im Bereich der Sättigung immer mehr verbreitern. Man nennt die so entstehenden, einige µm breiten, bandartigen Bereiche, in denen die plastischen Dehnungen nach Erreichen der Sättigung vorwiegend ablaufen, Ermüdungsgleitbänder.

Schneidet man eine Oberfläche mit Ermüdungsgleitbändern mittels eines Schrägschnittes an, so kann man bei genügend hohen Vergrößerungen das Profil der Gleitbänder an der Oberfläche erkennen. Meist beobachtet man dabei Erhebungen und Vertiefungen, seltener nur Erhebungen. Besonders stark ausgeprägte Erhebungen und Vertiefungen nennt man Extrusionen bzw. Intrusionen (Bild 3–62). Derartige Gleitbänder treten bevorzugt an Zwillingsgrenzen

10 µm

Bild 3–62: Extrusions- und Intrusionsausbildung im Schrägschnitt [19]

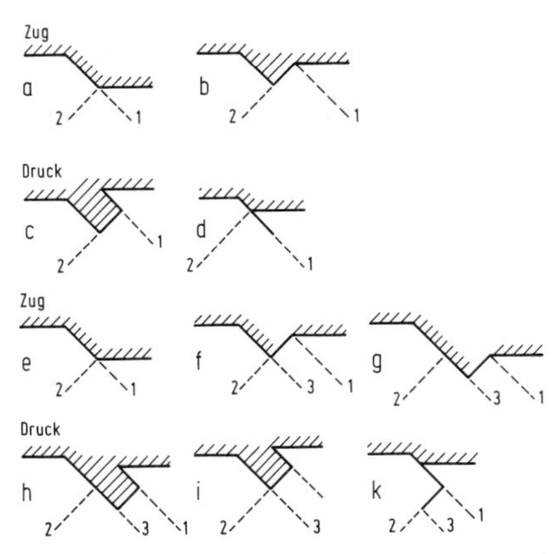

Bild 3–66: Modell zur Rißbildung in einem wechselverformten Kupfereinkristall [23]

meisten Materialien nicht möglich, weil die Beweglichkeit der Atome unterhalb von ca. 0,5 T_S zu gering ist, um eine nennenswerte Volumendiffusion zu ermöglichen. Demnach kann die *Wood*'sche Hypothese einen Anriß nur bei hohen Temperaturen erklären.

Die hypothetische Betrachtung von *Neumann* [24] geht davon aus, daß

- an großen Stufen des Ermüdungsgleitbandes eine Spannungskonzentration vorliegt
- sich auf einer frisch gebildeten Gleitstufe sehr rasch Fremdatome, z. B. Sauerstoff, anlagern und folglich bei der Rückgleitung Oberflächen zusammentreffen, die nicht exakt zusammenpassen.

Während der Wechselverformung wird nach Bild 3–66 zunächst die Gleitebene 1 (a) betätigt, wodurch eine Gleitstufe entsteht. Ist diese genügend groß, so führt die dort vorliegende Spannungskonzentration bei der maximal auftretenden

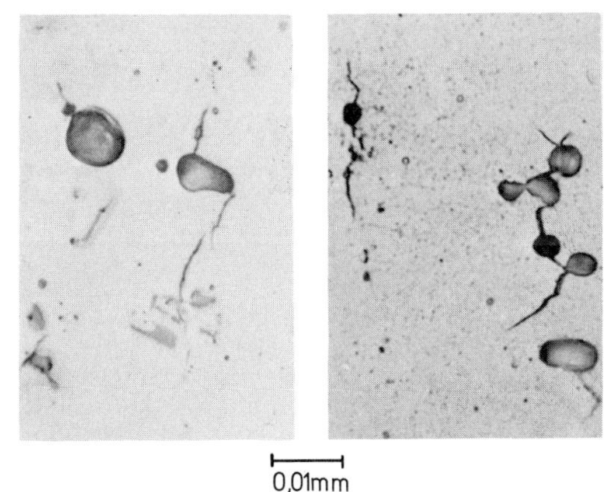

Bild 3–67: Rißbildung von Einschlüssen in Aluminiumlegierungen [24]. a) AlMgSi; b) AlZnMgCu

Zugspannung zu einer Betätigung der Gleitstufe 2 (b). In der anschließenden Druckphase werden die Gleitstufen 1 und dann 2 angeregt (c). Die zugehörigen Flächen passen jetzt nicht mehr exakt aufeinander (d). Dadurch wird in der folgenden Zugphase der Zustand (e) früher erreicht als vorher der Zustand (b). Das hat zur Folge, daß eine weitere Gleitebene 3 betätigt wird, die parallel zu 1 liegt (f und g). Die weiteren Gleitvorgänge (h und i) führen schließlich zu dem Riß (k). Ein derartiger Mechanismus scheint tatsächlich wirksam zu sein; wahrscheinlich kommt ihm aber bei der Ausbreitung des Risses größere Bedeutung zu als bei der Entstehung des Anrisses.

In technischen Legierungen, insbesondere in Legierungen mit Ausscheidungen und Einschlüssen, können sich Ermüdungsbrüche auch durch andere Einflußgrößen ausbilden, wie z. B. durch Korngrenzenrisse, Spannungskonzentration an Tripelpunkten, Gleitbandrisse an weichen Stellen infolge Auflösung von Ausscheidungen, Wechselverformung, Rißbildung an Poren der Ausscheidungen.

In Bild 3–67 sind beispielsweise Anrisse zu erkennen, die von Einschlüssen oder Ausscheidungen ausgehen. An diesen Stellen findet ein derartiger Aufstau von Versetzungen statt, daß das Gitter, ähnlich wie beim Trennbruch, unterhalb der Gleitlinien entlang bestimmter kristallographischer Ebenen, den Spaltebenen, aufgerissen wird. Ausscheidungsfreie Korngrenzen begünstigen ebenfalls den Abgleitvorgang und damit die Anrißentstehung (Bild 3–68).

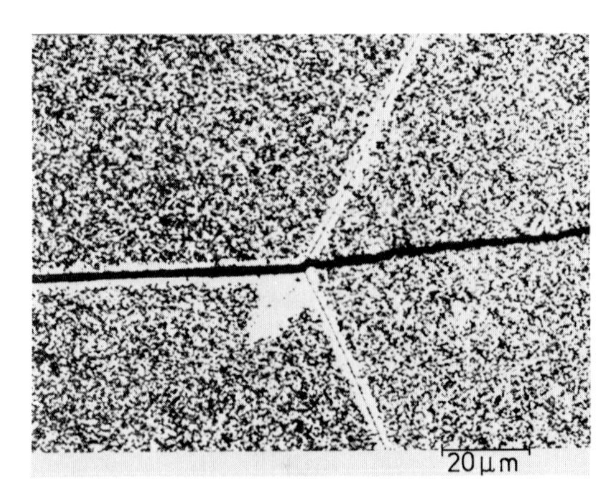

Bild 3–68: Rißbildung durch Verformung in ausscheidungsfreien Korngrenzenbereichen [25]

3.4.2.5 Rißausbreitung

Mikrorisse, die sich im ersten Stadium je nach Werkstoff entweder in Richtung der Intrusion verlängern oder von einer Vertiefung ausgehen, verlaufen entlang bevorzugter Gleitebenen (Bild 3–69). Bei Erreichen eines Hindernisses, z. B. einer Korngrenze, ändern die Risse ihre Ausbreitungsrichtung und verlaufen senkrecht zur größten Normalspannung, Stadium II. Das Stadium I nimmt den größten Teil der Lebensdauer in Anspruch und wird entscheidend durch den

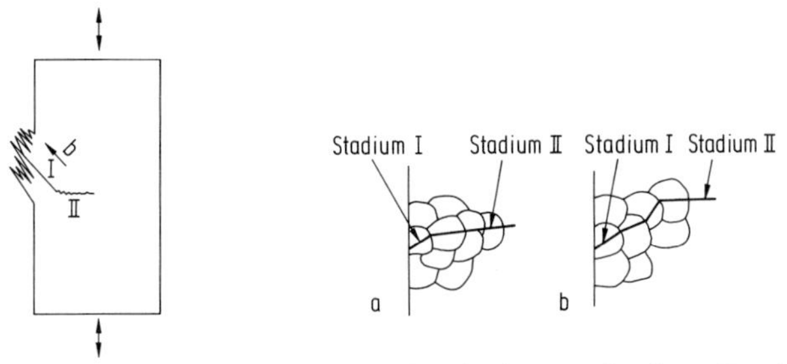

Bild 3–69: Rißentstehung – Stadium I – und Rißausbreitung – Stadium II – bei Schwingbeanspruchung
a) Stadium I verläuft bis zur ersten Korngrenze; b) Stadium I durchdringt mehrere Korngrenzen

Spannungszustand beeinflußt. Hohe Zugspannungen sind in der Lage, den Rißverlauf in Gleitbändern vollständig zu unterdrücken, während geringe Spannungen, vor allem Torsionsspannungen, bewirken können, daß der Riß bis zum Bruch ausschließlich in Ermüdungsgleitbändern verläuft.

Die Rißausbreitung im Stadium I ist wegen der geringen Abmessungen des Risses sehr stark von örtlichen Gefügeinhomogenitäten abhängig (Konzentrationsschwankungen, Einschlüsse ...), wodurch in der Regel eine beachtliche Schwankung der Lebensdauer verursacht wird.

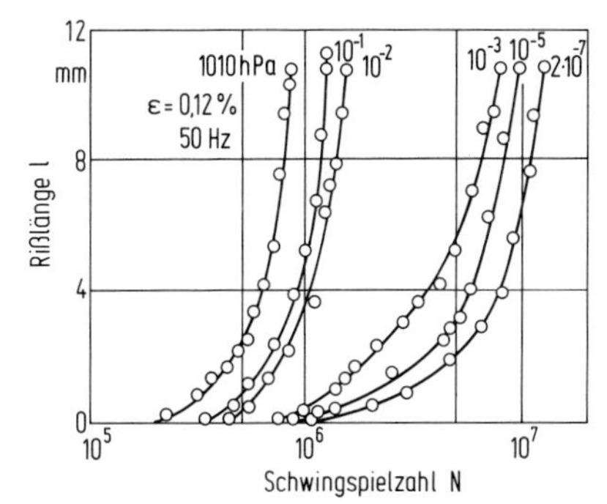

Bild 3–70: Beeinflussung des Rißwachstums bei reinem Aluminium durch den Umgebungsdruck [27]

Eine Vorstellung zur Rißausbreitung im Stadium I und II geht u. a. davon aus, daß absorbierte Gasmoleküle auf den jeweils frisch geschaffenen Gleitstufen ein Zurückgleiten im darauffolgenden Lastzyklus verhindern. Versuche im Vakuum zeigen, daß die Rißausbreitungsgeschwindigkeit tatsächlich stark vom Umgebungsdruck abhängt (Bild 3–70); die meisten metallischen Werkstoffe haben in genügend hohem Vakuum eine um ungefähr das Zehnfache höhere Lebensdauer bei wechselnder Beanspruchung als in normaler Atmosphäre. Vermutlich übt der Luftsauerstoff den entscheidenden Einfluß auf die Rißausbreitung, zumindest bei den meisten Metallen, aus.

Kennzeichnend für die Rißausbreitung im Stadium II ist, mikroskopisch betrachtet, die Feinstruktur der Bruchfläche, die dadurch gekennzeichnet ist, daß

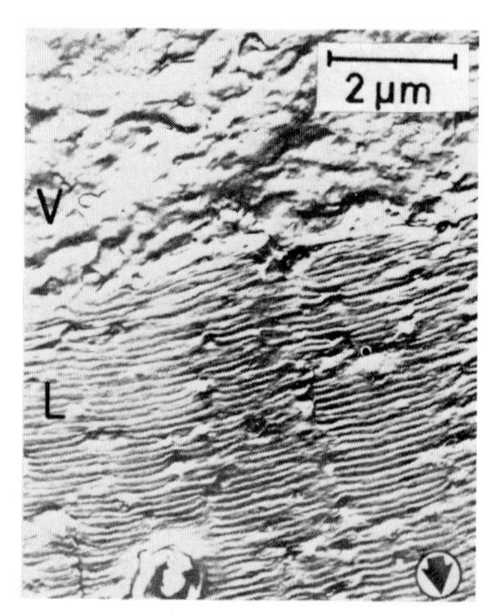

Bild 3–71: Schwingbruchfläche einer AlCuMg2-Legierung erzeugt im Vakuum V und in Normalatmosphäre L [28] (Pfeil: Rißausbreitung)

in der Ermüdungsbruchfläche charakteristische Riefen vorliegen (Bild 3–71). Die Bruchflächentopographie wird von der Umgebung ebenfalls beeinflußt; entsteht der Bruch im Vakuum, so treten derartige Riefen nicht auf.

Versuche, die Vorgänge bei der Rißausbreitung anhand von Modellen zu erklären, führten insgesamt zu der Vorstellung, daß die Ausbreitung des Anrisses auf irreversiblen, durch plastische Verformung bedingten Vorgängen basiert. Dabei sind folgende Vorstellungen möglich:

- geometrisch bedingte Ausbreitung als Folge der plastischen Verformung an der Rißspitze
- Rißausbreitung als Folge der Werkstoffschädigung
- Rißausbreitung als Folge atmosphärischer Einflüsse.

Im Rahmen dieser Abhandlung soll lediglich der Vollständigkeit halber ein Modell erwähnt werden, welches als „nicht-kristallographisches Rißmodell" bekanntgeworden ist (Bild 3–72). Zunächst wird in der Zugphase durch plastische Verformung die Rißspitze aufgeweitet (b) und abgestumpft (c); damit tritt

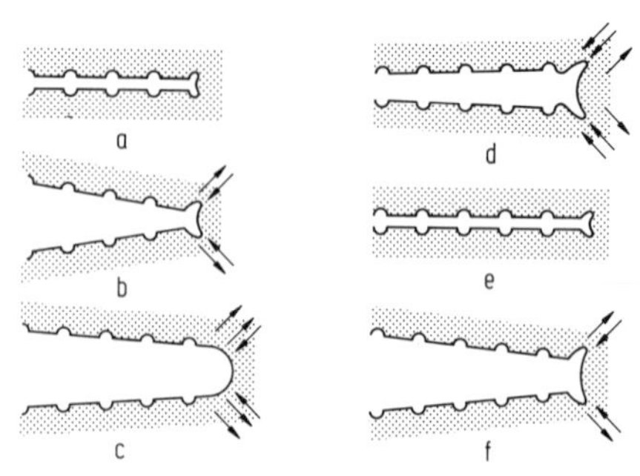

Bild 3–72: Modell der Rißausbreitung in duktilen Werkstoffen [29]

gleichzeitig eine Verlängerung des Risses ein. In der folgenden Druckphase führt die plastische Verformung unter Beibehaltung der Verlängerung wieder zu einer Verschärfung der Rißspitze. Diese Modellvorstellung trifft zu im Stadium II, wo der Riß sich unmittelbar unter dem Einfluß von Zugspannungen ausdehnt. In diesem Stadium bilden sich auf der Bruchfläche örtlich quer zur Ausbreitungsrichtung verlaufende Bruchriefen ab, die je durch einen Lastwechsel erzeugt werden (Bild 3–73 und 3–74). Im vielkristallinen Werkstoff wird die Bruch-

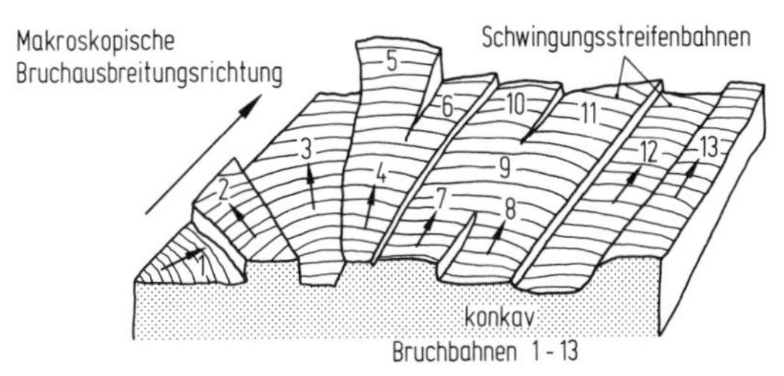

Bild 3–73: Schwingungsstreifenbahnen (schematisch) [12]

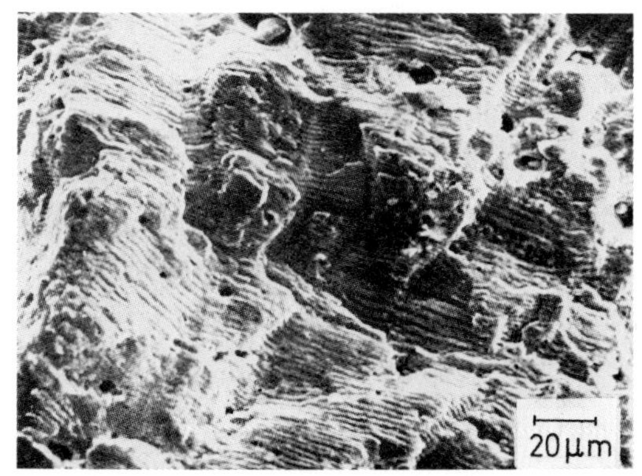

Bild 3–74: Schwingungsbruchfläche eines CrNi 18/8-Stahles mit Schwingungsstreifen bei Zugschwellbeanspruchung [12]

front durch Störstellen getrennt. Im weiteren Verlauf der Rißausbreitung wird schließlich der verbleibende Restquerschnitt, wenn die maximal ertragbare Belastung erreicht wird, als Gewaltbruch versagen; dieser Bruchanteil wird als Restbruch bezeichnet. Da sich der Riß vor dem Gewaltbruch schrittweise mit jedem Lastwechsel ausbreitet, bietet sich hierdurch die Möglichkeit, die Rißausbreitungsgeschwindigkeit zu ermitteln. Diese Größe ist besonders für den Leichtbau von besonderer Bedeutung, weil, wenn sie bekannt ist, aus Gründen der Gewichtsersparnis örtlich begrenzte Anrisse über eine bestimmte Betriebszeit zugelassen werden können; dabei darf das Bauteil als Ganzes jedoch nicht versagen. Diese Bemessungsvorgehensweise ist als „Fail-safe"-Bauweise bekannt.

Die Anwendung dieser Methode setzt voraus, daß die gefährdeten Bauteile regelmäßig überprüft werden (Inspektion), daß die Beschädigung im Anfangsstadium erkannt wird und daß das Bauteil während der Zeitspanne der Rißausbreitung ausgewechselt wird. Außerdem muß gewährleistet sein, daß im Falle des Bruches eines Bauteiles die Funktion dieses Teiles durch ein anderes Bauteil solange übernommen wird, bis die Instandsetzung erfolgt ist.

Zur Untersuchung des Werkstoffverhaltens bei der Rißausbreitung hat man eine spezielle Versuchstechnik entwickelt. Hierzu werden Blechstreifen als Proben verwendet, die mit einer zentralen Vorkerbe versehen sind, um einen definierten Ort für den Rißbeginn zu gewährleisten. Bild 3–75 zeigt einige bisher verwendete Probengeometrien; man erkennt, daß die Breite der untersuchten Blechstreifen beträchtliche Abmessungen erreichen kann. Dies ist erforderlich,

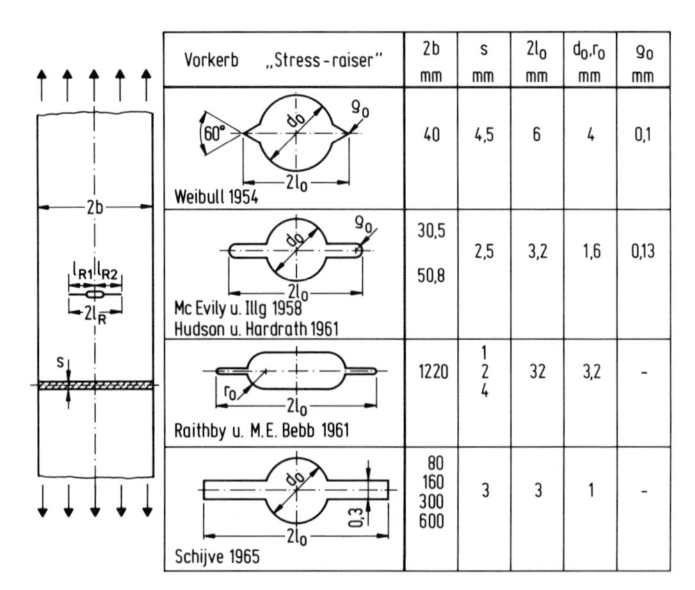

Vorkerb „Stress-raiser"	2b mm	s mm	$2l_0$ mm	d_0,r_0 mm	g_0 mm
Weibull 1954	40	4,5	6	4	0,1
Mc Evily u. Illg 1958 Hudson u. Hardrath 1961	30,5 50,8	2,5	3,2	1,6	0,13
Raithby u. M.E. Bebb 1961	1220	1 2 4	32	3,2	-
Schijve 1965	80 160 300 600	3	3	1	-

Bild 3–75: Ausbildung der Proben zur Ermittlung des Rißausbreitungsverhaltens [30]

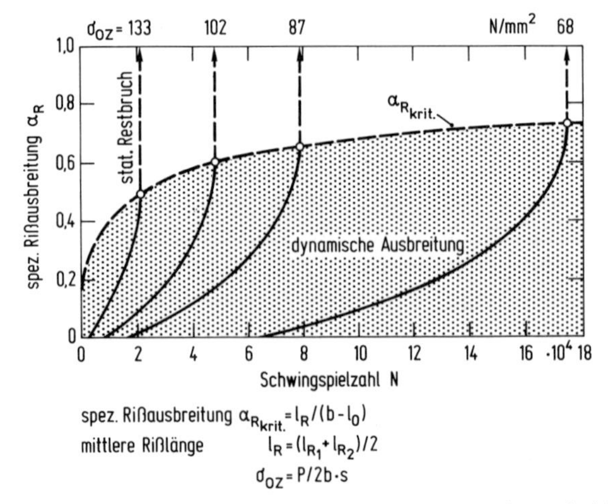

Bild 3–76: Rißausbreitung bei axialer Zugschwellbeanspruchung (schematisch) [31]

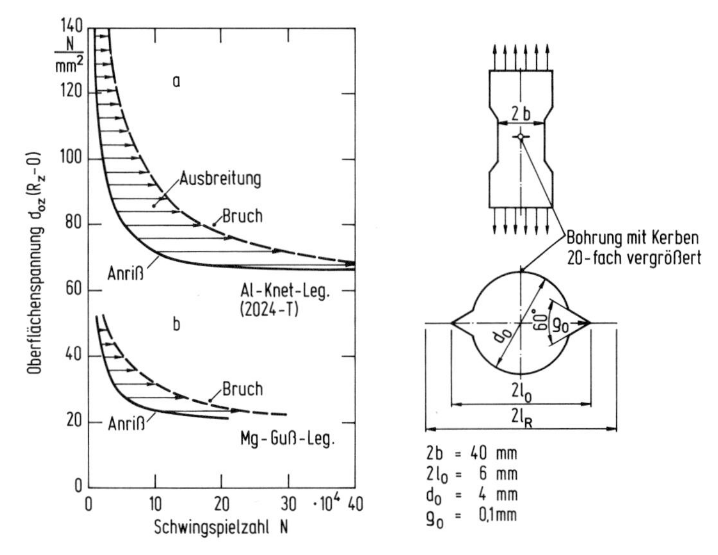

Bild 3–77: Werkstoffabhängigkeit von Anriß, Rißausbreitung und Bruch bei Zugschwellbeanspruchung [31]. a) Al-Knetlegierung; b) Mg-Gußlegierung

um die bei der Berechnung des Spannungsfeldes an der Rißspitze notwendige Voraussetzung zu erfüllen, daß die Rißlänge klein gegenüber der Probenbreite ist. Die Proben werden auf dynamischen Prüfmaschinen einer sinusförmig schwingenden Belastung mit vorgegebener Mittelspannung unterworfen. Mit Hilfe von Meßeinrichtungen, z. B. Meßmikroskopen, wird die Rißlänge in Abhängigkeit von der Lastspielzahl registriert (Bild 3–76). Bei Erreichen eines kritischen Wertes tritt der Restbruch auf. In der Regel wird jedoch die Darstellung entsprechend Bild 3–77 vorgenommen.

Die Geschwindigkeit der Rißausbreitung wird erheblich von den an der Rißspitze wirksamen Spannungen beeinflußt. Diese effektiven Spannungen werden durch den Spannungsintensitätsfaktor K ausgedrückt. Für wechselnde Beanspruchung mit konstanter Mittelspannung und konstanter Amplitude ist dieser Faktor definiert als

$$K = \sigma_a \cdot \sqrt{\pi \cdot l_R} \cdot c \tag{3.3}$$

K Spannungsintensitätsfaktor
σ_a Schwingbreite der ($2\sigma_a$) Spannung bezogen auf den ungestörten Probenquerschnitt
$2l_R$ Länge der Risse von Spitze zu Spitze
c Korrekturfaktor zur Erfassung des Einflusses der Probengeometrie, wenn die Rißlänge nicht mehr klein gegenüber der Probenbreite ist; häufig kann c, zumindest näherungsweise ausgedrückt werden durch

$$c = \sqrt{\frac{1}{1 - \left(\frac{l_R}{b}\right)^2}} \tag{3.4}$$

2b: Probenbreite

Demnach kann K während der Beanspruchung nur durch Vergrößerung der Rißlänge zunehmen. Der Bruch tritt ein, wenn der Spannungsintensitätsfaktor $K_{max} = K_C$ ist, oder wenn im Restquerschnitt die Grenzspannung erreicht wird. Die Rißausbreitung ist grundsätzlich definiert [32, 33] durch:

$$\frac{dl}{dN} = C \cdot \Delta K^m \tag{3.5}$$

C, m werkstoffabhängige Konstanten (Werkstoffzustand)

ΔK Schwingbreite des zyklischen Spannungsintensitätsfaktors, in der die Spannung σ_a enthalten ist

Zur Darstellung des Werkstoffverhaltens hinsichtlich der Rißausbreitung wird die Abhängigkeit der Rißgeschwindigkeit dl/dN von der Änderung des Spannungsintensitätsfaktors ΔK gewählt (Bild 3–78).

Die Rißausbreitungsgeschwindigkeit ist, außer vom Spannungsverhältnis, von weiteren Einflußgrößen abhängig, wie z. B. vom Werkstoff (Elastizitätsmodul,

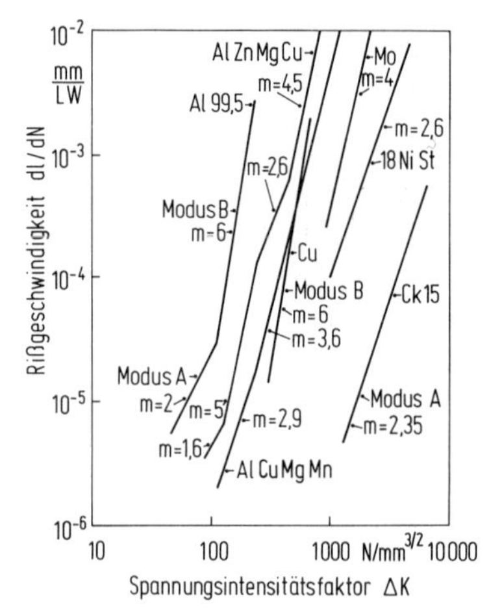

Bild 3–78: Rißgeschwindigkeit verschiedener Werkstoffe in Abhängigkeit von dem Spannungsintensitätsfaktor ΔK [32, 33]

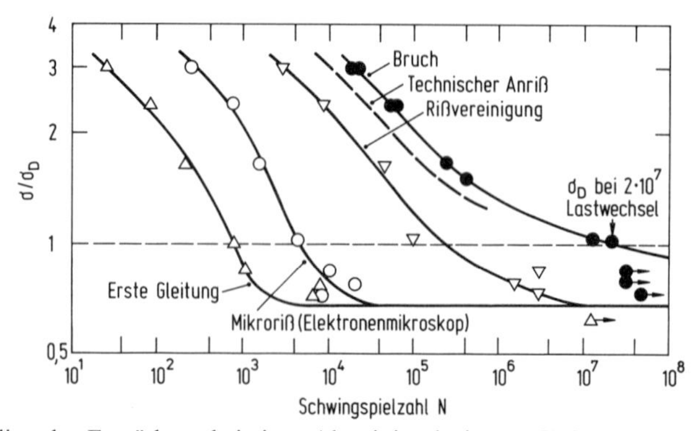

Bild 3–79: Stadien der Ermüdung bei einer Aluminiumlegierung [34]

Werkstoffstruktur, Korngrenzen, Korngröße, Werkstoffanisotropie), von der geometrischen Ausbildung (Probendicke), von der Atmosphäre, von der Beanspruchung (einstufig, unregelmäßig), von der Lastfrequenz und der Temperatur. Von den gesamten Werkstoffeinflußgrößen hat der Elastizitätsmodul die größte Auswirkung.

Die Größenordnungen, um die sich ein Riß mit jedem Lastwechsel ausbreitet, liegen bei 3 nm pro Lastwechsel unmittelbar nach Entstehung des Anrisses und bei 10^5 nm (= 0,1 mm) und mehr pro Lastwechsel kurz vor Eintreten des Restbruches.

Eine zusammenfassende Darstellung der bei der Entstehung eines Schwingungsrisses maßgeblichen Vorgänge vermittelt Bild 3–79.

Bild 3–80: Ausbildung von Schwingungsstreifen in unlegiertem Stahl bei Zug-Druck-Wechselbeanspruchung [8]

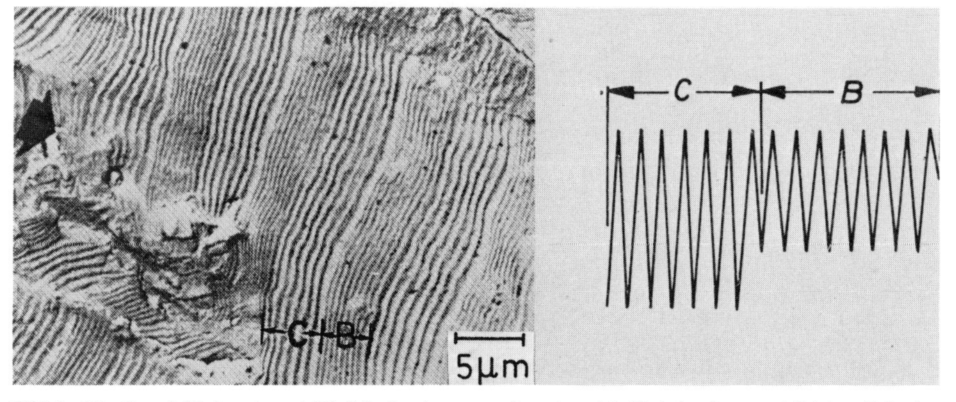

Bild 3–81: Bruchfläche einer AlCuMg-Legierung mit unterschiedlich breit ausgebildeten Schwingungsstreifen durch unterschiedliche Spannungsausschläge [35]

3.4.2.6 Mikroskopische Bruchausbildung

Ein charakteristisches Kennzeichen für Schwingungsbruchflächen sind die im Elektronenmikroskop erkennbaren Schwingungsstreifen, die senkrecht zur Rißausbreitungsrichtung verlaufen (Bild 3–80); jeder Schwingungsstreifen wird während eines Lastspieles erzeugt. Durch Änderung des Spannungsausschlages, wie das bei Mehrstufenversuchen der Fall ist, entsteht eine unterschiedlich breite Streifung (Bild 3–81).

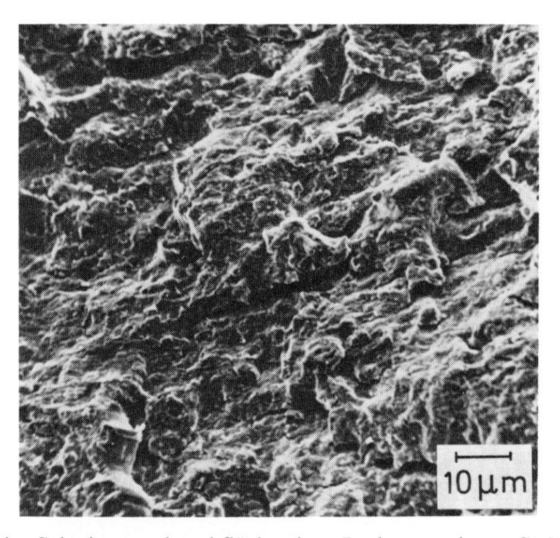

Bild 3–82: Risse in der Schwingungsbruchfläche einer Probe aus einem Cr-Mo-Va-Stahl [8]

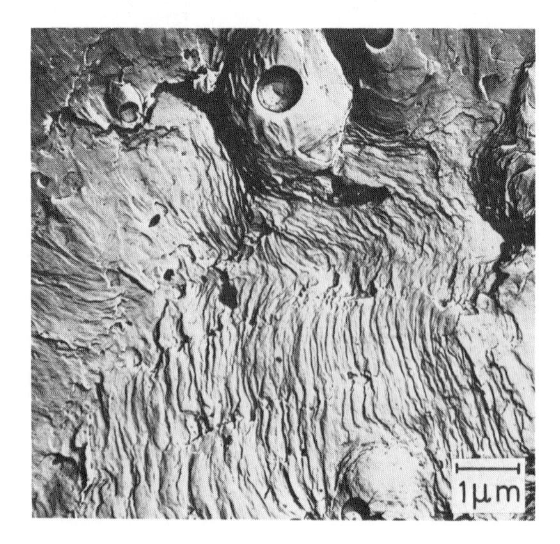

Bild 3–83: Schwingungsbruchfläche (Umlaufbiegung) eines nichtrostenden Stahles mit Anrissen in Form von Werten, die die Einschlüsse umgeben [8]

Ein weiteres typisches Merkmal für Bruchflächen von Schwingungsbrüchen ist das Auftreten von zahlreichen, parallel zur Ausbreitungsrichtung der Trennung angeordneten Rissen, die umso zahlreicher auftreten, je größer die Entfernung von der Rißausgangsstelle ist (Bild 3–82). Mit steigender Belastung treten in örtlich begrenzten Bereichen in zunehmendem Maße die für den Verformungsbruch charakteristischen Waben auf (Bild 3–83); in Grenzfällen kann die gesamte Bruchfläche mit Waben bedeckt sein.

3.4.2.7 Makroskopische Bruchausbildung

Das makroskopische Aussehen von Schwingbrüchen ist meistens dadurch gekennzeichnet, daß die Bruchfläche aus zwei oder mehreren Bereichen besteht, die in der Oberflächenstruktur unterschiedlich sind (Bild 3–84). Die Struktur der eigentlichen Schwingbruchfläche zeigt ein mattes, samtartiges Aussehen, feinkörnig ausgebildet und meist eben verlaufend; der zweite Bereich, der Restbruch, weist eine Struktur auf, die der des Gewaltbruches entspricht.

Bild 3–84: Ausbildung der Schwingungsbruchfläche [13]
A = Anriß; D = Dauerbruch; G = Rest-(Gewalt-)Bruch; R = Rastlinien

Der Schwingbruch tritt im Gegensatz zum Gewaltbruch nicht spontan auf, sondern entwickelt sich je nach Beanspruchungshöhe über eine mehr oder minder große Zeitspanne. Normalerweise geht ein derartiger Bruch von der Oberfläche aus: bei geringer Überlast von einer einzigen Stelle, bei hoher Überlast dagegen häufig von mehreren Stellen gleichzeitig.

Konzentrisch zur Bruchausgangsstelle bilden sich häufig sogenannte Rastlinien, nicht zu verwechseln mit den Schwingungsstreifen (vgl. Bild 3–71 und 3–81), die ein charakteristisches makroskopisches Merkmal für den Schwingbruch sind. Sie entstehen dort, wo die Rißausbreitung unterbrochen wird. Dies kann eintreten durch Betriebspausen oder auch dadurch, daß die Betriebsbeanspruchung nicht ausreicht, eine Rißerweiterung zu bewirken. Das Vorhandensein oder Fehlen der Rastlinien, ihre Verteilung und Ausbildung ermöglichen Rückschlüsse über die vorgelegenen Belastungsverhältnisse sowie über die vorliegenden geometrischen Verhältnisse und über den Bauteiloberflächenzustand.

Mit der Ausdehnung des Schwingungsbruches nimmt der tragende Querschnitt ab, die wirksame Spannung sowie die Überbeanspruchung an der Rißspitze werden höher, und die Rißausbreitungsgeschwindigkeit steigt. Dadurch wird der Abstand der Rastlinien größer, wodurch eine Vergröberung der Bruchfläche entsteht. Die Größe der Schwingungsbruchfläche ist ein direktes Maß für die Höhe der wirksamen betrieblichen Nennspannung im Bruchquerschnitt; bei hoher Nennspannung ist der Restbruchanteil an der gesamten Bruchfläche

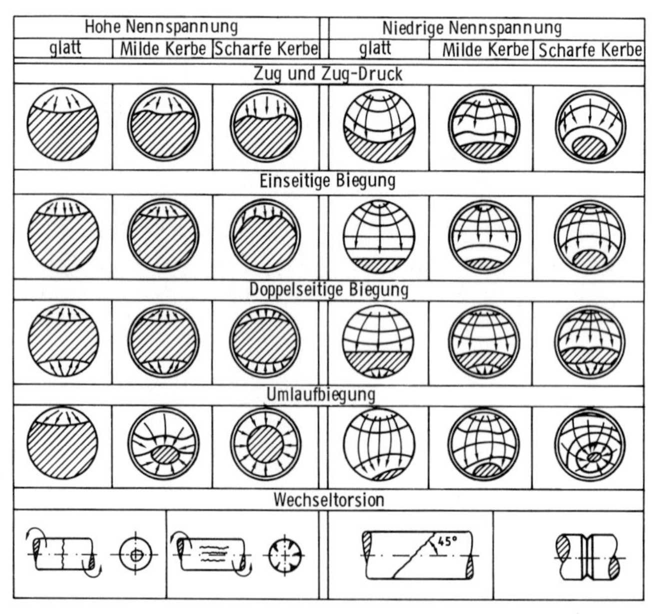

Bild 3–85: Schematische Darstellung von Dauerbruchformen bei unterschiedlicher Beanspruchung [36, 37]

groß, bei kleiner Nennspannung gering. Im letzteren Fall muß angenommen werden, daß an der Bruchausgangsstelle eine örtlich wirksame hohe Spannung vorgelegen hat, z. B. eine Kerbspannung. Unter dieser Bedingung ist die Rißausbreitungsgeschwindigkeit in der Regel gering, so daß eine glatte, ebene Schwingungsbruchfläche entsteht.

Die Bruchfläche läßt meistens die Stelle oder den Bereich des Anrisses oder des Bruchausganges erkennen. In der Regel ist es auch möglich, Art und Höhe der Beanspruchung sowie den Bruchverlauf abschätzen zu können. Bild 3–85 vermittelt einen systematischen Überblick über das makroskopische Aussehen von Dauerbruchflächen in Abhängigkeit von der Art und Höhe der Beanspruchung.

3.4.3 Schadensbeispiele

Schaden: Stampferkolben einer Schrottschere (Betriebszeit ca. sechs Monate)

Makroskopische Untersuchung: Die Bruchfläche zeigt einen Zugdauerbruch mit sehr kleiner Restbruchfläche (Bild 3–86). Demnach war die durchschnittliche Nennbeanspruchung nur sehr gering. Der Schwingungsbruch ist vom gesamten Umfang eines nahezu scharfkantig ausgebildeten Querschnittes ausgegangen.

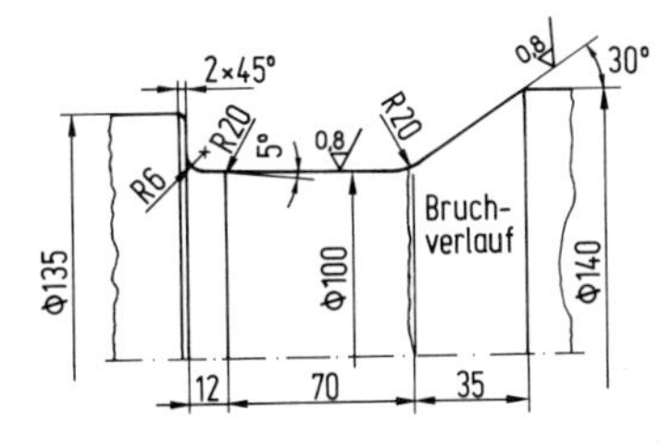

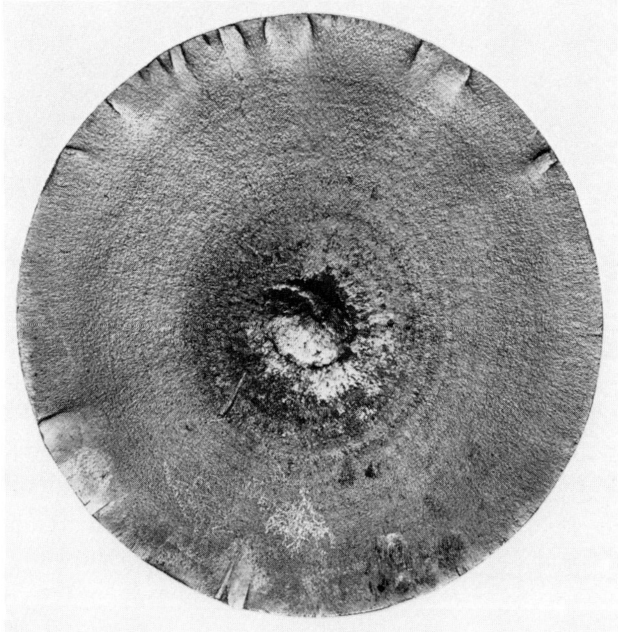

Bild 3–86: Bruchfläche im Querschnittsübergang des Stampferkolbens (d = 100/140 mm)

Mikroskopische Untersuchung: An der Stelle des Querschnittsüberganges ist eine Auftragsschweißung vorgenommen worden, die nicht fehlerfrei ausgeführt ist und nicht thermisch nachbehandelt wurde.

Primäre Schadensursache: Ungeeigneter Werkstoffzustand und fehlerhafte spanende Bearbeitung.

Schaden: Antriebswelle einer Gattersäge

Makroskopische Untersuchung: Der Bruch trat in dem Übergang Welle/Lagerzapfen auf. Auf dem Lagerzapfen befindet sich eine Büchse, die aufgeschrumpft wurde (Bild 3–87). Die Bruchfläche zeigt die Merkmale eines Schwingungsbruches; sie verläuft unter einem Winkel von etwa 22° zur Wellenachse. Der primäre Bruchausgang liegt an der mit B1 gekennzeichneten Stelle. Ein zweiter sekundär aufgetretener Schwingbruch ist von einer Bearbeitungsriefe in dem mit B2 gekennzeichneten Umfangsbereich ausgegangen und erstreckt sich über eine Tiefe von etwa 14 mm. Die feine Ausbildung und die dichte Folge der Rastlinien sowie der große Anteil der Dauerbruchflächen an der Gesamtbruchfläche lassen erkennen, daß die wirksame Nennbeanspruchung nicht hoch war.

Bild 3–87: Dauerbruch der Antriebswelle eines Gatters
B Büchse
B1 primärer Bruchausgang
B2 sekundärer Bruchausgang
R Restbruchfläche

Nach Auftrennen und Entfernen der Büchse wurde festgestellt, daß

- die Innenoberfläche der Büchse mit einem schwarzgefärbten Belag überzogen ist, der als Zunder identifiziert wurde
- zwischen Wellenzapfen und Büchseninnenoberfläche demnach eine Zunderschicht eingeschlossen war
- die Zapfenoberfläche ausgeprägte Bearbeitungsriefen aufweist
- die Oberfläche des Querschnittsüberganges zwischen Lagerzapfen und Welle (r = 2,5 mm) ebenfalls ausgeprägte Bearbeitungsriefen aufweist; von diesen Stellen gehen zahlreiche weitere Risse aus.

Folgerung: Die Lage des primären Anrisses, die Lage und der Verlauf der weiteren Anrisse, die Ausbildung der Dauerbruchfläche und der geringe Flächenanteil der Restbruchfläche an der Gesamtbruchfläche lassen erkennen, daß eine kurzzeitig wirksame beachtliche Überbeanspruchung aufgetreten sein muß, die zu der Rißbildung führte. Die derart entstandenen Risse stellen scharfe Kerben mit entsprechend hoher Kerbwirkung dar, so daß sich auch bei geringer Nennbeanspruchung die Anrisse zu einem Schwingbruch in der vorliegenden Art ausbreiten konnten.

Der Zunderbelag hat keinen festigkeitsmindernden Einfluß ausgeübt; eine schadensbegünstigende Oberflächenbeeinflussung war nicht zu erkennen.

Primäre Schadensursache: Biegeüberbeanspruchung; die Bearbeitungsriefen haben die Rißbildung begünstigt.

Schaden: Antriebswelle eines Becherwerkes

Makroskopische Untersuchung: Die Bruchflächen zeigen die Merkmale eines Dauerbruches, der durch umlaufende Biegung entstanden ist (Bild 3–88). Der Bruch ist über große Bereiche des Umfanges nahezu gleichzeitig eingetreten; demnach muß eine hohe Kerbwirkung über dem gesamten Umfang vorgelegen haben. Die Kerbwirkung wurde verursacht durch einen scharfen Querschnittsübergang mit ausgeprägten Bearbeitungs-(Dreh-)Riefen. Die verhältnismäßig kleine Restbruchfläche und die Ausbildung der Rastlinien zeigen, daß die durchschnittliche Nennbeanspruchung nicht groß war.

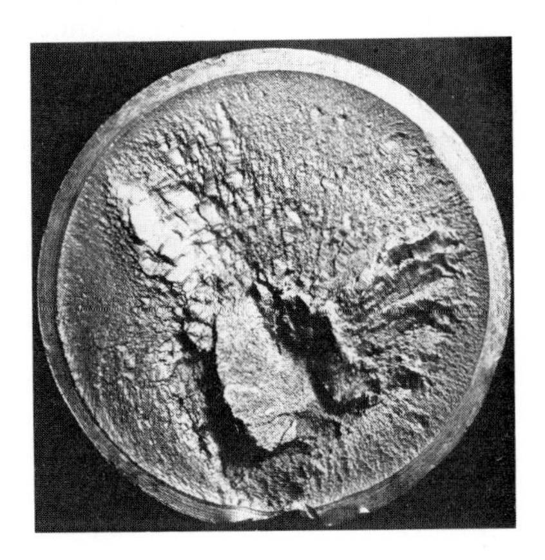

Bild 3–88: Ausbildung der Bruchfläche einer Welle

Primäre Schadensursache: Scharfer Querschnittsübergang mit ausgeprägten Bearbeitungsriefen.

Schaden: Antriebswelle

Makroskopische Untersuchung: Die Bruchfläche zeigt die Merkmale eines Schwingbruches, der bei niedriger durchschnittlicher Nennbeanspruchung entstanden ist (Bild 3–89). Der Bruchausgang liegt am Auslauf der Paßfedernut, die in einem Querschnittsübergang der Welle endet. Die Nut ist plastisch verformt, ebenso die Paßfeder. Demnach lag, zumindest zum Zeitpunkt des Anrisses, keine formschlüssige Verbindung vor.

Bild 3–89: Lage und Ausbildung der Bruchfläche einer Antriebswelle

Folgerung: Die Konstruktion führte zu einem ungünstigen Spannungszustand an der Bruchausgangsstelle. Die nicht formschlüssige Verbindung führte außerdem zu plastischer Verformung und zu einer immer größer werdenden Relativbewegung der verbundenen Bauteile. Dadurch entstand eine unregelmäßige Beanspruchung, die insbesondere beim Anfahren und Stillsetzen schließlich so hoch war, daß an der kritischen Stelle selbst bei niedriger Nennbeanspruchung der Anriß entstand.

Primäre Schadensursache: Konstruktions- und Herstellungsfehler.

Schaden: Läufer eines Asynchronmotors

An dem als Schweißkonstruktion ausgeführten Läufer eines Asynchronmotors, der zum Antrieb eines Kolbenkompressors diente, traten nach kurzer Betriebszeit an Querschnittsübergängen und Schweißnähten Risse auf (Bild 3–90).

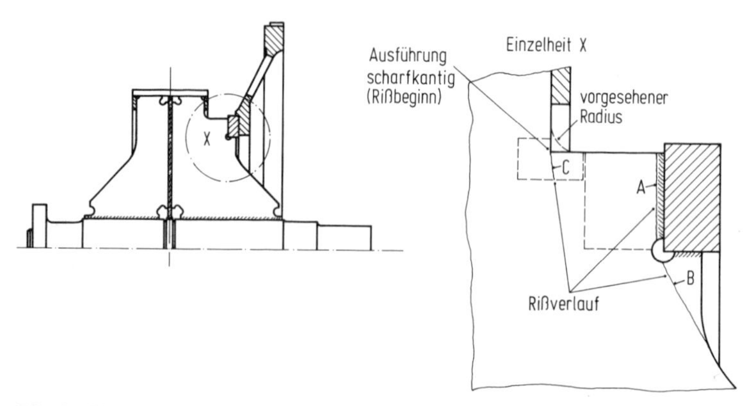

Bild 3–90: Schweißkonstruktion des Läufers eines Asynchronmotors

Makroskopische Untersuchung: Die Risse gehen von der Schweißnaht A und den konstruktiven Kerben B und C aus. Die Bruchflächen sind Schwingungsbrüche, die durch wechselnde Biegung entstanden sind (Bild 3–91).

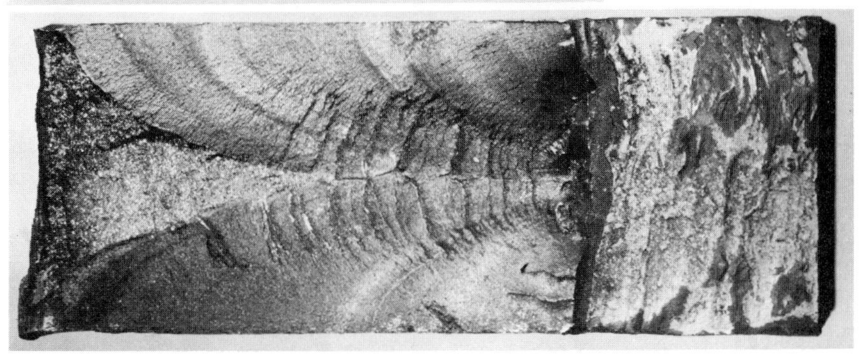

Bild 3–91: Schwingungsbruch durch doppelseitige Biegung

Mikroskopische Untersuchung: Gefüge und Härteverteilung zeigen, daß in den wärmebeeinflußten Bereichen der Schweißnaht keine thermische Nachbehandlung durchgeführt wurde. Demnach liegt an den Stellen, wo die erhöhte Kerbspannung auftritt, ein Werkstoff mit hoher Kerbempfindlichkeit vor.

Weitere Untersuchungen: Da die rechnerisch ermittelten Beanspruchungen verhältnismäßig gering waren, wurde die Steifigkeit der Konstruktion untersucht. Dies führte zu der Feststellung, daß beim Anfahren die Eigenfrequenz durchfahren wurde, wodurch eine wesentlich höhere Beanspruchung auftrat als rechnerisch ermittelt.

Folgerung: Die erhöhte Beanspruchung führte zu dem Primäranriß A. Der Anriß C wurde durch den scharfkantigen Querschnittsübergang, der durch einen Herstellungsfehler entstanden war, sehr begünstigt.

Primäre Schadensursache: Überbeanspruchung (doppelseitige Biegung) durch Eigenfrequenz.

Literatur Kapitel 3

[1] *Engel, L., Klingele, H.:* Rasterelektronenmikroskopische Untersuchung von Metallschäden. Gerling Institut für Schadenforschung und Schadenverhütung GmbH Köln 1974 (B)

[2] *Blind, D., Helbing, F.:* Sprödbruch und Verformungsbruch im Rahmen der Schadensanalyse. VDI-Berichte Nr. 243, 1975, S. 53–62 (B)

[3] *Tetelmann, A.S., McEvily, A.J.R.:* Fracture of Structural Materials. John Wiley & Sons (1967) (B)

[4] *Griffith, A.A.:* Phil. Trans. Roy. Soc., A 221 (1920), S. 163

[5] *Beachem, C.D.:* 1966 ASTM Photographic Exhibit. Materials Research and Standards 6 (1966), S. 519–522

[6] *Low, F.R.:* „Fracture“ Proc. Int. Conf. on the Atomic Mech. of Fract. New York: John Wiley & Sons, 1959 (B)

[7] *Low, J.R.:* Relation of Properties to Microstructure. ASM, Cleveland 1954, S. 153

[8] *Guy, H., Horstmann, D.:* De Ferri Metallographia V. Verlag Stahleisen mbH, Düsseldorf 1979, (B)

[9] *Beachem, C.D.:* Microscopic fracture processes. In: Fracture, Bd. 1, Hrsg.: Liebowitz, H. New York: Academic Press 1968 (B)

[10] *Aurich, D.:* Bruchvorgänge in metallischen Werkstoffen. Hrsg.: Macherauch, E., Karlsruhe, Gerold, V., Stuttgart. Werkstofftechnische Verlagsanstalt mbH, Karlsruhe (B)

[11] *Schmitt-Thomas, K.G., Klingele, H., Woitschke, A.:* Mikromorphologie metallischer Brüche, Prakt. Metallogr. 7 (1970), S. 538–560

[12] *Pfefferkorn, G.:* Oberflächenuntersuchungen mit dem Raster- und Elektronenmikroskop. Radex Rundschau, H. 3/4, Österreichisch-Amerikanische Magnesit AG, Radenthein, Kärnten (1978) S. 591–599

[13] *Pohl, E.J.:* Das Gesicht des Bruches metallischer Werkstoffe, Bd. I/II, Allianz Versicherungs-AG, München und Berlin 1956 (B)

[14] *Broom, T., Ham, R.K.:* The Hardening and Softening of Metals by Cyclic Stressing. Proc. Roy. Soc. A 242 (1957) S. 166, Entnommen: Aurich, D.: Bruchvorgänge in metallischen Werkstoffen. Werkstofftechnische Verlagsgesellschaft mbH, Karlsruhe

[15] *Klesnil, M., Lukas, P.:* Fatigue Softening and Hardening of Annealed Low Carbon Steel. J. Iron Steel Inst. 20.5.746 (1967)

[16] Feltner, C.E.: Phil. Mag. 12 (1965) S. 1229

[17] *Abel, A., Ham, R.K.:* The Cyclic Strain Behaviour of Crystals of Al-4% Cu. Acta Met. 14. 1495 (1966)

[18] *Gleiter, H.:* Die Formänderung von Ausscheidungen durch Diffusion im Spannungsfeld von Versetzungen. Acta Met. 16 (1968), S. 445–464

[19] *Cottrell, A.H., Hull, D.:* Extrusion and Intrusion by Cyclic Slip in Copper. Proc. Roy. Soc. A242 (1957), S. 211–213

[20] *Wood, W.A.:* Formation of Fatigue Cracks, Phil. Mag. 3 (1958), S. 692–699

[21] *Bottner, R.G., McEvily, A.J., Lui, Y.C.:* On the Formation of Fatigue Cracks at Twin Boundaries. Phil. Mag. 10 (1964) S. 95

[22] *Hempel, M.:* Slip Bands, twins and precipitation processes in fatigue stressing. In: Averbach, B.L. and others: Fracture. New York, J. Wiley & Sons, 1959, London: Capman & Hall 1959, S. 376–411

[23] *Helgeland, O.:* Cyclic Hardening in Fatigue of Copper Single Crystals. J. Inst. Met. 93 (1964/65), S. 570–575

[24] *Neumann, P.:* Bildung und Ausbreitung von Rissen bei Wechselverformung. Z. Metallkde. 58 (1967), S. 780–789

[25] *Hempel, M.:* Die Entstehung von Mikrorissen in metallischen Werkstoffen unter Wechselbeanspruchung. Arch. Eisenhüttenwes. 38 (1967), S. 446–455

[26] *McEvily, A.J., Snyder, R.L., Clark, J.B.:* The Effect of Nonuniform Precipitation on the Fatigue of on Age-Hardening Alloy. Trans. AIME 227 (1963), S. 452

[27] *Hordon, M.J.:* Fatigue Behaviour of Aluminium in Vacuum. Acta Met. 14 (1966), S. 1173–1178

[28] *Meyn, D.A.:* The Nature of Fatigue-Crack Propagation in Air and Vacuum for 2024 Aluminium. Trans. ASM 61 (1968), S. 62

[29] *Laird, C.:* The Influence of Metallurgical Structure on the Mechanisms on Fatigue Crack Propagation. In: Fatigue Crack Propagation 69, Annual Meeting der ASTM, Atlantic City 1966, ASTM STP Nr. 415

[30] *Hertel, H.:* Ermüdungsfestigkeit der Konstruktion. Springer-Verlag Berlin, Heidelberg, New York 1969 (B)

[31] *Weibull, W.:* The Propagation of Fatigue Cracks in Light Alloy Plates, SAAB TN 25 (1954)

[32] *Paris, P.:* The Fracture Mechanics Approach to Fatigue. In: Fatigue, an interdisciplinary Approach. Syracuse University Press 1964

[33] *Munz, D., Schwalbe, K., Mayr, P.:* Dauerschwingverhalten metallischer Werkstoffe. Friedr. Vieweg & Sohn GmbH, Verlag, Braunschweig 1971 (B)

[34] *Hunter, M.S., Fricke, W.G.:* Metallographic Aspects of Fatigue Behaviour of Aluminium. Proceedings ASTM 54, 1954, S. 717–736

[35] *McMillan, J.G., Pelloux, R.M.N.:* Fatigue Crack Propagation under Program and Random Loads. Fatigue Crack Propagation, 69, Annual Meeting der ASTM, Atlantic City 1966, ASTM STP Nr. 415

[36] *Jacoby, G.:* Exper. Mech. 1965, March, S. 65–82

[37] *Jacoby, G., Cramer, Ch.:* Rheol. Acta 7 (1968) Nr. 1, S. 23–51

Ergänzende Literatur

Henry, G., Horstmann, D: De Ferri Metallographia V: Fraktographie und Mikrofraktographie. Max-Planck-Institut für Eisenforschung GmbH MPI und Institut de Recherches de la Sidérurgie Francaise IRSID. Verlag Stahleisen mbH, Düsseldorf 1979 (B)

Mitsche, R., Maurer, K.L., Schäffer, H.: Stahlgefüge im Licht- und Elektronenmikroskop. Radex-Rundschau, H. 2. Österreichisch-Amerikanische Magnesit AG, Radentheim, Kärnten (1974)

Mitsche, R., Jeglitsch, F., Scheidl, H., Stanzl, St., Pfefferkorn, G.: Anwendung der Rasterelektronenmikroskopie bei Eisen- und Stahlwerkstoffen. Radex-Rundschau, H. 3/4. Österreichisch-Amerikanische Magnesit AG, Radentheim, Kärnten (1976)

N.N.: Bruchuntersuchungen und Schadenklärung. Allianz Versicherungs-AG, München und Berlin 1976 (B)

Schott, G.: Werkstoffermüdung; Verhalten metallischer Werkstoffe unter wechselnden, mechanischen und thermischen Beanspruchungen. VEB Deutscher Verlag für Grundstoffindustrie, Leipzig 1976 (B)

Schütz, W.: Versuchsmethoden der Bruchmechanik. Der Maschinenschaden 48 (1975) H. 5, S. 137–148

Schwalbe, K.H.: Bruchmechanik metallischer Werkstoffe. Carl Hanser Verlag München Wien 1980 (B)

4. Einflußbereich Werkstoff

4.1 Allgemeine Betrachtung

Die Eigenschaften des Werkstoffes bestimmen im wesentlichen die Eigenschaften des Bauteiles gegenüber den Betriebsbeanspruchungen und damit die Lebensdauer. Bei der Auslegung muß daher eine Gegenüberstellung der zu erwartenden Beanspruchung mit den durch die Werkstoffauswahl festgelegten Werkstoffeigenschaften erfolgen. Hierbei muß die Komplexität der Beanspruchungsart, wie zügig, unregelmäßig, stoßartig, Temperatureinwirkung, Atmosphäre, auf der einen Seite und andererseits das tatsächliche Verhalten des Werkstoffes unter Einwirkung der genannten Einflußgrößen und deren zufällige gegenseitige Beeinflussung so genau wie möglich berücksichtigt werden. Hinzu kommen die Einflüsse der „Werkstoffehler", die dazu führen, daß die Werkstoffkennwerte mehr oder minder starke Streuungen aufweisen, die einer genauen Auslegung entgegenwirken.

4.2 Werkstoffehler

Die als Werkstoffehler bezeichneten Einflußgrößen sind die Folgen einer ungeeigneten Behandlung bei der Herstellung, d. h. bei der Urformung, Umformung oder Wärmebehandlung. Die damit verbundenen Fehler können viele verschiedene Ursachen haben, so daß eine Beurteilung häufig sehr schwierig ist. Bekanntlich gibt es keinen idealen fehlerfreien technischen Werkstoff. Ausschlaggebend ist demnach, bis zu welchem Ausmaß man Fehler zulassen kann, wobei zu berücksichtigen ist, daß in einem Verwendungsfall bestimmte Eigenschaften zugelassen werden können, während sie im anderen Falle schon als Fehler angesehen werden müssen.

Bei den weiteren Betrachtungen werden daher nur die Fehlerarten aufgeführt, die makroskopisch auftreten und direkt ein Versagen bewirken. Hierzu gehören

- Lunker
- Einschlüsse, Gasblasen, Poren
- Seigerungen (Schwerkraft-, Kristall-, Gasblasen-, Blockseigerungen)
- Dopplungen
- Gefügefehler (Faser- und Zeilengefüge, Textur)
- Gefügeinhomogenitäten
- Änderung des Gefügezustandes während der Lebensdauer
- wasserstoffinduzierte Fehler.

4.2.1 Lunker

Fast alle Metalle und Oxide haben im flüssigen Zustand ein größeres spezifisches Volumen als im festen. Demzufolge tritt bei der Abkühlung eine Volumenverminderung auf, die im Gebiet der Schmelze etwa linear mit der Temperatur verläuft. Beim Erreichen der Erstarrungstemperatur erfolgt eine sprunghafte Volumenverminderung. Bei der weiteren Abkühlung verläuft die Volumenminderung wieder stetig; der Vorgang wird als Schwindung bezeichnet. Beide Vorgänge können zur Bildung eines Schwindungshohlraumes führen, den man Lunker nennt (Bild 4–1). Die häufig trichterförmig ausgebildeten Hohlräume im Gußkopf nennt man Primärlunker.

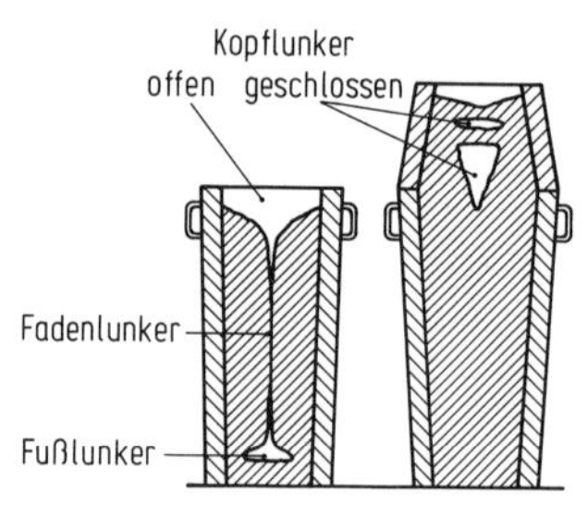

Bild 4–1: Schnitt durch einen Gußblock (schematisch) [1]

Vollzieht sich die Abkühlung außen sehr viel schneller als im Blockinneren, dann kann sich der Schwindungshohlraum bis zum Fuß des Blockes ausbilden (Fadenlunker), oder es entsteht im Blockkern ein aufgelockertes Gefüge, welches häufig durch quer verlaufende Schrumpfrisse unterbrochen wird (Sekundärlunker). Der Sekundärlunker zieht sich normalerweise durch den ganzen Block und bleibt daher auch bei der Weiterverarbeitung erhalten. Stoßen mehrere Kristalle beim Wachsen derart zusammen, daß die zwischen ihnen eingeschlossene, noch flüssige Phase keine Verbindung zur Restschmelze hat, dann

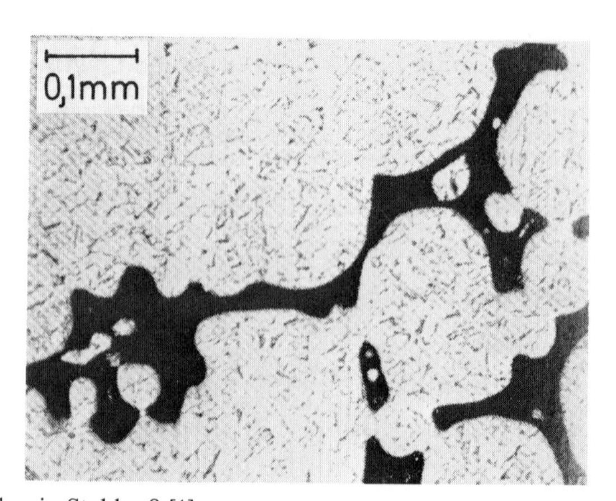

Bild 4–2: Mikrolunker in Stahlguß [1]

bilden sich beim Erstarren der eingeschlossenen Substanz zwischen den Kristallen Mikrolunker (Bild 4–2). Dadurch kann ebenfalls ein schwammiges, poröses Gefüge entstehen.

4.2.2 Einschlüsse, Gasblasen, Poren

Einschlüsse können entweder von außen (exogen), z. B. in Form von mitgerissenen kleinen Teilchen der Ausmauerung (Bild 4–3), oder durch metallurgische Reaktionen in der Schmelze (endogen), z. B. als Sulfide oder Oxide, in den Block gelangen bzw. entstehen; letztere sind häufig in Dendritenform angeordnet (Bild 4–4).

Bild 4–3: Nichtmetallischer Einschluß in einem Schmiedestück aus C35 [2]

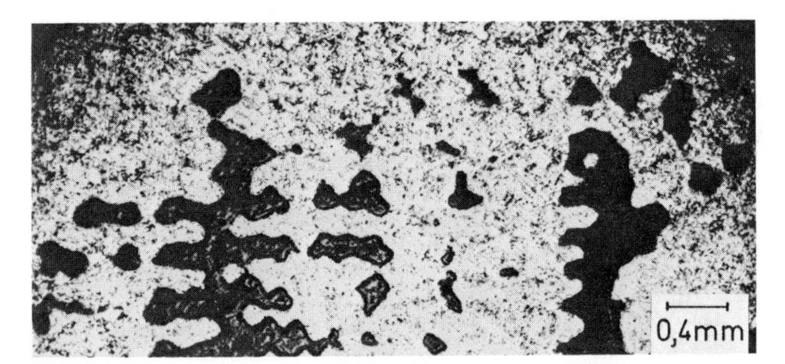

Bild 4–4: Einschlüsse in Stahlguß in dendritenförmiger Anordnung [3]

Art und Verteilung der nichtmetallischen Einschlüsse beeinflussen das Verhalten des Werkstoffes. Daher ist zu unterscheiden zwischen leicht verformbaren Einschlüssen, wie z. B. Sulfiden, und schwer verformbaren Einschlüssen, z. B. Oxiden und Silikaten (Bild 4–5). Die Sulfide breiten sich bei der weiteren Umformung durch Walzen des Gußblockes flächenhaft aus und stellen eine Trennung des Metallverbandes dar. Demnach kann, abgesehen von der Kerbwirkung, insbesondere bei einer Beanspruchung senkrecht zur Ausbreitungsrichtung eine beachtliche Verminderung der Tragfähigkeit eintreten. Bei einem nur in Längsrichtung umgeformten Werkstoff erfolgt lediglich eine Streckung der Sulfideinschlüsse, wodurch die Länge der Verunreinigungen im Verhältnis zum

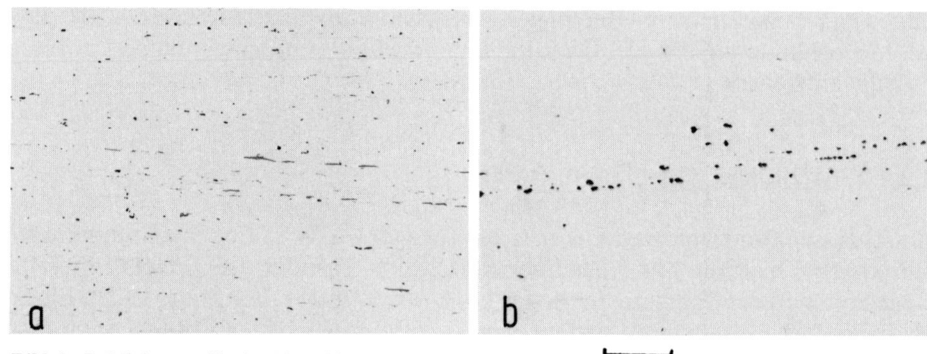

Bild 4–5: Nichtmetallische Einschlüsse
a) Verformte Sulfide;
b) zerbrochene Oxide

Querschnitt sehr groß wird und die Festigkeitseigenschaften richtungsunabhängiger werden.

Oxide und Silikate verhalten sich demgegenüber spröde und zerbrechen beim Umformen in kleine, scharfkantige Teilchen.

Gasblasen entstehen durch das bei der Erstarrung sprunghaft abnehmende Gaslösungsvermögen der Schmelze. Ein Teil der dadurch bedingten aufsteigenden Gasblasen wird von wachsenden Kristallen blockiert und gelangt nicht bis zur Oberfläche.

Als Poren bezeichnet man kleine Fehlstellen (Bild 4–6), die auf verschiedenste Weise entstehen können, auf die hier nicht näher eingegangen wird.

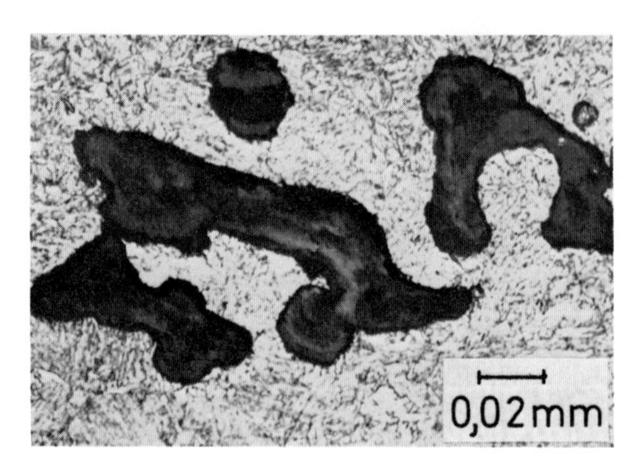

Bild 4–6: Poren mit Schlackeneinschlüssen

4.2.3 Seigerungen

Unter Seigerungen versteht man jede Art der Entmischung einer anfänglich homogen zusammengesetzten Schmelze. Man unterscheidet mehrere Arten.

Schwereseigerung tritt auf als Folge merklicher Wichteunterschiede zwischen Primärkristallen und Restschmelze.

Die Kristallseigerung führt zu Konzentrationsunterschieden im einzelnen Kristall, die darauf zurückzuführen sind, daß die zuerst ausgeschiedenen Mischkristalle eine andere Zusammensetzung aufweisen als die zuletzt erstarrten. Dadurch entstehen schichtförmig aufgebaute Körner, die man Zonenmischkristalle nennt. Diese durch Konzentrationsunterschiede bedingte Seigerungsart wird durch die in der Technik üblichen hohen Abkühlungsgeschwindigkeiten begünstigt, weil dadurch ein Konzentrationsausgleich durch Diffusion behindert wird; die Folge sind unerwünschte Änderungen der Werkstoffeigenschaften.

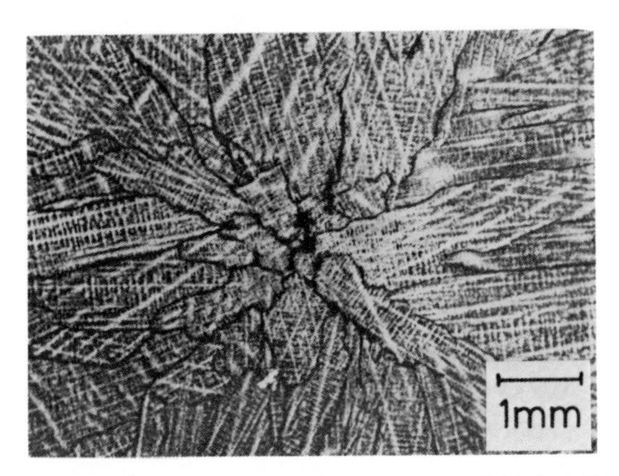

Bild 4–7: Kristallseigerung in einem Primärkristall (0,15% C; 4,5% Ni; 1,1% Cr) [4]

Die Kristallseigerung ist bei jedem Primärkristalliten nachweisbar, z. B. durch eine spezielle Tiefenätzung, die die dendritischen Bestandteile besonders stark anätzt (Bild 4–7). In diesem Ausmaß kann die Kristallseigerung jedoch nicht als Werkstoffehler angesehen werden.

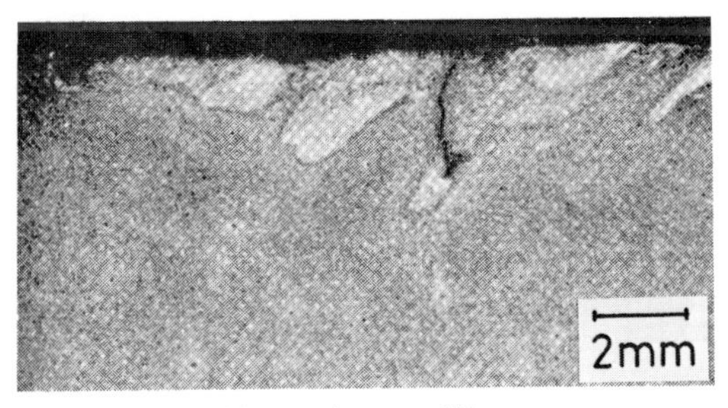

Bild 4–8: Aufgeplatzte randnahe Gasblasenseigerung [1]

Die Gasblasenseigerung tritt auf, wenn Gasblasen wegen des beim Abkühlen abnehmenden Druckes durch Kapillaren Restschmelze ansaugen. Das verunreinigte Metall verschweißt bei der Warmumformung nicht einwandfrei mit der Wand der Gasblasen, so daß es besonders bei Seigerungen dicht unter der Oberfläche bei der Weiterverarbeitung zu Anrissen kommen kann (Bild 4–8).

Die Blockseigerung tritt in gegossenen Blöcken dadurch auf, daß Begleitelemente und Einschlüsse vor der Erstarrungsfront her gedrängt werden und sich in der Restschmelze anreichern (Bild 4–9).

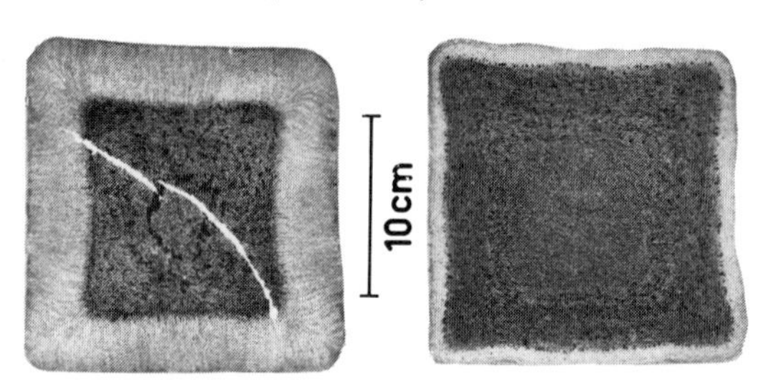

Bild 4–9: Blockseigerung in Stranggußblöcken (Baumannabdruck)

In Kupfer- und Aluminiumlegierungen kann außerdem eine umgekehrte Blockseigerung auftreten. Die verunreinigte Restschmelze im Innern des Blocks wird durch ihren eigenen Druck und durch den Sog der Kapillarhohlräume zwischen den Randkristallen nach außen befördert und erstarrt meistens in Tröpfchenform auf der Oberfläche.

4.2.4 Dopplung

Alle Lunkeroberflächen sind wegen des Luftzutritts oxidiert. Dadurch kann bei der Weiterverarbeitung, z.B. durch Walzen, Ziehen, Schmieden, kein Verschweißen derartiger Oberflächen eintreten. Demzufolge entstehen flächenhaft ausgedehnte Werkstofftrennungen innerhalb des Halbzeuges, die man als Dopplung bezeichnet (Bild 4–10). Derartige Fehler bilden sich in der Regel dann, wenn ein Fadenlunker vorliegt und dies unbemerkt bleibt; üblicherweise wird der Blockkopf mit dem Kopflunker vor der Weiterverarbeitung abgetrennt.

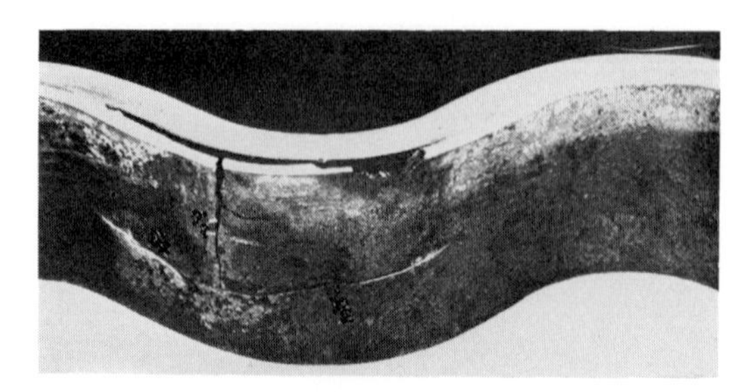

Bild 4–10: Dopplung in einem Flammrohr eines Dampfkessels [2]

Werden höhere Anforderungen an den Rohling gestellt, wie dies z. B. bei Preßblöcken für hochbeanspruchte Rohre der Fall sein kann, so wird der Kern des Blocks vor der weiteren Verarbeitung entfernt.

4.2.5 Gefügefehler

4.2.5.1 Faser- und Zeilengefüge

Derartige Gefügefehler entstehen unter anderem durch Streckung der verformbaren Bestandteile und durch Ansammlung der Bruchstücke der nicht verformbaren Bestandteile, wie Oxide, Silikate, Schlackenhäute und Lunkerreste (Bild 4–11). Diese Gefügeausbildung führt zu einer Anisotropie der Eigenschaften, da die Trennungen der Gefügebestandteile in Faserrichtung nicht so zahlreich sind wie in Querrichtung. Faser- und Zeilengefüge stellen Werkstoffehler dar, die sich je nach Art der Beanspruchung auf das Festigkeitsverhalten sehr ungünstig auswirken und demnach die Güte des Bauteils wesentlich beeinflussen können.

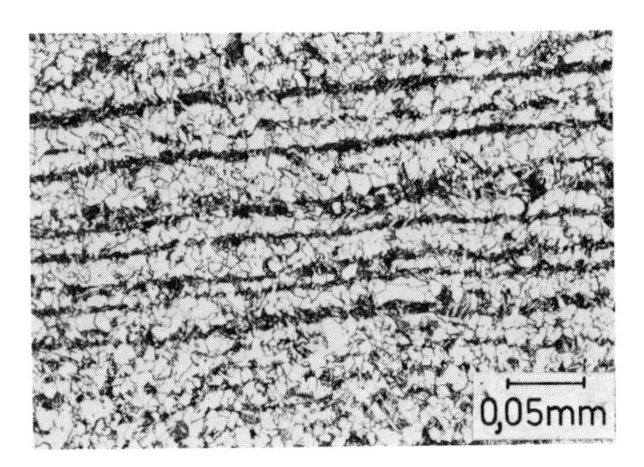

Bild 4–11: Zeilengefüge

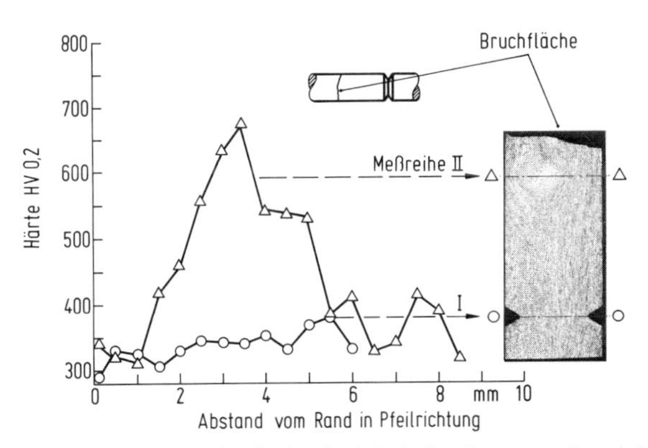

Bild 4–12: Beeinflussung der Härte und Schwingfestigkeit durch ausgeprägte inhomogene Gefügeausbildung; Werkstoff: TiAl6V4

4.2.5.2 Gefügeinhomogenität

Gefügeunterschiede, auch als Gefügeinhomogenität bezeichnet, z. B. Korngröße, Ausbildung, Zusammensetzung, Kornseigerung, können insbesondere bei wechselnder Beanspruchung zu beachtlichen Unterschieden der mechanischen Eigenschaften führen, z. B. der Härte und der Schwingfestigkeit. Bild 4–12 zeigt beispielsweise eine mit einer Spitzkerbe versehene, im Einstufen-Dauerschwingversuch gebrochene Rundprobe, bei der ein vorzeitiger Bruch bei einer unerwartet niedrigen Belastung im ungestörten Querschnitt eintrat, verursacht durch eine ausgeprägte inhomogene Gefügeausbildung. Demnach hat der ungünstige Gefügeeinfluß eine höhere Verminderung der Schwingfestigkeit bewirkt als die scharf ausgebildete Umlaufkerbe.

4.2.6 Änderung der Werkstoffeigenschaften

Eine schwerwiegende Änderung des Gefügezustandes wird durch den sogenannten Alterungsvorgang bewirkt, der insbesondere durch Stickstoff verursacht wird. Wenige hundertstel Prozent Stickstoff beeinflussen die Streckgrenze und die Zugfestigkeit zwar positiv, vermindern jedoch stark das Verformungsvermögen, insbesondere die Kerbschlagzähigkeit. Infolge der höheren Löslichkeit des Stickstoffes im α-Eisen bei höherer Temperatur (590 °C max. 0,1 % N; bei RT unlöslich) bleibt der Stickstoff bei schneller Abkühlung zwangsgelöst. Erfolgt eine Erwärmung, so führt dies zu einer Stickstoffausscheidung in Form nadelförmiger Eisennitride Fe_4N. Dieser Vorgang, der als Abschreckalterung bezeichnet wird, verringert die Zähigkeit der Stähle beträchtlich.

Stickstoff bewirkt unter der Voraussetzung, daß eine Kaltverformung vorliegt, eine Versprödung, die als Reck- oder Verformungsalterung bezeichnet wird und die eine außerordentlich hohe Zähigkeitsverminderung verursacht. Diese Eigenschaftsänderung wirkt sich insbesondere auf das Formänderungsvermögen und auf die Kerbempfindlichkeit ungünstig aus. Der Alterungsvorgang wird durch erhöhte Temperatur wesentlich beschleunigt. Während bei Raumtemperatur nach der Kaltverformung bis zur vollständigen Auswirkung eine Zeitspanne von Wochen, Monaten oder sogar Jahren erforderlich ist, vollziehen sich die Vorgänge bei höherer Temperatur, etwa 250 °C, während der Glühbehandlung in wenigen Minuten. Daher unterscheidet man zwischen natürlicher und künstlicher Alterung.

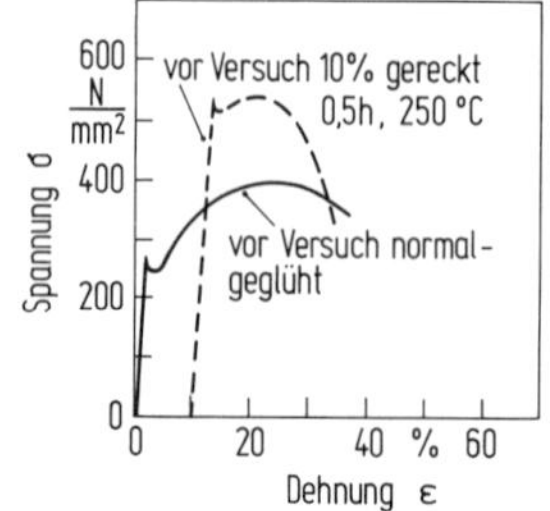

Bild 4–13: Spannungs-Dehnungsabhängigkeit eines alterungsanfälligen Baustahles vor und nach der Alterung

Die Alterungsneigung wird bei der metallurgischen Herstellung des Stahles durch Zugabe von Elementen, die zu Stickstoff eine größere Affinität haben als Eisen, verringert bzw. aufgehoben; verwendet werden Elemente wie Aluminium, Titan, Niob u. a. Derartige Stähle werden als alterungsbeständige Stähle bezeichnet (DIN 17135).

Im einzelnen führt der Alterungsvorgang zu Veränderungen folgender Werkstoffeigenschaften:

- Erhöhung von R_m
- meist stärkerer Erhöhung von R_{eH} (Bild 4–13)
- Erhöhung des Streckgrenzenverhältnisses R_{eH}/R_m
- Verminderung der Bruchdehnung A (Bild 4–13)
- starker Abfall der Kerbschlagarbeit A_V (Bild 2–43) (Verschiebung des Steilabfalles zu höherer Temperatur).

Die Gefügeänderung durch Alterung kann mikroskopisch nachgewiesen werden (Bild 4–14). Die aufgeführten Eigenschaftsänderungen der Werkstoffe durch Alterung führen bei gekerbten Bauteilen, insbesondere bei wechselnder oder stoßartiger Beanspruchung, zu einer außerordentlichen Verminderung der Lebensdauer.

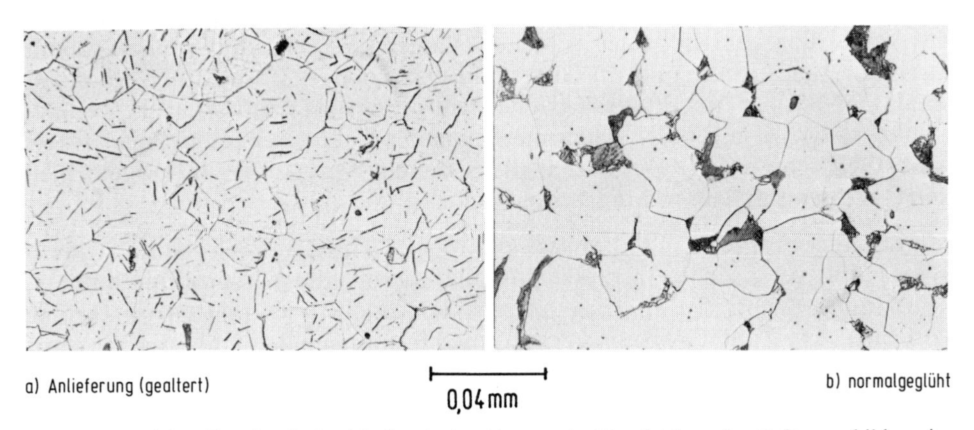

Bild 4–14: Lichtmikroskopischer Nachweis der Alterung im Vergleich zu der Gefügeausbildung im normalgeglühten Zustand

4.2.7 Wasserstoffinduzierte Fehler

Das Element Wasserstoff kann in metallische Werkstoffe nur in atomarer Form eindiffundieren; das ist möglich z. B. beim Erschmelzen bei den verschiedensten Stahlerzeugungsverfahren.

Bei der Erstarrungstemperatur und der γ-α-Phasenumwandlungstemperatur tritt eine starke Abnahme der Löslichkeit des im Mischkristall in atomarer Form gelösten Wasserstoffes ein. Demzufolge findet bei niedrigen Temperaturen, insbesondere bei hoher Abkühlungsgeschwindigkeit, ein Übergang von 2 H

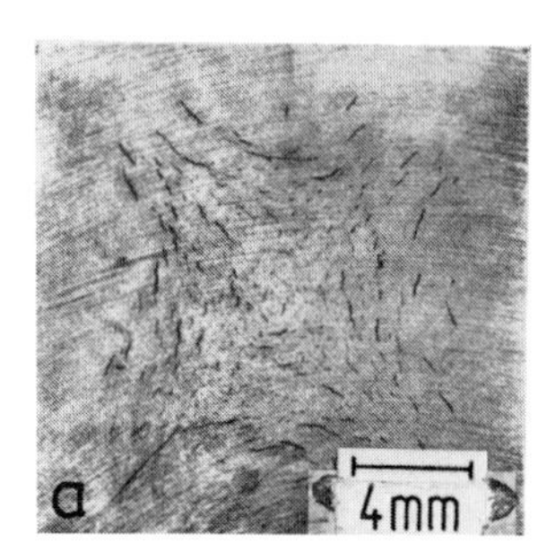

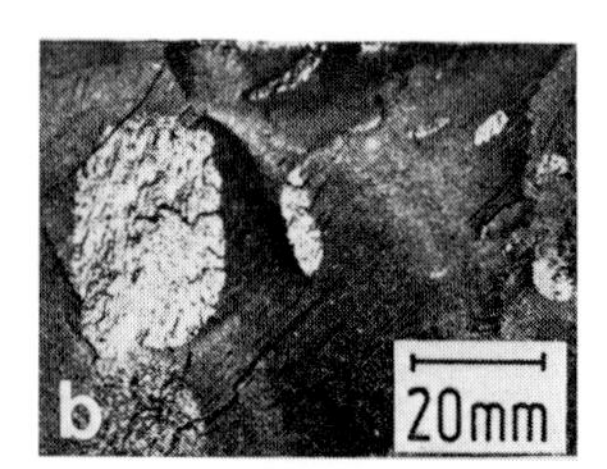

Bild 4–15: Wasserstoffinduzierte Schäden an Chrom-Nickelstahl [6]
a) Rißbildung; b) Makroskopische Rißausbildung

in H_2 statt, und zwar bevorzugt an Gitterstörstellen, wie Versetzungen, Korngrenzen, Einschlüssen. An derartigen Störstellen besteht bei einer Temperatur $< 300\,°C$ für den molekularen Wasserstoff nahezu keine Diffusionsmöglichkeit mehr. Bei weiterer Abkühlung tritt an den mit H_2 angereicherten Stellen eine erhebliche Druckerhöhung auf. Dadurch entsteht an einer örtlich konzentrierten Stelle ein räumlicher Spannungszustand, der nach Erreichen der Trennfestigkeit des Werkstoffes zu einem Sprödbruch führt. Derartig induzierte Brüche sind örtlich begrenzt, zeigen eine symmetrische Ausbildung der Bruchflächen und sind metallisch matt glänzend (Bild 4–15). Da das Aussehen der Bruchflächen eine Ähnlichkeit mit der Ausbildung von Schneeflocken aufweist, hat sich der Name „Flockenrisse" oder „Flocken" eingebürgert. Anfällig sind Stähle mit kubisch-raumzentriertem (krz) Gitter und insbesondere Chrom- und Manganstähle. In Stählen mit kubisch-flächenzentriertem (kfz) Gitter, z. B. Nickelstähle, ist die Diffusion der H-Atome wegen der dichteren Packung des Gitters wesentlich schwieriger. Deshalb wird in diesen Werkstoffen im allgemeinen keine Wasserstoffversprödung beobachtet.

Metalle mit hexagonalem Gitter, wie Zirkon und Titan, können ebenfalls durch Wasserstoff verspröden. In diesen Metallen beruht die Versprödung auf Hydridbildung, wobei die Hydride als spröde Nadeln oder Platten im Gefüge vorliegen. Ihre Zahl, Größe und Anordnung bestimmen den Grad der Versprödung.

Wasserstoffinduzierte Risse haben folgende Auswirkungen:

- Schwächung des tragenden Querschnitts
- Gefahr des Anschneidens bei der spangebenden Bearbeitung
- hohe Kerbwirkung (Ausgang von Dauerbrüchen)
- Unwucht bei schnellaufenden Maschinenteilen durch größere Ansammlung exzentrisch liegender Flockenrisse.

Flockenrisse können verhindert werden durch

- möglichst hohe und lange Anwärmzeit
- größtmöglichen Verformungsgrad
- langsame Abkühlung (20 ... 100 h) bis $t < 100\,°C$.

4.2.8 Schadensbeispiele

Schaden: Pleuelschaft eines Kompressors

Makroskopische Untersuchung: Im Bruchquerschnitt liegen ausgeprägte Lunker und Oberflächenfehler vor (Bild 4–16). Dadurch wurde der tragende Querschnitt erheblich vermindert und eine örtlich konzentrierte Kerbwirkung verursacht.

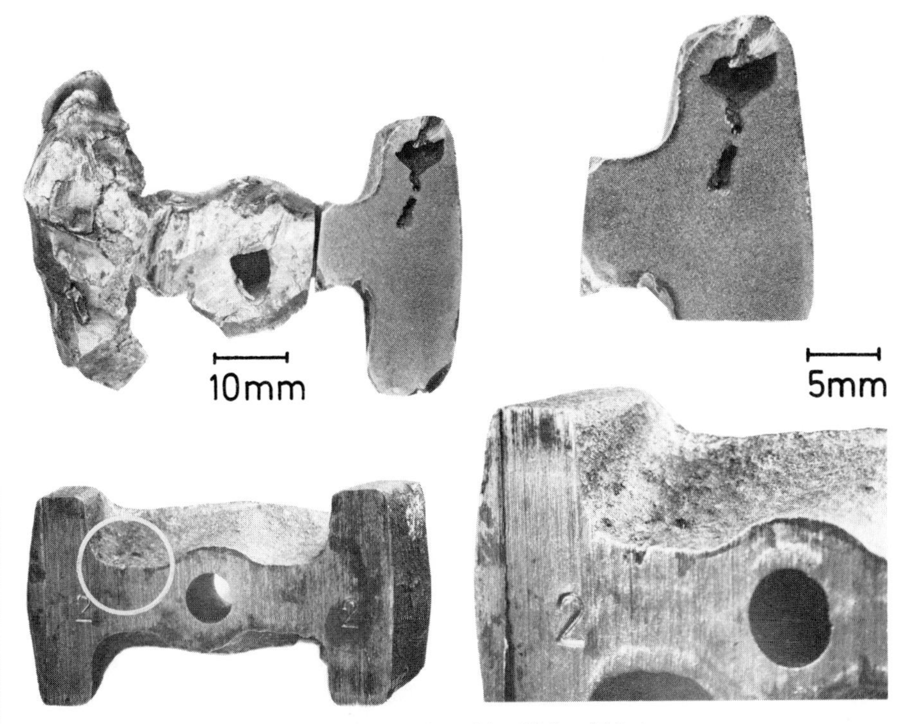

Bild 4–16: Fehlerhafte Pleuelstange (Lunker, Oberflächenfehler)

Mikroskopische Untersuchung: Ein Querschliff, der unmittelbar unter der Bruchfläche entnommen wurde, führte zu folgendem Ergebnis (Bild 4–17):

- die Randzone des Schaftes ist ebenso wie die Randzone der Oberflächenfehler entkohlt (a)
- das Gefüge in der Randzone ist ferritisch (a)
- das Gefüge außerhalb der Randzone zeigt deutlich die Grundstruktur des Primärgefüges (b)
- der Werkstoff weist zahlreiche Schlackeneinschlüsse auf, die teilweise punktförmig, teilweise zeilenförmig auf den Korngrenzen angeordnet sind.

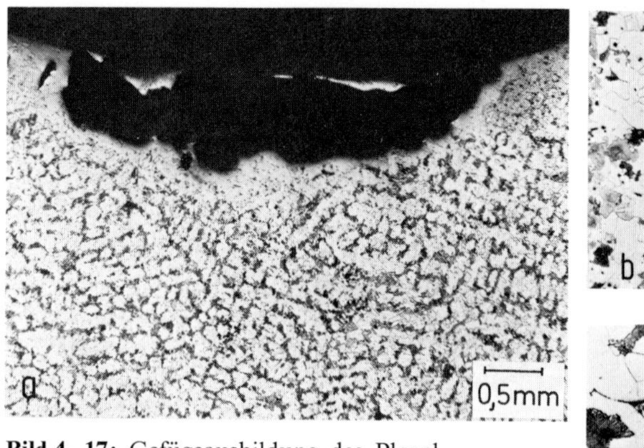

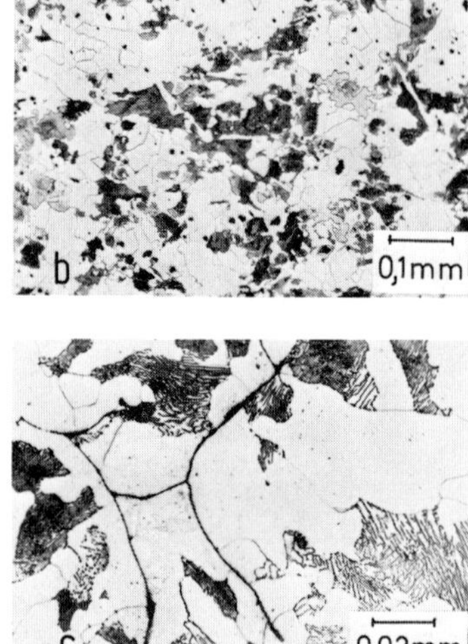

Bild 4–17: Gefügeausbildung des Pleuelwerkstoffes

a) entkohlte Randzone
b) Grundstruktur des Primärgefüges
c) zeilenförmige Schlacken

Primäre Schadensursache: Werkstoffehler infolge Lunker, Poren, Schlakkeneinschlüsse und Herstellungsfehler infolge ungünstiger Oberflächenbeschaffenheit.

Schaden: PKW-Achsschenkel; Bruch nach etwa 1000 km

Makroskopische Untersuchung: Der Bruch trat nach einer Gesamtfahrstrecke von etwa 1000 km im Querschnittsübergang des hinteren Radlagersitzes ein. Die Bruchfläche ist stark zerklüftet und deutet demnach auf einen Gewaltbruch hin (Bild 4–18). Bei der magnetischen Durchflutung wurden Werkstofftrennungen festgestellt (Bild 4–19).

Bild 4–18: Lage und Ausbildung der Bruchfläche

Bild 4–19: Durch magnetische Durchflutung sichtbar gemachte Werkstofftrennungen

Werkstoff: Werkst.-Nr. 1.7033

Mikroskopische Untersuchung: Eine in Achsrichtung entnommene Schliffprobe zeigt, mit Ausnahme einer dünnen Randzone, starke Verunreinigungen, die sich über den gesamten Querschnitt erstrecken (Bild 4–20).

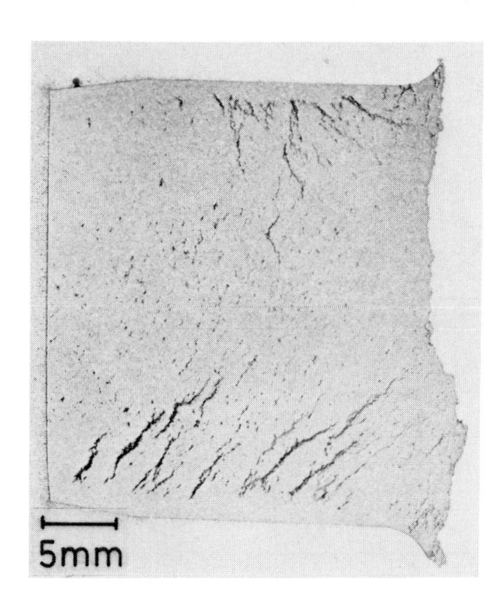

Bild 4–20: Längsschliff mit ausgeprägten Rissen und Verunreinigungen

Der Werkstoff ist durch zahlreiche, manchmal sehr ausgeprägte, sulfidische und oxidische Einschlüsse verunreinigt. Diese sind teilweise durch interkristallin verlaufende Haarrisse miteinander verbunden (Bild 4–21). Nach Ätzung der Prüffläche ist der schädigende Einfluß der Verunreinigungen und der Risse besonders deutlich zu erkennen (Bild 4–22); die Poren lassen, teilweise sehr ausgeprägt, Einschlüsse von Zunder erkennen (Bild 4–23). Die Wandungen sowohl der Verunreinigungen wie auch der Risse sind nicht metallisch blank.

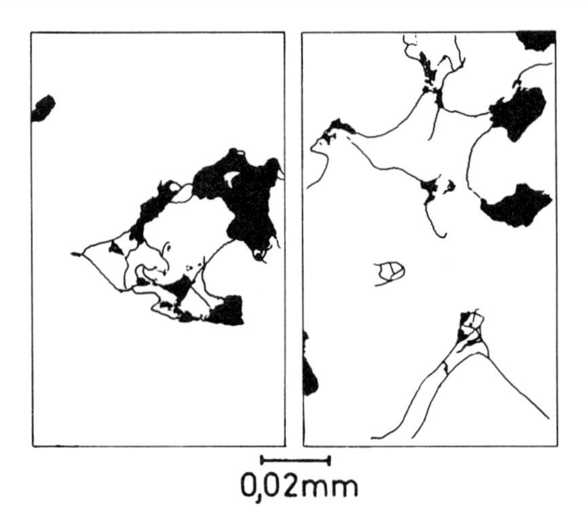

Bild 4–21: Verunreinigungen mit interkristallin verlaufenden Rissen

Bild 4–22: Verunreinigungen mit interkristallin verlaufenden Rissen nach Ätzung

Bild 4–23: Poren mit Zundereinschlüssen

Der Werkstoff weist ein sehr grobes Vergütungsgefüge auf mit Ferritanteilen, die teils als Korngrenzensaum, teils als Spieße vorliegen (Bild 4–24). Vereinzelt sind große Ferritkörner eingebettet, die sich teilweise zu Ferritflocken ausbilden. Die Gefügeausbildung läßt auf eine Überhitzung schließen.

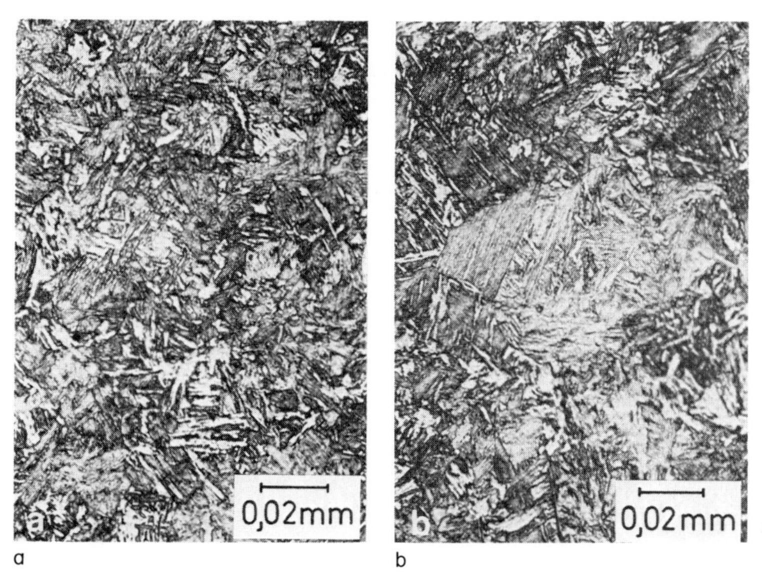

Bild 4–24: Sehr grob ausgebildetes Vergütungsgefüge mit a) Ferritsäumen und -spießen; b) Ferritflocken

Folgerung: Die Verunreinigungen sind bei der Stahlherstellung entstanden. Die vorhandene 1,5 bis 2 mm dicke Randzone, die riß- und porenfrei ist, bestätigt diese Feststellung.

Die Verunreinigungen haben eine derart starke Verminderung des tragenden Querschnittes bewirkt, daß sich bereits nach kurzer Betriebszeit an besonders kritischen Stellen Risse gebildet haben. Dadurch entstanden scharfe Kerben, die selbst bei normaler Betriebsbeanspruchung örtlich konzentrierte Kerbspannungen bewirkten und den Bruchvorgang beschleunigten. Dies führte zu der „quasistatischen" Ausbildung der Bruchflächen. Die schwache Überhitzung hat die Bruchbildung kaum begünstigt.

Primäre Schadensursache: Werkstoffehler infolge Verunreinigung.

Schaden: Kopfschraube

Makroskopische Untersuchung: In dem Randbereich der Bruchfläche sind schwach ausgebildete Merkmale eines Schwingbruches zu erkennen. Der übrige Flächenanteil zeigt die Merkmale eines Gewaltbruches (Bild 4–25), der zu der Annahme führt, daß der Werkstoff starke Seigerungen aufweist. Der Querschnittsübergang zwischen Schraubenschaft und -kopf ist mit einem Radius von 0,3 mm nahezu scharfkantig.

Weitere Untersuchungen: Der Schaft weist eine ausgeprägte Seigerungszone auf (Bild 4–26). Der Werkstoff ist stark alterungsempfindlich; die Kerbschlagarbeit A_V liegt in dem Bereich von 5 bis 17 J.

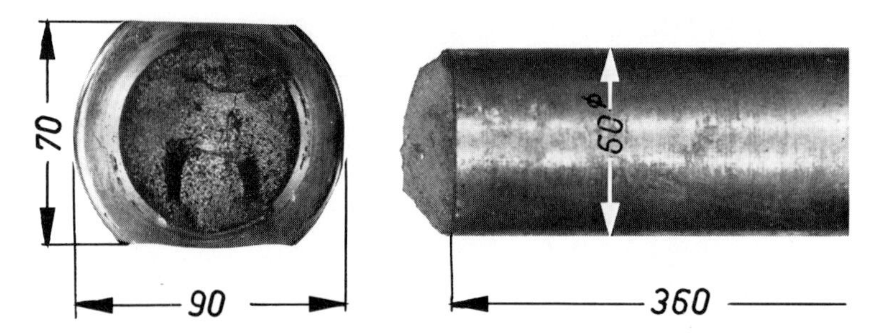

Bild 4–25: Ausbildung der Kopfschraube und Lage der Bruchfläche

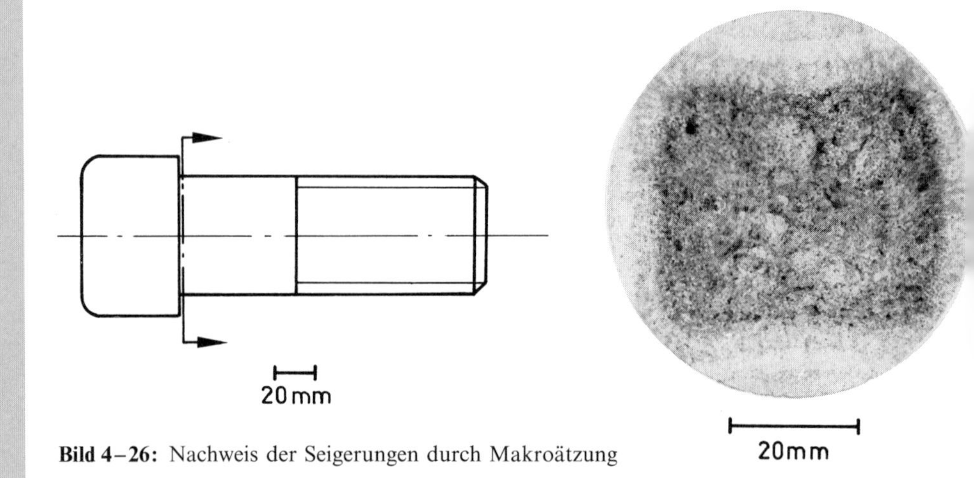

Bild 4–26: Nachweis der Seigerungen durch Makroätzung

Folgerung: Bei der spanenden Bearbeitung wurde der geseigerte Bereich angeschnitten. Der nahezu scharfkantig ausgeführte Querschnittsübergang führte zu hohen Kerbspannungen, die nach kurzer Betriebszeit zu Anrissen führten und anschließend den Sprödbruch verursachten.

Primäre Schadensursache: Ungeeigneter Werkstoff (ausgeprägte Seigerungen)

Schaden: Steckachse einer Zerkleinerungsmaschine

Makroskopische Untersuchung: In dem Übergangsbereich zwischen Kerbverzahnung und zylindrischem Teil liegt eine starke plastische Verformung vor (Bild 4–27). Der Schadensbereich zeigt im wesentlichen zwei verschiedene Merkmale, nämlich Risse, die vorwiegend im Kerbgrund der Verzahnung verlaufen und eine faserige Bruchfläche aufweisen, und Risse quer zur Achsrichtung mit einer mattglänzenden und wenig rauhen Bruchfläche (Bild 4–28). Die trichterförmig ausgebildete nahezu verformungslose Bruchfläche quer zur Achse (Bild 4–29) zeigt vorwiegend eine faserige und

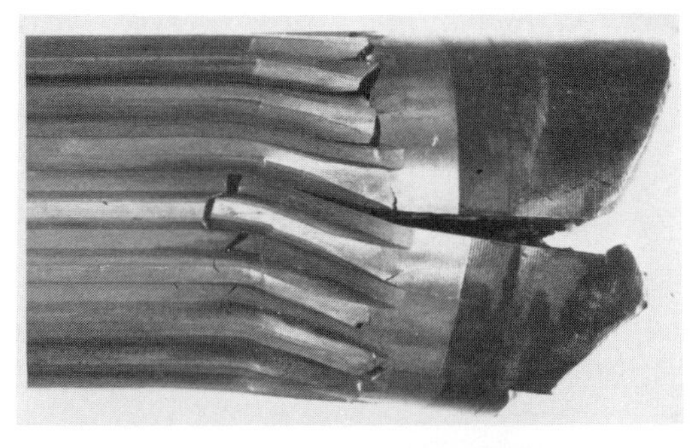

Bild 4–27: Plastische Verformung im Übergangsbereich von zylindrischem Teil und Kerbverzahnung

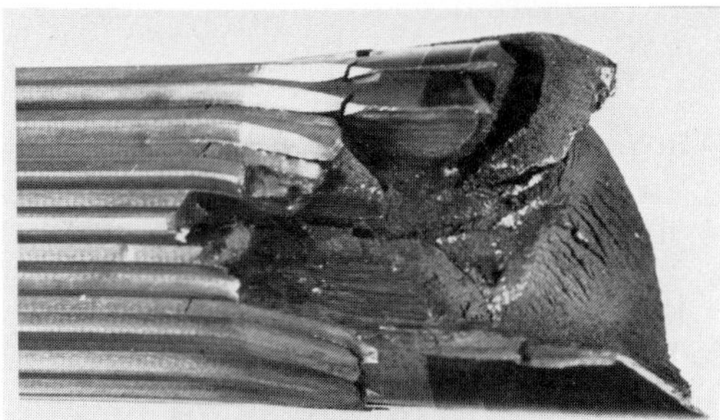

Bild 4–28: Risse mit faserig ausgebildeter Bruchfläche

Bild 4–29: Verlauf der Bruchfläche

zeilenförmige Struktur. Sie ist charakteristisch für eine Faserstruktur des Werkstoffes.

Seigerungen: Durch einen Baumann-Abdruck wurde nachgewiesen, daß der Werkstoff quer zur Achse über den gesamten Querschnitt zahlreiche ausgeprägte Seigerungszeilen aufweist.

Bild 4–30: Bruchflächen der Kerbschlagbiegeproben

Kerbschlagzähigkeit: An DVM-Proben, deren Längsachse quer zur Achsrichtung liegt, wurde eine Kerbschlagarbeit von $A_V = 7$ J ermittelt; die Bruchflächen der Proben weisen ebenfalls eine faserige Struktur auf (Bild 4–30).

Härteverteilung:	Randhärte	450–467	HV 30
	Kern	290	HV 30

Die Härteunterschiede führten zu der trichterförmig verlaufenden Ausbildung des Bruches.

Primäre Schadensursache: Ungeeigneter Werkstoff, Faserstruktur

4.3 Verhalten der Werkstoffe bei Belastung

4.3.1 Allgemeine Betrachtung

Die technisch gebräuchlichen Werkstoffe stellen zumindest im Mikrobereich kein elastisches Kontinuum im Sinne der klassischen Elastizitätslehre dar, d. h. sie sind mit Unstetigkeiten der verschiedensten Größenordnungen behaftet (Bild 4–31). In einem elastischen Kontinuum (a) würden keine inneren Unstetigkeiten auftreten. Jede Unstetigkeit in der Formgebung würde zu einer ungleichmäßigen Spannungsverteilung führen. Im realen Gitter findet man Störstellen in Form von Fremdatomen mit abweichendem Durchmesser, unbesetzten Gitterplätzen (Leerstellen), Versetzungen u. dgl. (b). Ausgeprägtere Spannungsspitzen werden verursacht durch den regellosen Aufbau aus Körnern verschiedener Art und Größe (c) sowie durch Herstellungsfehler (Seigerungen, Poren, Schlackeneinschlüsse, Mikrorisse) (d). Erst im Makrobereich (e) entspricht die Verteilung der wirksamen Kräfte angenähert der Verteilung, wie sie nach der Elastizitätslehre für das elastische Kontinuum zu erwarten ist (a).

Die Spannungsverteilung bei konstruktiv bedingten „Makrofehlern“ in Bauteilen kann je nach konstruktiver Ausbildung und Belastungsart sehr unterschiedlich sein. Während bei einsinniger zügiger Beanspruchung im Bereich der

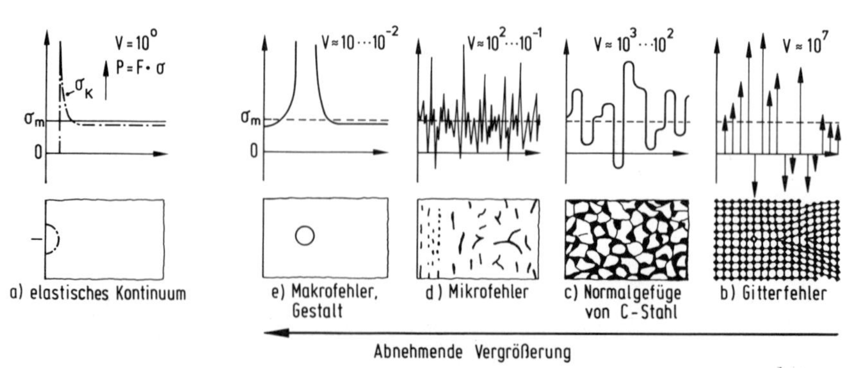

Bild 4–31: Auswirkung der Mikro- und Makrostruktur auf die Spannungsverteilung [7]

Dehnungs- und Spannungsspitzen mäßige plastische Formänderungen im allgemeinen zugelassen werden können, ist das bei schwingender Beanspruchung nur bedingt zulässig, da fast alle Dauerbrüche von solchen Unstetigkeitsstellen ausgehen.

Die Auswirkung der einzelnen Einflußgrößen auf das Verhalten des Werkstoffes kann je nach Belastungsart für die Entstehung eines Schadens von ausschlaggebender Bedeutung sein.

4.3.2 Zügige Beanspruchung

Die im Zugversuch ermittelten Werkstoffkennwerte geben eindeutigen Aufschluß über die Streckgrenze, Zugfestigkeit und Dehnung bei einachsiger Beanspruchung.

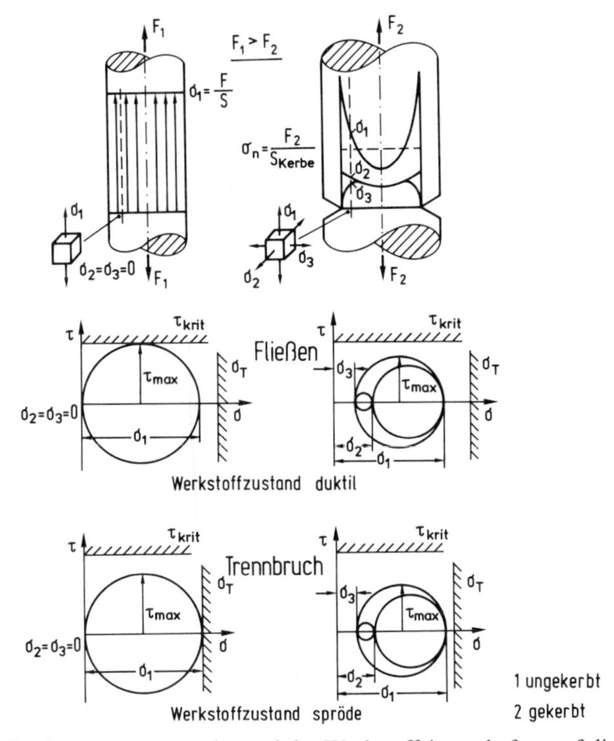

Bild 4–32: Einfluß des Spannungszustandes und der Werkstoffeigenschaften auf die Versagensart bei zügiger Beanspruchung [8]

Mehrachsige Spannungszustände beeinflussen das Verhalten bei zügiger Beanspruchung derart, daß mit zunehmender Spannungsformzahl α_k die Kerbzugfestigkeit ansteigt. Bei der ungekerbten Probe tritt bei zähen Werkstoffen Fließen dann ein, wenn die maximale Schubspannung τ_{max} die kritische Schubspannung τ_{krit}, die durch die Streckgrenze R_{eH} gegeben ist, erreicht (Bild 4–32).

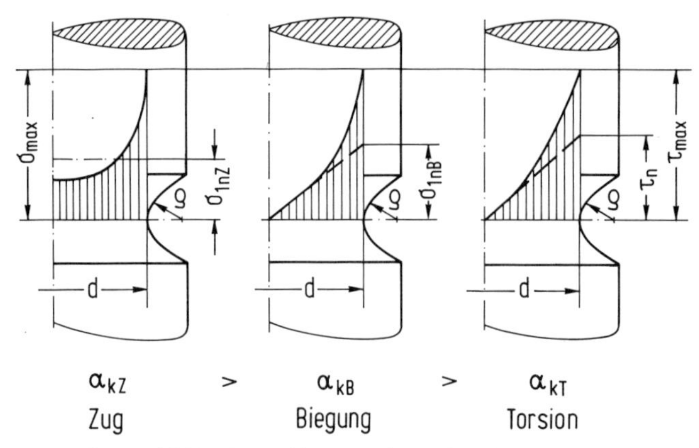

Bild 4–33: Spannungsformzahl für Zug-, Biege- und Torsionsbeanspruchung

Dagegen bewirkt der dreiachsige Spannungszustand eine Fließbehinderung, die mit zunehmender Spannungsformzahl ausgeprägter wird und dazu führen kann, daß die maximale Hauptnormalspannung σ_1 die Trennfestigkeit erreicht, bevor die maximale Schubspannung den kritischen Wert annimmt, d. h. es tritt ein Sprödbruch auf. Bei spröden Werkstoffen erreicht die Hauptnormalspannung auch bei einachsigem Spannungszustand die Trennfestigkeit W_T, bevor Fließen eintreten kann.

Für gleiche Kerbgeometrie ergeben sich je nach Beanspruchungsart unterschiedliche α_k-Werte in der Reihenfolge α_k-Zug > α_k-Biegung > α_k-Torsion (Bild 4–33).

Die Versprödung durch den Spannungszustand ist insbesondere bei Werkstoffen, die bereits bei einachsiger Beanspruchung geringe Zähigkeit aufweisen, ausgeprägt.

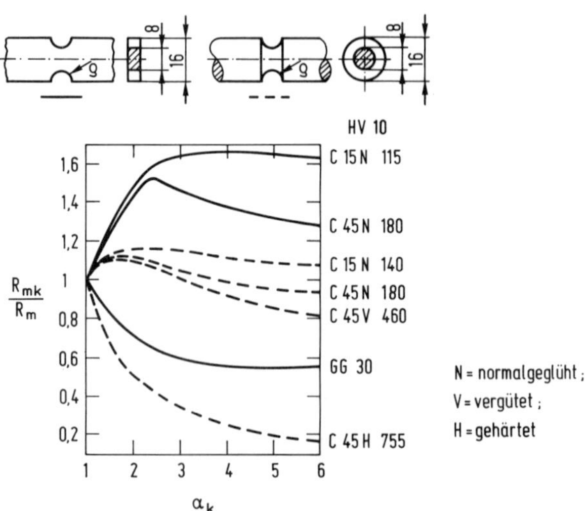

Bild 4–34: Bezogene Kerbzugfestigkeit zäher und spröder Werkstoffe in Abhängigkeit von der Formzahl [9]

Je nach Werkstoffverhalten, verformungsfähig oder spröde, wirkt sich die Spannungsspitze im Kerbgrund auf die Kerbzugfestigkeit derart aus, daß sich entweder eine Kerbverfestigung oder eine Kerbentfestigung einstellt (Bild 4–34). Alle verformungsfähigen Werkstoffe zeigen mit steigender Formzahl α_k eine Festigkeitssteigerung bis zu einem Maximum bei einem bestimmten werkstoffabhängigen α_k-Wert und anschließend eine Festigkeitsverminderung. Diese Erscheinung beruht in erster Linie auf der mit der Belastungssteigerung verbundenen plastischen Verformung im Kerbgrund und der dadurch bewirkten Kerbspannungsverminderung. Bei spröden Werkstoffzuständen tritt diese Erscheinung nicht bzw. nur in geringem Maße auf, d. h. die Spannungsspitze bleibt erhalten. Eine derartige kerbentfestigende Wirkung tritt weitgehend bei gehärteten Werkstoffen auf sowie bei Werkstoffen, die ein kerbbehaftetes Gefüge aufweisen, wie es z. B. beim Gußeisen mit Graphiteinschlüssen der Fall ist.

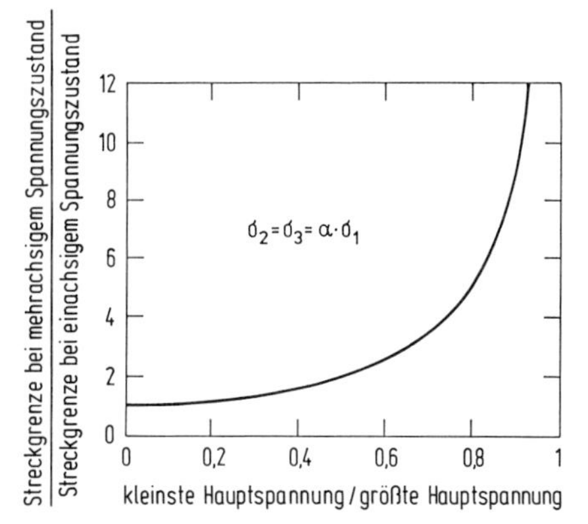

Bild 4–35: Verhältnis der Streckgrenze bei einachsigem Spannungszustand in Abhängigkeit vom Verhältnis der Hauptspannungen; dabei gilt $\sigma_1 > \sigma_2 = \sigma_3$ [10]

Insgesamt betrachtet begünstigt die durch einen mehrachsigen Spannungszustand bedingte Verformungsbehinderung die Gefahr des Sprödbruches, und zwar umso mehr, je ausgeprägter der mehrachsige Spannungszustand ist. Nach Bild 4–35 steigt zum Beispiel die Streckgrenze mit zunehmender Mehrachsigkeit der Spannungen an, bis sie schließlich den Wert ∞ erreicht, der dem homogenen dreiachsigen Spannungszustand entspricht.

Ein mehrachsiger Spannungszustand kann insbesondere auch bei dickwandigen Bauteilen, z. B. bei Behältern unter Innendruck, auftreten durch die Differenz der Spannungen an der Oberfläche und im Inneren. Die dadurch hervorgerufene Verformungsbehinderung muß bei der Tragfähigkeitsermittlung berücksichtigt werden (Bild 4–36). Diese sogenannte Spannungsversprödung wird begünstigt durch alle Einflüsse, die die Streckgrenze erhöhen, wie z. B. durch Alterung und Verfestigung.

Bei steigender Dehngeschwindigkeit wird die obere und untere Streckgrenze erhöht (Bild 4–37), ebenso durch abnehmende Temperatur. Bild 4–38 zeigt die Auswirkung beider Einflußgrößen auf die Streckgrenze von Stählen unter-

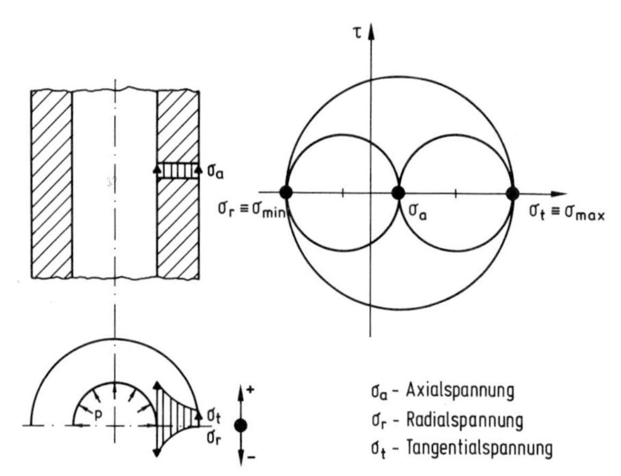

Bild 4–36: Spannungszustand in einem dickwandigen Rohr unter Innendruck

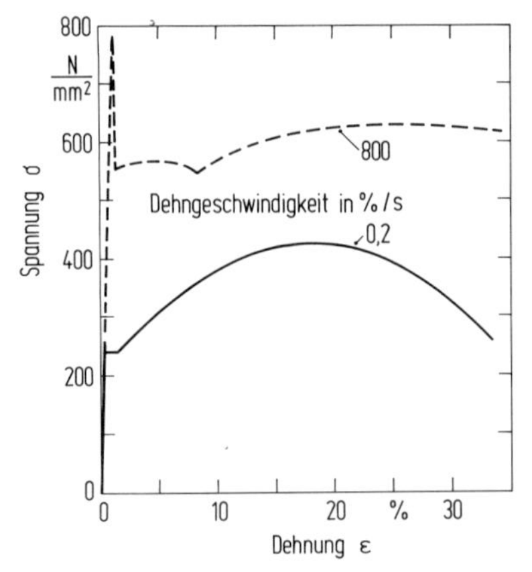

Bild 4–37: Spannungs-Dehnungs-Kurve für quasistatische und dynamische Zugbeanspruchung; Stahl St52-3 [11]

schiedlicher Festigkeit. Die Erhöhung der Streckgrenze im Bereich von Raumtemperatur und – 196 °C verringert sich bei Zugbeanspruchung mit steigender Streckgrenze des Werkstoffes; entsprechend verringert sich die Differenz zwischen den Kurven für statische und dynamische Zugbeanspruchung. Die untere Streckgrenze wird durch Steigerung der Dehngeschwindigkeit umso weniger angehoben, je höher die statische Streckgrenze ist.

Bei unlegierten Stählen mit niedrigem Kohlenstoffgehalt besteht eine lineare Abhängigkeit zwischen der Streckgrenze und der Verformungsgeschwindigkeit im Fließbereich (Bild 4–39). Für derartige Stähle wurde im Mittel festgestellt, daß eine Erhöhung der Dehngeschwindigkeit um den Faktor 10 die untere Streckgrenze um etwa 10 N/mm² erhöht.

Die Höhe der Auswirkung der genannten Einflußgrößen auf das Formänderungsvermögen hängt weitgehend vom Werkstoffzustand ab. Die in Bild 4–40 gezeigte schematische Gegenüberstellung der Kerbempfindlichkeit bei verschie-

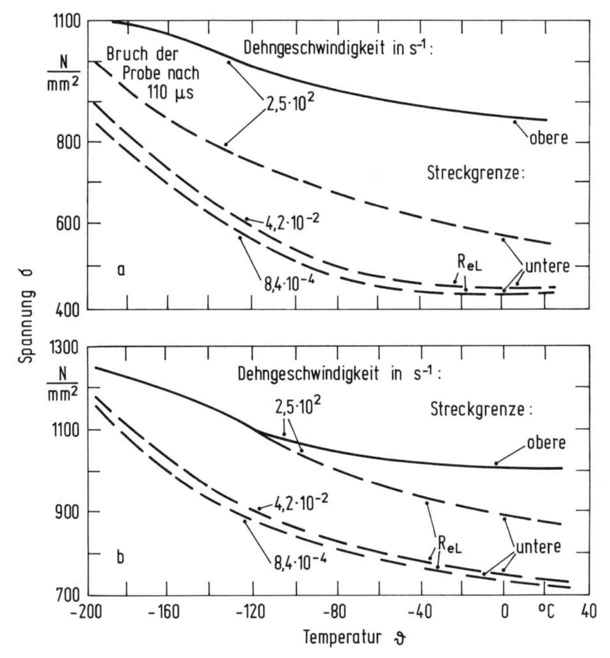

Bild 4–38: Einfluß der Temperatur auf die Streckgrenze bei verschiedenen Dehngeschwindigkeiten [12]; a) Stahl St52-3 mit einem mittleren Korndurchmesser von 6 μm; b) hochfester Baustahl HY 100 mit rd. 0,2% C, 1,4% Cr, 0,6% Mo und 2,9% Ni

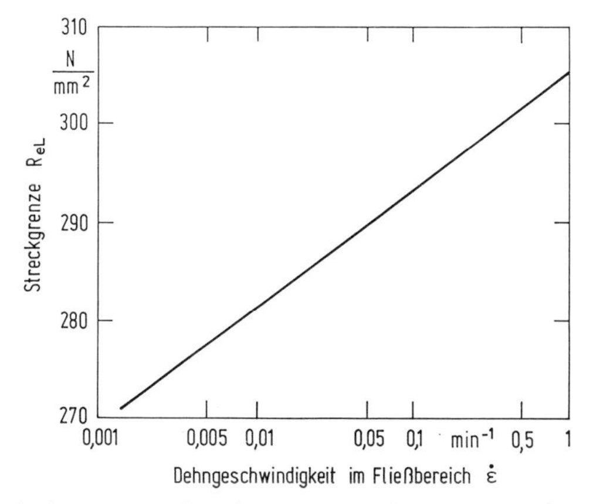

Bild 4–39: Abhängigkeit der unteren Streckgrenze von der Dehngeschwindigkeit bei unlegierten Stählen mit niedrigem Kohlenstoffgehalt [10]

denen Werkstoffzuständen läßt erkennen, daß mit zunehmendem Spannungsformfaktor nur Werkstoffe mit ausreichendem Verformungsvermögen eine ausreichende Sicherheit gegen Sprödbruchversagen bieten.

Die unterschiedliche Abhängigkeit der Streckgrenze und der Zugfestigkeit unlegierter Baustähle von der Temperatur führt dazu, daß bei einer kritischen Tem-

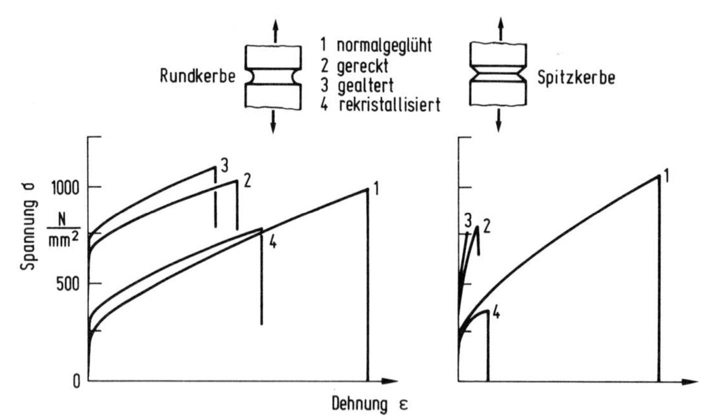

Bild 4–40: Spannungs-Verformungsverhalten bei zügiger Beanspruchung in Abhängigkeit vom Werkstoffzustand und von der Kerbform [13]

peratur das Formänderungsvermögen des Werkstoffes erschöpft ist und bei niedrigeren Temperaturen das Versagen durch Sprödbruch erfolgt (Bild 4–41). Einflüsse, die die Streckgrenze erhöhen, erhöhen auch die kritische Temperatur (Bild 4–42), so daß unter ungünstigen Werkstoff- und Beanspruchungsbedingungen Sprödbrüche auch bei Raumtemperatur auftreten können.

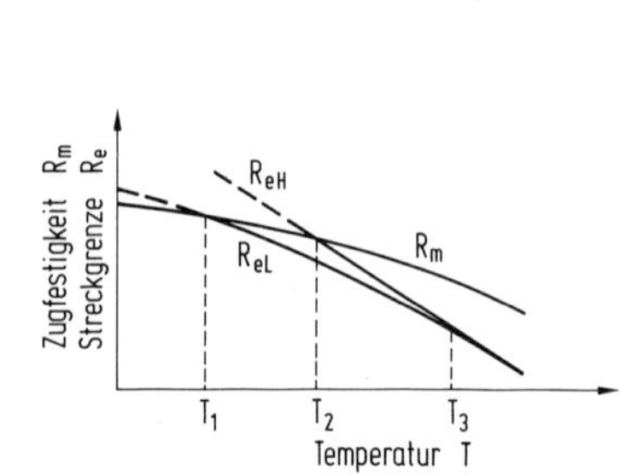

Bild 4–41: Abhängigkeit der Zugfestigkeit sowie der oberen und unteren Streckgrenze von der Temperatur [13]

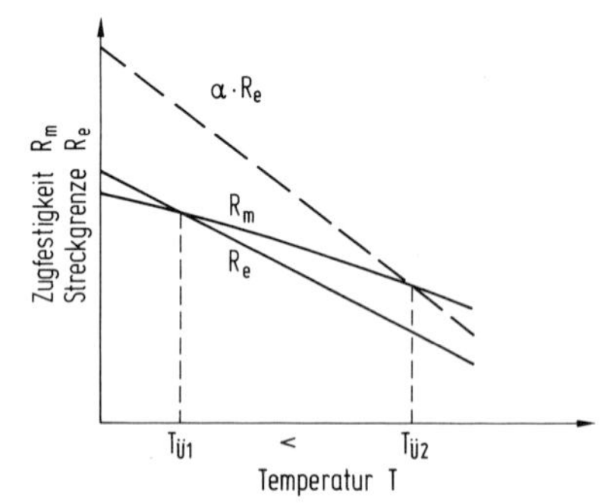

Bild 4–42: Auswirkung der Einflüsse, die die Streckgrenze erhöhen, auf die kritische Temperatur [13]

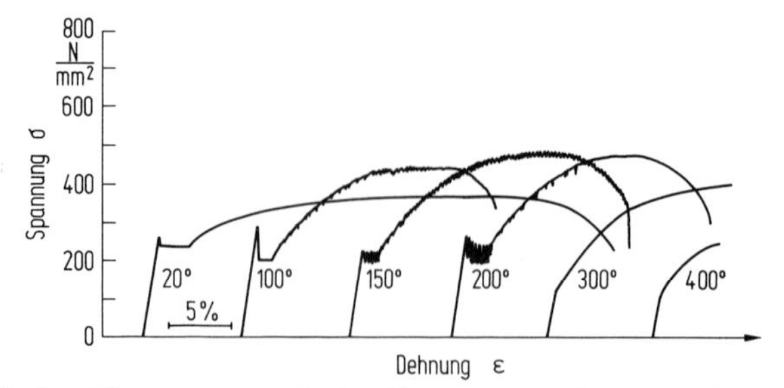

Bild 4–43: Einfluß der Temperatur auf das Spannungs-Dehnungsverhalten von Weicheisen (C = 0,05%, N = 0,004%, Korngröße = 0,02 mm) bei einer Dehnungsgeschwindigkeit von $10^{-4}\,sec^{-1}$ [14]

Der Einfluß einer höheren Temperatur wirkt sich derart aus, daß auch die Stähle, die bei Raumtemperatur eine ausgeprägte Streckgrenze haben, diese ab etwa 300 °C nicht mehr aufweisen (Bild 4–43).

4.3.3 Schwingende Beanspruchung

Das Versagen eines Werkstoffes unter schwingender Beanspruchung setzt voraus, daß während einer hinreichenden Anzahl von Lastwechseln plastische Verformung auftritt; dabei kann der Betrag der plastischen Dehnung pro Lastwechsel im Bereich der Mikroverformung liegen. Darüber hinaus beruht das Versagen nicht auf einem einzelnen Ermüdungsprozeß, sondern auf verschiedenen Teilprozessen, die sich in vier Stadien zusammenfassen lassen, nämlich

- strukturmechanische Veränderungen des Werkstoffes, die zu einer ungünstigen Beeinflussung der mechanischen Werkstoffeigenschaften führen
- Bildung des Anrisses
- Ausbreitung des Anrisses
- Gewaltbruch.

Diese Vorgänge werden in Abschnitt 3.4 ausführlich behandelt.

Das Festigkeitsverhalten üblicher Konstruktionswerkstoffe wird durch die Werkstoffhersteller in der Regel lediglich durch die Angabe statisch ermittelter Festigkeitswerte gekennzeichnet. Das führt dazu, daß z. B. bei wechselnder Beanspruchung die entsprechenden Festigkeitswerte durch eine empirisch fundierte Umrechnung derartiger Werkstoffkennwerte ermittelt und Sicherheitsbeiwerte eingeführt werden müssen. Wie unzulänglich eine derartige Bemes-

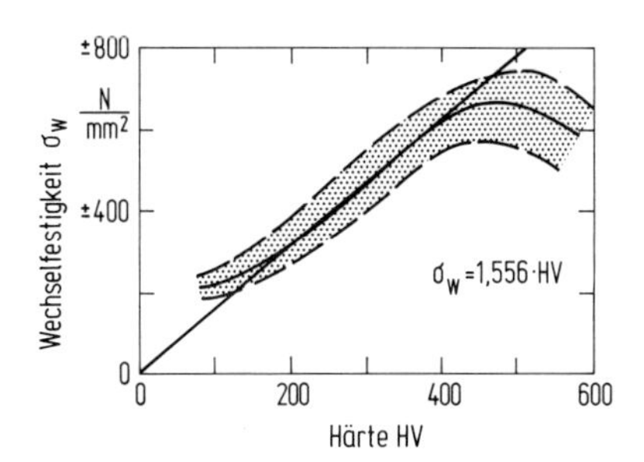

Bild 4–44: Abhängigkeit der Wechselfestigkeit von der Härte [13]

sungsgrundlage ist, zeigt Bild 4–44. Demnach steigt zwar z. B. die Wechselfestigkeit ($\sigma_m = 0$) in einem bestimmten Bereich proportional zur Zugfestigkeit an, jedoch vermindert sich bei höherer Zugfestigkeit werkstoffabhängig die Erhöhung der Wechselfestigkeit in zunehmendem Maße. Dies Verhalten des Werkstoffes ist bedingt durch die mit zunehmender Festigkeit in gleichem Maße auch zunehmende Empfindlichkeit gegenüber Einflüssen wie etwa Oberflächenfeingestalt, Gefügeausbildung, Korngröße, Verunreinigung (Bild 4–45).

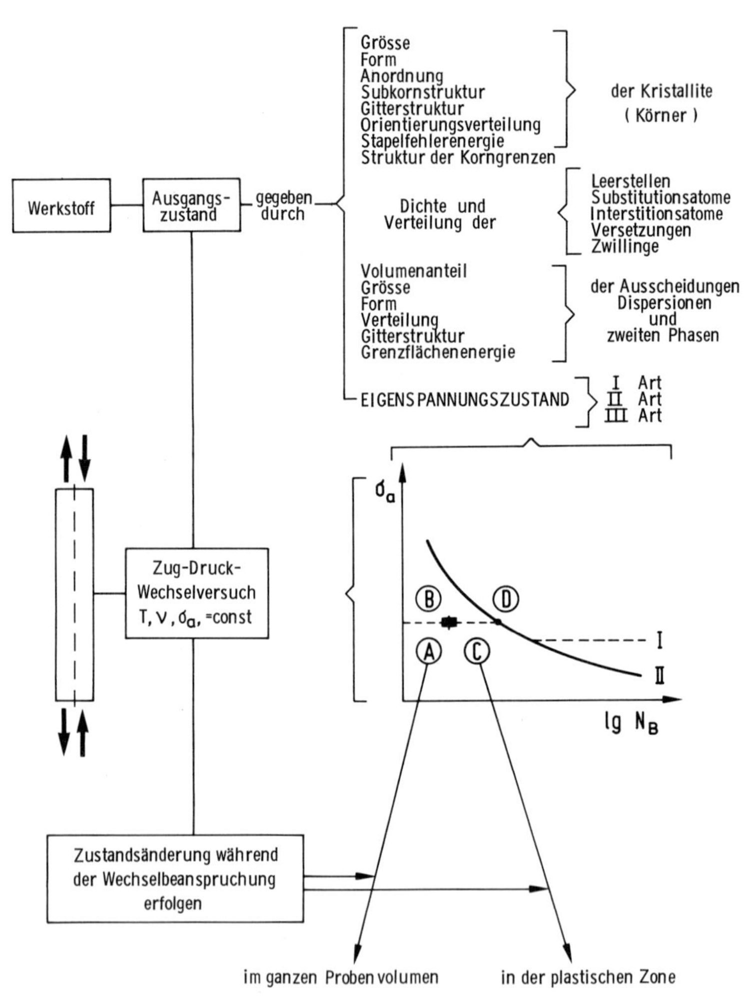

Bild 4–45: Einfluß des Werkstoffes auf den prinzipiellen Ablauf des Ermüdungsvorganges [15]
B Rißbildung; D Dauerschwingbruch; I II Wöhlerkurvenverlauf

Werkstoffverunreinigungen, z. B. nichtmetallische Einschlüsse, Poren, Seigerungen, Korngrenzenkarbide, stellen innere Kerben mit entsprechender Kerbwirkung dar, die die Schwingungsfestigkeit negativ beeinflussen. Derartige Kerben wirken sich besonders ungünstig bei Werkstoffen hoher Festigkeit aus, weil in der Regel mit zunehmender Festigkeit das Formänderungsvermögen abnimmt und sich dadurch die Kerbspannungen voll auswirken können (Bild 4–46). Ein mehrachsiger Spannungszustand und eine hohe Verformungsgeschwindigkeit wirken in gleicher Richtung. Die Auswirkung innerer Kerben ist umso ausgeprägter, je besser die Oberflächengüte ist.

Bei unlegierten Stählen im normalgeglühten Zustand ändert sich die Wechselfestigkeit mit dem Kohlenstoffgehalt in ähnlicher Weise wie die Streckgrenze und die Zugfestigkeit, und zwar bis zu dem Kohlenstoffgehalt, der der eutektoiden

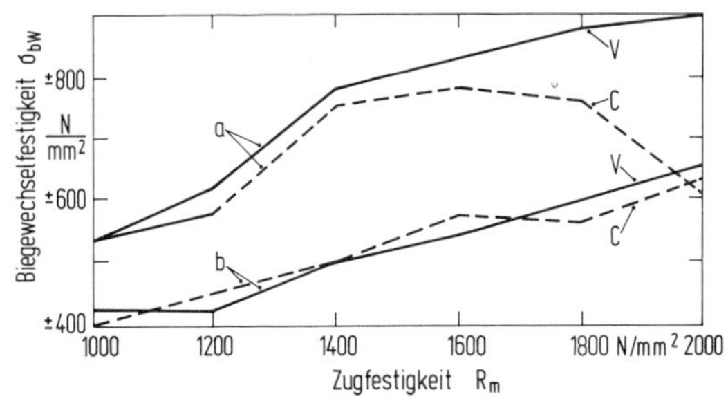

Bild 4–46: Biegewechselfestigkeit ungekerbter und gekerbter Proben aus dem Werkstoff 40SiCrNi 7 5 in Abhängigkeit von der Erschmelzungsart und der Vergütung [16]
a) ungekerbt; b) gekerbt; C) konventionell erschmolzen; V) vakuumerschmolzen

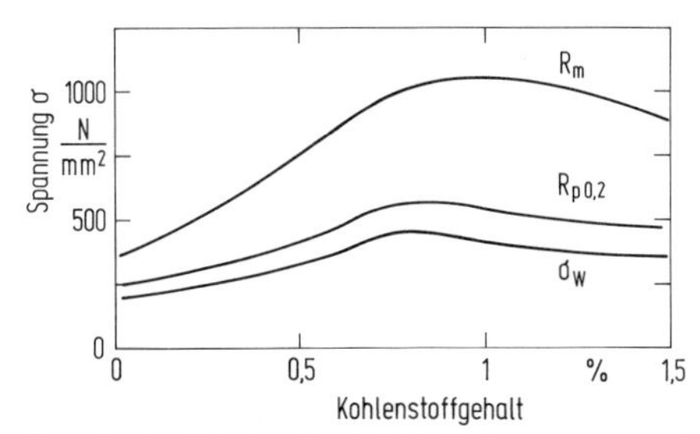

Bild 4–47: Abhängigkeit der Zugfestigkeit, der 0,2%-Dehngrenze und der Wechselfestigkeit von normalgeglühtem, unlegiertem Stahl vom Kohlenstoffgehalt [17]

Legierungszusammensetzung entspricht; bei höherem Kohlenstoffgehalt tritt eine Verminderung der Schwingfestigkeit ein (Bild 4–47). Dieses Verhalten ist darauf zurückzuführen, daß der Ferrit sich zuerst plastisch verformt und daher die anrißfreie Phase der Ermüdung mit wachsendem Perlitanteil als Folge der erhöhten Grundfestigkeit des Gefüges zunimmt.

Legierungselemente beeinflussen die Schwingfestigkeit dann günstig, wenn sie die Zugfestigkeit erhöhen und das Formänderungsvermögen des Werkstoffes nicht wesentlich vermindern.

Bei Baustählen und unlegierten Stählen mit niedrigem Kohlenstoffgehalt kann durch eine Kornfeinung die Schwingfestigkeit erhöht werden, allerdings weniger stark als die Streckgrenze.

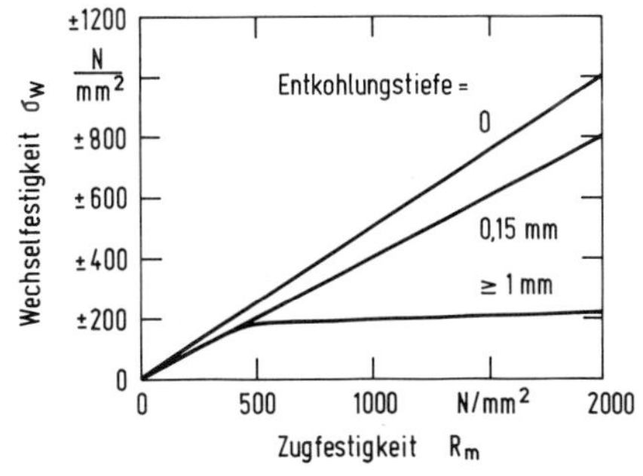

Bild 4–48: Einfluß der Randentkohlung auf die Wechselfestigkeit von Stählen unterschiedlicher Zugfestigkeit [18]

Durch Wärmebehandlung lassen sich die mechanischen Eigenschaften und damit auch die Schwingfestigkeit in weiten Grenzen verändern; z. B. ist die Beziehung von Wechselfestigkeit zu Zugfestigkeit gefügeabhängig. Wärmebehandlungen vermindern die Wechselfestigkeit dann, wenn sie zu inhomogenen Gefügezuständen führen, z. B. durch Mischkristallbildung, Randentkohlung oder Randoxidation (Bild 4–48).

Darüber hinaus wird die Schwingfestigkeit durch weitere Parameter maßgeblich beeinflußt, wie etwa durch

- konstruktive Gestaltung, Kerbwirkung, Oberflächenfeingestalt, Oberflächenhärte, Härtegradient, Eigenspannungen
- Beanspruchung, insbesondere durch plastische Verformung
- Umgebungsbedingungen.

Diese Einflußgrößen werden in Kapitel 5 eingehend behandelt.

4.3.4 Schlagartige Beanspruchung

Mit zunehmender Beanspruchungs- und Verformungsgeschwindigkeit steigen bei ferritischen Stählen Streckgrenze und Zugfestigkeit an (Bild 4–49). Da die Streckgrenze stärker beeinflußt wird, erreicht diese bei einer kritischen Verformungsgeschwindigkeit den Wert der Zugfestigkeit; die Verformungskennwerte Bruchdehnung und Brucheinschnürung erreichen dann die niedrigsten Werte.

Das Verformungsverhalten ferritischer Stähle wird außerdem durch die Temperatur erheblich beeinflußt (Bild 4–50). Demnach erhöhen sich die Werte für Zugfestigkeit und Streckgrenze mit abnehmender Temperatur, die Streckgrenze in stärkerem Maße. Bei einer kritischen Temperatur sind beide Werte gleich, und das Formänderungsvermögen erreicht den Tiefstwert.

Die Werkstoffbeeinflussung durch Temperatur und Verformungsgeschwindigkeit führt zu der Folgerung, daß eine stoßartige Beanspruchung in der Kälte in besonderem Maße mit der Gefahr eines Sprödbruches verbunden ist, wenn die Beanspruchung hoch ist und der Werkstoff eine gezielt hochgetriebene Streck-

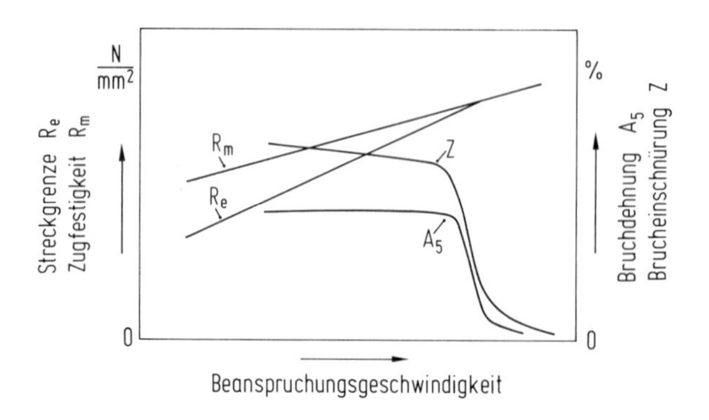

Bild 4–49: Im Zugversuch ermittelte Werkstoffkennwerte in Abhängigkeit von der Beanspruchungsgeschwindigkeit (schematisch) [19]

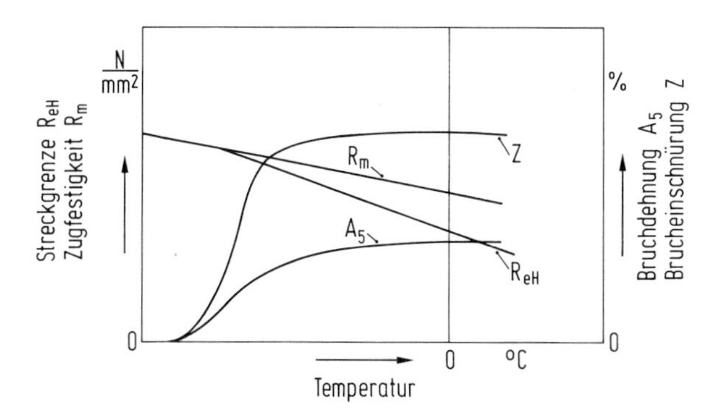

Bild 4–50: Im Zugversuch ermittelte Werkstoffkennwerte in Abhängigkeit von der Temperatur (schematisch) [19]

grenze besitzt; dies trifft besonders für Werkstoffe zu, die zur Ausscheidungshärtung neigen.

Alle weiteren Einflußgrößen, die das Sprödbruchverhalten begünstigen, verschieben die kritische Temperatur zu höheren Werten. Derartige Einflüsse sind z. B. mehrachsiger Spannungszustand, Verformungsgeschwindigkeit und -temperatur, Alterung, nichtmetallische Einschlüsse, Seigerungen, Kaltverfestigung, Abschreck- und Ausscheidungshärtung, Korngrenzenschwächung und natürlich alle Einflüsse, die direkt eine Werkstoffversprödung bewirken, wie Spannungsrißkorrosion, Wasserstoff- und Strahleneinwirkung.

Austenitische Stähle sind weitgehend unempfindlich gegen Versprödung durch Beanspruchungsgeschwindigkeit und Temperatur.

4.3.5 Beanspruchung bei erhöhter Temperatur

4.3.5.1 Ruhende Beanspruchung

Die diesbezüglichen Anforderungen an die Werkstoffe richten sich im wesentlichen nach den Betriebsbedingungen und nach der geforderten Lebensdauer; dabei ist die Betriebstemperatur, die je nach Verwendungszweck etwa zwischen RT und 1200 °C liegen kann, für die Wahl des Werkstoffes von ausschlaggebender Bedeutung.

Außer einer thermischen Beanspruchung sind warmfeste Werkstoffe häufig auch einem chemischen Angriff durch die sie umgebenden gasförmigen, flüssigen oder festen Medien ausgesetzt. In diesen Fällen wird gefordert, daß die Werkstoffe gegenüber Zunder- und Korrosionsvorgängen sowie gegenüber der Aufnahme der Elemente Kohlenstoff, Stickstoff und Wasserstoff weitgehend beständig sind.

Tritt lediglich eine konstante thermische und mechanische Beanspruchung auf, so geht man bei der Festigkeitsbetrachtung häufig von der Sicherheit gegen Bruch aus und verwendet für die Ermittlung der geforderten Lebensdauer die Zeitstandfestigkeit unter Berücksichtigung eines Sicherheitsbeiwertes. Dürfen bestimmte Grenzwerte der Formänderung nicht überschritten werden, z. B. bei

Turbinenbauteilen, so ist bei der Dimensionierung ein Verformungsgrenzwert, z. B. die 0,2%-, 0,6%- oder 1%-Dehngrenze, zugrunde zu legen.

Unabhängig von dieser Festigkeitsbetrachtung muß vom Werkstoff ein ausreichender Kriech- und Relaxationswiderstand verlangt werden, wobei unter Relaxation ein zeitabhängiger Spannungsabfall bei konstanter Verformung verstanden wird. Insbesondere bei Bauteilen, die eine elastische Verformung über eine möglichst lange Zeitspanne konstant halten sollen, wie z. B. bei Teilfugenschrauben an Turbinengehäusen, muß der Relaxationswiderstand besonders groß sein. Andererseits soll der Relaxationswiderstand dort möglichst klein sein, wo elastische Spannungen unerwünscht sind, z. B. in Bauteilbereichen mit konstruktiv bedingter Spannungserhöhung, wie dies bei Querschnittsübergängen und Kerben der Fall ist.

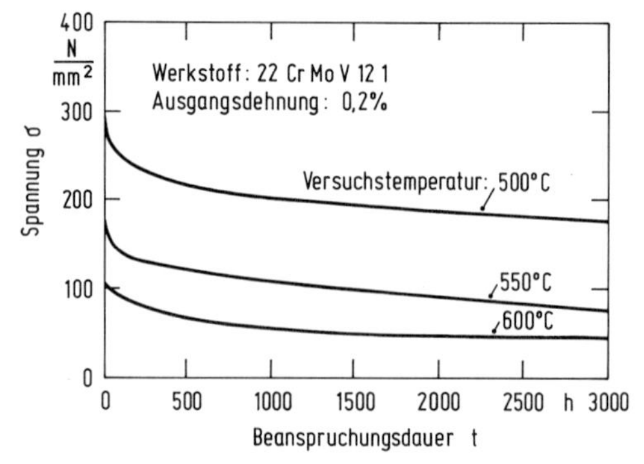

Bild 4–51: Ergebnisse von Relaxationsversuchen an dem Werkstoff X 22 CrMoV 12 1 [20]

Das Relaxationsverhalten wird im Entspannungsversuch ermittelt. Hierbei wird die Probe bei konstant gehaltener Temperatur belastet, wobei die Anfangsverformung während des Versuches konstant gehalten und die Abnahme der Spannung gemessen wird. Bild 4–51 zeigt das Verhalten des Stahles X22CrMoV121 unter diesen Bedingungen bei verschiedenen Temperaturen. Nach einem spontanen Spannungsabfall nähern sich die Kurven asymptotisch der Horizontalen, d. h. der Spannung, bei der kein Fließen mehr auftritt. Bild 4–52 zeigt die Möglichkeit, in betriebsnaher Art das Entspannungsverhalten von Schraubenverbindungsmodellen zu untersuchen.

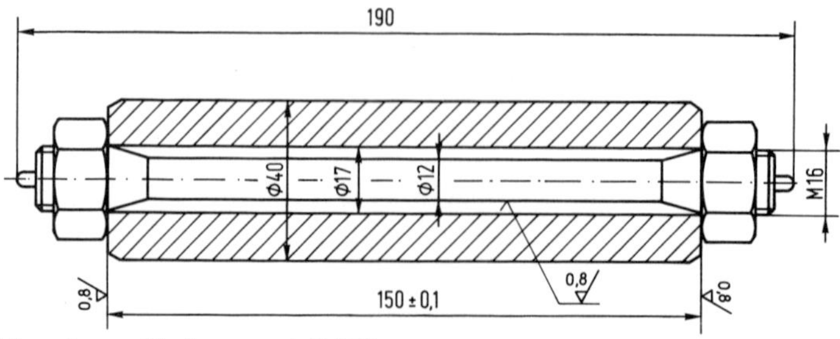

Bild 4–52: Schraubenverbindungsmodell [20]

Der Schraubenbolzen wird bei Raumtemperatur so verspannt, daß seine Gesamtdehnung 0,2% beträgt. Anschließend erfolgt die Untersuchung bei konstanter Prüftemperatur. Nach der vorgesehenen Prüfdauer, z. B. 10 000 Stunden, wird das Rohr aufgetrennt und die elastische Rückfederung gemessen. Unter Berücksichtigung des Elastizitätsmoduls bei Prüftemperatur werden sowohl die Anfangs- als auch die Restspannung errechnet.

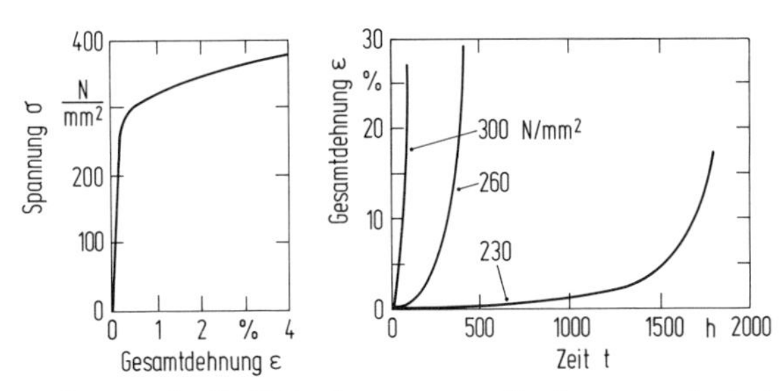

Bild 4–53: Verhalten einer FeCo-CrNi-Legierung unter Zugbeanspruchung bei 700 °C [21]

Das Verhalten des Werkstoffes unter länger andauernder ruhender Beanspruchung bei höherer Temperatur kann, wie Bild 4–53 erkennen läßt, nicht durch die Ergebnisse von Zugversuchen beschrieben werden. Während bei zügiger Beanspruchung die 0,2%-Dehngrenze für den untersuchten Werkstoff bei etwa 280 N/mm^2 liegt, führt eine ruhende einwirkende Spannung von 300 N/mm^2 bereits nach etwa 100 Stunden zum Bruch; selbst eine Spannung von 230 N/mm^2 führt nach einer Belastungsdauer von etwa 1800 Stunden zum Bruch.

Die thermische Beanspruchung bewirkt zunächst eine Gefügeänderung, die mit zunehmender Zeit ausgeprägter wird und werkstoffabhängig ist. Langzeitglühversuche bis nahezu 100 000 h führen je nach Werkstoff zu unterschiedlichen Eigenschaftsveränderungen. Bei den ferritischen Werkstoffen wird in der Regel eine Abnahme der Härte und Kerbschlagarbeit mit zunehmender Glühdauer beobachtet. Die austenitischen Stähle zeigen dagegen überwiegend zunächst einen Härteanstieg, verbunden mit einem starken Abfall der Kerbschlagarbeit. Häufig stabilisiert sich dieser Zustand nach längerer Glühzeit. In einigen Fällen wurde beobachtet, daß diese ungünstige Eigenschaftsveränderung bei zunehmender Glühdauer wieder rückgängig gemacht wird.

Die Haupteinflüsse Spannung, Temperatur und Zeit bestimmen demnach sowohl die Versuchsverfahren als auch das Verhalten der Werkstoffe bei langzeitiger Beanspruchung. Die Darstellung dieser Abhängigkeiten erfolgt in Zeitstand-Schaubildern, (s. Abschn. 3.3.2).

Die einzelnen Bereiche der Kriechverformung werden häufig als primäres, sekundäres und tertiäres Kriechen bezeichnet (Bild 4–54). Nach Aufbringen der Belastung findet in dem primären Kriechbereich vorwiegend eine interkristalline Verformung statt, die eine Verfestigung verursacht und eine Abnahme des Kriechens bewirkt; bei höheren Temperaturen treten zusätzlich Erholungs- und

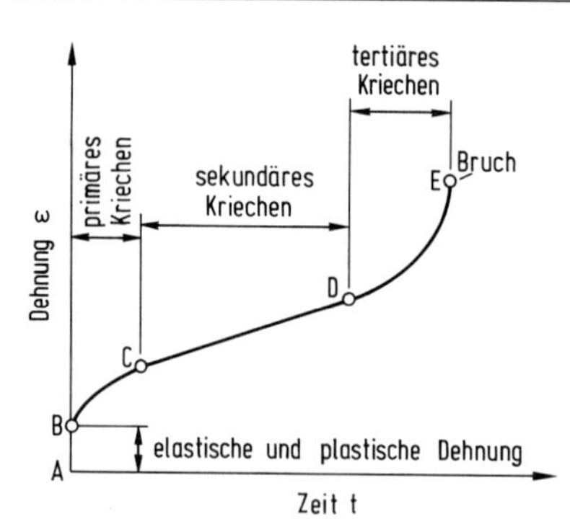

Bild 4–54: Schematische Darstellung der Kriechkurve

Rekristallisationsvorgänge auf, die zu einer Verminderung der Verfestigung führen. Dadurch tritt ein dynamisches Gleichgewicht auf, was eine nahezu gleichbleibende Kriechgeschwindigkeit zur Folge hat; diesen Bereich bezeichnet man als sekundären Kriechbereich. Die damit verbundene Verformung führt zu Leerstellenbildung, Rissen, Gefügeauflockerungen und schließlich zu einer inneren Einschnürung. Dadurch entsteht eine Querschnittsverminderung, die ihrerseits zu höherer Spannung, zu einer stetigen Zunahme der Kriechgeschwindigkeit und schließlich zum Bruch führt. Diesen Bereich nennt man tertiären Kriechbereich. Nicht bei jedem Kriechversuch treten alle Bereiche auf.

Faßt man die Einflußgrößen thermische Beanspruchung, Zeit und mechanische Beanspruchung als Zeitstandbeanspruchung zusammen, so können die im Werkstoff während einer derartigen Beanspruchung ablaufenden Vorgänge unterschieden werden in reversible und irreversible Gefügeänderungen. Reversible Veränderungen des Werkstoffes sind z. B. durch Diffusionsvorgänge hervorgerufene Gefügeumwandlungen, wie das Einformen von Zwischenstufengefüge, die Ausscheidung und Koagulation von Karbiden im Ferrit und die Umwandlung von Restaustenit in Martensit. Es handelt sich demnach um Vorgänge, die durch eine angepaßte Wärmebehandlung rückgängig gemacht werden können.

Mit dem Kriechen zwangsläufig verbunden sind Wanderungen von Gitterfehlstellen und -versetzungen sowie deren Agglomeration auf den Korngrenzen. Diese Vorgänge sind irreversibel. Sie führen in Verbindung mit den ebenfalls auftretenden Korngrenzenabgleitungen zur Bildung von Mikroporen, Spalten und Mikrorissen. Dieser Zustand weist direkt auf eine bevorstehende Lebensdauerbeendigung hin.

Bei metallischen Werkstoffen ist die Prüftemperatur, bei der die Ermittlung des Zeitstandverhaltens notwendig ist, umso niedriger, je niedriger die Temperatur der Kristallerholung ist. Grundsätzlich führen steigende Beanspruchungstemperaturen zu sinkendem Formänderungswiderstand; der Einfluß der Formänderungsgeschwindigkeit ist bei höheren Temperaturen ausgeprägter als bei Raumtemperatur.

4.3.5.2 Zeitlich veränderliche Beanspruchung

Häufig treten in Bauteilen wechselnde Temperaturen auf, z. B. in Turbinenläufern. Die entstehenden Temperaturdifferenzen zwischen der Oberfläche und den inneren Werkstoffbereichen können zu Zusatzbeanspruchungen führen, die eine plastische Teilverformung verursachen (Bild 4–55). Bei Temperatursteigerung tritt eine Druckspannung und bei Temperaturabfall eine Zugbeanspruchung auf. Insgesamt betrachtet wird dadurch eine Dehnungswechselbeanspruchung bewirkt, die zeitabhängig ist, d. h. abhängig von den Betriebsbedingungen.

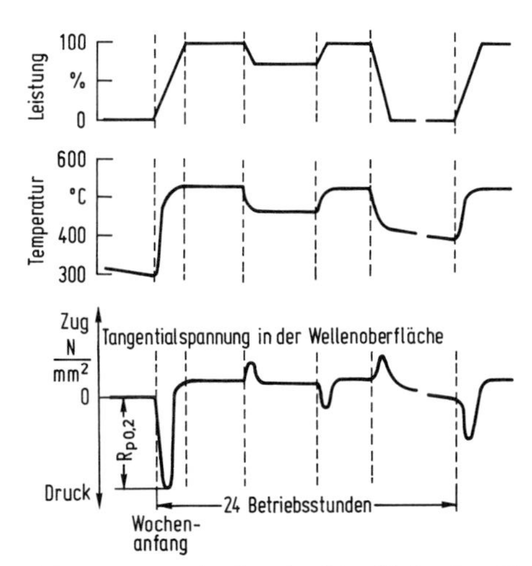

Bild 4–55: Temperatur und Spannungsverlauf an der Oberfläche einer Turbinenwelle in Abhängigkeit von der angegebenen Leistung (schematisch) [22]

Die Beanspruchung derartiger Bauteile ist komplex. Daraus resultiert, daß die entsprechend beanspruchten Konstruktionswerkstoffe folgende Eigenschaften in ausreichendem Maße aufweisen müssen [22]:

- Kriechwiderstand
- Relaxationswiderstand
- Festigkeit bei Dehnungswechselbeanspruchung
- Sicherheit gegen Sprödbruch
- homogene Festigkeitseigenschaften im gesamten Querschnitt
- Verformungsvermögen bei Raum- und Betriebstemperatur
- Zunderbeständigkeit
- Beständigkeit gegenüber dem Betriebsmedium.

Nach [22] haben sich zur quantitativen Darstellung des Werkstoffverhaltens folgende Werkstoffkennwerte bewährt:

- Zeitdehngrenze und Zeitstandfestigkeit
- Restspannung

- Anrißschwingspielzahl, Rißwachstumsgeschwindigkeit
- Spannungsintensitätsfaktor
- konventionelle technologische Werte
- Kerbschlagarbeit, Übergangstemperatur
- Zeitstand-Bruchduktilität, ausreichende Zeitstandfestigkeit glatter und gekerbter Proben
- Metallabtrag, Zunderkonstante.

Die zeitliche Erfassung veränderlicher Werkstoffbeanspruchung bei erhöhter Temperatur gewinnt demnach in zunehmendem Maße an Bedeutung. Je nach Beanspruchungsverhältnissen unterscheidet man nach [24]:

- Veränderliche Zeitstandbeanspruchung
- Dehnungswechselbeanspruchung
- kombinierte Dehnungswechsel- und Kriechbeanspruchung
- Spannungswechselbeanspruchung.

Zur Auslegung gegen unzulässige Verformung bei veränderlicher Zeitstandbeanspruchung wurden eine Reihe von Hypothesen zur Ermittlung des Verlaufes der Kriechkurven entwickelt. Grundsätzlich liegt allen Hypothesen die in Bild 4–56 dargestellte Vorgehensweise zugrunde: Ausgehend von einer Beanspruchung, charakterisiert durch die Temperatur T_1 und die Prüfspannung σ_1, die während der Beanspruchungsdauer t_1 zu der Kriechdehnung ε_1 führt, ändere sich zu dem Zeitpunkt t_1 die Beanspruchung zu $T = T_2$ und zu $\sigma = \sigma_2$. Der weitere Verlauf der Kriechkurve ist nun durch eine entsprechende Kurve T_2, σ_2 gekennzeichnet. Die verschiedenen Hypothesen unterscheiden sich durch unterschiedliche Wahl des Anfangspunktes t_1, ε_1 des zu übertragenden Kurvenabschnittes der Beanspruchung T_2, σ_2.

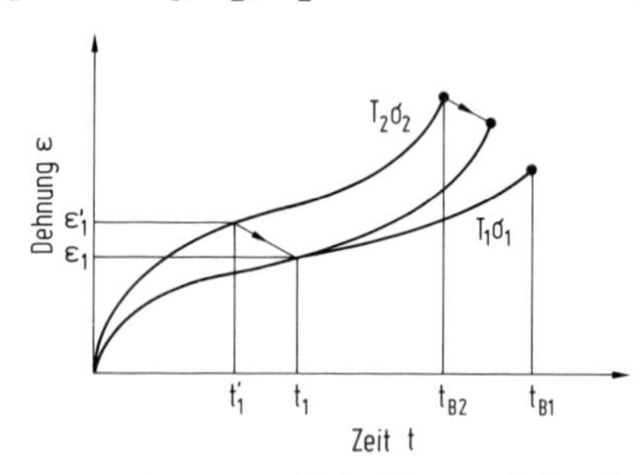

Bild 4–56: Regeln zur Zusammensetzung von Kriechkurven bei veränderlicher Zeitstandbeanspruchung [23]. Zeit-Verfestigung $t'_1 = t_1$; Dehnungs-Verfestigung $\varepsilon'_1 = \varepsilon_1$; Bruchzeit t_B; Lebensdaueranteilregel $t'/t_{B2}) = t_1/t_{B1}$

Von den bekanntgewordenen Hypothesen, wie z. B. die Zeitverfestigungs-, Dehnungsverfestigungs-, Energieverfestigungs- und Lebensdaueranteilregel, wird überwiegend die zuletzt genannte Regel in der modifizierten Form

$$\sum_{i=1}^{N_B} \frac{t_i}{t_{Bi}} = L \tag{4.1}$$

angewendet, mit der relativen Lebensdauer L und den Bruchzeiten t_{Bi}, die für die Beanspruchungsbedingungen N_B während der Zeitabschnitte t_i kennzeichnend sind [24].

Für einstufige Rechteckzyklen von Spannung und Temperatur, wie sie kennzeichnend sind für viele betriebliche Beanspruchungsfälle, ergibt sich eine schematische Darstellung der Zeitbeanspruchung entsprechend Bild 4–57.

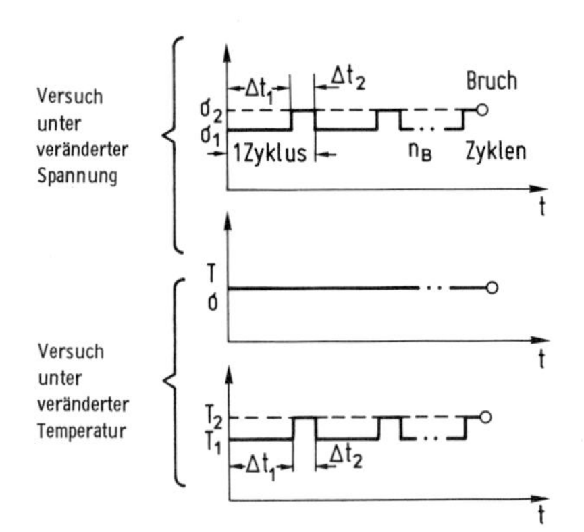

Bild 4–57: Rechteckzyklisch veränderte Zeitstandbeanspruchung (schematisch), Parameter des Rechteckzyklus und Bruchzeit t_{Bv} unter veränderter Beanspruchung [24]

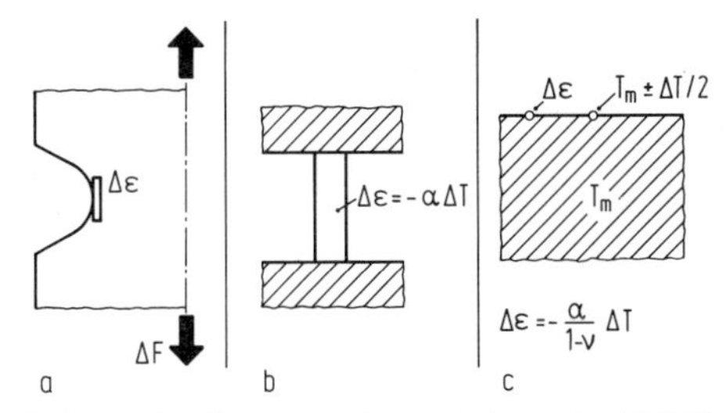

Bild 4–58: Beispiele für Dehnwechselbeanspruchung (schematisch) [24]

a) Überelastisch beanspruchter Kerbgrund eines zyklisch elastisch beanspruchten Bauteils

b) Eingespannter Stab mit zyklischer Temperaturänderung ΔT

c) Von einer Seite wechselweise beheizte und gekühlte Platte

T_m mittlere Temperatur

$\Delta\varepsilon$ Gesamtdehnungsschwingbreite

Andererseits tritt bei formschlüssig beanspruchten Bauteilen, denen an kritischen Stellen eine vorgegebene Wechseldehnung aufgezwungen wird, eine Dehnwechselbeanspruchung auf (Bild 4–58). Diese Beanspruchungsart wird im allgemeinen entsprechend Bild 4–59 definiert als eine überelastische Beanspruchung, bei der die Spannungsschwingbreite $\Delta\sigma$ den doppelten Betrag der Streckgrenze R_e überschreitet. Der zeitliche Verlauf einer vorgegebenen näherungsweise dreiecksförmig verlaufenden Gesamtdehnung ε und der daraus resultierenden Spannung σ ist in Bild 4–60 schematisch dargestellt. Wird der Dehnungsausschlag ε_a konstant gehalten, so kann sich die Spannung im Verlauf

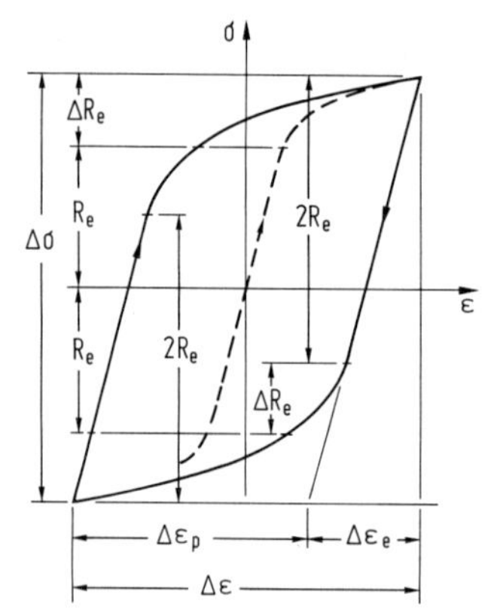

Bild 4–59: Hystereseschleife bei überelastischer zyklischer Beanspruchung [24]. $\Delta\varepsilon$: Gesamtdehnungsschwingbreite; $\Delta\varepsilon_e$: Schwingbreite der elastischen Dehnung; $\Delta\varepsilon_p$: Schwingbreite der plastischen Dehnung; $\Delta\sigma$: Spannungsschwingbreite ($\Delta\sigma = \Delta\varepsilon_e \cdot E$); R_e: Streckgrenze; ΔR_e: Streckgrenzenerniedrigung nach Verformungsumkehr

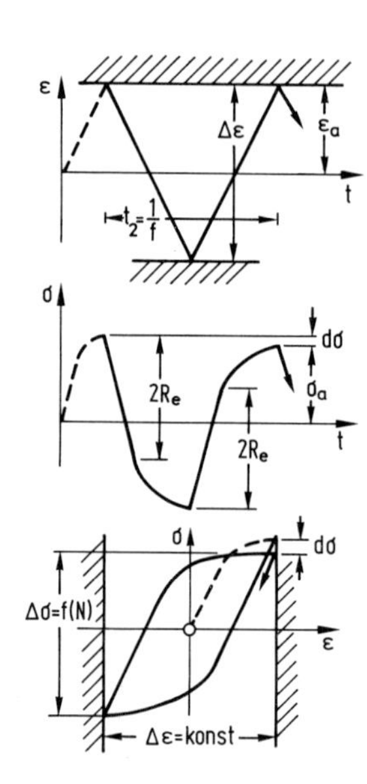

Bild 4–60: Schematische Darstellung des zeitlichen Dehnungs- und Spannungsverlaufes bei einem dreiecksförmigen Dehnwechselversuch mit einer Entfestigung $d\sigma$ je Lastwechsel ε_a Dehnungsausschlag ($\varepsilon_a = \Delta\varepsilon/2$); σ_a Spannungsausschlag ($\sigma_a = \Delta\sigma/2$ [24]

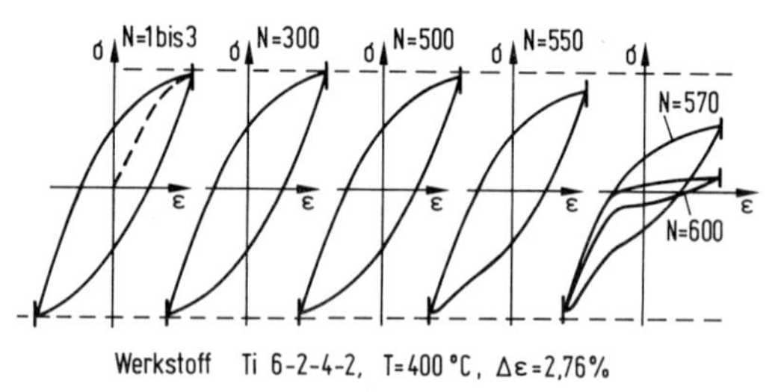

Bild 4–61: Hysteresisschleifen eines Dehnwechselversuches an einer Titanlegierung [25]

eines Dehnungswechselversuches ändern, z. B. durch Entfestigung um $d\sigma$ je Lastwechsel. Bild 4–61 zeigt entsprechende Hystereseschleifen eines Dehnungswechselversuches an einer Titanlegierung.

Erfahrungsgemäß treten an dehnungswechselbeanspruchten Bauteilen Schäden bevorzugt an „Kerben" auf. Da die Ermittlung des Dehnungswechselverhaltens in der Regel an glatten Proben erfolgt, geht man bei der Übertragung derartig ermittelter Werte von der Annahme aus, daß eine im Kerbgrund erzwungene überelastische Wechseldehnung zu der gleichen Anrißschwingspielzahl führt wie eine ebenso große Wechseldehnung, die an glatten Proben bei Dehnungswechselbeanspruchung den Anriß bewirkt. Daraus folgt, daß die Dehnung im Kerbgrund bekannt sein muß [26]. Bei überelastischer Beanspruchung tritt im Kerbgrund eine teilplastische Verformung ein (Bild 4–62). Demzufolge führt

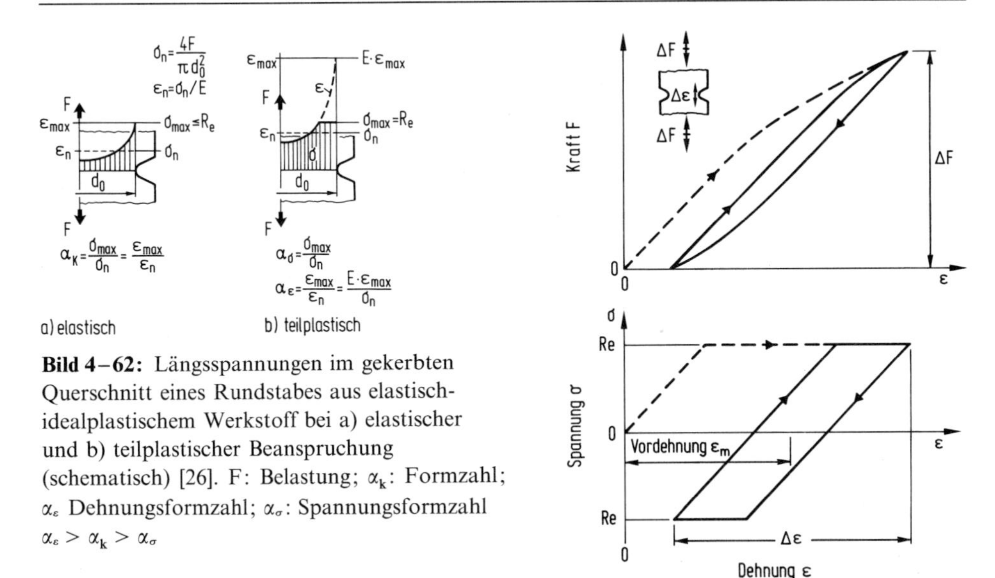

Bild 4–62: Längsspannungen im gekerbten Querschnitt eines Rundstabes aus elastisch-idealplastischem Werkstoff bei a) elastischer und b) teilplastischer Beanspruchung (schematisch) [26]. F: Belastung; α_k: Formzahl; α_ε Dehnungsformzahl; α_σ: Spannungsformzahl $\alpha_\varepsilon > \alpha_k > \alpha_\sigma$

Bild 4–63: Wechseldehnung im Kerbgrund als Folge einer Schwellast am Kerbstab (schematisch) [26]

eine zyklische Kraftumkehr dazu, daß im Kerbgrund eine Hystereseschleife im Spannungsdehnungsschaubild durchlaufen wird (Bild 4–63).

Die Annahme eines dreieckförmigen Dehnungsverlaufes ist nur beschränkt zutreffend, weil die unter realen Betriebsbedingungen auftretenden Dehnungen häufig angenähert rechteckig verlaufen. Außerdem treten häufig Haltezeiten auf, z. B. beim An- und Abfahren thermischer Anlagen. Um diese Einflüsse erfassen zu können, wurde die Versuchsdurchführung angepaßt, z. B. durch Dehnungswechselbeanspruchung mit Haltezeit, durch kombinierte Dehnwechsel- und Kriechbeanspruchung, durch betriebsähnliche Beanspruchung, wobei die Regeln der Schadensakkumulation von besonderem Interesse sind. Bild 4–64 zeigt als Beispiel, wie bei einer Dampfturbinenwelle der Verlauf der Dehnung zur Ermittlung der Dehnwechselschädigung sowie der Verlauf der

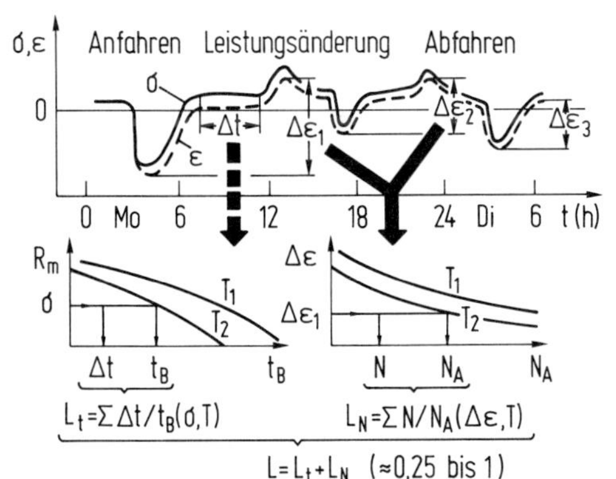

Bild 4–64: Zur Auslegung und Überwachung thermisch-mechanisch beanspruchter Bauteile am Beispiel einer HD-Welle einer Dampfturbine (schematisch) [27]
L: Lebensdauer; L_t: Dehnungswechselschädigung; L_N: Kriechschädigung

Spannung zur Ermittlung der Zeitstandschädigung herangezogen werden kann, wobei eine Schadensakkumulation mit einer relativen Lebensdauer L < 1 angenommen wird. Hierzu werden die Schädigungsanteile an den kritischen Stellen ermittelt und z. B. in einem sogenannten „Lebensdauerzähler“ zur Errechnung der verbrauchten Lebensdauer zusammengefaßt.

Bei Temperaturwechselversuchen werden durch zyklische Temperaturänderungen an bestimmten Stellen des äußerlich unbelasteten Probenkörpers Wechseldehnungen erzeugt; bei sehr schnell ablaufenden Temperaturveränderungen spricht man auch von Thermoschockbeanspruchung. Die Temperaturwechselbeständigkeit wird demnach definiert als die Anzahl der Temperaturwechsel, die ein bestimmter Prüfkörper bei der speziellen Art des Temperaturwechsels bis zum Auftreten eines Anrisses erträgt; Bild 4–65 zeigt derart erzeugte Thermoschockrisse an Auslaßventilen.

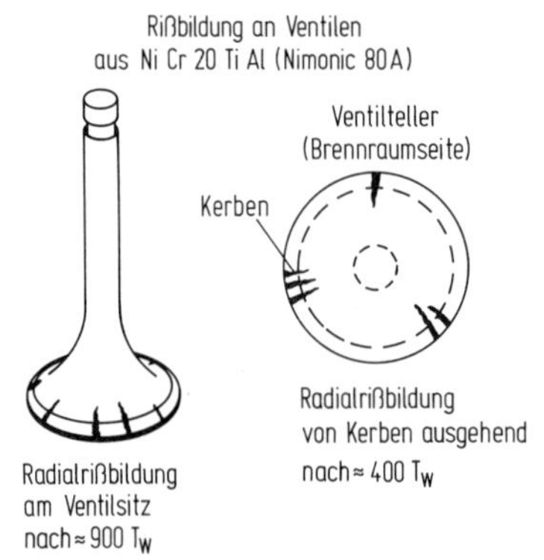

Bild 4–65: Thermoschockrisse an Auslaßventilen [28]. T_w: Temperaturwechsel

Spannungswechselversuche werden angewendet zur Nachbildung der Anstrengung kraftschlüssig beanspruchter Bauteile. Sie werden meist im Bereich hoher Lastspielzahlen (HCF-Bereich) durchgeführt, weil derartige Betriebsbeanspruchungen überwiegend mit hohen Frequenzen verbunden sind, die insbesondere bei Resonanzschwingungen hohe Werte erreichen können. Derartige Versuche führen zu Ergebnissen, wie sie beispielsweise in Bild 4–66 gezeigt sind.

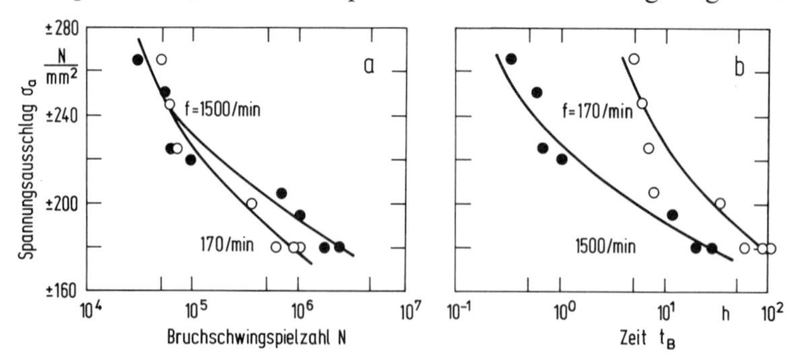

Bild 4–66: Biegewechselfestigkeit eines 13% Cr-Stahles bei 600 °C für zwei unterschiedliche Frequenzen in Abhängigkeit von der Bruchlastspielzahl (a) und von der Beanspruchungsdauer bis zum Bruch (b) [29]

Literatur Kapitel 4

[1] *Schumann, H.:* Metallographie, 6. Aufl. VEB Deutscher Verlag für Grundstoffindustrie, Leipzig 1967, S. 252 (B)

[2] *Pohl, E.:* Das Gesicht des Bruches metallischer Werkstoffe, Bd. III, Allianz Versicherungs-AG, München und Berlin, (B)

[3] *Thielsch, H.:* Defects and Failures in Pressure Vessels and Piping, Reinhold Publishing Corporation, Chapman & Hall, Ltd., London, New York 1965 (B)

[4] *Rapatz, F.:* Die Edelstähle. 5. Aufl., Springer-Verlag Berlin, Göttingen, Heidelberg 1962, S. 973 (B)

[5] *Broichhausen, J.:* Beeinflussung der Dauerschwingfestigkeit von TiAl6V4 durch die Gefügeausbildung. Unveröffentlichte Untersuchungsergebnisse

[6] *Goerens, P.:* Einführung in die Metallographie. 2. Aufl. Verlag von Wilhelm Knapp, Halle (Saale) 1948 (B)

[7] *Pfender, M.:* Über das Festigkeitsverhalten metallischer Werkstoffe und Konstruktionsteile. In: Das Gesicht des Bruches metallischer Werkstoffe, Bd. I, II. Hrsg.: Pohl, J. E. Allianz Versicherungs-AG, München und Berlin 1956, S. 211–240 (B)

[8] *Kloos, K. H.:* Spannungsbedingungen und Zähigkeitseigenschaften. VDI-Berichte Nr. 318, S. 131–142. VDI-Verlag, Düsseldorf 1978 (B)

[9] *Dietmann, H., Bodenstein, M.:* Festigkeitsverhalten von Stählen unter räumlichen Spannungszuständen. Materialprüf. 13 (1971), S. 369–376

[10] *Schmidt, W.:* Prüfung der mechanischen Eigenschaften bei statischer oder quasistatischer Beanspruchung. In: Werkstoffkunde der gebräuchlichen Stähle, Teil 1, S. 108–109. Hrsg.: VDEh Verlag Stahleisen mbH, Düsseldorf 1977 (B)

[11] *Weber, H.:* Einfluß erhöhter Dehngeschwindigkeit auf das Spannungs-Dehnungsverhalten ferritischer und austenitischer Stähle unter Berücksichtigung elastisch-plastischer Wellenausbreitung. Dr.-Ing.-Diss., TH Aachen, 1968

[12] *Schmidtmann, E., Russel, D.:* Einfluß hoher Dehngeschwindigkeit auf die Ausbildung der Streckgrenze ferritischer Stähle im Bereich tiefer Temperaturen. Arch. Eisenhüttenwes. 43 (1972), S. 781–788

[13] *Pohl, E.:* Das Gesicht des Bruches metallischer Werkstoffe Bd. I/II. Allianz Versicherungs-AG, München und Berlin 1956 (B)

[14] *Brindley, B. J., Barnby, J. T.:* Dynamic Strain Ageing – In Mild Steel. Acta Met. Vol. 14 (1966), S. 1765–1779

[15] *Macherauch, E., Mayr, P.:* Strukturmechanische Grundlagen der Ermüdung metallischer Werkstoffe. In: Werkstoff- und Bauteilverhalten unter Schwingbeanspruchung. VDI-Berichte 268, S. 5–20. VDI-Verlag, Düsseldorf 1976 (B)

[16] *Tauscher, H., Fleischer, H.:* Einfluß der Vakuum-Umschmelzung. Neue Hütte 8 (1963), S. 326–329

[17] *Hempel, M., Plock, C. H.:* Schwingungsfestigkeit und Dämpfungsfähigkeit von unlegierten Stählen in Abhängigkeit von der chemischen Zusammensetzung und der Wärmebehandlung. K.-Wilh.-Inst. Eisenforschung Bd. 17 (1935), S. 19/31

[18] *Hempel, M.:* Beeinflussung der Dauerschwingfestigkeit metallischer Werkstoffe durch den Oberflächenzustand. Klepzig-Fachber. 71 (1963), S. 371–382

[19] *Blind, D., Helbing, F.:* Sprödbruch und Verformungsbruch im Rahmen der Schadensanalyse. In: VDI-Berichte Nr. 243, S. 53–62, VDI-Verlag GmbH 1975 (B)

[20] *Schmidt, W.:* Prüfverfahren und Auswertung. In: Festigkeits- und Bruchverhalten bei höheren Temperaturen, Bd. 1, S. 277–342. Hrsg.: Dahl, W., Pitsch, W., Verlag Stahleisen mbH, Düsseldorf 1980 (B)

[21] *von den Steinen:* Zeitstandverhalten in „Gasturbinen – Probleme und Anwendung". VDI-Verlag GmbH, Düsseldorf 1967 (B)

[22] *Krause, M.:* Mittellegierte warmfeste Stähle. In: Festigkeits- und Bruchverhalten bei höheren Temperaturen, Bd. 2, S. 122–175. Hrsg.: Dahl, W., Pitsch, W., Verlag Stahleisen mbH, Düsseldorf 1980 (B)

[23] *Leeuwen, H. P. van:* Predicting material behaviour under load, time and temperature conditions, AGARD Report 513 (1965)

[24] *Granacher, I.:* Zeitlich veränderte Beanspruchung bei erhöhter Temperatur. In: Festigkeits- und Bruchverhalten bei höheren Temperaturen, Bd. 2, S. 324–377. Hrsg.: Dahl, W., Pitsch, W., Verlag Stahleisen mbH, Düsseldorf 1980 (B)

[25] *Zenner, H.:* Niedrig-Lastwechsel-Ermüdung (Low cycle fatigue). VDI-Berichte Nr. 268, S. 102–112, VDI-Verlag 1976 (B)

[26] *Idler, R.:* Das Zeitfestigkeitsverhalten von Stählen unter Berücksichtigung der Dehngeschwindigkeit, Oberflächenbeschaffenheit, Kerbwirkung und des Temperaturverlaufes. Dr.-Ing. Diss. Universität Stuttgart, 1975

[27] *Mayer, K. H., Martin, P.:* VGB-Fachtagung: Dampfturbinen und Dampfturbinenbetrieb, 1976, Vortrag 2

[28] *Razim, C., Streng, H.:* Möglichkeiten der Schadensaufklärung bei Versuchs- und Serienteilen und Ableitung von Verbesserungsmaßnahmen. VDI-Berichte Nr. 214, S. 5–18, VDI-Verlag GmbH 1974 (B)

[29] *Hempel, M.:* Das Dauerschwingverhalten der Werkstoffe. VDI-Berichte Nr. 71 B, S. 47–62, VDI-Verlag 1963 (B)

Ergänzende Literatur

Bargel, H. J., Schulze, G.: Werkstoffkunde. Hermann Schroedel, Verlag KG, Hannover 1978 (B)

Domke, W.: Werkstoffkunde und Werkstoffprüfung, 8. Aufl. Verlag W. Giradet, Essen 1979 (B)

N. N.: Festigkeits- und Bruchverhalten bei höheren Temperaturen, Bd. 1 und Bd. 2. Hrsg. Dahl, W., Pitsch, W. Verlag Stahleisen mbH, Düsseldorf 1980 (B)

N. N.: Grundlagen des Festigkeits- und Bruchverhaltens; ohne Berücksichtigung höherer Temperatur und schwingender Beanspruchung. Hrsg.: Dahl, W. Verlag Stahleisen mbH, Düsseldorf 1974 (B)

Hornbogen, E.: Werkstoffe, 2. Aufl. Springer-Verlag, Berlin, Heidelberg, New York 1979 (B)

Rieth, P.: Zur Nachbildung der betriebsähnlichen Dehnwechselbeanspruchung massiver Bauteile aus warmfesten Stählen. Fortschr.-Ber. VDI-Z. Reihe 5, Nr. 78. VDI-Verlag Düsseldorf (1984)

Schatt, W. (Hrsg.): Einführung in die Werkstoffwissenschaft. VEB Deutscher Verlag für Grundstoffindustrie, Leipzig 1981 (B)

Schatt, W. (Hrsg.): Werkstoffe des Maschinen-, Anlagen- und Apparatebaues. VEB Deutscher Verlag für Grundstoffindustrie, Leipzig 1975 (B)

N. N.: Sprödes Versagen von Bauteilen aus Stählen – Ursache und Vermeidung. VDI-Berichte 318. VDI-Verlag, Düsseldorf 1978

Stahlfehleratlas. Hrsg.: Autorenkollektiv der Stahlberatungsstelle Freiberg. VEB Deutscher Verlag für Grundstoffindustrie, Leipzig 1971 (B)

Werkstoff-Handbuch Stahl und Eisen. Hrsg.: Verein Deutscher Eisenhüttenleute, 4. Aufl. Verlag Stahleisen m. b. H., Düsseldorf 1965 (B)

Werkstoff-Handbuch Nichteisenmetalle, 2. Aufl. Hrsg.: Deutsche Gesellschaft für Metallkunde und Verein Deutscher Ingenieure. VDI-Verlag GmbH. Düsseldorf 1960 (B)

Werkstoffkunde der gebräuchlichen Stähle, Teil 1 und 2. Hrsg.: Verein Deutscher Eisenhüttenleute. Verlag Stahleisen mbH., Düsseldorf 1977 (B)

N. N. Werkstoff- und Bauteilverhalten unter Schwingbeanspruchung. VDI-Berichte 268. VDI-Verlag, Düsseldorf 1976 (B)

N. N.: Verhalten von Stahl bei schwingender Beanspruchung. Hrsg.: Dahl, W. Verlag Stahleisen mbH, Düsseldorf 1977 (B)

5. Einflußbereich Konstruktion

5.1 Allgemeine Betrachtung

Trotz des fortschreitenden Wissensstandes bezüglich der rechnerischen Auslegung von Konstruktionen und verbesserter Prüf- und Abnahmemethoden ist der Prozentsatz der Schadensursachen, die durch Produktfehler entstanden sind, über eine große Zeitspanne nahezu konstant geblieben. Unter dem Begriff Produktfehler werden alle Schadensursachen zusammengefaßt, die durch die Herstellung bedingt sind, und zwar

- Planungs- und Konstruktionsfehler:
  fehlerhafte Auslegung und Berechnung
  falsche Werkstoffauswahl
  unzweckmäßige Gestaltung;
- Ausführungsfehler:
  falsche Wärmebehandlung
  Bearbeitungsfehler
  Werkstoffehler
  Fehler beim Zusammenbau.

Der heutige Stand der Technik läßt es durchaus als möglich erscheinen, die Fehleranfälligkeit auf ein Mindestmaß zu reduzieren unter der Voraussetzung, daß die dadurch verursachten Kosten wirtschaftlich tragbar wären; dem ist nicht so. Im Gegenteil, die technische Entwicklung wird immer stärker geprägt durch den Prozeß der Rationalisierung, d.h. der Forderung nach größerer Wirtschaftlichkeit. Im einzelnen drückt sich dies aus in der Forderung nach

- immer größeren Einheiten
- modernerer Konzeption der Bauweise, die dazu führen soll, billiger, leichter und sicherer zu bauen
- neuen Techniken und Technologien.

Diese Entwicklung führt dazu, daß sowohl der Schwierigkeitsgrad wie auch der Umfang der gestellten Aufgaben ständig steigt. Mit zunehmender Komplexität der Konstruktionsaufgaben werden die Anforderungen an das Fachwissen und an das Leistungsvermögen der Konstrukteure immer größer. Die Folge davon ist, daß der Ingenieur in vielen Fällen gezwungen ist, von bekannten und bewährten Auslegungsprinzipien, Rechenmethoden und Werkstoffkennwerten auszugehen und diese durch Extrapolation für unbekannte Bereiche zu erweitern und einzusetzen.

Daher ist es in zunehmendem Maße notwendig, auf der einen Seite die erforderlichen Fachkenntnisse entsprechend dem Stand der Technik zugrunde zu legen, andererseits ein methodisches Vorgehen beim Konstruieren anzustreben, wodurch dem Konstrukteur ein Hilfsmittel in die Hand gegeben wird, Lösungsmöglichkeiten schneller und besser zu finden und vor allem Konstruktionsfehler auszuschließen [1].

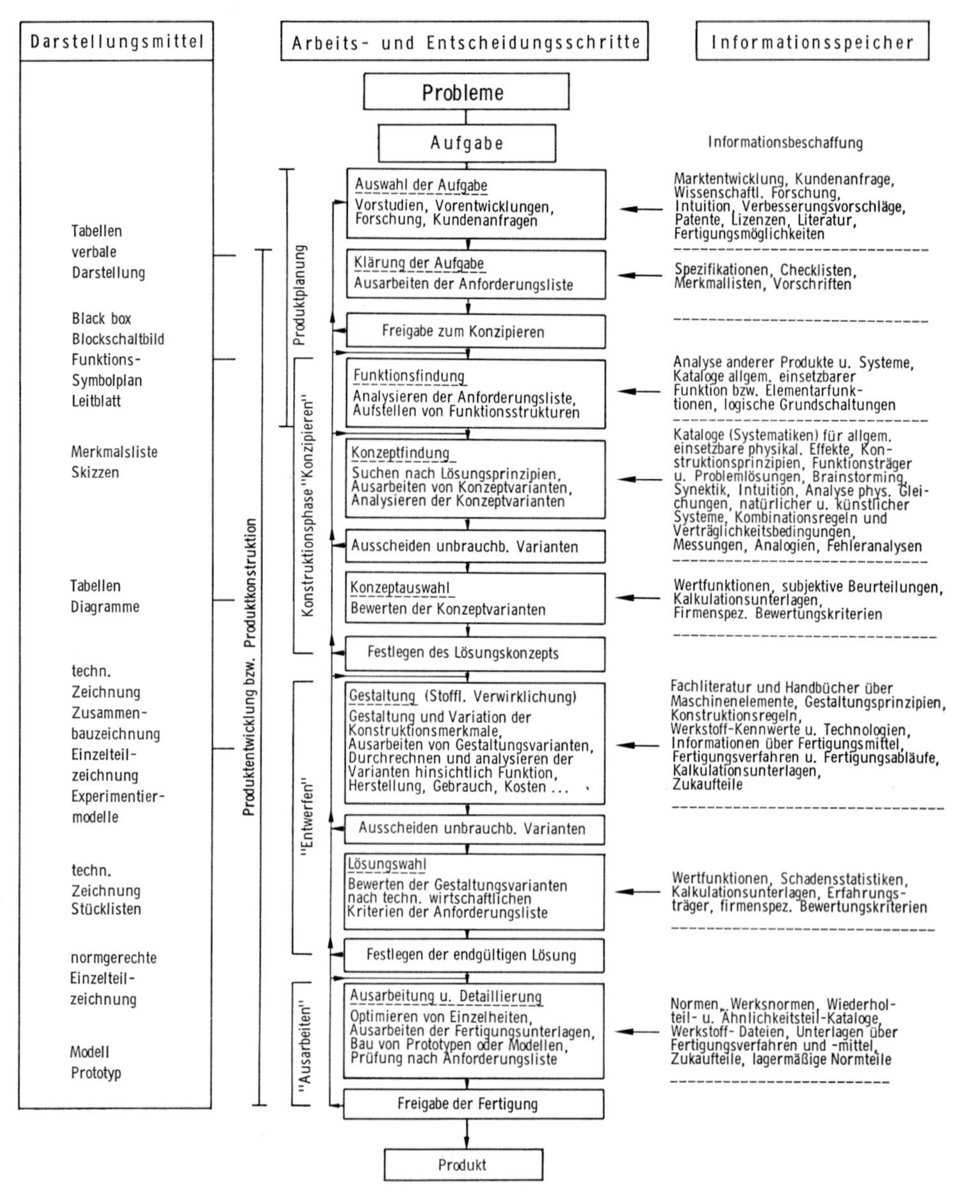

Bild 5–1: Methodisches Vorgehen beim Konstruieren; Informationsspeicher und Darstellungsart [2]

Hierzu gehört auch die Erfassung von Schäden, deren methodische Analyse, die Auswertung der Ergebnisse und das Einfließen der gewonnenen Erkenntnisse in den Konstruktions- und Herstellungsprozeß (Bild 5–1).

5.2 Planungsfehler

In der Planungsphase muß sich der Konstrukteur nicht nur mit den Problemen der Anforderungsliste als solchen befassen, sondern auch mit allgemeinen Einflußgrößen, wie z. B. mit dem späteren Einsatzgebiet des Produktes. So muß u. a. berücksichtigt werden, ob das Produkt eingesetzt wird, z. B. in

- Ländern mit stark unterschiedlichem Klima
- korrodierender Atmosphäre
- stark verschmutzter Atmosphäre (Staub)

Einen typischen Planungsfehler zeigt folgendes Beispiel: Zur Förderung von heißem Öl mit Crackrückständen und mit einer Temperatur von etwa 330 °C wurden Kreiselpumpen eingesetzt, die für normale Betriebsbedingungen konzipiert waren. Nach kurzer Betriebszeit fielen sie durch Schäden aus, die darauf zurückzuführen waren, daß die vorliegenden Toleranzen zwischen den sich bewegenden und den feststehenden Teilen für die auftretende Wärmedehnung nicht ausreichten [3].

Zur Planung gehört auch die Sicherung des Platzbedarfes, die eine wirtschaftlich optimale Möglichkeit zur Revision, Überholung und Reparatur gewährleistet.

5.3 Konstruktionsfehler

Die genaue Auslegung einer Konstruktion ist schwierig, weil sowohl die Tragfähigkeit wie auch die Belastung in der Regel starken Schwankungen unterworfen sind. Daraus resultiert die Notwendigkeit, die entsprechenden Streubereiche möglichst genau zu erfassen, und das Bestreben, diese so weit wie möglich zu verringern.

Sind beide Streubereiche bekannt, so läßt sich nach den Bildern 5–2 und 5–3 wenigstens näherungsweise eine Aussage über die Sicherheit einer Konstruktion gegenüber Versagen machen: Ist die minimale Tragfähigkeit T_{min} nach Bild 5–2

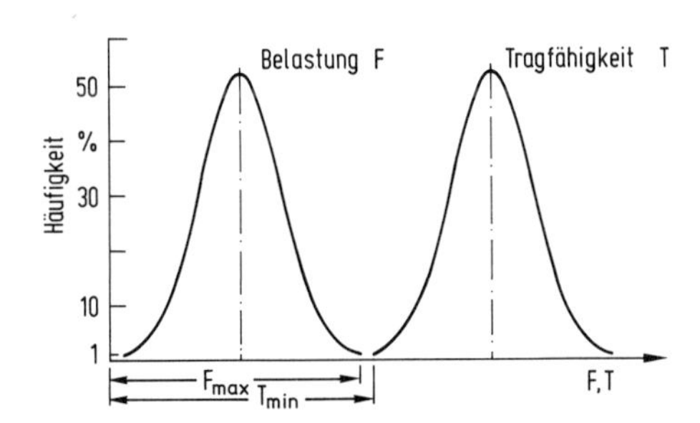

Bild 5–2: Einfluß der Verteilungsfunktion von Belastung und Tragfähigkeit auf die Sicherheit

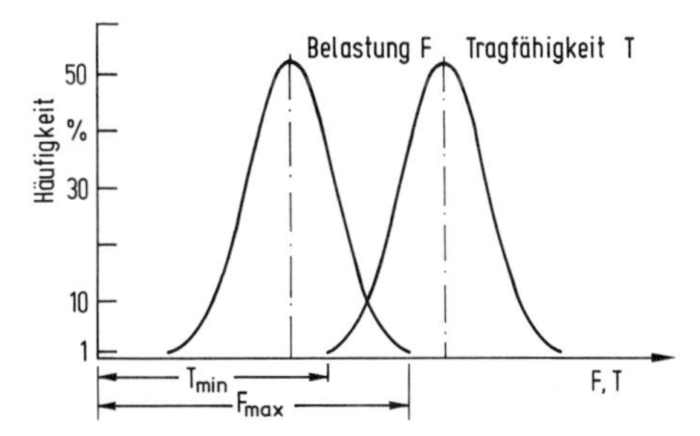

Bild 5–3: Einfluß der Streuung von Belastung und Tragfähigkeit auf die Sicherheit

größer als die maximal auftretende Belastung F_{max}, so ist die Sicherheit größer als 99,99%, da die beiden Kurven sich erst unterhalb der 1%igen Häufigkeit schneiden. Liegen die in Bild 5–3 dargestellten Verhältnisse vor, so besteht immer noch eine Sicherheit von 99%, da eine 10%ige Überbelastung mit einer um 10% zu niedrigen Tragfähigkeit nach der Wahrscheinlichkeitsbetrachtung zu einer Gesamtzahl von Ausfällen in Höhe von 1% führen. Eine 100%ige Sicherheit kann nicht erreicht werden, da sich beide Kurven asymptotisch der x-Achse nähern. Unter Einbeziehung statistischer Betrachtungen kann man aus der Überdeckungsfläche beider Verteilungsfunktionen die Ausfallwahrscheinlichkeit zahlenmäßig ermitteln (s. Bild 1–23).

5.3.1 **Unzureichende Ermittlung der Belastung** (s. Abschn. 1.3.2)

Bei der Ermittlung des Belastungsspektrums muß man in den meisten Fällen von Annahmen ausgehen, da es nicht möglich ist, alle während der gesamten Lebensdauer auftretenden, häufig durch unvorhersehbare Einflußgrößen bedingte Einzelbelastungen genau vorauszubestimmen. Besonders kritisch ist die Erfassung derjenigen Belastungen, die nur kurzzeitig, unregelmäßig oder lediglich in bestimmten Betriebszuständen auftreten. Dazu gehören zum Beispiel Eigenschwingungen beim Durchfahren kritischer Drehzahlbereiche, mechanische und elektrische Schaltvorgänge, die durch Verzögerungs- und Beschleunigungskräfte zusätzliche Belastungen bewirken, sowie Wärmespannungen und Eigenspannungen aller Art. Ein wichtiger Faktor ist auch der zunehmende Verschleiß, der eine beträchtliche Kerbwirkung zur Folge haben kann. Wie genau man heute in der Lage ist, Bauteile auszulegen, zeigen Beispiele aus der Raumfahrt, wo eine extrem geringe Versagenswahrscheinlichkeit notwendig ist und erreicht wird. Beispielsweise wurde bei der Apollo 8 trotz ungünstigen Zusammenwirkens unvorhersehbarer Belastungen eine Zuverlässigkeit von 99,9999% erreicht, d.h. von $5 \cdot 10^6$ Einzelheiten fielen nur 5 Teile aus. Keines der ausgefallenen Teile war kritisch, da andere Teile eingebaut waren, die deren Funktion übernahmen.

Bei den meisten technischen Produkten wäre der damit verbundene Aufwand bei Herstellung und Prüfung aus wirtschaftlichen und technischen Gesichtspunkten allerdings nicht immer sinnvoll. In den Fällen, wo es nicht möglich ist (Aufwand!) die Belastung ausreichend genau zu ermitteln, ist es in der Regel möglich, größere Folgeschäden durch den Einbau von Überbelastungssicherungen zu vermeiden. Bewährt haben sich:

- zerstörungsfrei arbeitende Vorrichtungen, wie z.B. Sicherheitsventil, Rutschkupplung, Drehzahlbegrenzer [4, 5]
- brechende Sicherheitselemente (Sollbruchstellen), wie z.B. Brechscheiben, Brechbolzen, Knickstäbe [6, 7] sowie
- Rißstopper.

5.3.2 Unzureichende Ermittlung der Tragfähigkeit

Die Tragfähigkeit einer Konstruktion ist im wesentlichen abhängig von folgenden Faktoren:

- Werkstoff
  Neben der chemischen Zusammensetzung, die den Werkstoff grundsätzlich kennzeichnet, sind die Werkstoffeigenschaften und vor allem die Streubereiche der Werkstoffkennwerte von ausschlaggebender Bedeutung. Wie bereits unter Abschnitt 1.3.1 erwähnt, muß bei den normal verfügbaren Konstruktionswerkstoffen mit einer erheblichen Streuung der Werkstoffkennwerte gerechnet werden, insbesondere dann, wenn die Betriebsbeanspruchung von der den Normen zugrunde gelegten zügigen Beanspruchung abweicht. Unterschiede bei der Herstellung der Halbzeuge können ebenfalls zu erheblichen Festigkeitsverlusten führen, wie Tabelle 5–1 erkennen läßt.
- Gestaltung, Größe und Ausführung
  Die rechnerische Erfassung dieser Einflußgrößen ist schwierig; je nach vorliegenden Verhältnissen kann ein erheblicher Aufwand notwendig sein.
- Betriebseinflüsse
  z. B. Temperatur, Atmosphäre, Korrosion, Verschleiß, Erosion, beeinflussen die Tragfähigkeit in beachtlichem Maße. Vor allem bewirken diese Einflußgrößen nicht nur eine Verminderung der Festigkeit der Werkstoffe, sondern auch in der Regel eine Erhöhung der Belastung, z. B. bei Verschleiß infolge Vergrößerung der Toleranzen. Besonders kritisch müssen mögliche durch Betriebseinflüsse hervorgerufene Änderungen der Werkstoffeigenschaften, z. B. Alterungsvorgänge, beachtet werden. Zusammenfassend führen alle aufgeführten Einflußgrößen zu einer zunehmenden Wahrscheinlichkeit des Versagens.
- Beanspruchung
  Die Art der Beanspruchung als solcher, zusätzlich funktionsbedingte Schwingungen und Eigenschwingungen (Resonanz), Wärmeeinwirkung, unvorhergesehene Kerbwirkung durch Verschleiß, unbeabsichtigte Eigenspannungen u. dgl. sind Einflußgrößen, die einerseits schwierig zu ermitteln sind und andererseits erhebliche Zusatzbeanspruchungen, die nicht selten zum Versagen führen, bewirken können.

Tabelle 5–1: Einfluß der Werkstoffbehandlung auf die Zug-Druck-Wechselfestigkeit von Federstahldraht, ∅ 2 mm [8]

Behandlungsart		R_m N/mm²	σ_W N/mm²	%
nicht randentkohlt	und feinstpoliert	2030	±620	100
	und poliert	2010	±570	92
	nicht nachbehandelt	2050	±500	80
randentkohlt	und feinstpoliert	1970	±460	74
	und poliert	1980	±445	72
	nicht nachbehandelt	1990	±370	60

Werkstoff: Federstahldraht, 2 mm ∅

5.4 Festigkeitsnachweis

Mittels der Festigkeitslehre sollen Spannungen und Verformungen, die bei der vorgesehenen Betriebsbeanspruchung auftreten, ermittelt und der Nachweis erbracht werden, daß die Betriebsbeanspruchung mit ausreichender Sicherheit gegen Versagen des Bauteils aufgenommen werden kann. Die hierzu maßgebenden Werkstoffkennwerte müssen den Beanspruchungsgegebenheiten angepaßt werden, z. B. dem vorliegenden Spannungszustand (ein-, zwei- oder dreiachsig), der Spannungsart (Zug, Druck, Schub), der Belastungsart (statisch, dynamisch), der Betriebstemperatur, der Umgebungsatmosphäre (neutral, korrosiv), der Gestaltung des Bauteils und der Oberflächenbeschaffenheit.

Zur Berücksichtigung des Spannungszustandes sei in diesem Zusammenhang lediglich auf einige Beanspruchungsfälle hingewiesen, bei denen bei der Belastung aufgrund des elastischen Verhaltens der metallischen Werkstoffe ein mehrachsiger Spannungszustand auftritt; ferner auf den dreiachsigen Spannungszustand in einem Schrumpfnabensitz, der häufig zum Versagen führt.

Der zuerst genannte Beanspruchungsfall trifft z. B. zu für einen prismatischen Stab mit Rechteckquerschnitt, der auf Biegung beansprucht wird. Wie aus Bild 5–4 zu erkennen ist, liegt ein zweiachsiger Spannungszustand vor. Oberhalb der neutralen Faser kommt es zu einer Verlängerung und damit zu einer Querkontraktion, unterhalb zu einer Verkürzung mit Querdehnung. Die Verwölbung wird durch Biegung unterdrückt, d. h. der Querschnitt bleibt flacher als er aufgrund der Querverformung sein müßte. Daraus resultieren Zug- und Druckspannungen in Querrichtung, obwohl in dieser Richtung keine äußeren Kräfte einwirken (sekundärer zweiachsiger Spannungszustand). Bei großem B/h-Verhältnis verwölbt sich dadurch der Stab (Bild 5–4), bei kleinem B/h-Verhältnis entsteht ein trapezförmiger Querschnitt.

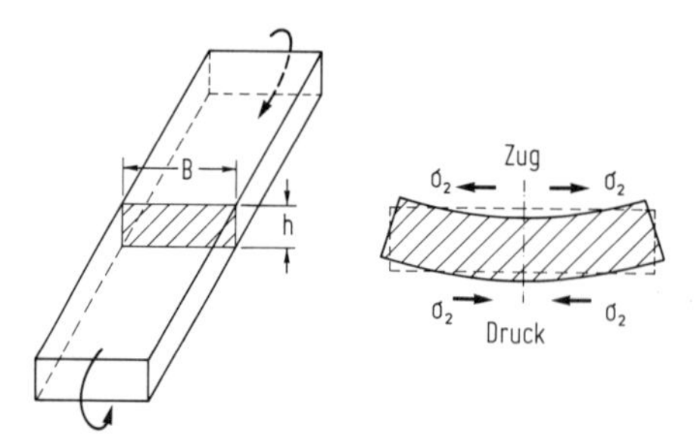

Bild 5–4: Querspannungen bei Biegebeanspruchung [9]

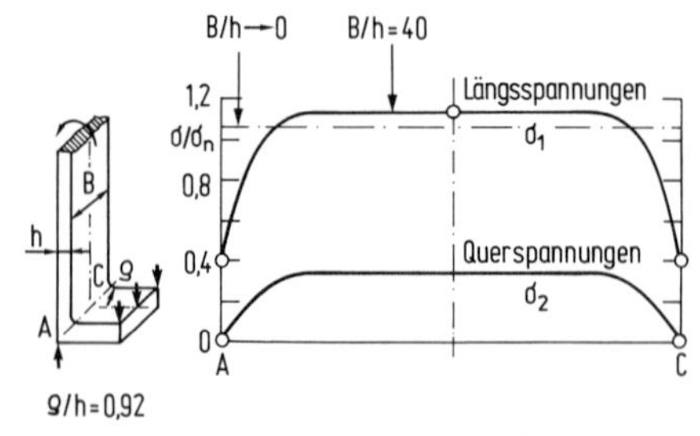

Bild 5–5: Spannungsverteilung in einer Flanschwand [9]

Ein ähnlicher Spannungszustand liegt in einer beanspruchten Flanschwand vor (Bild 5–5).

Die unter Vorspannung stehende Schraube stellt ebenfalls ein typisches Beispiel für einen zweiachsigen Spannungszustand dar. Nach Bild 5–6 entsteht beim

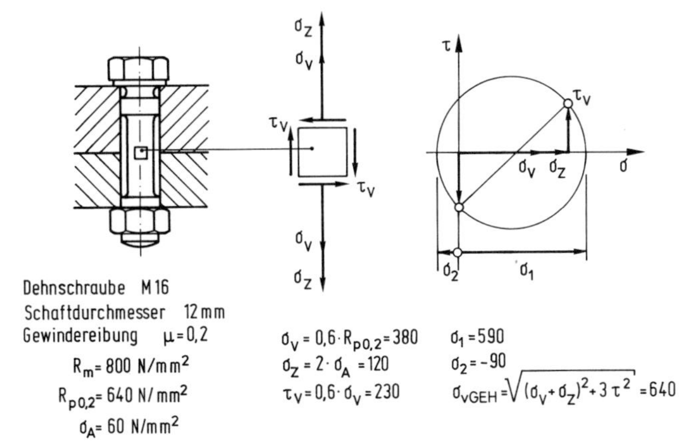

Bild 5–6: Zweiachsiger Spannungszustand in einer angezogenen Dehnschraube [9]

Anziehen der Schraube durch Reibung eine Torsionsspannung von etwa $\tau_v = 0{,}6\ \sigma_v$; dieser überlagert sich die Arbeitsspannung σ_z.

Nach der Gestaltänderungsenergiehypothese ergibt sich für die betrachteten Verhältnisse eine Vergleichsspannung σ_{vGEH} in Höhe der Streckgrenze $R_{p\,0,2}$, so daß keine Sicherheit gegenüber Versagen vorhanden ist.

Ein komplexer dreiachsiger Spannungszustand liegt z. B. bei einer Wellen-Naben-Schrumpfverbindung bei wechselnder (umlaufender) Biegebeanspruchung vor (Bild 5–7). Der Beanspruchungsmechanismus ist folgender: Der unbelastete Schrumpfsitz verursacht gleich große Tangential- (σ_t) und Radialspannungen (σ_r). Die Kraft F bewirkt oberhalb der neutralen Faser eine Zugspannung σ_a und über die Reibung eine Schubspannung τ_{ra} und τ_{ar}, gleichzeitig durch Verlängerung und Querkontraktion oberhalb der neutralen Faser eine Verkleinerung der Radialspannung σ_r. Bei Kraftumkehr geht σ_a in $-\sigma_a$ über, σ_t bleibt gleich, σ_r wird größer, τ_{ra} und τ_{ar} wechseln das Vorzeichen und werden durch die Abhängigkeit von σ_r ebenfalls größer.

Bei wechselnder Beanspruchung werden die Spannungsverhältnisse noch dadurch unübersichtlicher, daß die Hauptspannungen nicht nur ihre Größe, sondern auch ihre Richtung im Raum verändern und daß an der pressenden Kante

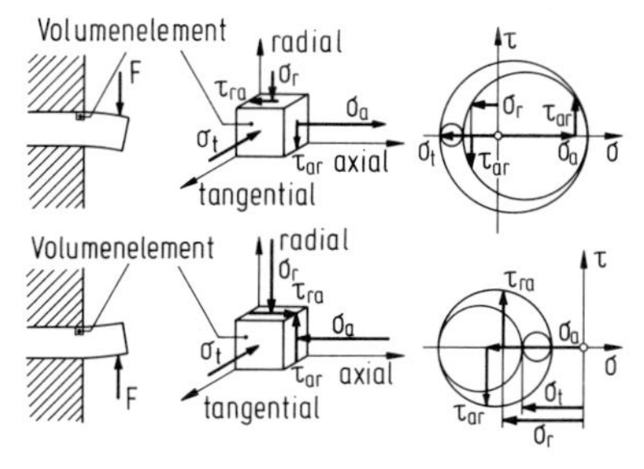

Bild 5–7: Spannungszustand in einem Schrumpfnabensitz bei wechselnder Biegebeanspruchung [9]

Spannungsspitzen auftreten. Die gefährdete Stelle ist nicht die Kante, sondern liegt etwas innerhalb des Sitzes. Die auftretende Relativbewegung zwischen Welle und Nabe führt zu Reibkorrosion, die die Dauerhaltbarkeit erheblich vermindert.

5.4.1 Spannungszustände an Querschnittsübergängen

Querschnittsänderungen jeglicher Art, die bei der Beanspruchung Störungen des Spannungsverlaufes zur Folge haben, bezeichnet man als Kerben. Es können dies sein: Ausschnitte, Einschnitte, Übergänge, Inhomogenitäten des Werkstoffes u. dgl. Die in der Umgebung von Kerben auftretenden Änderungen des Spannungsverlaufes bezeichnet man als Kerbwirkung. Bei jeder mechanischen Beanspruchung von gekerbten Proben sowie bei Biege- und Torsionsbeanspruchungen von glatten Proben ist demnach die Spannungsverteilung über dem Querschnitt stets inhomogen, d. h. es treten Spannungsgradienten auf, wobei die höchsten Spannungen und die größten Gradienten am Probenrand bzw. im Kerbgrund vorliegen. Beide Größen, Spannungsspitze und Spannungsgradient, beeinflussen die Schwingungsfestigkeit und führen häufig zu Schäden, weil

- die Spannungsverteilung bei elastischer Verformung üblicherweise unter Annahme eines homogenen Werkstoffes nach der linearen elastischen Kontinuumstheorie berechnet wird; ohne Berücksichtigung der Einflüsse, die werkstoffbedingt sind, wie z. B. Korngrenzen, unterschiedliche Phasen, elastische Anisotropie. Die exakte Berücksichtigung dieser Einflußgrößen ist sehr schwierig.
- die Spannungsverteilung durch plastische Verformung, die an einer willkürlichen Stelle des Querschnittes auftreten kann, geändert wird und die Ermüdungsrißbildung immer an plastische Verformung gebunden ist.

Der Einfluß der Kerben ist demnach für die Beurteilung des Dauerschwingverhaltens von großer Bedeutung, zumal jedes Bauteil in irgendeiner Form Kerben aufweist.

Belastet man eine gekerbte Probe oder ein mit einer Kerbe versehenes Bauteil z. B. auf Zug, so stellt sich ein mehrachsiger Spannungszustand ein (Bild 5–8),

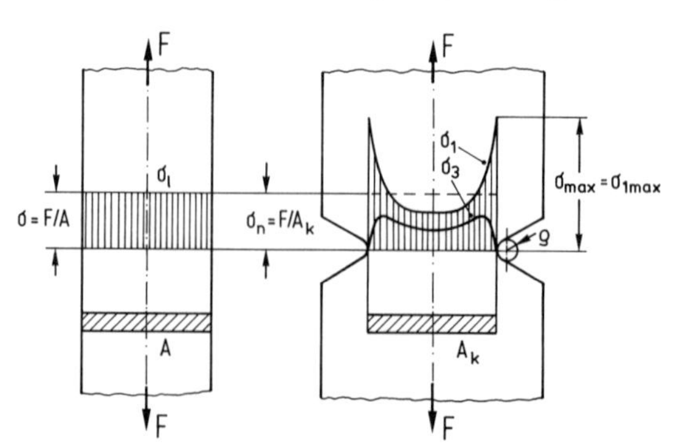

Bild 5–8: Spannungsverlauf in einem ungekerbten und gekerbten Flachstab

der durch die drei Hauptspannungen σ_1, σ_2, σ_3 und deren Richtung in jedem Punkt der Probe eindeutig charakterisiert ist (Bild 5–9). Für das Versagen maßgebend ist die größte Hauptspannung σ_{1max}, die in der Regel im engsten Querschnitt in der Randzone auftritt. Häufig wird diese allgemein zur Charakterisierung der elastischen Spannungsverteilung herangezogen.

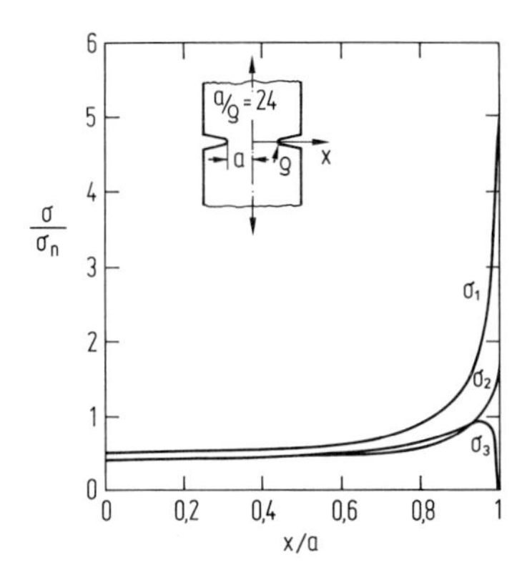

Bild 5–9: Spannungsverteilung in einer gekerbten Rundprobe im Kerbquerschnitt bei Zugbelastung [10]

Vernachlässigt man demgegenüber den Einfluß der Kerbe, so würde im Kerbquerschnitt die Spannung

$$\sigma = \frac{F}{A}$$

herrschen; diese Spannung bezeichnet man mit Nennspannung σ_n.

Man bezeichnet das Verhältnis σ_1/σ_n als Formzahl

$$\alpha_k = \frac{\sigma_1}{\sigma_n} \tag{5.1}$$

Die Formzahl nimmt mit wachsender Kerbschärfe zu, wenigstens solange die Abmessungen der Kerbe klein gegenüber den Querschnittsabmessungen bleiben. Sie ist nur von der geometrischen Form des Teiles und der Beanspruchungsart abhängig. Bild 5–10 zeigt beispielsweise die Formzahl α_k für gekerbte Flachstäbe verschiedener Kerbabmessungen.

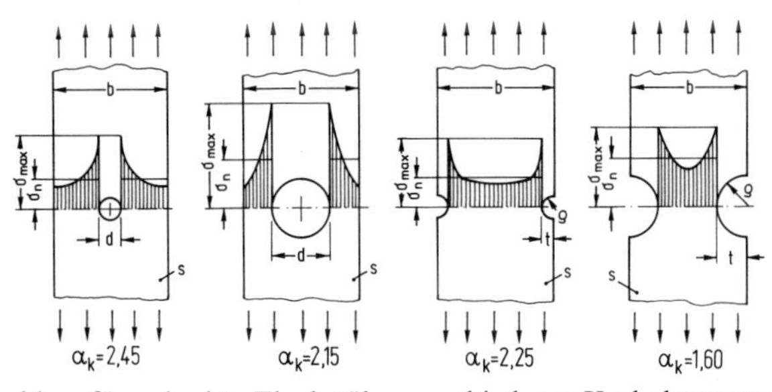

Bild 5–10: Formzahl α_k für gekerbte Flachstäbe verschiedener Kerbabmessungen [11]

Gleichung zum Errechnen von Formzahlen an symmetrischen Kerbstaben

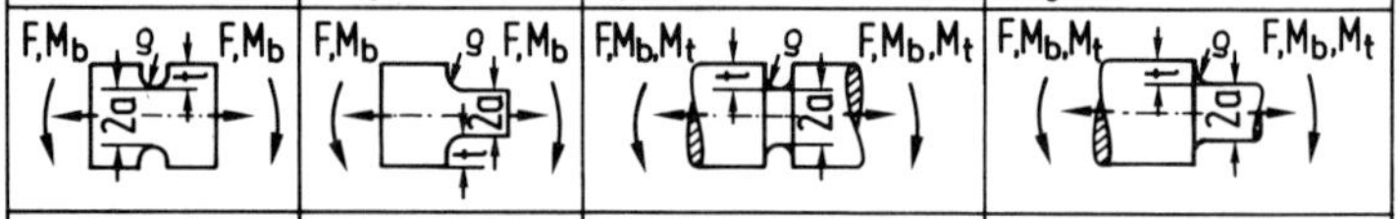

	Flachstab gekerbt		Flachstab abgesetzt		Rundstab gekerbt			Rundstab abgesetzt		
	F,M_b ρ F,M_b 2a t		F,M_b ρ F,M_b 2a t		F,M_b,M_t ρ F,M_b,M_t 2a t			F,M_b,M_t ρ F,M_b,M_t 2a t		
	z	b	z	b	z	b	t	z	b	t
A	0,10	0,08	0,55	0,40	0,10	0,12	0,40	0,44	0,40	0,40
B	0,7	2,2	1,1	3,8	1,6	4,0	15,0	2,0	6,0	25,0
C	0,13	0,20	0,20	0,20	0,11	0,10	0,10	0,30	0,80	0,20
k	1,00	0,66	0,80	0,66	0,55	0,45	0,35	0,60	0,40	0,45
l	2,00	2,25	2,20	2,25	2,50	2,66	2,75	2,20	2,75	2,25
m	1,25	1,33	1,33	1,33	1,50	1,20	1,50	1,60	1,50	2,00

z = Zug b = Biegung t = Torsion

$$\alpha_k = 1 + \frac{1}{\sqrt{\frac{A}{\left(\frac{t}{\rho}\right)^k} + B\left[\frac{1+\frac{a}{\rho}}{\frac{a}{\rho}\sqrt{\frac{a}{\rho}}}\right]^l + C\,\frac{\frac{a}{\rho}}{\left(\frac{a}{\rho}+\frac{t}{\rho}\right)\left(\frac{t}{\rho}\right)^m}}}$$

2461

Bild 5–11: Methode zum Errechnen von Formzahlen an symmetrischen Kerbstäben [12]

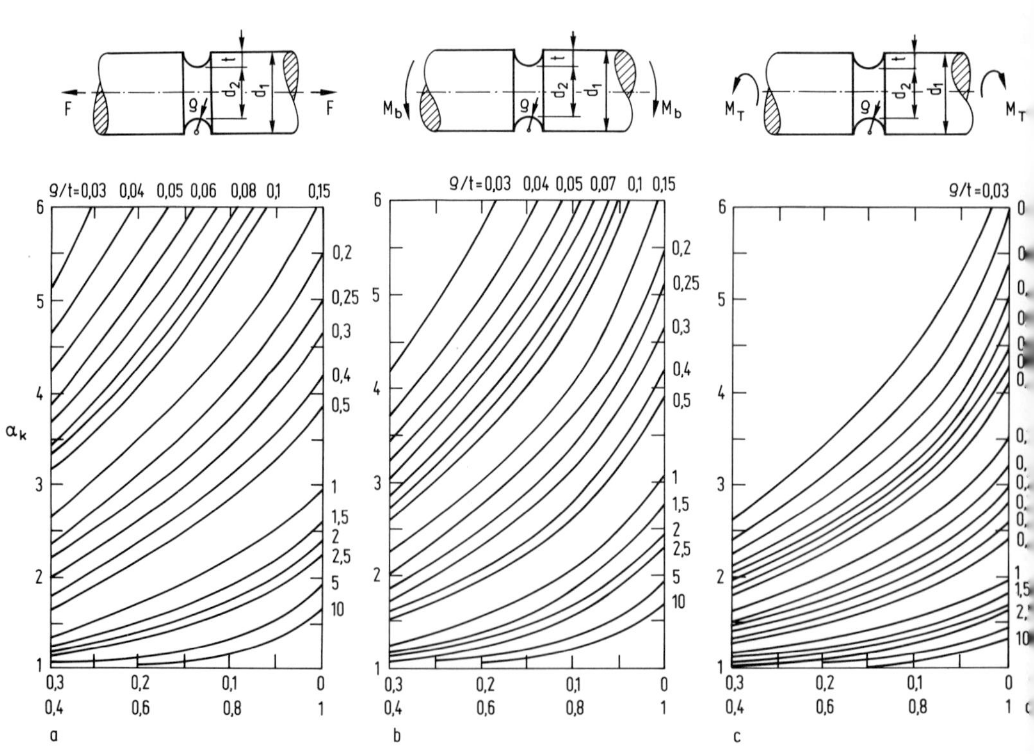

Bild 5–12: Formzahl α_k eines Rundstabes mit umlaufendem Rillenkerb bei; a) Zug; b) Biegung; c) Verdrehung [13]

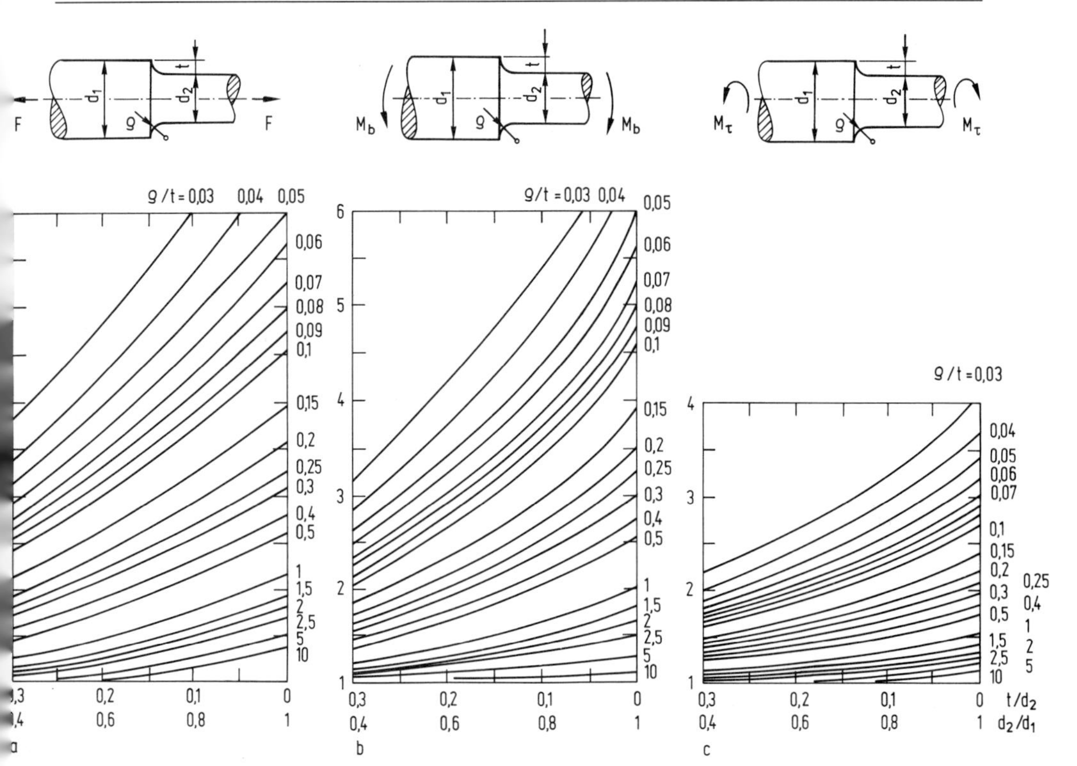

Bild 5–13: Formzahl α_k eines abgesetzten Rundstabes bei a) Zug; b) Biegung; c) Verdrehung [13]

Die Formzahl α_k kann mittels bekannter rechnerischer Ansätze (z. B. der Finite-Element-Methode) ermittelt werden. Mit der in Bild 5–11 angegebenen Gleichung und den zugehörigen Faktoren und Exponenten, die nach der Finite-Element-Methode ermittelt wurden, können beispielsweise α_k-Werte für beidseitig gekerbte und abgesetzte Flach- und Rundstäbe für verschiedene Beanspruchungsfälle errechnet werden. Darüber hinaus liegen zahlreiche experimentell ermittelte Ergebnisse in Form von Diagrammen vor, wie sie in den Bildern 5–12 und 5–13 dargestellt sind.

Die Kerbwirkung wird jedoch nicht vollständig durch die Formzahl, d. h. lediglich unter Berücksichtigung von σ_1, beschrieben, da für das Werkstoffverhalten nicht nur der Höchstwert der Längsspannung im Kerbgrund entscheidend ist, sondern auch das Verhältnis von kleinster zu größter Hauptspannung. Daher wird häufig das Verhältnis σ_3/σ_1 zur Kennzeichnung eines Spannungszustandes benutzt.

Der Einfluß von Kerben auf die Schwingungsfestigkeit kann außerdem nur dann vollständig erfaßt werden, wenn auch die Auswirkung des Spannungsgradienten berücksichtigt wird. Die Erfassung dieser Größe ist jedoch schwierig. Eine Näherungslösung wurde von *Neuber* [14] entwickelt. Er teilt den Werkstoff in einzelne Blöcke auf, in denen die Spannung jeweils als konstant betrachtet wird und demnach an deren Grenzen Spannungssprünge auftreten. Die Blockgröße, mit A bezeichnet, besitzt einen für jeden Werkstoff charakteristischen Wert, wobei bisher kein Zusammenhang mit Werkstoffkenngrößen nachgewiesen werden konnte. Unter Berücksichtigung der Größe A erhält man für α_k einen zuverlässigeren Wert in der Form von

$$\alpha_{kS} = 1 + \frac{\alpha_k - 1}{1 + A/\varrho} \tag{5.2}$$

wobei ϱ den Kerbradius darstellt.

Die Werte α_k bzw. α_{ks} sind nur dann zutreffend, wenn die Dehnung rein elastisch ist. Wird im Kerbgrund die Streckgrenze überschritten, so kann sich die Spannungsspitze nicht voll ausbilden, weil plastische Verformung eintritt; die Formzahl wird kleiner.

Zur Charakterisierung des Kerbeinflusses auf die Schwingungsfestigkeit dient die Kerbwirkungszahl β_k, die den Quotienten zwischen der Dauerfestigkeit des nicht gekerbten Probestabes σ_D und derjenigen des gekerbten Probestabes σ_{DK} darstellt:

$$\beta_k = \frac{\sigma_D}{\sigma_{DK}} \tag{5.3}$$

Die Kerbwirkungszahl β_k ist u.a. abhängig von

- Formzahl α_k
- Werkstoffverhalten
- Festigkeit
- Streckgrenzenverhältnis
- Oberflächenbeschaffenheit
- Beanspruchungsverlauf
- Temperatur
- Atmosphäre.

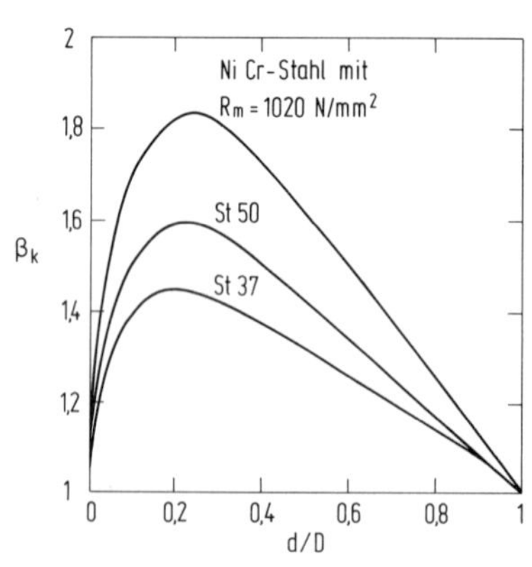

Bild 5–14: Abhängigkeit der Kerbwirkungszahl β_k von dem Verhältnis d/D bei Rundproben mit Querbohrung [15]

Die Größen α_k und β_k wären dann gleich, wenn σ_{1max} allein die Dauerfestigkeit bestimmte und rein elastisches Verhalten vorläge. Im allgemeinen entspricht die Abnahme von σ_D durch Kerbwirkung jedoch nicht der durch α_k bedingten Spannungserhöhung. Folglich ist die Nenndauerschwingfestigkeit

$$\sigma_{Dn} > \frac{\sigma_{Dglatt}}{\alpha_k} \tag{5.4}$$

Allgemein betrachtet ist: $1 < \beta_k < \alpha_k$

Bild 5–14 zeigt z. B. die Abhängigkeit der Kerbwirkungszahl β_k von der geometrischen Ausbildung und vom Werkstoff, ermittelt an zylindrischen Proben mit unterschiedlichem Verhältnis d/D aus verschiedenen Stählen mit unterschiedlicher Festigkeit. In Bild 5–15 ist die Abhängigkeit der Kerbwirkungszahl β_k von der Formzahl α_k an Flachproben mit einer Bohrung für verschiedene Werkstoffe dargestellt.

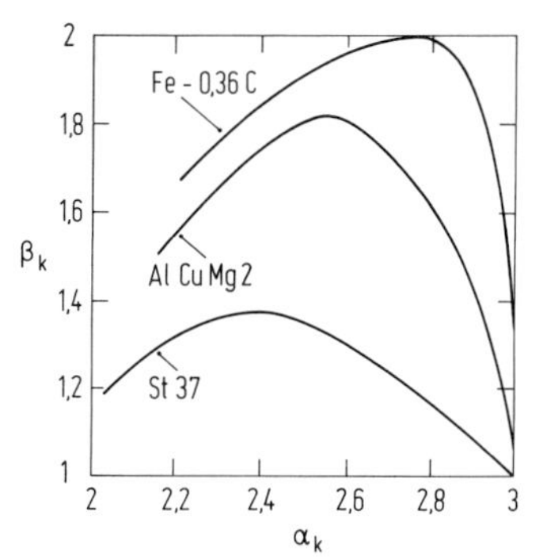

Bild 5–15: Abhängigkeit der Kerbwirkungszahl β_k für Flachproben mit Bohrung [16]

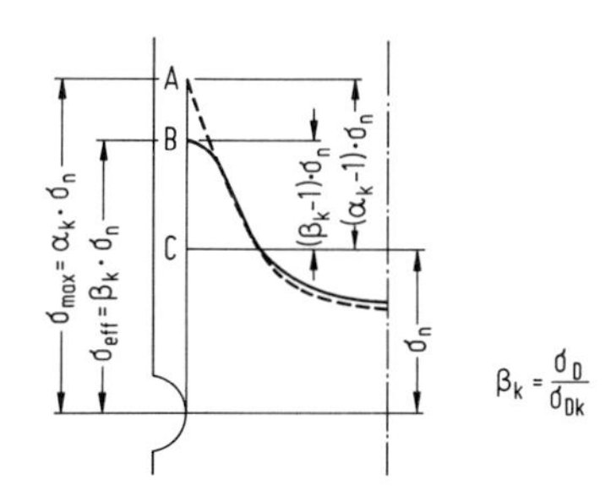

Bild 5–16: Spannungsverlauf über den gekerbten Querschnitt eines Flachstabes

Nach Bild 5–16 wird die Kerbspannung $\sigma_{max} = \alpha_k \cdot \sigma_n$ nach Überschreiten der Fließgrenze vermindert auf $\sigma_{eff} = \beta_k \cdot \sigma_n$. Hieraus leitet sich die von *Thum* definierte Kerbempfindlichkeit η_k sowie die Abweichung der Kerbwirkungszahl β_k von der Formzahl α_k ab.

$$\eta_k = \frac{\beta_k - 1}{\alpha_k - 1} \tag{5.5}$$

Für $\eta_k = 1$ ist $\alpha_k = \beta_k$
$\eta_k = 0$ ist $\sigma_D = \sigma_{DK}$

Nach *Neuber* [14] läßt sich dieser Ausdruck in erster Näherung durch folgenden Ansatz abschätzen

$$\eta_k = \frac{1}{1 + \sqrt{\frac{a}{\varrho}}} \tag{5.6}$$

ϱ Kerbradius
a Werkstoffkonstante; $a = f(R_m)$

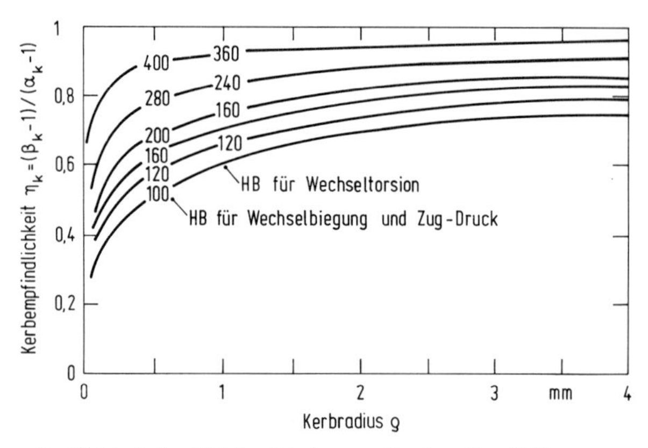

Bild 5–17: Kerbempfindlichkeit in Abhängigkeit vom Kerbradius [17]

Mit Hilfe dieser Näherungsbetrachtung ist es z. B. möglich, aus Härtemessungen (HB $\approx R_m/3{,}5$) η_k-Werte für Zug-, Druck-, Biege- und Torsionsbeanspruchung in Abhängigkeit von dem Kerbradius zu ermitteln. Bild 5–17 zeigt als Beispiel den derart ermittelten Funktionsverlauf von $\eta_k = f(\varrho)$ für Vergütungsstähle unterschiedlicher Festigkeit [17].

Die Kerbwirkungszahl β_k wird häufig ausgedrückt durch die Beziehung

$$\beta_k = 1 + \eta_k\,(\alpha_k - 1) \tag{5.7}$$

Nach Entlastung tritt in den Querschnittsbereichen, in denen plastische Verformung aufgetreten ist, eine Restspannung auf, in der Regel eine Druckeigenspannung (Bild 5–18). Die wirksame Betriebsbeanspruchung ergibt sich in diesem Fall durch Superposition der Restspannung mit der funktionsbedingten Beanspruchung. Dadurch kann eine Verbesserung des Dauerschwingverhaltens erreicht werden, die je nach Werkstoff und Werkstoffzustand beachtlich ist.

Die plastische Verformung im Kerbgrund ergibt außerdem eine Vergrößerung des Radius im Kerbgrund und führt dadurch zu einer Verminderung der Formzahl α_k. Darüber hinaus tritt eine Verfestigung des Werkstoffes auf, die zu folgenden Änderungen der Werkstoffeigenschaften führt:

- Erhöhung der Streckgrenze R_e bzw. $R_{p0,2}$ und weniger stark der Zugfestigkeit R_m
- Erhöhung des Streckgrenzenverhältnisses R_e/R_m
- geringe Erhöhung der Schwingfestigkeit σ_D
- Verminderung des Formänderungsvermögens
- Erhöhung der Kerbempfindlichkeit.

An Querschnittsübergängen technischer Bauteile liegen ähnliche Verhältnisse vor. Beispielsweise sind an Rohrflanschen sowohl die Spannungen in Längsrichtung als auch die in Umfangsrichtung (Querspannungen) erheblich größer als die Nennspannung je nach geometrischer Ausbildung. In dem in Bild 5–19 dargestellten Beispiel beträgt σ_{max} 159 N/mm² bzw. 116 N/mm², die Nennspan-

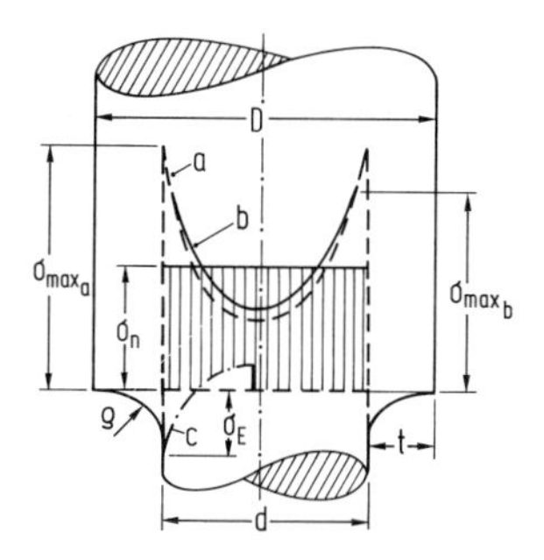

Bild 5–18: Spannungsverlauf über den gekerbten Querschnitt eines Rundstabes
a) vor Überschreiten der Fließgrenze
b) nach Überschreiten der Fließgrenze
c) nach Entlastung zurückbleibende Eigenspannungen

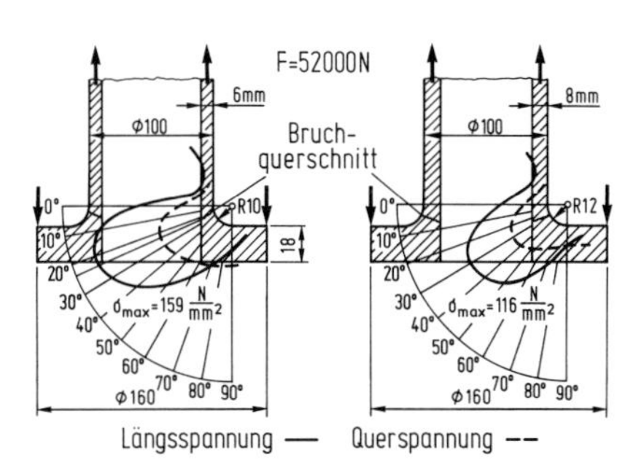

Bild 5–19: Spannungsverteilung in Rohrflanschen unterschiedlicher Abmessungen [9]

nung σ_n dagegen 28 bzw. 24 N/mm². Die maximalen Spannungen treten unter einem von der Geometrie abhängigen Winkel auf. Die Bruchflächen verlaufen, wenn nicht andere Einflußfaktoren wirksam waren, unter dem entsprechenden Winkel.

Aus den genannten Gründen gibt die Formzahl α_k bzw. α_{ks} nur dann die maximale Spannung im Kerbgrund wieder, wenn die Dehnung rein elastisch ist. Tritt plastische Verformung auf, so spricht man von der plastischen Formzahl α_{kpl}. Die Ermittlung dieser Formzahl ist ebenfalls schwierig. In der Regel mißt man die Dehnungen, aus denen die Spannungen errechnet werden können. Rißbildung setzt erst dann ein, wenn innerhalb eines bestimmten Bereiches eine kritische werkstoffabhängige Spannung erreicht wird.

5.5 Gesichtspunkte bei Konstruktionen mit hoher Lebensdauer

Neben den bisher genannten Gesichtspunkten, die allgemein bei der Erstellung einer Konstruktion zu beachten sind, gibt es zusätzlich Einflußgrößen, die bei der Auslegung einer Konstruktion mit hoher Dauerhaltbarkeit wichtig sind und beachtet werden müssen.

5.5.1 Kraftfluß und Verformung

Der Ausdruck „Kraftfluß“ beruht lediglich auf der Vorstellung, daß der Werkstoff die eingeleiteten Kräfte derart überträgt, daß alle Querschnitte belastet werden (Bild 5–20). Die Kraftwirkung bildet somit ein zusammenhängendes Band und stellt vorstellungsgemäß ausgedrückt einen Kraftfluß dar. Kritische Stellen sind entsprechend dieser Vorstellung immer dort, wo der Kraftfluß konstruktiv eingeengt oder zu einem Richtungswechsel gezwungen wird, z. B. an Querschnittsübergängen und Auflagern.

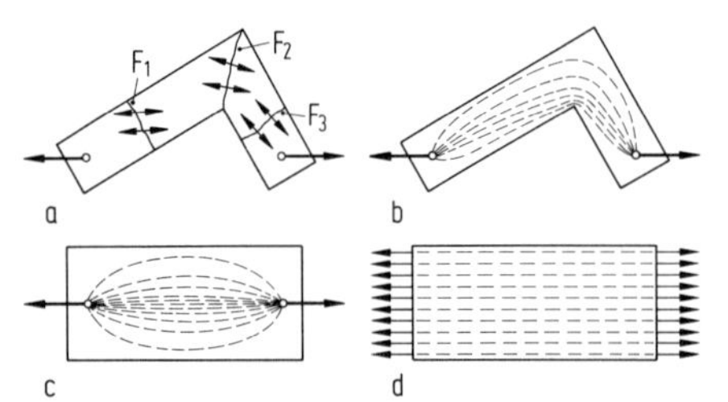

Bild 5–20: Kraftflußverlauf in einem Bauteil in Abhängigkeit von der Kraftein- und -ableitung [18]
a) Belastung aller Querschnitte
b) Kraftfluß an einspringender Ecke
c) Ausbreitungsmöglichkeit unbeschränkt
d) gleichmäßige Verteilung

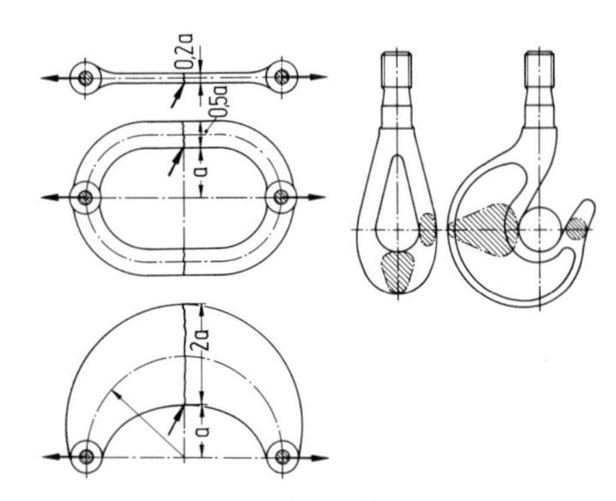

Bild 5–21: Gegenüberstellung der symmetrischen und asymmetrischen Kraftübertragung [18]

Dem Kerbeffekt liegt demnach ein äußerst einfacher Sachverhalt zugrunde: Gefährliche Veränderungen der Kraftverteilung mit besonders hoher Bruchgefahr treten stets dort auf, wo der Kraftfluß an der Entfaltung der ihm eigenen Gesetzmäßigkeiten gehindert wird. Viele Fehler entstehen z. B. dadurch, daß übersehen wird, daß der Kraftfluß weder plötzlich auftritt noch abbricht. Außerdem sucht der Kraftfluß immer den kürzesten Weg. Ist das wegen der Konstruktion nicht möglich, so drängt er sich einseitig zusammen.

Umwege bedeuten stets ein Anschwellen des Kraftflusses und erfordern demgemäß eine entsprechende Verstärkung der Querschnitte (Bild 5–21). Symmetrische Systeme sind vorteilhafter als asymmetrische.

Auf schroffe Umlenkungen reagiert der Kraftfluß durch umso größere Konzentration, je kleiner der Umlaufradius ist. Besonders ungünstig sind große Umlenkwinkel, wie sie häufig bei Schraubverbindungen vorliegen (Bild 5–22).

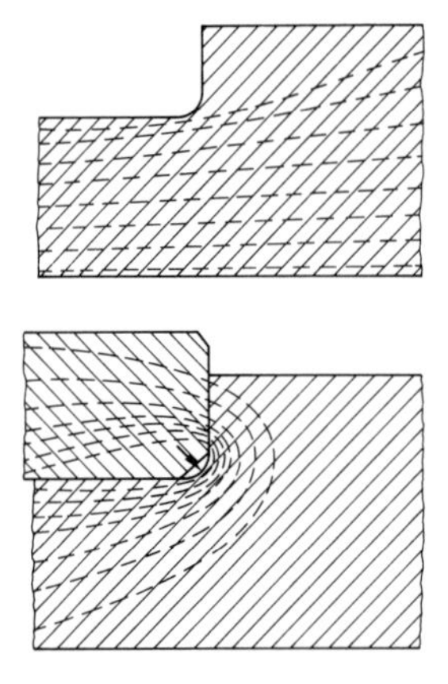

Bild 5–22: Einfluß des Kraftflußverlaufes auf die Kerbwirkung gleicher Formelemente [18]

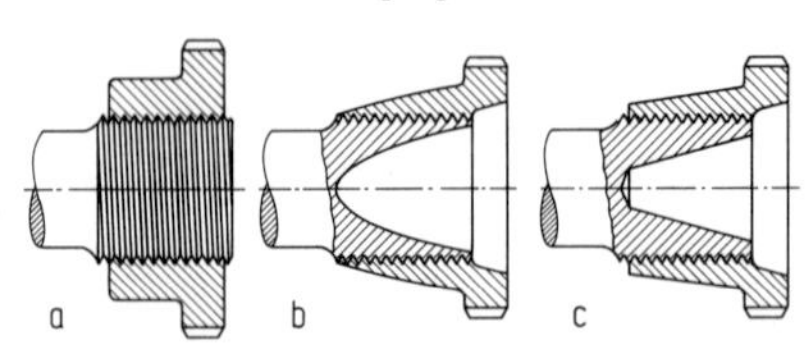

Bild 5–23: Beeinflussung des Kraftflusses durch abgestimmte Verformungen [18]
a) zweckmäßige Anordnung der Krafteinleitung
b) Anpassung der Querschnitte
c) näherungsweise Anpassung der Querschnitte

Hieraus leiten sich für eine kraftflußgerechte Konstruktion folgende Forderungen ab:

- Die Kraft oder ein Moment ist von einer Stelle zu einer anderen so zu leiten, daß der direkte und kürzeste Kraftleitungsweg entsteht.
- Dadurch können die Querschnitte auf ein Mindestmaß reduziert werden, das bedeutet ein Minimum an Werkstoffaufwand, Gewicht, Volumen und Fertigungsaufwand.
- Scharfe Kraftumlenkungen und Änderungen der Kraftflußdichte sind zu vermeiden.

Die Beachtung dieser Forderungen ist besonders wichtig bei der konstruktiven Auslegung von Verbindungselementen, z. B. bei Schraub- und Lötverbindungen. Bild 5–23 zeigt eine konstruktive Möglichkeit, bei einer Schraubverbindung den Kraftfluß und damit die Spannungsverteilung möglichst günstig zu gestalten. Wesentlich ist dabei das Verformungsverhalten der beteiligten Konstruktionselemente. Im Idealfall wird die Summe der beteiligten Querschnitte, in Bild 5–23b von Schraube und Mutter, konstant gehalten, zumindest näherungsweise (Bild 5–23c).

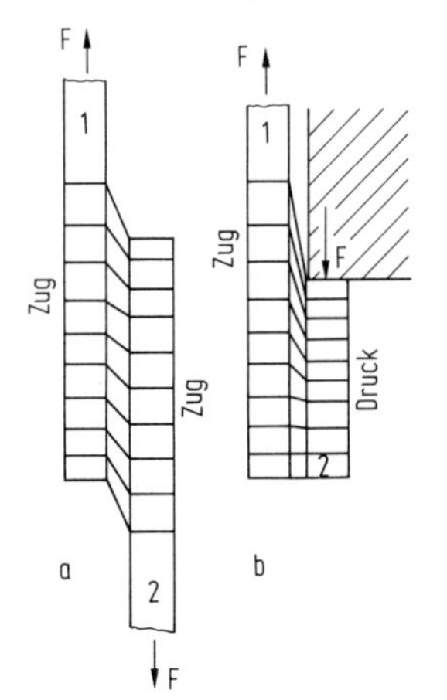

Bild 5–24: Verformungen bei einer überlappten Kleb- oder Lötverbindung (schematisch) [19]
a) gleichgerichtete Verformung in Teil 1 und 2
b) entgegengesetzte Verformung in Teil 1 und 2

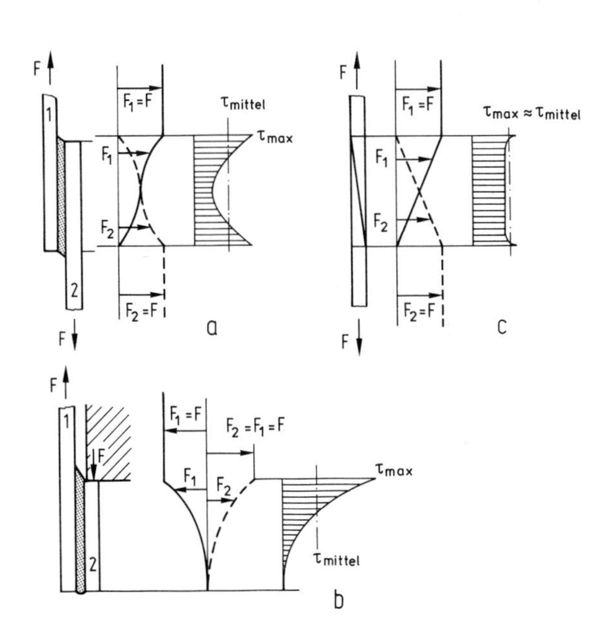

Bild 5–25: Kraft- und Scherspannungsverteilung in überlappter Kleb- oder Lötverbindung (schematisch) [20]. a) einseitig überlappt (Biegebeanspruchung vernachlässigt); b) starke „Kraftumlenkung" mit entgegengerichteter Verformung (Biegebeanspruchung vernachlässigt); c) geschäftet mit linear abnehmender Blechdicke

Ähnliche Verhältnisse treten bei Löt- oder Klebverbindungen auf, bei denen der Werkstoff der Verbindungsschicht einen anderen E-Modul hat als das Grundmaterial. Bei Belastung stellt sich der in Bild 5–24 schematisch dargestellte Verformungszustand ein. Demnach sind im Belastungsfall (b) die Verformungsunterschiede und damit die auftretenden Schubspannungen besonders groß

(Bild 5–25). Daraus ergibt sich die Forderung, nach Möglichkeit eine gleichgerichtete Verformung mit möglichst gleichen Verformungsbeträgen und geringer Relativbewegung anzustreben. Unter Beachtung dieser Forderung kann nach Bild 5–25c die Schubspannungsverteilung in dem betrachteten Beispiel weitgehend ausgeglichen werden. Demnach soll einer kraftflußgerechten Konstruktion das „Prinzip der abgestimmten Verformungen" zugrunde gelegt sein. Dadurch werden Spannungsüberhöhungen und die Bildung von Reibkorrosion auf ein Mindestmaß verringert. Eine derartig abgestimmte Verformung wird erreicht durch geeignete Formgebung und Werkstoffauswahl.

Das gleiche gilt z. B. auch für eine auf Torsion beanspruchte Welle-Nabe-Verbindung in Form eines Schrumpfsitzes (Bild 5–26). Die Gestaltung (a) bewirkt eine schroffe Umlenkung des Kraftflusses, während die Ausführung (b) eine wesentlich günstigere Lösung darstellt mit einer über der ganzen Nabenlänge verlaufenden gleichgerichteten Torsionsverformung.

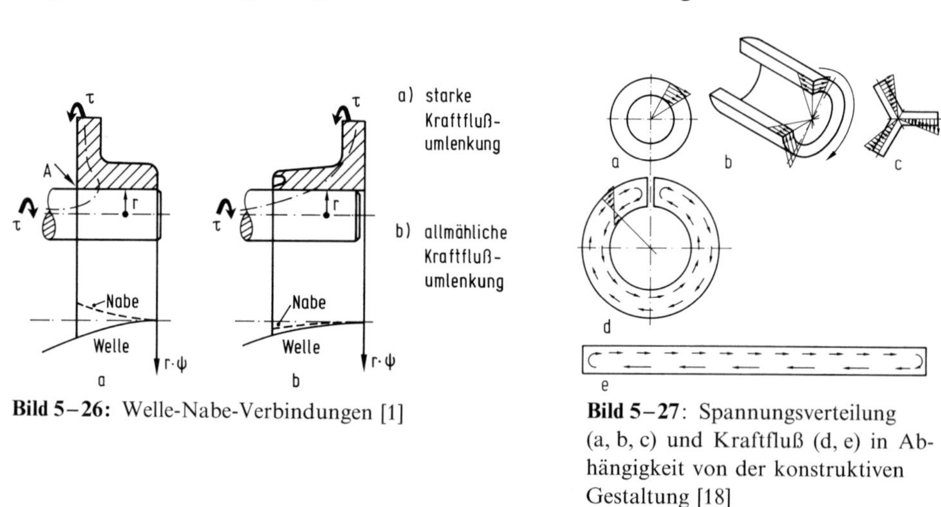

Bild 5–26: Welle-Nabe-Verbindungen [1]

Bild 5–27: Spannungsverteilung (a, b, c) und Kraftfluß (d, e) in Abhängigkeit von der konstruktiven Gestaltung [18]

torsionsschwach

torsionsbehindert

Profilausbildung

torsionssteif

Bild 5–28: Torsionsstab mit offenem Profil und U-Profile mit Querverbindungen zum Distanzhalten und Versteifen [18].

Die Forderung nach einer abgestimmten Verformung trifft auch zu in Bezug auf die Steifigkeit von Bauteilen, wenn ein möglichst ungestörter Kraftfluß gewährleistet sein soll. Bild 5–27 zeigt z. B. die Verhältnisse bei einem geschlossenen und einem aufgeschnittenen Rohrprofil; letzteres zeigt einen Kraftflußverlauf ähnlich demjenigen eines Flachprofiles. Das führt zu einer unterschiedlichen Torsionssteifigkeit von geschlossenen und offenen Profilen, die bei angenähert gleichem Biegewiderstand im Verhältnis 1 : 13 liegt. Bei Konstruktionen ist daher vor allem darauf zu achten, daß keine Steifigkeitssprünge auftreten, d. h. ein Bauteil hoher Steifigkeit sollte nicht mit einem solchen geringer Steifigkeit verbunden werden. Es muß sonst an der Verbindungsstelle durch Verformungsbehinderung mit einer beachtlichen Verminderung der Lebensdauer gerechnet werden. Dabei ist zu berücksichtigen, daß Torsionsspannungen (z. B. neben Biegung) unerwartet auftreten und Deformationen verursachen können, die besonders bei torsionsschwachen Konstruktionselementen die Haltbarkeit beeinflussen. Bild 5–28 zeigt einige Profilausbildungsmöglichkeiten.

5.5.2 Gestaltfestigkeit

Durch geeignete Wahl von Werkstoffen und Formgebung ist eine möglichst gleichverteilte Ausnutzung des Werkstoffes anzustreben, wobei unter Ausnutzung das Verhältnis der berechneten zur zulässigen Beanspruchung verstanden wird. Die ideale Konstruktion führt demnach zu einem „Körper gleicher Spannung", bei dem sowohl die Schwachstellen, wie Kerben, als auch unausgenutzte Materialanhäufungen vermieden sind. Eine derartige Konstruktion führt außerdem zu einem günstigen Leistungsgewicht und besitzt ein Maximum an Arbeitsaufnahmevermögen bei schlagartiger Beanspruchung.

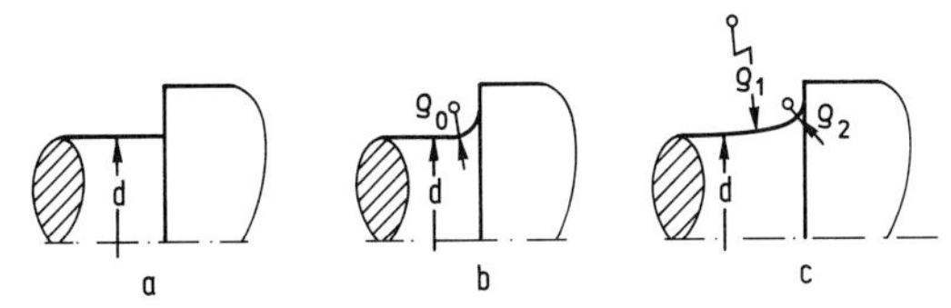

Bild 5–29: Beispiele für abgesetzte Wellen [21]. a) scharfkantig (sehr ungünstig); b) Kreisbogenrausrundung $\varrho_0 > 0{,}1$ d; c) Korbbogenübergang $\varrho_1 = \mathrm{d}$, $\varrho_2 = 0{,}1$ d

Demzufolge sollen Stellen hoher Kerbwirkung, wie z. B. scharfkantig ausgeführte Wellenabsätze, nach Möglichkeit vermieden werden. In der Regel ist es konstruktiv möglich, derartige Querschnittsübergänge an Stellen geringer Beanspruchung zu legen oder aber den Querschnittsübergang mit einer möglichst großen Ausrundung, am besten mit einer sanft verlaufenden veränderlichen Krümmung, zu versehen (Bild 5–29). Ist dieses nicht möglich, so gibt es weitere konstruktive Maßnahmen, um die Kerbwirkung von Querschnittsübergängen, und damit die Kerbspannungen, zu vermindern, z. B. durch Entlastungskerben. Bild 5–30 zeigt verschiedene konstruktive Möglichkeiten, einen Wellenabsatz

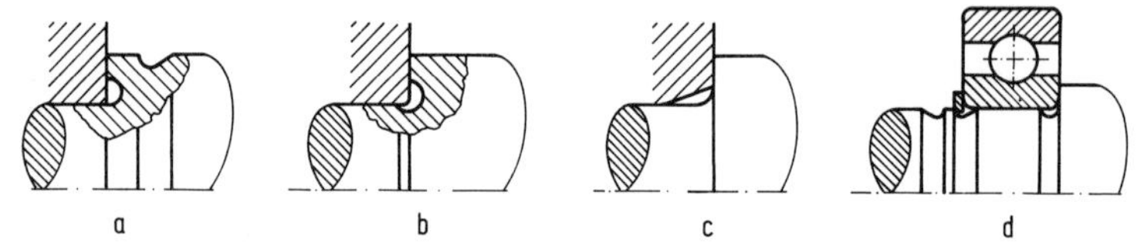

Bild 5–30: Schulter des Wellenabsatzes als Anlagefläche [21]
a) Ausrundung in die Schulter zurückverlegt, Entlastungskerbe im dicken Teil
b) Ausrundung in der Schulter mit geringer Hinterdrehung, Gefahr der Kantenpressung vermieden
c) Abschrägung verlegt die pressende Kante vom Übergang auf den glatten Wellenteil
d) Entlastungskerben zu beiden Seiten des Sicherungsrings, Kantenpressung des Kugellagers auf den beiden Seiten vermieden

mit Anlageflächen so zu gestalten, daß ein möglichst störungsfreier Verlauf des Kraftflusses gewährleistet ist; Bild 5–31 zeigt weitere Möglichkeiten der Beeinflussung des Kraftflusses durch nicht funktionsbedingte Kerben. Die durch Bohrungen bewirkten Kerbspannungen können durch geeignete Formgebung sowohl hinsichtlich des Spannungsprofils als auch der auftretenden Maximalspannung erheblich beeinflußt werden (Bild 5–32).

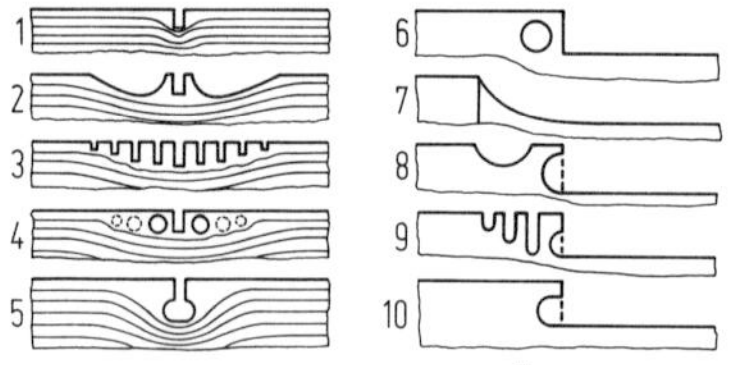

Bild 5–31: Beeinflussung des Kraftflusses durch (Entlastungskerben) nicht funktionsbedingte Kerben [22]

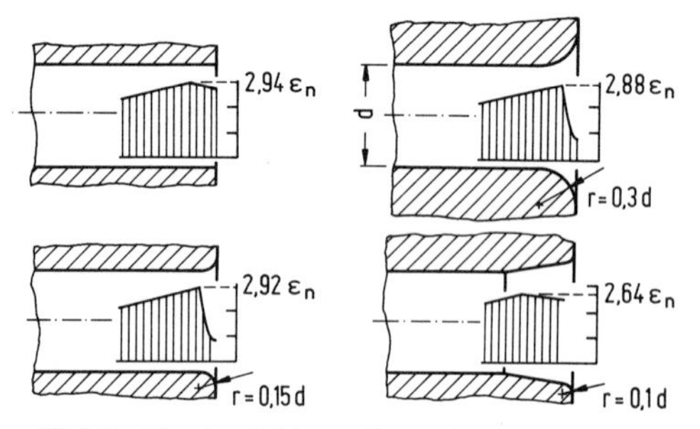

Bild 5–32: Ausbildung des Bohrungsrandes einer Kurbelzapfenölbohrung zur Verminderung der Kerbspannungen [23]

5.5.3 Größeneinfluß

Die dem Konstrukteur normalerweise zur Verfügung stehenden Werkstoffkennwerte für schwingende Beanspruchung wurden meistens an kleinen Proben einfacher Geometrie bei einstufiger Belastung ermittelt. Andererseits werden diese Werte für die Auslegung von Konstruktionselementen eingesetzt, deren Geometrie in Form und Größe völlig von der Probengeometrie abweichen. Dabei werden neben dem Größeneinfluß als solchem häufig auch die mit der Werkstoffgeometrie verbundenen Einflußgrößen, die z. B. technologischer, spannungsmechanischer, statistischer und oberflächentechnischer Art sein können, meist nicht in ausreichender Weise berücksichtigt.

Der technologische Größeneinfluß wird im wesentlichen geprägt durch die Wärmebehandlung und den Reinheitsgrad des Werkstoffes. Bei wasserhärtenden Kohlenstoffstählen und niedriglegierten Stählen führt z. B. das Härten mit zunehmenden Abmessungen zu einem Abfall der Randhärte, da sich die erreichbare Abkühlungsgeschwindigkeit mit dem Verhältnis von Oberfläche zum Volumen ändert.

Die Art der nichtmetallischen Einschlüsse sowie deren Ausbildung und Verteilung beeinflussen die Anisotropie und die Schwingfestigkeit, wobei die Herstellungsbedingungen des Halbzeuges, z. B. der Verschmiedungsgrad, von Bedeutung sind. Hierzu gehören auch die Form und Verteilung des Graphits in Gußwerkstoffen.

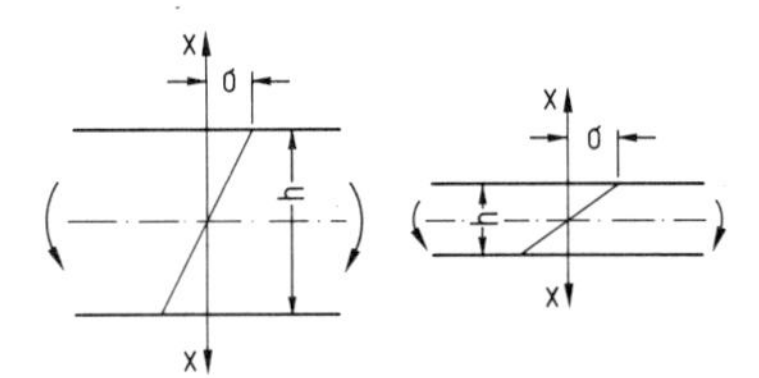

Bild 5–33: Einfluß der Probendicke auf den Spannungsgradient bei Biegebeanspruchung

Das Spannungsgefälle kann bei inhomogener Spannungsverteilung die Schwingfestigkeit erheblich beeinflussen. Wie Bild 5–33 zeigt, wird der Spannungsgradient bei gleicher Randspannung umso größer, je kleiner die Höhe des z. B. durch Biegung beanspruchten Querschnittes ist. Das hat wegen der Verminderung der Stützwirkung weniger hoch beanspruchter benachbarter Querschnitte zur Folge, daß die Schwingfestigkeit mit zunehmender Querschnittsgröße bis zu einem Grenzwert abnimmt (Bild 5–34). Die Größe der Verminderung sowie der Grenzwert sind abhängig von den Werkstoffeigenschaften.

Bei gekerbten Proben stellt man ebenfalls mit zunehmender Probengröße bzw. abnehmendem Spannungsgefälle eine Verminderung der Schwingfestigkeit fest,

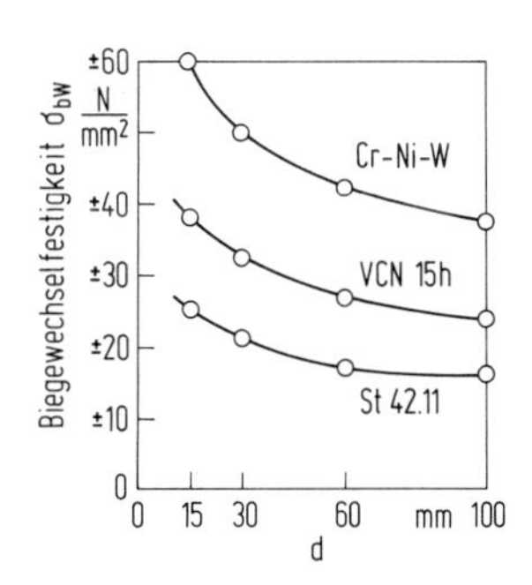

Bild 5–34: Einfluß des Durchmessers auf die Biegewechselfestigkeit [24]

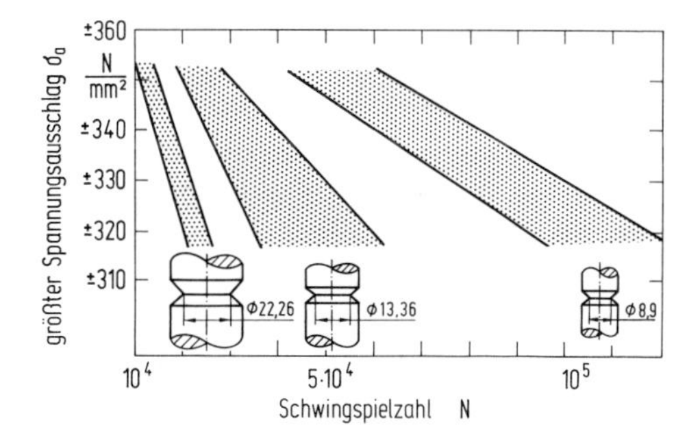

Bild 5–35: Streubereiche der Lebensdauerlinien im 8-Stufen-Betriebsfestigkeitsversuch (zylindrische Proben mit Umlaufkerbe $\alpha_k = 3$) [25]

bis schließlich der elastizitätstheoretisch kleinstmögliche Wert σ_w/α_k erreicht ist. Eine ähnliche Tendenz wird auch in Betriebsfestigkeitsversuchen festgestellt (Bild 5–35).

Unter oberflächentechnischen Einflüssen werden Einflußgrößen zusammengefaßt, die zu einer Änderung der Festigkeit des Werkstoffes in der Randzone bzw. zu Eigenspannungen führen. Hierzu gehören z. B. Oberflächenhärtung jeglicher Art sowie alle Fertigungsbehandlungen, die zu einer Randschichtbeeinflussung führen. Bild 5–36 zeigt die Abhängigkeit der Biegewechselfestigkeit badnitrierter Proben vom Probendurchmesser.

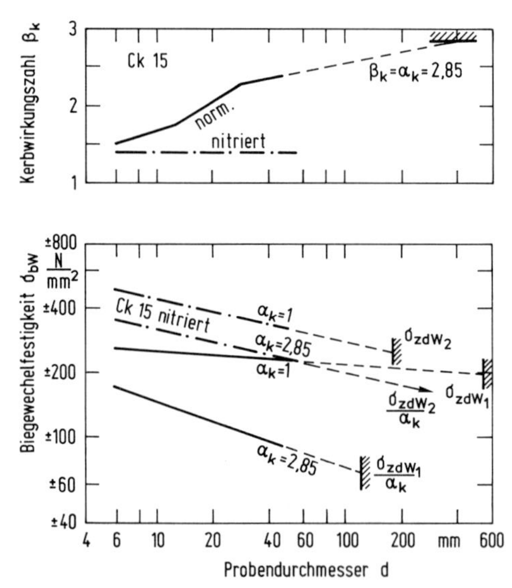

Bild 5–36. Einfluß der Probengröße auf die Biegewechselfestigkeit und die Kerbwirkungszahl glatter und gekerbter Proben im normalgeglühten und nitrierten Zustand [26]

5.5.4 Fertigungstechnische Maßnahmen

Grundsätzlich muß an den Stellen höchster Beanspruchung, insbesondere an Querschnittsübergängen, eine möglichst hohe Oberflächengüte (polieren!) vorliegen, da Bearbeitungsriefen Kerben darstellen, die bei Belastung zu zusätzlich wirkenden Kerbspannungen führen.

Andererseits kann durch das Aufbringen von Eigenspannungen (Druckeigenspannungen) an der Stelle der höchsten Beanspruchung die wirksame Betriebsbeanspruchung, die sich aus der Superposition von Eigenspannungen und funktionell bedingter Spannung ergibt, vermindert werden. Die Eigenspannungen können z. B. durch mechanische Bearbeitungsverfahren oder durch Oberflächenhärtung entstehen. Von den zuerst genannten haben sich die spanlos wirkenden Verfahren, wie z. B. Walzen, Rollen, Prägepolieren, Ziehen, Drücken, Kugelstrahlen besonders bewährt, weil es bei diesen Verfahren möglich ist, eine gezielte und definierte Verformung der oberflächennahen Bereiche und eine hohe Oberflächengüte zu erzielen.

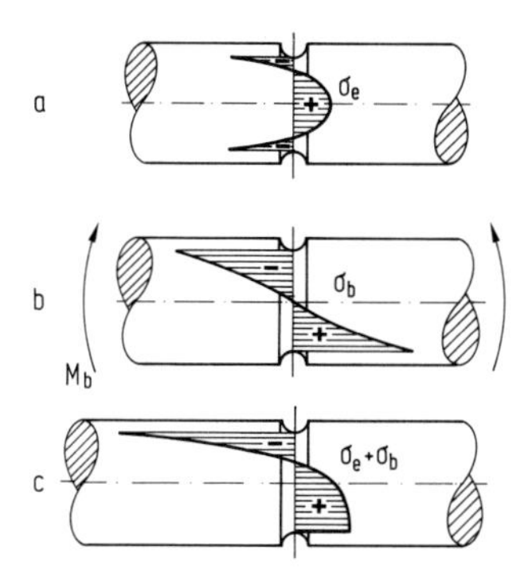

Bild 5–37: Spannungsverteilung in einem Rundstab mit umlaufender Kerbe bei Biegebeanspruchung [27]
a) Eigenspannungen; b) Lastspannungen; c) Eigen- und Lastspannungen

Bild 5–37 zeigt schematisch die Spannungsverteilung an einem Rundstab mit umlaufender Kerbe bei Biegebeanspruchung. Zunächst wird durch Rollen der Kerbgrund plastisch derart verformt, daß sich ein vorgegebener Eigenspannungszustand einstellt (a); der für den Normalzustand berechnete Spannungsverlauf ist in (b) eingetragen. Durch Superposition von Eigenspannung und funktionell bedingter Lastspannung ergibt sich der tatsächlich unter Betriebsbedingungen auftretende Spannungsverlauf entsprechend (c). Demnach werden die Zugspannungen, die für das Versagen maßgebend sind, durch die vorliegenden Druckeigenspannungen stark vermindert; die Dauerhaltbarkeit wird entsprechend erhöht. Bild 5–38 zeigt die entsprechende Auswirkung bei einer Schrumpfverbindung.

Da in Rundproben die Eigenspannungen grundsätzlich mehrachsig ausgebildet sind, muß für eine möglichst genaue Abschätzung der Fließgrenzen- und Festig-

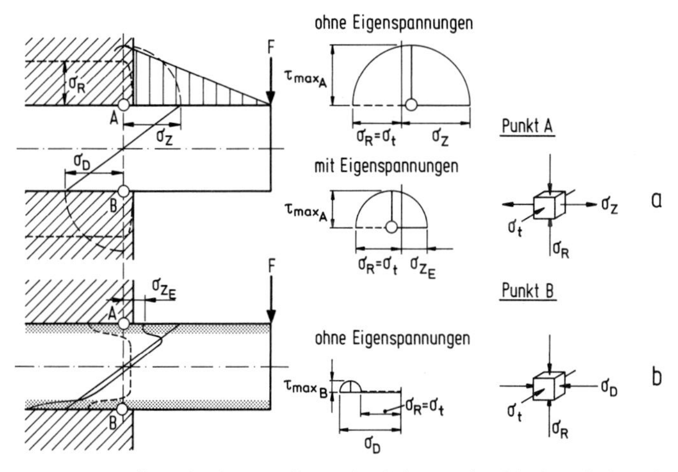

Bild 5–38: Spannungsverteilung in einer Welle-Nabe-Schrumpfverbindung bei Umlaufbiegung [27]
Welle a: vergütet; b: vergütet und Kaltverformung der Randzone

keitsänderung eine Superposition der Lastspannungen mit dem Eigenspannungsfeld in den drei Hauptachsenrichtungen erfolgen. Die Vergleichsspannung an der Oberfläche errechnet sich bei Überlagerung einer zweiachsigen Zugeigenspannung mit einer einachsigen Zuglastspannung je nach angenommener Hypothese z. B. wie folgt:

Normalspannungshypothese

$$\sigma_{\mathrm{vNH}} = \sigma_{\max} = (\sigma_{1\,\mathrm{Last}} + \sigma_{\mathrm{E\,ax}}) \tag{5.8}$$

$$\sigma_{1\,\mathrm{Last}};\ \sigma_{\mathrm{E\,ax}} > 0$$

Schubspannungshypothese

$$\sigma_{\mathrm{vSH}} = \sigma_{\max} - \sigma_{\min} = \sigma_{1\,\mathrm{Last}} + \sigma_{\mathrm{E\,ax}} = \sigma_{\mathrm{V\,NH}} \tag{5.9}$$

$$\sigma_{\min} = \sigma_3 = 0$$

Gestaltungsänderungsenergiehypothese

$$\sigma_{\mathrm{vGEH}} = \sqrt{(\sigma_{1\,\mathrm{L}} + \sigma_{\mathrm{E\,ax}})^2 + \sigma_{\mathrm{E\,tg}}^2 - (\sigma_{1\,\mathrm{L}} + \sigma_{\mathrm{E\,ax}}) \cdot \sigma_{\mathrm{E\,tg}}} \tag{5.10}$$

Die für eine biegebeanspruchte Rundprobe mit überlagertem dreiachsigen Eigenspannungsfeld nach den verschiedenen Hypothesen errechnete Vergleichsspannungsverteilung ist in Bild 5–39 eingetragen. Demnach tritt nach der Schubspannungs- und Gestaltänderungsenergiehypothese in der Oberfläche die höchste Werkstoffanstrengung auf, nach der Normalspannungshypothese liegt diese jedoch auf der Biegezugseite im Innern der Probe.

Wird ein mit Eigenspannungen behaftetes Bauteil schwingend beansprucht, so kann die Auswirkung von Eigenspannungen auf die Schwingungsfestigkeit in

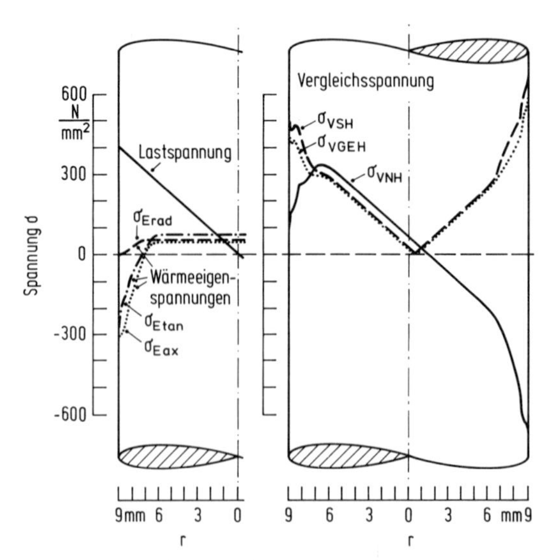

Bild 5–39: Vergleichsspannungsverteilung nach Superposition von Wärmeeigenspannungen und Lastspannungen [28]
Werkstoff: 34 Cr 4; Wärmebehandlung: vergütet 90 min, 570 °C/W; Probendurchmesser: 18 mm

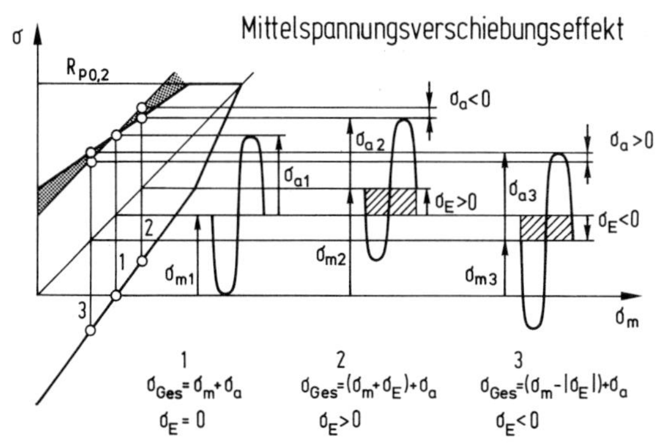

Bild 5–40: Beeinflussung der Schwingungsfestigkeit durch Eigenspannungen [28]

erster Näherung mit einer Mittelspannungsverschiebung beschrieben werden (Bild 5–40). Demnach erhöhen Zugeigenspannungen die Mittelspannung, Druckeigenspannungen vermindern sie. Im ersten Fall tritt eine Verminderung, im zweiten Fall eine Erhöhung der Schwingungsfestigkeit auf, abhängig von der Mittelspannungsempfindlichkeit des Werkstoffes.

Bei diesen Betrachtungen muß berücksichtigt werden, daß die Eigenspannungen je nach Fließbedingungen des Werkstoffes in der Randzone während der Wechselbeanspruchung teilweise abgebaut werden. Der Eigenspannungsabbau ist während der ersten Lastwechsel sehr groß und klingt mit zunehmender Lastwechselzahl ab. Der stärkste Abbau tritt dann auf, wenn nach der Gestaltänderungsenergiehypothese die rechnerisch ermittelte Streckgrenze aus Last- und Eigenspannungen erreicht wird.

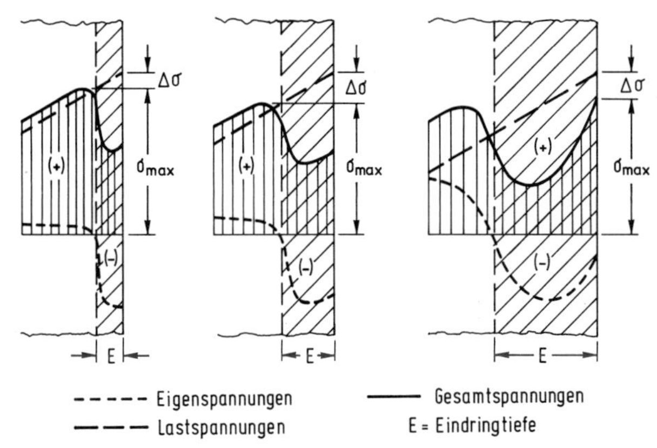

Bild 5–41: Auswirkungen der Tiefe des beeinflußten Randbereiches auf Spannungsverteilung und Biegebeanspruchung [27]

Aus der schematischen Darstellung der Superposition von Eigen- und Lastspannungen in Bild 5–41 ist erkennbar, daß die Dicke der beeinflußten Randzone die Spannungsverteilung wesentlich beeinflußt; diese Einflußgröße ist werkstoffabhängig.

Tabelle 5–2: Einfluß der Kaltverformung auf die Wechselfestigkeit von hochfesten Werkstoffen

Werkstoff	Zug-Druck-Wechselfestigkeit σ_{zdW} (N/mm²) und Kerbwirkungszahl β_k				
	Probe glatt	Probe gekerbt: Kerb geschnitten		Probe gekerbt: Kerb geschnitten und nachgerollt	
	σ_{zdW}	σ_{zdW}	β_k	σ_{zdW}	β_k
TiAl6V4 ($\alpha+\beta$)	470	140	3,3	340	1,40
TiAl6V4 (β)	410	150	2,8	400	1,03
Ultrafort 101	790	170	4,7	490	1,60
Ultrafort 201	750	180	4,2	550	1,40
30 Cr Ni Mo 8	620	170	3,7	490	1,30

ERHÖHUNG VON σ_{zdW} GEKERBTER PROBEN ($\alpha_k \sim 3,8$)

Tabelle 5–2 vermittelt einen Überblick über den Einfluß der Kaltverformung der Umlaufkerbe von Rundproben aus verschiedenen hochfesten Werkstoffen auf die Schwingungsfestigkeit.

Probekörper	Zustand und Behandlung des Probekörpers	Dauernd ertragene Wechsellast in N
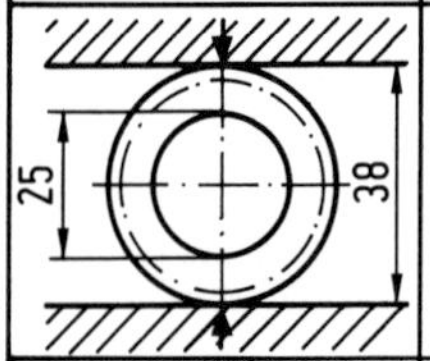 (Maße: 25, 38)	nur außen 0,8 ÷ 1 mm tief einsatzgehärtet	37 000
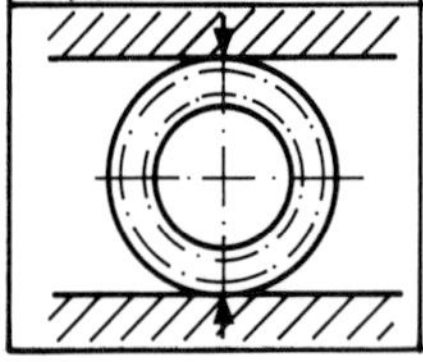	außen und innen je 0,8 ÷ 1 mm tief einsatzgehärtet	67 000

Bild 5–42: Einfluß der Härtungsschichtdicke auf die Dauerhaltbarkeit von Kolbenbolzen (Stahl: 0,15% C, 2% Cr, 2% Ni, 0,25% Mo [27]

Durch geeignete Wärmebehandlung der Randbereiche ist es möglich, in ähnlicher Weise Druckeigenspannungen zu erzeugen und dadurch die Dauerhaltbarkeit positiv zu beeinflussen (Bild 5–42). Eine optimale Beeinflussung wird jedoch nur dann erreicht, wenn die Oberflächenhärtung beanspruchungsgerecht durchgeführt wird. Nachteilig ist es z. B., wenn die auslaufende Härteschicht mit einem Bereich erhöhter Kerbwirkung zusammentrifft (Bild 5–43); in diesem Fall tritt eine Verminderung der Schwingungsfestigkeit auf. Normalerweise

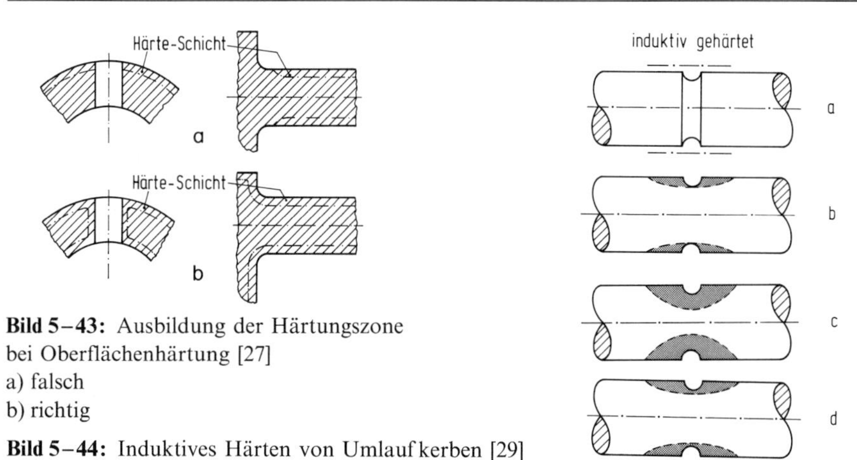

Bild 5–43: Ausbildung der Härtungszone bei Oberflächenhärtung [27]
a) falsch
b) richtig

Bild 5–44: Induktives Härten von Umlaufkerben [29]

wird eine derartige Wärmebehandlung konstruktiv vorgesehen, um an örtlich begrenzten hochbeanspruchten Stellen spezifische Werkstoff- und Festigkeitseigenschaften zu erzeugen. Dies trifft z. B. zu bei hochbeanspruchten Umlaufkerben in Wellen (Bild 5–44). An derartigen Stellen wird einerseits eine größere Härte und Festigkeit verlangt, um den Verschleiß zu minimieren, andererseits eine hohe Schwingfestigkeit. Konstruktiv wird daher vorgesehen, den Bereich mit der Kerbe induktiv zu härten (a). Dabei ergeben sich die Möglichkeiten (b, c und d). Bei der Ausführung (b) werden lediglich die Flanken, nicht der Kerbgrund gehärtet. Daher tritt eine zusätzliche „metallurgische Kerbe“ dadurch auf, daß im Kerbgrund das Härtegefüge der Flanken ausläuft; nach kurzer Betriebszeit tritt an einer derartigen Stelle Versagen durch Bruch auf (Bild 5–45). Ist die gehärtete Zone zu weit ausgedehnt (c), so wird der Kernquerschnitt zu sehr verringert. In diesem Falle führt das Zusammentreffen der durch die Martensitbildung erzeugten Druckspannungen mit den funktionell bedingten Zugspannungen im nichtgehärteten Kernquerschnitt, wo zudem ein

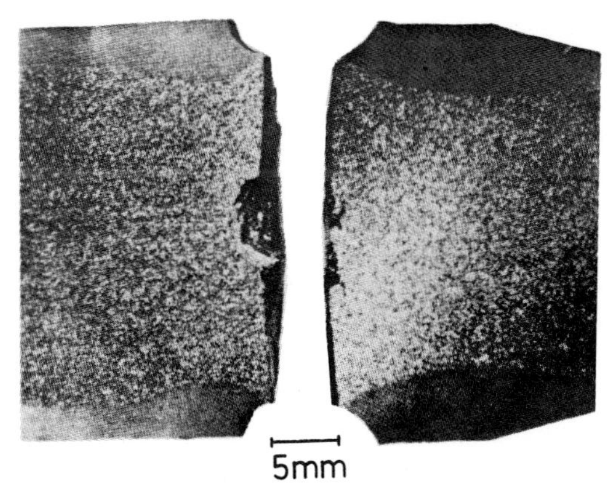

Bild 5–45: Bruch einer Achse (Stahl: C60) im Einstich [29]

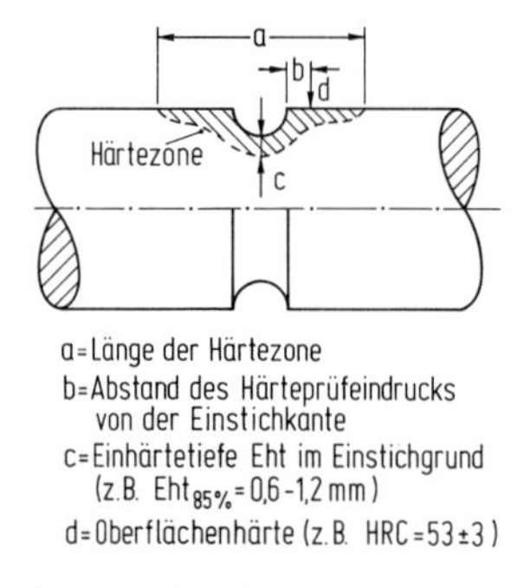

Bild 5–46: Zeichnungsangabe für induktiv zu härtende Teile [29]

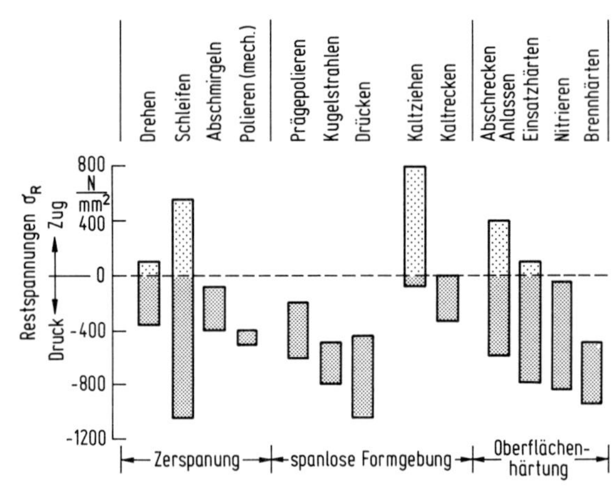

Bild 5–47: Eigenspannungen durch Fertigungsverfahren [30]

mehrachsiger Spannungszustand vorliegt, dazu, daß ein Versagen bereits ohne zusätzliche Belastung auftritt. Die Ausführung (d) ist richtig.

Derartige Fehler lassen sich nur vermeiden, wenn der Konstrukteur eindeutige Angaben über die Durchführung der Wärmebehandlung macht (Bild 5–46).

Bei der Festlegung des Oberflächenbearbeitungsverfahrens ist zu berücksichtigen, daß jedes Verfahren den Werkstoff in der Randzone beeinflußt durch

- Verfestigung
- Eigenspannungen
- Oberflächenfeingestalt.

Daher sind grundsätzlich solche Fertigungsverfahren zu bevorzugen, die bei geringer Rauhigkeit eine Verfestigung und möglichst Druckrestspannungen erzeugen (Bild 5–47).

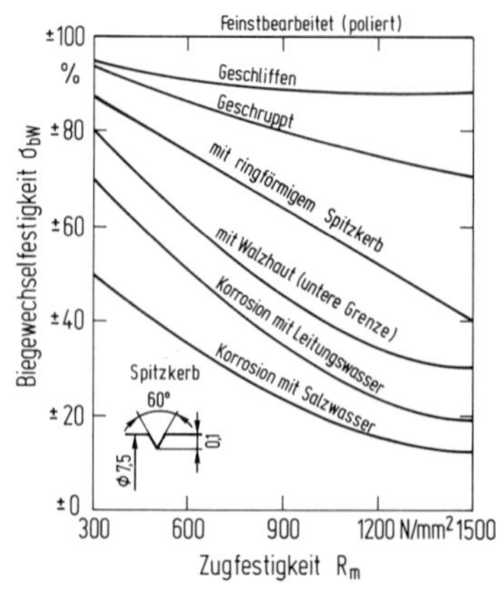

Bild 5–48: Einfluß von Oberflächengüte, Spitzkerben und Korrosion auf die Biegewechselfestigkeit von Stählen unterschiedlicher Zugfestigkeit [31]

Derartige Verfahren zur Erhöhung der Schwingfestigkeit sind jedoch nur dann wirksam, wenn die Oberfläche keine zusätzlichen Kerben (Bearbeitungseinflüsse) aufweist. Mikrogeometrische Oberflächeneinflüsse können als statistisch verteilte Mikrokerben betrachtet werden, wobei eine einzelne Kerbe mehr schadet als eine große Zahl gleich großer, parallel angeordneter Kerben (Oberflächenrauhigkeitsprofil), die als Entlastungskerben wirksam sind (s. Abschn. 5.5.2).

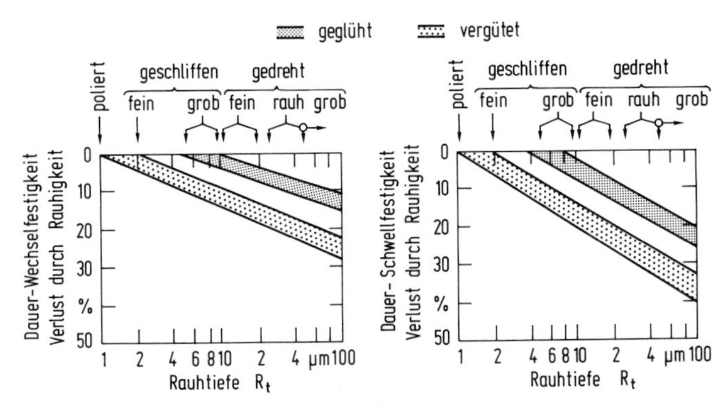

Bild 5–49: Einfluß der Oberflächenrauhigkeit auf die Schwingfestigkeit [32]

Die durch den Schneidprozeß entstandene Rauhigkeit der Oberfläche kann die Schwingfestigkeit erheblich beeinflussen (Bild 5–48). Zum Vergleich sind die Werte eingetragen für Proben mit umlaufendem Spitzkerb und mit Walzhaut. Der Einfluß der Rauhtiefe auf die Schwingfestigkeit ist abhängig von den Werkstoffeigenschaften und dem Werkstoffzustand (Bild 5–49).

5.5.5 Verbindungselemente

5.5.5.1 Schraubverbindungen

Durch die rasch fortschreitende Entwicklung auf allen Gebieten der Technik, insbesondere im Fahrzeugbau und in der Luft- und Raumfahrt, werden an die Schrauben als Verbindungselemente immer höhere Anforderungen gestellt; in vielen Fällen ist die Lebensdauer einer Konstruktion von der Lebensdauer der Schraubverbindung abhängig. Die Vielfalt der auftretenden Beanspruchungen mechanischer, thermischer und korrosiver Art führte dazu, spezielle geometrische Ausbildungen, Werkstoffe mit verbesserten Eigenschaften, genauere Berechnungsverfahren sowie neuartige Fertigungsmethoden und Montagehilfsmittel zu entwickeln.

Die Schraubverbindung besteht im allgemeinen aus zwei Einzelelementen, dem Schraubenbolzen und der Schraubenmutter. Der Schraubenbolzen ist ein Bauelement mit mehreren, teils scharf ausgebildeten Kerben. Bei normaler Ausführung ist der Kraftfluß an der Stelle der Krafteinleitung stark gestört. Demnach

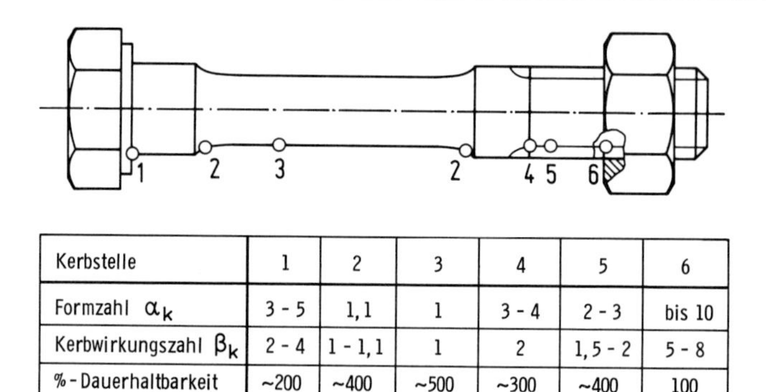

Kerbstelle	1	2	3	4	5	6
Formzahl α_k	3 - 5	1,1	1	3 - 4	2 - 3	bis 10
Kerbwirkungszahl β_k	2 - 4	1 - 1,1	1	2	1,5 - 2	5 - 8
% - Dauerhaltbarkeit	~200	~400	~500	~300	~400	100

Bild 5–50: Kerbstellen einer Schraubverbindung und örtlicher Dauerhaltbarkeit [33]

muß man beim Betrachten des Festigkeitsproblems einer Schraubverbindung davon ausgehen, daß das primäre Konstruktionselement mehrere Bereiche aufweist, in denen sich die Festigkeit erheblich unterscheidet. Dieses wird deutlich durch die in Bild 5–50 aufgeführten, lageabhängigen Werte für die Form- und Kerbwirkungszahlen. Die Extremfälle des möglichen Kraftflußverlaufes für verschiedenartig gestaltete Schraubverbindungen sind in Bild 5–51 dargestellt. Demnach muß zwecks Erzielung eines günstigen Kraftflußverlaufes der Einsatz einer Zugmutter (a) angestrebt werden. Darüber hinaus spielen die Verformungseigenschaften der Werkstoffe der zu verbindenden Bauelemente ebenfalls eine nicht unbedeutende Rolle.

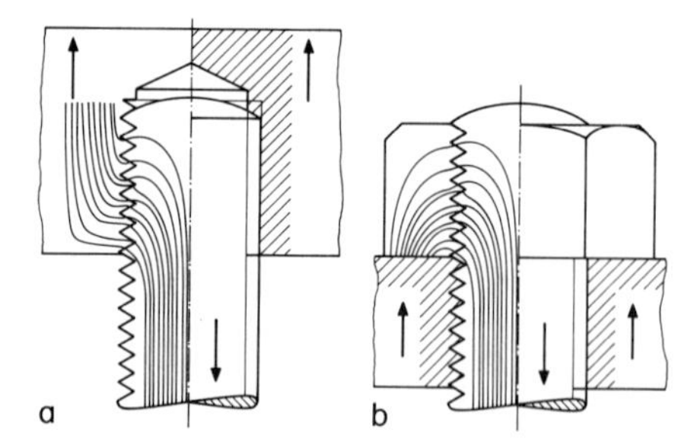

Bild 5–51: Kraftflußausbildung in verschiedenartig gestalteten Schraubverbindungen [34]
a) Zugmutter; b) normale Schraubenmutter

Daraus ergibt sich, daß bei der Festigkeitsberechnung einer Schraubverbindung nicht nur die Werkstoffkennwerte des Schraubenbolzens maßgebend sind, sondern auch die Einflußgrößen, die sich aus dem Zusammenwirken der Kräfte in Schraube, Mutter und Flansch ergeben. Im einzelnen wird die Dauerhaltbarkeit einer Schraubverbindung wesentlich beeinflußt durch

- die geometrische Form von Schraube und Mutter
- die Art der Krafteinleitung von der Schraube zur Mutter

- den Werkstoff des Gewindebolzens und der Mutter
- das Formänderungsverhalten von Schraubverbindung und Flansch
- die Vorspannung der Schraubverbindung.

Insgesamt betrachtet können die wichtigsten Einflußgrößen in drei Gruppen zusammengefaßt werden:

- Konstruktive Gestaltung.
- Werkstoffeigenschaften
- Fertigungseinflüsse.

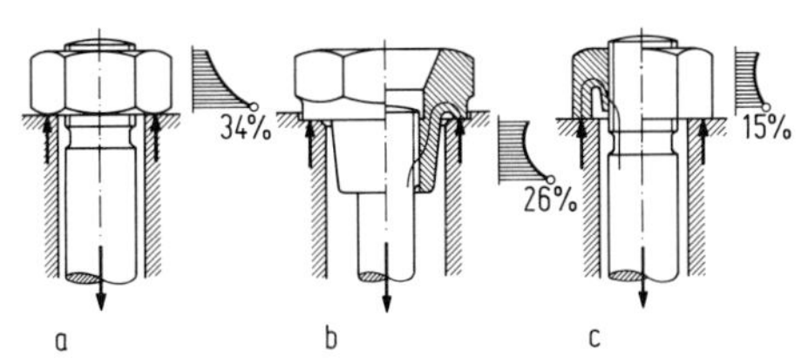

Bild 5–52: Beeinflussung des Kraftflusses durch konstruktive Maßnahmen [35]
a) normale Mutter; b) Tauchmutter; c) Ringnutmutter

Die höchste Spannungskonzentration einer normal ausgeführten Gewindeverbindung liegt im ersten tragenden Gewindegang. Durch eine geeignete konstruktive Gestaltung der Mutter ist es möglich, den Kraftfluß derart zu beeinflussen, daß eine günstigere Lastverteilung erreicht wird (Bild 5–52). Durch Wahl einer geeigneten Werkstoffkombination wird diese Auswirkung zusätzlich begünstigt (Bild 5–53). Dabei soll der Mutterwerkstoff einen geringeren Elastizitätsmodul aufweisen als die Schraube, z. B. Schraubenbolzen aus Stahl, Mutter aus Aluminium.

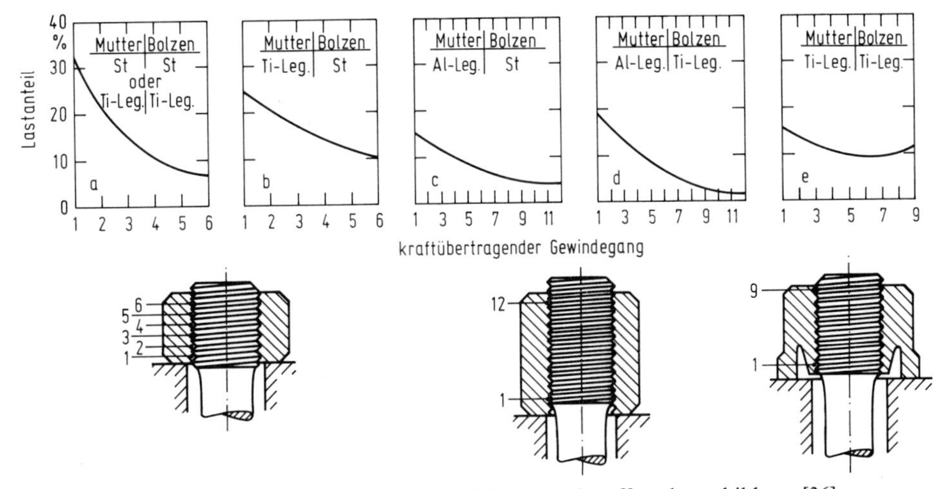

Bild 5–53: Lastverteilung in Abhängigkeit von Mutterwerkstoff und -ausbildung [36]

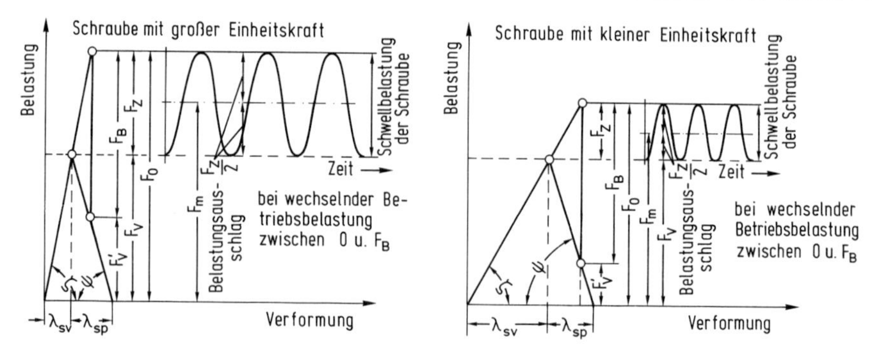

Bild 5–54: Verspannungsdreiecke für Schraubenverbindungen mit unterschiedlichem elastischem Verhalten der Schrauben [37]

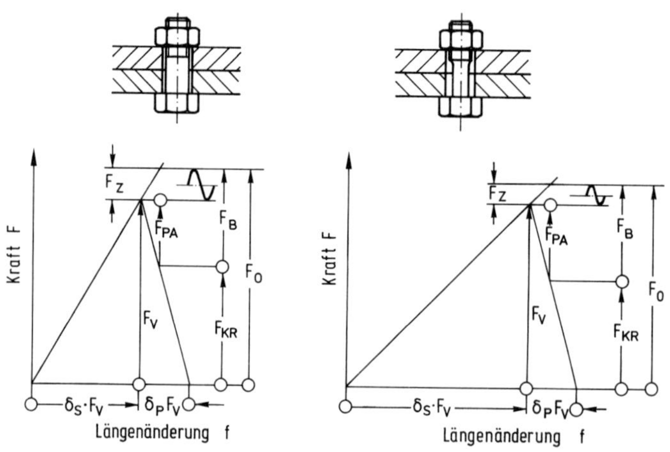

Bild 5–55: Verspannungsschaubild einer Voll- und einer Dehnschaftschraube [34]

Der auf die Gewindeverbindung entfallende Anteil der Betriebskraft hängt u. a. vom Federkonstanten-Verhältnis der Schraube zu den verspannten Teilen ab (Bild 5–54). Demnach wird bei gleichen Vorspann- und Betriebslasten durch eine Schaftverjüngung eine höhere Tragfähigkeit und eine bessere Werkstoffausnutzung bewirkt (Bild 5–55). Im übrigen hängt die Wahl des Werkstoffes u. a. ab von der Flächenpressung, den Betriebsverhältnissen, dem Wärmedehnungskoeffizienten und dem Elastizitätsmodul. Beispielsweise wird nach Bild 5–56 bei Verwendung von Titan anstelle von Stahl bei gleichen Abmessungen und gleichen Verformungsverhältnissen der verspannten Teile der Beanspruchungsausschlag um etwa 50 % kleiner, bedingt durch den kleineren Elastizitätsmodul von TiAl6V4 ($E \approx 113\,000$ N/mm^2).

Die Wahl des Werkstoffes hängt natürlich im wesentlichen vom Verwendungszweck ab. Für normale Einsatzverhältnisse wird für hochfeste Schrauben zumeist ein handelsüblicher Vergütungsstahl verwendet, wobei die geforderte Festigkeitsklasse, das Herstellungsverfahren der Schrauben und ihre Abmessungen berücksichtigt werden müssen. Treten schwerwiegendere Korrosions-

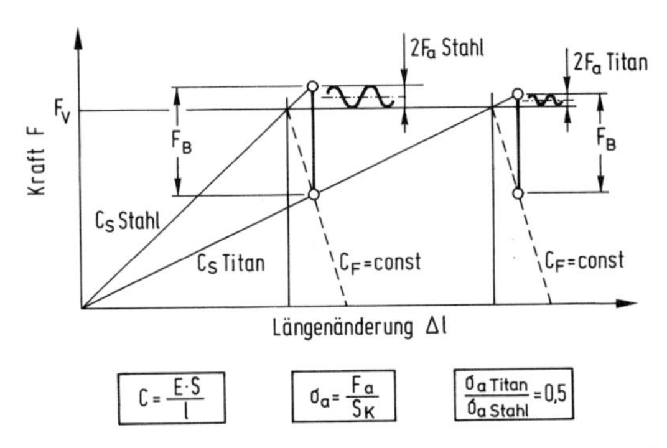

Bild 5–56: Einfluß des Schraubenwerkstoffes auf den Beanspruchungsanteil (2 F_a) bei Betriebsbelastung [38]

probleme auf, so werden rost- und säurebeständige Stähle eingesetzt, wenn andere Möglichkeiten der Korrosionsverhütung nicht mehr wirksam sind. Bei Betriebstemperaturen über 350 °C werden warmfeste Stähle und bei Temperaturen über etwa 560 °C hochwarmfeste Stähle verwendet. Darüber hinaus gibt es für Sonderfälle spezielle Werkstoffe, wie z. B. ultrafeste Stähle, Stähle mit besonderer Wärmeausdehnung, antimagnetische Werkstoffe, Stähle für kaltzähe Schrauben [39].

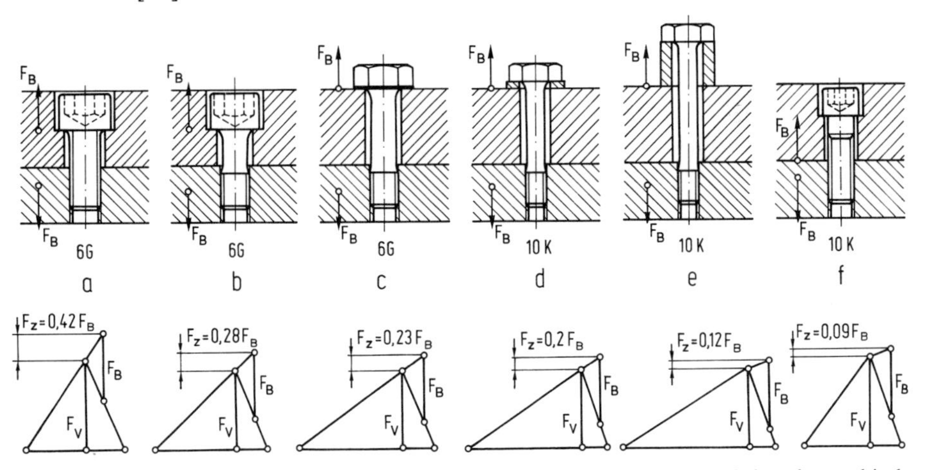

Bild 5–57: Einfluß konstruktiver Maßnahmen auf die Dauerhaltbarkeit von Schraubenverbindungen [40]

Alle konstruktiven Maßnahmen, die zur Verminderung des auf die Schraube fallenden Anteiles der Betriebskraft führen, erhöhen die Dauerhaltbarkeit der Verbindung (Bild 5–57) wie z. B.

- Erhöhung der Elastizität der Schraube durch Ausführung als Dehnschraube (b) und/oder Ausnutzung der größtmöglichen Länge (c).
- Erhöhung der Elastizität durch Verwendung hochfester Schrauben, dadurch weitere Verminderung des Durchmessers (d).

- Vergrößerung der spannenden Länge durch Aufsetzen einer Hülse; der Gewinn an spannender Länge ergibt sich aus der Vergrößerung der Schraubenlänge und dem Anteil der federnden Hülse (e).
- Versteifung der verspannten Teile durch Formgebung oder Verwendung von Material mit größerem E-Modul; Erhöhung der Federkonstanten.
- Verlagerung des Kraftangriffspunktes in das Innere der verspannten Teile (f).

Bild 5–58 zeigt einige Gestaltungsmöglichkeiten zur Erzielung einer dehnelastischen Ausführung bei Schrauben für kurze Einbaulängen.

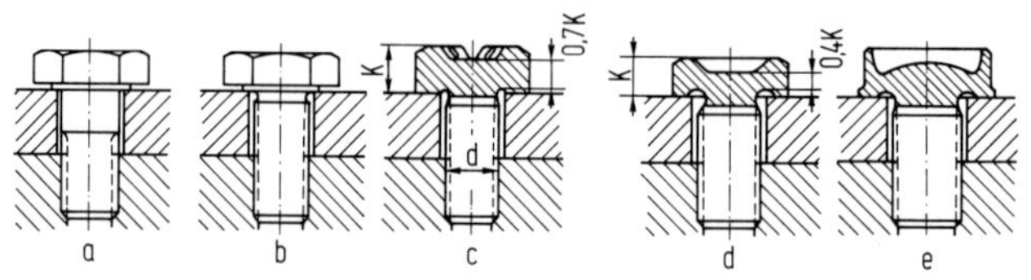

Bild 5–58: Konstruktive Möglichkeiten dehnelastischer Ausbildungen von Schrauben mit kurzen Dehnlängen [36]

Eine optimale Dauerhaltbarkeit erzielt man aber erst durch Aufbringen von Druckeigenspannungen im Gewindekerb, im Übergang Schaft/Kopf und den übrigen Stellen, an denen Spannungsspitzen zu erwarten sind (Bild 5–59).

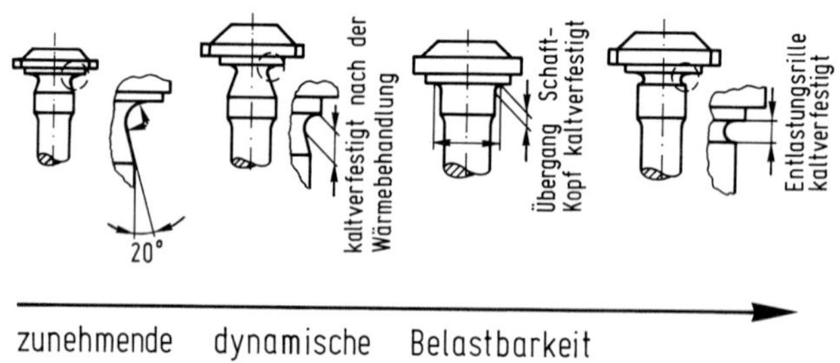

Bild 5–59: Gestaltungsbeispiele für Kopf- und Schaftübergänge [38]

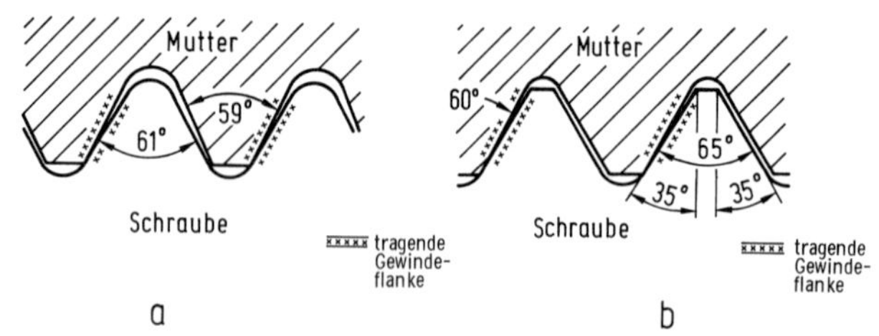

Bild 5–60: Erhöhung der Dauerhaltbarkeit durch
a) ISO-Gewinde mit symmetrischer Flankenwinkeldifferenz
b) Asymmetrisches Gewinde der Schraube, gepaart mit normalem ISO-Gewinde der Mutter [41]

Eine weitere Steigerung der Dauerhaltbarkeit kann durch eine asymmetrische Gewindeform, gepaart mit einer normalen Mutter, entsprechend Bild 5–60 erreicht werden. Außerdem bringt eine geringfügige gezielte Änderung der Gewindesteigung ebenfalls eine beachtliche Erhöhung der Schwingfestigkeit mit sich.

Eine dominierende Rolle für die Dauerhaltbarkeit und Sicherheit der Verbindung spielt die Vorspannung der Schraube. Sie wird aufgrund der Funktionsaufgaben in ihrer Größe festgelegt und darf unter Betriebslast einen unteren zulässigen Grenzwert nicht unterschreiten. Geschieht dies doch, so wird die Schwingbeanspruchung zunächst vergrößert und schließlich in eine unkontrollierte Schlagbeanspruchung übergehen und dadurch die Sicherheit aufs höchste gefährden (Bild 5–61). Daher hängt die Zuverlässigkeit einer Schraubverbin-

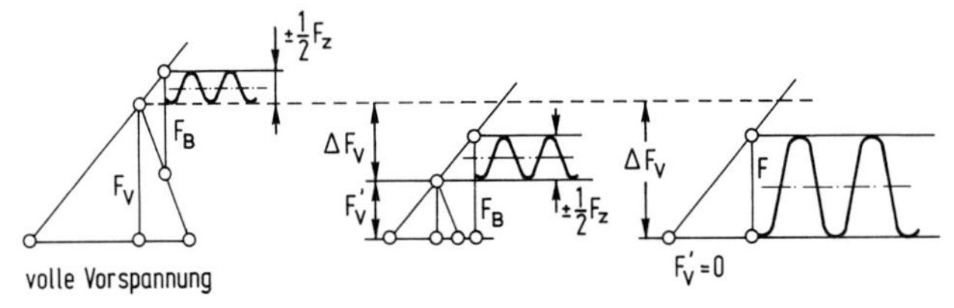

Bild 5–61: Erhöhung des Belastungsausschlages durch Abfall der Vorspannung in einer Schraubenverbindung [40]

dung wesentlich von der Zuverlässigkeit ab, mit der die berechnete Vorspannkraft bei der Montage aufgebracht und während der vorgesehenen Lebensdauer aufrecht erhalten wird. Die Kontrolle der Vorspannkraft erfolgt in der Regel mittels Drehmomentschlüssel. Bei der Umrechnung des Drehmomentes in die axiale Schraubenkraft müssen jedoch die Reibungsbedingungen im Gewinde und in den Kopf- und Mutterauflagen berücksichtigt werden (s. Bild 5–6). Diese sind jedoch weder mit ausreichender Genauigkeit vorausschätzbar noch in einer Schrauben- und Bauteilserie konstant zu halten. Untersuchungen bestätigen, daß bei konstant gehaltenem Moment Klemmkraftstreuungen von $\pm$ 25% möglich sind. Der Störfaktor „Reibung" läßt sich weitgehend nur dann ausschalten, wenn die Längskraft in der Schraube selbst als Kriterium und gleichzeitig als Steuergröße gewählt wird, d.h. die Schraube selbst muß Meßglied werden.

Daher gewinnt in zunehmendem Maße ein neues Konzept an Bedeutung, welches darauf beruht, die Streckgrenze als Meßgröße zu verwenden. Das Verfahren beruht darauf, daß die Abhängigkeit des Drehmomentes von dem Drehwinkel im elastischen Bereich des Werkstoffes annähernd linear ist. Wird jedoch die Streckgrenze erreicht, so weicht die Abhängigkeit von der Geraden ab. Mittels eines Winkelschrittgebers wird der Anstieg des Drehmomentes über einen bestimmten Drehwinkel in kurzen Abständen elektronisch erfaßt und die Differenzquotienten des Momentes mit dem Winkel gebildet. Im elastischen Bereich bleibt das Ergebnis $\Delta M/\Delta\varphi$ konstant. Bei Beginn des plastischen Bereiches ändert sich das Verhältnis, und das Werkzeug wird innerhalb von 5 µs ausgeschaltet. Dadurch wird die Schraube nur bis zur 0,2%-Dehngrenze plastisch verformt bei einer Genauigkeit von etwa 5%. Dieses Verfahren nennt man „streckgrenzengesteuertes Anziehen" [42].

Schmiermittel haben ebenfalls einen Einfluß auf die Dauerhaltbarkeit, insbesondere im Bereich der Zeitfestigkeit, weil dadurch schädliche Oberflächenänderungen, wie z. B. Reibkorrosion, vermieden werden.

5.5.5.2 Welle-Nabe-Verbindungen

Grundsätzlich werden diese Verbindungsarten je nach Konstruktion in folgende drei Gruppen unterteilt

kraftschlüssige,

formschlüssige und

stoffschlüssige Welle-Nabe-Verbindungen.

In kraftschlüssigen Welle-Nabe-Verbindungen erfolgt die Kraftübertragung durch Reibung, die in der Fuge der beteiligten Elemente auftritt. Je nach Konstruktion unterscheidet man z. B. zwischen Längs- und Querpreß-, Ringspann-, Kegel-Verbindungen und sonstigen, die z. B. zur Übertragung des Drehmomentes eine Wellspannhülse, einen Wellrohrspannsatz oder Sternscheiben benötigen [43]. Die Reibungskräfte treten in den Kontaktflächen nur auf, wenn diese Flächen durch Normalkräfte aufeinandergepreßt werden. Das ist möglich durch

- Spannelemente (äußere Normalkräfte) und
- Übermaß der Welle gegenüber der Bohrung (innere Normalkräfte).

Für die reibschlüssige Kraftübertragung maßgebend ist das Haftmaß und für die Lebensdauer die Werkstoffestigkeit bei der vorgegebenen Betriebsbeanspruchung, wobei formbedingte Kerbeinflüsse zu berücksichtigen sind. Kritisch sind Relativbewegungen zwischen Welle und Nabe, die aufgrund elastischer Verformungen je nach Auslegung mehr oder minder stark auftreten, zu Reibkorrosion führen können und dadurch die Schwingfestigkeit erheblich vermindern. Durch gestaltungstechnische Maßnahmen müssen daher derartige Relativbewegungen zwischen Welle und Nabe auf ein Mindestmaß reduziert werden. Nach [44] ist eine optimale Gestaltung einer Querpreßverbindung erreicht, wenn bei normaler Baugröße sowie ausreichender Rutschsicherheit die Tragfähigkeit von glatten Wellen erreicht wird.

Formschlüssige Welle-Nabe-Verbindungen haben meistens zur Kraftübertragung ein weiteres Bauelement, z. B. Paßfeder, Tangentialkeile, Scheibenfeder, Querstift oder aber Keil-, Zahn- oder Polygonprofile. Die Dimensionierung erfolgt auf Flächenpressung an den Flanken der Übertragungselemente; Stiftverbindungen werden nach den Scher- bzw. Lochleibungskräften ausgelegt. Derartige Verbindungen werden vorwiegend zur Übertragung von Drehmomenten verwendet, so daß einerseits die Flächenpressung, andererseits die Schwingfestigkeit der gekerbten Welle die Lebensdauer bestimmen. Das setzt voraus, daß die Verteilung der Flächenpressung über Paßfeder- und Nutlänge bekannt ist. Eine Lockerung während des Betriebes muß unbedingt vermieden werden, weil dadurch neben der normalen Betriebsbeanspruchung eine schlagartig wirkende zusätzliche Beanspruchung entsteht, die in der Regel die Lebensdauer sehr stark vermindert.

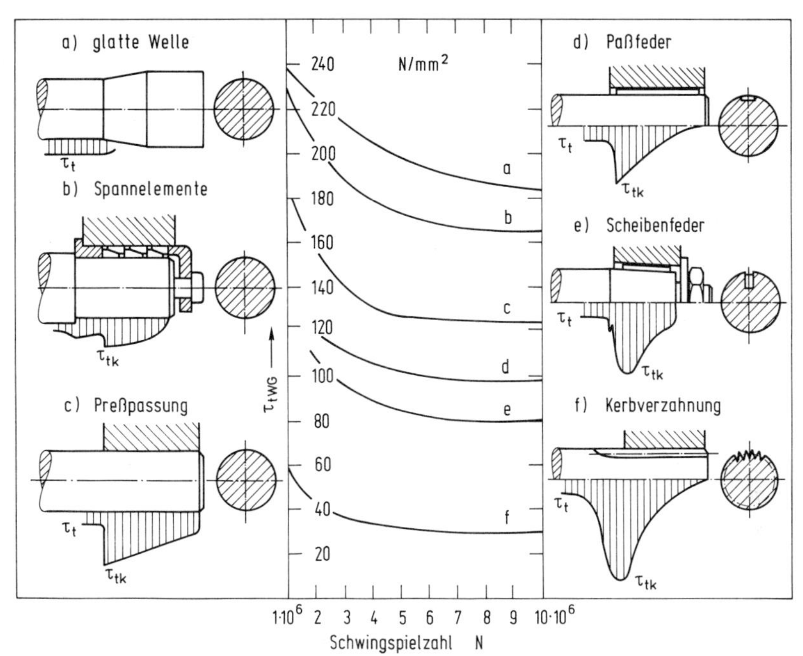

Bild 5–62: Gestalt-Torsionswechselfestigkeit τ_{tWG} und Verlauf der Torsionsspannungen τ_t bei konstruktiv unterschiedlichen Welle-Nabe-Verbindungen [45]

Stoffschlüssige Welle-Nabe-Verbindungen sind unlösbare Verbindungen, wie Schweiß-, Löt- und Klebverbindungen.

Tragfähigkeit: Alle Welle-Nabe-Verbindungen vermindern bei schwingender Beanspruchung die Dauerhaltbarkeit der Welle mehr oder weniger stark, abhängig von der konstruktiven Gestaltung, dem Werkstoff und dessen Zustand, der Belastungsart u. dgl. In Bild 5–62 ist die Torsionswechselfestigkeit von verschiedenen Welle-Nabe-Verbindungen der entsprechenden Festigkeit einer glatten Welle gegenübergestellt; die übrigen aufgeführten Einflußgrößen wurden konstant gehalten.

Demnach schwächen Spannelemente die Wellen nur wenig, weil sie keine Nuten oder Kerben benötigen und das Drehmoment ohne nennenswerte Spannungsspitzen vom Nabensitz in die Welle übertragen wird. Weitere Vorteile dieser Verbindungsart sind, daß die Naben in jeder beliebigen Umfangs- und Längslage montiert werden können, eine Feineinstellung möglich ist und sich die Verbindung jederzeit ohne Schwierigkeiten lösen läßt. Darüber hinaus gewähren diese Elemente eine hohe Rundlaufgenauigkeit.

Nachteilig sind die erforderlichen Fertigungstoleranzen und der Montageaufwand. Dieser Nachteil wird vermindert dadurch, daß seit einiger Zeit sogenannte Spannsätze verfügbar sind, die als komplette, einbaufertige Einheiten geliefert werden [46].

Eine befriedigende Abschätzung der Lebensdauer ist insbesondere bei Welle-Nabe-Paßfederverbindungen schwierig wegen der Nachgiebigkeit von Welle,

Paßfeder und Nabe. Daher muß mit ungleichmäßigen Belastungsverteilungen längs der Paßfeder- bzw. Nutlänge und -höhe gerechnet werden. Daraus ergibt sich, daß für die Auslegung in erster Linie die Flächenpressung an Wellen- und Nabennut sowie die Schwingfestigkeit der genuteten Welle maßgebend sind. Ist die Flächenpressung bekannt, so kann durch Vergleich mit der Fließgrenze die Sicherheit gegenüber plastischer Verformung ermittelt werden. Das ist äußerst schwierig, weil durch örtlich begrenzte plastische Verformung Lockerungen auftreten, die dazu führen, daß bei Beanspruchungsumkehr die vorgesehene zügige Belastung in eine stoßartige übergeht und dadurch die Lebensdauer in der Regel erheblich gemindert wird.

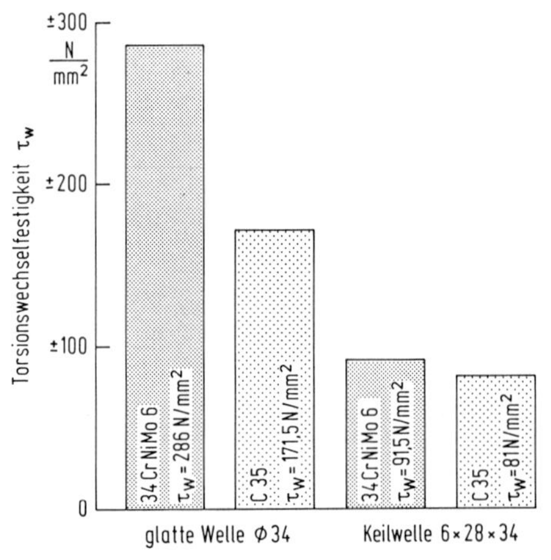

Bild 5–63: Torsionswechselfestigkeit von glatten Wellen und Kerbwellen aus den Werkstoffen 34 Cr Ni Mo 6 und C 35 [47]

Neben der konstruktiven Ausbildung ist die Werkstoffwahl von wesentlicher Bedeutung. Beispielsweise weisen ungekerbte Wellen aus 34 Cr Ni Mo 6 im Vergleich zu C 35 eine etwa 40% höhere Verdrehwechselfestigkeit auf; der entsprechende Vergleich von Keilwellen führt jedoch lediglich zu einer Erhöhung um etwa 11% (Bild 5–63). Das ist dadurch begründet, daß Stähle höherer Festig-

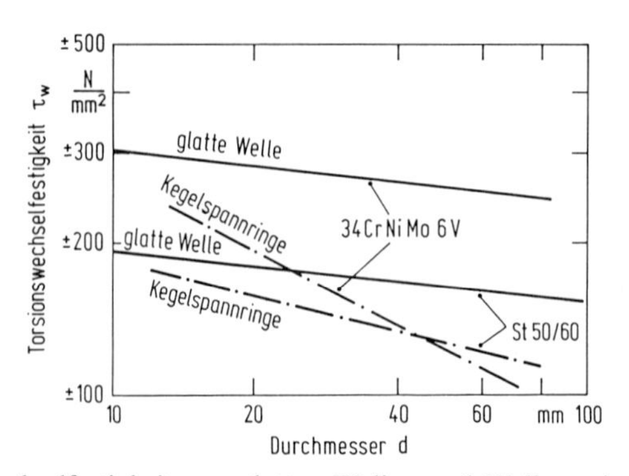

Bild 5–64: Torsionswechselfestigkeit von glatten Wellen und Wellen mit Preßverbindungen [43]

keit in der Regel auch eine höhere Kerbempfindlichkeit aufweisen, wenn nicht besondere Maßnahmen getroffen werden. Bei Preßverbindungen tritt bei Verdrehwechselbeanspruchungen ein ähnliches Werkstoffverhalten auf (Bild 5–64).

Nach Bild 5–65 übt die Größe des Abrundungsradius vom Nutgrund zur Nutwand in Wellennuten auf die Dauerhaltbarkeit nur einen geringfügigen Einfluß aus, weil der Anriß in der Regel nicht am Querschnittsübergang im Nutgrund, sondern am halbkreisförmigen Nutauslauf am Außendurchmesser der Welle beginnt und unter 45° zur Wellenachse verläuft. Nur bei sehr scharfem Übergang tritt der Bruchausgang im Nutgrund auf. Nach Bild 5–65 führen ab $\varrho/b = 0{,}03$ die Normalspannungsspitzen längs der Kanten zum Anriß; eine Vergrößerung von ϱ ist ohne Vorteil. Bei Verdrehbeanspruchung ohne eingesetzten Keil sind allerdings auch bei $\varrho/b > 0{,}03$ die Nutecken für den Bruchausgang maßgebend (gestrichelte Kurven).

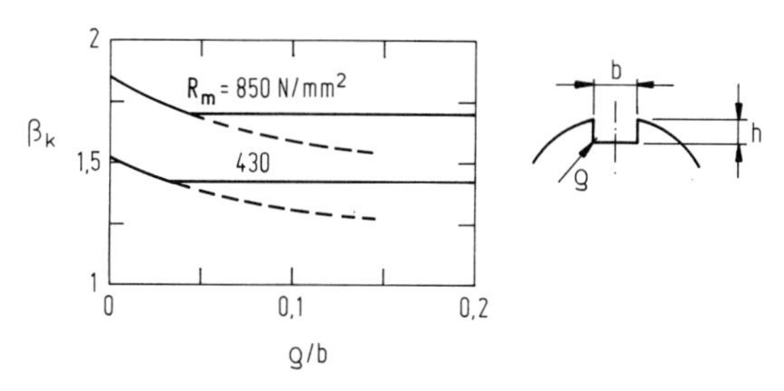

Bild 5–65: Kerbwirkungszahlen β_k für Wellen zweier Werkstoffe mit auslaufender Keilnut bei Verdrehwechselbeanspruchung; D = ∅ 40 mm [48]

Die Nutherstellung mittels Fingerfräser führt gegenüber der Herstellung mittels Scheibenfräser zu einer Vergrößerung von β_k um 20 bis 30%; durch Abrundung des Nutauslaufes kann die Verdrehwechselfestigkeit ebenfalls verbessert werden.

5.5.6 Zusammenfassende Übersicht

Die Gestaltung eines Bauteiles mit hoher Dauerhaltbarkeit erfordert:

a) genaue Ermittlung der Betriebsbeanspruchung
b) genaue Ermittlung der Stelle der höchsten Werkstoffanstrengung
c) kraftflußgerechte Konstruktion
d) Verminderung der Auswirkungen von Querschnittsübergängen auf die Dauerhaltbarkeit durch Beachtung folgender Maßnahmen:
  - unstetige Querschnittsübergänge nach Möglichkeit vermeiden
  - Querschnittsübergänge an Stellen mit möglichst niedriger Beanspruchung legen
  - sorgfältige konstruktive Gestaltung der Übergänge

- in Übergängen möglichst hohe Oberflächengüte (Polieren!) vorsehen, da Bearbeitungsriefen Zusatzkerben darstellen, die zusätzlich Kerbspannungen bewirken
- Aufbringung von Eigenspannungen (Druckeigenspannungen) an der Stelle der höchsten Beanspruchung (Rollen, Kalibrieren, Kugelstrahlen, Wärmebehandlung)
- Entlastungskerben vorsehen, wenn scharfe Querschnittsübergänge notwendig sind
- Verwendung von Werkstoffen, die kerbunempfindlich und alterungsbeständig sind
- Betriebsspannungen möglichst niedrig halten (große Querschnitte)

e) Maßnahmen vorsehen zur Vermeidung von
   - Korrosion, z. B. durch Abdichtung, Schutzschichten (Lack)
   - Verschleiß, z. B. durch Abdichtung, günstige Werkstoffpaarung, Oberflächenbehandlung
   - Fressen, z. B. durch günstige Werkstoffpaarung, Oberflächenbehandlung, Toleranzen, Oberflächengüte

f) die in der Rechnung vorgesehene Formzahl muß in der Fertigung unter tragbarem wirtschaftlichem Aufwand erreichbar sein, daher muß eine Abstimmung zwischen Entwicklung (Planung), Konstruktion und Fertigung erfolgen

g) einwandfreie, angepaßte Fertigung; Fertigungsvorschriften einhalten. Überprüfung durch Zwischen-, Endkontrollen

h) mögliche Überbeanspruchung durch Überlastungssicherung vermeiden.

5.6 Schadensbeispiele

Schaden: Versagen der Welle eines Asynchronmotors mit Kurzschlußläufer

Nach dem Einfahren mit Teillast über mehrere Monate bei einwandfreiem Betrieb fiel die Maschine nur wenige Stunden, nachdem sie erstmals auf volle Leistung von 2 MW gebracht wurde, aus. Der Schaden trat durch Bruch der Welle auf. Darüber hinaus sind alle Teile, die mit der Welle funktionsmäßig in Verbindung stehen, wie z. B. Wälzlager, Dichtungen, mehr oder minder stark zerstört.

Konstruktive Ausbildung und Hauptabmessungen der Welle zeigt Bild 5–66.

Makroskopische Untersuchung: Die Welle weist an der in Bild 5–66 gekennzeichneten Stelle innerhalb des Lagersitzes einen Bruch auf (Bild 5–67); darüber hinaus sind die Sitzflächen von Wälzlagerring und Labyrinthdichtungen durch Freßeinwirkung sehr stark beschädigt

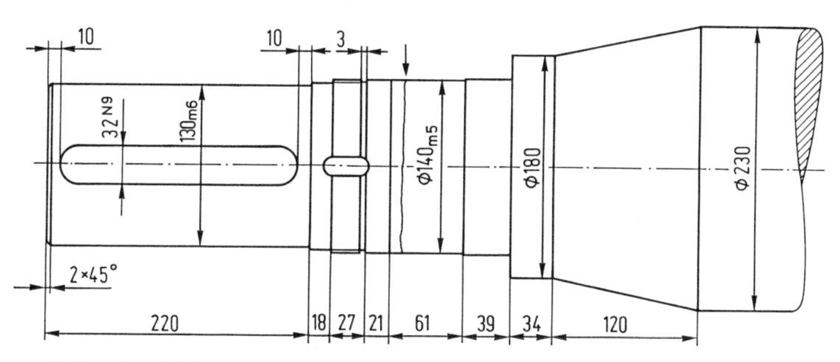

Bild 5–66: Konstruktive Ausbildung der Welle; Lage des Bruches (Pfeil)

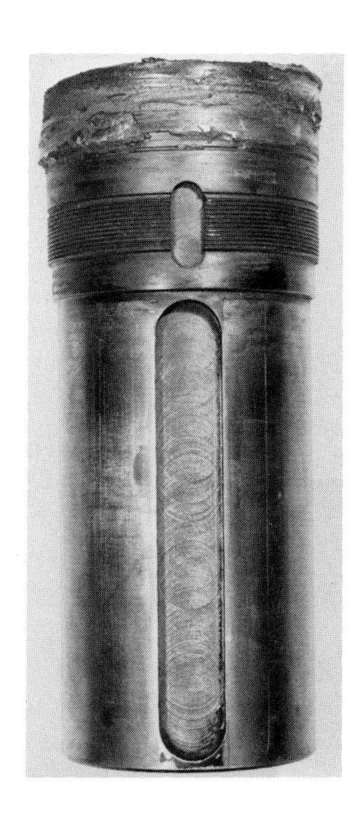

Bild 5–67: Gebrochener Wellenabschnitt

Bild 5–68: Zerstörte Lager- und Dichtungssitzfläche

(Bild 5–68). Die Bruchflächen wurden beim Auslaufen des Motors ebenfalls stark beschädigt (Bild 5–69); einige Bereiche wurden so stark erhitzt, daß ein Aufschmelzen erfolgte. Makroskopisch können daher keine ein-

Bild 5–69: Bruchfläche

Bild 5–70: Innenring des Wälzlagers

deutigen Rückschlüsse auf die Art der Bruchausbildung ermittelt werden. Das entsprechende Lager und die Labyrinthdichtung wurden vollkommen zerstört, lediglich der Innenring, der erhebliche Verformungen aufweist, blieb erhalten (Bild 5–70). Die Wälzkörper haben sich sehr stark in den Innenring eingedrückt. Aus der Lage des gebildeten Grates und den Eindrücken ist zu erkennen, daß sich dieser Teil der Welle zum Zeitpunkt der Zerstörung um etwa 5 mm axial versetzt hat. Sämtliche Lagerteilreste weisen Spuren einer Erhitzung auf. Die Nabe der Labyrinthdichtung ist mit dem Innenring verschweißt.

Weitere Untersuchungen: Die Ermittlung der Werkstoffkennwerte, auch bei höherer Temperatur, zeigte, daß diese den normalen Anforderungen, die an den Stahl C 35 gestellt werden, entsprechen; die Gefügeuntersuchung führte zum gleichen Ergebnis.

Die Berechnung der möglichen Erwärmung und Ausdehnung der Welle ergab, daß bereits bei 35 °C Übertemperatur der Welle das Radialspiel des Lagers erreicht war und daß bei 70 °C Übertemperatur die Labyrinthdichtung anlaufen mußte.

Folgerung: Bei Abgabe der vollen Leistung hat sich durch die damit verbundene thermische Belastung die Welle derart ausgedehnt, daß die Labyrinthdichtung des Loslagers axial anlief. Dadurch trat die Verschweißung mit dem Wälzlagerring auf. Das hatte zur Folge, daß die Welle in der Nabe des Dichtringes gleiten mußte und dadurch zusätzliche Wärme erzeugte, die zu einer stärkeren Erwärmung des Lagers führte und schließlich eine Verspannung bewirkte. Die weiteren Folgeerscheinungen führten schließlich dazu, daß die Welle durch Torsionsbeanspruchung abgeschert wurde.

Primäre Schadensursache: Konstruktionsfehler

Schaden: Versagen der Kurbelwelle von Modellflugzeug-Motoren

Konstruktion: Normalausführung, Werkstoff: 42CrMo4, Lagerzapfen induktiv oberflächengehärtet; Motorleistung 15 kW bei 7000 U/min.

Makroskopische Untersuchung: Der Bruch trat in der Kurbelwange der Antriebsseite im Übergang zum Kurbelzapfen auf (Bild 5–71 a); der Bruchausgang liegt im Übergang Kurbelzapfen/Wange, ausgehend von einer Bearbeitungsriefe (Bild 5–71 b).

Die Bruchfläche zeigt die charakteristischen Merkmale eines Biegedauerbruches; das Verhältnis Dauerbruchfläche zur Restbruchfläche (ca. 1 : 4)

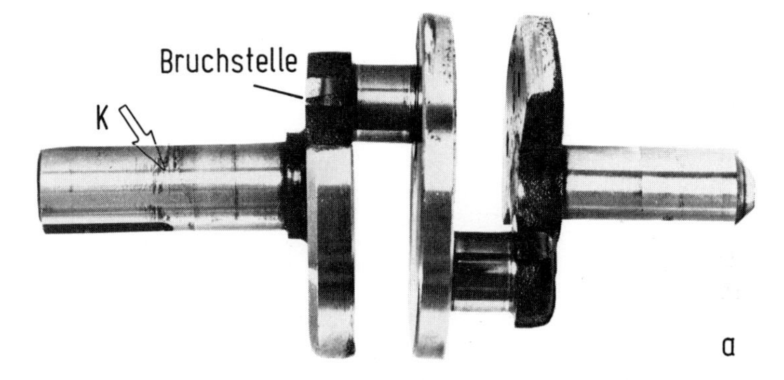

Bild 5–71: Kurbelwelle
a) Lage des Bruches; K Korrosion
b) Bearbeitungsriefen im Übergangsradius Kurbelwange/Pleuellagerzapfen

deutet auf eine hohe Nennbeanspruchung zur Zeit des Bruches hin (Bild 5–72). Die Antriebswelle weist örtlich begrenzte Stellen mit Reibrost auf (Bild 5–71 a, Pfeil)

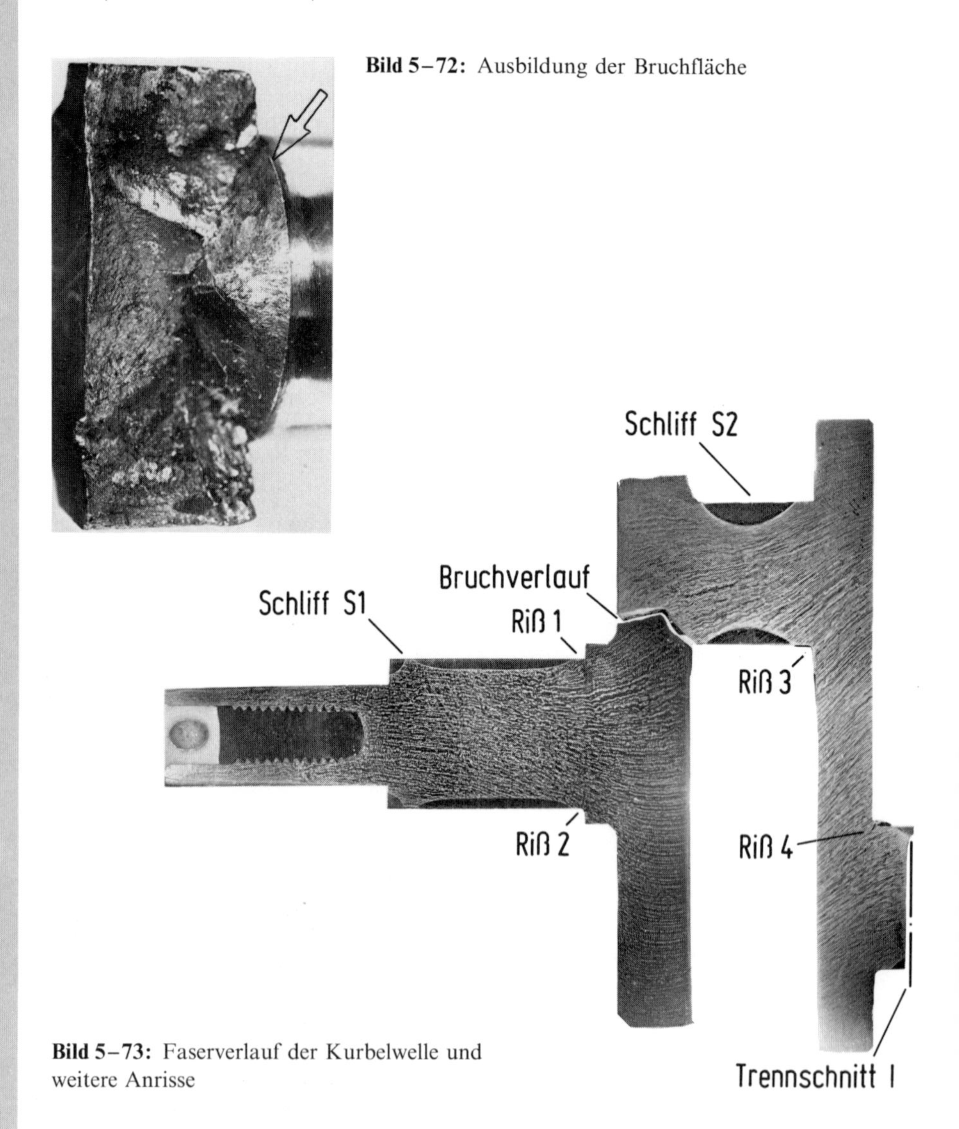

Bild 5–72: Ausbildung der Bruchfläche

Bild 5–73: Faserverlauf der Kurbelwelle und weitere Anrisse

Nach Durchtrennung der Kurbelwelle in Achsrichtung wurden nach Ätzung der Prüffläche makroskopisch weitere Anrisse R 1 bis R 4 festgestellt (Bild 5–73); außerdem ist die Begrenzung der oberflächengehärteten Bereiche zu erkennen.

Mikroskopische Untersuchung: Der Werkstoff weist ein sehr fein ausgebildetes Vergütungsgefüge auf. Die Risse gehen entweder von den Übergän-

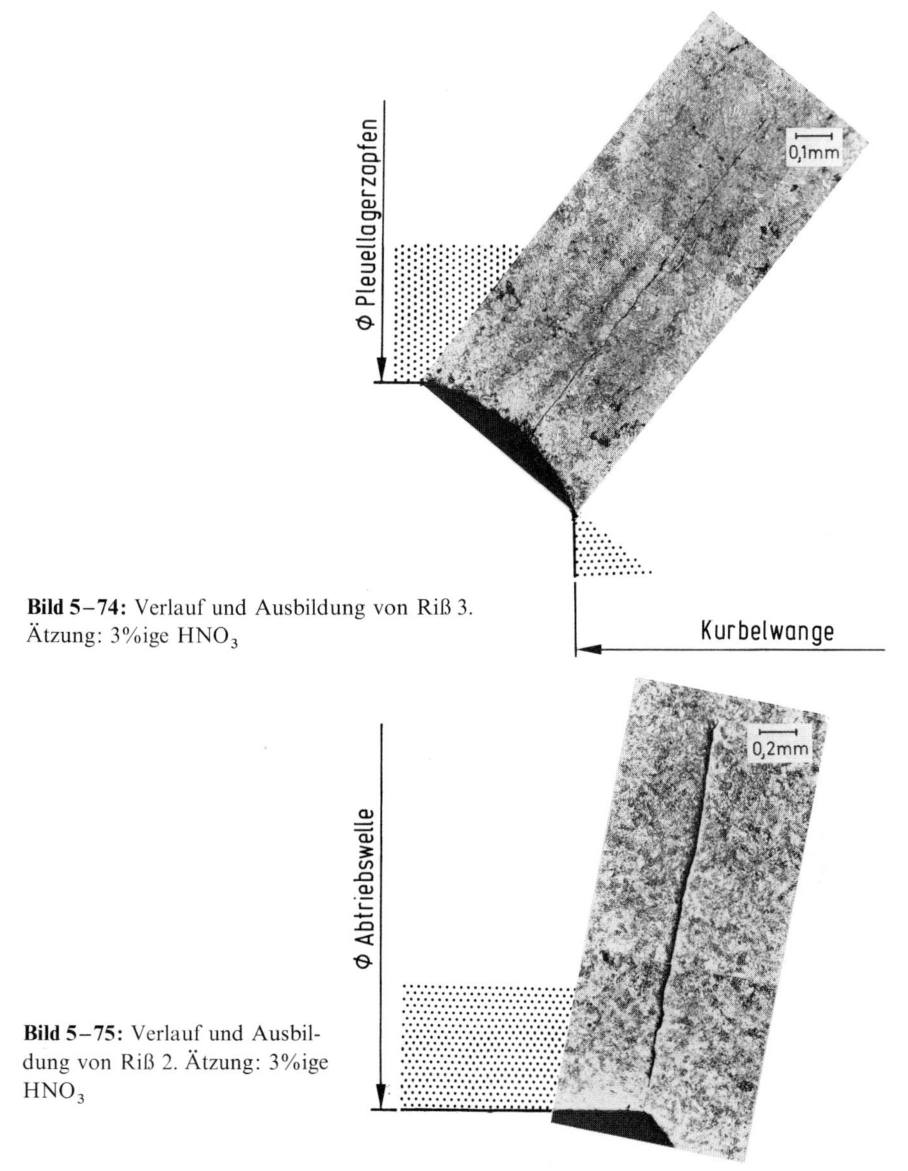

Bild 5–74: Verlauf und Ausbildung von Riß 3. Ätzung: 3%ige HNO_3

Bild 5–75: Verlauf und Ausbildung von Riß 2. Ätzung: 3%ige HNO_3

gen aus, in denen die Fasern angeschnitten wurden (Bild 5–73 und 5–74) oder von den Bearbeitungsriefen der zu klein ausgebildeten Übergangsradien (Bild 5–71 und 5–75).

Der Werkstoffzustand – chemische Zusammensetzung, Reinheitsgrad, Gefügeausbildung, Oberflächenhärte – ist insgesamt betrachtet zufriedenstellend und hat das Versagen nicht begünstigt.

Folgerungen: Die zu klein ausgeführten Übergangsradien und die schlechte Oberflächengüte führten an den hochbeanspruchten Stellen durch Kerbwirkung zu den Anrissen; die angeschnittenen Fasern haben die Rißbildung insbesondere an den Stellen der Rißausgänge R3 und R4 ebenfalls sehr begünstigt.

Primäre Schadensursache: Konstruktionsfehler; sekundär haben die Bearbeitungsriefen und der ungünstige Faserverlauf wesentlich zu dem Versagen beigetragen.

Schaden: Bruch der Lochhammerkolben von Preßlufthämmern

Konstruktion: Die konstruktive Ausbildung und die Hauptabmessungen der Kolben sind in Bild 5–76 wiedergegeben. Werkstoff: C 100 W 1 (Wärmebehandlung: Härten 830 °C/10′/ Warmbad 170 °C; Zwischenglühen 670 °C/30′/Luft; Härten 770 bis 800 °C/10′/NaOH; Anlassen 200 °C/120′/Luft). Diese Wärmebehandlung bewirkt eine Einhärtetiefe von 1,8–2,2 mm und eine Oberflächenhärte von 60–62 HRC.

Makroskopische Untersuchung: Der Bruch trat an der in Bild 5–77 gekennzeichneten Stelle auf; Bild 5–78 zeigt eine Bruchfläche. Es handelt

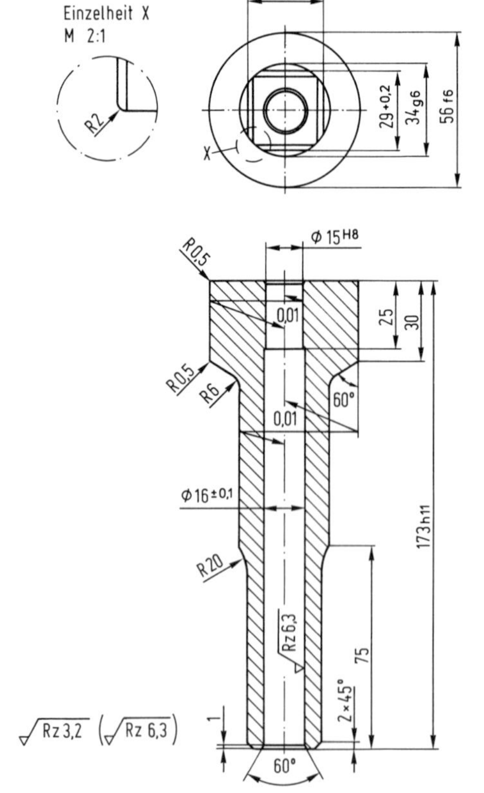

Bild 5–76: Ausbildung und Abmessungen der Kolben

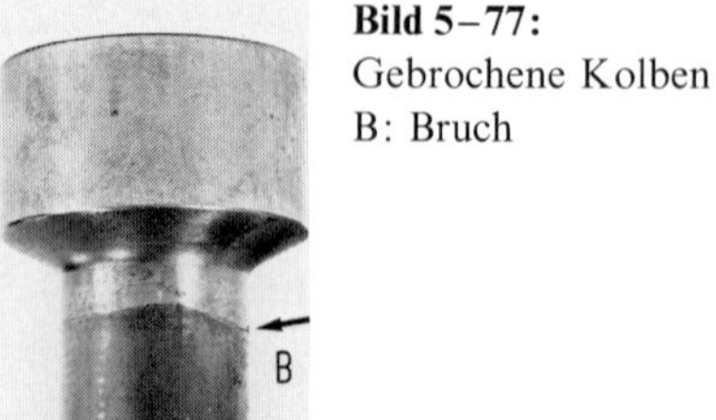

Bild 5–77: Gebrochene Kolben
B: Bruch

sich demnach um Dauerbrüche, die jedoch nur einen kleinen Flächenanteil einnehmen (Bild 5–79).

Mikroskopische Untersuchung: Der Kolben ist oberflächengehärtet; die Einhärtetiefe beträgt 1,8 bis 2,2 mm. An mehreren Stellen sind Freßspuren zu erkennen. An diesen Stellen liegt Weichfleckigkeit vor, d.h. der Ferrit blieb als weicher Gefügebestandteil erhalten.

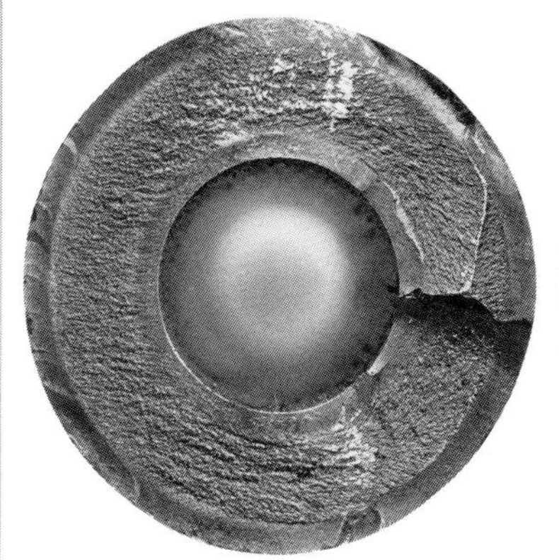

Bild 5–78: Bruchfläche

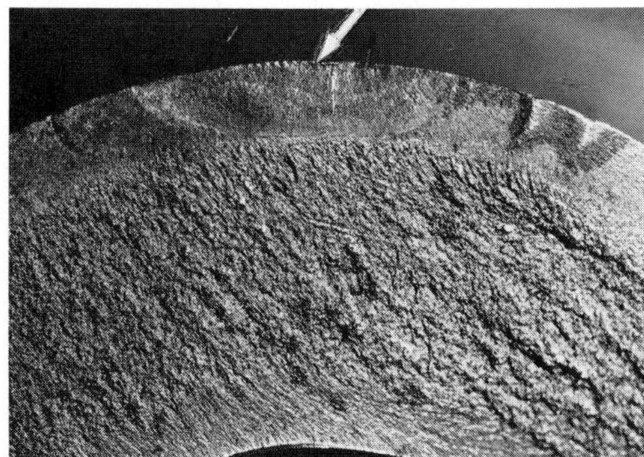

Bild 5–79: Dauerbruch als Bruchausgang

Weitere Untersuchungen: Härtemessungen zeigen, daß der Ausgang des Dauerbruches an einer Stelle mit Freßspuren liegt, an der außerdem die gehärtete Oberflächenzone die geringste Härte aufweist; die Härte liegt zwischen 510 und 990 Vickerseinheiten.

Folgerung: Der verwendete Werkstoff ist in dem vorliegenden Fertigungs- und Wärmebehandlungszustand – Schalenhärtung – für den vorgesehenen Verwendungszweck (schlagartige Beanspruchung) nicht geeignet. Empfohlen wird ein Stahl, der nach der Vergütung zäher ist, z. B. ECN 20.

Primäre Schadensursache: Konstruktionsfehler

Schaden: Bruch der Pendelachse eines Schaufelrad-Großraumbaggers

Kurz vor dem Abschluß der Montage trat plötzlich ein Bruch an einer Pendelachse auf bei einer Beanspruchung, die nur einem Bruchteil der vorgesehenen Betriebslast entsprach.

Makroskopische Untersuchung: Bild 5–80 zeigt die geometrische Ausbildung der Achse, die Hauptabmessungen und die Lage des Bruches. Die fraktographische Ausbildung der Bruchfläche läßt erkennen, daß der Bruch im wesentlichen verformungslos als Trennbruch erfolgte (Bild 5–81). Lediglich in der Randzone befinden sich einige Bereiche mit einer radialen Ausdehnung von etwa 20 mm, in denen geringfügige plastische Verformung aufgetreten ist. Darüber hinaus sind nahezu konzen-

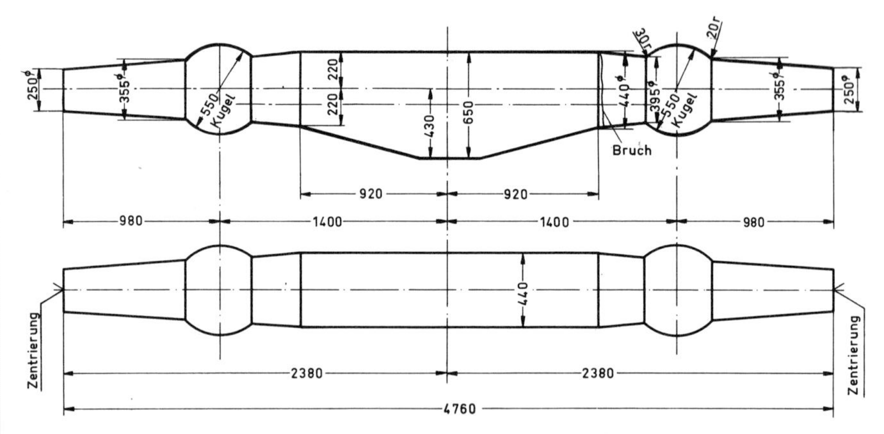

Bild 5–80: Ausbildung der Pendelachse und Lage des Bruches

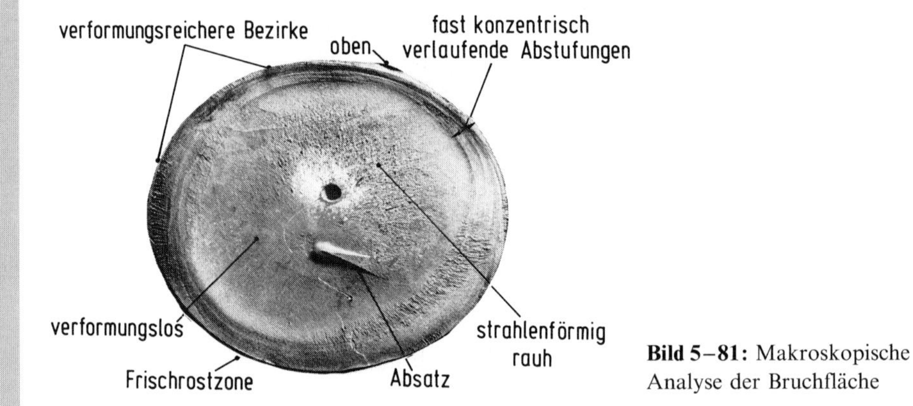

Bild 5–81: Makroskopische Analyse der Bruchfläche

trisch verlaufende Abstufungen mit sehr geringer Tiefe zu erkennen. Von der Achsmitte aus gesehen ist die Bruchfläche nach oben hin strahlenförmig aufgerauht, während die untere Hälfte feinkörnig und eben ausgebildet ist. Unterhalb der Mitte befindet sich ein spitzwinklig ausgebildeter dreieckförmiger Absatz.

Werkstoff: 37MnSi5; Werkst.-Nr. 1.5122. Abweichend von DIN 17006 enthält der Werkstoff 0,16% Cr und 0,22%Al.

Halbzeugform und Wärmebehandlung: Nach Herstellerangaben wurde der Gußblock vorgeschmiedet und vor der spangebenden Fertigbearbeitung einer Glühbehandlung zur Kornfeinung und anschließend einer Vergütung unterzogen. Die Wärmebehandlungen wurden folgendermaßen durchgeführt:

- Normalglühen bei 950 °C zur Kornfeinung gegenüber dem Schmiedezustand, Abkühlung an ruhender Luft. Nach DIN 17200 wird empfohlen, die Glühung in dem Bereich von 860–890 °C durchzuführen.

– Vergüten: Austenitisierung bei 870 °C, Abschrecken in Öl, Anlassen bei 590 °C mit anschließender Ofenabkühlung

Das Vergüten ist bei den vorliegenden Werkstückabmessungen zwecklos, weil die geringe Durchhärtbarkeit von 37MnSi15 nur zu einer Vergütung der Außenzone bis zu einer Tiefe von etwa 20 mm führt.

Untersuchung auf Seigerungen: Mittels Baumann-Abdruck wurde an einer Probe, deren Prüffläche in der Längsachse liegt, festgestellt, daß der gesamte Querschnitt ausgeprägte Seigerungszeilen aufweist (Bild 5–82). Nur in den Bereichen, die makroskopisch geringfügige Verformungen erkennen ließen, ist die Seigerung weniger ausgeprägt.

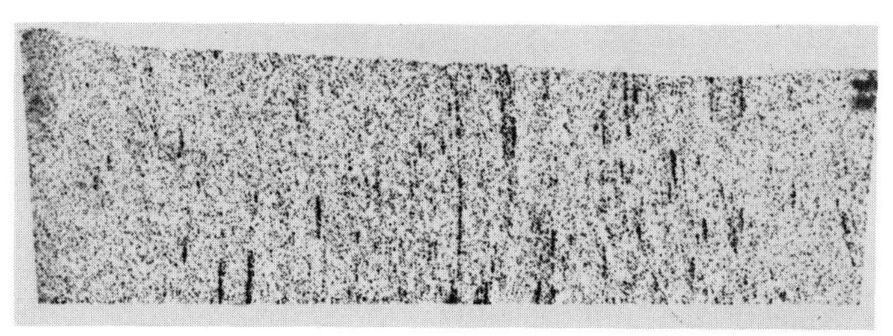

Bild 5–82: Baumannabdruck in Achsrichtung

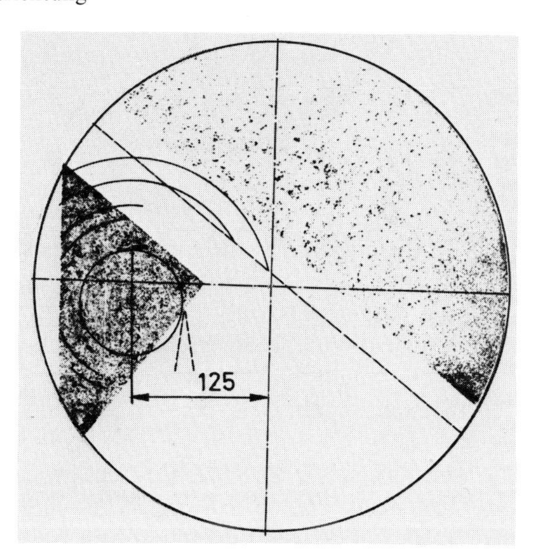

Bild 5–83: Ergebnis der Auswertung eines quer zur Längsachse entnommenen Baumann-Abdruckes

In einem Gußblock verlaufen die Seigerungszonen entsprechend der Erstarrung nach dem Gießen konzentrisch zur Blockmitte (s. Bild 4–9). Demnach ist es möglich, aus der Seigerungsanordnung quer zur Achse die Mitte des ursprünglichen Blockes zu rekonstruieren. Bild 5–83 zeigt die Auswertung eines quer zur Achse vorgenommenen Baumann-Abdrucks; demnach liegt die Mitte der Achse ca. 125 mm über der Mitte des Gußblocks.

Nach Bild 5–81 ist die Bruchfläche charakterisiert durch deutlich erkennbare Bereiche mit sprödem Verhalten (glatt, feinkörnig) und durch verformungsreichere Querschnittsanteile. Letztere ermöglichen es, den Querschnitt in Sektoren aufzuteilen, deren Spitzen in der Mitte des Gußblocks münden. Zieht man Tangenten an die verformungsreicheren Zonen, so erhält man ein Achteck, dessen Mitte in Blockmitte liegt und dessen Seiten identisch mit den Seiten des ursprünglichen Gußblocks sind (Bild 5–84). Demnach wurde bei der spangebenden Bearbeitung unter den oberen Kanten die wenig geseigerte Randzone des Gußblocks, die sogenannte Speckschicht, abgearbeitet; in den Berührungslinien der Tangenten blieb dagegen die seigerungsarme Zone teilweise erhalten. In diesen Bereichen konnte demnach eine geringfügige Verformung auftreten.

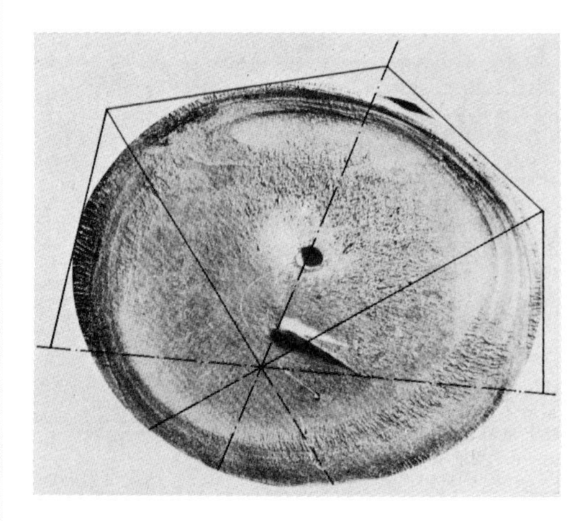

Bild 5–84: Rekonstruktion der Querschnittsform des Halbzeuges der Pendelachse

In der unteren Randzone liegen besonders stark ausgeprägte Seigerungsbereiche vor; dieses führte dazu, daß bei der spangebenden Bearbeitung die Seigerungszone „angeschnitten“ werden mußte. Bei der Gestaltung wurde demnach die wichtige Regel nicht beachtet, daß Seigerungsbereiche nicht angeschnitten werden dürfen, wenn diese an hochbeanspruchten Stellen liegen.

Festigkeitseigenschaften: Streckgrenze $R_{p0,2} = 450-490\ N/mm^2$ und Zugfestigkeit $R_m = 720-780\ N/mm^2$ entsprechen den Richtwerten nach DIN 17006; die Bruchdehnung liegt mit $A_5 = 4-24\%$ teilweise erheblich unter dem geforderten Richtwert von 15%, ebenso die Kerbschlagarbeit, die in den geseigerten Bereichen lediglich Werte von $A_V \approx 5-9$ J erreicht.

Gefügeausbildung: Perlit/Sorbit und Ferrit

Folgerung:

- Der Werkstoff 37MnSi5 neigt stark zu Seigerungen. Zur vollständigen Beruhigung war der Al-Gehalt zu gering.

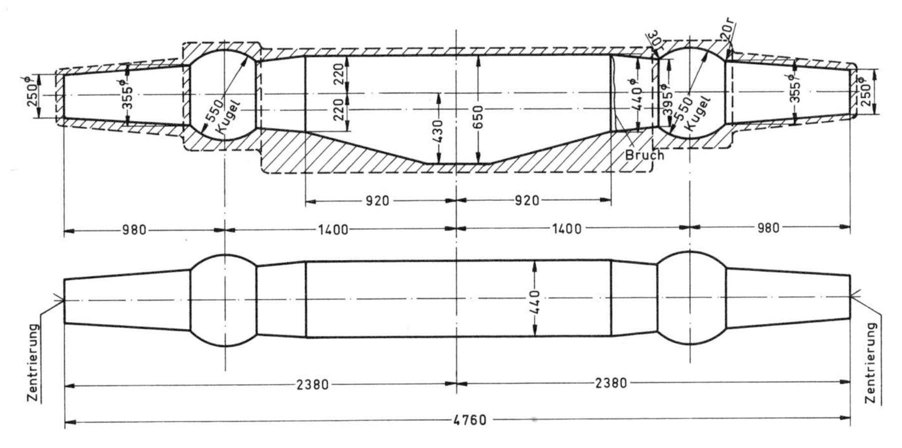

Bild 5–85: Gegenüberstellung der Halbzeugausbildung und der endgültigen Ausbildung
----- Bearbeitungszugabe

- Die ausgeprägten Seigerungen führten zu einem unbefriedigenden Verformungsverhalten des Werkstoffes und zu einer schlechten Kerbschlagzähigkeit.
- Die Normalglühung wurde bei einer zu hohen Temperatur durchgeführt, dadurch wurde eine optimale Kornfeinung nicht erreicht.
- Die Vergütung des Werkstoffes verursachte wegen der geringen Durchhärtbarkeit des Werkstoffes nicht nur keine Festigkeitssteigerung, sondern mußte zu erheblichen Eigenspannungen führen (Wärmespannungen, Umwandlungsspannungen, Gefügezerfall).
- Beim Vorschmieden des Halbzeuges wurde die Blockmitte relativ zur Achsmitte derart verschoben, daß durch die nachfolgende spangebende Bearbeitung die „Speckschicht“ und der vergütete Anteil des Querschnitts abgearbeitet und die Seigerungsbereiche angeschnitten wurden (Bild 5–85). Dies führte dazu, daß an der höchstbeanspruchten Stelle ein Werkstoff vorlag, der ein äußerst schlechtes Formänderungsvermögen und eine hohe Kerbempfindlichkeit aufweist.
- Die durch die Geometrie bedingten Kerbspannungen wurden demnach voll wirksam (Spannungsabbau!) und verminderten die Tragfähigkeit derart, daß das Eigengewicht zu einem Sprödbruch führte.

Primäre Schadensursache: Ungeeignete Werkstoffauswahl; falsche Gestaltung und ungünstige thermische Behandlung des Halbzeuges.

Schaden: Bruch des Untermesserhalters einer Schrottschere

Die konstruktive Gestaltung ist in Bild 5–86 gezeigt; der Verlauf der Brüche ist schematisch eingetragen.

Werkstoff: 55NiCrMoV6; vergütet

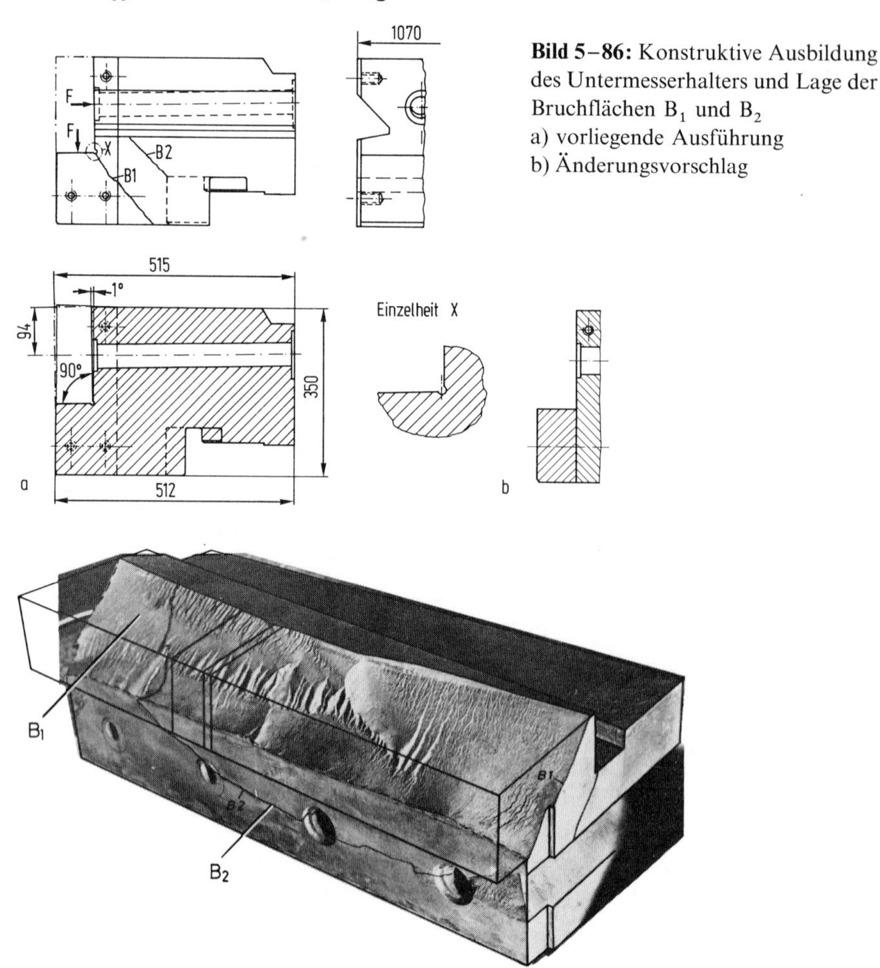

Bild 5–86: Konstruktive Ausbildung des Untermesserhalters und Lage der Bruchflächen B_1 und B_2
a) vorliegende Ausführung
b) Änderungsvorschlag

Bild 5–87: Verlauf und Ausbildung der primären Bruchfläche B_1 und Verlauf der sekundären Bruchfläche B_2

Makroskopische Untersuchung: Der Messerhalter weist zwei Bruchflächen auf, die von Querschnittsübergängen ausgehen (Bild 5–87). Zwecks einer übersichtlichen Darstellung sind die Umrisse angedeutet. Die lediglich als Risse erkennbaren Schäden wurden durch eine nachträglich im Labor vollzogene schlagartige Beanspruchung bis zum vollständigen Durchbruch belastet. Die Bruchflächen sind in den Bildern 5–88 und 5–89 wiedergegeben; es handelt sich, den Merkmalen entsprechend, um Schwin-

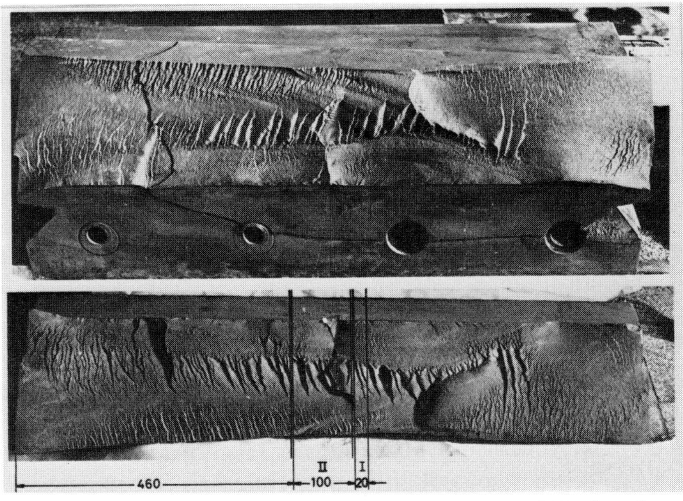

Bild 5–88: Ausbildung der primären Bruchfläche B_1 I, II Probenahme

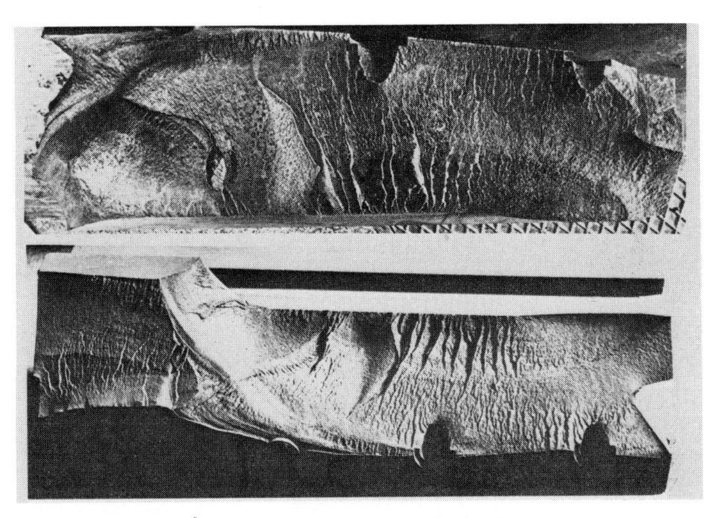

Bild 5–89: Ausbildung der Sekundärbruchfläche B_2

gungsbrüche, die von mehreren Stellen ausgegangen sind. Dieser Umstand deutet auf eine hohe Kerbwirkung und im Zusammenhang mit der verhältnismäßig großen Restbruchfläche auch auf eine relativ hohe durchschnittliche Nennspannung hin. Die zweite freigelegte Bruchfläche (Bild 5–89) zeigt ein ähnliches Aussehen, nur ist der Anteil der Restbruchfläche geringer.

Werkstoff: Die im Zugversuch ermittelten Werkstoffeigenschaften entsprechen den Richtwerten; die Kerbschlagarbeit ist jedoch gering. Demnach ist der Werkstoff sehr kerbempfindlich.

Folgerung: Kerben an hochbeanspruchten Stellen sind möglichst zu vermeiden. Dem Kraftflußverlauf entsprechend ist in dem Querschnittsübergang, von dem der Primärbruch ausgegangen ist, die höchste Beanspruchung zu erwarten. Daher sollte diese Kerbe konstruktiv unbedingt vermieden werden. Die in Bild 5–86 dargestellte Änderung der Konstruktion – Trennung der Messerauflage von dem Meßhalter und die Verbindung beider Teile durch Schrauben – zeigt eine Möglichkeit, die Kerbwirkung zu vermeiden.

Primäre Schadensursache: Konstruktionsfehler, Kraftfluß

Schaden: Versagen eines Hochdruckgefäßes nach kurzem Einsatz; Betriebsdruck 2000 bar.

Konstruktion: Das topfförmig ausgebildete Hochdruckgefäß ist an der offenen Seite mit einem scharfkantig ausgebildeten Sägengewinde nach DIN 513 versehen und mit einem Gewindestopfen, der eingeschraubt wird, verschlossen.

Hauptabmessungen:

Außendurchmesser	1600 mm,
Innendurchmesser	800 mm,
Gewindeaußendurchmesser	860 mm,
Kerndurchmesser des Stopfengewindes	824 mm,
Dicke des Stopfens	770 mm.

Nach DIN 513 kann das Sägengewinde unter Beibehaltung der übrigen Abmessungen auch mit einem ausgerundeten Gewindegrund ausgeführt werden (Bild 5–90).

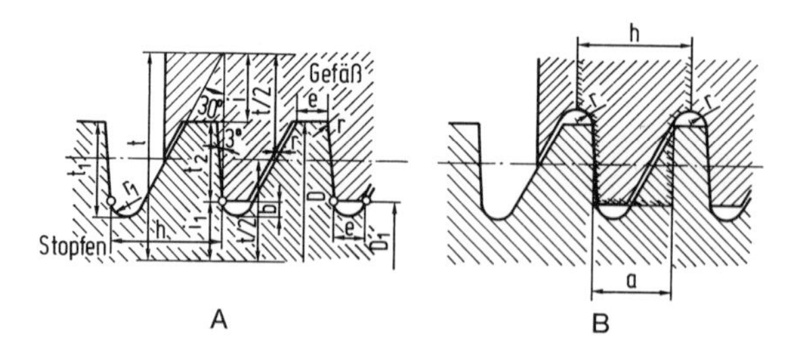

Bild 5–90: Nach DIN 514 mögliche Gewindeformen; Gewindegrund: A scharfkantig, r = 0,100 mm, B ausgerundet, r = 2,982 mm

Werkstoff: CrNiMo-Sonderstahl, geschmiedet und vergütet; Zusammensetzung vergleichbar mit 34CrNiMo6. Geforderte Werkstoffeigenschaften: Zugfestigkeit $R_m = 800$ N/mm², Streckgrenze $R_{p0,2} = 700$ N/mm², Bruchdehnung A = 16%, Kerbschlagarbeit A_v (DVM) = 60 J.

Makroskopische Untersuchung: Der Bruch trat im ersten tragenden Gewindegang in dem scharfkantig ausgebildeten Gewindegrund auf. Die Bruchflächen zeigen die Merkmale eines Sprödbruches (Bild 5–91).

Bild 5–91: Bruchflächen-Ausschnitt

Die Untersuchung sollte den Beweis erbringen,

- ob eine Ausrundung des Gewindegrundes entsprechend DIN 513 eine ausreichende Tragfähigkeit des Gewindes bewirkt hätte und
- ob sich das Versagen mit Hilfe einer elementaren Festigkeitsrechnung hätte voraussagen lassen.

Ergebnisse der Untersuchung: Zur Ermittlung der Schwingfestigkeit der zu beurteilenden Gewindearten wurden Rundproben mit Umlaufkerb hergestellt, wobei die Kerbe das Profil eines Gewindeganges im Maßstab 1 : 1,5 aufweist (Bild 5–92). Die Last wurde auf die Flanken der Stege über einen zweigeteilten Ring, der der Kerbform entsprechend DIN 513 angepaßt

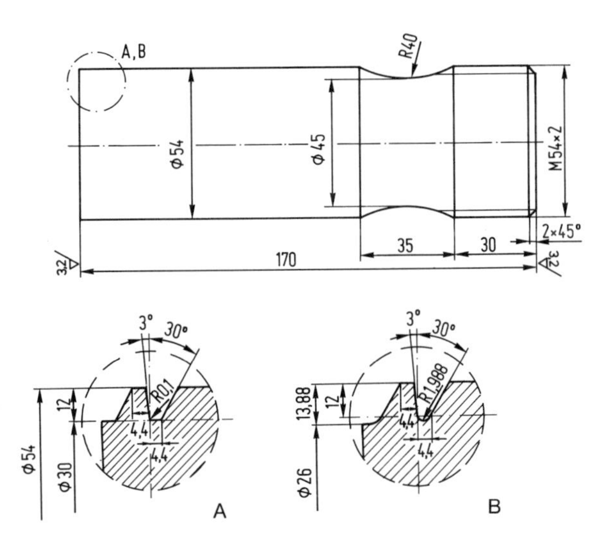

Bild 5–92: Gekerbte Proben für Zugschwellversuche; Gewindeausbildung
A scharfkantig
B ausgerundet

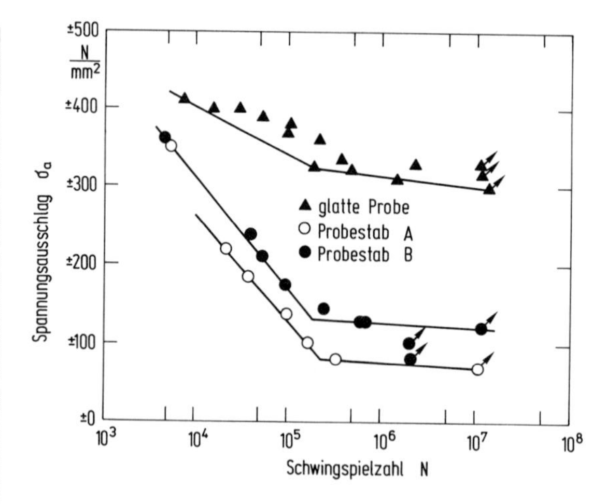

Bild 5–93: Ermittelte Schwingfestigkeit

war, übertragen. Zwecks Ermittlung der Kerbwirkungszahl β_k wurden auch ungekerbte Proben untersucht. Die Ergebnisse sind in Bild 5–93 dargestellt. Demnach beträgt die Zug-Schwellfestigkeit σ_{zSch} der ungekerbten Proben 600 N/mm², der Proben mit ausgerundetem Gewindekerb 240 N/mm² und der Proben mit scharfkantigem Gewindegrund 160 N/mm²; die entsprechenden Kerbwirkungszahlen β_k sind 2,5 und 4,3.

Die durchgeführte elementare Festigkeitsbetrachtung führte zu dem Ergebnis, daß die ermittelte Vergleichsspannung bei der Gewindeform mit scharfkantigem Gewindegrund die Zug-Schwellfestigkeit des Werkstoffes überschreitet und daher ein Versagen bewirken mußte; dagegen bleibt die Vergleichsspannung bei der Gewindeform B unter der abgeschätzten Schwellfestigkeit des Werkstoffes. Die aus dieser Betrachtung rückläufig ermittelten β_k-Werte stimmen mit den experimentell ermittelten Werten zufriedenstellend überein. Demnach hätte eine Überschlagsrechnung in der durchgeführten Art für eine ausreichend sichere Auslegung herangezogen werden können.

Primäre Schadensursache: Konstruktionsfehler

Schaden: Bruch des Ventiltellergewindes des Steuerblocks eines 110 KV-Leistungsschalters

Makroskopische Untersuchung: Der Bruch trat im ersten tragenden Gewindegang an der in Bild 5–94 gekennzeichneten Stelle auf. Die Bruchfläche zeigt keine plastischen Verformungen, ist grobkörnig und teilweise verhämmert. Die Oberfläche der Mutter weist Oberflächenschäden auf, die durch unsachgemäßes Anziehen der Mutter mittels einer Zange entstanden sind (Bild 5–95).

Konstruktion: Die konstruktive Ausbildung des Ventiltellers zeigt Bild 5–96. Der ungünstige Kraftfluß bei der normal ausgeführten Gewin-

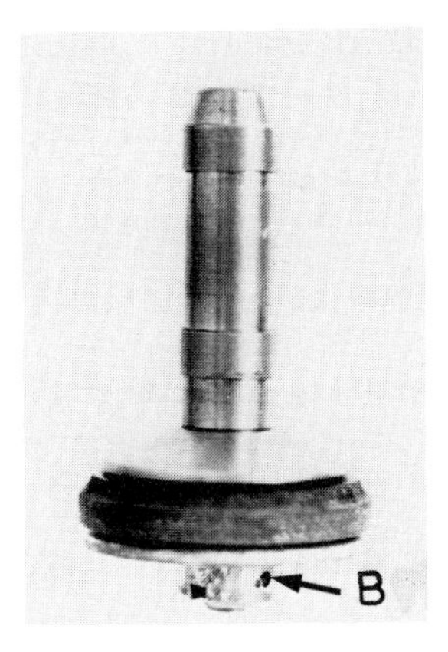

Bild 5–94: Ventilteller im Anlieferungszustand
B Lage des Bruches

Bild 5–95: Schäden auf der Oberfläche der Mutter

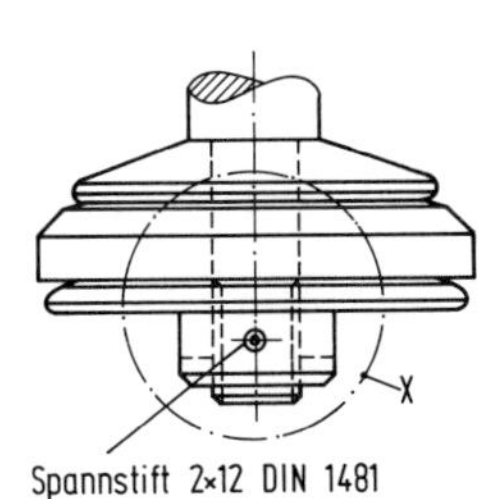

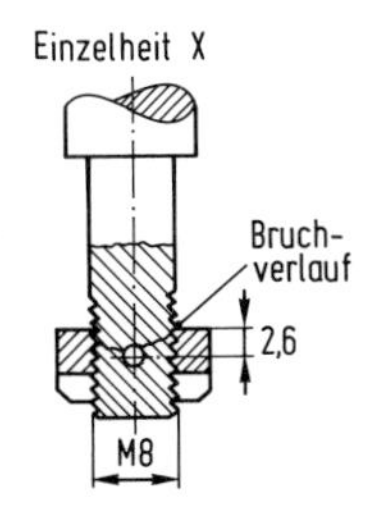

Bild 5–96: Konstruktive Ausbildung der Schraubverbindung am Ventilteller

deverbindung führt dazu, daß im ersten tragenden Gewindegang die höchste Spannung auftritt. Wird im Bereich dieser Stelle der Querschnitt durch eine konstruktive Maßnahme geschwächt, z. B. im vorliegenden Fall durch eine Spannstiftbohrung, so wird die Haltbarkeit nicht nur durch die Verminderung des Querschnitts ungünstig beeinflußt, sondern wesentlich stärker durch die Kerbspannungen, die durch die Bohrung entstehen und die sich den Lastspannungen überlagern.

Primäre Schadensursache: Konstruktionsfehler

Literatur Kapitel 5

[1] *Pahl, G., Beitz, W.:* Konstruktionslehre. Springer-Verlag Berlin, Heidelberg, New York 1976 (B)
[2] *Ropohl, G.:* Systemtechnik – Grundlagen und Anwendung. Carl Hanser Verlag München Wien 1975 (B)
[3] *Bark, P.:* Schäden durch Konstruktionsfehler. Der Maschinenschaden (1965) H. 1/2, S. 1–10
[4] *Jakob, L.:* Sicherheitskupplungen in Achs-Antrieben von NC-Maschinen. KEM 1979, Juli, S. 71–76

[5] *Stübner, K.:* Lamellensicherheitskupplung im Steinbrecher. Maschinenmarkt, Würzburg, Jg. 76 (1970) Nr. 94-AT 126, S. 2156–2157

[6] *Peeken, H., Troeder, C., Erxleben, St.:* Optimierung der Brechbolzen als Sicherheitselement in der Antriebstechnik von Walzstraßen. Stahl und Eisen 101 (1981), S. 1545–1550

[7] *Grein, W., Donat, C.:* Anwendung, Auswahl und Bemessung von Brechsicherungen. Zeitschrift Technische Überwachung 8 (1967), Nr. 6, S. 185–190

[8] *Hempel, M.:* Dauerfestigkeitsprüfungen an Stahldrähten. Draht 6 (1955) Nr. 4, S. 119–129 und Nr. 5, S. 178–183

[9] *Siegwart, H.:* Schadensfälle an Konstruktionsteilen bei mehrachsigem Beanspruchungszustand. Der Maschinenschaden (1952) H. 9/10, S. 118–124

[10] *Munz, D., Schwalbe, K., Mayr, P.:* Dauerschwingverhalten metallischer Werkstoffe. Friedr. Vieweg + Sohn GmbH, Verlag, Braunschweig 1971 (B)

[11] *Hertel, H.:* Ermüdungsfestigkeit der Konstruktionen. S. 42, Springer-Verlag Berlin, Heidelberg, New York 1969 (B)

[12] *Rainer, G.:* Kerbwirkung an gekerbten und abgesetzten Flach- und Rundstäben. Diss. TH Darmstadt 1978

[13] *Günther, W.:* Schwingfestigkeit. VEB Deutscher Verlag für Grundstoffindustrie Leipzig (1973), S. 139–150 (B)

[14] *Neuber, H.:* Über die Berücksichtigung der Spannungskonzentration bei Festigkeitsberechnungen. Konstruktion 20 (1968), S. 245–251

[15] *Hempel, M.:* Einfluß der Beanspruchungsart auf die Wechselfestigkeit von Stahlstäben mit Querbohrung und Kerben. Arch. Eisenhüttenwes. (1939), S. 433–444

[16] *Althof, F.-G., Wirth, G.:* Zur Frage der Beziehung zwischen der Kerbwirkungszahl und der Kerbformzahl bei Flachproben metallischer Werkstoffe. VDI-Berichte Nr. 129, S. 21–31. VDI-Verlag 1968 (B)

[17] *Kloos, K. H., Diehl, H., Nieth, F., Thomala, W., Düßler, W.:* Werkstofftechnik. In: Dubbel, Taschenbuch für den Maschinenbau, 14. Aufl., S. 253–313. Hrsg.: Beitz, W., Küttner, K.-H., Springer-Verlag 1981 (B)

[18] *Leyer, A.:* Kraftflußgerechtes Konstruieren. Konstruktion im Maschinen- Apparate- und Gerätebau, 16. Jahrg. (1964) H. 10, S. 401–407

[19] *Matting, A., Ulmer, K.:*Spannungsverteilung in Metallklebeverbindungen. VDI-Z. 105 (1963), S. 1449–1457

[20] *Magyar, J.:* Nichtveröffentlichtes Vorlesungsmanuskript, Lehrstuhl für Maschinenelemente, TU Budapest

[21] *Sigwart, H.:* Werkstoffkunde. Dubbel, Taschenbuch für den Maschinenbau, 13. Aufl., 1974, Bd. 1, S. 519–620. Hrsg.: Sass, F., Bauché, Ch., Leitner, A.: Springer-Verlag Berlin, Heidelberg, New York (B)

[22] *Pohl, J. E.:* Das Gesicht des Bruches metallischer Werkstoffe, Bd. I/II. Allianz Versicherungs-AG München und Berlin 1956 (B)

[23] *von Kienlin, M.:* Bestimmung der Dauerhaltbarkeit mechanisch beanspruchter Teile an Verbrennungsmotoren mit Beispielen aus der Praxis. MTZ Jahrg. 17 (1956), S. 33–38

[24] *Lehr, E.:* Berechnung dauerbiegebeanspruchter Wellen. TZ Prakt. Metallbearb. 47 (1937), S. 698–700

[25] *Gassner, E.:* Betriebsfestigkeit. Lueger Lexikon der Technik, Bd. 12, Stuttgart 1967, S. 77–83

[26] *Sauer, G.:* Verhalten eines salzbadnitrierten Kohlenstoffstahles bei Umlaufbiegebelastung unter Berücksichtigung der Probengröße und des Eigenspannungszustandes. Industrie-Anzeiger 87 (1965), S. 95/104 und S. 799/804

[27] *Wiegand, H.:* Über die Gefährdung dauerschwingbeanspruchter Konstruktionsteile durch Dauerbruch und Abhilfemaßnahmen unter besonderer Berücksichtigung geeigneter Oberflächenbehandlung. Der Maschinenschaden 36 (1963), H. 56, S. 73–84

[28] *Kloos, K. H.:* Fertigungsverfahren, Oberflächeneigenschaften und Bauteilfestigkeit. VDI-Berichte Nr. 214, S. 85–95, VDI-Verlag 1974 (B)

[29] *Jonck, R.:* Unbeabsichtigte Einflüsse der Fertigung auf das Werkstoff- und Bauteilverhalten. VDI-Berichte Nr. 214, S. 97–106, VDI-Verlag 1974 (B)

[30] *Hempel, M.:* Beeinflussung der Dauerschwingfestigkeit metallischer Werkstoffe durch den Oberflächenzustand. Fachberichte Oberflächentechnik 1964, S. 11–22

[31] Nach Arbeitsblatt Nr. 1 des Fachausschusses für Maschinenelemente beim VDI

[32] *Siebel, E., Gaier, M.:* Untersuchungen über den Einfluß der Oberflächenbeschaffenheit auf die Dauerschwingfestigkeit metallischer Werkstoffe. VDI-Zeitschrift 98 (1956), S. 1715–1723

[33] *Siegwart, H.:* In „Neuzeitliche Maschinenelemente“ Hrsg.: Findeisen, F., Schweizer Druck- und Verlagshaus AG Zürich, Bd. II, S. 123 (1951) (B)

[34] *Wiegand, H.:* Betrachtungen zur Werkstoffauswahl und Werkstoffausnutzung. Z. f. Werkstofftechnik/J. of Materials Technology, 4. Jahrg. 1973, S. –12

[35] *Wiegand, H., Illgner, K. H., Junker, G.:* Neuere Ergebnisse und Untersuchungen über die Dauerhaltbarkeit von Schraubenverbindungen. Konstruktion 13 (1961), S. 461–467

[36] *Klein, H. Ch.:* Hochwertige Schraubenverbindungen. Einige Gestaltungsprinzipien und Neuentwicklungen. Konstr. 11 (1959), S. 102–212 und 259–264

[37] *Wiegand, H., Illgner, K.H.:* Berechnung und Gestaltung von Schraubenverbindungen. 3. Aufl. 1962, Springer-Verlag Berlin, Göttingen, Heidelberg (B)

[38] *Kellermann, R., Turlach, G.:* Wenn's auf Leichtbau ankommt. Maschinenmarkt/MM-Industriejournal, Vogel-Verlag, 77. Jahrg. (1971) H. 28

[39] *Schuster, M.:* Richtige Wahl von Edelstählen für die Herstellung von Schrauben. Maschinenmarkt Würzburg 79 (1973) 59, S. 1318–21

[40] *Junker, G., Blume, D.:* Neue Wege einer systematischen Schraubenberechnung. Draht-Welt. 50 (1964) Nr. 8, S. 527–545

[41] *Kellermann, R., Turlach, G.:* Hochfeste Schrauben ... Gedanken zur Gestaltung und Anwendung. Verbindungstechnik. Digest für lösbare und nichtlösbare Verbindungen, H. 2, Febr. 1972, 4. Jahrg.

[42] *Junker, G. H.:* Streckgrenzengesteuertes Anziehen von Schraubenverbindungen: Kleinste Vorspannkraftstreuung. Maschinenmarkt, Würzburg 86 (1980) 73, S. 1382–83

[43] *Seefluth, R.:* Dauerschwinguntersuchungen an Wellen-Naben-Verbindungen. Diss. TU Berlin 1970 (B)

[44] *Beitz, W., Galle, G.:* Tragfähigkeit von Querpreßverbänden bei statischer und dynamischer Belastung. Konstruktion 34 (1982) H. 11, S. 429–435

[45] *Hänchen, R., Decker, K.-H.:* Neue Festigkeitsberechnung für den Maschinenbau. 3. Aufl. Carl Hanser Verlag München 1967, S. 105 (B)

[46] *Loosen, P.:* Spannelemente und Spannsätze zum Verbinden von Welle und Nabe. Maschinenmarkt, Würzburg 81 (1975) 102, S. 2022–2024

[47] *Cornelius, E. A., Contag, D.:* Die Festigkeitsminderung von Wellen unter dem Einfluß von Wellen-Naben-Verbindungen durch Lötung, Nut und Paßfeder, Kerbverzahnungen und Keilprofile bei wechselnder Dehnung. Konstruktion 14 (1962), S. 337–343

[48] *Tauscher, H.:* Dauerfestigkeit von Stahl und Gußeisen. FFB Fachbuchverlag Leipzig (1969) S. 104 (B)

[49] *Siebel, E., Gayer, M.:* Untersuchungen über den Einfluß der Oberflächenbeschaffenheit auf die Dauerschwingfestigkeit metallischer Bauteile. VDI-Zeitschrift 98 (1956), S. 1714–23

[50] *Schuster, G., Wirthgen, G.:* Aufbau und Anwendung des DDR-Standards TGL 19340 „Maschinenbauteile, Dauerschwingfestigkeit“. IfL-Mitt. 14 (1975), S. 3–29

Ergänzende Literatur

Decker, K.-H.: Maschinenelemente. Gestaltung und Berechnung. Carl Hanser Verlag, München, Wien 1982 (B)

Broichhausen, J.: Beeinflussung der Dauerhaltbarkeit von Konstruktionswerkstoffen und Werkstoffverbindungen durch konstruktive Kerben, Oberflächenkerben und metallurgische Kerben. Fortschr.-Ber. VDI-Z-Reihe 1 Nr. 20. VDI-Verlag, Düsseldorf 1970

Gnilke, W.: Lebensdauerberechnung der Maschinenelemente. Carl Hanser Verlag, München, Wien 1980

Hansen, F.: Konstruktionswissenschaft – Grundlagen und Methoden. Carl Hanser Verlag, München, Wien 1974 (B)

Hauk, V., Macherauch, E.: Eigenspannungen und Lastspannungen. Moderne Ermittlung-Ergebnisse-Bewertung. Carl Hanser Verlag, München, Wien 1982

Judt, H. O.: Spannungsoptische Untersuchung und Optimierung von Entlastungskerben. Diss. Tech. Universität Clausthal 1973

Koller, R.: Konstruktionsmethode für den Maschinen-, Geräte- und Apparatebau. Springer-Verlag, Berlin, Heidelberg, New York 1976 (B)

N. N.: Leitfaden für eine Betriebsfestigkeitsrechnung. Empfehlungen zur Lebensdauerabschätzung von Bauteilen in Hüttenwerksanlagen. Bericht Nr. ABF 01. Verein Deutscher Eisenhüttenleute, Düsseldorf 1977

Radaj, D.: Festigkeitsnachweise. Teil I, Grundverfahren. Deutscher Verlag für Schweißtechnik 1974 (B)

Radaj, D.: Festigkeitsnachweise. Teil II, Sonderverfahren. Deutscher Verlag für Schweißtechnik 1974 (B)

Radaj, D.: Kerbspannungen an Ausschnitten und Einschlüssen. Deutscher Verlag für Schweißtechnik 1977 (B)

Rodenacker, W. G.: Methodisches Konstruieren. 2. Aufl. Springer-Verlag, Berlin, Heidelberg, New York 1976 (B)

Steinhilper, W., Röper, R.: Maschinen- und Konstruktionselemente, Bd. 1. Springer-Verlag, Berlin, Heidelberg, New York 1982 (B)

VDI-Richtlinie 2230: Systematische Berechnung hochbeanspruchter Schraubenverbindungen. Beuth Verlag, Berlin 1977

DIN 513: Metrisches Sägengewinde. Beuth Verlag, Berlin 1975

DIN 17006: Eisen und Stahl; systematische Benennung. Beuth Verlag, Berlin 1949

DIN 17200: Vergütungsstähle; Gütevorschriften. Beuth Verlag, Berlin 1969

6. Einflußbereich Fertigung

Fehler, die bei der Urformung als Folge einer ungeeigneten Behandlung entstehen, werden als Werkstoffehler betrachtet und sind diesem Bereich zugeordnet (Abschn. 4.2)

Bei der Weiterverarbeitung metallischer Werkstoffe zum Fertigerzeugnis bestimmt die damit verbundene Werkstoffbeeinflussung im wesentlichen die Werkstoffeigenschaften. Daher sind die Fertigungsverfahren, wie spanlose und spanende Formgebung, Wärmebehandlung und Schweißen, von wesentlicher Bedeutung.

6.1 Umformung

6.1.1 Kaltumformung

Im wesentlichen treten bei der spanlosen Formgebung, die bei Raumtemperatur erfolgt, die in Tabelle 6–1 aufgeführten Fehlerarten auf. Mit zunehmendem Verformungsgrad erhöhen sich bei ferritischen Stählen die Werkstoffkennwerte, wie Streckgrenze, Zugfestigkeit, vgl. Bild 6–1; gleichzeitig vermindert sich das Formänderungsvermögen, wie z. B. die Bruchdehnung.

Tabelle 6–1: Fehler bei der Kaltumformung

Ursachen	Folgeerscheinungen
Zwischenglühungen nicht ausreichend	Abnahme der Duktilität ⊳ Gefahr der Rißbildung hohe Eigenspannungen
Kaltverformung zu groß	Rißbildung Eigenspannungen Rekristallisation bei Temperatureinwirkung

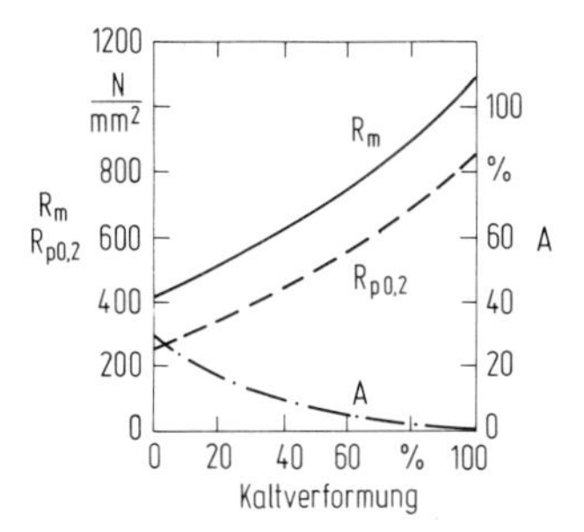

Bild 6–1: Abhängigkeit im Zugversuch ermittelter Werkstoffkennwerte von der Kaltverformung [1]; Stahldraht: C = 0,07%

6.1.2 Warmumformung

Die wichtigsten Fehlerarten bei der spanlosen Warmumformung und die dadurch verursachten Folgeerscheinungen sind in Tabelle 6–2 zusammengefaßt.

Tabelle 6–2: Fehler bei der Warmformgebung

Ursachen		Folgeerscheinungen
Temperatur	zu niedrig	hohe Verformungsspannungen (Verfestigung), ungünstiger Eigenspannungszustand innere Trennungen durch Nichtverschweißen von Poren, Gasblasen (Schmiederisse)
	zu hoch	Überhitzung Kornvergröberung ⊳ Festigkeitsverminderung Verbrennen des Werkstoffes
Glühzeit	zu lang	Grobkornbildung ⊳ Festigkeitsverminderung Randentkohlung (Weichhaut) starke Zunderbildung
Abkühlung	zu schnell	hohe Eigenspannungen Gefahr der Innenrißbildung Flockenrisse
	zu langsam	starke Zunderbildung
Glühatmosphäre oxidierend		starke Zunderbildung (vor Weiterverarbeitung abarbeiten) Randentkohlung
Fehler, die von der Urformung zurückgeblieben sind		Innenrisse durch Nichtverschweißen Faltenbildung Dopplungen, Überwalzungen, Kantenrißbildung und ähnliches

6.1.3 Spanende Bearbeitung

Bei allen spanenden Fertigungsverfahren treten Veränderungen der Oberflächen- und der Randzoneneigenschaften auf, bedingt durch die komplexe Beanspruchung während des Trennvorganges. Der Prozeß der Spanbildung setzt sich, ausgehend von einer elastischen Verformung, aus einer anschließenden plastischen Verformung und schließlich einer Trennung des Werkstoffes vor der Schneidkante durch Abscherung zusammen. Mit einem derartigen Verfahren sind Restspannungen verbunden, die nach [2] auf drei unterschiedliche Entstehungsursachen zurückgeführt werden, und zwar auf

- Verformungsspannungen aufgrund inhomogener plastischer Verformung des Werkstoffes,
- Wärmespannungen infolge temperaturbedingter Längen- bzw. Volumenänderungen, die zu einer Überschreitung der Fließgrenze führen,
- Umwandlungsspannungen, hervorgerufen durch Volumenänderungen insbesondere bei Werkstoffen, die bei verschiedenen Temperaturen verschiedene Raumgitter haben.

Ausschlaggebend für die Werkstoffbeeinflussung ist die Überlagerung der Vorgänge, bei denen sowohl die mechanische als auch die thermische Einwirkung dominieren kann. So führen z. B. elastische Verformungen nicht zu Restspannungen, reibungsbedingte Temperaturerhöhungen dagegen zu Wärmespannungen.

Plastische Verformungen führen in der Randschicht zu Druckeigenspannungen, auch dann, wenn Wärmespannungen vorliegen, die kleiner sind als die Verforstarken Temperaturerhöhungen, so entstehen von der Temperatur abhängige Zugeigenspannungen.

Temperaturbedingte Zugeigenspannungen entstehen auch dann, wenn Stähle eine Temperaturerhöhung bis in die Nähe der Umwandlungstemperatur erfahren und rasch abgekühlt werden. Bei härtbaren Stählen entstehen Druckeigenspannungen, wenn die Temperatur die Umwandlungstemperatur erreicht oder überschreitet und eine rasche Abkühlung erfolgt.

Zerspanungsvorgänge können zu einer Materialquetschung führen, z. B. mit zunehmender Abstumpfung der Werkzeugschneide durch Verschleiß. Ist die Quetschung nur geringfügig, so sind Zugeigenspannungen zu erwarten, andernfalls treten Druckeigenspannungen auf. Die damit verbundene erhöhte Wärmeentwicklung vermindert jedoch die Ausbildung von Druckeigenspannungen und kann eine Verlagerung in Richtung Zugeigenspannungen bewirken.

Obwohl die Fertigungstechnik in der Lage ist, die Bearbeitungsverfahren so zu steuern, daß eine Beeinflussung des Eigenspannungszustandes in der Randzone möglich ist, ist eine definierte Aussage wegen der Komplexität der Vorgänge noch nicht möglich. In den Fällen, wo eine gesicherte Information notwendig ist, muß diese durch Versuche ermittelt werden. Eine Übersicht über die bei den einzelnen Bearbeitungsverfahren zu erwartenden Restspannungen wird in Kapitel 5, Bild 5–47 gezeigt.

Der Spanbildungsvorgang prägt darüber hinaus weitgehend die Ausbildung der Oberflächentopographie. Der Oberflächenzustand ergibt sich aus dem Zusammenwirken kinematischer und plastomechanischer Vorgänge, die sich zeitlich verändern aufgrund des Werkzeugverschleißes. Einige maßgebliche Fehler und deren Auswirkung sind in Tabelle 6–3 aufgeführt. Allen diesen Einflußgrößen überlagert sich der Einfluß des Werkstoffes.

Tabelle 6–3: Fehler bei der spangebenden Bearbeitung

Ursachen	Folgeerscheinungen
Maßabweichungen	Verminderung der Tragkraft
Nichteinhaltung von Bearbeitungsvorschriften, insbesondere in Querschnittsübergängen, wie Bohrungen, Gewinden, Nuten sowie bei Passungen	- Erhöhung der Kerbwirkung - Erhöhung der Beanspruchung
Zu hohe Schnittgeschwindigkeit (Vorschub, Schnittiefe)	- Erhöhung der Kerbwirkung - Beeinflussung des Gefüges nahe der Oberfläche durch Wärme und Verformung - Verfestigung, Restspannungen - Bildung von Wärmespannungen (Schleifrisse)

Zusammenfassend soll die spanende Formgebung sowohl die geforderte Maßhaltigkeit und Oberflächengüte als auch eine günstige Beeinflussung der Werkstoffeigenschaften in den Randbereichen der Oberfläche gewährleisten. Für die Stellen höherer Beanspruchung, z. B. Querschnittsübergänge, sind daher Bearbeitungsverfahren vorzusehen, die bei hoher Oberflächengüte zu Druckeigenspannungen führen (s. Bild 5–47).

6.1.4 Schadensbeispiele

Schaden: Undichtigkeit eines 1″-Rohrkrümmers

Nach kurzer Betriebszeit wurde ein verzinkter Rohrkrümmer einer Wasserleitungsanlage undicht. Dadurch strömte Leitungswasser aus und verursachte erheblichen Schaden. Der Rohrkrümmer ist aus Temperguß hergestellt.

Makroskopische Untersuchung: An der in Bild 6–2 durch Pfeil gekennzeichneten Stelle liegt ein Wanddurchbruch vor, der sich zu den Oberflächen hin trichterförmig ausweitet.

Bild 6–2: Ausbildung des Rohrkrümmers und Lage des Durchbruches (Pfeil)

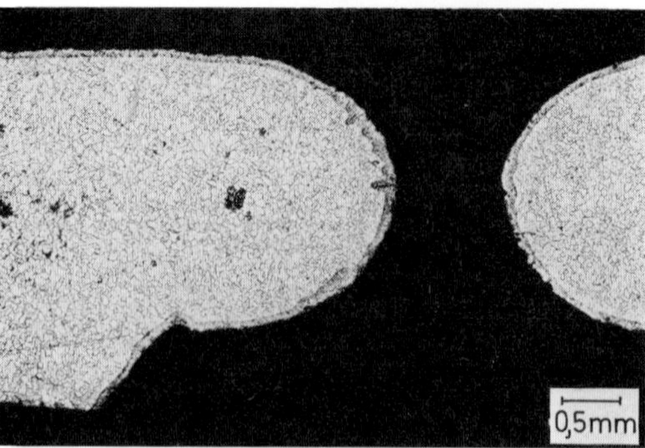

Bild 6–3: Querschliff durch den Wanddurchbruch

Mikroskopische Untersuchung: Die Randzone des Wanddurchbruches zeigt die gleiche Gefügeausbildung wie die Randzone der Krümmerober-

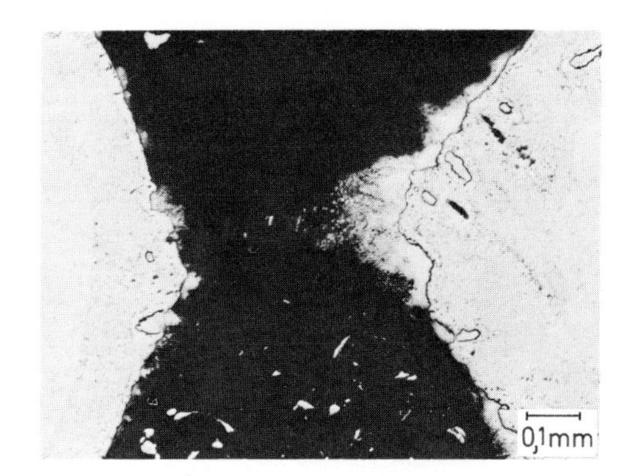

Bild 6–4: Zinkreste auf der Oberfläche des Wanddurchbruches

fläche (Bild 6–3); vereinzelt werden auf der Oberfläche des Durchbruches Zinkreste nachgewiesen (Bild 6–4).

Primäre Schadensursache: Herstellungsfehler beim Gießen.

Schaden: Bruch einer schraubenförmig gewundenen Biegefeder (Schenkelfeder)

Die Feder ist aus einem unlegierten Federstahl (∅ 10 mm), Werkstoff-Nr. 1.1230, hergestellt und wurde im vergüteten Zustand verwendet.

Makroskopische Untersuchung: Die Bruchflächen weisen die Merkmale eines Dauerbruches auf, der von der Stelle A ausgegangen ist (Bild 6–5). An dieser Stelle liegt ein ausgeprägter Oberflächenfehler vor.

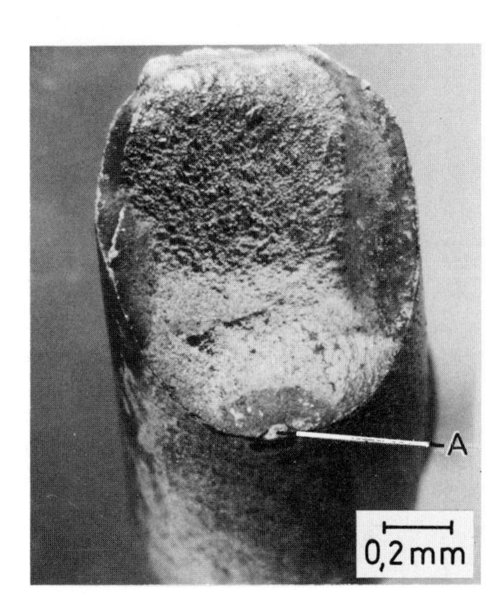

Bild 6–5: Ausbildung der Bruchfläche
A: Bruchausgang

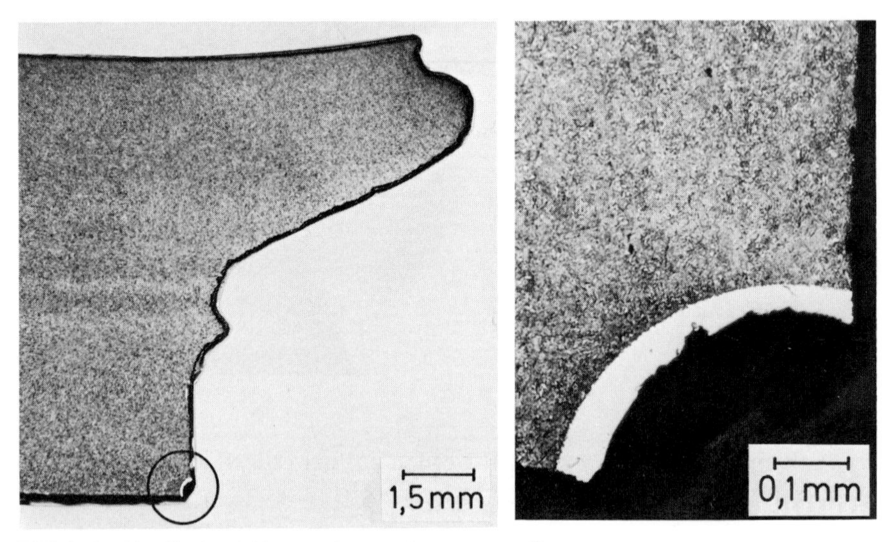

Bild 6–6: Oberflächenfehler an der Bruchausgangsstelle

Mikroskopische Untersuchung: Die Bruchausgangsstelle weist eine Randzone auf, die durch eine 3-prozentige alkoholische Salpetersäure nicht angeätzt wird (Bild 6–6). Nach einer langzeitigen Einwirkung eines Gemisches von Pikrin- und Salpetersäure erkennt man, daß dieser Bereich aus äußerst feinem Martensit mit feinstausgebildeten Karbideinschlüssen besteht (Bild 6–7). Die Mikrohärte beträgt hier 857 HV 0,3 gegenüber 465 HV 0,3 in der übrigen Randzone.

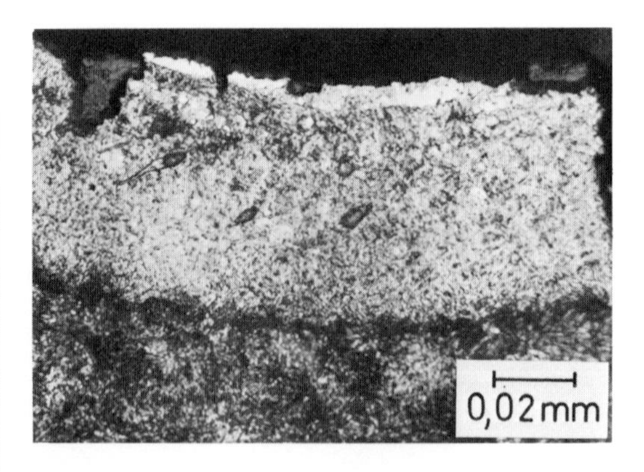

Bild 6–7: Gefügeausbildung der Randzone des Oberflächenfehlers

Nach DIN 17223 muß die Oberfläche der Federstahldrähte glatt und möglichst frei von Riefen sein; das ist bei dem vorliegenden Draht nicht der Fall.

Primäre Schadensursache: Fertigungsfehler

Schaden: Schrauben- (Regler-)feder (∅ 6 mm)

Makroskopische Untersuchung: Die Ausbildung der Bruchflächen weist nach Bild 6–8 die charakteristischen Merkmale eines Dauerbruches auf, der von der durch einen Pfeil gekennzeichneten Stelle ausgegangen ist. Der Anteil der Dauerbruchfläche an der Gesamtbruchfläche ist verhältnismäßig klein, demnach war die wirksame Nennspannung entsprechend hoch. An der Ausgangsstelle des Bruches befinden sich ausgeprägte Oberflächenriefen und -narben.

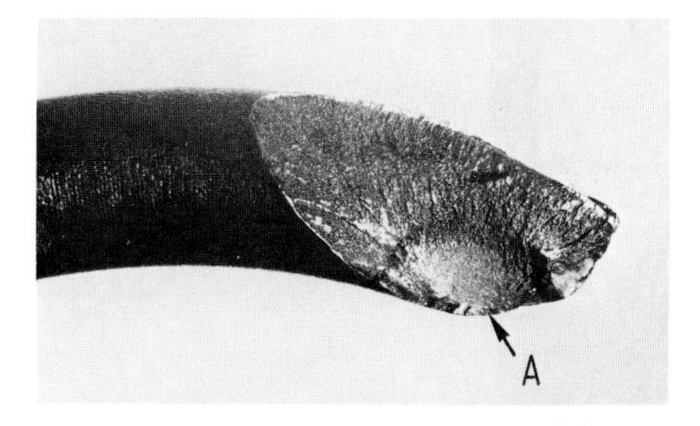

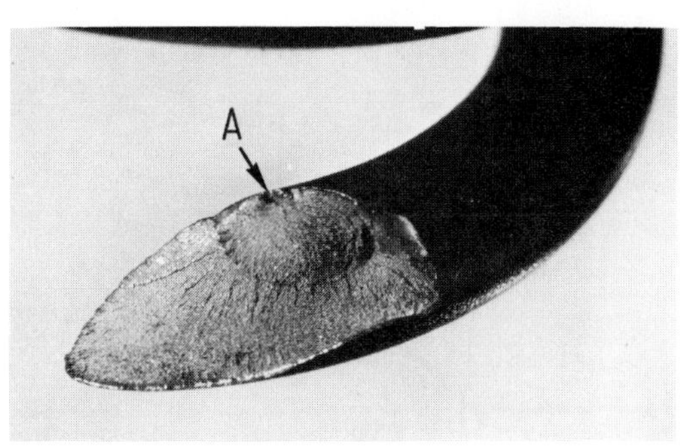

Bild 6–8: Ausbildung der Bruchfläche einer Reglerfeder
A Bruchausgang

Primäre Schadensursache: Herstellungsfehler (Warmumformung)

Schaden: Kompressorpleuel

Das vorzeitige Versagen des in Bild 6–9 wiedergegebenen Kompressorpleuels wurde verursacht durch den scharfkantigen Übergang zwischen Schraubenkopfauflage und Pleuelschaft. Die bei normaler Betriebsbeanspruchung auftretenden Kerbspannungen führten zum Anriß und zum Dauerbruch (Bild 6–10).

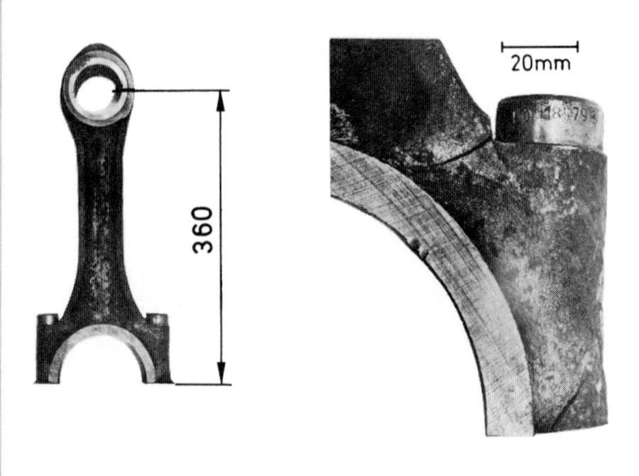

Bild 6–9: Pleuel eines Kompressors mit Anriß

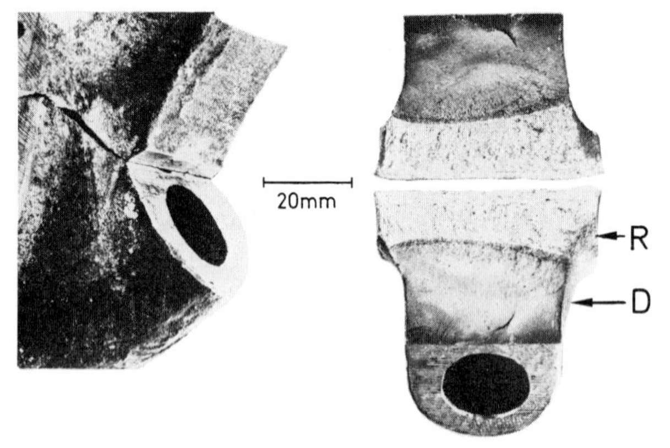

Bild 6–10: Ausbildung der Bruchflächen des Kompressorpleuels
R: Restbruch;
D: Dauerbruch

Schaden: PKW-Motor-Totalschaden

Motorleistung: 325 PS; Fahrstrecke 13 800 km

Mikroskopische Untersuchung: Der Kurbelzapfen zum 7. und 8. Zylinder ist bis in die Kurbelwange durch Wärmeeinwirkung angelaufen (Bild 6–11). Die Zapfenoberfläche ist aufgerauht; teilweise liegen ausgeprägte Freßriefen vor, und in einzelnen Bereichen ist Trägermetall aufgeschweißt. Die zum Pleuel 7 zugehörige Bohrung ist verstopft. Das Lagermetall der entsprechenden Pleuellager ist vollständig ausgelaufen; die Stützschalen sind teilweise zerstört.

Das Pleuel 8 ist in fünf Teile zerbrochen (Bild 6–12); das Pleuel 7 wurde lediglich durch plastische Verformung sekundär stark deformiert. Die

Bild 6–11: Beschädigter Kurbelzapfen der Kurbelwelle

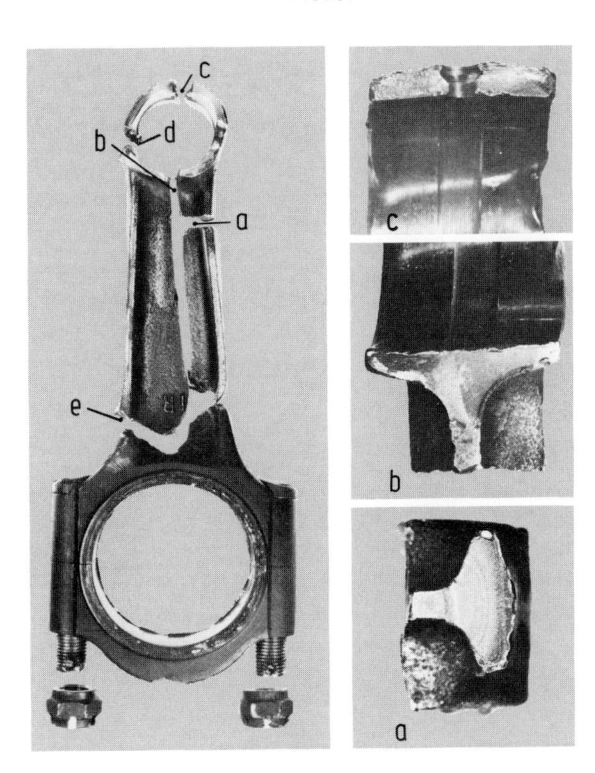

Bild 6–12: Lage der Brüche und Ausbildung der Bruchflächen

Bruchflächen a, b und c des Pleuels 8 weisen die Merkmale eines Dauerbruches auf. Darüber hinaus ist in der Bruchfläche b eine dunkel ausgebildete Randzone erkennbar, die sich durch die Struktur der Oberfläche von der übrigen Bruchfläche abhebt. Der Bruch c ist von der Ölbohrung ausgegangen. Die Bruchflächen d und e zeigen die Merkmale eines Gewaltbruches.

Der zugehörige Kolben und die Laufbüchsen weisen Beschädigungen auf, die sekundär durch Gewaltbeanspruchung entstanden sind.

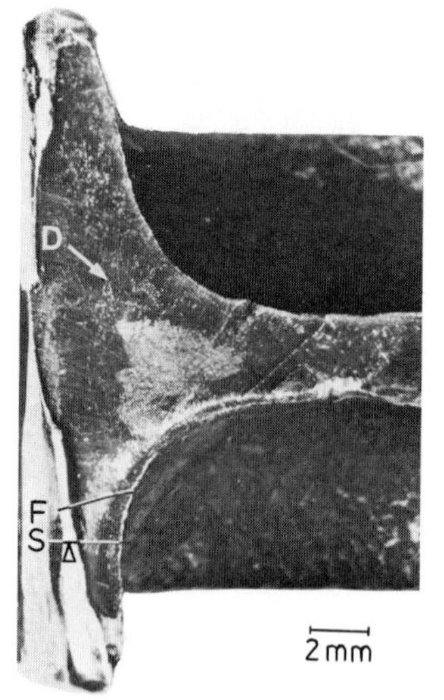

Bild 6–13: Bildung des Primäranrisses durch einen Herstellungsfehler (Bild oben und rechts)
S Schlifffläche
F Fertigungsfehler
D Dauerbruchfläche

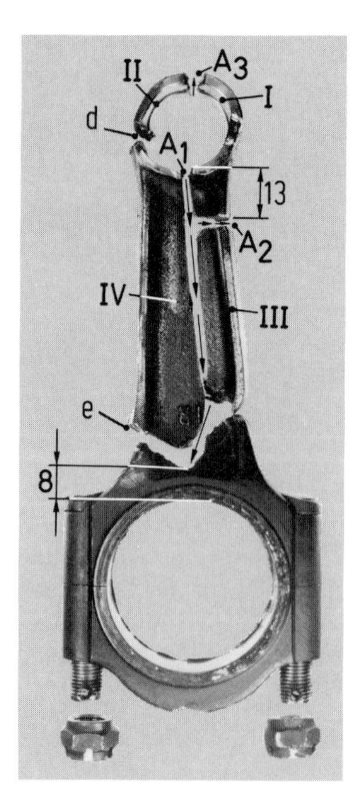

Bild 6–14: Zeitlicher Verlauf der Anriß- und Bruchbildung
A_1 Primäranriß
A_2 und A_3 weitere Dauerbruchflächen
d, e Gewaltbrüche
I bis IV Bruchstücke

Folgerung: Die systematisch durchgeführte makroskopische Schadensanalyse aller beschädigten Bauteile führte zu dem Ergebnis, daß der Motorschaden primär durch Versagen des Pleuels 8 eingeleitet wurde und auf einen Herstellungsfehler zurückzuführen ist (Bild 6–13). An der Stelle des Bruchausganges liegt ein ausgedehnter Schmiedefehler vor, der zu einer erheblichen Verminderung der Dauerhaltbarkeit führte.

Demnach trat der primäre Anriß bei A_1 auf (Bild 6–14) und dehnte sich in Pfeilrichtung bis zu der Verstärkung des Pleuelauges aus. Als Folge trat eine zunehmende Instabilität des Pleuels auf. Die dadurch verursachte Beanspruchungsänderung führte zunächst zu dem Dauerbruch A_2, anschließend zu dem Dauerbruch A_3 und schließlich zu den Gewaltbrüchen d und e. Die Entstehung aller übrigen makroskopisch ermittelten Schäden ist die Folge des Primärschadens; dies wurde durch die Schadensanalyse nachgewiesen.

Primäre Schadensursache: Fertigungsfehler (Warmumformung)

Schaden: Bruch eines Rohrexzenteranschlusses 1/2″

Makroskopische Untersuchung: Der Bruch ist im ersten Gewindegang aufgetreten (Bild 6–15). Die Bruchflächen sind zerklüftet und exzentrisch ausgebildet; die kleinste Wanddicke beträgt 0,7 mm und die größte 2,0 mm. Plastische Verformung liegt nicht vor. An der mit R gekennzeichneten Stelle verläuft der Bruch außerhalb der Bildebene durch den Gewindekerb weiter. Das Gewinde und die Bohrungswand weisen ausgeprägte Bearbeitungsriefen auf.

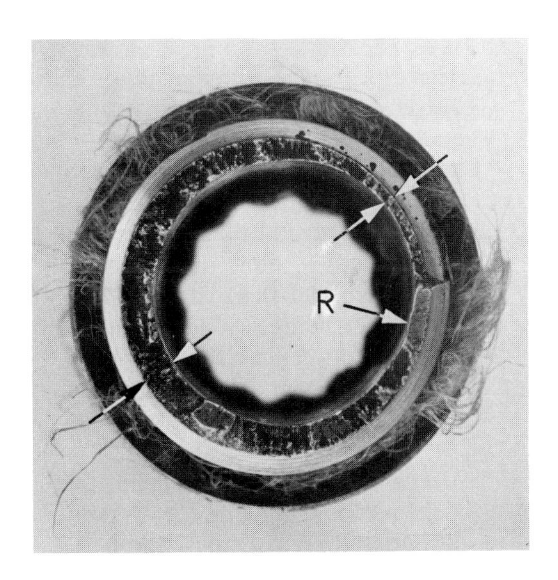

Bild 6–15: Ausbildung der Bruchfläche

Mikroskopische Untersuchung: Nach Durchtrennung der Rohrverbindung ist zu erkennen, daß die Gewinde um einen Gewindegang versetzt eingedreht wurden (Bild 6–16). Das Gefüge ist normal. Gußfehler liegen nicht vor. Das erkennbare große Spiel zwischen Außen- und Innengewinde ist auf entsprechende Maßabweichungen gegenüber den genormten Werten zurückzuführen.

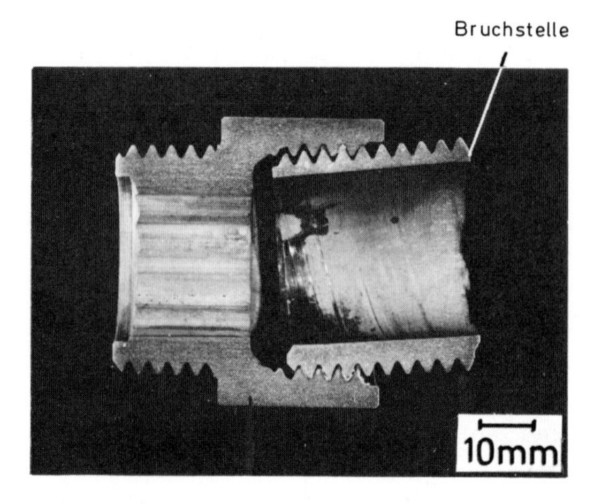

Bild 6–16: Längsschliff durch die Rohrverbindung

Folgerung: Durch die Maßabweichungen bedingt wurde der Gewindeansatz um einen Gewindegang versetzt eingedreht; das erforderte größere Kräfte als im Normalfall und führte zu einem Anriß und zum Bruch.

Primäre Schadensursache: Fertigungsfehler

Schaden: Gewinde eines Kugelbolzens

Makroskopische Untersuchung: Die geometrische Ausbildung des Kugelbolzens und die Lage des Bruches zeigt Bild 6–17. Der Bruch liegt im ersten tragenden Gewindegang. Die Bruchfläche (Bild 6–18) ist, abgesehen von einer sichelförmig ausgebildeten Randzone (S), zerklüftet; dieser Bereich zeigt die Merkmale eines Gewalt- (Trenn-)bruches. Der Übergang zwischen Kugelkopf und Gewinde ist plastisch verformt; ebenso ist das Gewindestück selbst durchgebogen. Die ersten acht Gewindegänge, ausgehend von der Bruchstelle, sind im Gewindegrund angerissen und an der zugbeanspruchten Seite aufgeweitet (Bild 6–17a). Die Oberflächen der Gewindeflanken weisen ausgeprägte Bearbeitungsriefen auf. Die Gewindeoberfläche ist mit einer Oberflächenschicht bedeckt, die nach der Fertigstellung des Gewindes aufgebracht wurde.

Mikroskopische Untersuchung: Gefügefehler und Randentkohlung liegen nicht vor. Die Gewindekerbausbildung weist Formfehler auf, die zur Bildung der Risse führten (Bild 6–19).

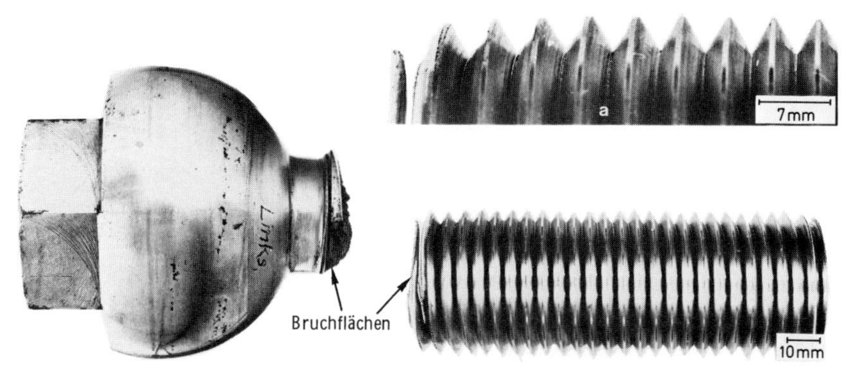

Bild 6–17: Kugelbolzen im Anlieferungszustand
a: Angerissene und plastisch verformte Gewindekerben

Bild 6–18: Ausbildung der Bruchfläche
S Randzone mit Schwingungsstreifen

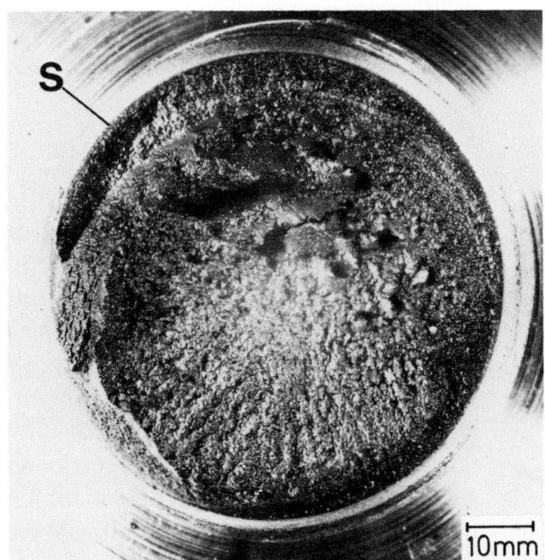

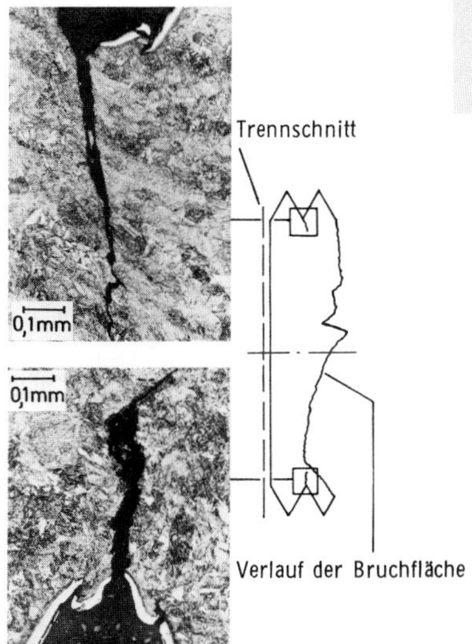

Bild 6–19: Gewindekerbausbildung in Bruchnähe
Ätzung: 3%ige HNO_3

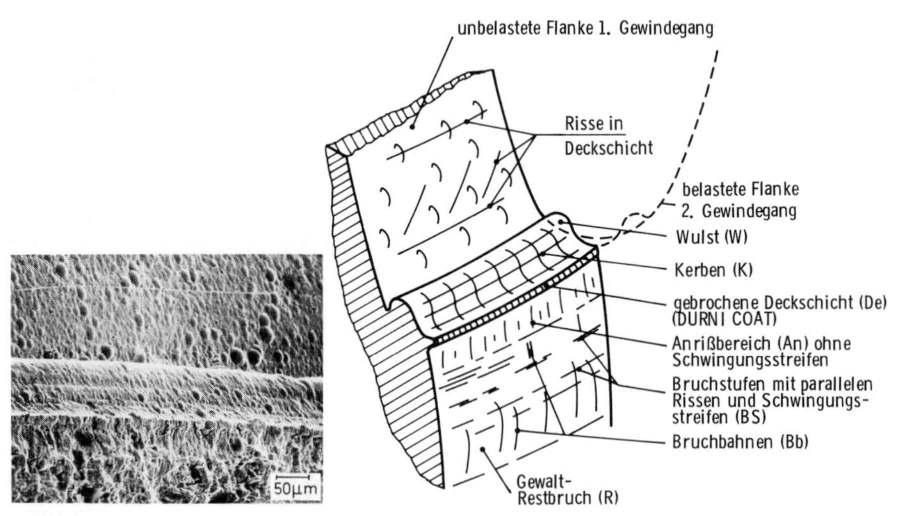

Bild 6–20: Schematische Darstellung des Gewindekerbgrundes mit Flanke und Anrißbereich

Rasterelektronenmikroskopische Untersuchung: Der Anriß ist durch eine Gewaltbeanspruchung entstanden; der Anrißbereich weist keine Schwingungsstreifen auf (Bild 6–20). In dem anschließenden Bereich sind vorwiegend Bruchstufen zu erkennen und Schwingungsstreifen, die jedoch schwer nachweisbar sind. Die wechselweise Einwirkung einer hohen zügigen Beanspruchung (Vorspannung) und einer Schwingbeanspruchung führte solange zu der sichelförmigen Ausbildung des Bruchflächenanteiles, bis der Restquerschnitt durch Gewaltbeanspruchung versagte. Hierbei wurden auch Biegekräfte verstärkt wirksam, die die Durchbiegung verursachten. Die scharfen Kerben im Gewindegrund haben den Rißbeginn bewirkt. Der Wulst W ist durch die fehlerhafte spanende Bearbeitung entstanden.

Primäre Schadensursache: Fertigungsfehler bei der spanenden Formgebung

Schaden: Bruch des Achsschenkels eines LKW

Nachdem bei dem km-Stand 179 700 der vordere linke Achsschenkel gebrochen war, brach auch der vordere rechte Achsschenkel bei dem km-Stand 230 900. In beiden Fällen war das Fahrzeug unbeladen und die Straße in einem normalen Zustand.

Makroskopische Untersuchung: Die Lage des Bruches des rechten Achsschenkels ist in Bild 6–21 gekennzeichnet. Die Bruchflächen weisen die Merkmale eines Dauerbruches auf, der durch doppelseitige Biegung entstanden ist (Bild 6–22). Demzufolge liegen zwei Dauerbruchflächen F_1

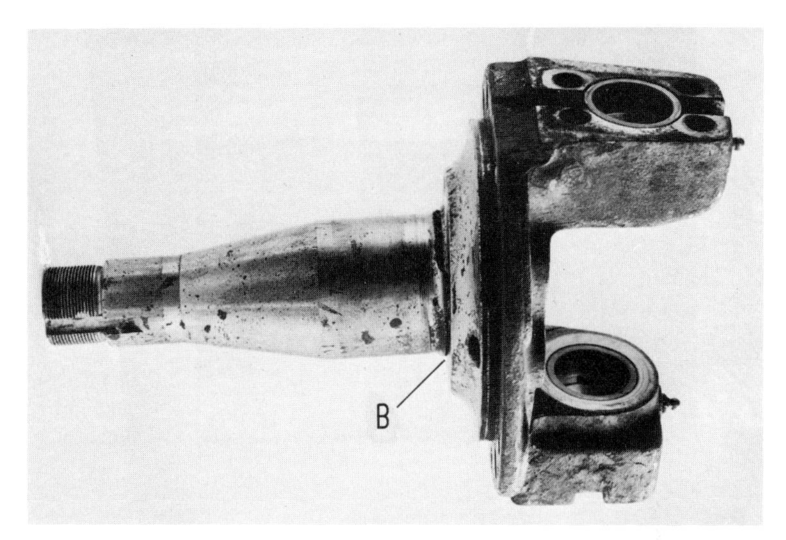

Bild 6–21: Lage des Bruches (B)

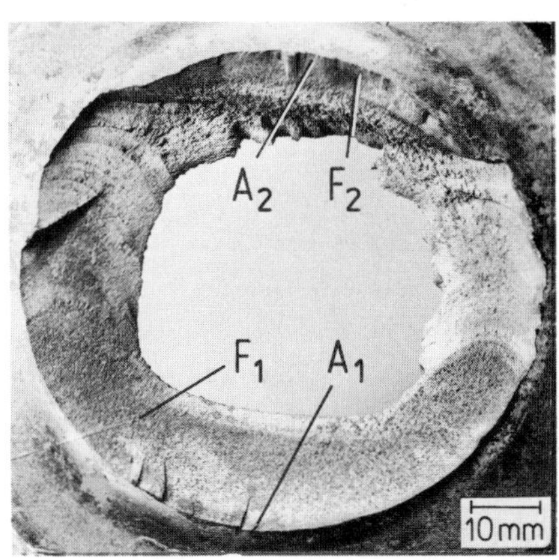

Bild 6–22: Makroskopisches Aussehen der Bruchfläche
A_1, A_2 Anrisse
F_1, F_2 Dauerbruchflächen

und F_2 vor, die von den Stellen A_1 bzw. A_2 ausgegangen sind. Die Anrisse sind in zeitlichem Abstand erfolgt. Der Primäranriß erfolgte bei A_1. Nachdem sich dieser Anriß zu einer Bruchfläche so weit ausgedehnt hatte, daß an der Stelle A_2 die Schwingfestigkeit durch die Betriebsbeanspruchung überschritten wurde, entstand der Anriß A_2. Dieser konnte sich jedoch nur über eine Tiefe von etwa 5 mm ausbreiten, weil dann der Restbruch erfolgte. Die feinen Abstufungen der Rastlinien und der große Dauerbruchanteil an der gesamten Bruchfläche lassen erkennen, daß die durchschnittliche Nennbeanspruchung nicht hoch gewesen ist.

Die Oberflächengüte an den Stellen des Bruchausganges entspricht nicht den Angaben in der Werkstattzeichnung „riefenfrei". In Wirklichkeit liegen in dem Querschnittsübergang ausgeprägte Bearbeitungsriefen vor (Bild 6–23).

Zwischen den vorgeschriebenen Abmessungen und den tatsächlich vorhandenen besteht eine erhebliche Differenz, insbesondere hinsichtlich der

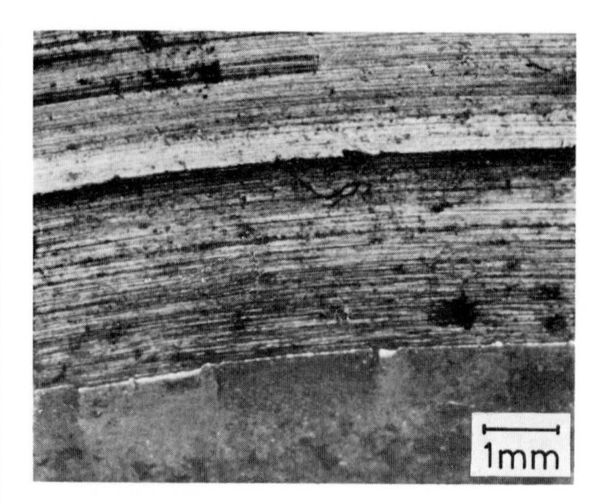

Bild 6–23: Querschnittsübergang mit ausgeprägten Bearbeitungsriefen

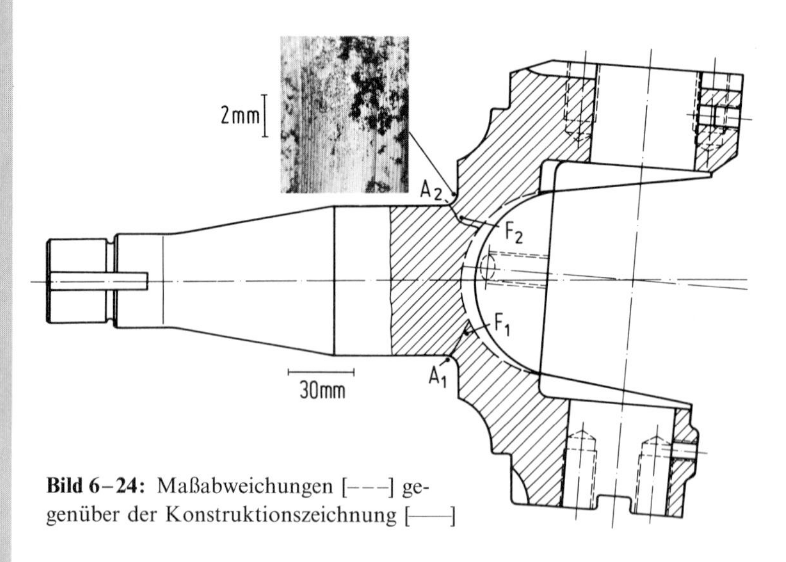

Bild 6–24: Maßabweichungen [– – –] gegenüber der Konstruktionszeichnung [——]

Bild 6–25: Durch Bearbeitungsriefen begünstigte Rißbildung

Größe des tragenden Querschnittes an der höchstbeanspruchten Stelle (Bild 6–24).

Mikroskopische Untersuchung: In der Nähe der Bruchfläche liegen weitere Anrisse vor, die ausschließlich von Drehriefen ausgehen; der Rißverlauf ist vorwiegend transkristallin (Bild 6–25).

Die metallurgische Reinheit des Werkstoffes ist befriedigend; die Gefügeausbildung – Zwischenstufengefüge mit Martensiteinschlüssen – ist normal.

Folgerung: Die Unterdimensionierung führte zu einer Überbeanspruchung, die den Primäranriß zur Folge hatte. Dieser Vorgang wurde wesentlich begünstigt durch die Kerbwirkung der Bearbeitungsriefen.

Primäre Schadensursache: Fertigungsfehler bei der spanlosen und spangebenden Bearbeitung.

6.2 Wärmebehandlung

Bei der Wärmebehandlung können Fehler auftreten durch falsche Temperatur- und Einwirkungszeitbedingungen, durch ungünstige Atmosphäre sowie durch unzweckmäßige Abkühlung; Werkstoffeigenschaften, wie Werkstoffzusammensetzung, metallurgische Reinheit und Gefügeausbildung sind von wesentlichem Einfluß (Tabelle 6–4).

Härterisse treten auf, wenn die durch den Härtevorgang entstehenden Wärme- und Umwandlungsspannungen zu Zugeigenspannungen in der Randschicht

Tabelle 6–4: Fehler bei der Wärmebehandlung

Ursachen		Folgeerscheinungen
Überhitzen ($T \gg Ac_3$)		- Verzunderung - Kornvergröberung (Grobkornbildung) - Verbrennen
zu niedrige Austenitisierungstemperatur		unvollständige Umwandlung des Ferrit; nach Abschreckung Martensit + Ferrit
zu langes Halten		- Verzunderung - Kornvergröberung
Abkühlung	zu langsam	Grobkornbildung
	zu schnell	- Erhöhung der Eigenspannungen: Steiler Härtegradient, Härterißgefahr, Schleifrißgefahr
	ungleichmäßig (konstruktiv bedingt)	- ungleichmäßige innere Spannungen
falsche Atmosphäre	aufkohlend	- harte Stellen durch C-Anreicherung C-Anreicherung: Erniedrigung der Umwandlungstemperatur, Überhitzung - erhöhte Eigenspannungen $\triangleright$ Rißgefahr
	entkohlend	Weichhautbildung

führen, die größer sind als die Trennfestigkeit des Härtungsgefüges. Derartige Risse gehen bevorzugt von der Oberfläche aus, weil dort die höchsten Zugspannungen auftreten. Die Entstehung von Härterissen wird wesentlich begünstigt durch die Einflußgrößen

- Werkstoff, insbesondere Werkstoffehler
- Formgebung
- Bearbeitung
- Durchführung der Wärmebehandlung
- Wärmebehandlungseinrichtungen.

6.2.1 Einfluß des Werkstoffes

Die thermische Behandlung ist ein Vorgang oder eine Folge von Vorgängen, in deren Verlauf ein Bauteil einer oder mehreren Temperatur-Zeit-Folgen unterworfen wird mit dem Ziel, dem Werkstoff besondere Eigenschaften zu verleihen; eine besondere Rolle spielt das Härten und Vergüten von Stählen. Durch den Vorgang des Härtens wird bei einem härtbaren Stahl eine Konstitution des Atomaufbaues bewirkt, die man als Martensit bezeichnet. Dabei handelt es sich um einen kubisch-raumzentrierten bzw. tetragonalen Mischkristall, der durch zwangsweise eingelagerte C-Atome verspannt ist und hohe Härte- und Festigkeitswerte aufweist. Die Härtbarkeit wird demnach im wesentlichen durch den C-Gehalt bestimmt. Die Legierungselemente, wie z. B. Molybdän, Vanadium, Chrom, Mangan, Nickel und Silizium, bewirken lediglich eine Erhöhung der Durchhärtbarkeit.

In der Regel muß der Werkstoff neben der Forderung nach einer ausreichenden Härtbarkeit weitere technologische bzw. festigkeitsbedingte Eigenschaften aufweisen, wie z. B. Schweißbarkeit, Verarbeitbarkeit, Umformbarkeit, Dauerschwingfestigkeit.

6.2.2 Einfluß der Formgebung

Bei der Formgebung ist zu berücksichtigen, ob die bei den Wärmebehandlungen auftretenden thermisch- und umwandlungsbedingten Spannungen, die entweder zu bleibenden Verformungen oder zu Eigenspannungen führen, nicht auch eine Verminderung der Lebensdauer bewirken. Die Bauteile sind demnach so zu gestalten, daß keine unzulässig hohen Spannungspitzen auftreten können. Daher sind schroffe Querschnittsübergänge ebenso wie ungünstig liegende Bohrungen, scharfkantige Einstiche, Übergänge und Nuten zu vermeiden. Desgleichen müssen äußere Kerben, die durch die Bearbeitung entstehen können, wie z. B. Bearbeitungsriefen, Markierungen, Bezeichnungen, Überlappungen mit gerollten Gewinden, vermieden werden. Derartige Einflüsse wirken sich umso stärker auf die Lebensdauer aus, je höher die Härte des Werkstoffes ist.

Eine ungünstige Formgebung eines Bauteiles kann außerdem dazu führen, daß die Strömungsgeschwindigkeit des Abkühlmittels zu gering ist und der Wärmeübergang örtlich nicht ausreicht, eine Martensitbildung zu bewirken. Durch die damit verbundene ungleichmäßige Härtung können an den nicht ausreichend abgekühlten Flächen Zugspannungen entstehen, die zu Härterissen führen.

6.2.3 Verfahren der Wärmebehandlung

Die Wärmebehandlung bezweckt, bestimmte Gebrauchseigenschaften und/oder Verarbeitungseigenschaften durch Änderung des Ausgangszustandes zu erreichen. Hierzu werden die Werkstoffe einer Temperatur-Zeit-Folge unterworfen, in deren Verlauf in bestimmter Weise Wärmeenergie zu- und abgeführt wird. Eine angepaßte Atmosphäre, in der mit der Werkstoffoberfläche beabsichtigte Reaktionen eintreten oder ausgeschlossen werden, kann zusätzlich einwirken. Insgesamt wird dadurch eine Änderung der physikalischen, chemischen und mechanischen Eigenschaften bewirkt. Die Verfahren der Wärmebehandlung von Eisenwerkstoffen können in vier Hauptgruppen eingeteilt werden:

- Glühen
- Härten
- Anlassen
- thermochemische Diffusionsbehandlung.

Die Temperatur-Zeit-Folge besteht aus den Teilschritten: Erwärmen (Anwärmdauer, Durchwärmdauer), Halten und Abkühlen.

6.2.3.1 Erwärmen

Beim Erwärmen gelangen Oberflächenbereich und Kern mit unterschiedlichen Geschwindigkeiten nach unterschiedlichen Zeiten auf die Behandlungstemperatur (Bild 6–26). Die Erwärmung ist so durchzuführen, daß der Temperaturgradient zwischen Oberfläche und Kern einen kritischen Wert nicht überschreitet.

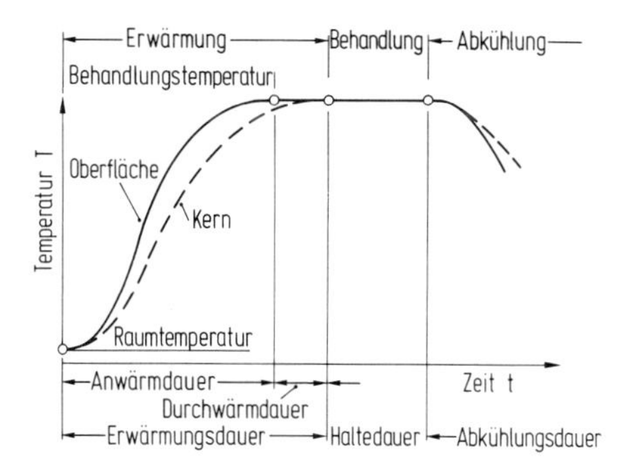

Bild 6–26: Zeitlicher Ablauf einer Wärmebehandlung [3]

Dies ist insbesondere bei Bauteilen mit großen Abmessungen und solchen, die funktionsbedingt eine „komplizierte Gestaltgebung“ erfordern, zu beachten. Der Temperaturunterschied führt zu Zugspannungen im Kern, die eine Rißbildung zur Folge haben können. Die Gefahr der Rißbildung nimmt mit abnehmender Wärmeleitfähigkeit zu; besonders gefährdet sind hochlegierte Stähle mit geringer Zähigkeit.

Eine derartige Rißbildung kann weitgehend vermieden werden durch eine schrittweise durchgeführte mehrstufige Vorwärmung auf verschiedene Zwischentemperaturen. Bewährt hat sich, z. B. für das Härten von Werkzeugen aus Warmarbeitsstählen, eine Temperatur-Zeit-Folge nach Bild 6–27.

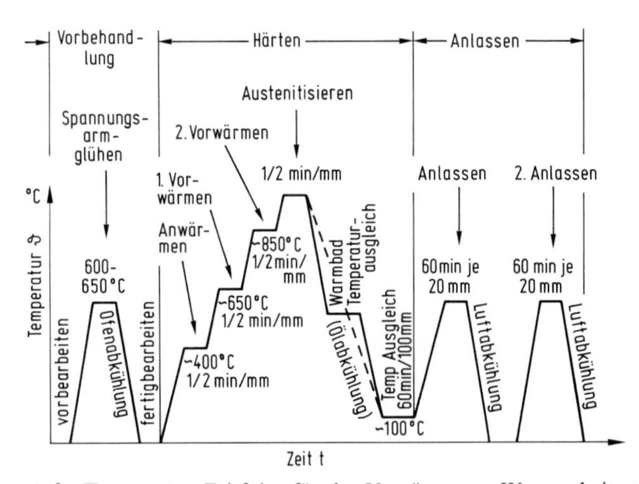

Bild 6–27: Abgestufte Temperatur-Zeitfolge für das Vergüten von Warmarbeitsstählen [3]

6.2.3.2 Haltedauer

Jede gezielte Wärmebehandlung erfordert eine bestimmte Haltedauer, bei der keine Änderung der Temperaturverteilung stattfindet, um die beabsichtigten Umwandlungsvorgänge auszulösen und abzuschließen.

Die notwendigen Zeitspannen können den Zeit-Temperatur-Schaubildern (ZTU-Schaubilder) entnommen werden [4]. Längere Haltezeiten als notwendig sind zu vermeiden, weil dadurch ein unzulässiges Kornwachstum auftreten kann mit ungünstigen Auswirkungen, z. B. auf die Festigkeits- und Zähigkeitseigenschaften.

6.2.3.3 Abkühlen

Die Abkühlgeschwindigkeit, z. B. beim Härten, muß einerseits die kritische Abkühlungsgeschwindigkeit, die werkstoffabhängig ist, erreichen, andererseits sollte sie jedoch so langsam wie möglich gewählt werden. Die Abkühldauer wird durch die gleichen Faktoren bestimmt, von denen auch die Erwärmungsdauer abhängig ist. Da hierdurch ein bestimmter Gefügezustand gebildet werden soll, kommt der Abkühlgeschwindigkeit eine besondere Bedeutung zu. Sie muß daher unter Berücksichtigung von Form und Abmessungen der Bauteile, der Stahlzusammensetzung, der Erwärmungsbedingungen und der Abschrecktemperatur so festgelegt werden, daß die geeignete Gefügeausbildung entsteht. In kritischen Fällen ist es daher notwendig, eine gestufte Abkühlung (gebrochene Härtung) zu wählen (Bild 6–27). Dadurch werden außerdem folgende Vorteile erzielt:

- günstiger Eigenspannungszustand
- geringere Rißgefahr
- geringeres Verziehen
- geringere Nachbearbeitungskosten.

6.2.3.4 Anlassen

Gehärtete Stähle sind im allgemeinen so hart und spröde, daß sie in diesem Zustand nur in Ausnahmefällen verwendet werden können. Sie weisen meistens große Eigenspannungen auf, die eine Rißbildung sehr begünstigen, besonders dann, wenn durch die Weiterverarbeitung, z. B. Schleifen, zusätzliche Bearbeitungsspannungen auftreten.

Die Verspannung des Härtegefüges wird durch eine Wärmebehandlung unterhalb der Ac_1-Temperatur verringert. In dem Temperaturbereich von 100 °C–200 °C wandelt sich der tetragonale Martensit in den weniger verspannten kubischen Martensit um. Dadurch werden die Eigenspannungen beachtlich vermindert, die Härteabnahme ist nur gering.

Bei einer Anlaßtemperatur von 200 °C bis 300 °C wird der kubische Martensit zunehmend entspannt; die Zugfestigkeit und die Härte vermindern sich merklich, die Streckgrenze kaum. Bei höheren Anlaßtemperaturen nimmt die Streckgrenze und die Zugfestigkeit weiter ab; andererseits führt die damit verbundene Verbesserung des Formänderungsverhaltens zur Verminderung der Kerbempfindlichkeit.

Die Anlaßtemperatur und -zeit ist den vorliegenden Verhältnissen anzupassen; gegebenenfalls ist ein abgestuftes Anlassen erforderlich (Bild 6–27).

Die Abkühlung erfolgt normalerweise langsam. Eine Ausnahme bilden Stähle, die oberhalb 600 °C angelassen werden und die wegen der Gefahr der Anlaßsprödigkeit schnell auf Raumtemperatur abgekühlt werden müssen.

6.2.4 Rißbildung

Bei der Abkühlung durchhärtbarer Stähle bis auf die Martensittemperatur (Ms) tritt in der Oberflächenschicht eine Kontraktion auf, die zu Zugspannungen führt; im Kern entstehen entsprechend hohe Druckspannungen (Bild 6–28). Bei der Martensitbildung (t_1) nimmt das Volumen in der Randzone zu, wodurch sich die Zugspannungen an der Oberfläche vermindern. Zum Zeitpunkt (t_2)

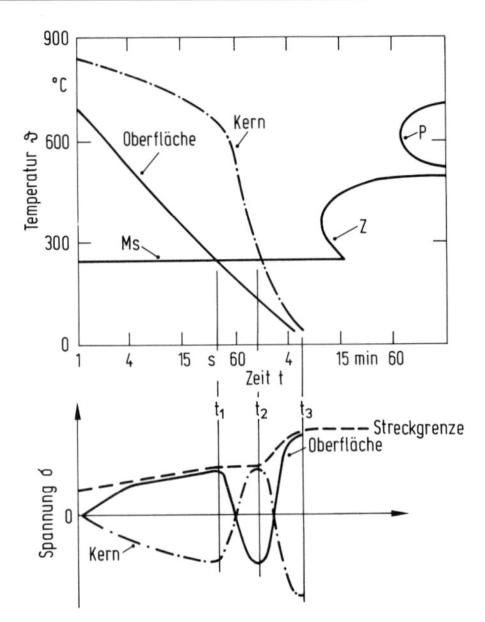

Bild 6–28: Spannungszustand in Oberfläche und Kern eines durchhärtenden Stahles mit 100 mm∅ beim Abschrecken in Wasser [5]

weist die Oberfläche Druckspannungen, die Kernzone Zugspannungen auf. Dieser Zustand wird dadurch begünstigt, daß die Temperaturabnahme im Kern größer ist als im Randbereich. Tritt im Kern jedoch Martensitbildung auf, so erfolgt eine Volumenzunahme. Folglich entstehen mit abnehmender Temperatur in der Oberflächenschicht Zugspannungen, die zur Rißbildung führen können.

Die Martensitbildung ist zeitabhängig; folglich kann der Bruch eines Bauteils auch verzögert auftreten, z. B. nach Stunden oder Tagen. Der isotherm umgewandelte Martensit bewirkt eine Spannungszunahme in einem Werkstoffzustand, der äußerst spröde ist, und begünstigt die Rißbildung.

Derartige Risse lassen sich vermeiden durch unmittelbares Anlassen nach dem Härten. Noch zweckmäßiger ist es, die Abkühlung auf eine Temperatur von 50 °C zu begrenzen und sofort das Anlassen vorzunehmen.

6.2.5 Randentkohlung und -aufkohlung

Der Kohlenstoffgehalt des Werkstoffs bestimmt die Austenitisierungstemperatur. Da sich diese mit zunehmendem Kohlenstoffgehalt vermindert, tritt bei Oberflächenentkohlung die Martensitbildung zuerst in den Randzonen auf. Die Auswirkung einer Randentkohlung auf die Martensitbildung ist in Bild 6–29 anhand eines ZTU-Schaubildes für einen Cr–Mo–Stahl zu erkennen. Unter der

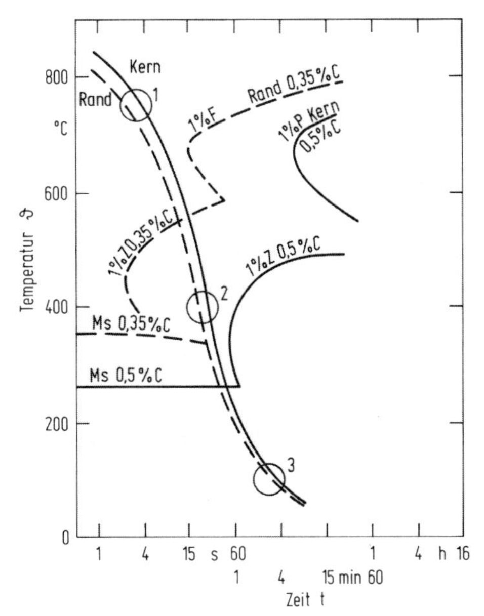

Bild 6–29: Umwandlungen beim Härten eines randentkohlten Cr-Mo-Vergütungsstahles, ∅ 25 mm, Ölabschreckung [5]
C: Kohlenstoff; F: Ferrit; Z: Zementit; P: Perlit; Ms: Martensit

Annahme, daß in der entkohlten Randschicht ein C-Gehalt von 0,35% vorliegt gegenüber dem Ausgangszustand von C = 0,5%, beginnt in der entkohlten Zone die Bildung des Zwischenstufengefüges bereits bei etwa 550 °C, während im Kern die Martensitbildung erst bei etwa 260 °C einsetzt. In der entkohlten Zone entsteht ein Mischgefüge, welches spröde ist und häufig zu Rissen führt.

Eine Randentkohlung kann beim Walz- oder Schmiedevorgang und beim Austenitisieren auftreten. Im ersten Fall ist darauf zu achten, daß der entkohlte Randbereich vor dem Härten entfernt wird. Beim Austenitisieren muß darauf geachtet werden, daß die Atmosphäre so angepaßt wird, daß keine Randentkohlung entsteht.

Durch Aufkohlung (Einsatzhärten) von Stählen mit niedrigen C-Gehalten kann andererseits eine Randzone erzielt werden, die nach dem Härten hauptsächlich martensitisch ist, während der Kernbereich je nach Legierungszusammensetzung und Abkühlungsgeschwindigkeit aus Martensit, Zwischenstufengefüge, Perlit oder Ferrit besteht.

Aufgekohlte Bauteile aus legierten Einsatzstählen müssen, da unterschiedliche Umwandlungsvorgänge in der Randschicht und im Kern auftreten, schnell von der Aufkohlungstemperatur abgekühlt werden, um Risse in der Randschicht zu vermeiden; maßgebend hierfür ist das entstehende Spannungsgefälle. Zu langsames Abkühlen kann außerdem zu Karbidausscheidungen auf den Korngrenzen führen, die eine Verminderung der Zähigkeit bewirken und die Gefahr der Schleifrißbildung erhöhen.

6.2.6 Schadensbeispiele

Schaden: Bruch einer Stempelmatrize
Werkstoff: X210CrW12 (W.-Nr. 2436)

Makroskopische Untersuchung: Die Bruchfläche verläuft im wesentlichen verformungslos (Bild 6–30). Lediglich an der durch Pfeil gekennzeichneten Stelle befinden sich auf der Oberfläche Eindrücke, die durch äußere Einwirkung entstanden sind und die zu einer örtlich begrenzten Verformung geführt haben (helle Zone). Diese Einwirkung hat den Bruch primär ausgelöst.

K = Kerbe durch äußere Einwirkung

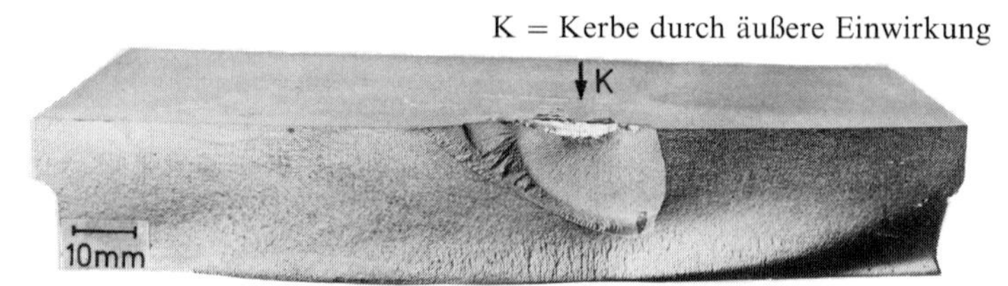

Bild 6–30: Ausbildung der Bruchfläche

Darüber hinaus waren durch Oberflächenrißprüfung zahlreiche Risse zu erkennen, die parallel zueinander verlaufen und vorwiegend an Querschnittsübergängen (seitlicher Absatz, Gewindebohrung) aufgetreten sind (Bild 6–31).

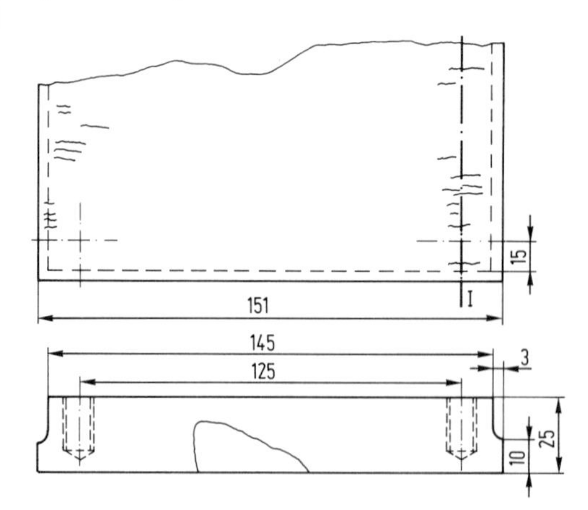

Bild 6–31: Anordnung der durch Oberflächenrißprüfung festgestellten Risse (Schemazeichnung)

Mikroskopische Untersuchung: Die Risse verlaufen senkrecht zur Oberfläche; die Tiefe beträgt etwa 0,4 mm (Bild 6–32). Der Rißverlauf, interkristallin auf den ehemaligen Austenitkorngrenzen, und die Ausbildung der Risse (spröder Trennbruch) zeigen, daß Härterisse vorliegen. Gefügeinhomogenitäten, wie z.B. Karbidanhäufungen, bewirken eine örtliche Spannungserhöhung und begünstigen die Rißbildung (Bild 6–33).

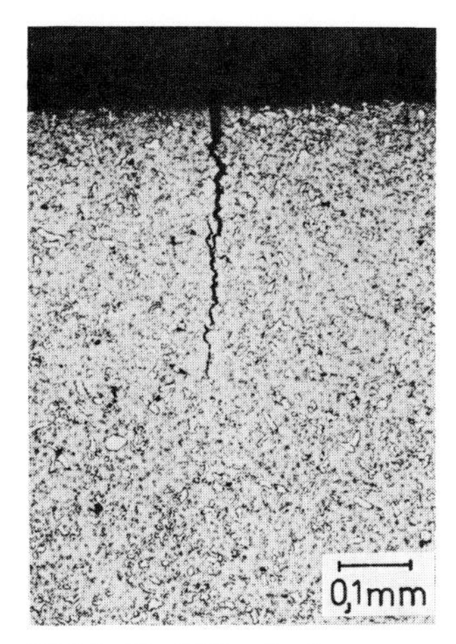

Bild 6–32: Rißverlauf

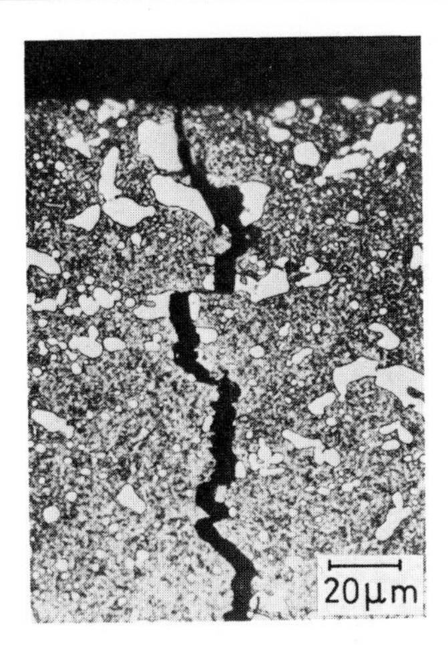

Bild 6–33: Beeinflussung des Rißverlaufes durch Kristallgitterspannungen

Folgerung: Das Abschrecken von einer Temperatur oberhalb Ac_3 führt zu erheblichen inneren Spannungen, die sich aus Umwandlungsspannungen (Austenit-/Martensitumwandlung), Schrumpfspannungen und Kristallgitterspannungen zusammensetzen. Zusätzlich treten an Querschnittsübergängen Formspannungen auf. Eine nachträgliche Bearbeitung, z. B. Schleifen, führt zu weiteren Wärmespannungen, die häufig eine Rißbildung zur Folge haben.

Härterisse treten manchmal erst nach Tagen oder Wochen auf. Durch Anlassen auf Temperaturen in dem Bereich von etwa 100 bis 150 °C werden die Spannungen erheblich vermindert. Dadurch nimmt die Härterißgefahr ab, wobei die Härte nur unwesentlich verringert wird.

Primäre Schadensursache: Beschädigung (Kerbe) durch äußere Einwirkung und Härterisse

Schaden: Rißbildung in einem Preßwerkzeug
Werkstoff: 40CrMnMo7 (W.-Nr. 1.2311), vergütet auf
$R_m = 1250 \pm 50$ N/mm²

Die Werkstoffuntersuchung bestätigte die chemische Zusammensetzung, die Festigkeit sowie eine einwandfreie Gefügeausbildung.

Mikroskopische Untersuchung: Bild 6–34 zeigt die Lage der Risse. Der in dem Querschnittsübergang auftretende Riß R_1 liegt nicht an der Stelle der maximalen Kerbspannungen, sondern um etwa 2,1 mm entfernt; interkristalliner Rißverlauf und die Bildung von Nebenrissen sind Merkmale eines Wärmespannungsrisses. Bei stärkerer Vergrößerung erkennt man, daß die

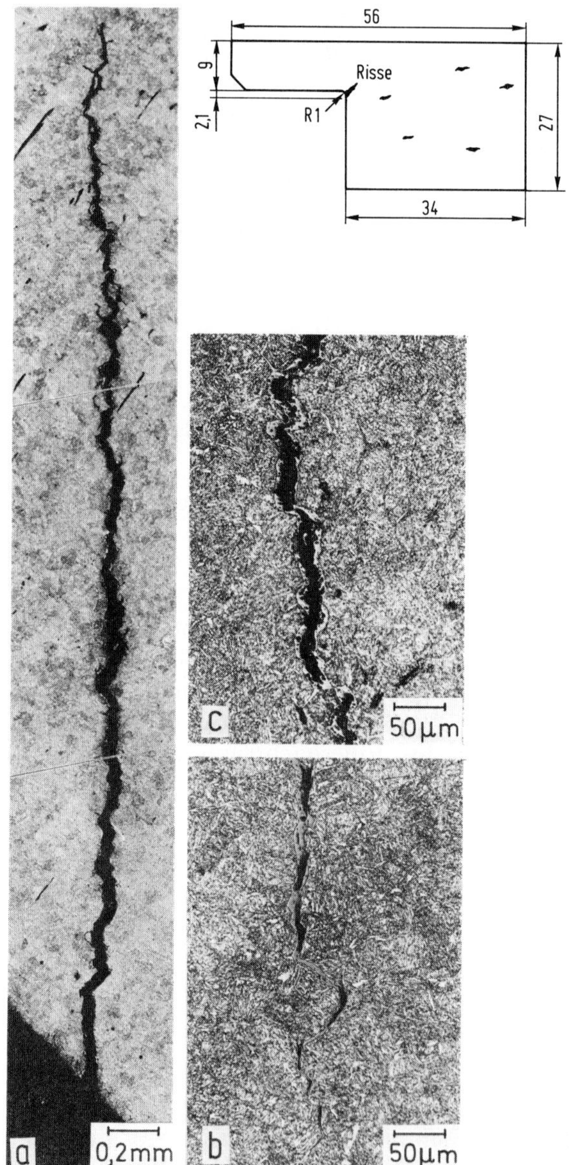

Bild 6–34: Lage der Risse und Rißverlauf (a, b, c)

Rißbildung bevorzugt an Stellen auftritt, die mit Sulfideinschlüssen angereichert sind (Bild 6–35); die Risse verlaufen vorwiegend entlang den ehemaligen Austenitkorngrenzen (Bild 6–36). Die übrigen Risse zeigen die gleichen Merkmale. Rißausbildung und Rißverlauf deuten darauf hin, daß der Werkstoff überhitzt gehärtet wurde.

Primäre Schadensursache: Härterisse

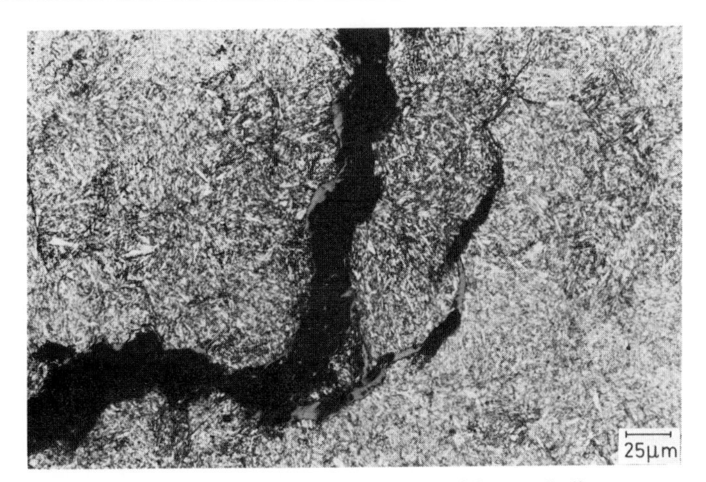

Bild 6–35: Rißbildung bevorzugt an mit Sulfideinschlüssen angereicherten Stellen

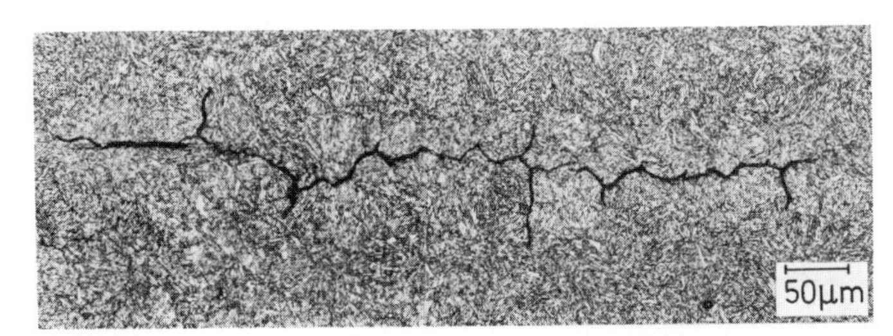

Bild 6–36: Rißverlauf bevorzugt entlang den ehemaligen Austenitkorngrenzen

Schaden: Bruch von Strangpreßwerkzeugen

Nach Umrüstung einer 20 MN-Strangpresse brach beim Verpressen einer Leichtmetallegierung der Steg einer Aussparung in der Matrize (Werkstoff: X40CrMoV51) sowie der Steg der darunterliegenden Auflagescheibe (Werkstoff: 56NiCrMoV7).

Makroskopische Untersuchung: Die Preßmatrize weist zwei Bruchflächen auf, die in Bild 6–37 mit B_1 und B_2 gekennzeichnet sind; außerdem liegen die Anrisse R_1 bis R_6 vor. Die Anrisse gehen vorwiegend von scharfkantigen Querschnittsübergängen aus.

In dem unteren Bereich der Bruchfläche B_1 liegen weitere Risse (R_7 bis R_9) vor, die nach Anwendung eines Oberflächenrißprüfmittels besonders deutlich zu erkennen sind (Bild 6–38).

Die Bruchfläche B_2 weist in der Nähe der Oberfläche über eine Breite von etwa 7 mm eine dunkle Zone auf, die in Richtung des Pfeiles zunehmend ausgeprägter ist (Bild 6–39).

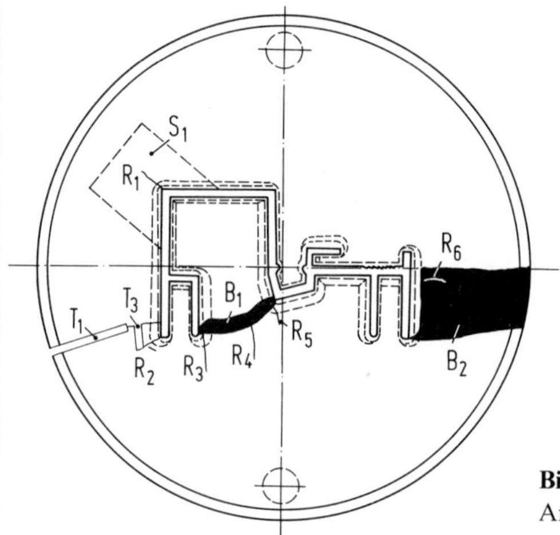

Bild 6–37: Lage der Bruchflächen und Anrisse in der Matrize

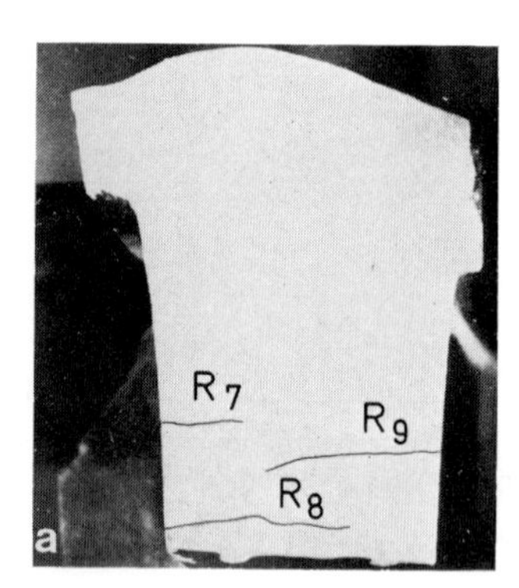

Bild 6–38: Ausbildung der Bruchfläche B_1 und Lage der weiteren Anrisse R_7, R_8, R_9
a: Nach Anwendung eines Oberflächenrißprüfmittels

Bild 6–39: Ausbildung der Bruchfläche B_2

Der Riß R_2 wurde aufgebrochen. Die Bruchfläche zeigt an der der Matrizenoberfläche zugekehrten Seite ebenfalls eine dunkle Zone (Bild 6–40).

Bild 6–40: Ausbildung einer Bruchfläche des aufgebrochenen Risses R_2

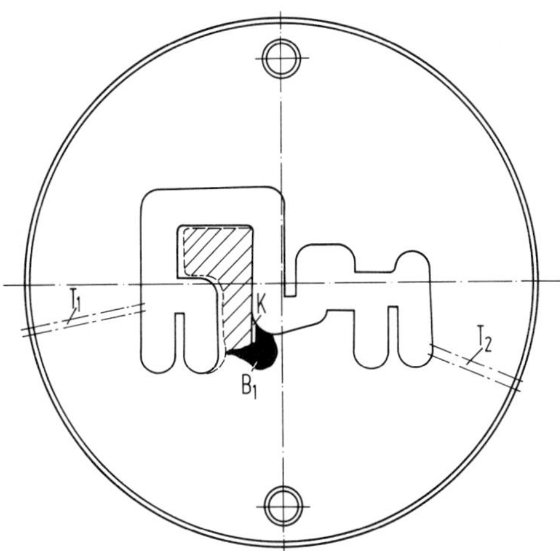

Bild 6–41: Lage der Bruchfläche B_1 in der Unterlagscheibe

Der Ausbildung entsprechend handelt es sich um einen Primäranriß, der von dem Querschnittsübergang ausgegangen ist.

Der Riß R_1 zeigt die gleiche makroskopische Ausbildung.

Die Unterlagscheibe weist an der Stelle B_1 einen Bruch auf (Bild 6–41), der von der scharfen Kerbe K (Bild 6–42), die durch einen Herstellungsfehler entstanden ist, ausgeht.

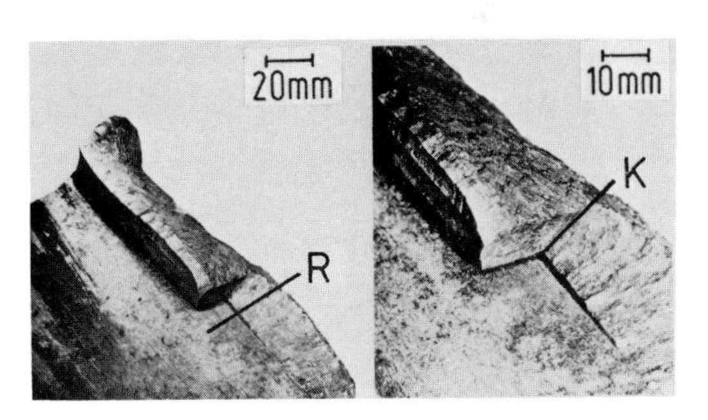

Bild 6–42: Ausbildung der Bruchfläche B_1 der Unterlagscheibe
R Bearbeitungsriefen
K scharfer Querschnittsübergang

Mikroskopische Untersuchung: Der Werkstoff weist ein normales Gefüge auf, wobei die Austenitkorngrenzen noch zu erkennen sind; diese bestimmen den Rißverlauf. Ein derartiger Rißverlauf ist charakteristisch für Härterisse.

Folgerung: Das Versagen der Werkstoffe ist auf Härterisse zurückzuführen, die bereits vor der Inbetriebnahme vorlagen. Härterisse sind gekennzeichnet dadurch, daß sie

- bevorzugt an scharfkantigen Querschnittsübergängen auftreten,
- eine verformungslose, feinkörnige Oberfläche aufweisen,
- bevorzugt interkristallin verlaufen und
- sich als Primäranrisse von der bei der Betriebsbeanspruchung auftretenden Sekundärbruchfläche infolge Dunkelfärbung deutlich abheben.

Der Bruch wurde begünstigt durch Fehler bei der Fertigung der Unterlagscheibe, wie

- Verminderung des tragenden Querschnittes durch Maßabweichung,
- Erhöhung der Kerbwirkung durch Unterschneidung,
- Maßabweichungen der Sitzfläche, die eine einwandfreie Auflage der Matrize nicht gewährleisteten.

Primäre Schadensursache: Härterisse

Schaden: Bruch eines Tellerstößels eines LKW-Motors

Makroskopische Untersuchung: Der Bruch trat ohne makroskopisch erkennbare plastische Verformung in dem geometrisch ungünstig ausgebildeten Querschnittsübergang Schaft/Teller auf (Bild 6–43). Der Bruchausgang liegt an der in Bild 6–43a durch Pfeil gekennzeichneten Stelle; die Ausbreitung erfolgte unter einem Winkel von etwa 75° bis 80° zur Stößelachse im Schaft.

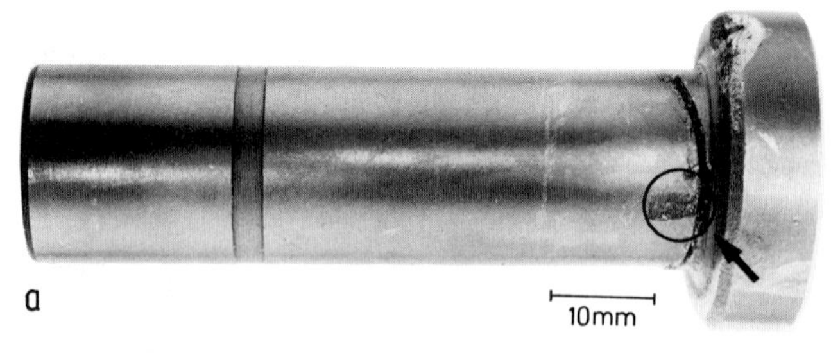

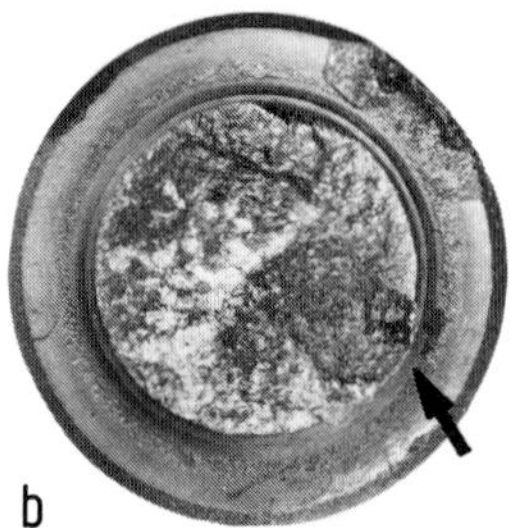

Bild 6–43: Lage des Bruches und Ausbildung der Bruchfläche des Stößeltellers
a) Bruchlage
b) Bruchfläche

Die Bruchfläche des Stößelschaftes ist zerklüftet, grobkörnig und metallisch silbrig-hell; größere Flächenbereiche weisen eine feinkörnige Bruchstruktur auf (Bild 6–43b). Am Tellerrand ist außerdem ein Ausbruch

Bild 6–44: Lage der Beschädigungen auf dem Stößelschaft und -teller

entstanden (Bild 6–43b, Pfeil), und auf dem Stößelumfang sind geringförmige plastische Verformungen sowie eine Delle zu erkennen (Bild 6–44a).

Die Mantelfläche ist beschädigt durch muschelförmig ausgebildete Ausbrüche, die sich gegenüberliegen und die ein mattdunkelgraues Aussehen haben (Bild 6–43, Pfeil und Bild 6–44). Verschleißerscheinungen liegen auf der Schaftoberfläche nicht vor.

Abmessungen und Toleranzen: Die Abmessungen stimmen mit den Sollwerten überein mit Ausnahme des Querschnittsüberganges, der wesentlich scharfkantiger ausgebildet ist.

Oberflächenhärte: Die Härte des Stößelschaftes entspricht der Forderung, dagegen ist die Härte auf dem Tellerumfang (50 HRC bis 57,5 HRC) und der Stirnfläche (54 HRC bis 57 HRC) erheblich größer als der angegebene Richtwert.

Härteverteilung in dem Längsschnitt: Bild 6–45 zeigt, daß in dem Bruchbereich ein starker Härteabfall und ein entsprechend steiler Härtegradient vorliegt.

Mikroskopische Untersuchung: Nach Bild 6–46 reicht das grobstrahlige Härtegefüge – die sogenannte Schrecktiefe – von der Bodenfläche des Stößeltellers bis in den Querschnittsübergang Stößelteller/Schaft, d. h. bis in die Bruchzone. In dieser Zone weist der Werkstoff außerdem eine

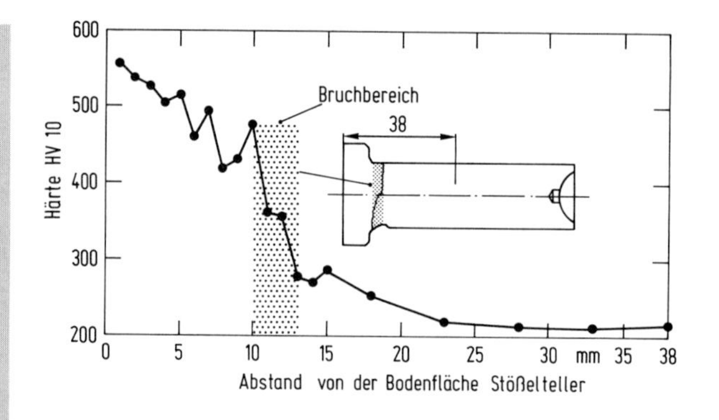

Bild 6–45: Härteverteilung über Stößellängsschnitt

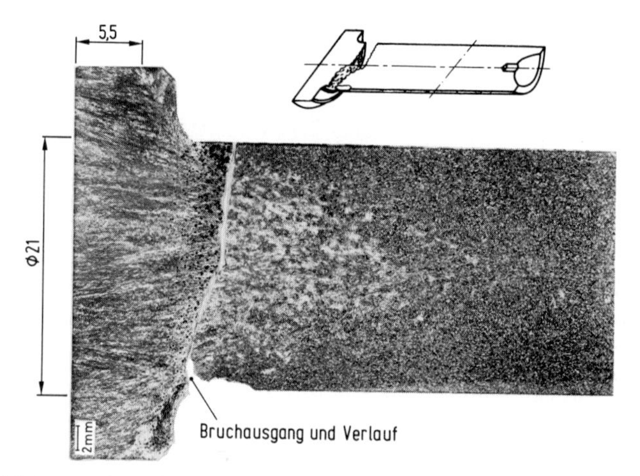

Bild 6–46: Makrostruktur des Gefüges im Bruchbereich Stößelteller/Schaft
Ätzung: 3%ige HNO_3

Ansammlung dunkler, punktförmig ausgebildeter Bereiche auf; ebenso auffällig sind die sich hell abzeichnenden Gefügebereiche oberhalb der Bruchfläche.

Bei stärkerer Vergrößerung erkennt man durch Vergleich von Bild 6–47 und Bild 6–48, daß im Querschnittsübergang Stößelteller/Schaft das gleiche Gefüge vorliegt wie im Stößeltellerboden, welches durch gezielte Abschreckung des Stößeltellerbodens angestrebt wird, um dort zwecks Erreichung einer harten und verschleißfesten Oberfläche eine rein weiße Erstarrung zu erzeugen. Neben dieser ungünstigen Gefügeausbildung in

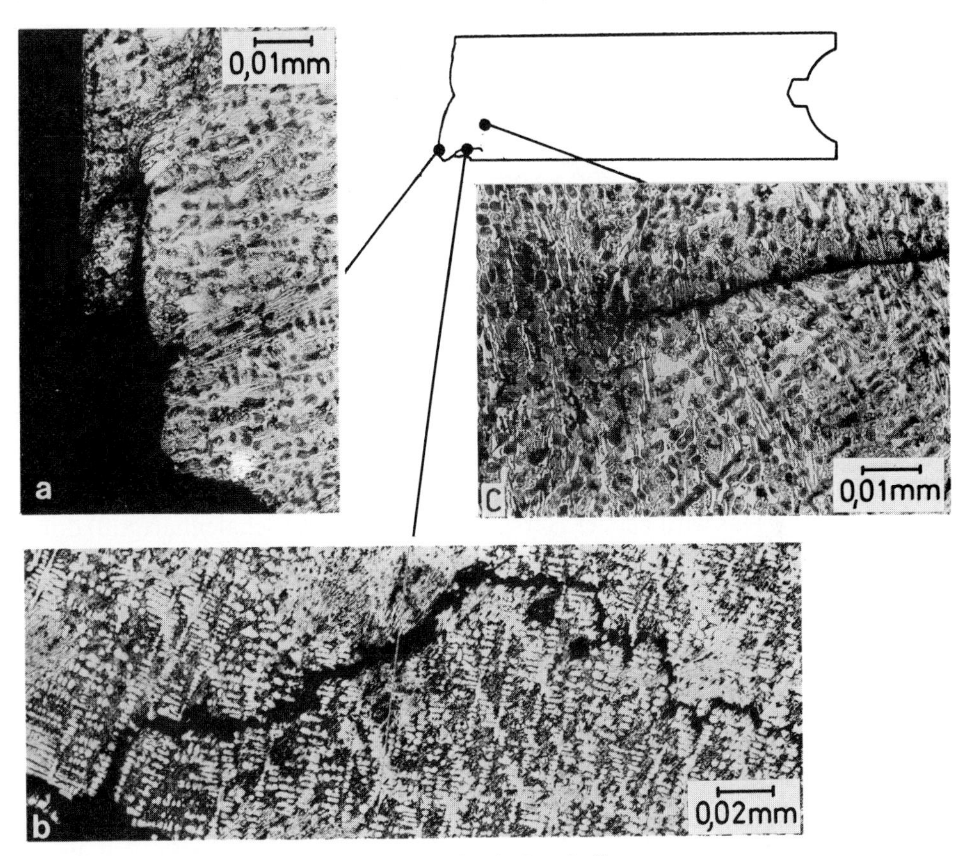

Bild 6–47: Gefügeausbildung des Stößelschaftes in Bruchnähe
a, b, c) Ausbildung der Mikrolunker und der Materialtrennungen

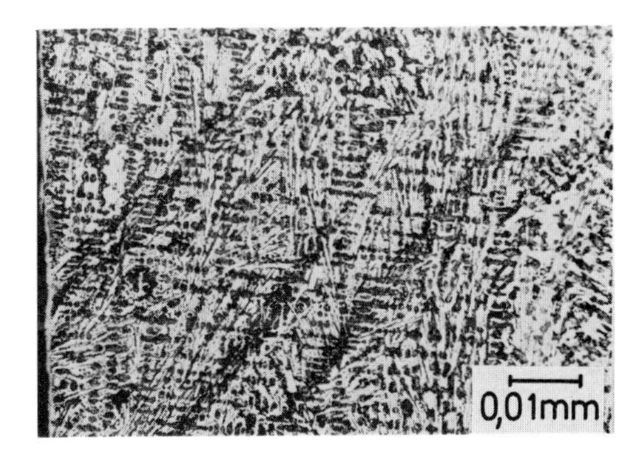

Bild 6–48: Gefügeausbildung im Stößelteller

der Bruchzone liegen noch Mikrolunker und Materialtrennungen vor (Bild 6–47 und 6–49).

Folgerung: Beansprucht wurde der Stößel im Betrieb durch den periodisch auftretenden Seiten- und Axialdruck des Nockenantriebes auf die

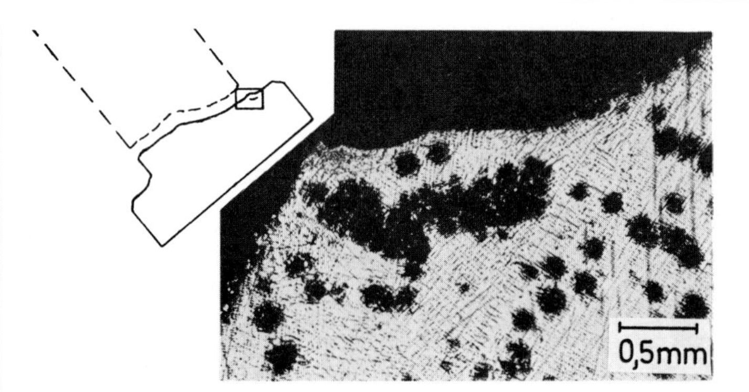

Bild 6–49: Mikrolunker oberhalb des Übergangsradius in Nähe Bruchausgang

Bodenfläche des Stößels; diese Fläche soll daher hart und verschleißfest sein. Das wird bei der Herstellung des Stößels (Schalenhartguß) durch eine gezielte Abschreckung des Stößeltellerbodens erreicht. Es bildet sich eine rein weiß erstarrte karbidische Schicht, die sogenannte Schreckschicht, die mit der Übergangsschicht – der melierten Zone – zum grau erstarrten (Sonder-) Gußeisen als Einstrahltiefe bezeichnet wird; diese sehr spröde Schreckschicht weist hohe Eigenspannungen auf. Die „Einstrahltiefe“ ist abhängig von den vorliegenden Legierungsbestandteilen.

Durch Überschreiten der zulässigen Einstrahltiefe von max. 5,5 mm (Herstellerangabe) auf ca. 10 mm (Bild 6–46) und der kaum vorhandenen melierten Zone reicht das weiß erstarrte grobstrahlige spröde Härtegefüge bis in den hochbeanspruchten Querschnittsübergang Stößelteller/Schaft (Bruchausgang). Dadurch bedingt ist der im Bruchbereich vorliegende steile Härtegradient (Bild 6–45). Außerordentlich bruchbegünstigend wirken sich zusätzlich die Materialtrennungen durch Mikrolunker (Bild 6–49) und Risse (Bild 6–47) aus sowie die nicht maßgerecht und ungünstig ausgeführten Radien in dem Querschnittsübergang. Anzeichen für eine unzulässig hohe Beanspruchung liegen nicht vor.

Primäre Schadensursache: Werkstoffehler und falsche Wärmebehandlung

6.3 Schweißverbindung

6.3.1 Allgemeine Betrachtung

Die Schweißtechnik hat in den letzten Jahrzehnten zunehmend an Bedeutung gewonnen. Nach einer zuverlässigen Schätzung werden im Jahre 1985 etwa 65% aller Verbindungen an Metallen durch Schweißen, 10% durch Löten, 10% durch Kleben und nur noch 15% durch übliche mechanische Verbindungen, wie z. B. Schrauben, Nieten, Klammern hergestellt. Die Entwicklung des Leichtbaus wäre ohne Schweißkonstruktion undenkbar.

Die Herstellung einer Schweißverbindung ist ein sehr komplexes Verfahren mit dem grundsätzlichen Nachteil, daß es in der Regel notwendig ist, eine lokale Erwärmung der zu verbindenden Teile bis in den schmelzflüssigen Bereich vorzunehmen. Wegen der relativ guten Wärmeableitung metallischer Werkstoffe erstarrt die Schmelze schnell. Dies führt einerseits zu sehr unterschiedlichen Gefügebereichen innerhalb der Schweißverbindung, andererseits durch die vorliegende Schrumpfbehinderung zu erheblichen Eigenspannungen. Außerdem können durch unsachgemäße Durchführung der Fertigung Fehlstellen entstehen, die nicht selten bereits durch die konstruktive Gestaltung bedingt sind. Derartige Fehler sind häufig die Ursache für auftretende Schäden, insbesondere dann, wenn ungünstige Beanspruchungsverhältnisse vorliegen.

Insgesamt betrachtet lassen sich die Ursachen für Schäden an Schweißverbindungen trotz der Vielfältigkeit in vier Gruppen zusammenfassen: Konstruktion, Werkstoff, Fertigung, Betrieb.

6.3.2 Schweißgerechte Konstruktion

Die konstruktive Gestaltung muß schweißgerecht erfolgen, z. B. hinsichtlich

- Art, Ausbildung und Lage der Werkstoffverbindungen, Kerben und sonstigen Unstetigkeiten
- Kraftflußverlauf
- Wanddicke, Wanddickenunterschiede und Kantenversatz
- Spannungsanhäufungen
- Wärmeableitungsbedingungen.

Da die Schweißnaht hinsichtlich der Festigkeit eine Schwachstelle sein kann, sollte sie nicht in einen Bereich hoher Beanspruchung gelegt werden. Außerdem soll die Anzahl der Schweißnähte möglichst klein gehalten werden. Anhäufungen von Schweißnähten und Nahtkreuzungen sind zu vermeiden.

Bei der Anordnung der Schweißnähte ist der Kraftfluß zu beachten. Die Übergänge sind so zu gestalten, daß ein möglichst günstiger Kraftflußverlauf gewährleistet ist. Besonders ungünstig ist ein Steifigkeitssprung beim plötzlichen Übergang vom offenen zum geschlossenen Profil (s. Bild 5–27 und 5–28).

Bei der Konstruktion ist zu beachten, wie sich die Schrumpfung auswirken wird. Durch Beachtung angepaßter Arbeits- und Schweißfolgen lassen sich Schweißverzug und Schweißspannungen verringern.

Die Schweißverbindung dünner Bleche weist überwiegend einen zweiachsigen Eigenspannungszustand in der Blechebene auf. Die Spannung in der dritten Richtung vergrößert sich mit zunehmender Blechdicke; dadurch erhöht sich die Sprödbruchgefahr. Mit zunehmender Blechdicke nimmt außerdem die Gefahr der Aufhärtung in den Übergangszonen je nach Schweißverfahren und Schweißbedingungen mehr oder minder stark zu.

Blechdickenunterschiede und Kantenversatz führen zu einer Störung des Kraftflußverlaufes und demnach zu Kerbspannungen. Für den Fall der Unvermeidbarkeit sind derartige Stoßstellen konstruktiv auszugleichen (Bild 6–50); Spannungsanhäufungen sind weitgehend zu vermeiden.

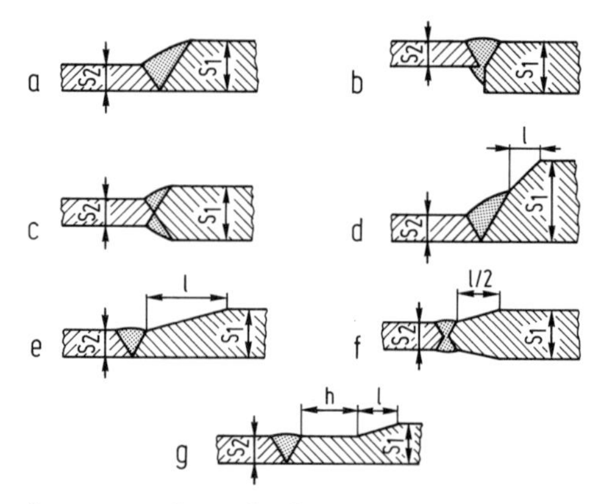

Bild 6–50: Ausbildungsformen von Stumpfstößen bei ungleichen Querschnitten [6]
a, b, c, d: statische; e, f, g: wechselnde Beanspruchung

Die konstruktive Ausbildung der zu verschweißenden Teile – Stoß- und Nahtart – bestimmt im wesentlichen die Wärmeableitungsbedingungen und damit die Gefügeausbildung und das Werkstoffverhalten in der Verbindung und Umgebung.

6.3.3 Schweißeignung von Stahl

6.3.3.1 Verbindungsschweißung von ferritischem Stahl

Die Schweißeignung eines Stahles ist vorhanden, wenn sich aufgrund seiner metallischen, chemischen und physikalischen Eigenschaften eine den Anforderungen entsprechende Schweißung herstellen läßt.

Der zu verschweißende Grundwerkstoff weist bestimmte Eigenschaften auf, nach denen er ausgewählt wurde, wie z. B. Streckgrenze, Kerbschlagarbeit,

Warmfestigkeit. Angestrebt wird, diese Eigenschaften auch nach dem Schweißen sowohl im Schweißgut als auch in der Wärmeeinflußzone zu erreichen. Dabei ist zu berücksichtigen, daß die Flanken der Schweißfuge durch Wärmezufuhr örtlich aufgeschmolzen werden und der Schweißzusatzwerkstoff flüssig zugefügt wird, wodurch eine gemeinsame Schmelze entsteht, die nach dem Erstarren die Grundwerkstoffe verbindet. Das Schweißgut ist demnach immer ein Erstarrungsgefüge, während die Wärmeeinflußzone infolge der schnellen Abkühlung ein Härtungsgefüge aufweist. Dadurch werden Eigenschaftsänderungen bewirkt, die insbesondere die Sprödbruch-, Alterungs- und Härtungsneigung beeinflussen.

Die Sprödbruchneigung wird durch die Kerbschlagarbeit gekennzeichnet, die vor allem von der Korngröße und der Reinheit des Stahles abhängt. Je feinkörniger ein Stahl ist und je weniger Beimengungen, wie Phosphor, Schwefel, Sauerstoff und Stickstoff, vorliegen, umso zäher ist er. Durch den Schweißprozeß findet jedoch in der Wärmeeinflußzone an der Stelle der höchsten Temperatur eine Kornvergrößerung statt, so daß hier die Kerbschlagarbeit verringert wird.

Alterungsanfällige Stähle verspröden in der Wärmeeinflußzone durch den Einfluß der Verformung und der Temperatur. Die durch Alterung hervorgerufene Versprödung führt vorwiegend zu Kaltrißbildung.

Je nach der Stahlzusammensetzung und der Abkühlgeschwindigkeit bildet sich ein Härtungsgefüge, dessen Härte und Sprödigkeit insbesondere durch den Kohlenstoffgehalt bestimmt wird. Weitere Legierungselemente, wie Mangan, Nickel, Chrom und Molybdän begünstigen das Entstehen des Härtungsgefüges, weil sie die dafür erforderliche Abkühlungsgeschwindigkeit herabsetzen. Die Schweißzusatzwerkstoffe sollen so abgestimmt werden, daß sie trotz der ungünstigen Gefügeausbildung im Schweißgut annähernd die Eigenschaften des Grundwerkstoffes ergeben [7].

Die Sprödbruchgefahr erhöht sich bei fallender Temperatur, steigender Belastungsgeschwindigkeit, zunehmender mehrachsiger Beanspruchung und zunehmender Blechdicke. Der Werkstoff muß die Eigenschaft aufweisen, die durch den Schweißvorgang entstandenen Eigenschaftsänderungen und Spannungen ohne Schaden zu ertragen.

Werkstoffehler, wie z. B. Lunker, Poren, Einschlüsse, Seigerungen, Dopplungen, sollten weitgehend vermieden werden, weil durch diese die Tragfähigkeit der Schweißverbindung vermindert wird. Werden z. B. Seigerungszonen beim Schweißen aufgeschmolzen, so entstehen infolge der Anreicherung an Schwefel, Phosphor, Stickstoff und Kohlenstoff Entmischungsvorgänge, die zu Rotbruch, Kaltbruch, Alterung und örtlicher Aufhärtung führen können. Vor allem können bei unberuhigt vergossenen Stählen Schwefel- und Phosphorseigerungen zu Porenbildung und Warmrissigkeit führen.

Stark zeilenförmig angeordnete Sulfideinschlüsse, wie sie in Walzerzeugnissen vorliegen können, führen zu Terrassenbrüchen, wenn die Beanspruchung quer zur Walzrichtung erfolgt (Bild 6–51).

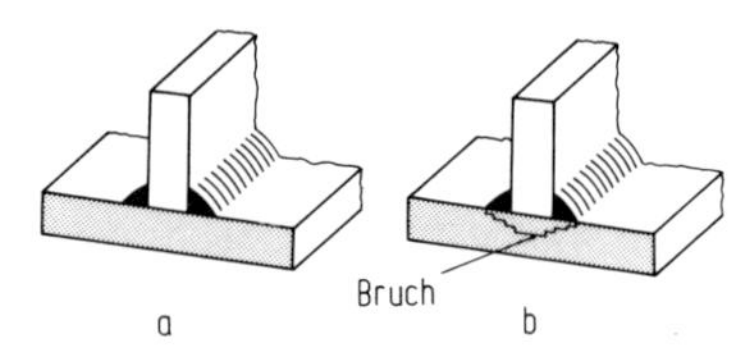

Bild 6–51: Terrassenbruchbildung (schematisch) [8]
a) vor der Beanspruchung; b) nach der Beanspruchung

Die Beurteilung der Schweißeignung des Werkstoffes hängt demnach ab von der

- chemischen Zusammensetzung
- metallurgischen Reinheit
- Gefügeausbildung
- Sprödbruchempfindlichkeit.

Unlegierte Baustähle mit hohem sowie legierte Baustähle mit mittlerem C-Gehalt neigen zur Aufhärtung und damit zur Rißbildung. Die in DIN 17 100 enthaltenen schweißbaren Baustähle weisen demnach einen maximalen C-Gehalt von 0,22 % auf; dadurch ist die obere Grenze der Festigkeit begrenzt. Daher wurden Sonderbaustähle, sog. Feinkornbaustähle, entwickelt, die trotz niedrigem C-Gehalt hohe Werte für Streckgrenze und Zugfestigkeit bei ausreichender Verformungsfähigkeit aufweisen. Dies wurde durch Zulegieren von Elementen erzielt, die die Abschreckhärtung weniger fördern als Kohlenstoff; hierzu gehören Mn, Mo, Ni, Ti und Nb.

Man unterscheidet bei den Werkstoffen zwischen

- gut schweißbar: Schweißen kleiner Blechdicken ($s \leqq 25$ mm) ohne Vorwärmen möglich
- schweißbar: Vorwärmen erforderlich
- bedingt schweißbar: besondere Maßnahmen erforderlich.

6.3.3.2 Verbindungsschweißung von ferritischem und austenitischem Stahl

Bei unlegierten Stählen unterscheidet man zwei Gruppen von Legierungselementen: Cr, Al, Ti, Si, V und Mo bewirken ein abgeschlossenes γ-Feld und führen zu ferritischem Gefüge; Ni, Co und Mn öffnen das γ-Feld und führen zu austenitischem Gefüge. Das γ-Feld weist eine größere Kohlenstofflöslichkeit auf als das α-Feld. Demzufolge tritt bei einer Temperatureinwirkung von $> 400\,°C$ eine Diffusion des Kohlenstoffes vom ferritischen Stahl in Richtung des austenitischen Schweißgutes auf. Dadurch entsteht in dem Diffusionsbereich eine heterogene Gefügeausbildung. Der Vorgang wird begünstigt durch die höhere Beweglichkeit der Kohlenstoffatome im ferritischen Stahl und der höheren Löslichkeit für diese im austenitischen Gefüge. Die Aufkohlung des austenitischen Werkstoffes führt zu einer erheblichen Härtesteigerung.

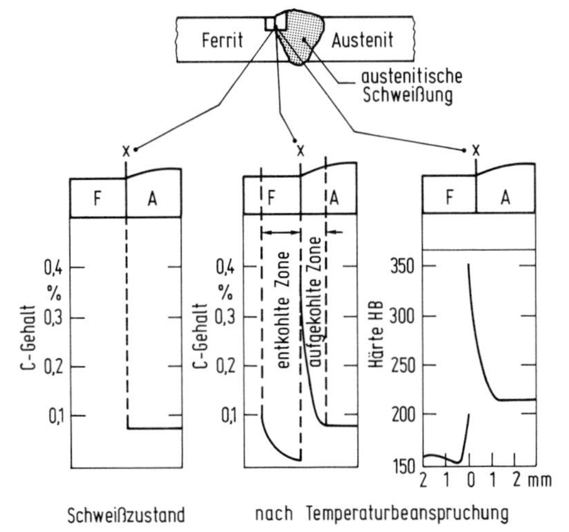

Bild 6–52: Vorgänge in der Übergangszone der Schweißverbindungen Austenit-Ferrit (schematisch) [9, 10]

Im ferritischen Werkstoff entsteht mit zunehmender Entkohlung ein grobkörniges, stengeliges Gefüge, gekennzeichnet durch eine Verminderung der Härte (Bild 6–52) und folglich der Festigkeit und der Kerbschlagarbeit.

Außerdem führen die unterschiedliche Ausdehnung und thermische Leitfähigkeit zu erheblichen Restspannungen.

Bei der Verschweißung von austenitischen Werkstoffen ist außerdem darauf zu achten, daß bei ca. 500 °C eine Versprödung eintritt, die auf Ausscheidungen von Karbiden und intermediären Phasen zurückzuführen ist. Aufgrund ihres unterschiedlichen Potentials begünstigen diese Ausscheidungen die interkristalline Spannungsrißkorrosion.

Zur Verminderung der Kohlenstoffdiffusion wird empfohlen,

- die Betriebstemperatur < 400 °C vorzusehen
- Chromstähle mit möglichst hohem Kohlenstoffgehalt einzusetzen
- einen Schweißzusatzwerkstoff mit hohem Nickelgehalt zu verwenden; Nickel vermindert die Kohlenstoffdiffusion
- den Grundwerkstoff mit Karbidbildnern (Ti, Ta, Nb, V, Cr) zu stabilisieren.

Bei einer Verbindungsschweißung austenitischer Werkstoffe ist allgemein zu beachten, daß

- eine thermische Nachbehandlung bei einer Temperatur > 1000 °C zweckmäßig ist,
- wegen der hohen Ausdehnungen die Konstruktion einen ausreichenden Ausdehnungsspielraum hat,
- die wärmebeeinflußte Zone so klein wie möglich sein soll und
- eine Anhäufung von Schweißnähten vermieden wird.

6.3.4 Gefügeausbildung

Die unterschiedlichen Abkühlungsgeschwindigkeiten führen zu einer unterschiedlichen Gefügeausbildung in dem wärmebeeinflußten Bereich (Bild 6–53). Die Art des entstehenden Gefüges ist bei Stahl wesentlich abhängig von der Abkühlgeschwindigkeit (Bild 6–54).

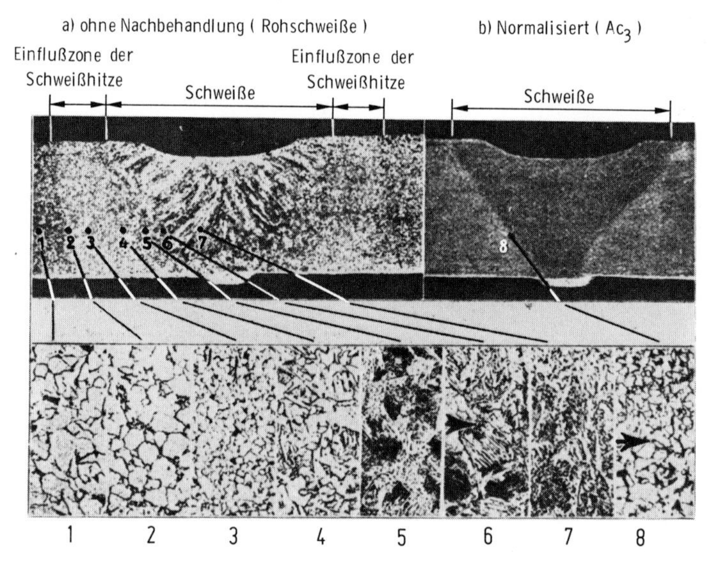

Bild 6–53: Gefügeausbildung einer Lichtbogenschweißung mit Mantelelektrode (1 Lage) [11] (Pfeile: Übergang Schweiße/Blech)

1) Gefüge des Mutterwerkstoffes, von Schweißhitze unbeeinflußt; Ferrit-Perlit.
2) Beginnende Auflösung des Perlits durch Schweißhitze [Temperatur unterhalb Ac_3].
3) Umgekörntes, verfeinertes Gefüge (Ac_3).
4) Beginnende Kornvergröberung [Temperatur oberhalb Ac_3].
5) Überhitztes, grobes Korn (Nähe Übergang Schweiße).
6) Übergang von Mutterwerkstoff (unten) zur Schweiße (oben): (Überhitzung-Widmannstätten).
7) Schweiße; strahliges Gefüge (Widmannstätten).
8) Übergang Mutterwerkstoff (unten) zur Schweiße (oben); normalisiert. [Ätzung: 3%ige alkoholische Salpetersäure.]

Bei Stählen tritt im Bereich der Schmelzgrenze Martensit auf, der zu Härtespitzen führt, die umso ausgeprägter sind, je höher der Kohlenstoffgehalt ist (Bild 6–55). Mit zunehmendem Kohlenstoffgehalt wird dieser Bereich spröder und dadurch rißanfälliger.

Durch eine geeignete Wärmebehandlung können die durch das Schweißen entstandenen Eigenschaftsänderungen weitgehend aufgehoben werden, wie z. B. Änderung der Gefügeausbildung, Beseitigung der Restspannungen. Folgende Wärmebehandlungsverfahren werden häufig verwendet:

- Vorwärmen: Verminderung der Abkühlgeschwindigkeit und der Spannungsspitzen. Die Vorwärmtemperaturen liegen in dem Bereich von 150 °C und 300 °C.

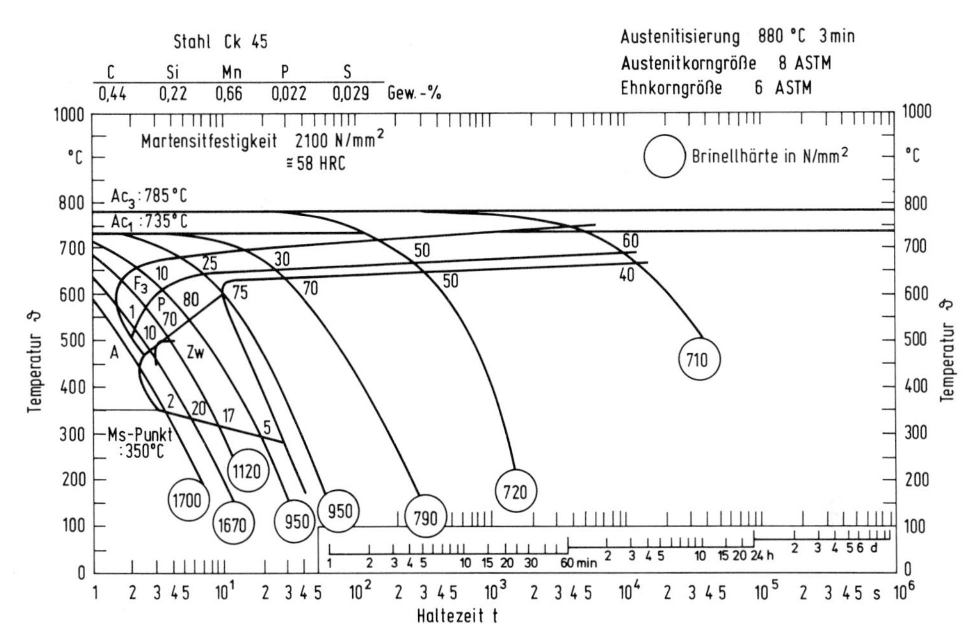

Bild 6–54: Zeit-Temperatur-Umwandlungs-Diagramm (ZTU-Diagramm) des Stahls Ck 45 [12]
Ms-Punkt Martensitpunkt
A Bereich des Austenits
Ac_1 unterer Umwandlungspunkt bei der Erwärmung (Aufheizung, c chauffage)
Ac_3 oberer Umwandlungspunkt bei der Erwärmung (Aufheizung, c chauffage)
Zw Bereich des Zwischenstufengefüges
P Bereich des Perlit
F Bereich des Ferrits
HRC Einheiten der Rockwell-Härte C
Die Zahlen an den Kurven bedeuten Gefügeanteile in %. Die Zahlen an den Enden der Kurven bedeuten die Brinellhärte entsprechend der Abkühlungsgeschwindigkeit.

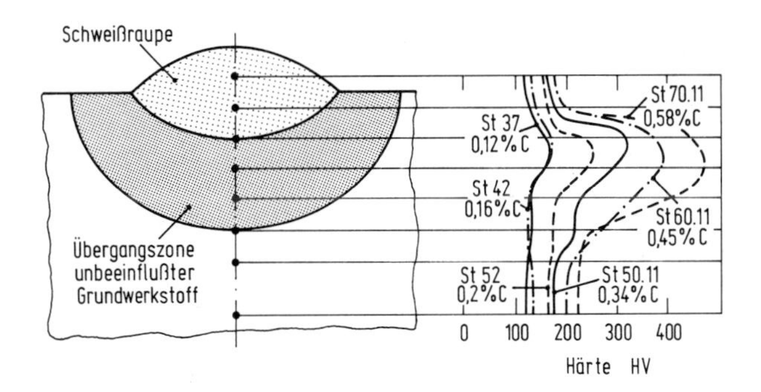

Bild 6–55: Härteverlauf über dem Querschnitt einer Auftragsschweißung verschiedener Kohlenstoffstähle [13]

- Spannungsarmglühen: Verminderung der Schweißspannungen und der Restspannungen, die z. B. beim Walzen und Kaltverformen entstanden sind. Die niedrigste Temperatur liegt etwa bei 350 °C; damit keine Verminderung der Streckgrenze und Zugfestigkeit durch Gefügeumwandlung entsteht, sollen 650 °C nicht überschritten werden.
- Örtliches Glühen: Dieses Verfahren wird eingesetzt, wenn es nicht zweckmäßig oder nicht möglich ist, das ganze Werkstück zu glühen. Hierbei ist zu berücksichtigen, daß jedes örtliche Erwärmen in seiner Wirkung einer Schweißung gleichkommt; demnach können auch Restspannungen entstehen. Die örtliche Erwärmung zum Vermindern der Schweißspannungen ist demnach umso wirksamer, je ausgedehnter der erwärmte Bereich ist.
- Glühen von Teilstücken: Manchmal ist es zweckmäßig, einzelne Baugruppen, in denen Spannungsspitzen auftreten, vorzufertigen und abschließend eine Spannungsarmglühung durchzuführen. Die für den Zusammenbau notwendigen Montageschweißverbindungen können dann konstruktiv so eingebaut werden, daß diese keine Unsicherheit bilden.

6.3.5 Schweißsicherheit

Die Sicherheit einer Schweißverbindung ist dann gewährleistet, wenn die konstruktive Gestaltung (Nahtanordnung und -ausbildung, Kraftfluß, Kerbwirkung, Steifigkeit), das Werkstoffverhalten (Schweißbarkeit, Werkstoffzustand, Sprödbruch- bzw. Terrassenbruchanfälligkeit) und die Fertigung (fehlerfreie Schweißverbindung, thermische Nachbehandlung) den Betriebsbeanspruchungen entspricht, wobei Einflüsse wie mehrachsiger Spannungszustand, Temperatur, Beanspruchungsgeschwindigkeit, Atmosphäre mit berücksichtigt werden müssen.

6.3.6 Rißbildung im Schweißnahtbereich

6.3.6.1 Rißbildung

Die Rißbildung kann sowohl durch Fertigungsfehler als auch durch die Betriebsbeanspruchung verursacht werden. In fast allen Fällen sind mehrere Faktoren für die Rißbildung maßgebend. Die Risse können in allen Bereichen der Schweißverbindung auftreten.

Hohe Abkühlungsgeschwindigkeiten führen fast immer zu Kristallseigerung, in ungünstigen Fällen auch zu Rißbildung im Schweißgut, an der Schmelzgrenze oder in der wärmebeeinflußten Zone. Derartige Risse werden als Warmrisse bzw. Kaltrisse bezeichnet.

Warmrisse entstehen während des Erstarrungsvorganges kurz vor der Erstarrung. Die primär erstarrten Kristalle sind mit einem dünnen Film Restschmelze umgeben, der durch die beim Abkühlen der Schweißnaht entstehenden Schrumpfkräfte verformungslos interkristallin getrennt wird. Die Warmrißbildung ist abhängig von

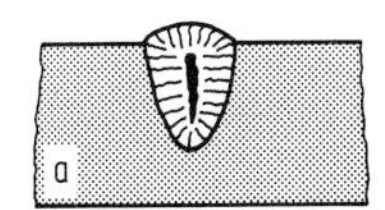

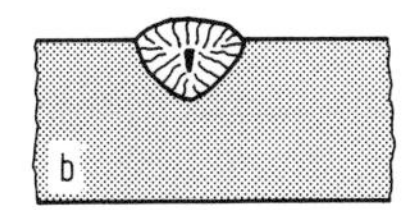

Bild 6–56: Primärkristallisation unterschiedlich geformter Schmelzbäder (schematisch)
a) schmales tiefes Schmelzbad; b) breites flaches Schmelzbad

- der Ausbildung des Schmelzbades (Bild 6–56),
- der zugeführten Wärme,
- dem Erstarrungsintervall.

Kaltrisse entstehen meistens durch die Einwirkung mehrerer Ursachen. Die wichtigsten sind

- Aufhärtung in der Wärmeeinflußzone von Stählen,
- hohe Eigenspannungen,
- Versprödung durch Wasserstoff.

Die bei jedem Schmelzschweißprozeß entstehenden Eigenspannungen, die mit zunehmender Werkstückdicke größer werden, begünstigen die Sprödbruchneigung und damit die Gefahr des Versagens selbst bei unerwartet niedriger Spannung. Daher ist eine Voraussetzung für die Fertigung einer Schweißverbindung mit hoher Dauerhaltbarkeit

- sorgfältige Abstimmung von Grund- und Zusatzwerkstoff und
- Spannungsarmglühen.

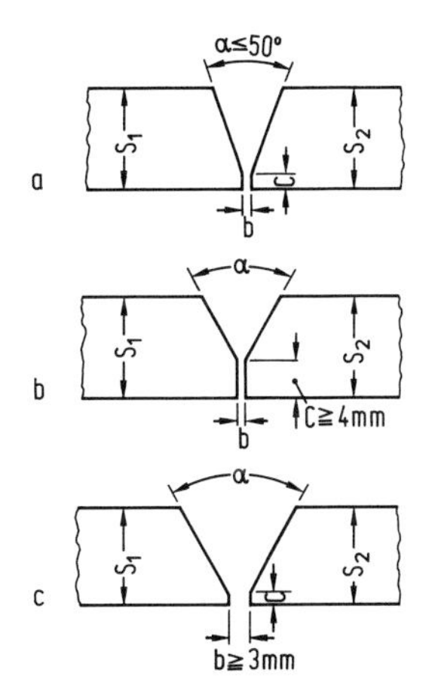

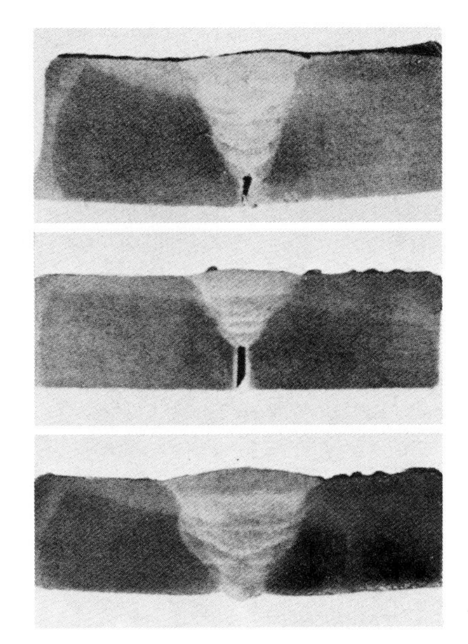

Bild 6–57: Schweißfehler [12]
a) Zu geringer Abschrägwinkel
b) zu hoher Steg
c) zu großer Luftspalt

Die Wärmebehandlung ist von besonderer Bedeutung, weil dadurch die Eigenspannungen vermindert werden, die in der Schweißverbindung in der Regel den Wert der Streckgrenze erreichen.

6.3.6.2 Fehlerursachen

Eine Übersicht über mögliche Fehlerursachen, die konstruktions-, werkstoff- und fertigungsbedingt sind, enthält Tabelle 6–5; außerdem sind einige durch derartige Fehler bedingte Rißarten angegeben und teilweise in den Bildern 6–57 bis 6–67 als Makroschliff gezeigt. In [14] werden eingehende Hinweise über Werkstoffe, Schweißverfahren, Entstehung, Vermeidung und Ausbildung derartiger Fehler gegeben.

Tabelle 6–5: Fehlerarten bei Schweißverbindungen und fertigungsbedingte Rißarten

Konstruktion	Zu geringe Abschrägungswinkel. (6-57a) Falscher Luftspalt - zu groß(Bild 6-57c)- zu klein (Bild 6-58) Zu hoher Steg, (Bild 6-57b) Nicht angepaßte Stoßstellen bei Stoßstellen unterschiedlicher Dicke Versetzte Stoßstellen,(Bild 6-59) Zu große Öffnungswinkel
Werkstoff	Verunreinigungen, (Bild 6-63) Doppelungen Seigerungen Lunker, Poren, Einschlüsse, (Bild 6-64) Alterungsanfälligkeit Zu hoher Cu-Gehalt > 0,3% Schlackeneinschlüsse (Anhäufungen, zeilenförmig)
Fertigung	Bindefehler - Flanken(Bild 6-60)-Wurzel Übergelaufene Decklage,(Bild 6-61) Wurzeldurchtropfungen Weggeschmolzene Blechränder, (Bild 6-62) Ungenügend angefüllte Schweißnaht Durchgefallene Naht Stark überwölbte Kehlnaht Ungleiche Schenkellänge von Stirnkehlnähten Übermaßiges Schweißgut (Kerbwirkung) Endkrater Hohle Wurzel - Schlackenzeilen Poren - Gasporen - Porennester - Porengang - Oberflächenporen Zündstellen Einbrandkerben, (Bild 6-67) Ungenügendes Durchschweißen Verbrannte Schweißnaht Unbefriedigendes Aussehen - Unregelmäßige Schuppen - Fehlerhafte Raupenübergänge - Spritzer - Pockennarben
Risse	- Warmriß, (Bild 6-65) - Kaltriß, (Bild 6-66) - Längsriß - Querriß - Heftstellenriß - Kraterriß - Korngrenzenriß

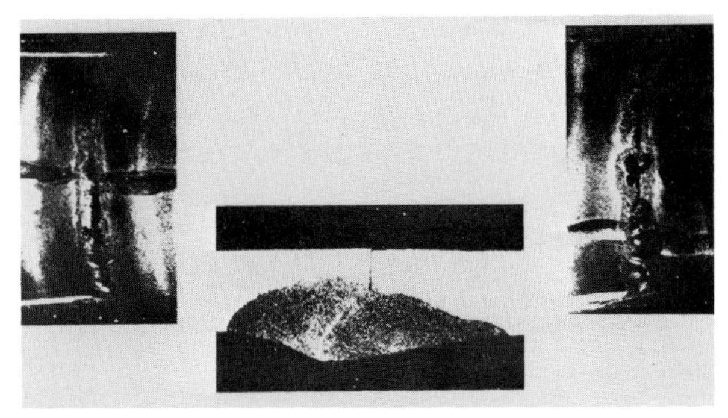

Bild 6–58: Schweißfehler; zu kleiner Luftspalt [12]

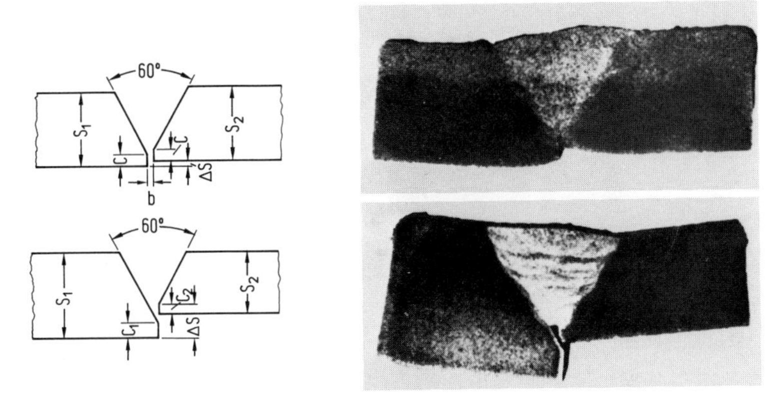

Bild 6–59: Schweißfehler; versetzte Kanten [12]

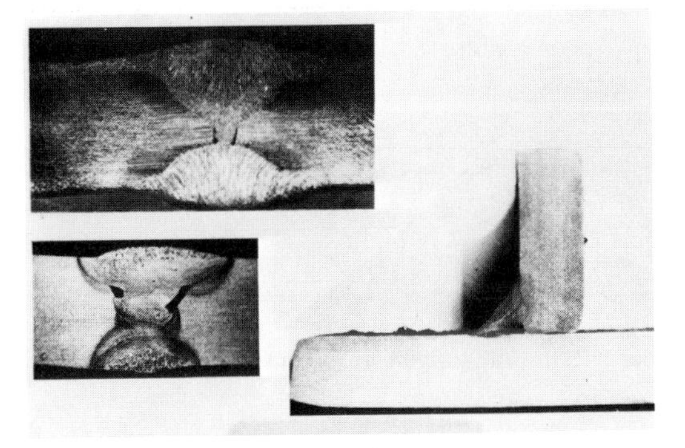

Bild 6–60: Schweißfehler; Flankenbindefehler [12]

Bild 6–61: Schweißfehler; überlaufende Decklage [12]

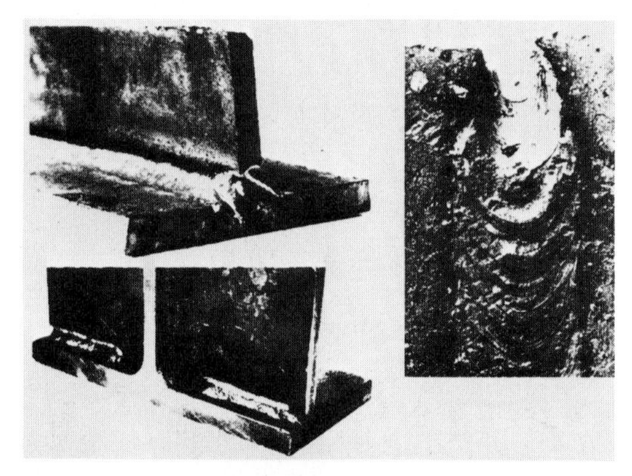

Bild 6–62: Schweißfehler; weggeschmolzene Blechränder [12]

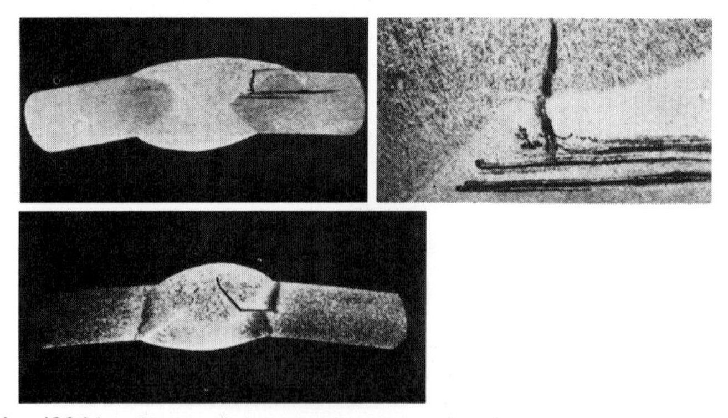

Bild 6–63: Schweißfehler; Verunreinigungen im Werkstoff [12]

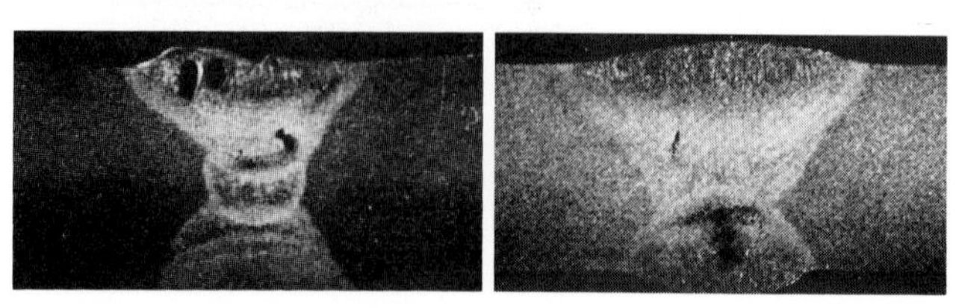

Bild 6–64: Schweißfehler; Gasporen [12]

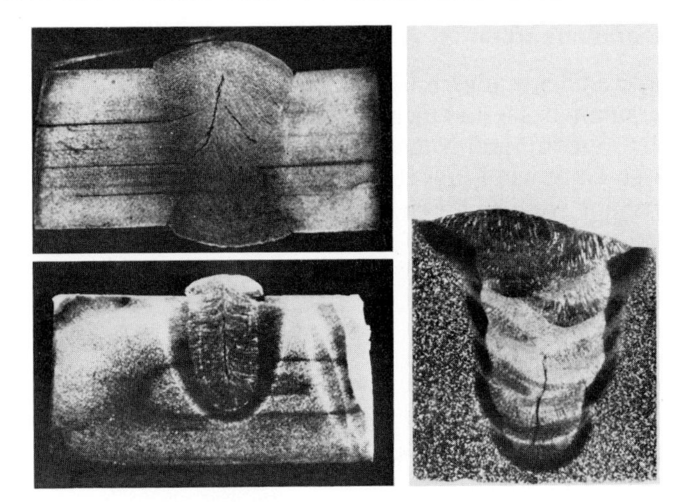

Bild 6–65: Schweißfehler; Warmriß [12]

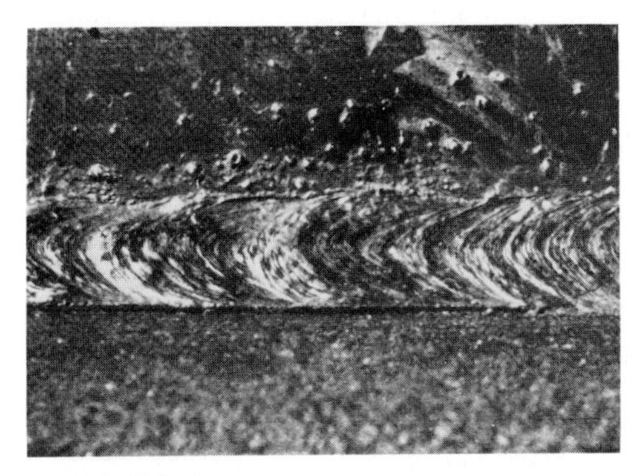

Bild 6–66: Schweißfehler; Kaltriß [12]

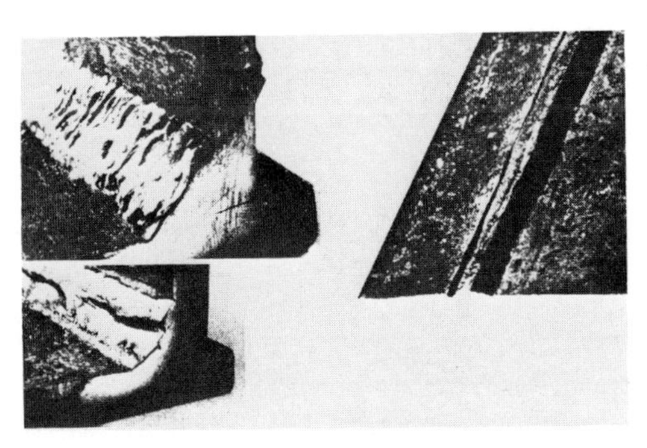

Bild 6–67: Schweißfehler; Einbrandkerben [12]

6.3.6.3 Fehlererkennbarkeit (s. Abschn. 2.3)

Oberflächenrisse an Schweißverbindungen sind meistens durch makroskopische Betrachtung erkennbar. Ist dies nicht möglich, so kann das Farbeindringverfahren angewendet werden. Zum Nachweis von an oder dicht unter der Oberfläche liegenden Rissen kann das Magnetpulverprüfverfahren eingesetzt werden. Die Fehler in der Naht werden durch zerstörungsfreie Prüfverfahren festgestellt. Hierzu gehören in erster Linie die röntgenographische Grobstruktur- und die Ultraschallprüfung.

6.3.7 Schadensbeispiele

Schaden: Schweißnahtrisse an Flügelrädern eines Axialgebläses

Die Flügelräder (∅ = 710 mm) sind als Schweißkonstruktion hergestellt und wurden anschließend verzinkt; die Betriebstemperatur betrug $< 0\,°C$.

Makroskopische Untersuchung: Die konstruktive Ausbildung zeigt Bild 6–68. Die Anrisse gehen ausschließlich von den Schweißnähten aus, entweder an den Vorderkanten der Flügel oder in den Übergängen Schweißnaht/Blech (Bild 6–69). Die Schweißnähte weisen an den Ausläufen Poren und Kanten auf, außerdem insbesondere an den Vorderkanten nichtverschweißte Spalten. Die Bruchflächen zeigen die Merkmale eines Dauerbruches.

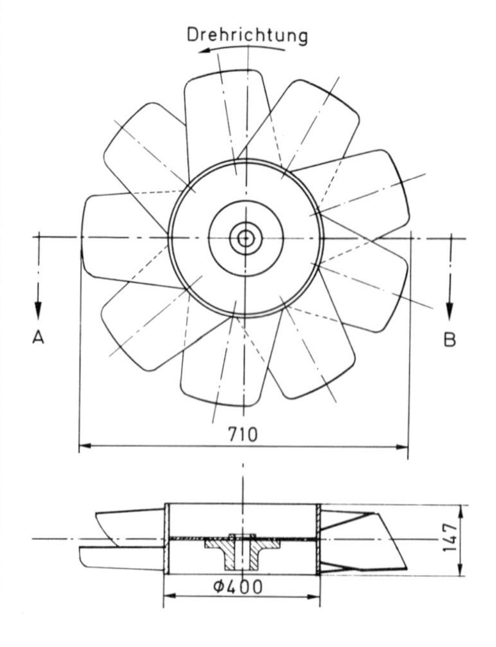

Bild 6–68: Konstruktuve Ausbildung der Flügelräder

Bild 6–69: Lage der Risse

Mikroskopische Untersuchung: Eine Übersicht über die mikroskopische Ausbildung einer Schweißnaht vermittelt Bild 6–70. Demnach wurde keine nachträgliche Wärmebehandlung vorgenommen. Daraus resultiert der Anstieg der Härte von 150 HV 0,1 auf 225 HV 0,1 in den Übergangszonen.

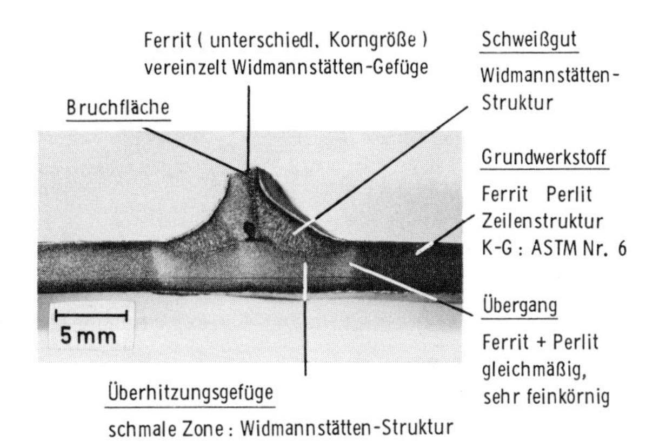

Bild 6–70: Ausbildung der Schweißverbindung

Werkstoff: Der Werkstoff ist alterungsanfällig. Gegenüber dem Anlieferungszustand steigt durch Reckalterung die Streckgrenze um 45%; die Bruchdehnung vermindert sich um 22%. Demnach tritt eine beachtliche Versprödung auf.

Primäre Schadensursache: Ungeeignete Schweißverbindung

Abhilfe: Verwendung eines alterungsbeständigen Stahls, sorgfältiges Verschweißen, evtl. Nachbearbeitung, Spannungsarmglühen der Schweißnähte

Schaden: Risse an den Schweißverbindungen von Doppelschaufelrädern

Die Doppelschaufelräder (∅ 820 mm) sind als Schweißkonstruktion hergestellt (Bild 6–71). Nach verhältnismäßig kurzer Zeit traten Risse in den Schweißverbindungen auf.

Bild 6–71: Konstruktive Ausführung der Schaufelräder und Lage einiger Risse

Makroskopische Untersuchung: Die Lüfterräder sind derart hergestellt, daß die Schaufeln auf einer Seite durch drei Heftstellen mit den Lüfterscheiben justiert und dann auf der gegenüberliegenden Seite durch eine durchgehende Schweißnaht mit den Scheiben verbunden wurden.

Die tragende Grundscheibe ist mittels Schrauben mit dem Flansch der Nabe verbunden, außerdem durch drei Schweißheftstellen, die je 45 mm lang und gegenseitig um 120° versetzt sind. Diese Schweißnähte weisen sämtlich Risse auf (Bild 6–72).

Bild 6–72: Schweißnaht mit Rißbildung

Alle Schweißnähte sind sehr unregelmäßig ausgeführt; sie weisen ausnahmslos Fehler auf, wie Einbrandkerben, ungünstige Durchschweißung, ungleichmäßige Ansatzstellen, Poren (Bild 6–73).

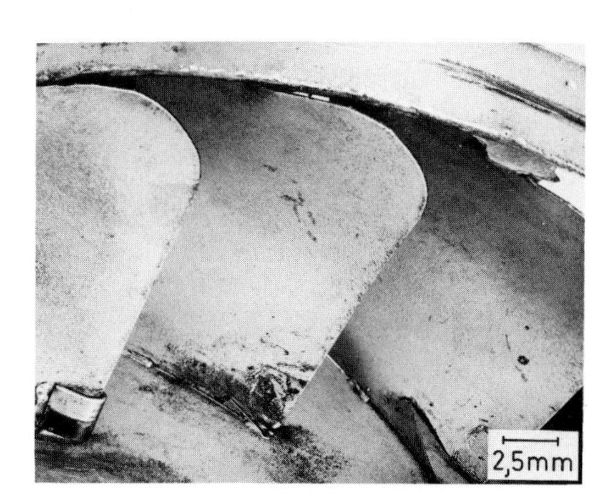

Bild 6–73: Ungleichmäßig ausgeführte Schweißnähte mit Rißbildung

Mikroskopische Untersuchung: Die Gefügeausbildung in den Schweißverbindungen läßt erkennen, daß keine nachträgliche ausreichende Glühbehandlung erfolgt ist: stengeliges Gefüge in der Schweißnaht, grobkörniges Gefüge in den Übergangszonen. Außerdem liegen stellenweise Bindefehler vor bzw. ungenügendes Durchschweißen (Bild 6–74).

Der Werkstoff ist alterungsanfällig. Durch Reckalterung erhöht sich das Streckgrenzenverhältnis R_e/R_m auf den Wert 1.

Folgerung: Die ungünstige konstruktive Anordnung der Schweißverbindungen – auf der einen Seite Heftstellen und auf der anderen Seite Verbindungsschweiße – führt zu hohen Eigenspannungen und an den Kerbstellen zu hohen Kerbspannungen. Dadurch wird ebenso wie durch die fehler-

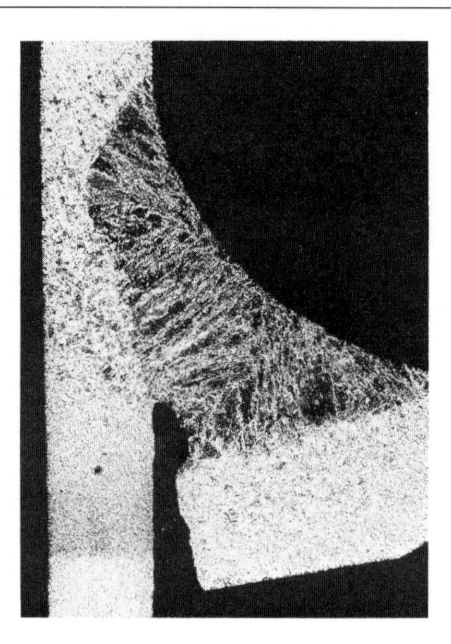

Bild 6–74: Schweißnaht mit ungenügender Durchschweißung

hafte Ausführung der Schweißnähte und durch die Alterungsanfälligkeit des Werkstoffes die Schwingfestigkeit erheblich vermindert. Die nicht vorgenommene thermische Nachbehandlung begünstigt den Vorgang.

Primäre Schadensursache: Ungeeignete Konstruktion und Ausführung der Schweißverbindungen.

6.4 Auftragschweißung

Durch Auftragschweißung besteht die Möglichkeit, fehlerhafte Stellen, wie z. B. verschlissene Flächen, Untermaß bei der Fertigung, auszubessern und die geforderte Funktionsfähigkeit wieder herzustellen. Außerdem können z. B. weniger verschleißfeste Werkstoffe mit verschleißfesteren Werkstoffen ummantelt und korrosiv unbeständige Stähle mit korrosionsbeständigen Werkstoffen plattiert werden. Demnach ist es möglich, durch Auftragschweißung sogenannte Verbundwerkstoffe herzustellen.

6.4.1 Fehlermöglichkeiten

Wegen der im Verhältnis zum Grundwerkstoff meist sehr dünnen aufgetragenen Schicht und der damit verbundenen großen Abkühlungsgeschwindigkeit treten bei Auftragschweißung bestimmte Fehler sehr häufig auf:

- Poren- und Hohlraumbildung
- Schlackeneinschlüsse
- Schweißrestspannungen

Die Ausscheidung gelöster Gase aus der Schmelze erfordert eine geringe Abkühlgeschwindigkeit, die jedoch wegen der dünnen Schicht kaum zu erreichen ist. Aus diesem Grunde bilden sich verstärkt gasgefüllte Poren und Hohlräume (Bild 6–75). Das Schweißen unter Schutzgas sowie die Zugabe von Schwefel vermindern eine Übersättigung des Schweißbades mit gelösten Gasen und dadurch die Bildung von sog. Gaskeimen.

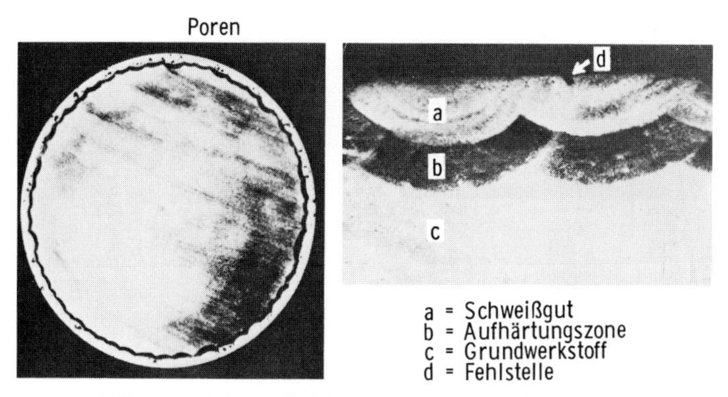

Bild 6–75: Poren- und Holraumbildung bei Auftragschweißung [15]

Schlackeneinschlüsse (Bild 6–76) entstehen ebenfalls aufgrund der hohen Abkühlgeschwindigkeit oder auch bei Schweißungen mit mehreren Lagen durch Unachtsamkeit bei der Schlackenentfernung.

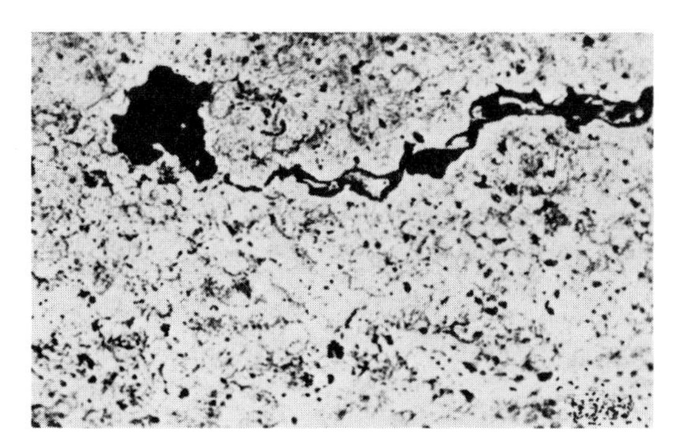

Bild 6–76: Auftragschweißung mit Schlackeneinschlüssen [15]

Wegen der erheblichen Schrumpfungsbehinderung bei der Abkühlung des Schweißgutes durch das relativ große kalte Werkstück entstehen sehr hohe Schweißrestspannungen, die häufig zu einer Rißbildung führen (Bild 6–77). Die Risse können sowohl im Grundwerkstoff als auch in der Übergangszone oder an der Oberfläche auftreten. Die Spannungen lassen sich entweder durch Vorwärmung der zu verschweißenden Teile, durch eine thermische Nachbehand-

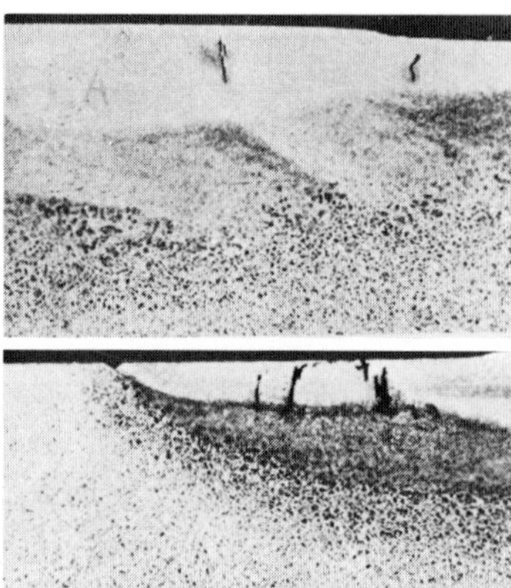

Bild 6–77: Auftragschweißung mit Rißbildung [15]

lung oder, wenn das wegen der Geometrie der Bauteile nicht möglich ist, durch Verwendung austenitischer Zusatzwerkstoffe, die eine größere Duktilität der Schweißnaht gewährleisten, stark vermindern.

Die Auftragschweißung

- hat sich gut bewährt an statisch und an tribologisch beanspruchten Teilen
- ist weniger geeignet an Stellen, die hohen Temperaturschwankungen ausgesetzt sind (z. B. korrodierte Stellen an Wellrohren für Feuerungen); hier besteht die Gefahr von Wärmespannungsrissen.
- erweist sich als weitgehend ungeeignet an dynamisch beanspruchten Teilen (z. B. Wellen), da die immer in mehr oder minder starkem Maße vorhandenen Kerben die Schwingungsfestigkeit erheblich vermindern.

Erfahrungsgemäß beträgt die Dauerhaltbarkeit einer hochwertig konstruierten Welle etwa 75 % der Dauerfestigkeit des Werkstoffes; durch Auftragschweißung wird sie auf 25 % vermindert.

6.4.2 Schadensbeispiele

Schaden: Bruch eines Stampferzylinders

Nach Ausbesserung einer untermaßgearbeiteten Stelle durch Auftragschweißung und Nachbearbeitung trat nach kurzer Betriebszeit ein Bruch an der ausgebesserten Stelle ein.

Makroskopische Untersuchung: Der Bruch ist in dem der Ausbesserungsstelle benachbarten Querschnittsübergang, der scharfkantig ausgebildet ist, entstanden (Bild 6–78). Die Bruchfläche weist in der äußeren Randzone die Merkmale eines Dauerbruches auf, der von zahlreichen über den ganzen Umfang verteilten Anrißstellen ausgeht (Bild 6–79).

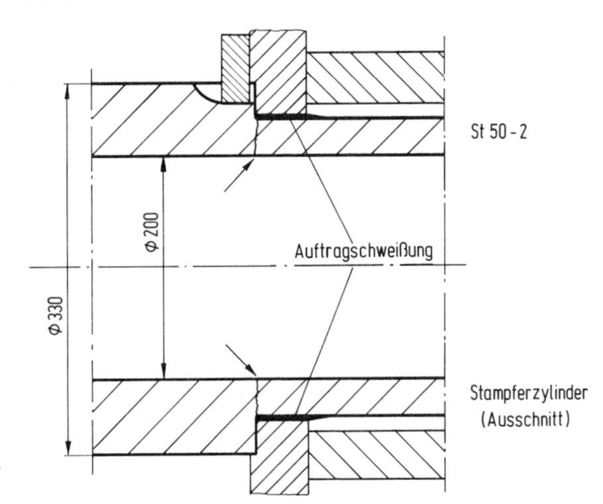

Bild 6–78: Konstruktive Ausbildung der Schadensstelle und Lage des Bruches (Pfeile)

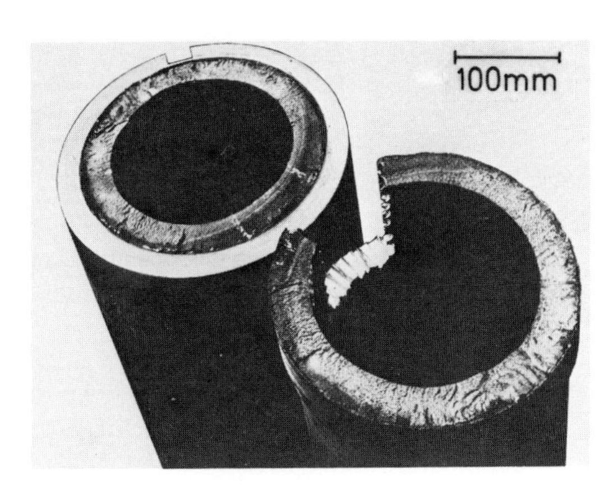

Bild 6–79: Ausbildung der Bruchflächen

Mikroskopische Untersuchung: In dem aufgeschweißten Werkstoff sind zahlreiche Schlackeneinschlüsse und Poren enthalten (s. Bild 6–75); eine nachträgliche Wärmebehandlung ist nicht erfolgt.

Folgerung: Der scharf ausgebildete Querschnittsübergang führt zu hohen Kerbspannungen. Der nicht thermisch nachbehandelte, mit Schlackeneinschlüssen und Poren behaftete Werkstoff ist sehr kerbempfindlich; außerdem liegen beachtliche Eigenspannungen vor.

Primäre Schadensursache: Reparaturfehler; ungeeignete Auftragschweißung

Schaden: Bruch des Stampferkolbens einer Schrottschere (Betriebszeit ca. sechs Monate)

Makroskopische Untersuchung: Die Bruchfläche zeigt einen Zugdauerbruch mit sehr kleiner Restbruchfläche (Bild 6–80). Demnach war die durchschnittliche Nennbeanspruchung nur sehr gering. Der Schwingungsbruch ist vom ganzen Umfang ausgegangen. Der Querschnittsübergang ist nahezu scharfkantig.

Bild 6–80: Bruchfläche im Querschnittsübergang eines Stampferkolbens (d = 100/130 mm)

Mikroskopische Untersuchung: An der Stelle des Querschnittsüberganges ist eine Auftragschweißung vorgenommen worden, die nicht thermisch nachbehandelt wurde.

Primäre Schadensursache: Ungeeigneter Werkstoffzustand und fehlerhafte spanende Bearbeitung.

6.5 Lötverbindung

6.5.1 Allgemeine Betrachtung

Löten ist ein Verfahren zum Verbinden erwärmter, im festen Zustand verbleibender Metalle mit Hilfe eines geschmolzenen Zusatzmetalles. Die zu verbindenden Stellen müssen an der Lötstelle mindestens die Arbeitstemperatur erreicht haben und metallisch blank sein. Starke Oxidschichten werden mechanisch entfernt, dünne Oxidschichten durch Flußmittel und/oder durch Schutzgase beseitigt. Zu beachten ist, daß Flußmittelreste zu Korrosion führen können; daher ist eine geeignete Auswahl und gegebenenfalls eine Nachbehandlung vorzunehmen.

Der Bindevorgang wird durch Grenzflächenreaktionen bewirkt:

- Benetzungs- und Ausbreitungsvorgänge von Flußmitteln und Lot
- Diffusionsvorgänge.

Man unterscheidet zwischen

- Weichlöten und
- Hartlöten (Schweißlöten).

6.5.2 Weich- und Hartlöten

Weichlöten wird bei einer Arbeitstemperatur unterhalb 450 °C durchgeführt. Als Lote verwendet man für Stahl, Kupfer und Kupferlegierungen vorwiegend Legierungen der Metalle Blei, Zinn, Antimon und Zink. Für Aluminiumwerkstoffe und Schwermetalle wurden besondere Lotwerkstoffe entwickelt (DIN 8513, DIN 1707).

Hartlöten wird bei Arbeitstemperaturen über 450 °C durchgeführt bis zu Temperaturen von 1100 °C. Die Erwärmung erfolgt mit der Flamme unter Schutzgas oder mittels Stromdurchgang. Entsprechend der Arbeitstemperatur werden verschiedenartige Flußmittel zur Beseitigung von Metalloxiden eingesetzt, wie z. B. Borverbindungen, Chloride, Fluoride, Phosphate, Silikate (DIN 8511).

Der Legierungsvorgang vollzieht sich in der Grenzfläche Grundwerkstoff/Lot. Findet die Diffusion vorwiegend an den Korngrenzen des Grundwerkstoffes statt, so kann Lotbrüchigkeit dadurch auftreten, daß Kupfer (Lotmessinge) in den unter ausreichend hohen Zugspannungen (Eigenspannungen) stehenden Bereichen in die Korngrenzen des Stahles eindringt und die Festigkeit erheblich vermindert. Die Höhe der auftretenden Spannungen, erhöhte Löttemperatur und große Lotmengen begünstigen ebenso wie die Verunreinigungen im Grundwerkstoff das Auftreten der Lotbrüchigkeit.

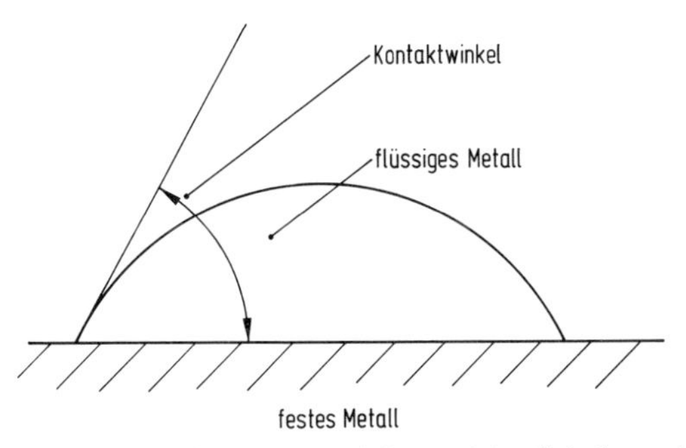

Bild 6–81: Kontaktwinkel zwischen flüssigem und festem Metall (schematisch)

Derartige Schäden treten nur an Werkstoffpaarungen auf, deren Kontaktwinkel bei metallischer Benetzung kleiner als 90 ° ist (Bild 6–81). Dieses ist der Fall z. B.

bei der Einwirkung von flüssigem Kupfer auf Stahl; der Bruch erfolgt interkristallin.

Die Festigkeit der Hartlötverbindungen wird u.a. wesentlich beeinflußt durch: Lotwerkstoffe, Spaltbreite, Betriebstemperatur und Beanspruchungsart. Die Dauerwechselfestigkeit liegt in der Größenordnung von 180 N/mm² [6].

6.5.3 Schadensbeispiele

Schaden: Bruch von Rohrmuffen-Hartlötverbindungen

Makroskopische Untersuchung: Der Zustand der Bruchflächen ließ keine eindeutige Folgerung auf die Art der Beanspruchung und Bruchursache zu.

Mikroskopische Untersuchung: Bei allen Lötverbindungen wurden tiefreichende Reaktionen zwischen Flußmittel, Lot und Stahl beobachtet; Stahl und Lot haben sich weitgehend ineinander gelöst. Durch Eindiffundieren von Lot entsteht eine Zone eisenreicher Mischkristalle (a) (Bild 6–82).

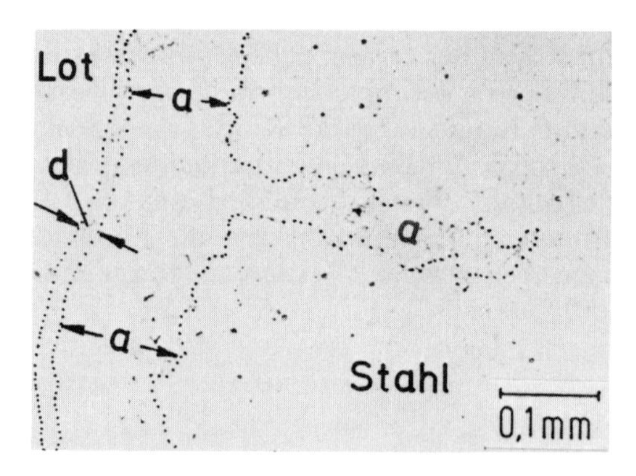

Bild 6–82: Mischkristallbildung durch eindiffundiertes Lot
a) Mischkristalle
d) Diffusionssaum zwischen Lot und Stahl

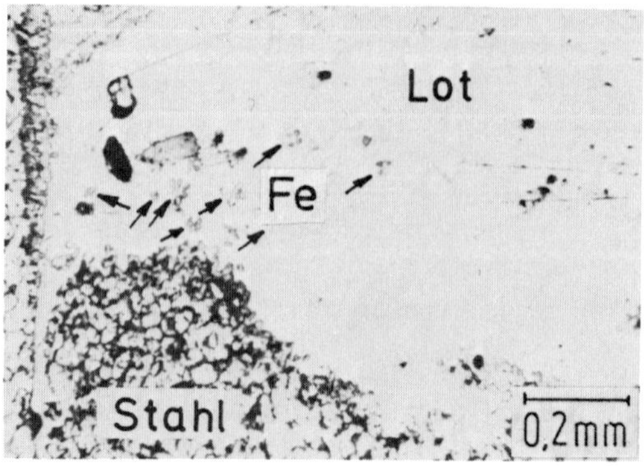

Bild 6–83: Eisenmischkristall im Lot
Fe: Fe-Mischkristall im Lot

Andererseits wurde Eisen von flüssigem Messing gelöst. Bei der Behandlung haben sich kupferreiche Eisenmischkristalle (Fe) aus der Schmelze ausgeschieden (Bild 6–83).

An zahlreichen Stellen ist Messing entlang den Korngrenzen in den Stahl eingedrungen und hat sich vor allem an Stellen mit Schlackeneinschlüssen angesammelt (Bild 6–84).

In der Randzone wird eine örtlich tiefreichende Korngrenzenauflockerung beobachtet, die durch Reaktion zwischen Zunder, Schlackeneinschlüssen, Verunreinigungen und den Korngrenzen, Flußmittel und Lot entstanden ist (Bild 6–85).

Folgerung: Löttemperatur und/oder -zeit waren zu hoch. Dadurch entstand eine Randschicht, in der vom Lot Eisen im Überschuß gelöst und bei der Abkühlung wieder ausgeschieden wurde; ferner wurde das flüssige Lot mit Eisen so stark angereichert, daß sich Fe-Mischkristalle ausgeschieden haben. Der Stahl war ungeeignet infolge Verzunderung der Oberfläche und ungenügender metallurgischer Reinheit, ebenso das Flußmittel, welches die Randzone auflockerte.

Die genannten Fehlerquellen führen zu Lotbrüchigkeit, d.h. der Stahl wird kerbempfindlich und spröde.

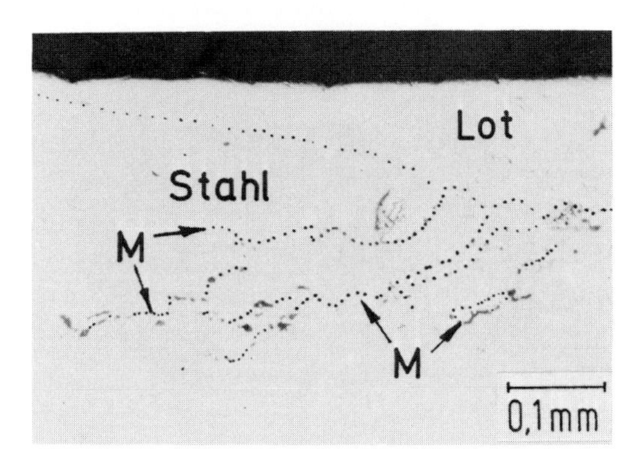

Bild 6–84: Messingeinschlüsse entlang den Korngrenzen
M: Messing

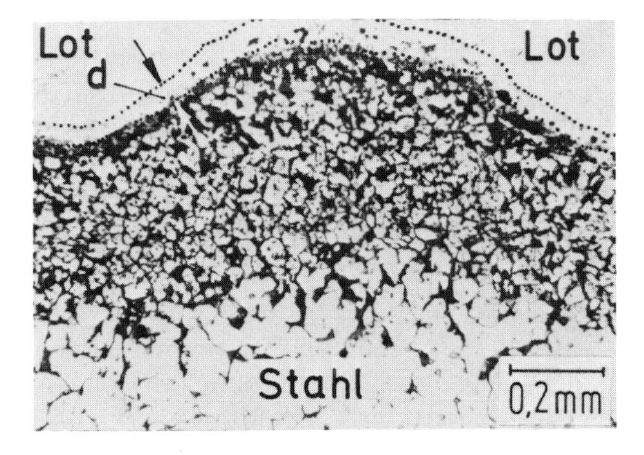

Bild 6–85: Korngrenzenauflockerung in der Randzone
d: Diffusionszone zwischen Stahl und Lot

Verbesserungsvorschlag:

- sorgfältige Überwachung der Lottemperatur und -zeit
- an den Verbindungsstellen müssen saubere, metallisch blanke Oberflächen vorliegen
- Werkstoff auf Neigung zu Lotbrüchigkeit prüfen
- Flußmittel auf Stahl abstimmen

Primäre Schadensursache: Lotbrüchigkeit

Schaden: Bruch einer Ölrohrverbindung

Makroskopische Untersuchung: Die Ausbildung der Bruchfläche zeigt, daß der Bruch von der Stelle B ausgegangen ist (Bild 6–86) und sich zunächst als Schwingbruch über den sich von der übrigen Bruchfläche abhebenden Bereich ausgedehnt hat. Die nur geringfügig zerklüftete Restbruchfläche ist als Gewaltbruch anzusehen.

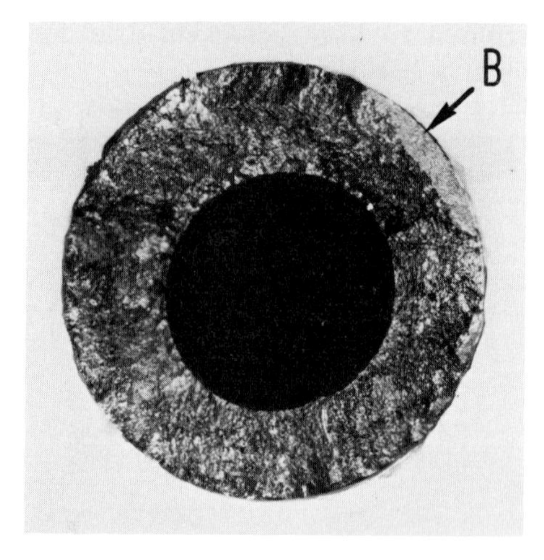

Bild 6–86: Ausbildung der Bruchfläche
B Bruchausgang

Mikroskopische Untersuchung: An der Bruchausgangsstelle ist die Außenoberfläche des Rohres (Gefügeausbildung ferritisch-perlitisch) mit einer Kupferschicht überzogen (Bild 6–87 a). Bei stärkerer Vergrößerung erkennt man in der Randzone Kupferablagerungen auf den Korngrenzen, die sich teilweise zu einer Schicht ausgebildet haben (Bild 6–87 b).

Folgerung: Die Schmierleitung wurde durch Hartlöten mit dem Verbindungselement aus Stahl verbunden. Derartige Verbindungen neigen zu Versprödung, wenn der Stahl Zug-Eigenspannungen aufweist. In diesem Falle tritt der Verbindungswerkstoff Kupfer im flüssigen Zustand entlang

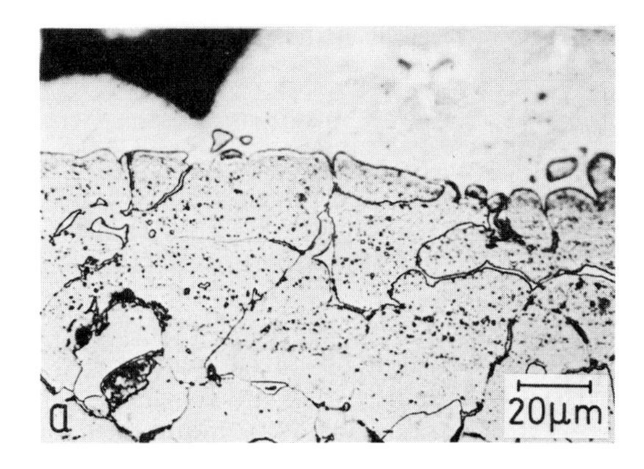

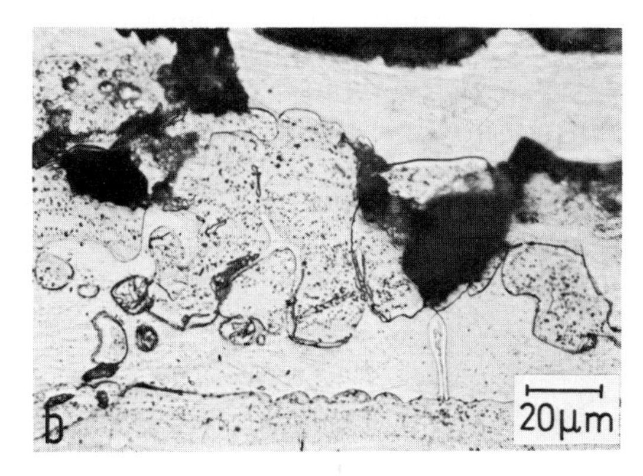

Bild 6–87: Gefügeausbildung des Verbindungselementes
a) Kupferablagerungen auf den Korngrenzen
b) Auflockerung des Gefüges und Schichtbildung des eindiffundierenden Kupfers

der Korngrenzen in den Stahl ein und führt zu einer Auflockerung des Gefüges. Dadurch wird die Tragfähigkeit, insbesondere bei wechselnder Beanspruchung (Eigenschwingungen) erheblich vermindert.

Primäre Schadensursache: Lotbrüchigkeit der Verbindung Rohr/Verbindungselement.

6.6 Beeinflussung der Dauerhaltbarkeit durch Elektrodenzündstellen, Elektrobeschriftung, Stromübergangsstellen und magnetische Werkstoffprüfung

6.6.1 Elektrodenzündstellen

Bei Lichtbogenschweißung muß der Lichtbogen zwischen dem zu verschweißenden Werkstoff und der Schweißelektrode (Zusatzwerkstoff) zunächst gezündet werden. Liegt die Zündstelle außerhalb der Schweißnaht, so wird durch diese Störstelle ein erheblicher Einfluß auf die Schwingfestigkeit des betroffenen Bauelementes ausgeübt.

Tabelle 6–6: Gegenüberstellung der Biegewechselfestigkeit von Flachproben mit und ohne Zündstellen [15]

Werkstoff	Zündstelle	Biegewechselfestigkeit σ_{bW}	
		N/mm^2	%
USt 37	ohne mit	162 98	100 60
MRSt 50-2	ohne mit	187 84	100 45

Biegewechselversuche an Flachproben aus den Baustählen UST 37 und MR St 50-2 zeigten, daß die Biegewechselfestigkeit durch Zündstellen je nach Werkstoff auf 60 bzw. 45% vermindert wird; die Verminderung steht im umgekehrten Verhältnis zum Kohlenstoffgehalt (Tabelle 6–6). Die Ausbildung der Proben, die Anordnung der Zündstellen und die Wöhlerkurven für den Werkstoff UST 37 sind in Bild 6–88 dargestellt. Der Verlauf der Einhüllenden des Streubereiches der Versuchsergebnisse der Proben mit Zündstellen ist vergleichbar mit den Ergebnissen, die unter Korrosionseinwirkung ermittelt werden.

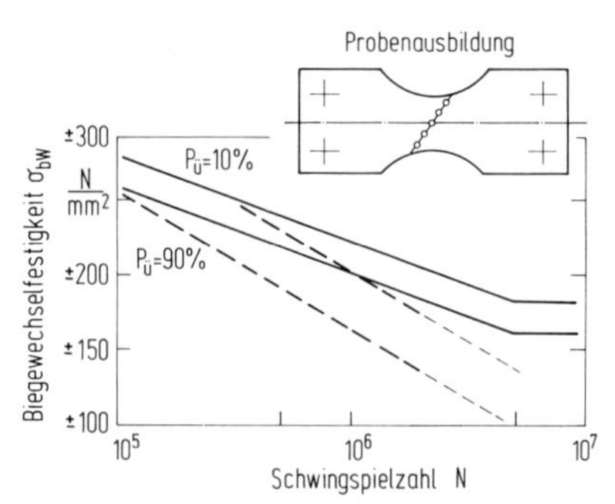

Bild 6–88: Wöhlerkurven der Dauerversuche an Proben aus UST 37 [16]
——— ohne Zündstellen; ----- mit Zündstellen

Zündstellen führen zu einer Beschädigung, in der Regel zu einer Vertiefung der Oberfläche, und verursachen durch die radial zum Zentrum der Zündstelle in das Werkstück verlaufenden Schrumpfungen einen örtlich begrenzten mehrachsigen Eigenspannungszustand. Gleichzeitig wird durch die hohe Abkühlgeschwindigkeit in der wärmebeeinflußten Zone eine Aufhärtung des Werkstoffes und dadurch eine Versprödung bewirkt.

Beispielsweise brach bei normaler Betriebsbeanspruchung an einer 35-MW-Dampfturbine die Hochdruckwelle (Werkstoff 25CrMo4) nach einer Betriebszeit von mehr als 100000 Stunden [17].

Makroskopische Untersuchung: Nach Bild 6–89 liegt eine feinkörnig ausgebildete Dauerbruchfläche vor, die durch Biegung entstanden ist und von einer Oberflächenbeschädigung ausgeht. Das Verhältnis der Dauerbruchfläche zur

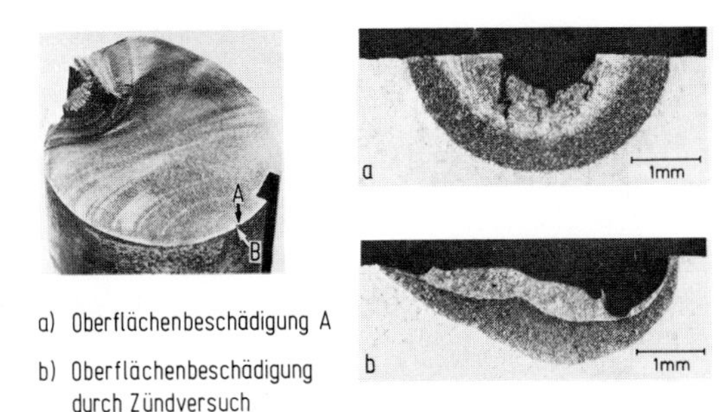

Bild 6–89: Biegedauerbruch an einer Turbinenwelle, der von einer Elektrodenzündstelle ausgeht [17] B Bruchausgang

Restbruchfläche ist sehr groß; demnach war die durchschnittliche Nennbeanspruchung nur sehr klein.

Mikroskopische Untersuchung: Im Querschliff erkennt man nach einer Makroätzung eine Vertiefung mit radial verlaufenden, gezackten kleinen Anrissen. Außerhalb des Rißbereiches liegt eine halbkreisförmig ausgebildete wärmebeeinflußte Zone vor (a). Durch Mikrohärtemessung wurde festgestellt, daß der Werkstoff innerhalb der Zone eine Härte von 593 HV 0,05 aufweist, gegenüber 220 HV 0,05 des nicht beeinflußten Werkstoffes. Bei stärkerer Vergrößerung sind Aufschmelzungen zu erkennen, wie sie durch Stromübergang entstehen.

Folgerung: Die Oberflächenbeschädigung ist durch eine unsachgemäße Zündung einer Schweißelektrode entstanden anläßlich einer zwischenzeitlich durchgeführten Instandsetzung. Ein Zündversuch mit einer Elektrode an dem unbeschädigten Wellenabschnitt bestätigte die Feststellung (b).

6.6.2 Elektrobeschriftung und Stromübergang

Häufig müssen Konstruktionsteile nach der Fertigbearbeitung gekennzeichnet werden. Hierzu sollten Stellen mit möglichst niedriger Beanspruchung ausgewählt werden. Die Kennzeichnung kann dann nach herkömmlichen Verfahren, z. B. durch Verwendung von Schlagziffern, Elektroschreibern, durchgeführt werden. Dabei sollten jedoch die möglichen Folgen hinsichtlich einer Werkstoffschädigung beachtet werden. Die festigkeitsmindernde Beeinflussung der Kennzeichnung durch Schlagzahlen wurde z. B. in [18] eingehend behandelt.

Die Beschriftung mittels Elektroschreiber vermindert ebenfalls die Schwingfestigkeit außerordentlich stark [19]. Für Dauerschwingversuche vorgesehene Stiftschrauben aus der Titanlegierung TiAl6V4 wurden durch Elektrobeschriftung entsprechend Bild 6–90 gekennzeichnet. Bei Versuchen zur Ermittlung der Dauerschwingfestigkeit des Gewindes im Zugschwellbereich traten die Brüche jedoch nicht wie zu erwarten im ersten tragenden Gewindegang auf, sondern an

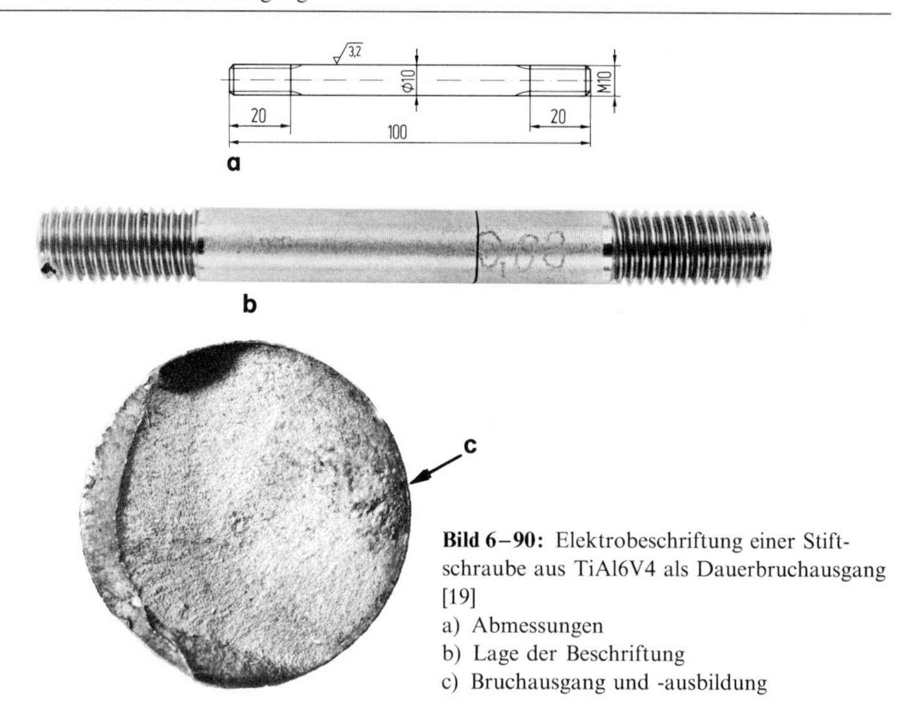

Bild 6–90: Elektrobeschriftung einer Stiftschraube aus TiAl6V4 als Dauerbruchausgang [19]
a) Abmessungen
b) Lage der Beschriftung
c) Bruchausgang und -ausbildung

der Brennspur der Elektrobeschriftung, obwohl der Querschnitt an dieser Stelle um mehr als die Hälfte größer ist als der Querschnitt im Gewindekerb.

Unter der Brennspur ist eine Gefügeveränderung durch Aufschmelzen zu erkennen, die sich über eine Tiefe von etwa 20 bis 50 μm ausdehnt und zu einer Härtesteigerung von 70 bis 100% gegenüber dem unbeeinflußten Werkstoff führt. Damit sind beachtliche örtlich begrenzte Eigenspannungen verbunden. Außerdem führt die Aufhärtung zu einer Zunahme der Kerbempfindlichkeit, die sich besonders ungünstig auswirkt, weil durch die Beschriftung eine erhebliche Aufrauhung bewirkt wird. Nach Bild 6–91 geht von der beeinflußten Zone

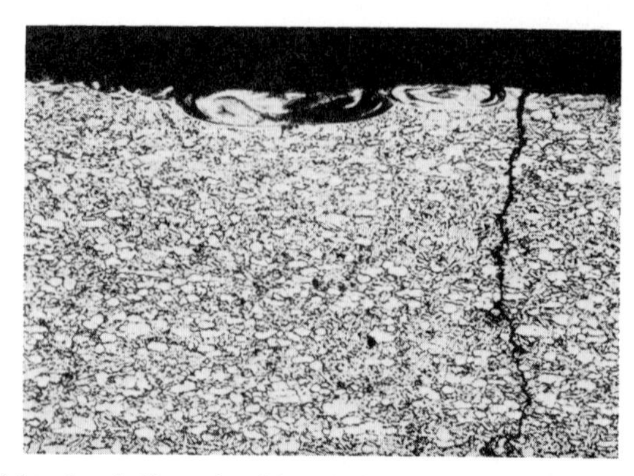

Bild 6–91: Durch Elektrobeschriftung bewirkte Gefügeveränderung (TiAl6V4) mit Anriß durch wechselnde Beanspruchung [19]

die Rißbildung aus. In dem vorliegenden Fall wurde für das Gewinde eine Kerbwirkungszahl $\beta_k = 4{,}4$ und für den Schaft mit Brennspur $\beta_k = 4{,}6$ ermittelt.

Bei Stromdurchgang werden ähnliche Gefügeveränderungen beobachtet, wie in [20] eingehend erörtert wird.

6.6.3 Magnetische Rißprüfung

Durch zerstörungsfreie Werkstoffprüfung mittels Stromdurchflutung können durch örtliche Wärmeeinwirkung Gefügeveränderungen entstehen, die eine Verminderung der Festigkeit zur Folge haben.

Bild 6–92 zeigt beispielsweise die Folgen einer magnetischen Durchflutung eines Hubschraubergetriebezahnrades zwecks Ermittlung der Rißfreiheit. An den

Bild 6–92: Getrieberad mit Kontaktstellen infolge magnetischer Untersuchung [21]

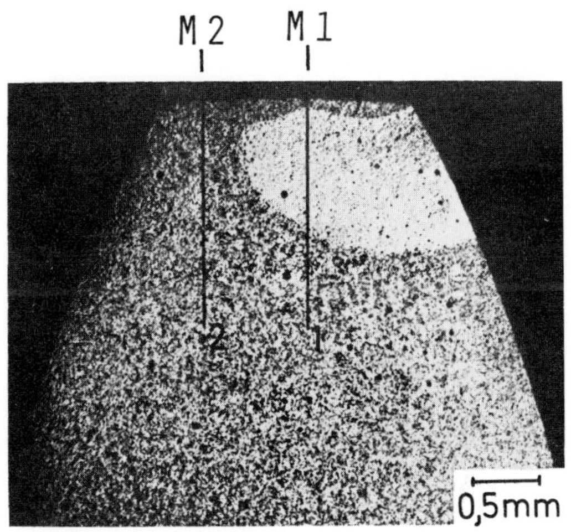

Bild 6–93: Zahnquerschnitt mit wärmebbeinflußter Zone [21]
M1 Meßreihe 1
M2 Meßreihe 2

durch Pfeil gekennzeichneten Kontaktstellen sind Anlaßfarben zu erkennen, die darauf schließen lassen, daß in diesen Bereichen eine Temperatur von ca. 300 °C eingewirkt hat. Ein Querschliff durch eine derartige wärmebeeinflußte Zone (Bild 6–93) zeigt bereits makroskopisch eine Gefügeveränderung; mikroskopisch ist zu erkennen, daß der hochangelassene Martensit durch die Stromwärmeeinwirkung in ein nahezu strukturloses Vergütungsgefüge – zerfallener Martensit – umgewandelt wurde.

Eine zweite am Zahnfuß gelegene Kontaktstelle ist im Querschliff in Bild 6–94 gezeigt. Die Randzone besteht aus sehr fein ausgebildetem Martensit; die darun-

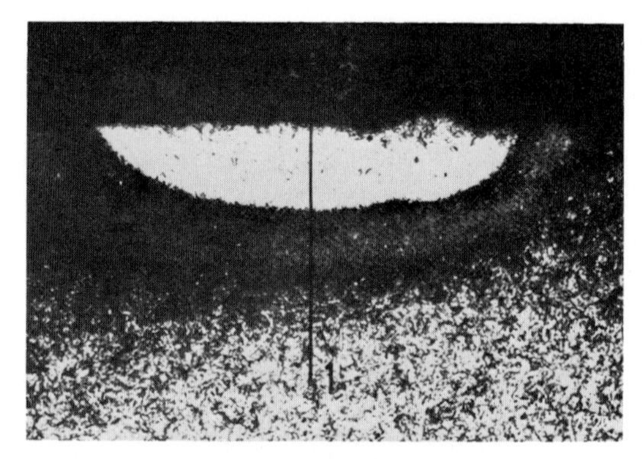

Bild 6–94: Querschliff durch eine Kontaktstelle auf dem Fußkreiszylinder eines Getriebezahnrades [21]

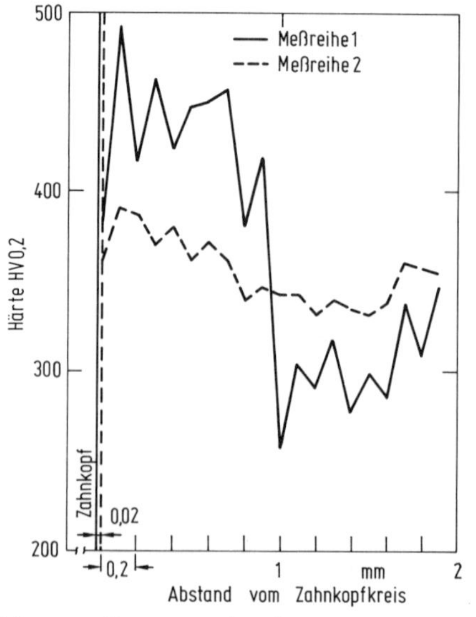

Bild 6–95: Radiale Mikrohärteverteilung, ausgehend vom Zahnkopfkreis [21]
Meßreihe I, Meßreihe II, Bild 6–93

terliegende dunkel angeätzte Zone besteht ebenfalls aus Martensit, jedoch im normal angelassenen Zustand.

Ein Einfluß der Gefügeausbildung auf die Härte geht aus Bild 6–95 hervor. Daraus resultieren einerseits beachtliche örtlich begrenzte Festigkeitsunterschiede, andererseits nicht zu vernachlässigende Eigenspannungen. Derartige Fehler lassen sich durch Beachtung geeigneter Maßnahmen vermeiden.

Literatur Kapitel 6

[1] *Pomp, A.:* Stahldraht, seine Herstellung und Eigenschaften 2. Aufl., Düsseldorf 1952, Stahleisen-Bücher Bd. 1

[2] *König, W., Böttler, E.:* Grundlagen der spanenden Metallbearbeitung. Tagungsbericht Nr. T-1-809-11-9, Haus der Technik e.V. Essen 1979

[3] *Liedtke, D.:* Grundregeln für eine fertigungssichere Wärmebehandlung. ZwF 66 (1971) H. 6, S. 308–316

[4] *Wever, F., Rose, A.:* Atlas zur Wärmebehandlung der Stähle, Teil I; Rose, A., Peter, W.: Teil II (B), Verlag Stahleisen mbH, Düsseldorf 1961 (B)

[5] *Thelning, D. H.:* Warum reißt Stahl beim Härten. ZwF 66 (1971) H. 3, S. 13–22

[6] *Beitz, W., Küttner, K.-H.:* Dubbel. Taschenbuch für den Maschinenbau. 14. Aufl., Springer-Verlag Berlin Heidelberg New York 1981, S. 354 (B)

[7] *Beelich, K.-H.:* Systematisches Auswählen von Schweißzusatzwerkstoffen. Maschinenmarkt, Würzburg, 80 (1974) 47, S. 883–887

[8] *Bargel, H.-J., Schulze, G.:* Werkstoffkunde. Hermann Schroedel Verlag KG 1980 (B)

[9] *Class, I.:* Stand der Entwicklung nicht lösbarer Verbindungen von ferritischen und austenitischen Stählen. Mitt. d. Vereins d. Großkesselbes. 60 (1959), S. 181–207

[10] *Zürn, H., Morach, E.:* Der Einfluß der Kohlenstoff-Diffusion auf die mechanisch-technologischen Eigenschaften aus ferritisch-austenitischen Schweißverbindungen im Chemie-Betrieb. Z. f. Werkstofftechnik 5. Jahrg. (1974) Nr. 3, S. 146–155

[11] *Tewes, K.:* Das Gefügebild der Schweißnaht. Autogene Metallbearbeitung 32 (1939) H. 2, S. 17–24 u. H. 3, S. 33–43

[12] *Mewes, W.:* Kleine Schweißkunde für Maschinenbauer. VDI-Verlag GmbH, Düsseldorf 1978 (B)

[13] *Tewes, K.:* Wichtige, in der Schweißtechnik vorkommende Stahlsorten, ihre Eigenschaften und ihr Verhalten beim Schweißen von Eisenwerkstoffen. München 1949

[14] Fehler im Schweißgut. Ihr Entstehen und Vermeiden beim Lichtbogenschweißen. Deutscher Verlag für Schweißtechnik (VDS) GmbH, Düsseldorf 1962

[15] *Gombart, H., Risch, F.:* Die Auftragschweißung in der Reparatur. Der Maschinenschaden 23 (1950) S. 53–63

[16] *Ruge, J., Woesle, H.:* Zündstellen neben der Schweißnaht setzen die Dauerschwingfestigkeit unlegierter Stähle herab. Der Maschinenschaden 23 (1962), H. 7/8, S. 115–118

[17] *Schmidt, E.:* Bruch einer Turbinenwelle durch die Zündstelle einer Schweißelektrode. Der Maschinenschaden 38 (1965) H. 1/2, S. 27 u. 28

[18] *Schmitt-Thomas, Kh. G., Schmidt, E.:* Schäden an Leichtmetallkolben durch Schlagmarkierungen. Der Maschinenschaden 39 (1966) H. 1/2, S. 23–24

[19] *Broichhausen, J.:* Beeinflussung der Dauerhaltbarkeit von Stiftschrauben aus TiAl6V4 durch Beschriftung mit einem Elektroschreiber. Der Maschinenschaden 42 (1969) H. 1, S. 12–13

[20] *Richter, G.:* Das Aussehen von Angriffsspuren infolge Stromübergangs. Der Maschinenschaden 34 (1961) H. 3/4, S. 51–54

[21] *Broichhausen, J.:* Gefügeänderung durch zerstörungsfreie Werkstoffprüfung. Der Maschinenschaden 42 (1969) H. 4, S. 120–123

Ergänzende Literatur

Anke, H., Vater, M: Einführung in die technische Verformungskunde. Verlag Stahleisen, Düsseldorf 1974 (B)
Finnern, B., Jönsson, R.: Wärmebehandlung von Werkzeugen und Bauteilen – Erkennen und Vermeiden von Fehlern. Carl Hanser Verlag, München 1969 (B)
Malisius, R.: Schrumpfungen, Spannungen und Risse beim Schweißen; 4. Auflage. Deutscher Verlag für Schweißtechnik (DVS) GmbH, Düsseldorf 1977 (B)
Ruge, J.: Handbuch der Schweißtechnik; 2. Auflage. Bd. 1: Werkstoffe; Bd. 2: Verfahren und Fertigung; Bd. 3: Berechnen und Gestalten von Schweißkonstruktionen. Springer Verlag, Berlin 1980 (B)
Schweißgerechte Gestaltung. Deutscher Verlag für Schweißtechnik (DVS) GmbH, Düsseldorf 1974 (B)
Schweißtechnischer Gefügeatlas. Hrsg.: Horn, V. Deutscher Verlag für Schweißtechnik (DVS) GmbH, Düsseldorf 1974 (B)
Spur, G., Stöferle, Th.: Handbuch der Fertigungstechnik. Bd. 1: Urformen; Bd. 2: Umformen und Zerteilen; Bd. 3: Spanen; Bd. 4: Abtragen, Beschichten und Wärmebehandeln; Bd. 5: Fügen, Handhaben und Montieren; Bd. 6: Fabrikbetrieb. Carl Hanser Verlag, München (B)
Technologie der Wärmebehandlung von Stahl. Hrsg.: Eckstein, H.-J. VEB-Deutscher Verlag für Grundstoffindustrie, Leipzig 1976 (B)
Wärmebehandlung der Bau- und Werkzeugstähle; 3. Auflage. Hrsg.: Benninghoff, H. BAZ Buchverlag, Basel 1978 (B)
DIN 1707: Weichlote; Zusammensetzung, Verwendung, Technische Lieferbedingungen. Beuth Verlag, Berlin 1981
DIN 8511: Flußmittel zum Löten metallischer Werkstoffe: Flußmittel zum Hartlöten von Schwermetallen. Beuth Verlag, Berlin 1967
DIN 8513: Hartlote für Schwermetalle. Beuth Verlag, Berlin 1981
DIN 17223: Runder Federstahldraht; Gütevorschriften. Beuth Verlag, Berlin 1964

7. Einflußbereich Reibung und Verschleiß

Bruchvorgänge von Werkstoffen und Bauteilen werden in der Regel durch Reibungs- und Verschleißprozesse beeinflußt. Daher sind bei der Abschätzung der Vergleichsspannungen die Reibungskräfte zu berücksichtigen. Durch Verschleiß können außerdem geometrische und stoffliche Veränderungen von Bauteilen hervorgerufen werden, die z. B. Veränderungen der Formänderungsfähigkeit, der Oberflächenmorphologie oder der lasttragenden Abmessungen und damit Spannungsänderungen zur Folge haben. Daher werden im folgenden die Grundlagen von Reibung und Verschleiß behandelt.

7.1 Grundlagen der Reibung

Die Reibung wirkt der Relativbewegung sich berührender Körper entgegen [1]. Sie äußert sich als Reibungskraft, die der Relativgeschwindigkeit entgegengerichtet ist. In Abhängigkeit von der Bewegungsart der Reibpartner unterscheidet man unterschiedliche Reibungsarten:

- Gleitreibung
  Bewegungsreibung zwischen Körpern, deren Geschwindigkeit in der Berührungsfläche nach Betrag und/oder Richtung unterschiedlich ist.
- Rollreibung
  Idealisierte Bewegungsreibung zwischen sich punkt- oder linienförmig berührenden Körpern, deren Geschwindigkeiten im gemeinsamen Kontaktbereich nach Betrag und Richtung gleich sind und bei dem mindestens ein Körper eine Drehbewegung um eine momentane, im Kontaktbereich liegende Drehachse vollführt.
- Wälzreibung
  Rollreibung, der eine Gleitkomponente (Schlupf) überlagert ist.
- Bohrreibung
  Bewegungsreibung zwischen zwei Körpern mit relativer Drehung um eine zur Oberfläche an der Berührungsstelle senkrecht stehende Achse.

Ferner wird die Reibung nach dem Kontaktzustand der Reibpartner in unterschiedliche Reibungszustände eingeteilt:

- Festkörperreibung
  Reibung bei unmittelbarem Kontakt der Reibpartner.
- Grenzreibung
  Sonderfall der Festkörperreibung, bei dem die Oberflächen der Reibpartner mit adsorbierten Schmierstoffmolekülen bedeckt sind.
- Flüssigkeitsreibung
  Reibung in einem die Reibpartner lückenlos trennenden, flüssigen Film, der hydrostatisch oder hydrodynamisch erzeugt werden kann.

- Gasreibung
  Reibung in einem die Reibpartner trennenden, gasförmigen Film, der aerostatisch oder aerodynamisch erzeugt werden kann.
- Mischreibung
  Reibung, bei der Festkörperreibung und Flüssigkeits- bzw. Gasreibung nebeneinander vorliegen.

Als Reibungskenngröße dient der Reibungskoeffizient f, der durch das Verhältnis der Reibungskraft F_R zur Normalkraft F_N gegeben ist.

$$f = \frac{F_R}{F_N}$$

Bei reiner Flüssigkeits- oder Gasreibung berühren sich die Reibpartner nicht. Die Reibung ist dann durch die innere Reibung der Flüssigkeit bzw. des Gases bestimmt, die von der Viskosität abhängt. Unter diesen Bedingungen werden nur sehr geringe Tangentialkräfte auf die Reibpartner übertragen; es herrscht praktisch ein verschleißfreier Zustand vor.

Zur Beschreibung des Reibungszustandes von geschmierten Gleitlagerungen ist die Stribeck-Kurve von grundlegender Bedeutung (Bild 7–1). In ihr ist der Reibungskoeffizient f über einer Kombination von Größen aufgetragen, die vor allem durch die Viskosität des Schmierstoffes, die Gleitgeschwindigkeit und die Normalkraft gekennzeichnet sind. Dabei wird angenommen, daß die Gleitlagerung aus einem Grund- und einem Gegenkörper mit meßbaren Oberflächenrauheiten und einem flüssigen Schmierstoff als Zwischenstoff besteht. Ist die Summe der Rauhtiefen von Grund- und Gegenkörper kleiner als die Schmierfilmdicke, so herrscht reine Flüssigkeitsreibung vor. Dieser Schmierungszustand kann nur erreicht werden, wenn die Parameterkombination aus Viskosität, Gleitgeschwindigkeit und Normalkraft hinreichend hohe Werte erreicht. Außerdem muß die konstruktive Gestaltung und Anordnung von Grund- und Gegenkörper die Bildung eines sich in Strömungsrichtung verengenden Keiles

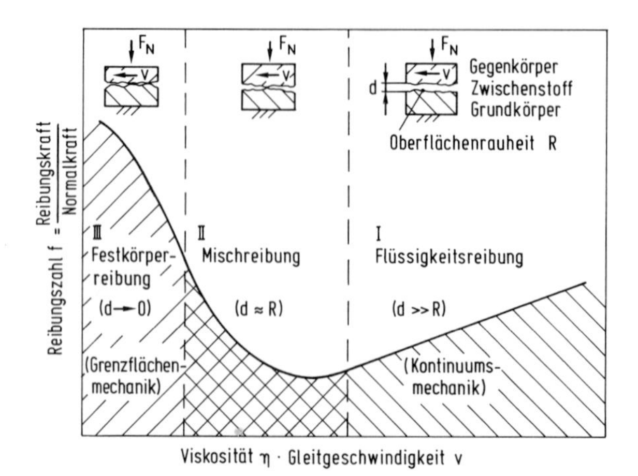

Bild 7–1: Schematische Darstellung der Stribeck-Kurve

zulassen, damit sich im Schmierfilm ein Druck aufbauen kann, welcher der von außen aufgebrachten Kraft entgegenwirkt. Diese Bedingung wird vor allem von Gleitlagern erfüllt, bei denen Welle und Lagerschale einen konformen Kontakt bilden.

Verringert sich bei konstanter Viskosität mit abnehmender Gleitgeschwindigkeit oder zunehmender Normalkraft die Dicke des Schmierfilmes soweit, daß sie die Gesamtrauhtiefe von Grund- und Gegenkörper erreicht, so wird die Belastung nur noch teilweise vom Schmierfilm aufgenommen, ein anderer Teil wird durch unmittelbaren Kontakt der Rauheitshügel der Gleitpartner übertragen. Neben der Flüssigkeitsreibung tritt dann auch Festkörperreibung bzw. Grenzreibung in Erscheinung. Diesen Reibungszustand bezeichnet man auch als Mischreibung. Verschwindet mit abnehmendem Wert der genannten Parameterkombination der hydrodynamische Traganteil, so gelangt man in das Gebiet der reinen Festkörper- bzw. Grenzreibung. Bei Festkörperreibung ist nach den Regeln von Amonton und Coulomb der Reibungskoeffizient unabhängig von der Größe der geometrischen Kontaktfläche. Dies ist darin begründet, daß sich zwei Körper nur in Mikrokontaktbereichen berühren, die insgesamt die sogenannte wahre Kontaktfläche bilden, welche im allgemeinen wesentlich kleiner als die geometrische Kontaktfläche ist (Bild 7–2). In den Mikrokontaktbereichen können atomare Bindungen zur Adhäsion bzw. zur Bildung von Mikroverschweißungen führen, die während einer Tangentialbewegung plastisch verformt und abgeschert werden [2].

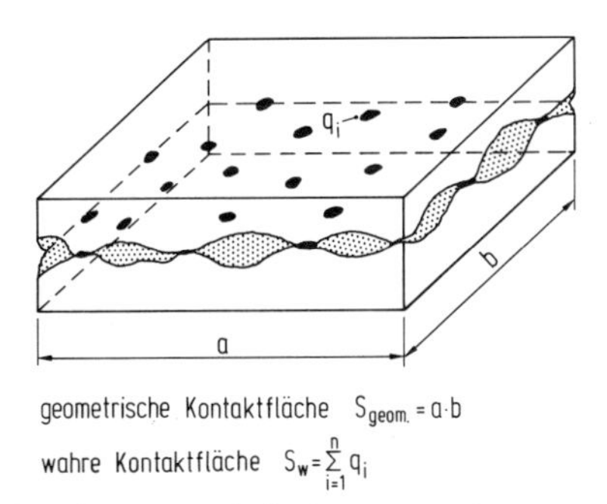

Bild 7–2: Geometrische und wahre Kontaktfläche

Eine Verminderung der Reibung ist durch folgende Maßnahmen möglich:

I. Einschränkung der Bildung atomarer Bindungen zwischen den Reibpartnern in den Mikrokontaktbereichen

II. Einschränkung der plastischen Verformbarkeit der Mikrokontaktbereiche

Bei metallischen Werkstoffen kann die Bildung atomarer Bindungen (I) durch oberflächliche Adsorptions- und Reaktionsschichten – natürlich auch durch einen trennenden Schmierfilm – eingeschränkt werden. Die plastische Verformbarkeit des Mikrokontaktbereiches wird z. B. durch eine hexagonale Gitterstruktur der Reibpartner mit annähernd idealem Achsenverhältnis ($c/a = 1{,}633$) erschwert, weil dann zur plastischen Verformung nur die drei Basisgleitsysteme betätigt werden können. So bleibt der Reibungskoeffizient der Paarungen Co/Co [3] und $\varepsilon - Fe_xN/\varepsilon - Fe_xN$ [4] mit hexagonaler Struktur selbst unter Hochvakuumbedingungen bei Abwesenheit von Reaktionsschichten unter 0,5.

Die bisherigen Ausführungen bezogen sich auf die Gleitreibung bei konformem Kontakt. Zwei Walzen oder die Zahnflanken von Zahnrädern bilden z. B. einen kontraformen Kontakt. In den Kontaktbereichen herrschen im allgemeinen wesentlich höhere Pressungen als bei einem konformen Kontakt. Auch für einen solchen Kontaktzustand ist eine Filmbildung zwischen den Kontaktpartnern möglich, dessen Dicke mit der elastohydrodynamischen Theorie abgeschätzt

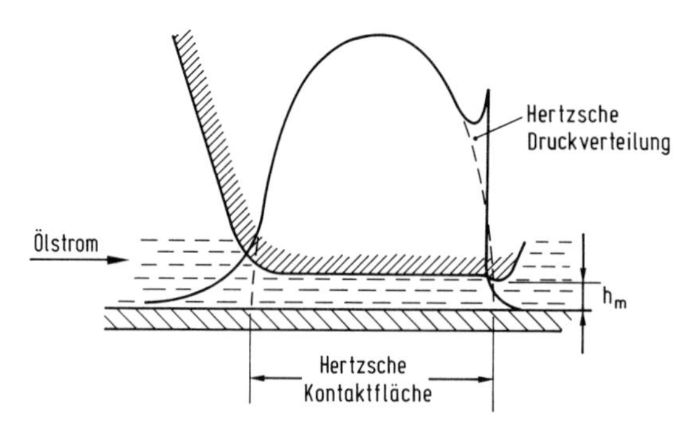

Bild 7–3: Druckverteilung in einem elastohydrodynamischen (EHD-) Kontakt

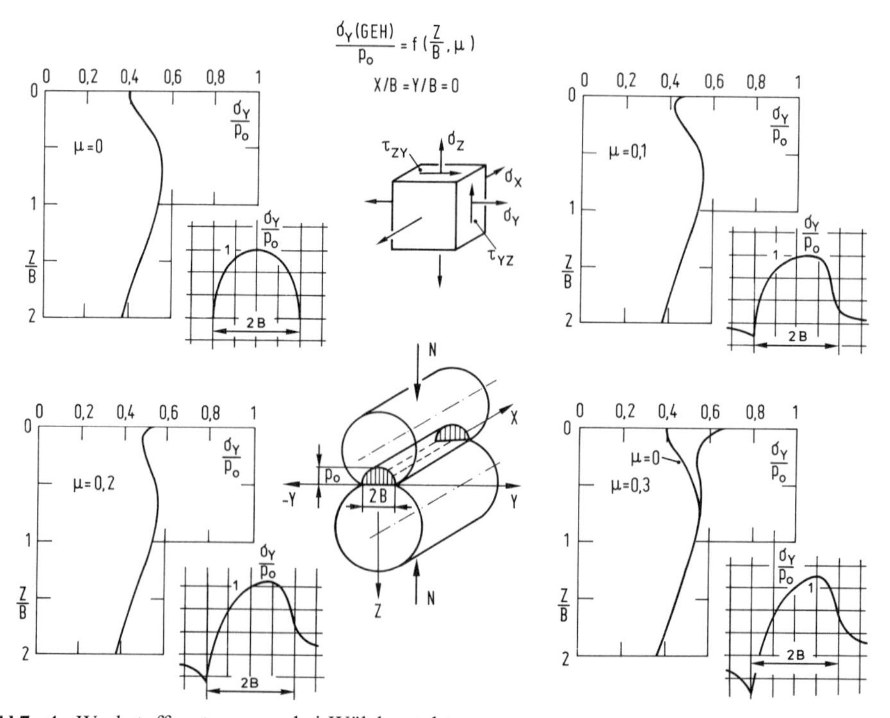

Bild 7–4: Werkstoffanstrengung bei Wälzkontakt

werden kann [5, 6]. Diese Theorie verbindet die elastische Theorie deformierbarer Körper mit der hydrodynamischen Theorie, wobei die Zunahme der Schmierstoffviskosität mit wachsendem Druck berücksichtigt wird. Eine schematische Darstellung der Schmierfilmdicke und der Druckverteilung in einem elastohydrodynamischen Kontakt enthält Bild 7–3. Auffallend ist die Druckspitze an der Ölaustrittsseite.

Die Werkstoffanstrengung, die erst in einem gewissen Abstand von der Kontaktfläche abklingt, läßt sich aufbauend auf den Hertzschen Gleichungen abschätzen [7]; dabei hängt die Spannungsverteilung von der Größe des Reibungskoeffizienten ab (Bild 7–4). Bei Reibungskoeffizienten $< 0{,}2$ liegt das Spannungsmaximum unter der Oberfläche, bei Reibungskoeffizienten $> 0{,}2$ befindet sich die maximale Spannung unmittelbar an der Oberfläche.

Durch die in konformen oder kontraformen Kontakten herrschenden Beanspruchungen wird vor allem unter Festkörper- und Mischreibungsbedingungen Verschleiß hervorgerufen, dessen Grundbegriffe und Grundlagen im folgenden Abschnitt erörtert werden sollen.

7.2 Grundlagen des Verschleißes

In der Neufassung der Norm DIN 50320 von 1979 [8] ist der Verschleiß folgendermaßen definiert:

> „Verschleiß ist der fortschreitende Materialverlust aus der Oberfläche eines festen Körpers, hervorgerufen durch mechanische Ursachen, d.h. Kontakt und Relativbewegung eines festen, flüssigen oder gasförmigen Gegenkörpers."

Es folgen drei Hinweise:

a) Die Beanspruchung eines festen Körpers durch Kontakt und Relativbewegung eines festen, flüssigen oder gasförmigen Gegenkörpers wird auch als tribologische Beanspruchung bezeichnet.

b) Verschleiß äußert sich im Auftreten von losgelösten kleinen Teilchen (Verschleißpartikel) sowie in Stoff- und Formänderungen der tribologisch beanspruchten Oberflächenschicht.

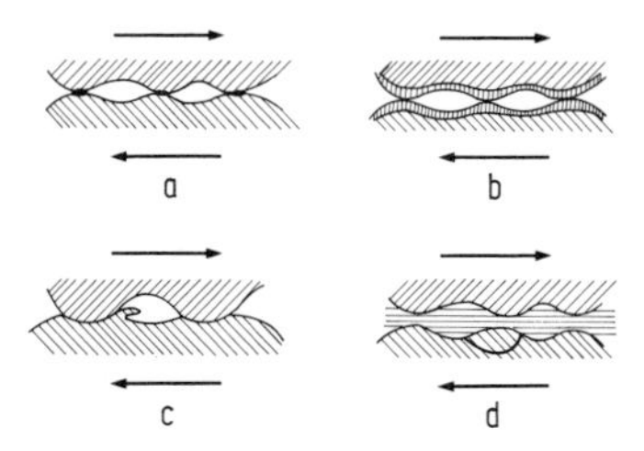

Bild 7–5: Die wichtigsten Verschleißmechanismen
a) Adhäsion; b) Tribooxidation; c) Abrasion; d) Oberflächenzerrüttung

c) In der Technik ist Verschleiß normalerweise unerwünscht, d.h. wertmindernd. In Ausnahmefällen, wie z.B. bei Einlaufvorgängen, können Verschleißvorgänge jedoch auch technisch erwünscht sein. Bearbeitungsvorgänge als wertbildende, technologische Vorgänge gelten in Bezug auf das herzustellende Werkstück nicht als Verschleiß, obwohl im Grenzflächenbereich zwischen Werkzeug und Werkstück tribologische Prozesse wie beim Verschleiß ablaufen.

In der Norm DIN 50320 sind außerdem folgende, für den Verschleiß wichtige Grundbegriffe enthalten:

- Verschleißarten
  Unterscheidung der Verschleißvorgänge nach Art der tribologischen Beanspruchung und der beteiligten Stoffe
- Verschleißmechanismen
  Beim Verschleißvorgang ablaufende physikalische und chemische Prozesse
- Verschleißerscheinungsformen
  Die sich durch Verschleiß ergebenden Veränderungen der Oberflächenschicht eines Körpers sowie Art und Form der anfallenden Verschleißpartikel.
- Verschleiß-Meßgrößen
  Die Verschleiß-Meßgrößen kennzeichnen direkt oder indirekt die Änderung der Gestalt oder Masse eines Körpers durch Verschleiß (DIN 50321 [9]).

Verschleiß wird letztlich durch das Wirken der Verschleißmechanismen hervorgerufen. Vier Verschleißmechanismen werden als besonders wichtig angesehen (Bild 7–5) [10, 11]:

- Adhäsion
  Bildung und Trennung von atomaren Bindungen (Mikroverschweißungen) zwischen Grund- und Gegenkörper

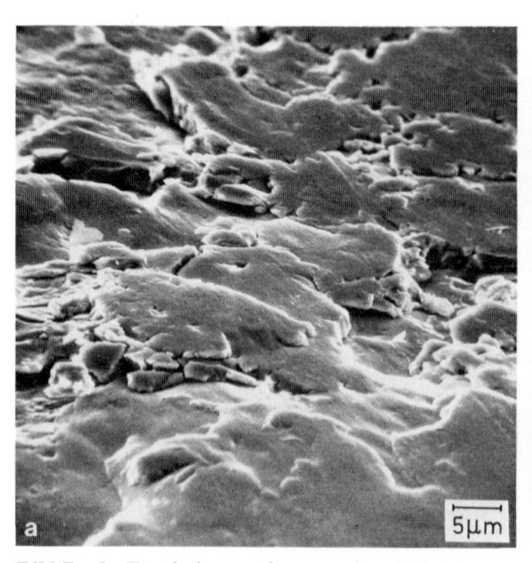

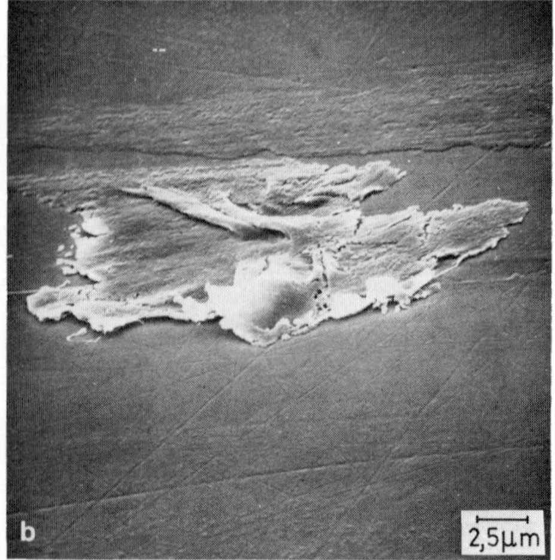

Bild 7–6: Erscheinungsformen der Adhäsion; a) starke Aufrauhung; b) Materialübertrag

- Tribooxidation
  Chemische Reaktion von Grund- und/oder Gegenkörper mit Bestandteilen des Schmierstoffes oder Umgebungsmediums infolge einer reibbedingten, chemischen Aktivierung der beanspruchten Oberflächenbereiche
- Abrasion
  Ritzung und Mikrozerspanung des Grundkörpers durch harte Rauigkeitshügel des Gegenkörpers oder durch harte Partikel des Zwischenstoffes
- Oberflächenzerrüttung
  Rißbildung, Rißwachstum und Abtrennung von Partikeln infolge wechselnder Beanspruchungen in den Oberflächenbereichen von Grund- und Gegenkörper.

Bild 7–7: Erscheinungsformen der Tribooxidation; a) oxidische Partikel; b) Reaktionsschicht

Bild 7–8: Erscheinungsform der Abrasion; Riefen mit Mikrospänen

Tabelle 7–1: Übersicht über die wichtigsten Verschleißarten

Systemstruktur	Tribologische Beanspruchung (Symbole)	Verschleißart	Wirkende Mechanismen (einzeln oder kombiniert)			
			Adhäsion	Abrasion	Oberfl.-zerrüttung	Tribochem. Reaktionen
Festkörper – Zwischenstoff (vollständige Filmtrennung) – Festkörper	Gleiten Rollen Wälzen Prallen Stoßen	–			×	×
Festkörper – Festkörper (bei Festkörperreibung, Grenzreibung, Mischreibung)	Gleiten	Gleitverschleiß	×	×	×	×
	Rollen Wälzen	Rollverschleiß Wälzverschleiß	×	×	×	×
	Prallen Stoßen	Prallverschleiß Stoßverschleiß	×	×	×	×
	Oszillieren	Schwingungsverschleiß	×	×	×	×
Festkörper – Festkörper und Partikel	Gleiten	Furchungsverschleiß		×		
	Gleiten	Korngleitverschleiß		×		
	Wälzen	Kornwälzverschleiß		×		
Festkörper – Flüssigkeit mit Partikeln	Strömen	Spülverschleiß (Erosionsverschleiß)		×	×	×
Festkörper – Gas mit Partikeln	Strömen	Gleitstrahlverschleiß (Erosionsverschleiß)		×	×	×
	Prallen	Prallstrahl-, Schrägstrahlverschleiß		×	×	×
Festkörper – Flüssigkeit	Strömen Schwingen	Werkstoffkavitation, Kavitationserosion			×	×
	Stoßen	Tropfenschlag			×	×

Typische Verschleißerscheinungsformen, die durch das Wirken der Verschleißmechanismen erzeugt werden, sind in den Bildern 7–6 bis 7–9 dargestellt. Die Verschleißmechanismen können einzeln, nacheinander oder sich überlagernd auftreten. Tabelle 7–1 zeigt eine Zuordnung der Verschleißmechanismen zu den unterschiedlichen Verschleißarten.

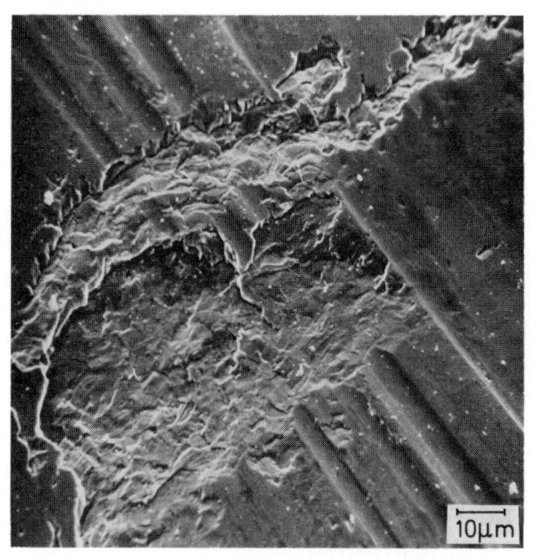

Bild 7–9: Erscheinungsform der Oberflächenzerrüttung; Grübchen

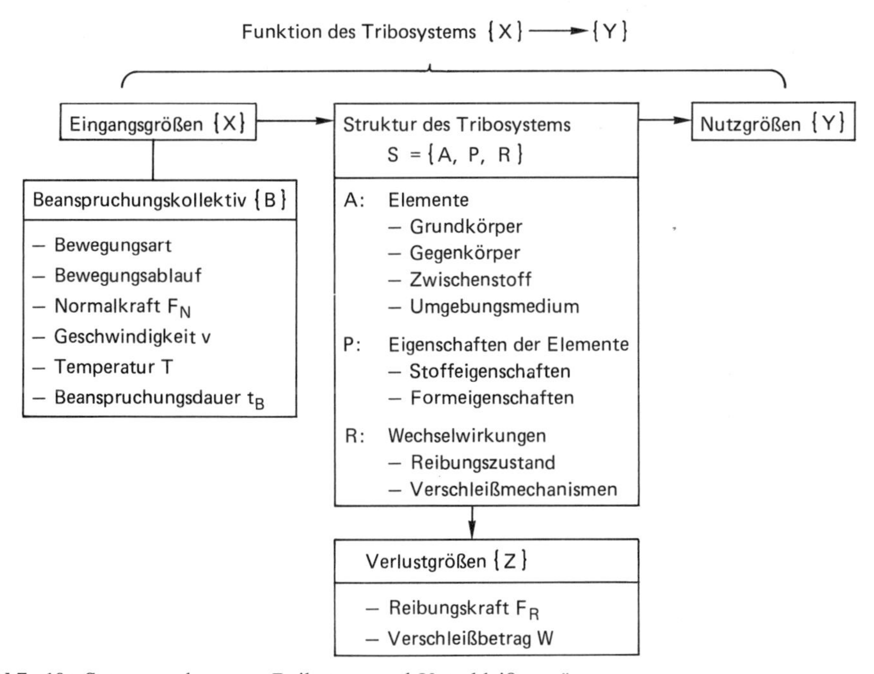

Bild 7–10: Systemanalyse von Reibungs- und Verschleißvorgängen

7.3 Systemanalyse von Reibungs- und Verschleißvorgängen

Reibung und Verschleiß hängen von einer Fülle von Einflußgrößen ab, die sich am besten mit der Methodik der Systemanalyse ordnen lassen (Bild 7–10) [12, 13]. Danach sind Reibungskraft F_R und Verschleißbetrag W als Verlustgrößen eines Tribosystems anzusehen, in dem bestimmte Eingangsgrößen, die für das Beanspruchungskollektiv maßgebend sind, über die Struktur des Tribosystems in Nutzgrößen transformiert werden.

Durch die Transformation wird die Funktion des Tribosystems realisiert. Zur vollständigen Charakterisierung eines Tribosystems ist daher die Kennzeichnung folgender Eigenschaften und Größen notwendig:

I. Funktion des Tribosystems
II. Beanspruchungskollektiv
III. Struktur des Tribosystems mit
 – den an Reibung und Verschleiß beteiligten stofflichen Elementen
 – den Eigenschaften der Elemente
 – den Wechselwirkungen zwischen den Elementen
IV. Tribologische Kenngrößen
 – Reibungskraft, Reibungskoeffizient
 – Verschleißbetrag, Verschleißrate, Verschleißkoeffizient
 – Verschleißerscheinungsformen.

7.3.1 Funktion von Tribosystemen

Tribosysteme werden zur Verwirklichung unterschiedlicher Funktionen eingesetzt (Tabelle 7–2). Ein Lager hat z. B. Kräfte aufzunehmen und dabei eine Bewegung zu ermöglichen. Mit Reibungsbremsen sollen dagegen Bewegungen

Tabelle 7–2: Funktionsbereiche von Tribosystemen

Funktionsbereiche	Tribosysteme bzw. tribotechnische Bauteile
Bewegungsübertragung, Führung	Gleitlager, Wälzlager, Gelenk, Spielpassung, Spindel
Bewegungshemmung	Reibungsbremse, Stoßdämpfer
Kraft-/Energieübertragung	Getriebe, Riementrieb, Kupplung
Informationsübertragung	Steuergetriebe, Nocken/Stößel, Relais, Drucker
Materialtransport	Rad/Schiene, Reifen/Straße, Förderband, Rutsche, Pipeline
Abdichtung	Stopfbuchsdichtung, Gleitringdichtung
Materialbearbeitung	Dreh-, Fräs-, Schleif- oder Ziehwerkzeug
Materialumformung	Walzenpaar, Ziehdüse, Gesenk, Matrize
Materialzerkleinerung	Kugelmühle, Backenbrecher

gehemmt werden. Getriebe dienen zur Übertragung von Drehmomenten oder zur Veränderung von Drehzahlen; mit Steuergetrieben können Informationen weitergegeben werden. Zu den möglichen Funktionen gehören auch die Gewinnung, der Transport und die Verarbeitung von Rohstoffen. Die Angabe über die Funktion von Tribosystemen ist deshalb nützlich, weil sie schon gewisse Vorstellungen über die Art der Bauteile und die verwendeten Werkstoffe vermittelt. Besteht die Funktion eines Tribosystems z. B. darin, einen elektrischen Stromkreis zu öffnen und zu schließen, so werden dazu häufig Schaltkontakte benötigt, die aus besonderen Kontaktwerkstoffen hergestellt werden.

7.3.2 Beanspruchungskollektiv

Die wichtigsten Größen des Beanspruchungskollektivs sind:

- Bewegungsart
- Bewegungsablauf
- Belastung F_N
- Geschwindigkeit v
- Temperatur T
- Beanspruchungsdauer t_B
  (oder Beanspruchungsweg s).

Bei den Bewegungsarten kann man analog zu den Reibungsarten zwischen „Gleiten, Rollen, Wälzen, Bohren" unterscheiden. Es kommen aber noch andere Arten der Bewegung, wie „Stoßen, Prallen oder Strömen" hinzu. Der Bewegungsablauf kann kontinuierlich, intermittierend, oszillierend oder repetierend sein. Aus der Normalkraft F_N läßt sich bei Kenntnis der Abmessungen der Bauteile, der Elastizitätsmoduln der verwendeten Werkstoffe und des Reibungskoeffizienten die Werkstoffanstrengung ermitteln (s. Bild 7–4). Als Geschwindigkeit ist einerseits die Relativgeschwindigkeit zwischen Grund- und Gegenkörper von Bedeutung; für die Wärmeabfuhr interessiert andererseits, ob Grund- und Gegenkörper oder nur ein Körper bewegt sind. Neben der Beanspruchungsdauer sind auch die Stillstandszeiten zu beachten, in denen sich die Eigenschaften der Oberflächenbereiche z. B. durch Korrosion verändern können.

7.3.3 Struktur tribologischer Systeme

Innerhalb der Struktur von Tribosystemen können im allgemeinen vier Bauteile oder Stoffe unterschieden werden, die allgemein als Elemente bezeichnet werden:

- Grundkörper
- Gegenkörper
- Zwischenstoff
- Umgebungsmedium.

Tabelle 7–3: Elemente von Tribosystemen

Tribosystem	Grundkörper	Gegenkörper	Zwischenstoff	Umgebungs-medium
Gleitlager	Lagerschale	Welle	Schmierstoff	Luft
Getriebe	Zahnrad 1	Zahnrad 2	Getriebeöl	Luft
Passung	Zapfen	Buchse	---	Luft
Schiffsantrieb	Schiffsschraube	Wasser	---	---
Scheibenbremse	Bremsklotz	Bremsscheibe	---	Luft
Werkzeugmaschine	Drehmeißel	Werkstück	Schneidöl	Luft
Backenbrecher	Schlagleiste	Erz	---	Luft
Pipeline	Rohr	Öl	Gesteins-partikel	---

In Tabelle 7–3 sind einige Beispiele von Tribosystemen mit unterschiedlichen Elementen wiedergegeben. Danach sind Grund- und Gegenkörper in jedem Tribosystem vorhanden, während der Zwischenstoff oder das Umgebungsmedium unter Umständen entfällt. Zur Reibungs- und Verschleißminderung wird als Zwischenstoff in zahlreichen praktischen Anwendungen ein Schmierstoff verwendet. Der Zwischenstoff kann aber auch aus harten Partikeln bestehen, z. B. aus Erz, das in einer Kugelmühle zermahlen wird.

Die Oberfläche eines Werkzeuges wird durch fortlaufend neue Oberflächenbereiche des zu bearbeitenden Werkstückes beansprucht. Ein solches Tribosystem bezeichnet man auch als ein offenes Tribosystem. Seine Funktion hängt in erster Linie vom Verschleiß des als Grundkörper dienenden Werkzeuges ab, während durch den Gegenkörper die Beanspruchung erzeugt wird, ohne daß sein Verschleiß interessiert.

Beim Tribosystem „Nocken/Stößel" kommen dagegen die Oberflächenbereiche beider Partien wiederholt zum Eingriff. Die Funktionsfähigkeit hängt vom Verschleiß des Nockens und des Stößels ab. Ein solches System bezeichnet man als ein geschlossenes Tribosystem (Bild 7–11).

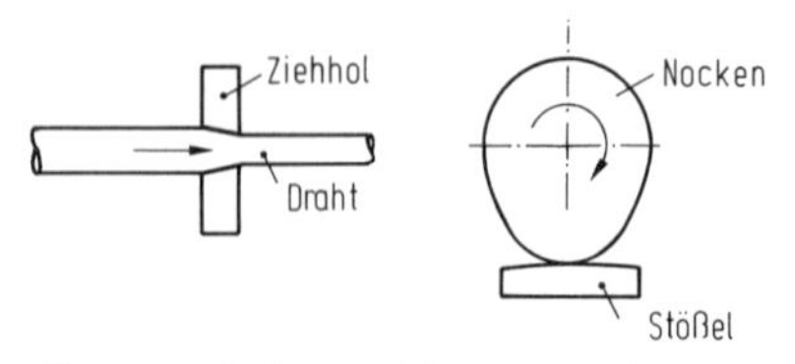

Bild 7–11: Beispiel für ein offenes und ein geschlossenes Tribosystem
a) offenes Tribosystem; b) geschlossenes Tribosystem

Die Elemente sind durch ihre Eigenschaften zu charakterisieren, wobei man zwischen Stoff- und Formeigenschaften sowie zwischen Volumen- und Oberflächeneigenschaften unterscheiden muß (Tabelle 7–4). Für Zwischenstoff und Umgebungsmedium ist zunächst der Aggregatzustand wichtig.

Reibung und Verschleiß sind letztlich durch die Wechselwirkungen zwischen den Elementen bedingt, die durch folgende Punkte zu kennzeichnen sind:

- Reibungszustand
  (s. Abschnitt 7.1)
- Verschleißmechanismen
  (s. Abschnitt 7.2).

Tabelle 7–4: Für Reibung und Verschleiß wichtige Eigenschaften der Elemente

Grundkörper Gegenkörper	Zwischenstoff	Umgebungsmedium
1. Volumeneigenschaften 1.1 Stoffeigenschaften 1.1.1 chemisch 1.1.2 physikalisch 1.1.3 gefügemäßig 1.1.4 mechanisch-technologisch 1.2 Formeigenschaften 1.2.1 Gestalt, Abmessungen 2. Oberflächeneigenschaften 2.1 Stoffeigenschaften 2.1.1 chemisch 2.1.2 physikalisch 2.1.3 gefügemäßig 2.1.4 mechanisch-technologisch 2.2 Formeigenschaften 2.2.1 Rauheit 2.2.2 Dicke von Oberflächenschichten	Aggregatzustand: a) fest 1. Stoffeigenschaften 1.1 chemisch 1.2 physikalisch 1.3 gefügemäßig 1.4 mechanisch-technologisch 2. Formeigenschaften 2.1 Gestalt, Abmessungen b) flüssig 1. Stoffeigenschaften 1.1 chemisch 1.2 physikalisch c) gasförmig 1. Stoffeigenschaften 1.1 chemisch 1.2 physikalisch	Aggregatzustand: a) flüssig 1. Stoffeigenschaften 1.1 chemisch 1.2 physikalisch b) gasförmig 1. Stoffeigenschaften 1.1 chemisch 1.2 physikalisch

7.3.4 Tribologische Kenngrößen

Die tribologischen Kenngrößen dienen zur quantitativen und qualitativen Kennzeichnung von Reibungs- und Verschleißvorgängen. Die Reibung wird durch die Reibungskraft F_R bzw. den Reibungskoeffizienten f charakterisiert. Die Reibungskraft F_R hängt von den Größen des Beanspruchungskollektivs B, welches auch die Normalkraft F_N beinhaltet, und der Systemstruktur S ab. Es gilt daher:

$$F_R = f(B, S)$$

Eine ähnliche Beziehung kann man für den Verschleißbetrag W aufstellen:

$$W = f(B, S)$$

Stellt man den Verschleißbetrag über der Beanspruchungsdauer dar, so ergeben sich häufig zwei unterschiedliche Kurvenverläufe (Bild 7–12). In der Einlaufphase kann ein erhöhter Einlaufverschleiß auftreten, der allmählich abklingt und in einen lang andauernden Beharrungszustand mit einem konstanten Anstieg des Verschleißbetrages (konstante Verschleißrate) übergeht, ehe ein progressiver Anstieg den Ausfall ankündigt (Bild 7–12a).

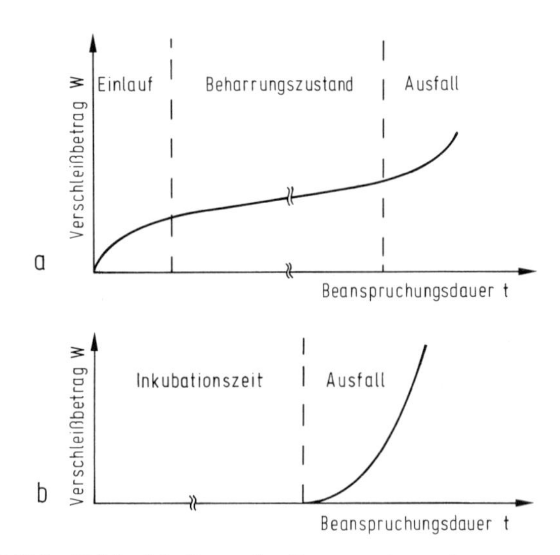

Bild 7–12: Verschleiß in Abhängigkeit von der Beanspruchungsdauer
a) Einlaufverschleiß; b) Verschleiß nach der Inkubationsperiode

Ist primär die Oberflächenzerrüttung als Verschleißmechanismus wirksam, so tritt ein meßbarer Verschleiß häufig erst nach einer Inkubationsperiode auf, in der mikrostrukturelle Veränderungen, Rißbildung und Rißwachstum erfolgen, ehe Verschleißpartikel abgetrennt werden (Bild 7–12b).

Da der Verschleiß immer eine Folge des Wirkens der Verschleißmechanismen ist, sollte neben der Angabe des Verschleißbetrages oder der Verschleißrate auch die Verschleißerscheinungsform in Form von licht- oder rasterelektronenmikroskopischen Aufnahmen dargestellt werden, aus denen man die Konstellation der Verschleißmechanismen entnehmen kann. Nur so ist es möglich, die Ergebnisse einer Verschleißprüfung für andere, ähnliche Fälle nutzbar zu machen.

7.4 Reibungs- und Verschleißprüfmethoden

Reibung und Verschleiß sind Probleme der Praxis, so daß Maßnahmen zur Beeinflussung von Reibung und Verschleiß letztlich nur durch Prüfungen in der Praxis nachzuweisen sind. Prüfungen an Maschinen und Anlagen sind aber in der Regel sehr aufwendig; außerdem ist es oft schwierig, die Größen des Beanspruchungskollektivs und der Systemstruktur mit hinreichender Genauigkeit zu erfassen und konstant zu halten bzw. gezielt zu variieren. Es werden daher auch andere Methoden der Reibungs- und Verschleißprüfung angewendet, die bis zu Untersuchungen an einfachen Probekörpern reichen. Man kann somit unterschiedliche Kategorien der Reibungs- und Verschleißprüfung unterscheiden [14], die für die Verschleißprüfung nach dem Entwurf DIN 50 322 geordnet sind (Bild 7–13). Die Kategorien bilden eine Prüfkette, wobei die Korrelation zwischen den einzelnen Gliedern zu überprüfen ist.

Für die Messung der Reibungs- und Verschleißkenngrößen stehen unterschiedliche Methoden zur Verfügung.

Bei Reibungsprüfungen sollte neben der Reibungskraft F_R auch die Normalkraft F_N gemessen werden, wozu unterschiedliche Kraft- oder Drehmomentaufnehmer zur Verfügung stehen.

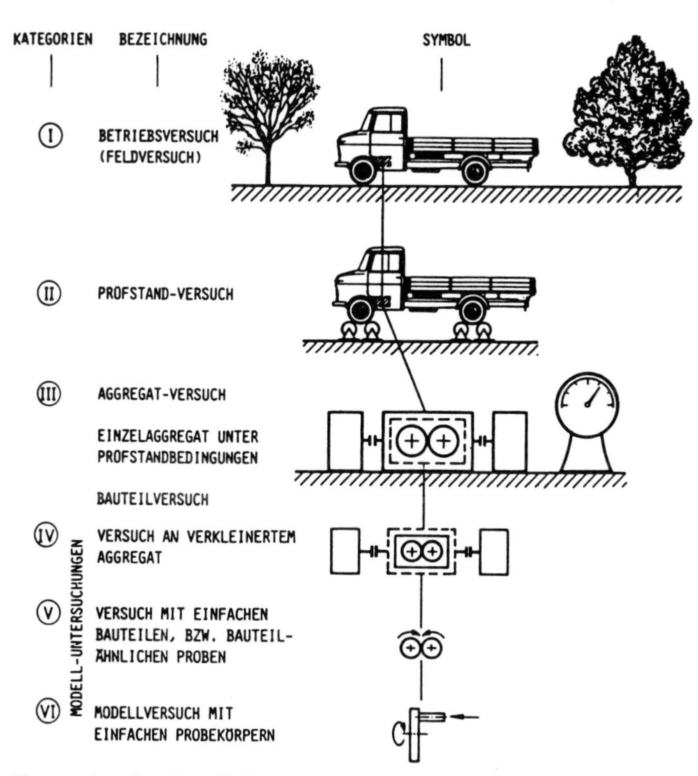

Bild 7–13: Kategorien der Verschleißprüfung

Für die Messung des Verschleißbetrages wird eine große Auswahl verschiedenartiger Möglichkeiten ausgenutzt [15]:

I. Erfassung der verschleißbedingten Maßänderungen der tribologisch beanspruchten Bauteile
II. Sammlung und Analyse der Verschleißpartikel
III. Indirekte Methoden.

In der Gruppe I können die linearen, planimetrischen, volumetrischen und massenmäßigen Verschleiß-Meßgrößen (Bild 7–14) einschließlich der zugehörigen Verschleißraten gemessen werden. Zur Messung des linearen Verschleißbetrages W_l dienen zunächst gewöhnliche Längenmeßgeräte wie Zollstock, Meßschieber, Feinmeßschraube, Meßuhr und Meßmikroskop. Mit diesen Meßwerkzeugen kann der Verschleißbetrag aber nur in bestimmten Zeitintervallen gemessen werden. Nicht selten müssen die tribologisch beanspruchten Bauteile zum Vermessen ausgebaut werden, so daß nach dem Wiedereinbau ein erneuter Einlaufverschleiß eintritt, weil die Bauteile meistens nicht exakt in ihre ursprüngliche Lage eingebaut werden können. Diese Nachteile kann man durch die Verwendung von kapazitiven oder induktiven Wegaufnehmern vermeiden, mit denen der Verschleiß kontinuierlich erfaßt wird.

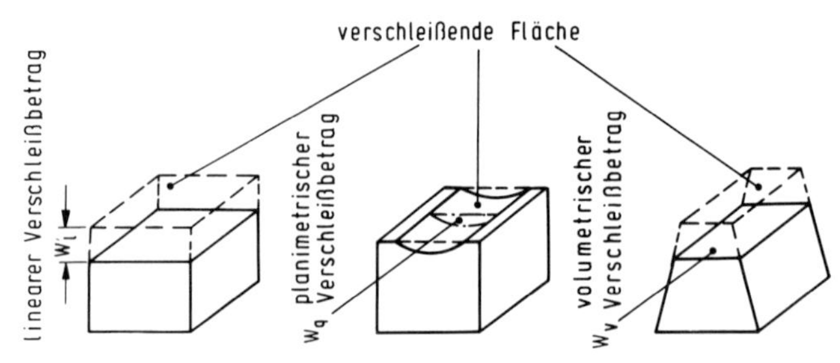

Bild 7–14: Direkte Verschleiß-Meßgrößen

Der planimetrische Verschleißbetrag W_q kann diskontinuierlich durch Abtasten des Verschleißprofils mit einem Tastschnittgerät ermittelt werden, indem man Profildiagramme aufzeichnet, die sich anschließend ausplanimetrieren lassen.

Der volumetrische Verschleißbetrag W_v kann aus dem linearen Verschleißbetrag abgeschätzt werden, wenn auch die anderen Abmessungen des Bauteils einbezogen werden. Er kann auch aus dem massenmäßigen Verschleißbetrag W_m ermittelt werden, wenn die Dichte bekannt ist.

Der massenmäßige Verschleißbetrag W_m wurde früher fast ausschließlich durch Wägung bestimmt. Die Einführung der Radionuklid-Meßtechnik erweiterte die Möglichkeiten beträchtlich. So kann mit dem Dünnschichtdifferenzverfahren, bei dem die tribologisch beanspruchten Bauteile durch den Beschuß mit Protonen, Deuteronen oder α-Teilchen im Zyklotron radioaktiv markiert werden, der Massenverlust aus der Abnahme der Intensität der radioaktiven Strahlung mit zunehmendem Verschleiß bestimmt werden.

Die Gruppe II der Verschleiß-Meßmethoden besteht in der Sammlung und Analyse von Verschleißpartikeln. Diese Methode kann vor allem in ölgeschmierten Aggregaten vorteilhaft eingesetzt werden. Dazu werden die Verschleißpartikel in einem Filter aufgefangen oder an einer anderen geeigneten Stelle gesammelt und entweder in bestimmten Intervallen entnommen oder kontinuierlich mit Hilfe radioaktiver Methoden analysiert.

Zum Nachweis von Verschleißpartikeln in Ölproben sind folgende Verfahren von besonderer Bedeutung:

a) Optische Emissionsspektroskopie
(z. B. Flammenemissionsspektroskopie)

b) Röntgenfluoreszenzanalyse

c) Atomabsorptionsspektroskopie

d) Ferrographie.

Als indirekte Verschleiß-Meßmethoden (III) sind Schallmessungen, die z. B. die Grübchenbildung anzeigen, Temperaturmessungen, die z. B. das Heißlaufen eines Lagers anzeigen oder Messungen der Energieaufnahme oder -abgabe von Maschinen zu nennen.

Insgesamt gesehen steht also zur Verschleißmessung ein umfangreiches Instrumentarium zur Verfügung. Außer der Messung des Verschleißbetrages sollten aber auch die Größen des Beanspruchungskollektivs und der Systemstruktur so weitgehend wie möglich gekennzeichnet werden, um eine möglichst große Aussagefähigkeit der gewonnenen Ergebnisse zu erzielen.

7.5 Maßnahmen zur Reibungs- und Verschleißminderung

Die wichtigste Maßnahme zur Reibungs- und Verschleißminderung stellt die Schmierung dar, die mit Schmierölen, Schmierfetten oder festen Schmierstoffen erfolgen kann. Trotz der Anwendung von Schmierstoffen läßt sich in vielen Fällen, z. B. bei hohen Belastungen oder hohen Temperaturen, nicht immer eine vollständige Trennung von Grund- und Gegenkörper erreichen.

Ist eine hohe Reibung von der Funktion her gefordert, wie z. B. bei Reibungsbremsen und Kupplungen oder beim System „Antriebsrad/Schiene“, so muß auf eine Schmierung verzichtet werden.

In vielen Fällen werden tribologisch beanspruchte Bauteile durch spezielle Oberflächenbehandlungen geschützt. Im folgenden seien die wichtigsten Verfahren genannt [16, 17]:

o Mechanische Oberflächenverfestigung
  - Strahlen
  - Festwalzen
  - Druckpolieren

- o Randschichthärten (von Stahl)
  - Flammhärten
  - Induktionshärten
  - Impulshärten
  - Elektronenstrahlhärten
  - Laserstrahlhärten
- o Umschmelzen
  - Lichtbogenumschmelzen
  - Elektronenstrahlumschmelzen
  - Laserumschmelzen
- o Ionenimplantieren
- o Thermomechanische Verfahren
  (Aufkohlen, Nitrieren, Nitrocarburieren, Borieren, Chromieren, Vanadieren ...)
- o Chemische Abscheidung aus der Gasphase (CVD)
  (Titancarbid, Titannitrid, Aluminiumoxid, Wolframcarbid ...)
- o Physikalische Abscheidung aus der Gasphase (PVD)
  - Aufdampfen } (Titannitrid, Chromnitrid)
  - Sputtern }
  - Ionenplattieren
- o Galvanische Abscheidung
  - Elektrolytische Abscheidung (Hartchrom)
  - Fremdstromlose Abscheidung (Nickel-Phosphor)
- o Plattieren
  - Walzplattieren
  - Sprengplattieren
- o Aufsintern
- o Aufschmelzen
- o Thermisches Spritzen
  - Flammspritzen
  - Lichtbogenspritzen
  - Plasmaspritzen
  - Detonationsspritzen
- o Auftragschweißen.

Durch diese Oberflächenbehandlungen können das Verschleißverhalten, das Korrosionsverhalten und die Festigkeitseigenschaften gezielt beeinflußt werden.

Durch eine mechanische Oberflächenverfestigung wird vor allem die Dauerschwingfestigkeit erhöht und der Einlaufverschleiß in der Regel vermindert.

Das Randschichthärten bewirkt eine Erhöhung des abrasiven Verschleißwiderstandes und des Widerstandes gegen Oberflächenzerrüttung. Außerdem nimmt die Dauerschwingfestigkeit zu. In ähnlicher Weise wirkt sich auch das Aufkohlen und Härten (Einsatzhärten) aus. Das Nitrieren führt vor allem zu einer

Verbesserung des adhäsiven Verschleißwiderstandes, einer Steigerung der Dauerschwingfestigkeit und teilweise auch zu einer Erhöhung des Korrosionswiderstandes. Durch eine Verchromung können der abrasive Verschleißwiderstand und der Korrosionswiderstand gesteigert werden, wobei im allgemeinen eine Herabsetzung der Dauerschwingfestigkeit in Kauf zu nehmen ist. Das Vernikkeln wird primär zur Erhöhung des Korrosionswiderstandes eingesetzt. Die fremdstromlose Abscheidung von Nickel und Phosphor erhöht den Widerstand gegenüber der Adhäsion, die Einlagerung von Hartstoffpartikeln wie Siliziumcarbid oder Diamant verbessert den abrasiven Verschleißwiderstand. Durch CVD (Chemical Vapor Deposition) und PVD (Physical Vapor Deposition) erzeugte Schutzschichten werden vor allem zur Einschränkung des adhäsiv-abrasiven Verschleißes von hochbeanspruchten Werkzeugen eingesetzt. Durch Plattieren, Thermisches Spritzen und Auftragschweißen können relativ dicke Schutzschichten erzeugt werden, die sich vielfach zum Schutz gegen abrasiven Verschleiß bewähren.

Bei einer Reihe von Verfahren wie z. B. beim Aufkohlen und Härten, Borieren, Chromieren, Vanadieren und den meisten CVD-Verfahren liegen die Behandlungstemperaturen im Bereich der Austenitisierungstemperatur von Stahl, so daß im Anschluß an die Behandlung ein erneutes Vergüten des Grundwerkstoffes notwendig ist, wobei die Gefahr von Schädigungen der Oberflächenschutzschicht besteht.

7.6 Schadensanalyse bei Reibungs- und Verschleißvorgängen

In Abschnitt 7.3 ist die Systemabhängigkeit von Reibungs- und Verschleißvorgängen ausführlich dargestellt worden. Danach hängen Reibungskoeffizient und Verschleißbetrag von den Größen des Beanspruchungskollektivs und der Systemstruktur ab. Eine tribologische Schadensanalyse erfordert daher sowohl eine Beanspruchungs- als auch eine Strukturanalyse [18], (Bild 7–15). Die Bean-

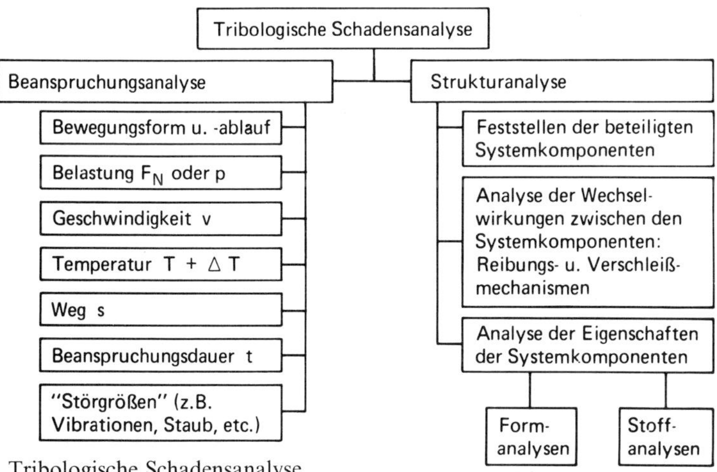

Bild 7–15: Tribologische Schadensanalyse

spruchungsanalyse stellt eine vergleichende Soll-Ist-Analyse der beanspruchenden Eingangsgrößen dar. Hierbei sind zunächst die Bewegungsart (Bewegungsform) und der Bewegungsablauf festzustellen. Danach sind die Ist-Daten der eigentlichen Beanspruchungsgrößen, nämlich Belastung, Geschwindigkeit, Temperatur und Weg oder Beanspruchungsdauer, zu bestimmen. Eine besondere Schwierigkeit besteht häufig in der Ermittlung der reibungsbedingten Temperaturerhöhung. Bei der Bestimmung der Beanspruchungsdauer müssen auch die Stillstandszeiten angegeben werden. Neben den vorgegebenen Beanspruchungsgrößen sind auch Störgrößen, wie z. B. Vibrationen, zu berücksichtigen.

Die Strukturanalyse besteht aus dem Feststellen der am Reibungs- und Verschleißvorgang beteiligten Systemkomponenten, der Analyse ihrer Wechselwirkungen und Eigenschaften, wozu Stoff- und Formanalysen notwendig sind.

Dieses Schema kann natürlich nur als eine Leitlinie dienen, die dem konkreten Fall anzupassen ist. Die systematische Vorgehensweise stellt jedoch sicher, daß die wesentlichen, für einen reibungs- oder verschleißbedingten Schadensfall relevanten Einflußgrößen erfaßt und berücksichtigt werden können.

Literatur Kapitel 7

[1] DIN 50281: Reibung in Lagerungen. Begriffe, Arten, Zustände, physikalische Größe. Beuth Verlag, Berlin 1977

[2] *Bowden, F. P., Tabor, D.:* The friction and lubrication of solids. Clarendon Press, Oxford (1950) Part II (1964) (B)

[3] *Buckley, D. H.:* Adhäsion, Reibung und Verschleiß von Kobalt und Kobaltlegierungen. Kobalt 38 (1968) S. 17–24

[4] *Habig, K.-H.:* Reibung und Verschleiß von gehärteten, nitrierten und borierten Stahl-Gleitpaarungen im Vakuum und in Luft. Z. f. Metallkunde (1984) S. 630–634

[5] *Dowson, D., Higginson, G. R.:* A new roller-bearing lubrication formula. Engineering, London 192 (1961) S. 158–159

[6] *Winer, W. O., Cheng, H. S.:* Film thickness, contact stress and surface temperature. In: Wear Control Handbook S. 81–142. Hrsg.: M. B. Peterson u. W. O. Winer, The American Society of Mechanical Engineers, New York (1980) (B)

[7] *Kloos, K.-H., Broszeit, E.:* Grundsätzliche Betrachtungen zur Oberflächenermüdung. Z. Werkstofftechnik 7 (1976) S. 85–124

[8] DIN 50320: Verschleiß – Begriffe, Systemanalyse von Verschleißvorgängen, Gliederung des Verschleißgebietes. Beuth Verlag, Berlin 1979

[9] DIN 50321: Verschleiß-Meßgrößen. Beuth Verlag, Berlin 1979

[10] *Burwell, J. T.:* Survey of possible wear mechanisms. Wear 1 (1957/58) S. 119–141

[11] *Habig, K.-H.:* Die Verschleißmechanismen von Metallen und Maßnahmen zu ihrer Bekämpfung. Z. f. Werkstofftechnik 4 (1973) S. 33–40

[12] *Czichos, H.:* The principles of system analysis and their application to tribology. ASLE Transactions 17 (1974) S. 300–306

[13] *Czichos, H.:* Tribology – A systems approach to the science and technology of friction, lubrication and wear. Elsevier Sci. Publ. Co., Amsterdam, New York 1978 (B)

[14] *Uetz, H., Sommer, K., Khosrawi, M. A.:* Übertragbarkeit von Versuchs- und Prüfergebnissen bei abrasiver Verschleißbeanspruchung auf Bauteile. VDI-Berichte Nr. 354 (1979) S. 107–124

[15] *Habig, K.-H.:* Verschleiß und Härte von Werkstoffen. Carl Hanser Verlag, München 1980 (B)
[16] *N. N.:* Verschleißschutz durch Oberflächenschichten. VDI-Berichte 333 (1979)
[17] *N. N.:* Verbesserung der Dauerschwingfestigkeit sowie der Korrosions- und Verschleißbeständigkeit durch gezielte Oberflächenbehandlungen. VDI-Berichte Nr. 506 (1984)
[18] *Czichos, H.:* Die systemtechnischen Grundlagen der Tribologie. Schmiertechnik + Tribologie 24 (1977) S. 109–113

8. Einflußbereich Korrosion

8.1 Allgemeine Betrachtung

Nahezu alle mechanisch beanspruchten Bauteile aus metallischen Werkstoffen sind einer Korrosionseinwirkung unterworfen. Dabei ist im allgemeinen weniger der Verlust an Werkstoffsubstanz durch chemische Umsetzung und Abtragung die kennzeichnende Größe für eine Schädigung, sondern der Verlust an Funktions- und Tragfähigkeit. So wirkt sich z. B. in konventionellen Kraftwerken eine Abtragungsrate von 10 µm/Jahr nicht störend aus; in Kernkraftwerken ist dieser Abtrag aus Gründen der Kontamination jedoch zu hoch.

Eine örtlich auftretende Korrosion mit großer Eindringgeschwindigkeit und Tiefenwirkung ist für die Tragfähigkeit wesentlich schädlicher als eine gleichmäßig werkstoffabtragende Korrosion. Da das Zusammenwirken von mechanischer Beanspruchung und Korrosion zu einer besonders scharfen Lokalisierung des Angriffs führen kann, kommt solchen kombinierten Einflüssen besondere Bedeutung im Hinblick auf die Lebensdauer eines Bauteils zu. Der Begriff Korrosionsschaden muß demnach relativ betrachtet werden und ist grundsätzlich zusammen mit den gestellten Anforderungen zu sehen.

Die Verluste, die durch Korrosion verursacht werden, sind beträchtlich; so wendet die Deutsche Bundesbahn allein zur Erhaltung der Oberbauten jährlich mehr als 50 Millionen DM auf. Nach Erfahrungswerten muß in weiten Anwendungsbereichen mit Verlusten zwischen 5 bis 10% des Jahresproduktes gerechnet werden, woraus sich eine mittlere Lebensdauer von 10 bis 20 Jahren ergibt.

8.2 Korrosionsvorgänge

Nach DIN 50900 ist der Begriff Korrosion definiert als „Reaktion eines metallischen Werkstoffes mit seiner Umgebung, die eine meßbare Veränderung des Werkstoffes bewirkt und zu einem Korrosionsschaden führen kann".

Die Korrosionsreaktionen von Werkstoffen mit ihrer Umwelt sind Phasengrenzreaktionen, denen mehrere homogene oder heterogene Reaktionsschritte vor- oder nachgelagert sein können. Wichtige Teilreaktionen sind z. B. Grenzflächenreaktionen chemischer und elektrochemischer Art, Abtransport der entstandenen Reaktionsprodukte in das angreifende Medium und Abtransport aggressiver Bestandteile aus diesem an die Metalloberfläche durch Diffusion, Ad- und Absorptionsvorgänge auf der Metalloberfläche und die Bildung oder die Ausscheidung von festen Reaktionsprodukten, die zu Deckschichten führen. Korrosionsreaktionen sind insgesamt betrachtet wegen der gegenseitigen Beeinflussung der Teilreaktionen, die sowohl hintereinander als auch gleichzeitig ablaufen können, Vorgänge komplexer Art.

Je nach den Eigenschaften der Reaktionspartner kann es sich bei den Vorgängen an der Phasengrenze um eine chemische, eine elektrochemische oder um eine

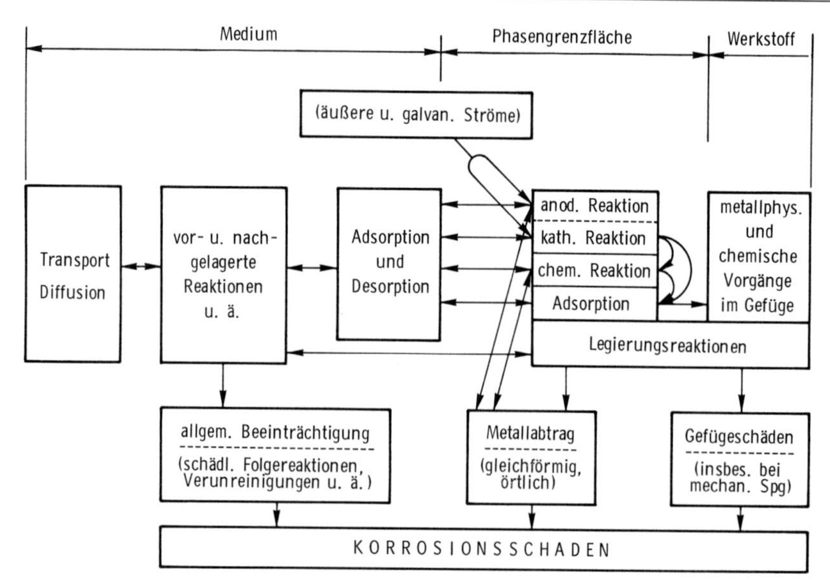

Bild 8–1: Mögliche Reaktionsschritte der Korrosion (schematisch) [1]

Angriffsform	Kennzeichnung	Schema
gleichmäßig	Korrosion unter a) Wasserstoffentwicklung b) Sauerstoffverbrauch	 Me
ungleichmäßig	Spaltkorrosion	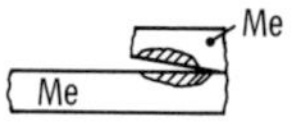 Me, Me
	Kontaktkorrosion	 Me1, Me2; Me2 unedler als Me1
	selektive Korrosion	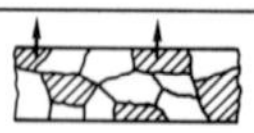 heterogenes Gefüge
	Lochfraßkorrosion	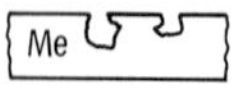 Me
	interkristalline Korrosion	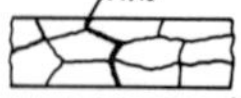 Riß; Korngrenzenangriff
ungleichmäßig, an mechanische Belastungen gebunden	Spannungsrißkorrosion	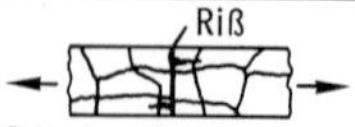 Riß; F (ruhend)
	Schwingungsrißkorrosion	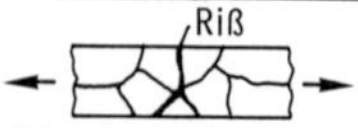 Riß; F (wechselnd)

Bild 8–2: Erscheinungsformen der elektrochemischen Korrosion [2]

metallphysikalische Reaktion handeln. Bild 8–1 zeigt ein Reaktionsfolge-Schema zur Verdeutlichung der Korrosionsvorgänge und der Art der Auswirkung.

Die Geschwindigkeit, mit der der Gesamtvorgang abläuft, kann von Metall zu Metall sehr unterschiedlich sein. Beispielsweise bewirkt die gleichmäßige Flächenkorrosion bei Eisen und unlegiertem Stahl unter Einwirkung einer 20 %igen Salpetersäure bei Raumtemperatur eine Abtragung von mehr als 3 mm/Tag; unter gleichen Bedingungen beträgt die Abtragung bei einem Chrom-Nickelstahl (18 % Cr, 10 % Ni) weniger als 10^{-5} mm/Tag.

Eine Übersicht über mögliche Erscheinungsformen der elektrochemischen Korrosion und über das Schema der Schädigung zeigt Bild 8–2.

Bei der chemischen Korrosion ist meistens Sauerstoff ein wesentliches Korrosionselement, wobei das Metall zu Metalloxid oxidiert, z. B.

$$2\,Mg + O_2 \rightarrow 2\,MgO$$

Die Reaktion ist besonders ausgeprägt bei höheren Temperaturen; als Reaktionsprodukt tritt Zunder auf.

Bei der elektrochemischen Korrosion treten zwei Teilreaktionen auf, die einen Austausch elektrischer Ladungen erfordern. Dies ist im Metall durch die Leitfähigkeit für Elektronen möglich (Elektronenleitung), außerhalb durch einen Elektrolyten, in dem sich Ionen bewegen können (Ionenleitung). Der Korrosionsvorgang setzt sich aus einer Oxidation des angegriffenen Metalls und einer Reduktion des Angriffsmittels zusammen. Ein Korrosionselement umfaßt demnach immer eine Anode, eine Kathode und einen Elektrolyten. Der Elektronenstrom im Metall und der Ionenstrom im Elektrolyten bilden den Stromkreis des Korrosionselementes.

Ist das Gefüge des Metalls heterogen ausgebildet, so kann der anodische Teilvorgang an einer der Phasen des Gefüges bevorzugt ablaufen, der kathodische Vorgang dagegen an der anderen Phase. Die bei der anodischen Reaktion sich bildenden Elektronen, die im Metall zurückbleiben, fließen dann von dem einen Gefügebestandteil zu dem anderen, an dem die kathodische Reaktion erfolgt; die Bewegung der Ionen im Elektrolyten schließt den Stromkreis. Dieser Vorgang ist unter der Bezeichnung „Lokalelementbildung“ bekannt (Bild 8–3).

Die oxidierende bzw. reduzierende Wirkung einer chemischen Reaktion führt je nach Metall und Elektrolyt zur Ausbildung unterschiedlicher elektrischer Po-

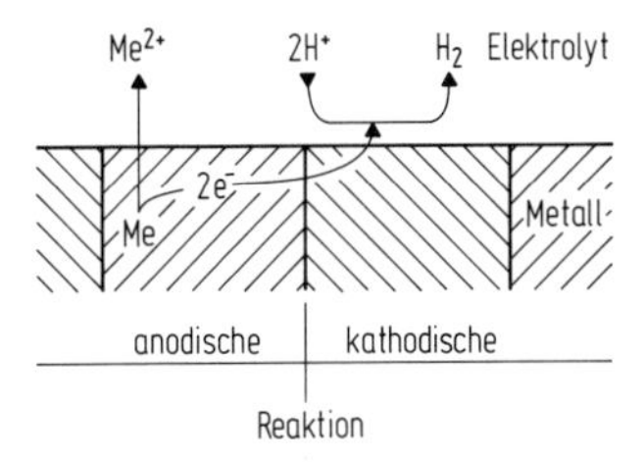

Bild 8–3: Lokalelementbildung bei heterogener Gefügeausbildung

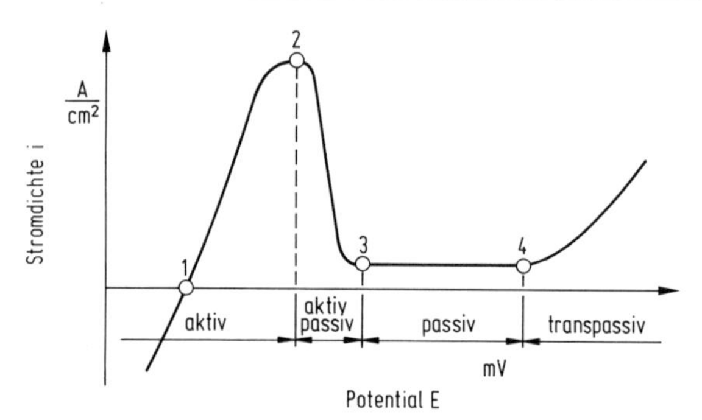

Bild 8–4: Stromdichte-Potentialkurve eines passivierbaren Metalls (schematisch)

tentiale zwischen Metall und Elektrolyt, die durch die Stromdichte-Potential-Kurve dargestellt werden (Bild 8–4). Zwischen den Punkten 1 und 2 bzw. nach Punkt 4 liegen die Gebiete der ausgeprägten Korrosionsangriffe; zwischen 3 und 4 ist das Gebiet der Korrosionsbeständigkeit.

Im Aktivbereich geht das Metall in Lösung (1–2). Gleichzeitig bildet sich auf der Oberfläche eine Oxidationsschicht. Im Bereich 2–3 wird das Metall passiviert, die Stromdichte vermindert sich. Im Passivbereich 3–4 bleibt die Stromdichte konstant; oberhalb 4 steigt sie wieder an.

Die einzelnen Vorgänge und ihre gegenseitige Beeinflussung sind in Bild 8–5 dargestellt. Die anodische Teilstromkurve kennzeichnet die Auflösung des Metalls und die kathodische Kurve die Reduzierbarkeit des Angriffsmittels. Der stationäre Zustand wird nur bei dem Ruhepotential E_R erreicht; der Reaktionsstrom i_R beim Ruhepotential entspricht der Geschwindigkeit der Reaktion.

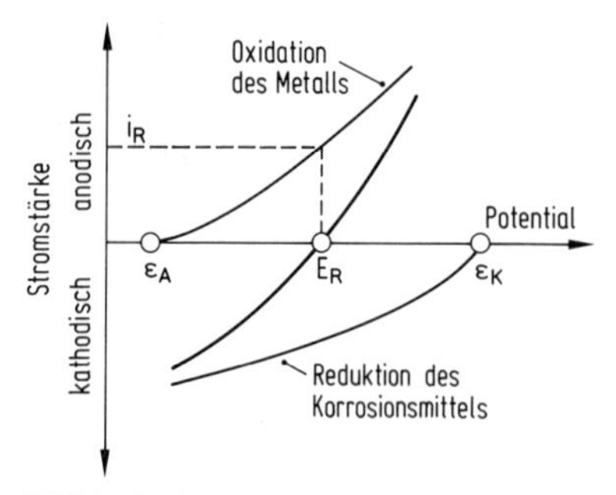

Bild 8–5: Stromstärke-Potential-Beziehung der elektrolytischen Korrosion (schematisch) i_R Korrosionsstromstärke; E_R Ruhepotential; ε Gleichgewichtspotential

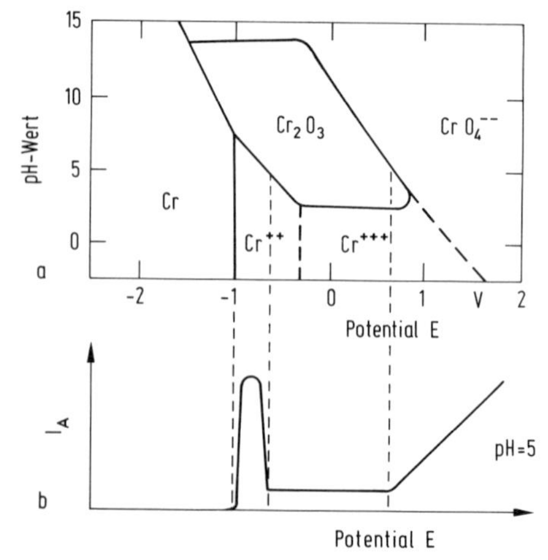

Bild 8–6: Abgrenzung des Passivbereichs von Chrom durch den Existenzbereich eines Oxides (schematisch) [3]

Die Abgrenzung des passiven Zustandes des Metalls kann dem Beständigkeitsschaubild entnommen werden (Bild 8–6). Der Aktiv- und Passivbereich wird beeinflußt durch den pH-Wert, so daß die Korrosionsbeständigkeit eines Metalls nur für bestimmte Kombinationen von pH-Wert und Potential gegeben ist.

8.3 Korrosionsarten

8.3.1 Flächenkorrosion (gleichmäßig, ungleichmäßig)

Bei der gleichmäßigen Flächenkorrosion wird die Oberfläche eines Bauteiles unter dem Einfluß zeitlich konstanter Korrosionsbedingungen gleichmäßig abgetragen (Bild 8–7). Ist die Abtragungsrate bekannt (statistische Auswertung von Erfahrenswerten), so kann durch Anpassen der rechnerisch ermittelten Wandstärke in der Regel eine technisch befriedigende Lebensdauer erreicht werden.

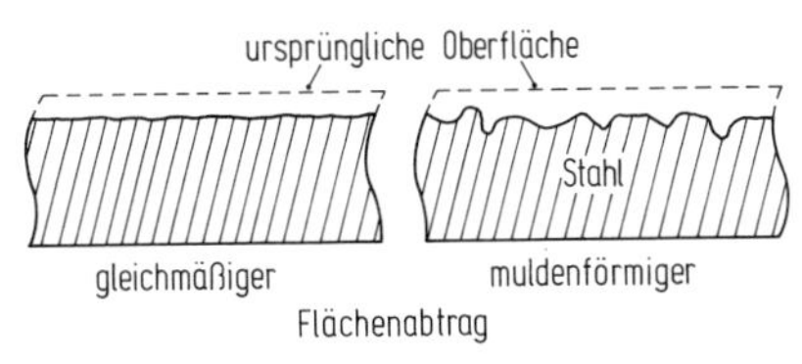

Bild 8–7: Ausbildungsformen der abtragenden Korrosion [4]

Häufiger tritt der Fall ein, daß der Flächenabtrag ungleichmäßig erfolgt; die Oberfläche wird rauh und zerklüftet. Durch Ermittlung der maximalen Angriffstiefe und der zugehörigen Korrosionsgeschwindigkeit (DIN 50905) ist es möglich, einen Wanddickenzuschlag zu ermitteln, der eine vorgegebene Lebens-

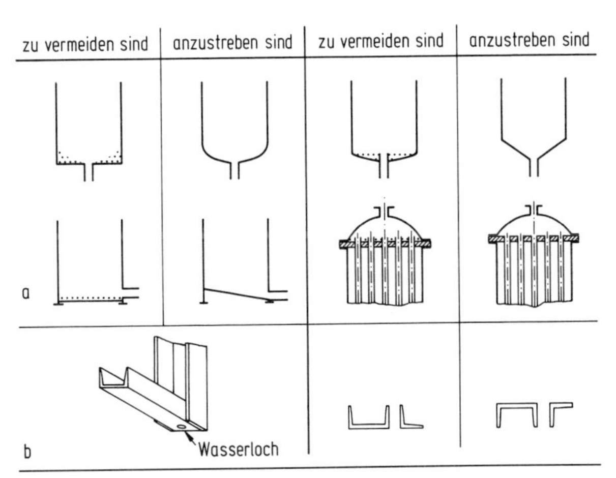

Bild 8–8: Konstruktive Gestaltungsmöglichkeiten bei korrosionsbeanspruchten Bauteilen [5]
a) Behälterboden; b) Stahlbaukonstruktion

dauer gewährleistet. Zu berücksichtigen ist jedoch der durch die „Kerben“ verursachte inhomogene Spannungszustand. Insbesondere bei spröden Werkstoffen können die Kerbspannungen dazu führen, daß ein Bruch bei Nennspannungen unterhalb der Zugfestigkeit, in besonders gearteten Fällen sogar unterhalb der Streckgrenze, auftritt; diese Gefahr wird bei ausreichender Formänderungsfähigkeit des Werkstoffes vermindert. Trotzdem werden auch bei derartigen Werkstoffen bestimmte Eigenschaften, z. B. die Schwingfestigkeit und die Zeitstandfestigkeit, durch diese Korrosionsart nachteilig beeinflußt. Zwecks Vermeidung abtragender Korrosionseinflüsse müssen daher konstruktiv Stellen vermieden werden, wo sich Verunreinigungen, Staub u. dgl. sowie Feuchtigkeit ansammeln können, da dort die stärkste Korrosion auftreten würde. So ist z. B. im Behälterbau zu fordern, daß die vollständige Entleerung gewährleistet ist (Bild 8–8).

8.3.2 Lochkorrosion (Lochfraß)

Mit Lochfraß wird diejenige Korrosionsform bezeichnet, bei der kraterförmige, meist die Oberfläche unterhöhlende oder nadelförmig ausgebildete Vertiefungen auftreten. Außerhalb der Lochfraßstellen tritt in der Regel kein Flächenabtrag auf. Die Tiefe der korrodierten Stellen ist normalerweise gleich oder größer als der Durchmesser (Bild 8–9).

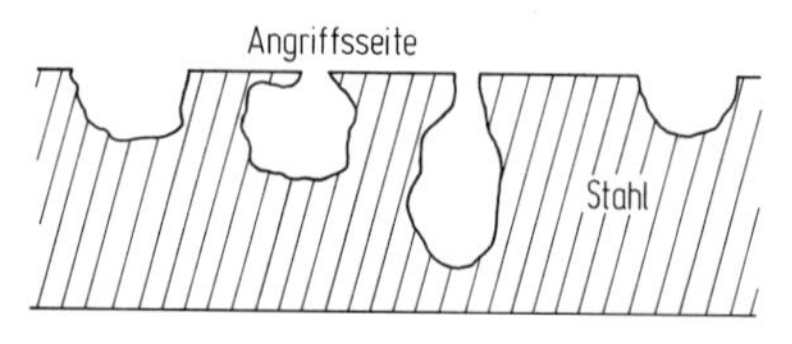

Bild 8–9: Ausbildungsformen der Lochfraßkorrosion [4]

Lochfraß kann immer dann auftreten, wenn die Werkstoffoberfläche mit einer korrosionshemmenden Deckschicht überzogen ist, die Poren oder Fehlstellen aufweist. Deckschichten in diesem Sinne sind z. B.

- Zunderschichten oder Walzhaut bei unlegierten oder legierten Stählen
- Schutzschichten, wie Anstriche, Bitumenüberzüge
- metallische, z. B. galvanisch aufgetragene Schichten
- Passiv-Schichten, die meist nur aus wenigen Moleküllagen bestehen, wie z. B. bei Eisen, Nickel, Chrom, sowie bei den passivierbaren Eisen-Basis- und Nickel-Basis-Legierungen.

Die passivierenden Eigenschaften oxidischer Deckschichten können z. B. bei Anwesenheit von Chlor-, Brom- und Jodionen im Elektrolyten verlorengehen. Dadurch entsteht in der Stromdichte-Potential-Kurve ein sogenanntes Lochfraßpotential, bei dem ein starker Stromdichteanstieg auftritt (Bild 8–10).

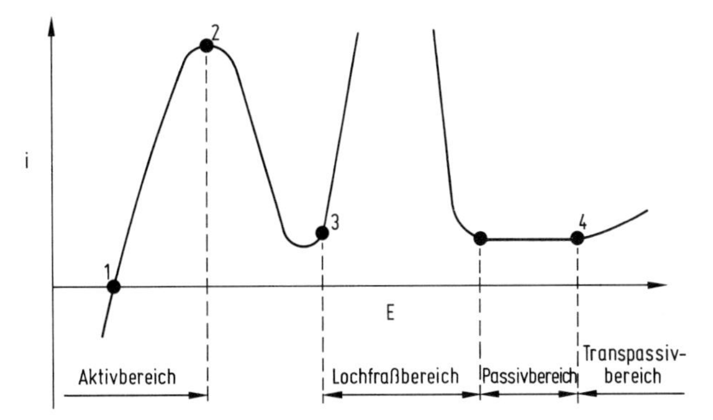

Bild 8–10: Stromdichte-Potentialkurve mit Lochfraßbereich (schematisch)

Außer den un- und niedriglegierten Stählen sind auch chemisch beständige Cr- und Cr-Ni-Stähle unter Einwirkung saurer Lösungen, die Chloride, SO_2 und H_2O enthalten, anfällig für Lochfraßkorrosion.

Bild 8–11 zeigt z. B. einen Querschliff einer Schweißnaht am Rohrkrümmer einer Dekontaminationsanlage aus dem Werkstoff X19CrNiMoTi1810, in der neben Spannungskorrosionsrissen auch Lochfraßkorrosion aufgetreten ist.

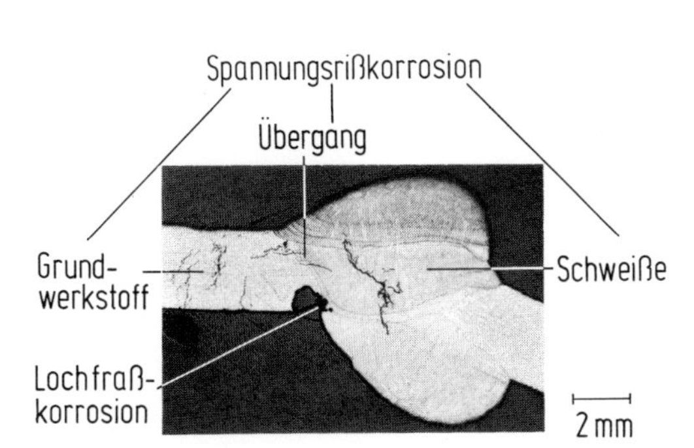

Bild 8–11: Schweißnaht eines Rohrkrümmers aus austenitischem Cr-Ni-Stahl mit
- Spannungsrißkorrosion
- Lochfraßkorrosion [6]

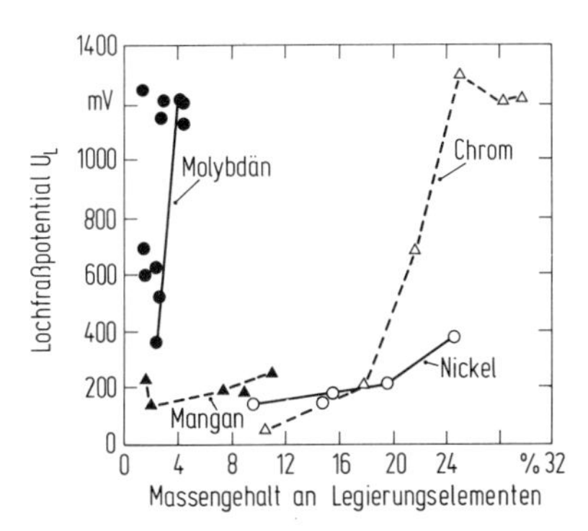

Bild 8–12: Abhängigkeit des Lochfraßpotentials U_L (umgerechnet auf die Standard-Wasserstoff-Elektrode U_H) vom Legierungsgehalt austenitischer Stähle in 3%iger Na-Cl-Lösung [7]

Die Lochfraßbeständigkeit wird verbessert durch höhere Chrom- und Molybdängehalte; Nickel und Mangan haben nur geringen Einfluß (Bild 8–12).

Die wesentlichsten Einflußgrößen der Lochfraßkorrosion austenitischer Chrom-Nickel-Stähle sind in Bild 8–13 zusammengefaßt.

Die makroskopische Ausbildung derartiger Korrosionsschäden zeigen die Bilder 8–14 und 8–15.

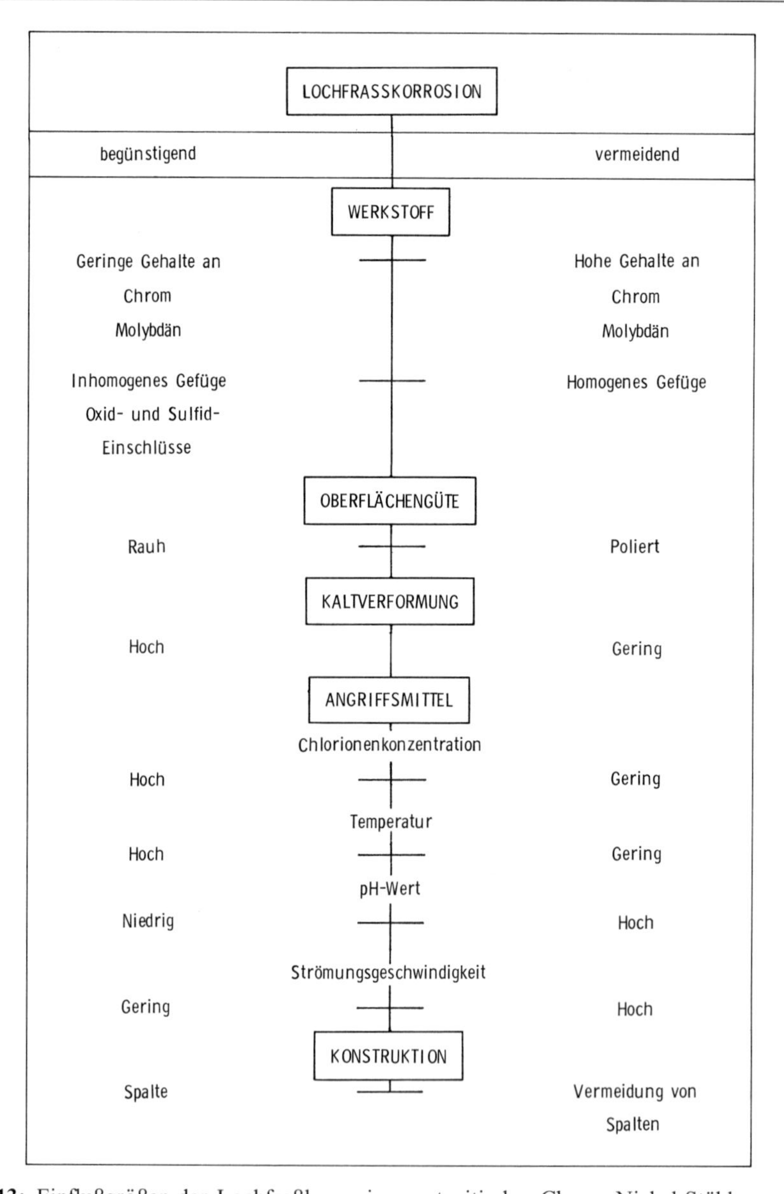

Bild 8–13: Einflußgrößen der Lochfraßkorrosion austenitischer Chrom-Nickel-Stähle

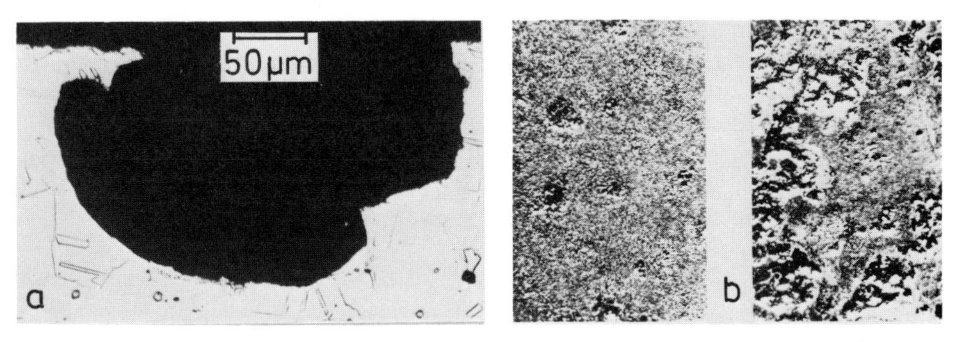

Bild 8–14: Lochfraßausbildung an Chrom-Nickelstählen [1]; a) Querschliff; b) Oberfläche

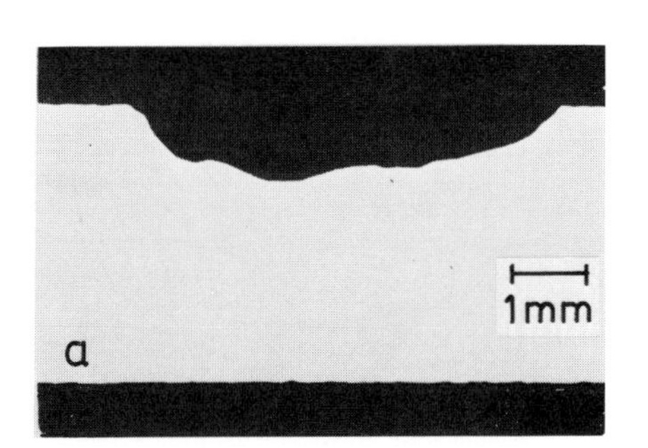

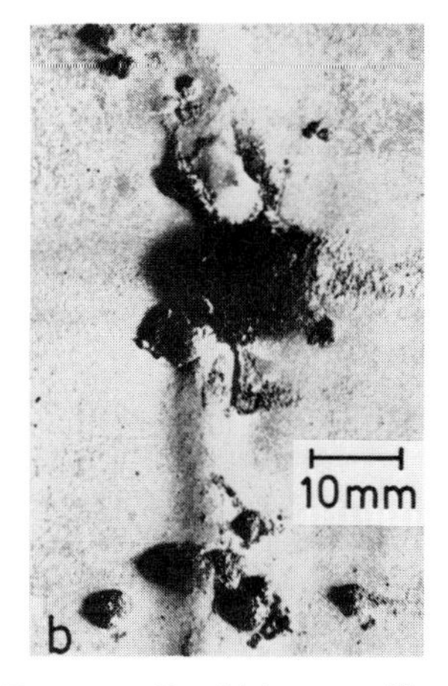

Bild 8–15: Lochfraßausbildung durch örtliche Korrosion an Poren von Beschichtungen (Emaillierschicht [1]; a) Querschliff durch Korrosionsmulde bei SO_2-Einwirkung; b) Poren an einer Schweißnaht mit geringem Korrosionsangriff

8.3.3 Spaltkorrosion

Diese Korrosionsart tritt in Spalten auf, wenn an diesen Stellen das Sauerstoffangebot so gering ist, daß der Passivfilm zerstört wird. Man beobachtet, daß der Elektrolyt im Spalt infolge Diffusionshemmung sauerstoffärmer ist als der außerhalb des Spaltes. Ferner reagiert die Flüssigkeit im Spalt meist sauer, was auf Hydrolyse der an der Anode entstandenen Chloride, z. B. Fe (II)-Chloride, zurückzuführen ist. Schließlich kann der Elektrolyt im Spalt bei Wärmeeinwirkung durch örtliche Verdampfungsvorgänge aufkonzentriert werden. Das Auftreten von Spaltkorrosion ist demnach im wesentlichen von der Spaltgeometrie abhängig.

Insgesamt betrachtet ist die Gefahr des Auftretens der Spaltkorrosion besonders in solchen Medien groß, in denen der Werkstoffangriff stark von der Temperatur, der Konzentration, der Belüftung und der Korrosionsproduktbildung abhängt.

Die Spalten können dabei im Werkstoff selbst oder zwischen verschiedenen Werkstoffen auftreten, von denen mindestens ein Partner ein Metall sein muß. Dieses trifft z. B. zu bei Dichtungen und Packungen, oder wenn das Metall mit Ablagerungen bedeckt ist. Daher sollten wegen der erhöhten Gefahr von Spaltkorrosionsbildung nichtrostende Stahloberflächen von nichtleitenden Ablagerungen regelmäßig gesäubert werden. Verpackungs- und Dichtungsmaterial kann ebenfalls zur Spaltkorrosion führen, wenn es feucht wird.

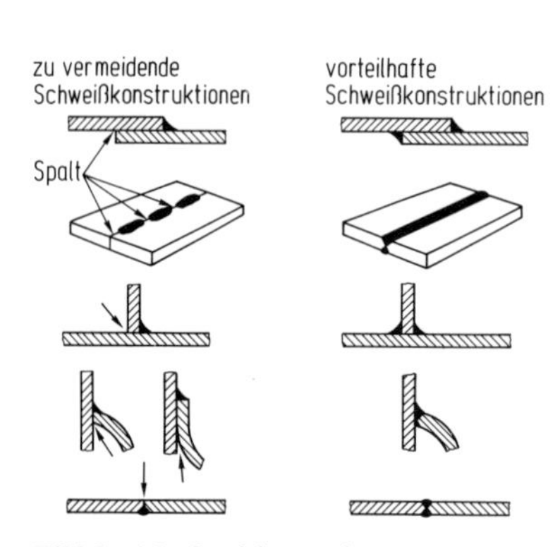

Bild 8–16: Spaltkorrosion an Schweißverbindungen [8]

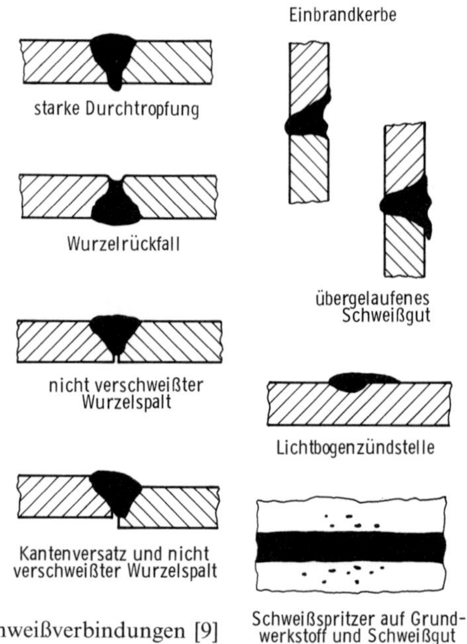

Bild 8–17: Fehlerhafte Schweißverbindungen [9]

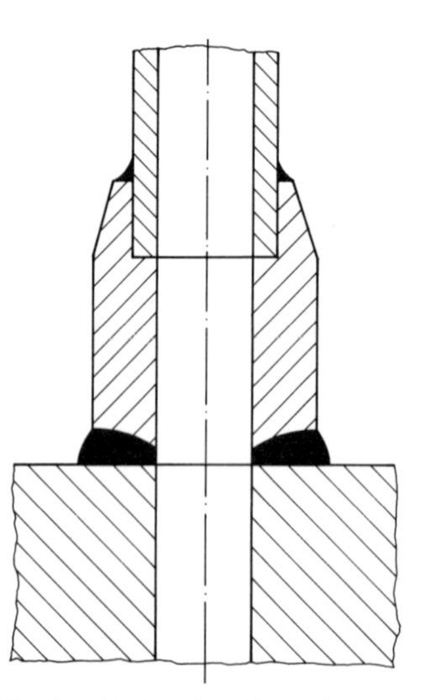

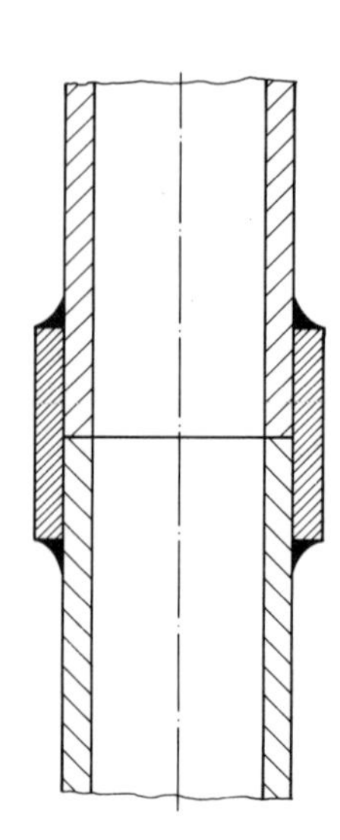

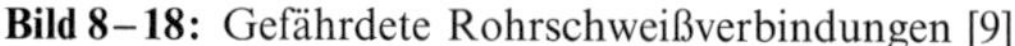

Bild 8–18: Gefährdete Rohrschweißverbindungen [9]

Die Spaltkorrosion hängt stark von der Spaltgeometrie ab, dies trifft besonders auch für Schweißverbindungen zu. Bild 8–16 zeigt z. B. die Gegenüberstellung einiger ungünstiger und einiger vorteilhafter Schweißkonstruktionen, Bild 8–17 einige fehlerhafte Schweißverbindungen, Bild 8–18 einige gefährdete Rohrschweißverbindungen und Bild 8–19 einige kritische Knotenpunkte im Stahlhochbau. Besonders gefährdet sind schlecht durchgeschweißte Schweißverbindungen (Bild 8–20).

Art der Knotenpunktkonstruktion	Kanten	Fugen	Verschraubungen
Fachwerk; (Schraubkonstruktion)	 vorhanden	Fugen durch Überlappung	7 Verschraubungen mit Kanten, Fugen, Bohrungen usw.
Fachwerk; (verbesserte Schraubkonstruktion)	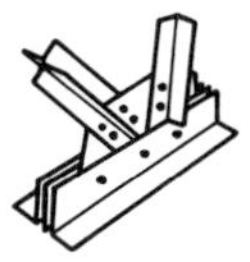 vorhanden	keine (Futterblech)	9 Verschraubungen mit Kanten und Bohrungen
Fachwerk; (Schweißkonstruktion)	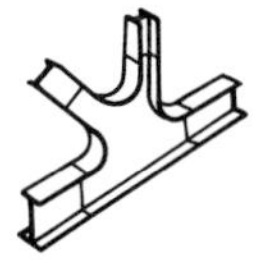 vorhanden	keine	keine
Rohrkonstruktion; geschweißt	 keine	keine	keine

Bild 8–19: Korrosionsgerechte Entwicklung eines Knotenpunktes [9]

Bild 8–20: Spaltkorrosion an einer schlecht durchgeschweißten Rundnaht Werkstoff 18-8-CrNi-Stahl, (Werkbild FW Hoechst AG) [10]

Spaltkorrosions-Schäden treten daher besonders häufig im Apparatebau auf. Die sicherste Möglichkeit, derartige Schäden zu vermeiden, ist, die Spalte zu vermeiden oder den Zutritt eines Korrosionsmediums zu Spalten zu verhindern.

8.3.4 Kontaktkorrosion

Kontaktkorrosion tritt auf, wenn zwei elektrochemisch unterschiedliche Metalle einander berühren und ein Elektrolyt einwirkt; das unedlere der beiden Metalle wird verstärkt angegriffen. Für die Beurteilung der Möglichkeit des Auftretens einer Kontaktkorrosion ist demnach die Kenntnis der „praktischen Spannungsreihe" notwendig [11]. Diese gibt die in dem betreffenden Medium ermittelten Ruhepotentiale wieder und sagt demnach etwas aus über die gegenseitige Beeinflussung der Metalle, da das edlere Metall die Korrosionsgeschwindigkeit des unedleren Metalls erhöhen kann. Sie ist allerdings nicht allein für die Beurteilung maßgebend, sondern besonders auch der sich einstellende Kontaktkorrosionsstrom [12].

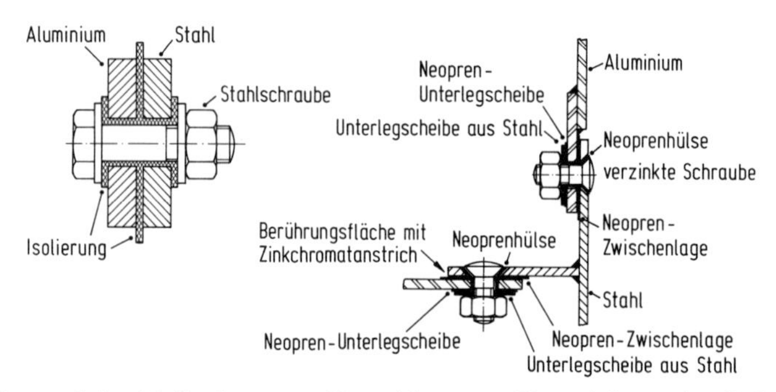

Bild 8–21: Konstruktive Maßnahmen zur Vermeidung von Kontaktkorrosion [11]

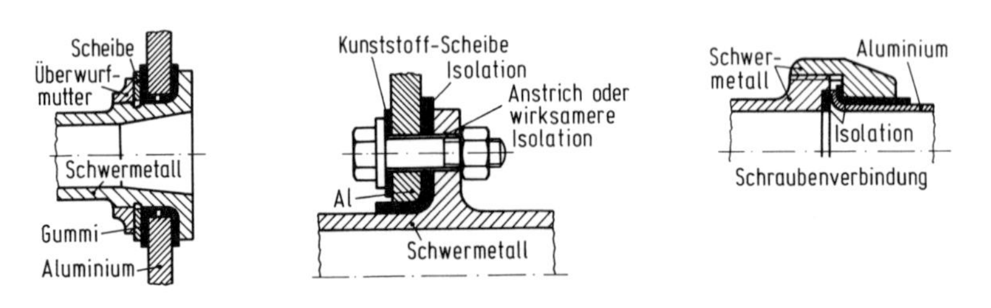

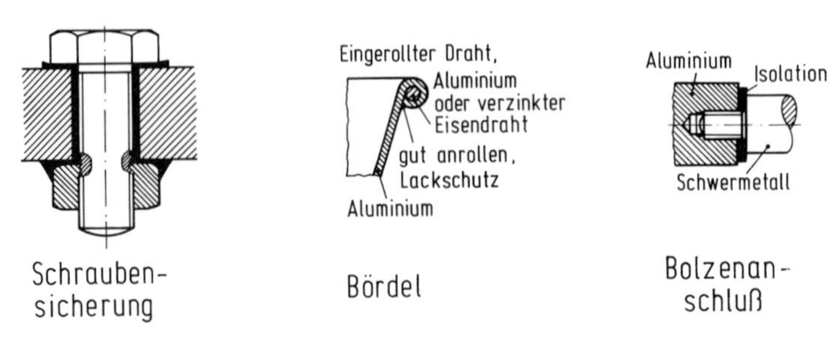

Bild 8–22: Konstruktive Maßnahmen zur Vermeidung von Kontaktkorrosion [11]

Das Auftreten der Kontaktkorrosion setzt zwei Bedingungen voraus:

- Die Metalle müssen ein unterschiedliches elektrochemisches Potential aufweisen und miteinander in metallisch leitender Verbindung stehen.
- Die Metallpaarung muß von einem Elektrolyten umgeben sein.

Daraus leiten sich die konstruktiven Möglichkeiten zur Vermeidung einer derartigen Schädigung ab, nämlich:

- die Werkstoffauswahl derart treffen, daß die Potentiale möglichst nahe beieinander liegen und somit der Korrosionsstrom minimal wird
- eine Überbrückung der Berührungsflächen durch den Elektrolyten auszuschließen und
- eine elektrisch leitende Verbindung der beiden Metalle mittels Isolierung zu vermeiden.

Einige Konstruktionsrichtlinien nach dem Aluminium-Merkblatt K4 [13] zeigen Bild 8–21 und 8–22.

8.3.5 Spannungsrißkorrosion (SpRK)

Unter Spannungsrißkorrosion versteht man eine Rißbildung in metallischen Werkstoffen, die unter gleichzeitiger Einwirkung einer Zugspannung und eines spezifisch einwirkenden Korrosionsmediums entsteht. Die Rißbildung erfolgt in der Regel unerwartet und ohne sichtbare Veränderung des betroffenen Bauteiles; Korrosionsprodukte treten nur selten auf.

Die Einflußgrößen sind vielseitig, sie können jedoch in die Gruppen Konstruktion, Werkstoff, Fertigung und Betrieb zusammengefaßt werden.

In der Werkstofftechnik unterscheidet man zwischen der anodischen und der kathodischen Spannungsrißkorrosion, wobei die anodische SpRK in den Bereich der selektiven Korrosion (bevorzugtes Herauslösen von Legierungs- und Gefügebestandteilen) und die kathodische SpRK in den Bereich der Wasserstoffversprödung fällt [14].

8.3.5.1 Anodische Spannungsrißkorrosion

Das Auftreten der SpRK setzt voraus, daß

- der Werkstoff anfällig ist gegen ein spezifisches Angriffsmittel, welches die SpRK auslöst,
- ein derartiges Angriffsmittel einwirkt,
- Zugspannungen, auch Zugeigenspannungen, oberhalb eines kritischen Wertes an der Bauteiloberfläche vorliegen.

Dabei hängt die kritische Gesamtzugspannung ab von

- der örtlich einwirkenden Temperatur,

- der Konzentration des Mediums,
- den Strömungs- und Belüftungsverhältnissen und
- zusätzlichen Korrosionsvorgängen (z. B. Lochfraß).

Die auftretenden Risse verlaufen je nach Werkstoff und Angriffsmittel transkristallin oder interkristallin (Bild 8–23), [11, 15]. In beiden Fällen verlaufen die Risse etwa senkrecht zur Hauptnormalspannung in den Werkstoff hinein. Die durch transkristalline SpRK verursachten Risse sind mehr oder minder stark verästelt. Bei der interkristallinen SpRK sind vorwiegend die Korngrenzen betroffen, die unter 45 ° zur Hauptnormalspannung liegen, also in Richtung der maximalen Schubspannung; die Rißflanken lassen meistens ein schwaches interkristallines Aufreißen erkennen.

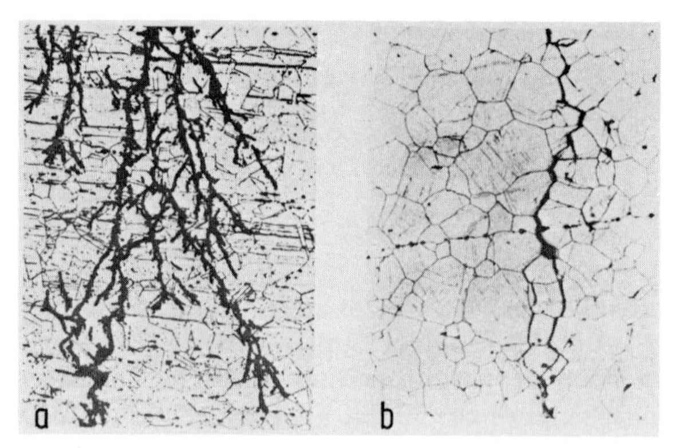

Bild 8–23: Rißausbildung bei Spannungsrißkorrosion [11]; a) Transkristalline SpRK eines CrNi-Stahls in heißer NaCl-Lösung; b) Interkristalline SpRK eines austenitischen Mn-Stahls in kaltem Meerwasser

Die Schädigung verläuft in drei Phasen

- Inkubationsphase
- Mikrorißbildung
- Reißphase.

Die Lebensdauer eines derart beanspruchten Bauteils ist im wesentlichen abhängig von der Inkubationszeit, in der eine lokalisierte Zerstörung der Passivschicht oder einer schützenden Deckschicht eintritt und dadurch ein Rißkeim entsteht. Die Zerstörung der Deckschicht kann sowohl vom Werkstoffinnern als auch von außen her erfolgen.

Dieser Vorgang, der einen direkten Zugang für das einwirkende Medium ermöglicht, ist entscheidend für die Rißbildung und Rißfortpflanzung. Die Inkubationszeit wird daher zunehmend für die Beurteilung des Werkstoffes verwendet. Durch metallographische Untersuchung (z. B. mittels Rasterelektronenmikroskop mehrerer gleichartig beanspruchter Proben nach unterschiedlichen Versuchszeiten) ist es möglich, die Inkubationsphase zu ermitteln (Bild 8–24).

Maßnahmen zur Vermeidung der anodischen Spannungsrißkorrosion: Hierzu ist es notwendig, wenigstens eine der Einflußgrößen, die für das Auftreten von SpRK wirksam sein können, auszuschließen. Daraus resultieren die Möglichkeiten

- Auswahl eines beständigen Werkstoffes hinsichtlich des Betriebsmediums
- Verminderung der Zugspannungen (Betriebs- und Eigenspannungen)
- Anpassung des Betriebsmediums an den Werkstoff.

8.3.5.2 Kathodische Spannungsrißkorrosion

Hierbei handelt es sich um eine Wasserstoffversprödung, die häufig in der Galvanotechnik auftritt [17]. Voraussetzung für das Eindringen von Wasserstoff in eine rißfreie Oberfläche ist, daß er in dissoziierter Form vorliegt.

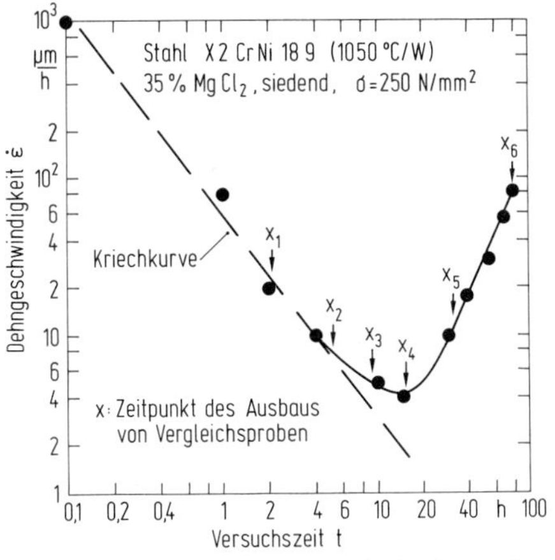

Bild 8–24: Ermittlung der Inkubationszeit durch Kriechversuche [16]

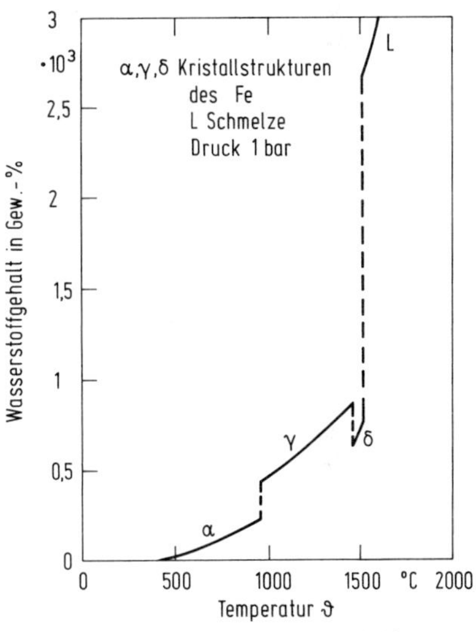

Bild 8–25: Löslichkeit von Wasserstoff in Eisen in Abhängigkeit von der Temperatur [18]

Der atomare Wasserstoff ist in Eisen interstitiell löslich (Bild 8–25). Werkstofffehler, wie Kristallbaufehler, Korngrenzen, Poren und Hohlräume, sind energetisch begünstigte Lagen für den Wasserstoff, in die er eindringt und adsorbiert wird.

Die nachfolgende Rekombination des atomaren Wasserstoffs zu molekularem Wasserstoff führt wegen der Volumenzunahme zu sehr hohen Drücken, die die örtliche Zugfestigkeit überschreiten können. Dadurch entstehen irreversible Schäden, die wegen der makroskopischen Ausbildung in der Literatur häufiger als „Fischaugen“ oder „Flocken“ bezeichnet werden.

Maßnahmen zur Vermeidung der Wasserstoffversprödung:

- Wasserstoffentwicklung so gering wie möglich halten

- Oberflächen schleifen unter geringer Temperatureinwirkung
- alkalische Reinigung bei 80 °C
- elektrolytisch-anodische Entfettung bei 50 °C
- bei vergüteten oder hochfesten Stählen nach jeder galvanischen Behandlung eine Wärmebehandlung anschließen.

8.3.6 Schwingungsrißkorrosion (SwRK)

Die Schwingungsfestigkeit des Werkstoffes wird erheblich vermindert durch Korrosionseinflüsse jeglicher Art, d. h. sowohl elektrochemischer als auch chemischer Art. Das Versagen tritt fast ausschließlich unter transkristalliner Rißbildung auf. Während man bei vielen metallischen Werkstoffen, insbesondere bei den Stählen, oberhalb einer bestimmten Schwingspielzahl ($> 10^6$) eine von der Schwingspielzahl unabhängige oder nur wenig abhängige Dauerfestigkeit beobachtet, ist die Korrosionsschwingfestigkeit auch bei Schwingspielzahlen $> 10^6$ von der Schwingspielzahl abhängig (Bild 8–26). Demzufolge müssen Korro-

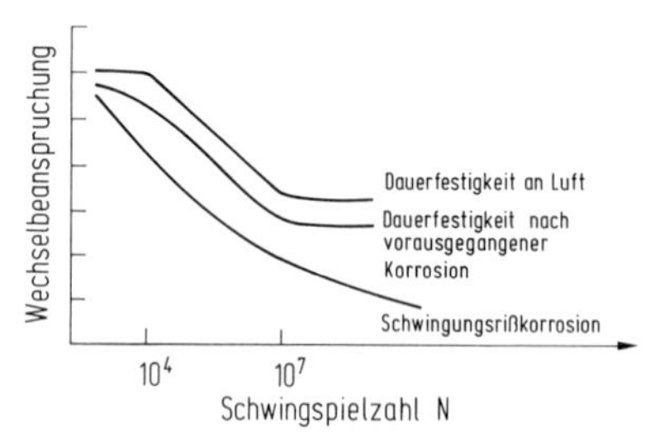

Bild 8–26: Verlauf der Wöhlerkurve an Luft nach einer Vorkorrosion und bei Schwingungsrißkorrosion (schematisch)

sionsschwingfestigkeitswerte mit der zugehörigen Schwingspielzahl gekennzeichnet werden. Zur Auslösung der SwRK bedarf es im Gegensatz zu der Spannungsrißkorrosion weder einer spezifischen Empfindlichkeit des Werkstoffes gegenüber Angriffsmedien noch besonderer Eigenschaften eines Elektrolyten.

8.3.6.1 Mechanismus der Schwingungsrißkorrosion

Die Schwingungsrißkorrosion tritt in drei Stadien auf

- Bildung von Gleitlinien, die eine Wechselwirkung mit dem Elektrolyten bewirken (Vorstadium)
- Lokalisierung der Korrosion unter Bildung von Mikrorissen
- Bruchstadium.

Im aktiven Zustand führen die durch die wechselnde Beanspruchung in Tätigkeit gesetzten Gleitmechanismen zum Auftreten von Gleitbändern, die als Lo-

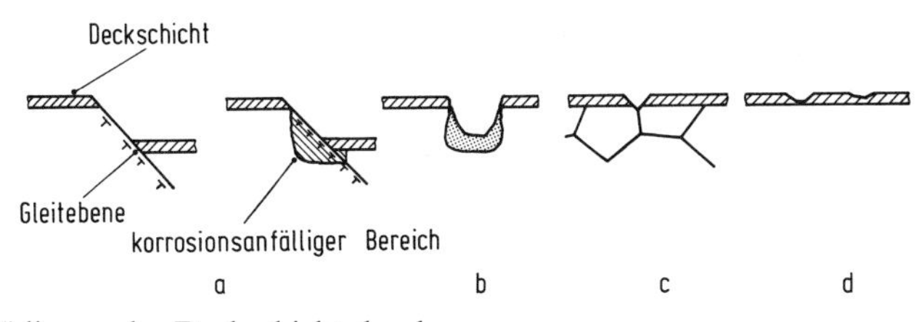

Bild 8–27: Schädigung der Deckschicht durch
a) Gleitebenen; b) korrosionsanfällige Phasen; c) Korngrenzen; d) Schwachstellen der Deckschicht

kalanoden hochaktiv sind, die durch das korrosive Medium stark angegriffen werden und die Keime für die SwRK bilden (Bild 8–27), [19, 20]. Die elektrochemische Wirkung derartiger Gleitstufen führt zu einer Verschiebung des Potentials zu „unedleren" Werten und dadurch zu einer Lokalisation der Korrosion. An derartigen Stellen entstehen örtlich konzentrierte Korrosionsschäden. Durch Kerbwirkung erhöht sich die mechanische Spannung, die eine Erhöhung der Übertrittsgeschwindigkeit der Metallionen zur Folge hat. Die gegenseitige Beeinflussung von mechanischer Spannung und Auflösungsgeschwindigkeit führt zur Rißbildung und schließlich zum Bruch.

Im passiven Zustand ist das Auftreten der Schwingungsrißkorrosion ebenfalls im gesamten Passiv-Potentialbereich möglich unter der Voraussetzung, daß die sich bildende Gleitstufe die Passivschicht der Oberfläche aufreißt. An einer derartigen Stelle wird ein Repassivierungsvorgang einsetzen, d. h. es wird eine gewisse Strommenge fließen und dabei Metall in Lösung gehen. Dieses führt zu kleinen Einfressungen und zu weiterem Aufreißen der Passivschicht.

Die SwRK wird beeinflußt durch

- *Werkstoff* (Austenitische Stähle, Kohlenstoffstähle)
- *Mechanische Festigkeit*
  Die Schwingungsrißkorrosion wird umso mehr behindert, je schwächer die Gleitungen in den Randzonen sind. Sind diese so schwach, daß sie die Passivschicht nicht zu durchstoßen vermögen, tritt keine SwRK ein. Daraus folgt, daß die Dauerschwingfestigkeit des Werkstoffes die Korrosionsgeschwindigkeit beeinflußt.
- *Kaltverformung der Oberfläche*
  Dadurch wird eine Verfestigung der Randzonen des Bauteiles bewirkt. Die Verfestigung hat eine Behinderung der Gleitmechanismen zur Folge und dadurch eine Verminderung der Bildung von Austrittsstellen von Gleitbändern. Die Verminderung der Angriffsflächen bedeutet gleichzeitig eine Verminderung der Rißkeimbildungsstellen.
- *Oberflächenbeschichtung*
  Diffusionsschichten und Oberflächenhärtung beeinflussen ebenfalls das SwRK-Verhalten, weil diese sich ähnlich auswirken wie die Kaltverfestigung; d. h. sie erschweren ebenfalls die Gleitvorgänge. Besonders günstig verhalten sich Schichten, die Druckeigenspannungen bewirken. Auch nichtmetallische

Überzüge verhalten sich korrosionshemmend, wenn sie einen Zutritt des Mediums verhindern.

- *Werkstoffverunreinigungen*
  Seigerungsbereiche begünstigen die Schwingungsrißkorrosionsbildung, wenn sie angeschnitten werden und in der beanspruchten Oberfläche liegen.
- *Oberflächengüte*
  Ähnlich wie bei der Entstehung von Dauerbrüchen sind Stellen erhöhter Kerbwirkung, wie z. B. Bearbeitungsriefen, Querschnittsübergänge, Schweißnähte mit Einbrandkerben, nicht durchgeschweißte Wurzeln, bevorzugte Ausgangspunkte für Schwingungskorrosionsbrüche.
- *Überlagerung weiterer Korrosionsvorgänge*
  Liegen bereits Korrosionserscheinungen vor, wie z. B. Lochfraß oder interkristalline Korrosion, so verhalten sich derartige Schäden wie Kerben.

Maßnahmen zur Vermeidung der Schwingungsrißkorrosion [20]:

- verteilte, stetige Krafteinleitung
- gleichmäßiger Kraftfluß
- korrosionsbeständiger Werkstoff (Verbesserung der Deckschichtneubildung)
- gute Oberflächenbeschaffenheit
- Verfestigung der Randbereiche, wie z. B. durch Wärmebehandlung, Kaltverformung (Druckeigenspannungen)
- Vermeidung von Spannungskonzentrationen, z. B. durch große Übergangsradien, Verlegung von Kerben in spannungsarme Bereiche
- kerbfreie Schweißnähte (Bearbeitung)
- Vermeidung von fremderregten Schwingungen
- Beeinflussung des Korrosionsmediums, z. B. durch Verringerung der Chlorid-Ionen-Konzentration
- elektrochemische Maßnahmen, z. B. kathodischer Schutz zur Verlängerung der Inkubationszeit. Nach der Rißbildung hat diese Maßnahme jedoch keine erkennbare Wirkung.

8.3.7 Schadensbeispiele

Schaden: Druckluftkessel
(∅ = 480 mm; Arbeitsdruck 15 bar; geschweißt)

Der Druckluftkessel wurde durch das Gewerbeaufsichtsamt wegen Korrosionsschäden als nicht betriebssicher angesehen und mußte außer Betrieb genommen werden.

Makroskopische Untersuchung: Der zylindrische Behältermantel (Wanddicke ca. 6 mm) weist eine Längsschweißnaht auf; die Böden sind mit dem Mantel ebenfalls verschweißt. Auf der Innenseite des Mantels ist eine gleichmäßig ausgebildete Flächenkorrosion zu erkennen, die sich jedoch nur über eine Tiefe von einigen zehntel Millimetern erstreckt. Vereinzelt ist Lochkorrosion aufgetreten, die zu einer Wandstärkenverminderung bis zu 2,5 mm führt. In dem Bereich der Längsschweißnaht (Bild 8–28) liegen jedoch stärker ausgebildete Korrosionsauswirkungen vor.

Bild 8–28: Korrodierte Oberfläche im Bereich der Längsschweißnaht

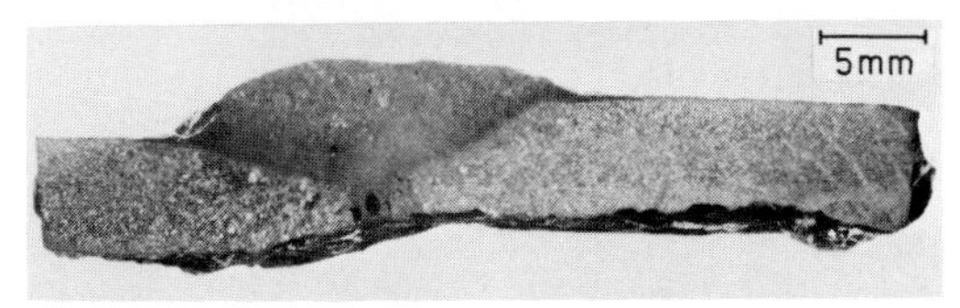

Bild 8–29: Korrosionsauswirkung im Bereich der Längsschweißnaht

Mikroskopische Untersuchung: Ein Querschliff durch die Längsschweißnaht zeigt, daß durch Korrosion die Wanddicke auf etwa 4 mm verringert wurde (Bild 8–29). Die Schweißverbindung Kesselmantel/Kesselboden zeigt ebenfalls deutlich das Vorliegen von Spaltkorrosion, jedoch ist die Auswirkung auf das Versagen nicht stark (Bild 8–30).

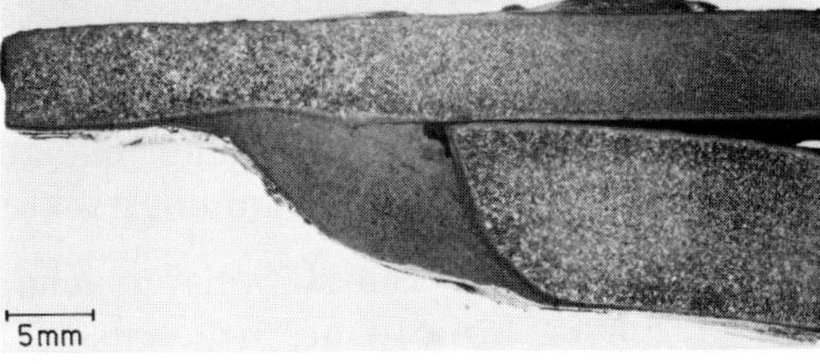

Bild 8–30: Geringfügige Spaltkorrosionsauswirkung an der Schweißnaht Kesselmantel/Kesselboden

Folgerung: Die Festigkeitsbetrachtung führte unter Berücksichtigung der vorliegenden ungünstigen Voraussetzungen zu dem Ergebnis, daß eine objektive Gefahr für die Betriebssicherheit nicht vorlag.

Primäre Schadensursache: Korrosion; Flächen-, Loch- und Spaltkorrosion

Schaden: Versagen von Überwurfmuttern für Rohrverbindungen

Konstruktion: Die Ausbildung der Rohrverbindung zeigt Bild 8–31; Werkstoff: handelsübliches Messing mit ca. 58% Cu.

Bild 8–31: Konstruktive Ausbildung der Rohrverbindung

Bild 8–32: Bruchausbildung

Makroskopische Untersuchung: Die Brüche gehen von den Gewindekerben aus und verlaufen radial über die gesamte Mutterhöhe (Bild 8–32). Die Bruchflächen weisen keine plastischen Verformungen auf und sind teilweise korrodiert. Vereinzelt sind im ersten tragenden Gewindegang weitere Anrisse zu erkennen.

Mikroskopische Untersuchung: Das Gefüge des Werkstoffes zeigt keine Besonderheiten, jedoch weisen die Gewinde erhebliche Herstellungsfehler auf, die teilweise Ausgangsstellen für Anrisse sind (Bild 8–33). Die Anrisse verlaufen transkristallin mit ausgeprägten Verästelungen; ein typisches Merkmal für Spannungsrißkorrosion.

Durchgeführte Simulationsversuche führten zu folgendem Ergebnis: Bei normaler Atmosphäre tritt selbst bei stark überhöhtem Anzugsmoment

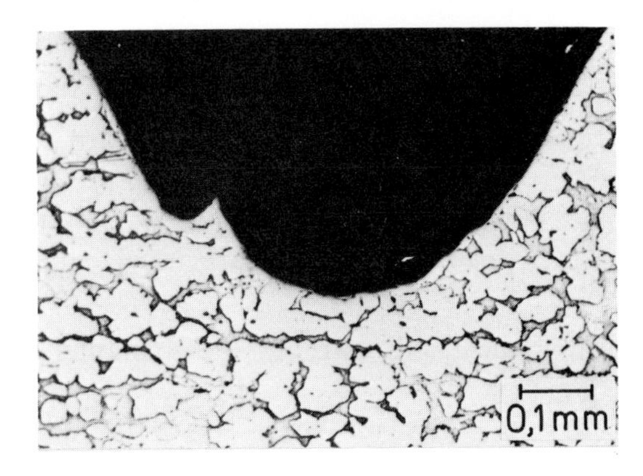

Bild 8–33: Gewindeherstellungsfehler

innerhalb einer Belastungsdauer von drei Monaten kein Bruch auf. Bei korrosiver Atmosphäre tritt jedoch der Bruch selbst bei einem Anzugsmoment, welches weit unterhalb des in der Praxis üblichen liegt, nach kurzer Zeit auf. Alle derart erzeugten Brüche weisen das gleiche Schadensbild auf wie die zu untersuchenden Teile.

Bild 8–34: Günstigere Konstruktion zur Verminderung der Radialspannungen in der Überwurfmutter

Die Konstruktion der Rohrverbindungen ist außerdem sehr ungünstig, weil nach Bild 8–31 durch das Kontern der Mutter (a) mit der Muffe (b) der Schneidring (c) über die konisch ausgebildeten Dichtungsflächen verformt werden muß, um eine Abdichtung zu erreichen. Daher treten beachtliche Radialspannungen auf, die die vorliegende Bruchausbildung wesentlich begünstigen. Demgegenüber verhält sich die in Bild 8–34 dargestellte Ausbildung hinsichtlich der Höhe der auftretenden Radialspannungen wesentlich besser, weil die Dichtflächen der Mutter (g) und des Schneidringes (e) der Muffe (f) senkrecht zur Achse verlaufen.

Folgerung: Die ungünstige Konstruktion bewirkt zusätzliche Axial- und Radialspannungen, die von dem Gewinde aufgenommen werden müssen und die Spannungsrißkorrosionsanfälligkeit sehr begünstigen. Die Bearbeitungsfehler tragen zu dem Versagen bei.

Primäre Schadensursache: Spannungsrißkorrosion, begünstigt durch Konstruktion und Bearbeitungsfehler

Schaden: Bruch der Kesselmäntel von Zweiflammrohr-Schiffsdampfkesseln

Heizfläche: Kessel 165 m²; Überhitzer 60 m²
Heißdampftemperatur: 320 °C
Dampfleistung: 3300 kg/h

Nach Überholung wurden vier Schiffsdampfkessel der Wasserdruckprobe unterworfen; dabei wurden Risse in den Kesselmänteln festgestellt.

Makroskopische Untersuchung: Der untersuchte Kesselmantel weist die in Bild 8–35 eingezeichneten Risse auf. Der Primäranriß (R_1) verläuft über

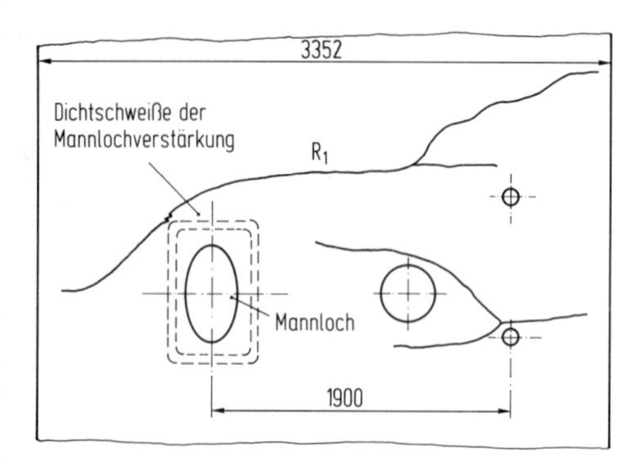

Bild 8–35: Rißverlauf im Scheitel des Kesselmantels

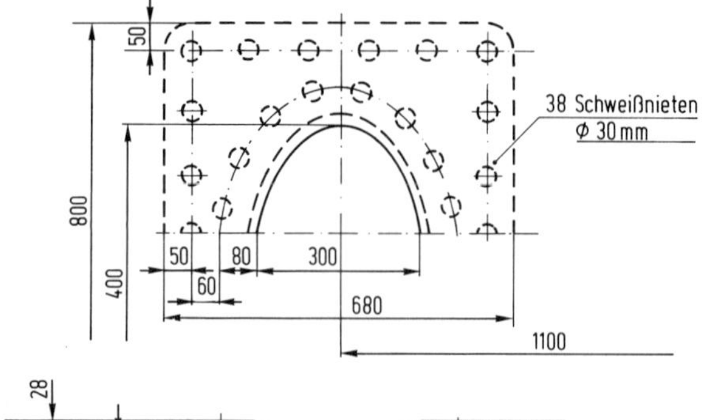

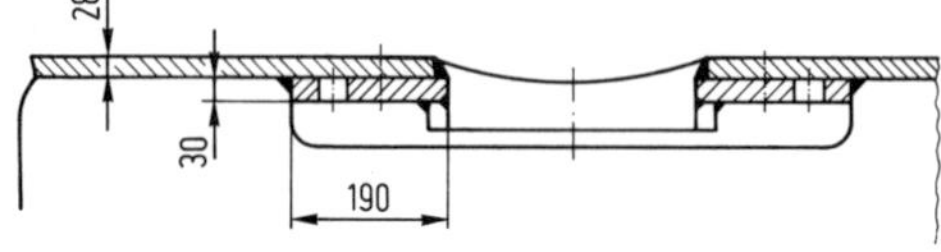

Bild 8–36: Konstruktive und fertigungstechnische Ausbildung der Mannlochverstärkung

die ganze Kesselmantellänge und tangiert die Dichtschweiße des Außenrandes der Mannlochverstärkung, die außerdem auf der Innenseite des Mantelbleches durch 38 Schweißnieten mit diesem verbunden ist, Bild 8–36. Bild 8–37 zeigt den Rißverlauf an der Ecke der Mannlochverstärkung. Die sekundär entstandenen Nebenrisse tangieren ebenfalls die Schweißnähte weiterer Rohrverstärkungsringe.

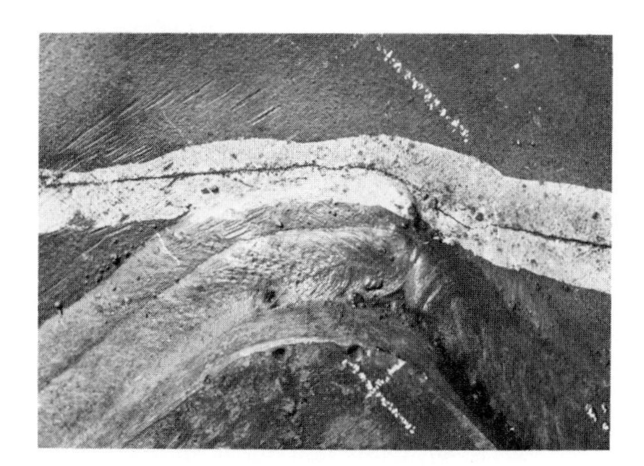

Bild 8–37: Rißverlauf am Auslauf der Kehlnaht an der Ecke der Mannloch-Verstärkung

Bild 8–38: Ausbildung der Bruchfläche

Die primäre Bruchfläche weist die Merkmale eines Sprödbruches auf (Bild 8–38); sie läßt dort, wo sie die Dichtschweiße tangiert, deutlich einen Altbruch erkennen (Pfeil).

Mikroskopische Untersuchung: Ein Querschliff durch die Ecke des Verstärkungsbleches zeigt, daß der Bruch von dem Auslauf der Kehlnaht ausgeht und verformungslos durch das Mantelblech verläuft (Bild 8–39). Das Bild läßt weiter erkennen, daß zwischen Kesselmantel und Verstär-

Bild 8–39: Bruchausgang am Auslauf der Kehlnaht an der Ecke des Verstärkungsbleches

kungsblech ein ca. 4 mm breiter Spalt vorliegt. Der Querschliff durch einen Schweißniet (Bild 8–40) läßt ebenfalls einen Spalt erkennen.

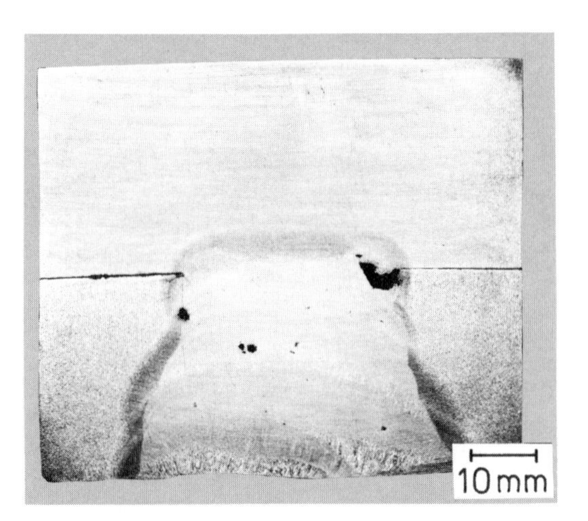

Bild 8–40: Querschliff durch einen Schweißniet

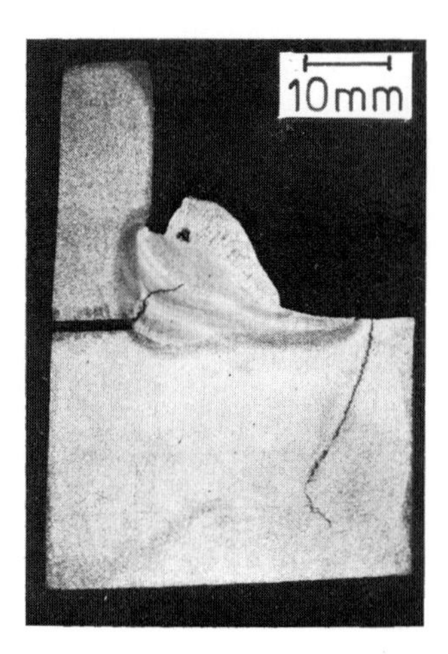

Bild 8–41: Querschliff durch die Dichtschweiße der Mannloch-Verstärkung

An weiteren Stellen der Dichtschweiße wurden Anrisse festgestellt (Bild 8–41). Die Risse verlaufen interkristallin und sind in der Nähe der Rißausläufe stark verästelt (Bild 8–42), teilweise sind Korrosionsprodukte eingeschlossen (Bild 8–43).

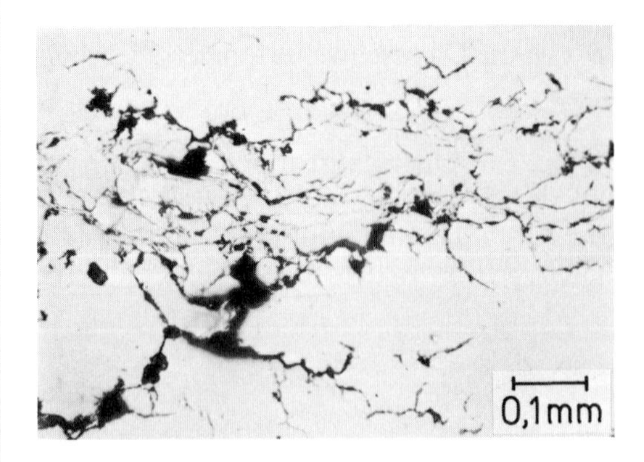

Bild 8–42: Verästelungen am Rißauslauf

Werkstoff: Die im Zugversuch ermittelten Werkstoffkennwerte entsprechen den Anforderungen, nicht jedoch die Kerbschlagzähigkeit. Außerdem ist der Werkstoff sehr alterungsanfällig.

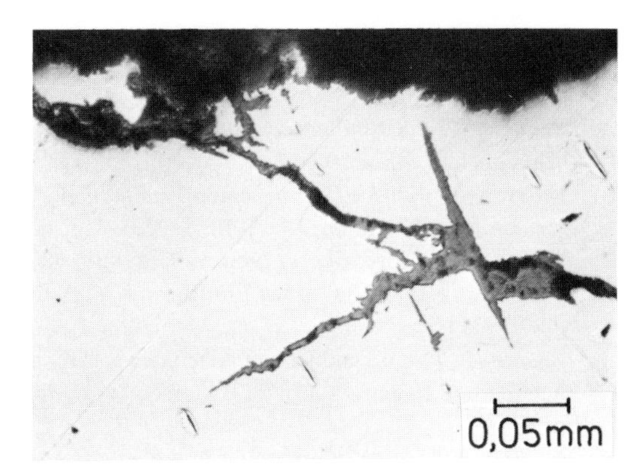

Bild 8–43: Risse mit Korrosionsprodukten

Alle Kesselbleche sind nicht normalgeglüht. Die Übergangszonen der Schweißnähte weisen eine Härte auf, die bis zu 50 % höher ist als die Härte des unbeeinflußten Werkstoffes.

Die Anfälligkeit gegenüber Spannungsrißkorrosion ist sehr stark. Alle untersuchten Proben weisen bereits nach einer Prüfdauer von 72 Stunden ausgeprägte Risse auf. Die im Versuch erzeugten Risse zeigten die gleichen Ausbildungsformen wie die unter Betriebsbeanspruchung entstandenen Risse.

Folgerung: Der Werkstoff erfüllt nicht die nach DIN 17155 geforderten Bedingungen in Bezug auf Kerbschlagzähigkeit und Normalglühung. Er ist außerdem stark alterungsanfällig und empfindlich gegenüber Spannungsrißkorrosion.

Die konstruktive Ausbildung der Mannlochverstärkung und die Anwendung von Schweißnieten ist sehr ungünstig, weil dadurch ein Spannungszustand entstanden ist, der an den kritischen Stellen, z. B. den Ecken der Mannlochverstärkung, zu einer Spannungskonzentration führt. Wegen der Empfindlichkeit des Werkstoffes gegenüber Spannungsrißkorrosion bilden sich an diesen Stellen Anrisse und schließlich Brüche.

Primäre Schadensursache: Spannungsrißkorrosion, begünstigt durch Werkstoff, Konstruktion und Herstellung.

Literatur Kapitel 8

[1] *Schwenk, W.:* Verhalten des Stahles bei chemischer Beanspruchung. Werkstoffkunde der gebräuchlichen Stähle, Teil 1. S. 75–107, Verlag Stahleisen mbH, Düsseldorf, 1977 (B)
[2] *Kloos, K. H., Diehl, H., Nieht, F., Thomala, W.:* Werkstofftechnik. In: Dubbel, Taschenbuch für den Maschinenbau, 14. Aufl., S. 253–313, Hrsg.: Beitz, W. und Küttner, K. H.. Springer-Verlag Berlin, Heidelberg, New York (1981) (B)
[3] *Zitter, H.:* Korrosion – Eine Einführung. VDI-Berichte Nr. 235, S. 5–12, VDI-Verlag, Düsseldorf 1975 (B)
[4] *Spähn, H.:* Die verschiedenen Arten der Korrosion und deren Einfluß auf die Gebrauchstauglichkeit und Lebensdauer von Bauteilen. VDI-Berichte Nr. 235, S. 13–22, VDI-Verlag, Düsseldorf 1975 (B)
[5] *Oeteren v., K. A.:* Konstruktion und Korrosionsschutz. C. R. Vincenz Verlag, Hannover 1967 (B)
[6] *Broichhausen, J.:* Unveröffentlichter Untersuchungsbericht
[7] *Forschhammer, R., Engell, H.-J.:* Untersuchungen über den Lochfraß an passiven austenitischen Chrom-Nickel-Stählen in neutralen Chloridlösungen. Werkst. u. Korrosion 20 (1969), S. 1/12
[8] *Spähn, H.:*Korrosionsgerechte Gestaltung. VDI-Berichte Nr. 277, S. 37–45, VDI-Verlag, Düsseldorf 1977 (B)
[9] *Fäßler, K.:* Konstruktiv bedingte Korrosionserscheinungen unter besonderer Berücksichtigung der Kontaktkorrosion und der Korrosion in Spalten. VDI-Berichte Nr. 235, S. 51–68, VDI-Verlag, Düsseldorf 1975 (B)
[10] *Orth, G.:* Korrosion und Korrosionsschutz. Wissenschaftliche Verlagsgesellschaft mbH, Stuttgart 1974, S. 27 (B)
[11] *Gellings, P. J.:* Korrosion und Korrosionsschutz von Metallen. Carl Hanser Verlag München Wien 1981 (B)
[12] *Spähn, H., Fäßler, K.:* Kontaktkorrosion im Maschinen- und Apparatebau. Der Maschinenschaden 40 (1967) H. 3, S. 81–89
[13] Aluminiumblatt K4, Aluminiumzentrale e.V., Düsseldorf
[14] *Spähn, H., Wagner, G. H., Steinhoff, U.:* Anodische und kathodische Spannungsrißkorrosion in der chemischen Industrie. Techn. Überwachung 14 (1973) Nr. 7 bis 10
[15] *Hersleb, G.:* Korrosionsprobleme an Schweißverbindungen hochlegierter Stähle. Schriftenreihe Schweißen + Schneiden. DVS 5. Jahrgang 1974, Bericht 3
[16] *Hirth, F. W., Naumann, R., Speckhardt, H.:* Zur Spannungsrißkorrosion austenitischer Chrom-Nickel-Stähle. Werkstoffe und Korrosion 24 (1973) Nr. 5, S. 349/355
[17] *Speckhardt, H.:* Verzögerter Sprödbruch bei hochfesten Schrauben unter Mitwirkung von Wasserstoff. VDI-Berichte Nr. 220, S. 107–116, VDI-Verlag, Düsseldorf 1974 (B)
[18] *Paatsch, W.:* Probleme der Wasserstoffversprödung unter besonderer Berücksichtigung galvanotechnischer Prozesse. VDI-Berichte Nr. 235, S. 97–102, VDI-Verlag, Düsseldorf 1975 (B)
[19] *Spähn, H.:* Grundlagen und Erscheinungsformen der Schwingungsrißkorrosion. VDI-Berichte Nr. 235, S. 103–115, VDI-Verlag, Düsseldorf 1975
[20] *Schmitt-Thomas, Kh. G., Leidig, A.:* Maßnahmen zur Beeinflussung und Verhinderung von Schadensabläufen durch Schwingungsrißkorrosion (SwRK). VDI-Berichte Nr. 235, S. 117–124, VDI-Verlag, Düsseldorf 1975 (B)

Ergänzende Literatur

Speckhardt, H.: Spannungs- und Rißkorrosion. VDI-Berichte 243, S. 119–126, VDI-Verlag 1975
VDEh: Prüfung und Untersuchung der Korrosionsbeständigkeit von Stählen. Verlag Stahleisen mbH, Düsseldorf 1973

Herbsleb, G.: Korrosionsschutz von Stahl. Eine Einführung. Verlag Stahleisen mbH, Düsseldorf 1977 (B)
Autorenkollektiv: Donndorf, R. u.a.: Werkstoffeinsatz und Korrosionsschutz in der chemischen Industrie. VEB Deutscher Verlag für Grundstoffindustrie, Leipzig 1973 (B)
Gräfen, H., Kahl, F., Rahmel, A.: Die Bedeutung der Korrosion für Planung, Bau und Betrieb von Anlagen der chemischen und petrochemischen Technik sowie der Mineralindustrie. Verlag Chemie GmbH, Weinheim 1974 (B)
N. N.: Das Verhalten mechanisch beanspruchter Werkstoffe und Bauteile unter Korrosionseinwirkung. VDI-Berichte 235, VDI-Verlag, Düsseldorf 1975
Oeteren van, K. A.: Korrosionsschutz – Beschichtungsschäden auf Stahl. Bauverlag GmbH, Wiesbaden und Berlin 1979 (B)
Bertling, A. F., Ulrich, E. A.: Das Gesicht der Korrosion. Bd. I (1974), Bd. II (1975). Technischer Überwachungsverein Bayern e.V.
Klas, H., Steinrath, H.: die Korrosion des Eisens und ihre Verhütung. 2. Aufl., Verlag Stahleisen mbh, Düsseldorf 1974 (B)
Kaesche, H.: Die Korrosion der Metalle. 2. Aufl., Springer Verlag, Berlin, Heidelberg, New York 1979 (B)
Gräfen, H., Gramberg, U., Horn, E.-M., Pattern, P.: Kleine Stahlkunde für den Chemieapparatebau, VDI-Verlag, Düsseldorf 1978 (B)
N. N.: Beeinträchtigung der Funktionsfähigkeit von metallischen Werkstoffen und Bauteilen durch Korrosion und Maßnahmen zur Vermeidung. VDI-Berichte 365, VDI-Verlag, Düsseldorf 1980
Prüfung und Untersuchung der Korrosionsbeständigkeit von Stählen. Hrsg.: Verein Deutscher Eisenhüttenleute. Verlag Stahleisen mbH, Düsseldorf 1973 (B)
Dechema Werkstofftabellen, 3. Bearbeitung. Dechema, Frankfurt/Main.
DIN 17155: Kesselbleche. Beuth Verlag, Berlin 1983
DIN 50900: Korrosion der Metalle; allgemeine Begriffe. Beuth Verlag, Berlin 1982
DIN 50903: Metallische Überzüge; Poren, Einschlüsse, Blasen und Risse (Begriffe). Beuth Verlag, Berlin 1967
DIN 50905: Korrosion der Metalle. Chemische Korrosionsprüfung. Beuth Verlag, Berlin 1975

9. Einflußbereich Reibung und Korrosion

9.1 Schwingungsverschleiß (Reibkorrosion, Passungsrost)

Mit Schwingungsverschleiß wird eine Oberflächenbeschädigung bezeichnet, die an Bauteilen auftritt, deren Oberflächen sich unter einer Normalkraft berühren und oszillierende Scheuerbewegungen kleinsten Ausmaßes ausführen. Dadurch tritt eine Veränderung des Oberflächenzustandes und eine Beeinflussung des Werkstoffes im Randbereich auf.

9.1.1 Schädigungsvorgang

Der Schwingverschleiß ist gekennzeichnet durch die Verschleißmechanismen Adhäsion, Abrasion, Oberflächenzerrüttung und Tribooxidation, die in einer gewissen Reihenfolge beteiligt sind [1].

Die Adhäsion atomarer Bindungen führt zu Mikroverschweißungen und Materialübertrag in submikroskopischen Bereichen des Tribokontaktes. Diese Vorgänge sind abhängig von der Kristallorientierung, der Kristallstruktur, der Verschiedenheit der Werkstoffe, den Legierungsbestandteilen und von den Oberflächenfilmen.

Die Tribooxidation bewirkt, daß die durch plastische Verformung oder durch Mikrorisse entstandenen Oberflächen sehr aktiv, d.h. reaktionsfähig sind und sich bei Anwesenheit von Sauerstoff (O_2) mit diesem verbinden; Sauerstoff beeinflußt daher den Verschleißmechanismus erheblich.

Abrasion liegt vor, wenn bei fortschreitendem Schwingungsverschleiß eine Ritzung bzw. Mikrozerspanung des weicheren Werkstoffanteiles durch härtere Bestandteile auftritt; dadurch wird die Verschleißrate erheblich erhöht.

Schließlich tritt eine Oberflächenzerrüttung dadurch auf, daß die vibrierenden Beanspruchungen zu Rißbildung, Rißausbreitung und folglich zur Abtrennung von Verschleißpartikeln führen. Dieser Vorgang wird als Hauptverschleißmechanismus angesehen.

9.1.2 Schädigungsauswirkung

Der Schwingungsverschleiß führt entweder zu einer Ablagerung der Korrosionsprodukte zwischen den sich berührenden Flächen und dadurch zu einer Funktionsuntüchtigkeit oder zu einem Dauerbruch.

Die Reibdauerbeanspruchung setzt sich zusammen aus einer Flächenpressung und einer wechselnden Schubbeanspruchung infolge kleinster Scheuerbewegungen der Oberflächenpaarung. Die Reibamplituden liegen bei $\leqq 50\ \mu m$; die auftretenden Reibwerte bei 0,6–0,8 für Stahl/Stahl und bei 0,8–1,1 für technische Titanlegierungen [2, 3, 4, 5, 6].

Der Dauerbruch tritt bei einer Beanspruchung auf, die weit unterhalb der Dauerfestigkeit des nicht geschädigten Werkstoffes liegt. Bild 9–1 zeigt eine Gegenüberstellung der Wöhlerkurven des Werkstoffes TiAl6V4, ermittelt an ungekerbten Proben, an Gewinden M8 und an Proben mit Reibkorrosionsschäden. Demnach wird die Schwingfestigkeit durch Reibkorrosion von $\sigma_a = \pm 380\ N/mm^2$ auf $\pm 30\ N/mm^2$ vermindert; das Gewinde M8 weist eine Schwingfestigkeit von $\pm 90\ N/mm^2$ auf [7].

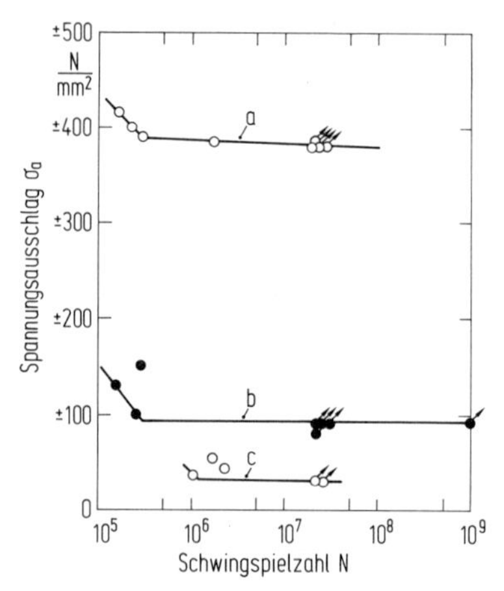

Bild 9–1: Dauerschwingfestigkeit des Werkstoffes TiAl6V4, (→ kein Bruch);
$\sigma_m = 200\ N/mm^2$ = konstant; [7]
a: ungekerbte Rundproben; b: Gewinde M8; c: Reibkorrosionsschaden auf dem Gewindeschaft

Reibdauerbrüche werden häufig beobachtet bei Preßverbindungen, Laschenverbindungen, Wälzlagersitzen, Paßschrauben, Turbinenschaufelbefestigungen, Pleuelstangen (Sitzstelle der Lagerschalen) und Blattfedern.

9.1.3 Einflußgrößen

Die Minderung der Schwingfestigkeit durch Reibkorrosion ist ursächlich auf Anrisse an der Oberfläche zurückzuführen, bedingt durch den vibrierenden Tribokontakt. Die maßgeblichen Einflußgrößen sind

- Werkstoff und Werkstoffzustand
  Nach [3] wird ein relativ geringer Abfall der Dauerhaltbarkeit dann erreicht, wenn die Entstehung und der Fortschritt von Anrissen weitgehend vermieden werden kann.
- Oberflächengüte
  Die Reibdauerhaltbarkeit wird bei Kohlenstoffstählen durch die Vergrößerung der Rauhtiefe von 5 µm auf 23 µm nicht beeinflußt [3]
- Flächenpressung
  Bei konstanter Relativbewegung vermindert sich die Zugschwellfestigkeit (Werkstoff: Ck 35 V) mit zunehmender Flächenpressung (Bild 9–2), [4]

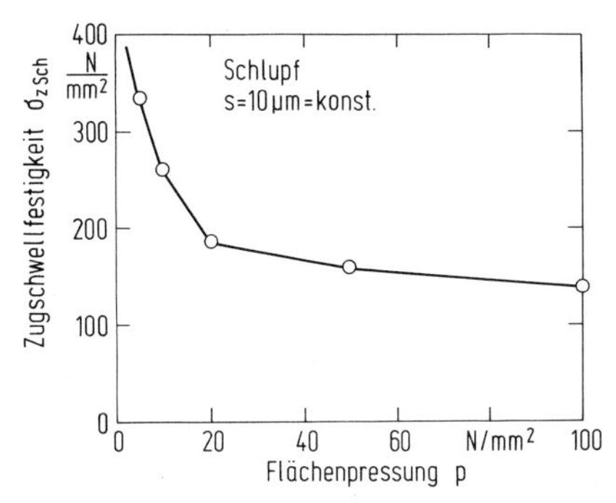

Bild 9–2: Einfluß der Flächenpressung auf die Zugschwellfestigkeit des Werkstoffes; ($N_G = 2 \cdot 10^7$ Schwingspiele) [4]

- Relativbewegung (Schlupf)
  Bei konstanter Flächenpressung wird die Zugschwellfestigkeit (Werkstoff Ck 35 V) mit zunehmender Relativbewegung vermindert (Bild 9–3), [4]

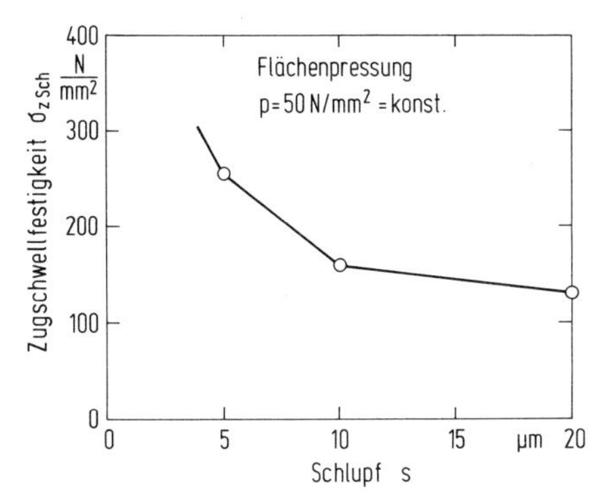

Bild 9–3: Einfluß der Relativbewegung auf die Schwingfestigkeit des Werkstoffes Ck35V bei Reibkorrosion; ($N_G = 2 \cdot 10^7$ Schwingspiele) [4]

- Reibfrequenz
- Beanspruchungsart
- Temperatur
  Die im Tribokontakt auftretenden Verformungsvorgänge haben eine Temperaturerhöhung zur Folge. Dadurch wird insbesondere die Oxidationsbildung begünstigt [8]
- Umgebungsmedien
  Von wesentlichem Einfluß ist die relative Luftfeuchtigkeit. Hohe Luftfeuchtigkeit führt zu hoher atmosphärischer Korrosion und geringer Reibkorrosion, während eine niedrige relative Luftfeuchtigkeit sich umgekehrt verhält und zu starkem Schwingungsverschleiß führt [8].

9.1.4 Maßnahmen zur Einschränkung von Schwingungsverschleiß

Grundsätzlich bieten sich folgende Möglichkeiten an:

- Vermeidung von Berührungsbereichen, in denen eine Relativbewegung der sich berührenden Elemente auftreten kann
- Vermeidung von Relativbewegungen
- Verwendung geeigneter Werkstoffe und Oberflächenbehandlung
- Zwischenschichten (Schmierstoffe, Gleitlacke)

Bewährt haben sich folgende Maßnahmen:

Konstruktion

- getrennte Bauteile durch ein Teil ersetzen
- Schrumpfverbindungen und lösbare Verbindungen durch Schweiß-, Löt- und Klebeverbindungen ersetzen
- Berührungsflächen möglichst klein halten und Kerbwirkung vermeiden (Bild 9–4 und 9–5)

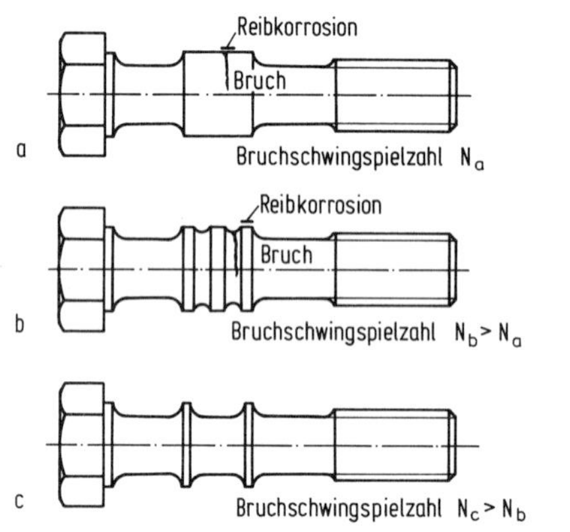

Bild 9–4: Vermeidung der Reibrostbildung durch Verminderung der metallischen Berührungsflächen [3]
a) glatter Schaft
b, c) Entlastungskerben

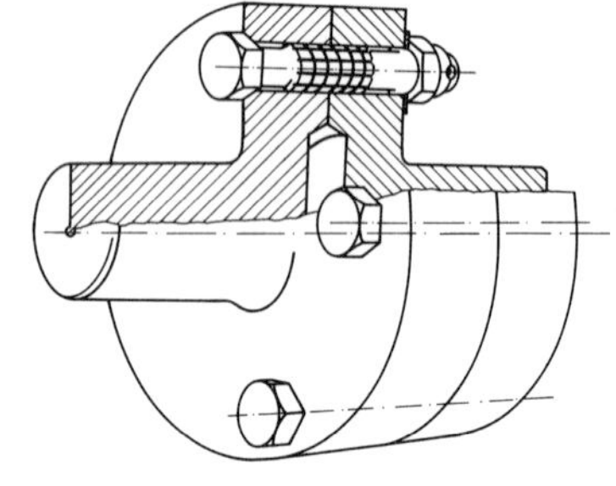

Bild 9–5: Paßschraube mit axialen und tagentialen Kerben [3]

- Relativbewegung möglichst klein halten (< 5 μm)
- hohe Reibung realisieren zur Verhinderung der Relativbewegung
- Oberflächenbehandlung zwecks Erhöhung des Reibwertes, z. B. durch Überzüge aus weichen Metallen (Kadmium, Kupfer, Silber)
- Flächenpressung vermindern, wenn dadurch die Relativbewegung nicht vergrößert wird
- Flächenpressung erhöhen, wenn sich dadurch die Relativbewegung vermindert

- Stellen geometrischer Spannungskonzentration und Reibkorrosionsbildung konstruktiv voneinander trennen
- Bauteilbeanspruchung durch Vergrößerung der Querschnitte verringern, dadurch werden gleichzeitig die Relativbewegungen vermindert

Werkstoff

- Werkstoff mit niedriger Adhäsionsneigung [1]
- optimale Oberflächenrauhigkeit, d.h. eine polierte Oberfläche kann je nach Paarung ungünstiger sein als eine rauhere, weil diese eine bessere Anpassungsfähigkeit besitzt. Bei ungleicher Härte der Reibpartner muß die „weichere" Oberfläche gleichzeitig die rauhere sein.
- Bildung von Druckeigenspannungen in den Randbereichen, z.B. durch Kugelstrahlen, Rollen, Prägepolieren, Oberflächenhärten
- Erhöhung der Oberflächenhärte, z.B. durch Carburieren, Nitrieren, Borieren
- elektrolytisch aufgebrachte Metallüberzüge, z.B. Silber, Kupfer
- nichtmetallische Überzüge, z.B. durch Phosphatieren, Chromatieren

Betrieb

- Verwendung speziell entwickelter Schmierpasten oder Gleitlacke.

9.1.5 Makroskopische Ausbildung

Die Art der Ausbildung derartiger Oberflächenschäden kann sehr verschieden sein. Erfahrungsgemäß ist es jedoch möglich, sie in zwei Gruppen einzuordnen, nämlich in solche, die an

- betriebstrockenen Ferrometallen auftreten und zur Bildung von blockierenden Grübchen sowie Eisenoxidpulver führen unter Bildung eines anfänglich pulverförmigen Oxids, welches durch Aufnahme von Feuchtigkeit braun bis rotbraun wird

Tabelle 9–1: Endzustand der beiden Arten des Schwingverschleißes [6]

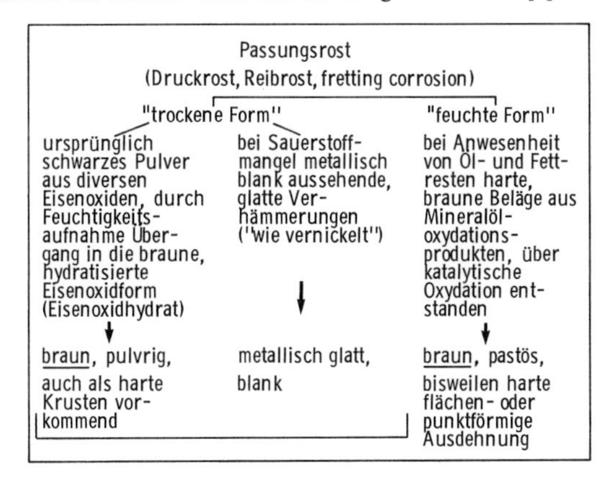

Passungsrost (Druckrost, Reibrost, fretting corrosion)		
"trockene Form"		"feuchte Form"
ursprünglich schwarzes Pulver aus diversen Eisenoxiden, durch Feuchtigkeits-aufnahme Übergang in die braune, hydratisierte Eisenoxidform (Eisenoxidhydrat)	bei Sauerstoff-mangel metallisch blank aussehende, glatte Verhämmerungen ("wie vernickelt")	bei Anwesenheit von Öl- und Fettresten harte, braune Beläge aus Mineralöl-oxydations-produkten, über katalytische Oxydation entstanden
braun, pulvrig, auch als harte Krusten vorkommend	metallisch glatt, blank	braun, pastös, bisweilen harte flächen- oder punktförmige Ausdehnung

– ölfeuchten Ferrometallen entstehen und zunächst zur Bildung sehr dünner brauner Schichten, ähnlich wie Lack, führen. Diese Schichten wachsen unkontrollierbar und bilden schließlich „Türme“, die die Paßfuge ausfüllen, deformieren und zerquetschen [9].

Die Bildung des Endzustandes zeigt Tabelle 9–1.

Nach [6] ist es zweckmäßig, die Schäden durch eingehendere Differenzierung der makroskopischen Ausbildung in zehn typische Arten einzuordnen (Bild 9–6). Die makroskopische Kennzeichnung und das umgebende Medium sind dem jeweiligen Schadensbild zugeordnet.

Nr.	Bezeichnung	Kurzdarstellung	Zustand
1	Graufleckigkeit (Mattierung durch Mikrogrübchen); tritt in verschieden großen flächenhaften Formen auf	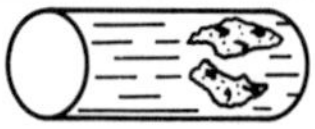	trocken
2	Welligkeit (engl. ondulations); teilweise metallisch blank, glatt		Öle/Fette
3	Grübchenbildung; durch örtliche Anhäufung von Abrieb, Verdichtungszonen	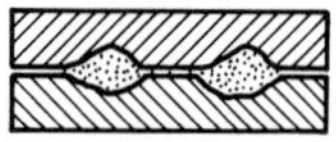	trocken Öle/Fette
4	Aufrauhung in Form regelmäßiger Verwalkungen. Plastische Verformungen u. a. mit Ansammlungen von Abriebpulver		trocken Öle/Fette
5	Turmartiges Aufwachsen einzelner stark verfestigter Kontaktpunkte aus pastösem Abrieb	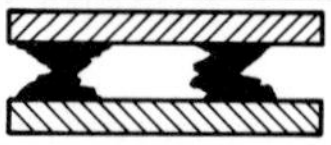	Öle/Fette
6	Nickelartig aussehende Kneifstellen bei Sauerstoffarmut	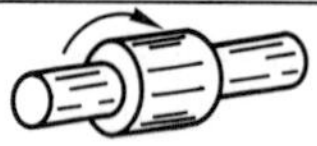	trocken
7	Bruch von Maschinenteilen über fortschreitende Haarrißbildung	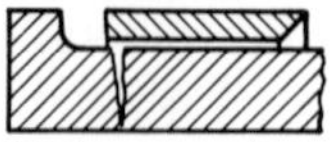	Öle/Fette
8	Kratzer (Freßstellen, engl. scuffing)		Öle/Fette
9	Lackschichten-Entstehung; dünn, gelb bis gelbbraun; Verlust der Maßhaltigkeit, Schwergängigkeit (Quellung), Blockierung	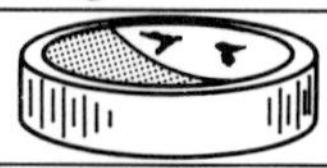	Öle/Fette
10	Fresser und Totalschäden durch Verstopfen ölführender Zonen infolge Passungsrost; Heißläufer	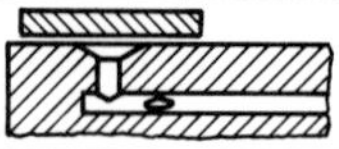	Öle/Fette

Bild 9–6: Mögliche Arten von Oberflächenschäden durch Schwingungsverschleiß (Reibkorrosion) [6]

Bild 9–7 zeigt die Oberflächen von zwei Gelenkbolzen aus dem Werkstoff St60 mit „trockenen“ Reibrostschäden. Derartige Schäden können zu ausgeprägten Freßstellen führen, die eine Demontage sehr erschweren.

Schwingungsverschleiß kann trotz Schmierung insbesondere dann auftreten, wenn die Bauelemente längere Zeit unter Last stillstehen und dabei vibrations-

Bild 9–7: Gelenkbolzen aus St60 [10]; a) mit Reibrost; b) mit Reibrost und Freßstellen

Bild 9–8: Rollen aus dem Tonnenlager einer Hafenkranlagerung mit Passungsrostbildung [10]

artigen Erschütterungen unterliegen. Bild 9–8 zeigt z. B. Rollen aus einem Wälzlager einer Hafenkranlagerung mit Reibrostbildung. Die Anlage war längere Zeit nicht in Betrieb; die Relativbewegungen wurden durch den Wind angeregt.

9.1.6 Schadensbeispiele

Schaden: Sechskantschrauben; Werkstoff: TiAl6V4

Makroskopische Untersuchung: Der Bruch trat im Schaft an der in Bild 9–9 erkennbaren Stelle als Dauerbruch auf. Der Anriß ist von einem Oberflächenschaden ausgegangen, der die Merkmale von Reibkorrosion aufweist. Der Anteil der Dauerbruchfläche an der Gesamtbruchfläche ist sehr groß, demnach war die wirksame Nebenbeanspruchung nur gering (Bild 9–10).

Bild 9–9: Sechskantschrauben M8 × 40 (Werkstoff: TiAl6V4) mit Reibkorrosionsschäden [11]

Bild 9–10: Bruchfläche eines bei schwingender Beanspruchung unter dem Einfluß von Reibungskorrosion entstandenen Dauerbruchs (Werkstoff: TiAl6V4) [11]

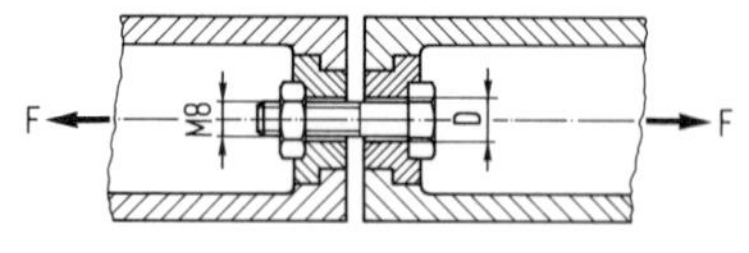

Bild 9–11: Schraubverbindung einer Vorrichtung [11]

Die Oberflächenschäden sind dadurch entstanden, daß das Aufmaß der Bohrungen D (Bild 9–11) der zu verbindenden Bauelemente zu gering war.

Mikroskopische Untersuchung: Nach Bild 9–12 sind die Randbereiche der korrodierten Stelle durch Kaltverformung stark deformiert. Teilweise

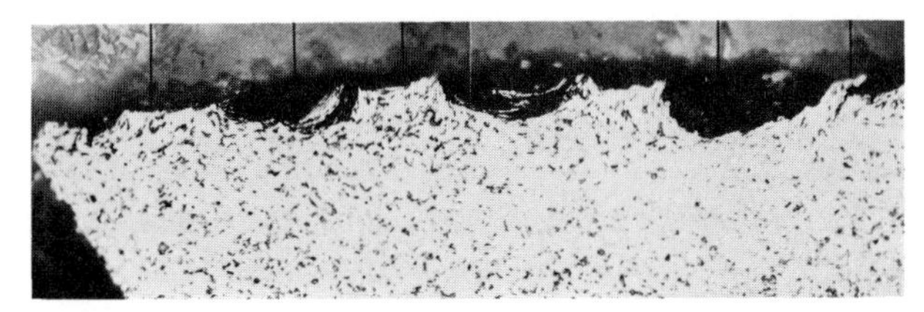

Bild 9–12: Gefügeausbildung in den durch Reibkorrosion beeinflußten Randzonen (Werkstoff: TiAl6V4) [11]

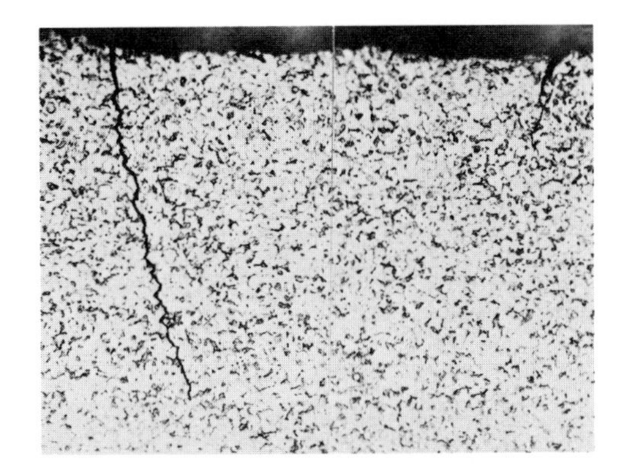

Bild 9–13: Durch Reibkorrosion bei schwingender Belastung entstandene Anrisse (Werkstoff: TiAl6V4) [11]

liegen Überlappungen vor, die zu weiteren Anrissen geführt haben (Bild 9–13).

Weitere Untersuchungen: Oberflächenprofilschnitte lassen erkennen, daß in den beschädigten Oberflächenbereichen Korrosionseinbrüche vorliegen, die bevorzugte Rißausgangsstellen sind (Bild 9–14). Die Schwingfestigkeit wird durch derartige Oberflächenschäden stark vermindert (s. Bild 9–1).

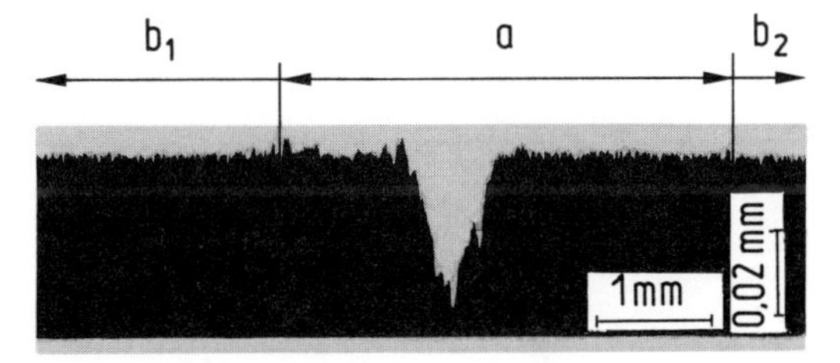

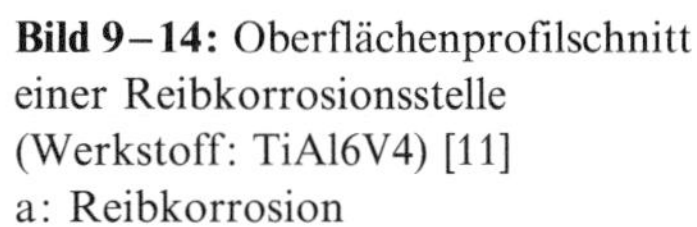

Bild 9–14: Oberflächenprofilschnitt einer Reibkorrosionsstelle (Werkstoff: TiAl6V4) [11]
a: Reibkorrosion
b: unbeschädigte Oberfläche

Primäre Schadensursache: Schwingungsverschleiß (Konstruktionsfehler).

Schaden: Verbindungselement
Beanspruchung: Umlaufbiegung; Werkstoff: Reintitan (kaltgezogen)

Makroskopische Untersuchung: In dem Auslauf der geschlitzten, konisch ausgebildeten Spannvorrichtung trat am Bauteil Schwingungsverschleiß auf, der zu den in Bild 9–15 erkennbaren Oberflächenschäden und folglich zu einem Schwingungsbruch führte (Bild 9–16). Die Ausbildung der Bruchfläche läßt erkennen, daß der Bruch von mehreren Stellen ausgegangen ist und daß die wirksame Nennbeanspruchung nur gering war.

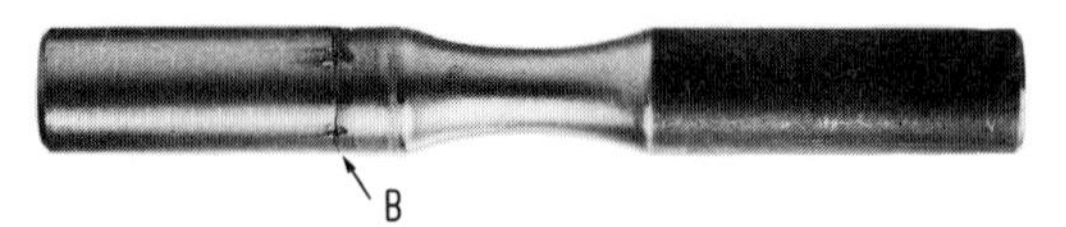

Bild 9–15: Oberflächenschäden durch Schwingungsverschleiß bei umlaufender Biegung [11]
B: Lage des Bruches

Bild 9–16: Ausbildung der Bruchfläche [11]

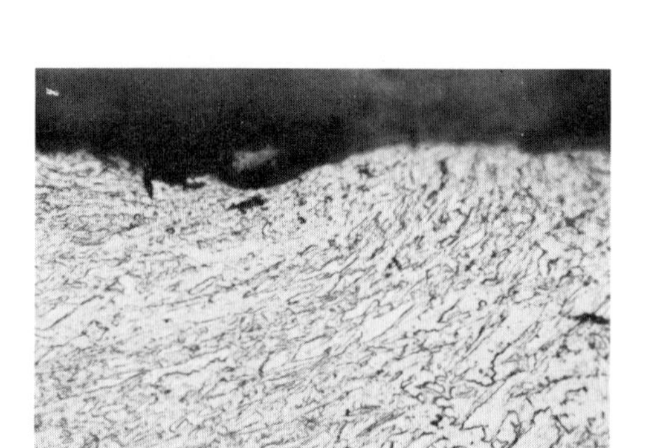

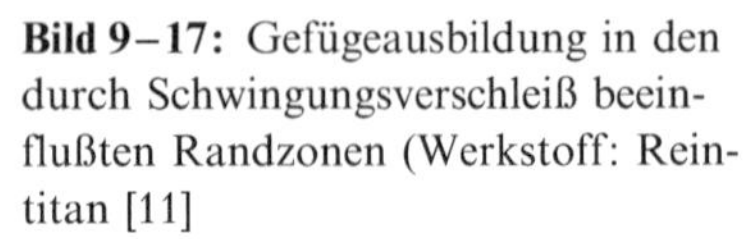

Bild 9–17: Gefügeausbildung in den durch Schwingungsverschleiß beeinflußten Randzonen (Werkstoff: Reintitan [11]

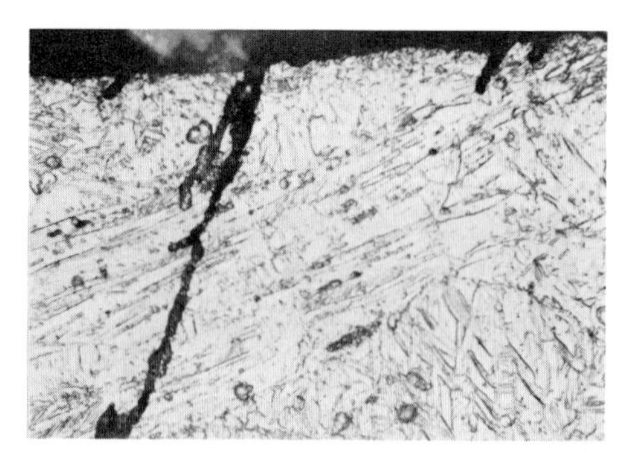

Bild 9–18: Durch Reibkorrosion bei umlaufender Biegung entstandene Anrisse (Werkstoff: Reintitan) [11]

Mikroskopische Untersuchung: Die betroffenen Randbereiche sind stark verformt (Bild 9–17); die Kaltverformung führte zu einer Erhöhung der Härte. In der beschädigten Zone liegen weitere Anrisse vor (Bild 9–18).

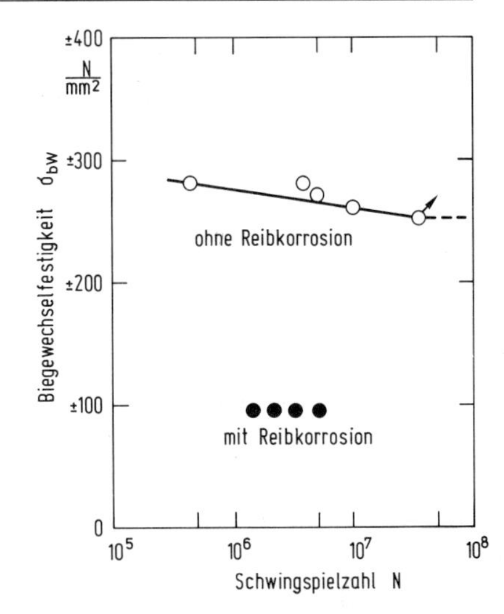

Bild 9–19: Verminderung der Schwingungsfestigkeit von Bauteilen mit kreisförmigem Querschnitt bei Umlaufbiegung. → kein Bruch (Werkstoff: Reintitan) [11]

Die Biegewechselfestigkeit verringerte sich durch Reibkorrosion entsprechend Bild 9–19.

Primäre Schadensursache: Reibkorrosion (ungünstige Spannvorrichtung)

Schaden: Antriebswelle einer Gattersäge; Werkstoff: C60

Makroskopische Untersuchung: Die Oberfläche der Antriebswelle weist Schäden auf, die durch Schwingungsverschleiß und durch Fressen entstanden sind (Bild 9–20). Der Bruch liegt in einem Bereich, der ausgeprägte Schwingungsverschleißschäden aufweist. Die Bruchfläche läßt die Merkmale eines Schwingbruches, der infolge erhöhter Kerbwirkung (Schwingungsverschleiß) von mehreren Stellen ausgegangen ist, erkennen; die wirksame Nennbeanspruchung war niedrig (Bild 9–21).

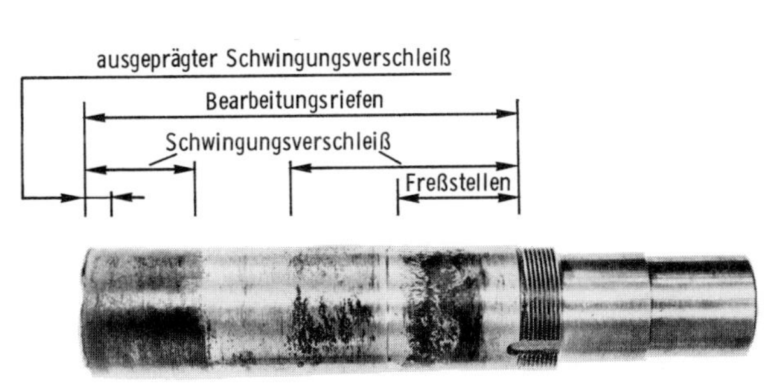

Bild 9–20: Antriebswelle einer Gattersäge mit Oberflächenschäden durch Schwingungsverschleiß und Fressen [11]

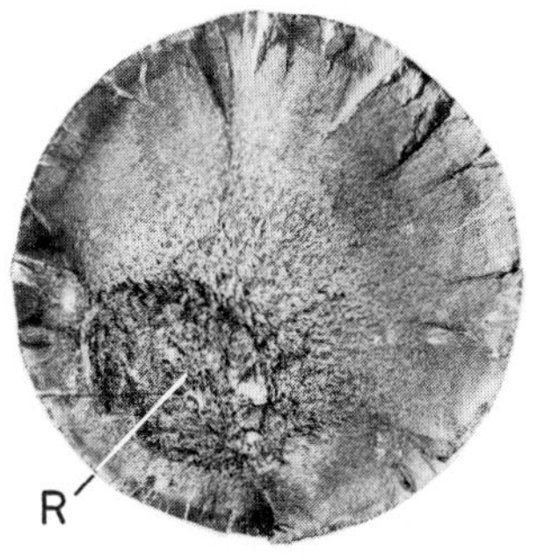

Bild 9–21: Ausbildung der Bruchfläche der Antriebswelle [11]
R: Restbruchfläche

Folgerung: Die Anrisse sind an den durch Schwingungsverschleiß am stärksten geschädigten Stellen über dem Umfang verteilt aufgetreten. Die Rißausbreitung wurde in zunehmendem Maße begünstigt durch die Kerbwirkung der Reibkorrosionsnarben. Die sekundär auftretenden Freßstellen haben das Versagen nicht beeinflußt.

Primäre Schadensursache: Schwingungsverschleiß

9.2 Schwingungsverschleiß unter Einwirkung erhöhter Temperatur (320 °C) und eines korrosiven Mediums

9.2.1 Allgemeine Betrachtung

Eine derartige Beanspruchungsart tritt z. B. auf bei Wärmetauschern und Abhitzekesseln. Nach Bild 9–22 werden die Rohre in der Regel in die entsprechenden Bohrungen des Bodens, z. B. des Abhitzekessels, eingewalzt. Durch betriebsbedingte Nebenbeanspruchungen, wie z. B. Übertragung der durch Pumpstöße verursachten Schwingungen, können Relativbewegungen zwischen der Bohrungsoberfläche und der Rohroberfläche entstehen, die zu Schwingungsverschleiß führen. Besonders gefährdet ist der Übergangsbereich, der sich unmittelbar an die Kontaktstelle Bohrung/Rohr anschließt.

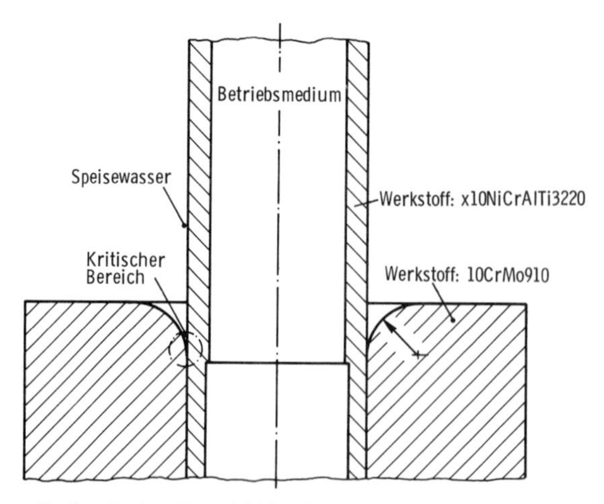

Bild 9–22: Übergang Boden/Rohr eines Abhitzekessels (schematisch)

Untersuchungen mit der Werkstoffkombination X10NiCrAlTi3220 (Rohrwerkstoff) und 10CrMo910 (Einspannvorrichtung), die häufig für derart beanspruchte Konstruktionsteile verwendet wird, führten zu folgenden Erkenntnissen:

- Durch Schwingungsverschleiß wird die Schwingfestigkeit erheblich vermindert. Bei dem Rohrwerkstoff X10NiCrAlTi3220 tritt z. B. eine Verminderung

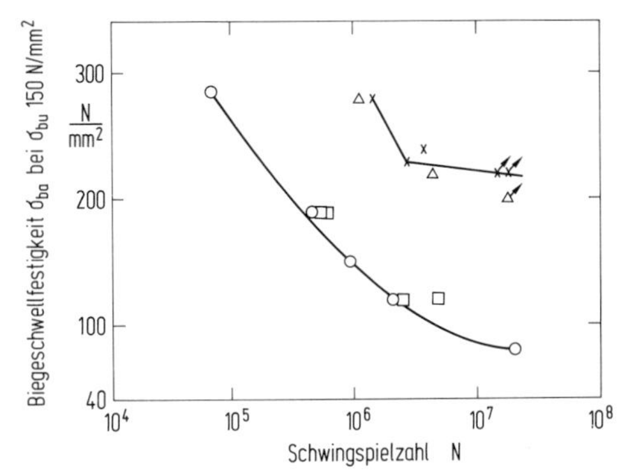

Bild 9–23: Biegeschwellfestigkeit von Rohren (∅ 27 mm; 10NiCrAlTi3220 bei 20 °C [12]
× ohne Schwingungsverschleiß, normale Atmosphäre; △ ohne Schwingungsverschleiß, 0,1 n NaCl-Lösung; ○ mit Schwingungsverschleiß, normale Atmosphäre; □ mit Schwingungsverschleiß, Einwirkung: 0,1 n NaCl-Lösung (→ kein Bruch)

der Biegewechselfestigkeit von 220 N/mm^2 auf 80 N/mm^2, d.h. um 64% auf (Bild 9–23).

- Die Einwirkung eines aggressiven Mittels, wie z.B. eine 0,1 n NaCl-Lösung, [Cl]-Konzentration = 3545 ppm/Liter H_2O, beeinflußt die Biegewechselfestigkeit bei Raumtemperatur nicht (Bild 9–23); sie vermindert auch nicht die Schwingfestigkeit reibkorrosionsgeschädigter Proben unter den Wert, der bei Reibkorrosionseinwirkung ermittelt wurde (Bild 9–23).
- Die Erhöhung der Temperatur auf 300 °C bzw. 330 °C beeinflußt die bei Raumtemperatur ermittelten Werte der Schwingfestigkeit nicht; auch dann nicht, wenn die Schwingspielzahl auf $> 10^8$ entsprechend einer Versuchsdauer von mehr als 1500 Stunden ausgedehnt wird (Bild 9–24).

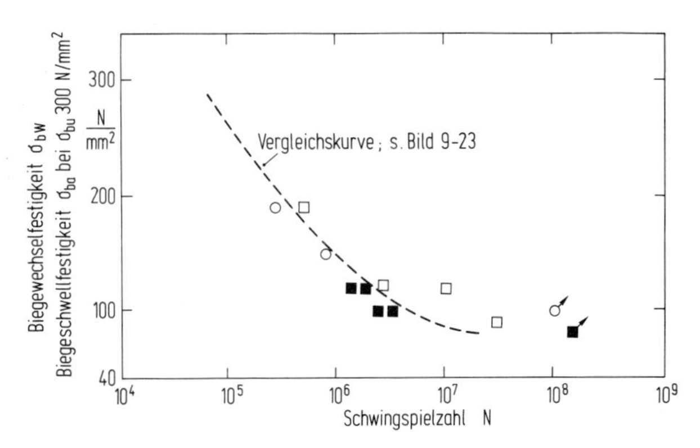

Bild 9–24: Biegeschwell- und Wechselfestigkeit von Rohren (∅ 27 mm, 10NiCrAlTi3220) bei 320 °C mit Schwingungsverschleiß [12]
○ Biegeschwellbeanspruchung, normale Atmosphäre; □ Biegeschwellbeanspruchung, 0,1 n NaCl-Lösung; ■ Biegewechselbeanspruchung, 0,1 n NaCl-Lösung (→ kein Bruch)

- Die Untersuchung des Werkstoffes X10NiCrAlTi3220 im Autoklav unter gleichen Beanspruchungsbedingungen (Zugspannung 850 N/mm^2) und unter gleichem Umgebungsmedium (0,1 n NaCl-Lösung) bei gleicher Temperatur führte zu keiner Schädigung.

9.2.2 Schadensbeispiel

Bild 9–25 zeigt die makroskopische Ausbildung eines Rohrschadens (Werkstoff: X10NiCrAlTi3220), der bei schwingender Beanspruchung unter Einwirkung einer korrosiven Flüssigkeit (0,1 n NaCl-Lösung) bei einer Temperatur von 320 °C entstanden ist. Die Bruchstelle liegt in dem kritischen Bereich Übergang Einspannung/freies Rohr. Beidseitig des Risses ist die Oberfläche mit einer schwarzen Oxidschicht überzogen, die teilweise muldenförmig ausgebildete Vertiefungen aufweist.

Bild 9–25: Schaden eines Rohres in dem Übergangsbereich Einspannung/Rohr bei schwingender Beanspruchung unter Einwirkung einer korrosiven Flüssigkeit bei einer Temperatur von 320 °C

Bild 9–26: Rißausgang

Die lichtmikroskopische Untersuchung zeigt, daß die Risse vorwiegend von derartigen Mulden ausgehen (Bild 9–26). Der weitere Rißverlauf ist vorwiegend transkristallin und nur vereinzelt interkristallin. Bei niedriger schwingender Beanspruchung ist die Rißausbildung ähnlich den Rissen, die durch Spannungsrißkorrosion entstehen (s. Bild 8–23). In dem Randbereich ist eine ausgeprägte plastische Verformung zu erkennen.

Bei höherer Beanspruchung tritt in zunehmendem Maße Schwingungsrißkorrosion auf. Dies ist im Rasterelektronenmikroskop erkennbar durch die auftretenden Schwingungsstreifen (s. Bild 3–74).

Literatur Kapitel 9

[1] *Habig, K.-H.:* Grundlagen des Verschleißes unter besonderer Berücksichtigung der Verschleißmechanismen. In: H. Czichos u.a.: Reibung und Verschleiß von Werkstoffen, Bauteilen und Konstruktionen. Hrsg.: Bartz, J., Wippler, E. Kontakt und Studium, Bd. 90, Expert Verlag Grafenau 1982 (B)

[2] *Waterhouse, R. B.:* Fretting corrosion. Oxford: Pergamon Press 1972 (B)

[3] *Kreitner, L.:* Die Auswirkung von Reibkorrosion und von Reibdauerbeanspruchung auf die Haltbarkeit zusammengesetzter Maschinenteile. Dissertation TH Darmstadt 1976

[4] *Funk, W.:* Der Einfluß der Reibkorrosion auf die Dauerhaltbarkeit zusammengesetzter Maschinenelemente. Forschungsbericht 2-219/2 Forschungsvereinigung Verbrennungskraftmaschinen e.V. Frankfurt/Main (1968)

[5] *Müller, H. W., Funk, W.:* Der Einfluß der Reibkorrosion auf die Dauerhaltbarkeit zusammengesetzter Maschinenelemente. MTZ 30 (1969) 7, S. 233–237

[6] *Bartel, A. A.:* Reibkorrosion. VDI-Berichte Nr. 243, S. 157–170, VDI-Verlag Düsseldorf 1975

[7] *Broichhausen, J.:* Dauerhaltbarkeit metallischer Werkstoffe. Beeinflussung durch Reibkorrosion bzw. durch Freßriefen und -narben. Werkstoff und Betrieb 103 (1970) 8, S. 265–268

[8] *Deyber, P.:* Möglichkeiten zur Einschränkung von Schwingungsverschleiß. In: H. Czichos u.a.: Reibung und Verschleiß von Werkstoffen, Bauteilen und Konstruktionen. Hrsg.: Bartz, J., Wippler, E. Kontakt u. Studium, Bd. 90, Expert Verlag Grafenau 1982 (B)

[9] *Bartel, A. A.:* Die Schäden der Reibkorrosion führen zu Passungsrost in trockener und feuchter Phase. Maschinenmarkt, Würzburg 87 (1981) 21, S. 376–279

[10] *Bartel, A. A.:* Passungsrost bzw. Reiboxydation – besondere Verschleißprobleme. Der Maschinenschaden 36 (1963) H. 7/8, S. 105–119 u. S. 171–182

[11] *Broichhausen, J.:* Dauerhaltbarkeit metallischer Werkstoffe, Werkstatt und Betrieb 103 (1970) 8, S. 565–568

[12] *Broichhausen, J.:* AWT-Bericht 80-7 (1980)

10. Ausgewählte Konstruktionselemente

10.1 Zahnräder

10.1.1 Schadensursachen

Die an der Zahnflanke auftretenden Kräfte

- Druckkräfte durch Hertzsche Pressung
- Reibungs- bzw. Schubkräfte beim Gleiten der Zahnflanken aufeinander (Bild 10–1)

führen zu folgenden Spannungen:

- Normal- und Schubspannungen an und unter der Oberfläche durch Hertzsche Pressung
- Schubspannungen durch Schubkräfte.

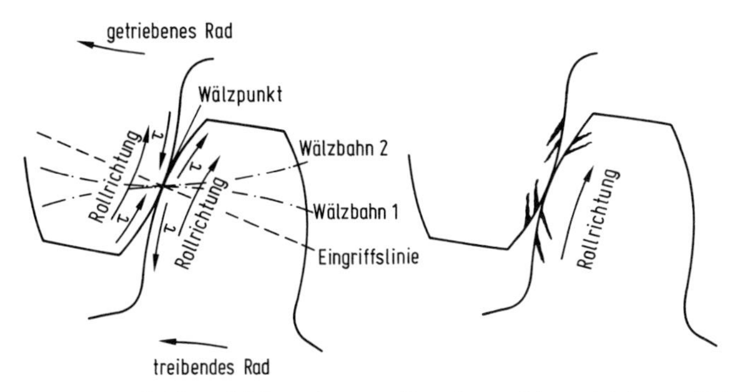

Bild 10–1: Spannungs- und Rißausbildung im antreibenden und im getriebenen Zahnrad (schematisch) [1, 2]

Darüber hinaus können zusätzlich Normal- und Schubspannungen auftreten, z. B. durch Eigenspannungen infolge

- einer Wärmebehandlung,
- einer Erwärmung durch Reibungskräfte,
- vorangegangener Überwalzungen.

Die Beanspruchungen können zu einer Werkstoffermüdung und zu Anrissen führen. Darüber hinaus sind weitere Einflußgrößen zu berücksichtigen, wie z. B. Fertigungsfehler, Verschleiß, Riefenbildung, Fressen, Reibverschleiß, Korrosion, die die Lebensdauer insbesondere durch deren gegenseitige Wechselwirkung erheblich beeinflussen. Daher liegen die Schadensbilder nur selten in reiner Form vor. Eine wesentliche Bedeutung haben Tragbildfehler; diese füh-

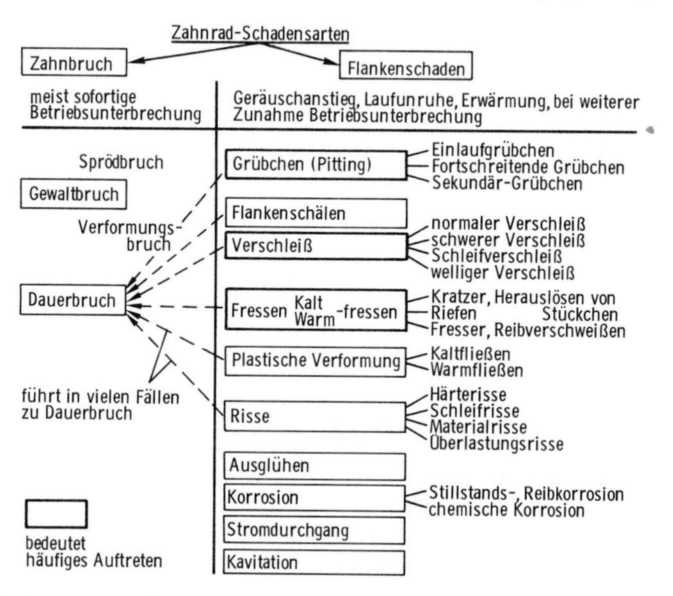

Bild 10–2: Schadensarten und -ausbildungen [4]

ren häufig zu Schäden, wie Zahneckbruch, Grübchenbildung, Wälzverschleiß und Fressen [3]. Eine Übersicht über mögliche Zahnbrucharten und Flankenschäden vermittelt Bild 10–2.

10.1.2 Gewaltbruch

Der Gewaltbruch tritt meist als Sprödbruch und nur selten als Verformungsbruch auf. Die Bruchfläche des Sprödbruches ist meistens rauh zerklüftet und metallisch glänzend (Bild 10–3). Die Bruchfläche des Verformungsbruches ist

Bild 10–3: Gewalt- (Spröd-)bruch einer Ritzelhohlwelle durch Biegebeanspruchung [5]

demgegenüber glatt und wulstartig ausgebildet. Der Gewaltbruch entsteht häufig als Restbruchanteil eines Schwingungsbruches.

Die Ursache des Gewaltbruches ist eine Überbelastung, die zum Überschreiten der Zugfestigkeit des Werkstoffes führt, z. B. durch Bedienungsfehler, Fremdkörper, Lagerschaden.

10.1.3 Schwingbruch

Der Schwingbruch ist die Folge einer Schwingbeanspruchung, die größer ist als die Schwingfestigkeit des Bauteiles. Die Bruchfläche besteht aus zwei unterschiedlich ausgebildeten Bereichen, nämlich der Dauerbruch- und der Restbruchfläche; letztere zeigt die Merkmale einer Gewaltbruchfläche (s. Abschn. 3.4 und Bild 3–84). Das Verhältnis der anteiligen Größen der Flächen ist abhängig von der Nennspannung, die während der Zeitspanne bis zum Bruch aufgetreten ist. Die Dauerbruchfläche läßt meist den Bruchausgang erkennen, weil die vorliegenden Rastlinien in der Regel konzentrisch um den Ausgangsort verlaufen (Bild 10–4).

Bild 10–4: Dauerbrüche an einem Kegelritzel eines Schwerlastwagenantriebes nach 860 Stunden Betriebszeit

10.1.4 Flankenschäden

10.1.4.1 Grübchenbildung

Mit Grübchen bezeichnet man Schäden, die durch eine örtliche Überschreitung der Dauerwälzfestigkeit des Werkstoffes entstehen. Erreicht die Schwingbeanspruchung einen kritischen werkstoffabhängigen Wert, so führen die örtlich lokalisierten Spannungen zu einer Werkstoffermüdung und zur Rißbildung, die sich im weiteren Verlauf der Beanspruchung ausdehnen und die schließlich eine Abtrennung kleiner flacher Werkstoffteilchen aus der beanspruchten Flankenoberfläche zur Folge haben (Bild 10–5). Bei Zahnrädern beginnt die Rißbildung in der Regel auf der Zahnflankenoberfläche. Die Rißausbreitungsrichtung ist in Bild 10–1 zu erkennen.

Bild 10–5: Ausbildung eines Grübchenschadens [5]

An der Zahnflanke entsteht zunächst an den geometrisch erhöhten Stellen durch Schubspannung eine ausgeprägte plastische Verformung der äußeren Randzone. Dabei wird die Oberfläche geglättet. Bei weiterer Beanspruchung entstehen zwischen dem verformten und dem nichtverformten Gefüge wegen der örtlichen Verformungsbehinderung derart hohe Schubspannungen, daß eine Werkstofftrennung und Rißwachstum eintritt. Bei weiteren Überwalzungen wird das keilförmige Werkstoffvolumen zwischen Riß und Oberfläche (Zunge) ausgewalzt. Schließlich werden die Zungen abgerissen, und es bilden sich Vertiefungen (Bild 10–6). Im weiteren Verlauf der Beanspruchung breitet sich der Riß aus, wobei auch Seitenrisse entstehen.

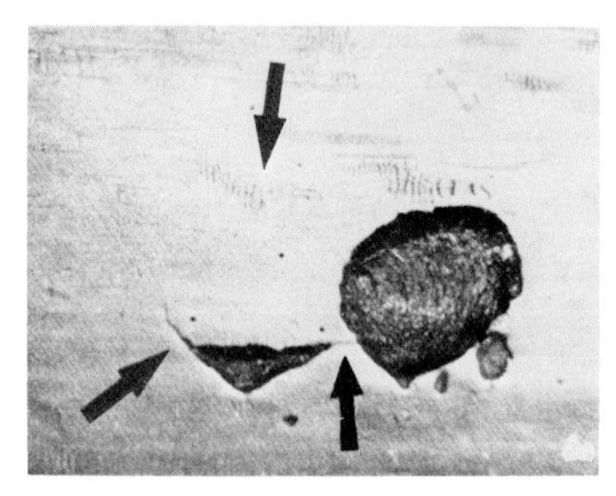

Bild 10–6: Entstehung (Pfeile) und makroskopische Ausbildung der Grübchen [5]

Hat der sogenannte „Schrägriß“ eine gewisse Tiefe erreicht, so werden zusätzlich die Schubspannungen, die von der Hertzschen Pressung herrühren, wirksam. Außerdem füllen sich die Oberflächenrisse aufgrund der Kapillarwirkung mit Schmierstoff, der durch Expansion das Absprengen von Metallteilchen

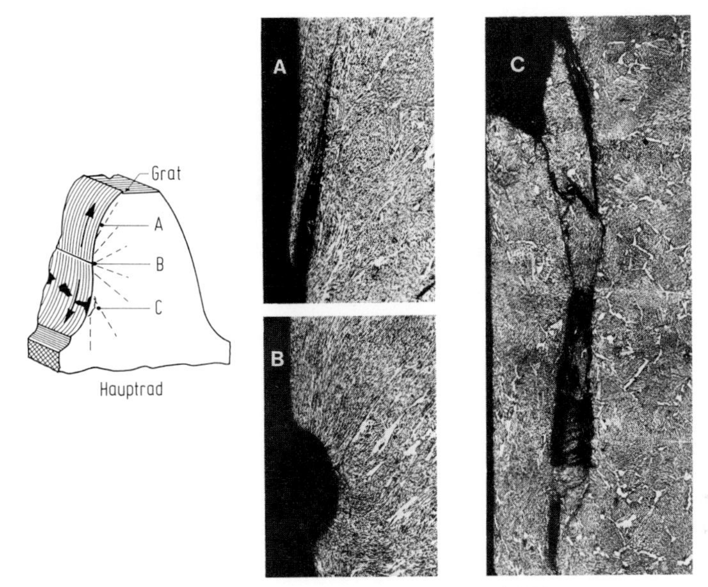

Bild 10–7: Rißausbreitung und -verlauf im treibenden Zahnrad [5]

begünstigt (Bild 10–7). Derartige Risse werden nur unterhalb des Wälzkreises beobachtet.

Die makroskopische Ausbildung der Ausbrüche ist normalerweise muschelförmig; die Bruchfläche hat das Aussehen eines Dauerbruches (Bild 10–6). Durch Untersuchungen mit dem Rasterelektronenmikroskop wurden in derartigen Bruchflächen Rastlinien nachgewiesen. Dadurch wurde ein diskontinuierliches Rißwachstum bestätigt.

Große, tiefe Grübchen treten überwiegend bei hohen Beanspruchungen auf. Kleine flachausgebildete Grübchen, auch Einlaufgrübchen genannt, entstehen in der Regel durch Fertigungsfehler bzw. betriebliche Einflüsse, wie z.B. durch Bearbeitungsungenauigkeit, Flankenrauhigkeit oder durch ungünstiges Schmiermittel (Bild 10–8). Derartige Grübchen treten meistens in der Einlaufphase auf, und zwar solange, bis sich eine ausreichend große, tragende Flankenfläche gebildet hat.

Bild 10–8: Ausbildung der Einlaufgrübchen [5]

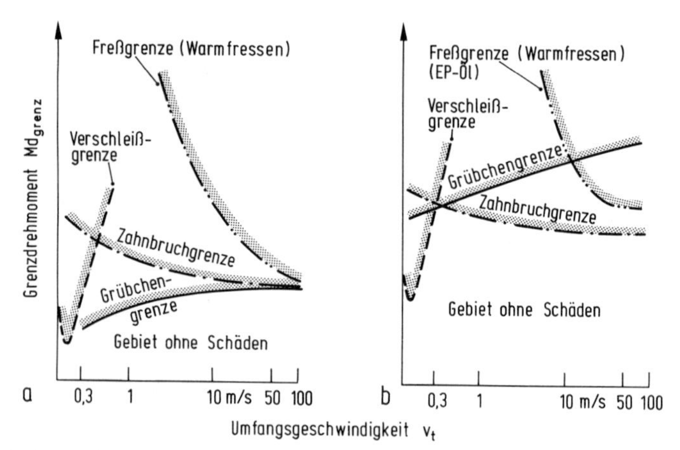

Bild 10–9: Erhöhung der Schadensgrenzen bei Zahnradgetrieben [6]
a) ungehärtete; b) gehärtete Zahnräder

Eine fortschreitende Grübchenbildung führt zu einer zunehmenden Verminderung der tragenden Flankenfläche und schließlich zur Zerstörung der Zahnflanken bzw. zum Dauerbruch.

Maßnahmen zur Vermeidung der Grübchenbildung:

- große Krümmungsradien (Profilverschiebung)
- Beanspruchungsbegrenzung durch Verwendung eines Werkstoffes mit ausreichender Festigkeit
- Oberflächenbehandlung (Oberflächenhärten, Einsatzhärten..., Bild 10–9)
- genaue Verzahnung
- hohe Oberflächengüte
- geeignete Schmiermittel.

10.1.4.2 Abblätterungen (Flankenschälen)

Abblätterungen (Flankenschälen) treten insbesondere bei einsatz- oder induktionsgehärteten Zahnrädern auf. Hierbei handelt es sich um ein schuppenartiges Abblättern der Flankenoberfläche, welches sich über ausgedehntere Bereiche erstreckt. Die Ursache ist eine Werkstoffermüdung; der Schadensmechanismus beim primären Schrägriß ist der gleiche wie bei der Grübchenbildung. Werkstoffehler, wie auch Restspannungen, die bei der Wärmebehandlung oder bei der spangebenden Bearbeitung entstanden sein können, begünstigen den Vorgang.

Wichtige Einflußgrößen sind die

- Ölviskosität
- Reibungsverhältnisse
- Belastungshöhe.

10.1.4.3 Oberflächenrisse

Derartige Risse können entstehen durch

- Wärmebehandlung (Härterisse infolge von Härtefehlern vorwiegend bei hochlegierten Einsatzstählen und Vergütungsstählen mit hohem Kohlenstoffgehalt)
- Bearbeitung (Schleifrisse durch Überhitzung beim Schleifen, insbesondere von einsatzgehärteten Zähnen)
- Werkstoff- und halbzeugbedingte Fehler (Schlackenzeilen, Schmiedefalten)
- Überbelastung, insbesondere durch Drehmomentstöße.

Aus der Entstehungsursache leiten sich die Maßnahmen zur Verminderung derartiger Schäden direkt ab. Durch einfach durchzuführende Oberflächenrißprüfungen, z. B. mittels Eindringverfahren, können Oberflächenrisse ohne Schwierigkeiten erkannt und Folgeschäden vermieden werden [7].

10.1.4.4 Fressen

Diese Schadensart entsteht, wenn ein trennender Schmierfilm oder andere schützende Schichten durchbrochen werden, so daß sich die Grenzschichten berühren und adhäsive Bindungskräfte wirksam werden. Die primäre Ursache derartiger Schäden ist demnach das Zusammenbrechen der Trennschicht. Die dadurch verursachte metallische Berührung der Zahnflanken führt zu sogenannten „Blitztemperaturen" an den Kontaktstellen und dadurch zum Verschweißen der Berührungspunkte; die Verbindung wird unmittelbar danach wieder auseinandergerissen. Narbenbildung und starker Materialabtrag oder Materialübertrag sind die Folge. Naturgemäß treten derartige Erscheinungen primär am Zahnkopf und sekundär am Zahnfuß auf, d. h. in Gebieten, in denen starkes Gleiten vorliegt (Bild 10–10).

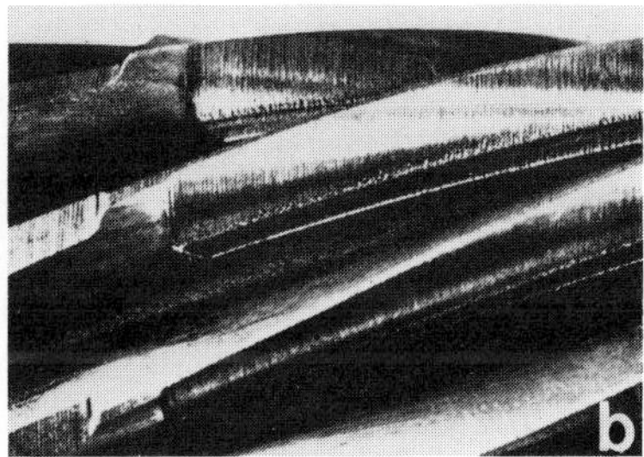

Bild 10–10: Fressen durch a) Versagen des Schmierstoffes (Werkstoff: 16 Mn Cr 5); b) nicht ausreichende Druckfestigkeit des Schmierstoffes (Werkstoff: EG 80) [5]

Die mit dem Fressen verbundene plastische Verformung führt häufig zu Gratbildung am Zahnkopf (Bild 10–11), wodurch auf den Zahnflanken des Gegenrades sekundär starke Verformungen der Randzonen verursacht werden

Getrieberad (Ck 35)

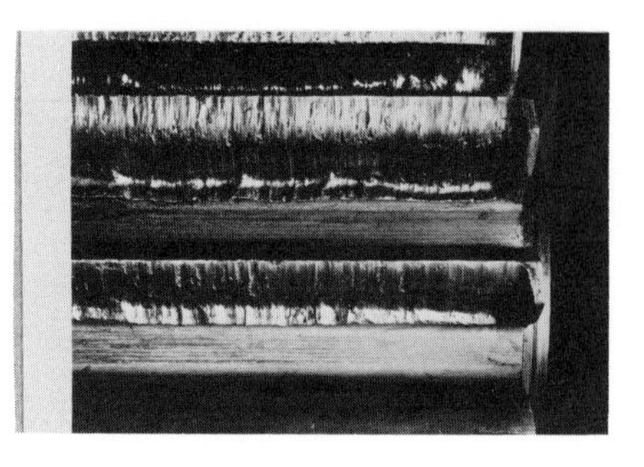

Ritzel (Ck 35)

Bild 10–11: Freßschäden an ungehärteten Zähnen (Werkstoff: C35) [5]

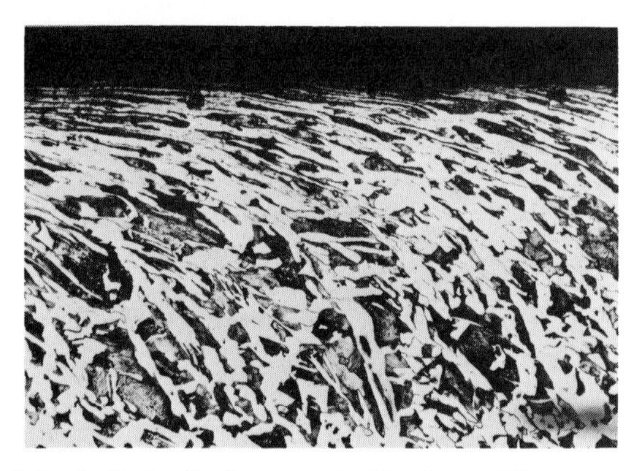

Bild 10–12: Ausgeprägte plastische Verformung der Randzone [5]

(Bild 10–12). Naturgemäß treten derartige Schäden nicht selten beim Anfahren auf, da dann häufig metallischer Kontakt vorliegt. Gefährdet sind ferner Getriebe von Anlagen, die unter Last abgestellt werden, wobei der Schmierfilm durchgedrückt wird.

Durch Auswahl geeigneter Öle lassen sich Schäden dieser Art vermeiden. Selbst wenn primäre Schäden in nicht zu ausgeprägter Form vorliegen, läßt sich der Zustand durch Wahl geeigneter Schmierstoffe stabilisieren. Dadurch ist es in der Regel möglich Zeit zu gewinnen, um Ersatzzahnräder zu beschaffen. Verfügbare Spezialöle, die Hochdruckzusätze enthalten und dadurch besonders gute Notlaufeigenschaften aufweisen, sind besonders wirksam. In diesem Falle bildet sich eine dünne mit dem Zahnflankenwerkstoff verbundene Reaktionsschicht, die nicht durchdrückbar ist und jeden metallischen Kontakt vermindert. Molybdänsulfid-Zusätze haben sich durch ihren schuppenartigen Aufbau auch hier bewährt.

Sekundär können ähnliche Verschleißerscheinungen entstehen durch

- artgleiche oder artfremde Fremdstoffe, wie z. B. Abrieb, Kernsandreste, die zwischen die Zahnflanken gelangen und Schäden verursachen, die in dem Bereich von „Politurverschleiß“ bis „Grobverschleiß“ liegen können,

- größere Materialpartikel, wie z. B. Pittingausbrüche, die in die Gleitbereiche gelangen und zu tiefen, glatt oder rauh ausgebildeten Riefen bzw. Furchen führen.

Das Ausmaß derartiger Schäden kann ebenfalls durch Verwendung von Ölen mit schichtaufbauenden Zusätzen beeinflußt werden. Die anfallenden Materialpartikel werden dadurch zu feinsten Folien hoher Oberflächengüte ausgewalzt und sind weitaus weniger schädlich.

Zur Einschränkung des Verschleißes eignen sich nach [8] folgende Maßnahmen:

- Vermeidung plastischer Verformung der Oberflächen der Kontaktpartner durch Vermeidung von Überbeanspruchungen
- Trennung der Kontaktpartner durch einen Schmierfilm
- Verwendung von Schmierstoffen mit EP- (extreme pressure) Additiven
- Vermeidung von metallischen Paarungen
- Bevorzugung von metallischen Werkstoffpaarungen mit kubisch-raumzentrierter oder hexagonaler Struktur
- Verwendung von Werkstoffen mit heterogenem Gefügeaufbau.

10.1.4.5 Wälzverschleiß

Wälzverschleiß (Reibkorrosion) wird bei Zahnrädern verursacht durch Stillstandvibration, d. h. durch kleine Relativbewegungen der sich berührenden und unter Last stehenden Zahnflanken. Dadurch tritt eine Schädigung der Zahnflanken auf entsprechend Bild 10–13. Durch Verwendung eines geeigneten Schmiermittels kann das Schadensausmaß verringert, häufig sogar vermieden werden (s. Kap. 7).

Bild 10–13: Flankenschäden durch Reibkorrosion [9]

10.1.4.6 Plastische Verformung

Durch Überbelastung können Schäden auftreten, wie Verformung der Flanken, Gratbildung an Zahnkopf oder Stirnflächen. Derartige Schäden treten vorwiegend bei ungehärteten Werkstoffen oder nach fehlerhafter Härtung auf.

10.1.4.7 Stromdurchgang

Durch ungeeignete Stromableitung tritt bei Elektromotoren und Generatoren häufig ein Potential zwischen der Welle und der Erde auf. Die Entladung erfolgt nicht selten durch die Getriebeverzahnung. Die während des Betriebes übertragenen elektrischen Ströme erzeugen Schäden auf der aktiven Flanke, die aus Ansammlungen kleiner Krater bestehen und vergleichbar mit „sandgestrahlten" Oberflächen sind. Dabei handelt es sich um Brandstellen, die je nach Stromstärke mehr oder minder groß ausgebildet sein können. Im Schliffbild sind die Schmelzkraterbildung und die wärmebeeinflußte Zone zu erkennen.

Derartige Schäden werden vermieden z. B. durch

- Einbau von Erdungsschleifringen
- Isolation zwischen Getriebegehäuse und Fundament
- isolierte Wellenkupplungen.

10.1.4.8 Korrosion

Chemische Korrosion kann auftreten bei längerem Stillstand eines Getriebes ohne Rostschutz, außerdem bei Verwendung ungeeigneter chemischer Ölzusätze. Diese Korrosionsart führt zu porig aufgerauhten oder narbigen Flankenoberflächen (Bild 10–14).

Bild 10–14: Flankenschäden durch Korrosion [9]

10.1.5 Schadensbeispiele

Schaden: Plastische Verformung der Zähne eines Zahnrades mit Geradverzahnung (∅ 232 mm; Zahnbreite 55 mm)

Werkstoff: C 45 G

Makroskopische Untersuchung: Die Zähne sind gegenüber der Achse der Bohrung verwunden; demnach ist während des Betriebes eine plastische Verformung aufgetreten (Bild 10–15). Die Zahnflanken sind über eine Hälfte der Zahnbreite stark beschädigt, während auf der übrigen Ober-

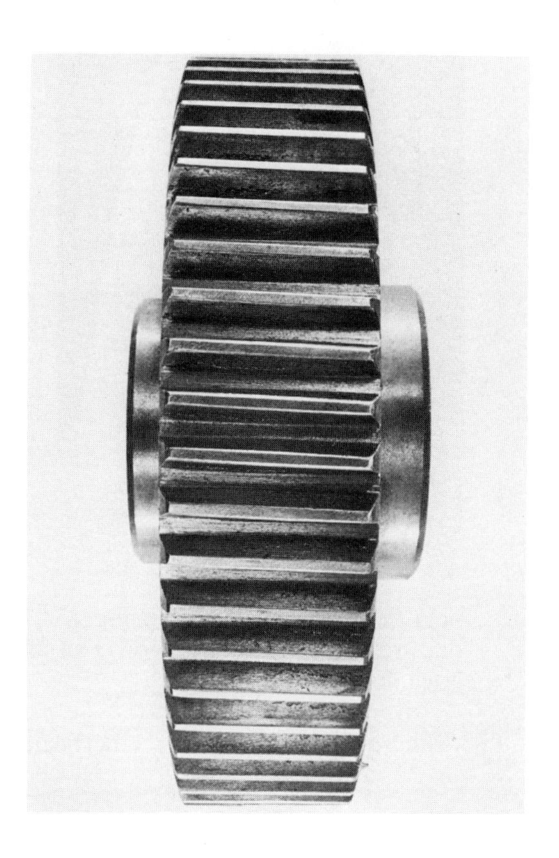

Bild 10–15: Plastische Verformung der Zähne eines geradverzahnten Zahnrades

fläche die Bearbeitungsriefen im unbeeinflußten Zustand vorliegen (Bild 10–16); die gegenüberliegenden Zahnflanken zeigen den umgekehrten Befund. Demnach liegt der beschädigten Stelle eine unbeschädigte und der unbeschädigten Stelle eine beschädigte gegenüber. Die Übergangsradien weisen ebenso wie die Zahnflanken ausgeprägte Bearbeitungsriefen auf.

Mikroskopische Untersuchung: Das Sorbit-Perlit-Gefüge mit einem Ferritnetz weist eine starke unterschiedliche Korngröße auf. Nach Bild 10–17

Bild 10–16: Ausbildung der Zahnflankenschäden

Bild 10–17: Mikroskopische Ausbildung der Zahnflankenschäden

liegt keine Oberflächenhärtung vor. In den verformten Bereichen wurde dadurch die Vickershärte von etwa 255 HV 0,2 durch Kaltverformung auf etwa 400 HV 0,2 erhöht.

Primäre Schadensursache: Überbeanspruchung; einseitiges Tragen.

Schaden: Zahnschäden am Kegelrad des Getriebes einer Zugmaschine

Makroskopische Untersuchung: An dem Kegelrad sind drei benachbarte Zähne stark beschädigt. An zwei Zähnen ist je ein Zahnende abgebrochen; außerdem weisen die tragenden Zahnflanken starke Schäden auf (Bild 10–18). Das abgebrochene Zahnende des Zahnes I, welches für die Aufnahme eingefügt wurde, zeigt keine Flankenschädigung; demnach sind diese erst nach dem Bruch aufgetreten. Durch Oberflächenrißprüfung wurden weitere Risse am Zahnfuß der benachbarten Zähne festgestellt (Bild 10–19).

Bild 10–18: Lage der Dauerbrüche und Ausbildung der Zahnflankenschäden

Bild 10–19: Rißbildung am Zahnfuß benachbarter Zähne

Das Tragbild läßt erkennen, daß die Zähne nicht einwandfrei getragen haben.

Die Bruchflächen zeigen die Merkmale von Dauerbrüchen, die vom Zahngrund ausgegangen sind; vorliegende ausgeprägte Bearbeitungsriefen haben die Bruchbildung begünstigt.

Mikroskopische Untersuchung: Die Gefügeausbildung und die Härteverteilung über dem Zahnquerschnitt sind einwandfrei.

Primäre Schadensursache: Ungleichmäßiges Tragbild.

Schaden: Zahnschäden an dem Schaftritzel einer Mischmaschine

Makroskopische Untersuchung: An dem Ritzel sind drei benachbarte Zähne stark beschädigt (Bild 10–20). An einem Zahn ist die Ecke ausgebrochen, an den beiden anderen Zähnen ist der Zahnkopf etwa in Zahnmitte durch Ausbrüche beschädigt. Die Ausbrüche sind kreisförmig begrenzt; in den Randzonen sind zahlreiche Anrisse zu erkennen. Die

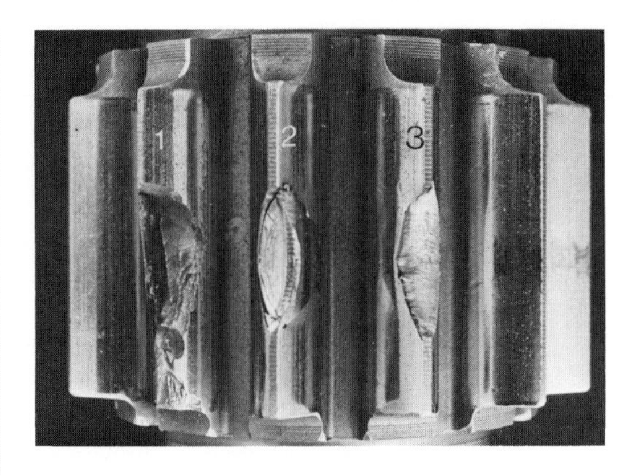

Bild 10–20: Ritzel einer Mischmaschine; Lage und Ausbildung der Schäden

Ausbildung der Bruchflächen deutet auf Scherbeanspruchung hin, sie sind nahezu verformungslos.

Der Eckbruch des Zahnes 1 weist die Merkmale eines Schwingbruches auf; der Bruchausgang liegt im Zahnfuß (Bild 10–21). Im weiteren Verlauf der Bruchfläche ist ein Abschälen der oberflächengehärteten Randzone eingetreten.

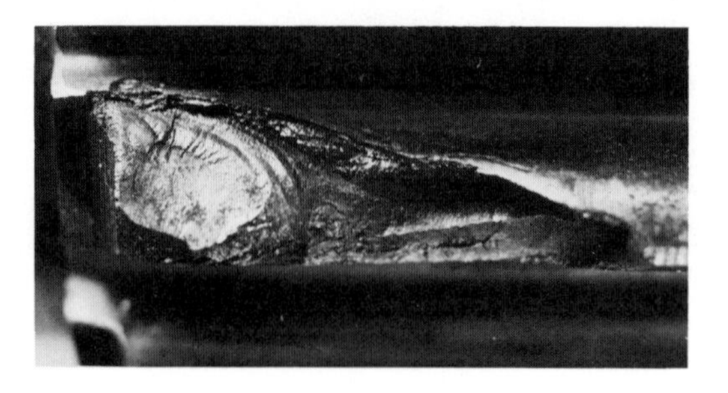

Bild 10–21: Zahneck-Dauerbruch infolge einseitigen Tragens

Das Tragbild läßt erkennen, daß etwa die Hälfte der Zahnbreite nicht nennenswert beansprucht worden ist, weil dort die Bearbeitungsriefen noch vollständig erhalten sind; die Zahnflanke weist zahlreiche fein ausgebildete Grübchen auf (Bild 10–22).

Bild 10–22: Abnutzung und Bildung kleiner Grübchen durch einseitige Belastung

Die örtlich begrenzte Überbeanspruchung führte primär zum Eckbruch des Zahnes 1; die übrigen Schäden sind sekundär entstanden.

Primäre Schadensursache: Ungleichmäßiges Tragen der Zähne.

Schaden: Zahnbrüche an dem Kegelritzel des Ausgleichsgetriebes eines Lastkraftwagens

Nach einer Betriebsbeanspruchung von etwa 800–1000 h traten an mehreren Kegelritzeln Schäden auf, die normalerweise erst bei 10 000 h zu erwarten sind. Entsprechend den Angaben des Herstellers wurden die Ritzel aus dem Werkstoff 18CrNi8 hergestellt.

Makroskopische Untersuchung: Alle untersuchten Kegelritzel weisen Dauerbrüche auf, entsprechend Bild 10–23. Die übrigen Schäden sind sekundär durch Gewaltbeanspruchung entstanden. Die untersuchten Ritzel weisen außerdem auf der Lagerseite in dem Bereich, wo die Dauerbrüche aufgetreten sind, eine sichelförmig ausgebildete Einfräsung auf (Bild 10–23, Pfeil).

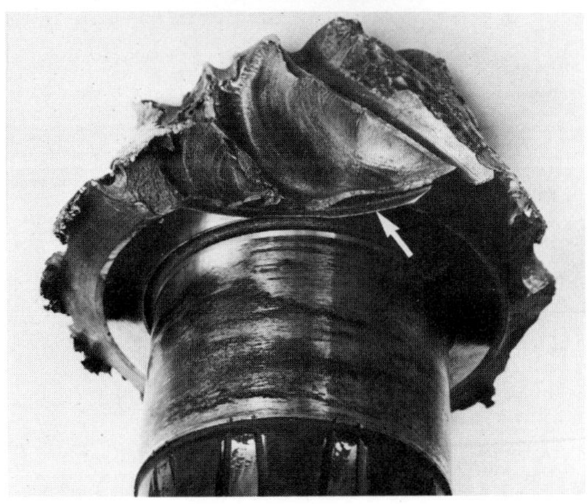

Bild 10–23: Geometrische Ausbildung der Kegelritzel; Lage und Ausbildung der Schwingungsbrüche

Mikroskopische Untersuchung: Die Zahnflanken sind über eine Tiefe von ca. 1,3 mm oberflächengehärtet; in diesem Bereich besteht das Gefüge aus äußerst feinem Martensit. Die Oberfläche weist eine Vickershärte von $\approx$ 1080 HV 0,3 auf. Die Härte vermindert sich in einem Abstand von 0,5 mm auf $\approx$ 850 HV 0,3, die Kernhärte beträgt $\approx$ 450 HV 0,3. In der Randzone sind in der Nähe des Bruchausganges äußerst feine Risse zu erkennen, die durch äußere Beanspruchung sekundär entstanden.

Folgerung: Die sichelförmige Einfräsung führt zu Formspannungen, zu zusätzlicher Kerbwirkung und außerdem zu einer Instabilität hinsichtlich der elastischen Verformung der Zähne. Dadurch trat eine Überbeanspruchung auf, die zu Rißbildung führte.

Primäre Schadensursache: Konstruktionsfehler

Schaden: Zahnbrüche an Stirnrädern (∅ 248 mm, Zahnbreite 70 mm, Werkstoff C45)

Makroskopische Untersuchung: Die Zahnräder weisen Zahnbrüche auf entsprechend Bild 10–24; der Bruchverlauf und die Bruchlage sind unter-

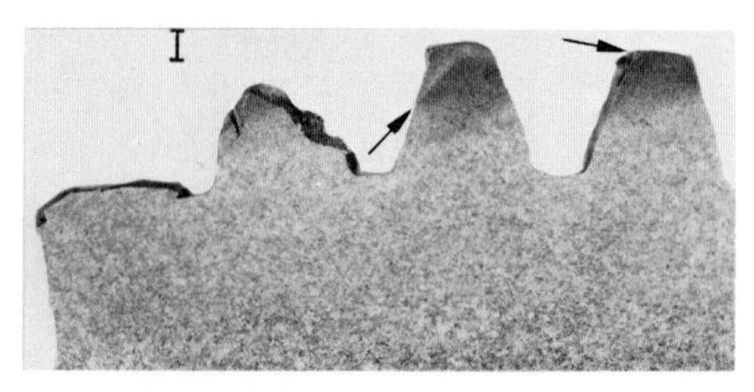

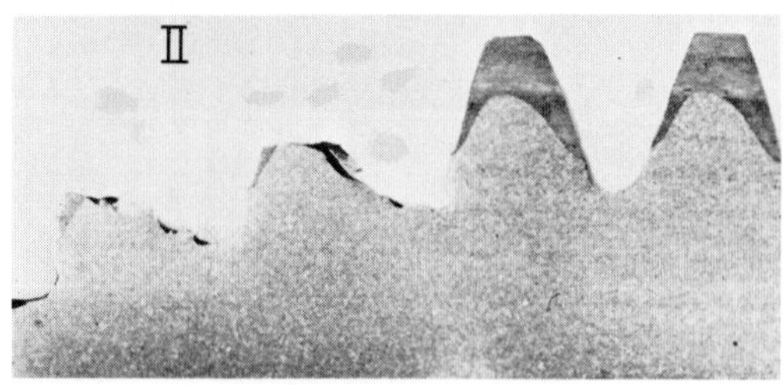

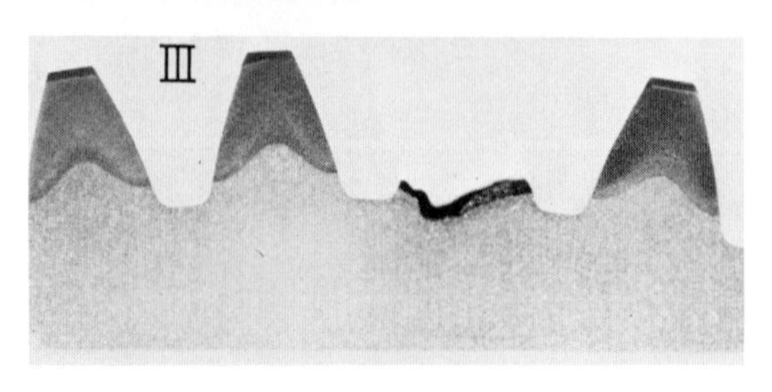

Bild 10–24: Ausbildung des Bruchverlaufes und der Oberflächenhärtung an drei verschieden Stirnrädern (I, II, III)

schiedlich. Durch Anätzen der Stirnfläche sind verschiedene, durch die Wärmebehandlung entstandene Zonen unterschiedlicher Gefügeausbildung zu erkennen; diese Bereiche zeichnen sich dunkler ab als die übrigen.

Demnach ist die thermische Nachbehandlung der Zähne des Zahnrades I derart durchgeführt, daß nur die Randbereiche der Zahnköpfe erfaßt wurden (Bild 10–24, Pfeile). Die wärmebeeinflußten Zonen sind bei den Zahnrädern II und III gleichmäßiger ausgeführt und erfassen größere Flankenbereiche. Die Brüche sind bei Zahnrad I entweder im Übergang der wärmebeeinflußten Zone oder am Zahnfuß aufgetreten, bei den Zahnrädern II und III ausschließlich unterhalb des gehärteten Bereiches.

Werkstoff: Der Siliziumgehalt ist wesentlich niedriger als der nach DIN 17200 vorgegebene Mindestwert. Die Werkstoffkennwerte $R_{p0,2}$ und R_m liegen unter den nach DIN 17 200 geforderten Mindestwerten; die Kerbschlagarbeit liegt zwischen $A_v = 0{,}5$ und 2,1 J.

Durch Vergüten wurden die Werte von $R_{p0,2}$ und R_m um 45 % bzw. 85 % verbessert.

Folgerung: Der Siliziumgehalt und die Streckgrenze des Werkstoffes sind wesentlich niedriger als die in DIN 17 200 angegebenen Mindestwerte; die Kerbschlagarbeit ist ebenfalls sehr niedrig. Die Festigkeit des Werkstoffes ist demnach hinsichtlich der auftretenden Beanspruchung unzureichend; die durchgeführte Härtung fehlerhaft.

Primäre Schadensursache: Ungeeigneter Werkstoff und fehlerhafte Wärmebehandlung.

Schaden: Zahnflankenausbrüche an dem Ritzel eines Stauchgerüstes Zahnlänge 608 mm; Zahnflanken oberflächengehärtet.

Makroskopische Untersuchung: Die Zahnflanken sind in dem in Bild 10–25 durch Schraffur gekennzeichneten Bereich in der in Bild 10–26 erkennbaren Art beschädigt. Dabei handelt es sich um grobe Flankenausbrüche (Grübchen), wie sie durch hohe und stoßartige Beanspruchung entstehen können. Die Schäden waren bereits vor Beginn der Untersuchung durch Schleifen teilweise beseitigt.

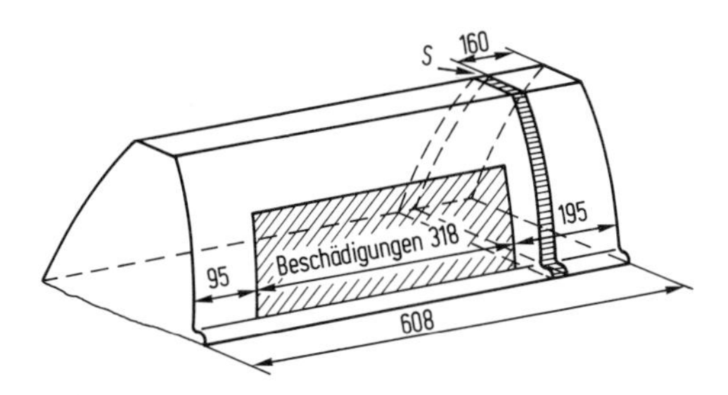

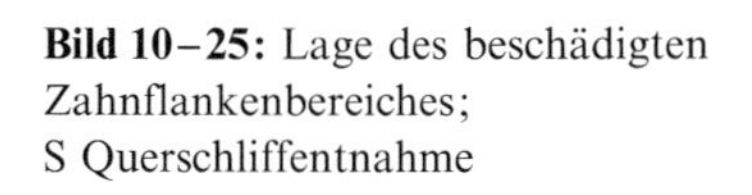
Bild 10–25: Lage des beschädigten Zahnflankenbereiches; S Querschliffentnahme

Bild 10–26: Lage der Flankenausbrüche; G: nachbearbeiteter Flankenbereich

Die Zahnflanken weisen außerdem oberhalb der Übergangsradien am Zahnfuß über die gesamte Länge eine nachträglich abgeschliffene Zone von etwa 8 bis 10 mm Breite auf, Bild 10–26 (G).

Mikroskopische Untersuchung: Der Querschliff eines beschädigten Zahnes läßt erkennen, daß die Zahnflanken teilweise über eine Tiefe von etwa 1,5 bis 2 mm oberflächengehärtet sind; die Gefügeausbildung der einzelnen Randbereiche ist in Bild 10–27 angegeben. Im Bereich 4 ist der Werkstoff stark plastisch verformt; die Überlappungen führten zu Rißbildung (Bild 10–28). Die Härte liegt in dem oberflächengehärteten Bereich bei $\approx$ 620 HV 5, in dem Übergangsbereich bei $\approx$ 320 HV 5 und in dem nichtgehärteten Bereich bei $\approx$ 220 HV 5.

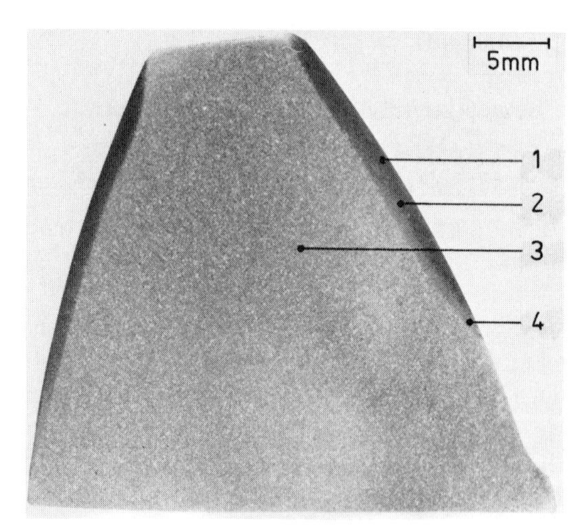

Bild 10–27: Zahnquerschliff nach Makroätzung Gefügeausbildung: 1 Martensit, fein lamellar; 2 Perlit/Ferrit; 3 Ferrit/Perlit; 4 Ferrit/Perlit plastisch verformt

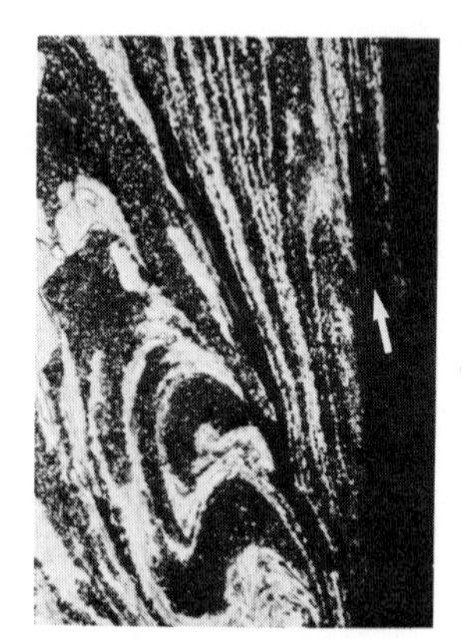

Bild 10–28: Plastisch verformte Randzone mit Rißbildung (Pfeil)

Folgerung: Der Werkstoff hat in den beschädigten Bereichen eine nicht ausreichende Festigkeit.

Primäre Schadensursache: Fehler bei der Wärmebehandlung.

Schaden: Verschleißschäden an Zahnrädern des Wende-Untersetzungsgetriebes eines Motorschleppers.

Nach einer Überholung des Getriebes traten nach einer Betriebszeit von etwa 2 Monaten Geräusche auf; kurze Zeit später fiel das Getriebe aus. Schadhaft waren die Kegelräder (Pos. 1, 2, 3), ein Tellerrad und ein Wälzlager.

Makroskopische Untersuchung: Alle Zähne des Kegelrades 1 zeigen auf den Zahnkopfoberflächen etwa über die Hälfte der Zahnbreite starken Verschleiß, vereinzelt sind Zahnecken abgebrochen (Bild 10–29). Das Tragbild erstreckt sich über die gesamte Zahnbreite, jedoch nur in dem Bereich oberhalb des Wälzkreises. Die Verschleißstellen sind durch Wärmeeinwirkung blau angelaufen.

Bild 10–29: Verschleißschäden des Kegelrades 1 auf den Zahnkopfoberflächen (R) und Ausbrüche (A)

Das Kegelrad 2 wurde bereits vor der Verfügbarkeit durch Brennschneiden geteilt (Bild 10–30). Alle Zähne weisen auf der Zahnkopfoberfläche Verschleißerscheinungen auf. Drei Zähne sind nur noch teilweise vorhanden. Die Begrenzung dieser Schäden verläuft etwa kreisförmig. Das Tragbild zeichnet sich besonders deutlich unterhalb des Wälzkreises ab (Bild 10–31 (T_1)), oberhalb des Wälzkreises schwächer und nur über die Hälfte der Zahnbreite (Bild 10–31 (T_2)).

Die Oberfläche der Bohrung des zugehörigen Wälzlagers ist gelb angelaufen und weist Riefenbildung auf (Bild 10–32).

Alle Zähne des Kegelrades 3 weisen Verschleißerscheinungen am Zahnkopf auf und ausgeprägte Riefenbildung in der Bohrungsoberfläche (Bild 10–33). Die mit dem Distanzring in Berührung gewesene Stirnfläche ist stark aufgerauht (Bild 10–34).

Bild 10–30: Kegelrad 2 mit Verschleißschaden auf den Zahnkopfoberflächen

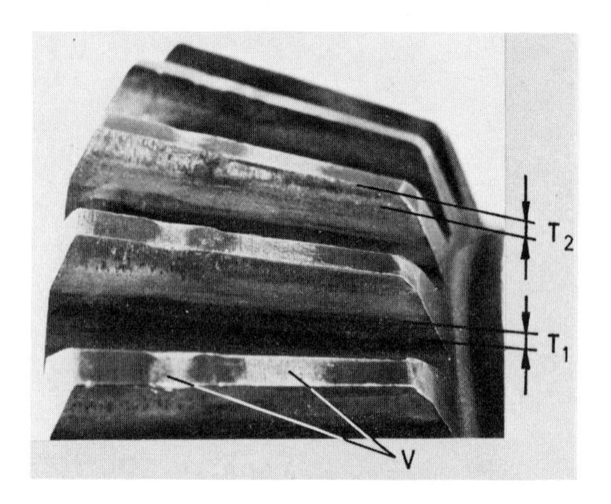

Bild 10–31: Tragbild der Zahnflanken, Kegelrad 2
V Verschleiß

Bild 10–32: Oberflächenzustand der Wälzlagerbohrung des Kegelrades 2

Bild 10–33: Beschädigungen der Zahnkopfoberflächen und der Oberfläche der Bohrung, Kegelrad 3

Bild 10–34: Beschädigte Stirnfläche des Kegelrades 3

Die Zahnflanken des Tellerrades lassen normalen Verschleiß erkennen; das Tragbild erstreckt sich über die gesamte Zahnbreite. Die Kopfflächen der Zähne weisen insgesamt Verschleißerscheinungen auf, außerdem sind 14 Zähne durch Ausbrüche beschädigt (Bild 10–35).

Bild 10–35: Verschleißerscheinungen und Ausbrüche am Tellerad
B Bruchfläche
V Verschleiß

Folgerung: Unter Beachtung der vorliegenden Schäden führte eine systematische Analyse der Funktionszusammenhänge der einzelnen Bauelemente, insbesondere hinsichtlich der Auswirkung des Ausfalles eines Wälzlagers, zu der Feststellung, daß der Schaden durch den Ausfall eines Wälzlagers entstanden ist.

Primäre Schadensursache: Versagen des Wälzlagers.

10.2 Kurbelwelle

10.2.1 Beanspruchung

Die Belastungen einer Kurbelwelle resultieren zunächst aus den konstruktiv bedingten primären Belastungen, die von der Arbeitsweise und dem Mechanismus des Kolbenmotors abhängen, und solchen, die unbeabsichtigt auftreten, z. B durch Fertigungs- und Montagefehler, und durch äußere Störungen [10].

Die bei der Konstruktion zu berücksichtigenden Belastungen resultieren daher aus

- den von den Pleuelstangen übertragenen Kurbelkräften und aus den Triebwerks-Massenkräften
  - bei konstanter Umlaufgeschwindigkeit
  - bei unregelmäßiger Umlaufgeschwindigkeit oder
  - als Folge raschen Gasdruckanstieges bei Beginn der Verbrennung, der eine spontane elastische Verformung der Kurbelwelle bewirkt,
- den periodisch veränderlichen Drehmomenten aus den tangentialen Komponenten der Kurbelkräfte als Folge der Gaskraft und der oszillierenden Massenkraft bei konstanter Umlaufgeschwindigkeit
- der Schwingungsbelastung, hervorgerufen durch die rotierenden Ersatzmassen als Folge der durch die periodische Kurbelkraftänderung bewirkten Drehbeschleunigungen
- den Massenkräften durch Biegeschwingungsbeanspruchung
- den axialen Trägheitskräften.

Außer diesen primären funktionsbedingten Belastungen treten häufig zusätzliche Beanspruchungen durch äußere Einflüsse auf, wie z. B.

- Zwangsverformungen der Kurbelwelle, z. B. durch Nichtfluchten der Lager oder durch Fertigungsfehler
- Vergrößerung der Biegemomente, z. B. durch Verschleiß der Lagerflächen
- Belastungseinflüsse, z. B durch angekuppelte Elemente.

Der zeitliche Beanspruchungsverlauf an einer beliebigen Stelle ergibt sich durch Superposition der aus den einzelnen Belastungen errechneten Beanspruchungen unter Berücksichtigung des zeitlichen Versatzes und der Wirkungsrichtung der Belastung. Die derart ermittelte Betriebsbeanspruchung – im wesentlichen handelt es sich dabei um eine Wechselbeanspruchung – resultiert in Biege- und Torsionsbeanspruchung.

10.2.2 Konstruktion

Die primäre Beanspruchung wird bestimmt durch die auftretenden Kräfte und Momente und durch die Bemessung und Gestaltung von Kurbelzapfen und Wangen.

Die betriebliche Funktion der Kurbelwelle erfordert eine Formgebung, die sich aus Wellenzapfen-Grundlager sowie aus Kurbelzapfen und Kröpfungen zusammensetzt. An den Querschnittsübergängen Zapfen/Wange tritt eine relativ scharfe Umlenkung des Kraftflusses auf [11]. Darüber hinaus ist es erforderlich, die Lagerstellen während des Betriebes zu schmieren. Die dazu erforderlichen Ölbohrungen stellen ebenfalls Kerben dar, die zu Kerbspannungen führen.

Demnach hat die Kurbelwelle zwei besonders kritische Stellen, nämlich die hauptsächlich durch Drehschwingungen beanspruchten Ölbohrungen und die Übergänge zwischen Zapfen und Wange, an denen außer der Drehschwingbeanspruchung auch eine Dauerbiegebeanspruchung auftritt. Aus diesem Grunde werden die Kurbelwellen in der Regel so bemessen, daß die örtlichen Spannungserhöhungen an den Übergängen geringer sind als an den Ölbohrungen.

Durch konstruktive und fertigungstechnische Maßnahmen kann die Kerbwirkung wesentlich beeinflußt werden, z. B. durch

- Festlegung eines bestimmten Verhältnisses vom Übergangsradius zum Zapfendurchmesser
- oval ausgebildete Wangen
- günstig ausgebildete Querschnittsübergänge zwischen Wangen und Zapfen
- den Kerbspannungen angepaßte Zapfenoberflächenbehandlung, wie asymmetrisches Härten
- Ausrundung des Bohrungsauslaufes
- Aufbringen von Druckeigenspannungen am Ölbohrungsauslauf.

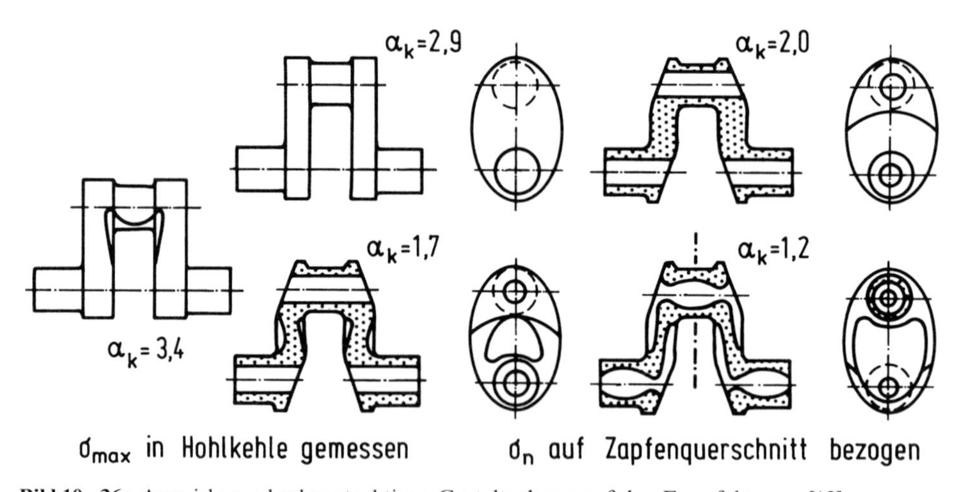

Bild 10–36: Auswirkung der konstruktiven Gestaltgebung auf den Formfaktor α_k [12]

Die Auswirkung der konstruktiven Gestaltgebung auf den Formfaktor α_k zeigt Bild 10 –36. Die Anforderungen an den Werkstoff sind:

- ausreichende mechanische Eigenschaften (Schwingungsfestigkeit, Formänderungsvermögen)
- ausreichende metallurgische Reinheit (Schlackeneinschlüsse, Seigerungen)

- günstige Gefügeausbildung
- Unempfindlichkeit gegenüber Wasserstoffversprödung
- günstiger Faserverlauf.

10.2.3 Versagenskriterien

Grundsätzlich sind die Kurbelwellen funktionsbedingt durch zeitlich veränderliche Verdreh- und Biegemomente beansprucht [13]. Das Drehmoment ist an der Flanschseite, wo es abgegeben wird, am gleichmäßigsten. In den übrigen Bereichen kann das Drehmoment je nach Betriebsverhältnissen stark unterschiedlich sein. Das Biegemoment der einzelnen Kröpfung ist nahe der oberen Totpunktstellung in der Regel am größten; es fällt jedoch nicht mit dem Größtwert des Drehmomentes zusammen. Die zeitliche Veränderung der Spannungsverteilung wird durch Superposition aller auftretenden Belastungen erfaßt. Hieraus ergeben sich folgende Beanspruchungs- und Schädigungskriterien:

- Die maximale Drehschwingungsbeanspruchung tritt in den vorderen Lagerzapfen auf.
- Drehschwingungsbrüche treten bei Vergasermotoren durch Fahren in einer kritischen Drehzahl auf.
- Bei Dieselmotoren mit Schwingungsdämpfer entstehen Drehschwingungsbrüche durch Nachlassen der Dämpfung.
- Bei reiner Drehschwingungsbeanspruchung entsteht der Anriß an der Ölbohrung.
- Drehschwingungsbrüche treten bei Kurbelzapfen, die normalerweise weniger hoch belastet sind, dann auf, wenn das Lagerspiel zu groß ist.
- Biegung tritt in den Kurbelwangen durch die Kolbenkräfte auf.
- Umlaufbiegebeanspruchung kann dann auftreten, wenn die Kurbelwelle nicht fluchtet.

Schäden können auch dann auftreten, wenn z. B.

- zwei benachbarte Hauptlager ausfallen und dadurch eine zusätzliche Biegebeanspruchung entsteht, die zum Dauerbruch der Wange führt,
- ein Traglager ausfällt und folglich zusätzliche Drehschwingungen entstehen, die zum Bruch der Wange führen.

Im wesentlichen treten folgende Brucharten auf

- Torsionsdauerbruch
- Biegedauerbruch
- Umlaufbiegedauerbruch
- Biege-Torsions-Dauerbruch
- Bruch durch Werkstoffehler

10.2.4 Schadensbild

Torsionsdauerbruch

Drehschwingungsbrüche treten bei Vergasermotoren ohne Schwingungsdämpfer als Folge von zu häufigem oder zu langem Fahren in der kritischen Drehzahl auf oder durch zu häufiges übermäßiges Hochdrehen des Motors in niedrigen Gängen. Die Brüche gehen entweder von den Ölbohrungen oder von den Übergängen Zapfen/Wange aus. Bild 10–37 zeigt einen Bruch, der vom Übergang

Bild 10–37: Torsionsschwingungsbruch, der vom Übergang Zapfen/Wange ausgegangen ist [13]

Bild 10–38: Torsionsschwingungsbruch der Kurbelwelle eines Schiffsmotors [13]

zur Wange ausgeht. Die ausgeprägten Rastlinien lassen erkennen, daß die Dauerfestigkeit oft, aber nur kurzzeitig überschritten wurde.

Drehschwingungsbrüche können auch bei Dieselmotoren mit Schwingungsdämpfern dann auftreten, wenn sich die Dämpfungswirkung vermindert (Bild 10–38).

Der in Bild 10–39 gezeigte Torsionsdauerbruch der Kurbelwelle eines Dieselmotors ist von der Ölbohrung ausgegangen; der Bruch verläuft etwa 45° zur Achse. Der Querschnittsübergang Zapfen/Wange hat eine Reflektion der Bruchflächen unter gleichem Winkel bewirkt. Der Bruch ist durch eine Verdrehüberbeanspruchung, die durch eine nicht optimale Abstimmung des Schwingungsdämpfers des Motors verursacht wurde, entstanden.

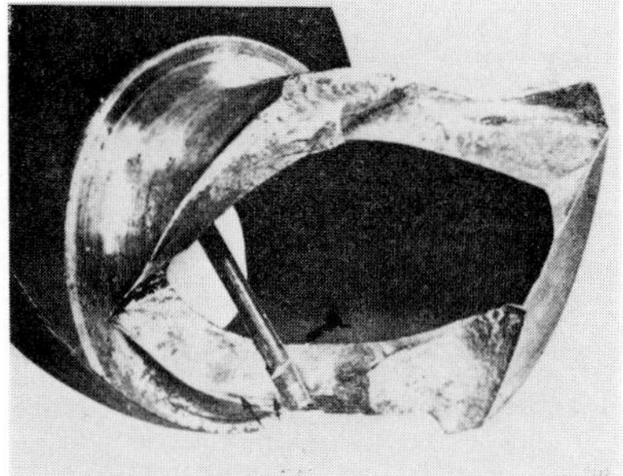

Bild 10–39: Torsionsschwingungsbruch einer Kurbelwelle, der von der Ölbohrung ausgegangen ist und an der Wangenhohlkehle reflektiert wurde [14]

Biegeschwingungsbruch

Bild 10–40 zeigt den Schwingbruch einer Kurbelwelle, der durch Biegewechselbeanspruchung entstanden ist. Der Ausgang des Bruches liegt in dem Querschnittsübergang Kurbelzapfen/Wange an der Stelle A. Durch starke Abnutzung der Hauptlager trat eine übermäßig große Biegung auf, die zu einer Überbeanspruchung und zu dem Dauerbruchanriß führte.

Bild 10–40: Biegeschwingungsbruch der Kurbelwelle eines Dieselmotors [15]

Durch übermäßiges Spiel der Grundlager und folglich durch zu hohe Biegespannungen werden häufig Biegedauerbrüche verursacht, die von zwei Stellen ausgehen (Bild 10–41).

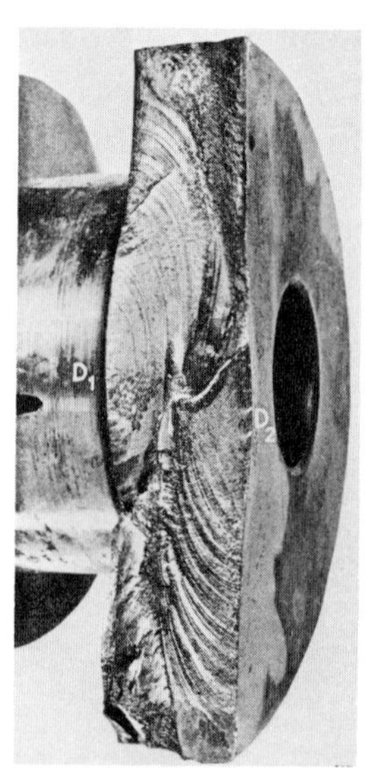

Bild 10–41: Biegeschwingungsbruch einer Kurbelwelle durch doppelseitige Biegung [15]

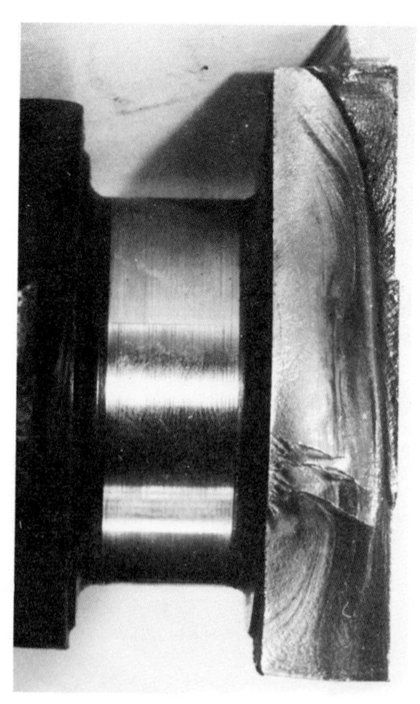

Bild 10–42: Schwingungsbruch einer Kurbelwelle durch gleichzeitige Einwirkung von Verdreh- und Biegebeanspruchung [13]

Seltener treten Umlaufbiegedauerbrüche an Kurbelwellen auf. Sie werden dann beobachtet, wenn die Welle nicht fluchtet. In diesem Falle tritt der Bruch vorwiegend in der vordersten Wange auf, weil hier die größte Biegebeanspruchung herrscht. Die Ausbreitungsgeschwindigkeit des Bruches ist in der Regel groß, daher treten Rastlinien seltener auf.

Biege-Torsions-Schwingungsbruch

Die gleichzeitige Einwirkung von Dreh- und Biegebeanspruchung führt zu einem Dauerbruch, der einem Dauerbiegebruch sehr ähnlich ist. Kennzeichnend ist jedoch die Lage des Bruchausganges, der außerhalb der Mittelebene der Kröpfung liegt (Bild 10–42).

10.2.5 Schadensursache

Werkstoff: Werkstoffehler können die Schwingfestigkeit der Kurbelwellen erheblich vermindern, z. B. durch

- ungünstigen Faserverlauf
- ungünstige Gefügeausbildung; grobkörnig mit ausgeprägtem Ferritnetz
- Kerbempfindlichkeit
- Werkstoffverunreinigungen, z. B. Einschlüsse in den Randzonen, die angeschnitten werden
- Anhäufung von Verunreinigungen
- angeschnittene Seigerungen
- Wasserstoffversprödung.

Lagerschäden: Durch starke Abnutzung der Gleitflächen treten überhöhte Biegespannungen auf, die zu einer Überbeanspruchung führen.

Oberflächenbearbeitung: Ausgeprägte Zerspanungsriefen, insbesondere in den Hohlkehlen der Querschnittsübergänge, führen zu Kerbspannungen, die eine Rißbildung begünstigen. Derartige Schäden treten häufig nach Reparaturen auf.

Montagefehler: Diese führen häufig zu Fluchtungsfehlern, die eine erhöhte Beanspruchung zur Folge haben. Daraus resultieren Schäden, wie Fressen, Blockieren und Brüche.

Ölmangel: Dadurch entstehen ebenfalls Freßspuren, Riefen, Gefügebeeinflussung, Aufschweißungen und Risse.

Fremdkörper: Späne, Zunder und dgl. können sich z. B. in den Ölbohrungen festsetzen und bei Inbetriebnahme durch Schmiermittelmangel zu Lagerschäden führen.

10.2.6 Schadensbeispiele

Schaden: Mehrfacher Bruch der Kurbelwelle eines Dieselmotors

Makroskopische Untersuchung: Die Kurbelwelle weist zwei Brüche auf, die von den beiden Querschnittsübergängen Lagerzapfen/Wange ausgegangen sind. Beide Bruchflächen zeigen die Merkmale eines Biegeschwingbruches (Bild 10–43). Der Abstand der Rastlinien der Bruchfläche A ist derart klein, daß diese lediglich mit Hilfe einer Lupe einzeln zu erkennen sind; die Bruchfläche ist außerdem stellenweise punktförmig oxidiert. Der Bruch ist von mehreren, über den Umfangsbereich verteilten Stellen (Pfeile) ausgegangen (Bild 10–44).

Der Schwingbruch B ist ebenfalls von mehreren Stellen (Pfeile) ausgegangen, die Rastlinien haben größeren Abstand, und die Fläche selbst ist

Bild 10–43: Lage der Bruchflächen A und B

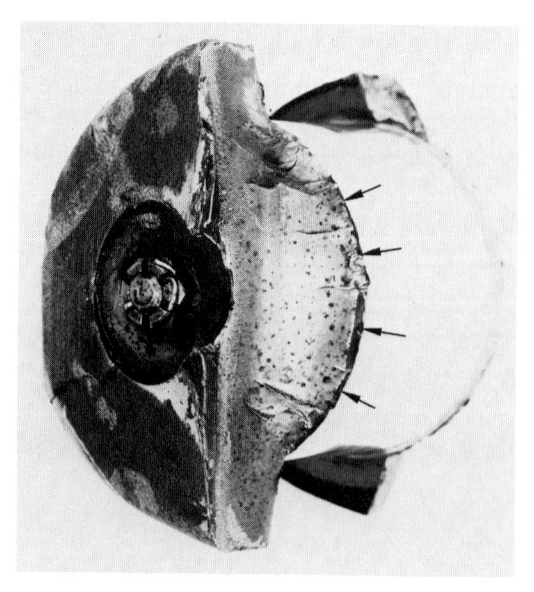

Bild 10–44: Ausbildung der Bruchfläche A

Bild 10–45: Ausbildung der Bruchfläche B

metallisch blank (Bild 10–45). Der Anteil der Restbruchflächen ist gering und demnach auch die durchschnittliche Nennspannung.

Beide Querschnittsübergänge sind sehr ungleichmäßig ausgebildet und weisen ausgeprägte Bearbeitungsriefen auf; sie sind auf dem Umfang an den Stellen des Bruchausganges stark korrodiert. Die Hauptlagerzapfen sind stark abgenutzt.

Folgerung: Die von der normalen geometrischen Form abweichenden Querschnittsübergänge, die vorliegenden ausgeprägten Bearbeitungsriefen und Korrosionsstellen sowie die starke Abnutzung der Hauptlagerzapfen führten bei normaler Betriebsbeanspruchung zu Anrissen, die sich schließlich zu den Brüchen ausdehnten. Die Anrisse der Bruchfläche A sind zuerst entstanden.

Primäre Schadensursache: Herstellungsfehler und Betriebseinflüsse (Korrosion und Lagerzapfenverschleiß).

Schaden: Bruch der Kurbelwelle eines LKW-Dieselmotors

Dem Bruch der Kurbelwelle war ein Verkehrsunfall vorausgegangen, der zu Vorderachs- und Lenkungsschäden geführt hatte; Motorschäden wurden nicht festgestellt. Der Motor war etwa zwei Monate vor dem Unfall generalüberholt worden einschließlich einer Riß- und Härteprüfung der Kurbelwelle. Vier Wochen nach dem Unfall trat ein Motorschaden auf. Dabei wurde festgestellt, daß die Kurbelwelle gebrochen war. Es sollte ermittelt werden, ob der Bruch auf den Unfall zurückzuführen ist oder auf andere Einflüsse.

Bild 10–46: Lage und Ausbildung der Bruchfläche

Bild 10–47: Querschnittsübergang mit Bearbeitungs- (Schleif-) riefen

Makroskopische Untersuchung: Die Bruchfläche zeigt die Merkmale eines Dauerbruches, der durch einseitige Biegung entstanden ist und der von dem Querschnittsübergang zwischen Kurbelzapfen und Auflauffläche ausgegangen ist (Bild 10–46); der Bruch verläuft etwa unter 45° in die Wange. Die Oberfläche des Querschnittsüberganges weist ausgeprägte Schleifriefen auf (Bild 10–47). Die verhältnismäßig kleine Restbruchfläche deutet auf eine geringe durchschnittliche Nennspannung hin.

Mikroskopische Untersuchung: Das Vergütungsgefüge ist über den untersuchten Bereich gleichmäßig ausgebildet; Werkstoffehler und Härterisse liegen nicht vor. Der Übergangsradius beträgt 1,75 mm.

Folgerung: Die rechnerisch ermittelte Verminderung der Dauerhaltbarkeit durch die größere Kerbwirkung infolge des zu kleinen Übergangsradius und der Bearbeitungsriefen liegt bei etwa 30%. Diese Verminderung kann nicht allein zu dem Dauerbruch geführt haben, vielmehr muß eine zusätzliche Biegung, z.B. infolge Lagerabnutzung oder nicht einwandfreier Ausrichtung, aufgetreten sein.

Primäre Schadensursache: Instandsetzungsfehler

Schaden: Bruch der Kurbelwelle eines Dieselmotors

Makroskopische Untersuchung: Der Schwingbruch ist durch Biegebeanspruchung entstanden und von zwei Stellen ausgegangen (Bild 10–48).

An diesen Stellen liegen örtlich begrenzte Oberflächenschäden vor, die durch Fressen entstanden sind; die Stellen sind außerdem korrodiert.

Nachdem sich der primär entstandene Dauerbruch soweit ausgebreitet hatte, daß die Beanspruchung auf der gegenüberliegenden Seite die

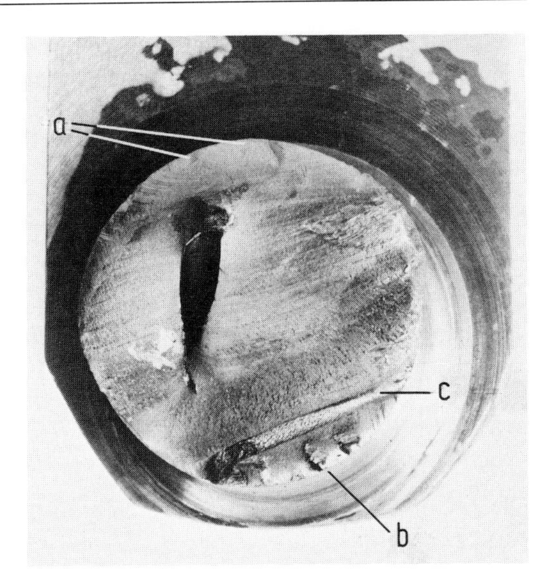

Bild 10–48: Ausbildung der Bruchfläche
a) Primärer Bruchausgang;
b) Sekundärer Bruchausgang;
c) Restbruch

Schwingfestigkeitsgrenze erreichte, entstanden hier weitere Anrisse, die zu der sekundären Dauerbruchfläche führten. Diese Anrisse wurden ebenfalls durch Oberflächenschäden begünstigt. Die Restbruchfläche ist sehr klein, demnach war die durchschnittliche Nennbeanspruchung sehr niedrig.

Primäre Schadensursache: Oberflächenschäden; Fressen, Korrosion.

10.3 Gleitlager

10.3.1 Allgemeine Betrachtung

Die Berechnung und Dimensionierung von Gleitlagern ist schwierig, weil die Funktionsfähigkeit einer Gleitlagerung von vielen Einflußgrößen abhängt, vor allem jedoch von der gegenseitigen Beeinflussung dieser Größen. Hinzu kommen die Einflüsse durch fehlerhafte Montage, durch Wartungsfehler und schließlich durch außergewöhnliche Betriebszustände. Demnach ist es schwierig, aus der makroskopischen Ausbildung eines Lagerschadens die primäre Schadensursache zu ermitteln, weil in der Regel mehrere Einflußgrößen zu der Entstehung des Schadens geführt haben. Außerdem ist meistens zum Zeitpunkt der Untersuchung die Zerstörung bereits soweit fortgeschritten, daß eine Schadensanalyse kaum möglich ist. Hinzu kommt, daß der Lagerzustand und die Betriebsbedingungen zu Beginn der Zerstörung nur selten genauer bekannt sind. Daher ist es notwendig, die gesamte Umgebung der Lagerstelle sowie die wichtigsten Teile des Schmierkreislaufes, wie z. B. Ölpumpe und Filter, in die Untersuchung einzubeziehen. Um eine Abschätzung der Auswirkungen einzelner Einflußfaktoren auf die Schadensbildung zu ermöglichen, erscheint es zweckmäßig, diese in Gruppen entsprechend der unmittelbaren Einwirkung auf die Lageroberfläche einzuordnen. Eine strenge Trennung ist jedoch nicht möglich, weil in der Regel nicht nur mehrere Erscheinungsformen in einem Gleitlager gleichzeitig auftreten können, sondern auch, weil eine bestimmte Erscheinungsform mehrere Ursachen haben kann.

Man kann eine Einteilung in folgende Erscheinungsformen vornehmen:

- Verschmutzung, Abrasion durch Fremdpartikel (Einbettung, Riefenbildung)
- Verschleiß durch Mischreibung
- Ermüdung, Oberflächenzerrüttung
- Auswaschung, Kavitationserosion
- Tribochemische Reaktion, Korrosion
- Schwingungsverschleiß.

Die genannten Erscheinungsformen sind hauptsächlich auf folgende Ursachen zurückzuführen:

- Lagerkräfte
- konstruktive Ausbildung der Lagerstelle
- Werkstoffe und Schmiermittel
- Fertigungsgenauigkeit
- Montagebedingungen
- Betriebsbedingungen.

10.3.2 Ausbildung der Gleitlagerschäden

10.3.2.1 Verschmutzung, Abrasion durch Fremdpartikel (Einbettung, Riefenbildung)

Gelangen größere Schmutzpartikel, z. B. als Folge der Fertigung der Anlage, etwa in Form von Spänen oder Gußsandrückständen, in den Schmierkreislauf und in die Lager, so wird das durch die Einbettung eines Schmutzpartikelchens in den Lagerwerkstoff verdrängte Material einen Wulst um das Partikelchen bilden. Diese Stelle ist einerseits in erhöhtem Maße dem Verschleiß unterworfen und kann zu einer Riefenbildung am Zapfen führen. Außerdem entsteht eine Änderung der Spaltgeometrie, die eine Erhöhung oder einen Abfall des Schmiermitteldruckes zur Folge hat (Bild 10–49). Durch Ansammlung der Fremdkörper kann der Schmierfilm unterbrochen werden; dies führt häufig zu Rißbildung [17].

Werden größere Fremdpartikel mitgerissen, so können Oberflächenschäden entsprechend Bild 10–50 entstehen.

Gelangen Fremdpartikel zwischen Lagerrücken und Aufnahmebohrung, so wird die Lagerschale ausgebeult und dadurch Verschleiß bewirkt (Bild 10–51).

Bild 10–49: Schmutz-Einbettungen [16]

Bild 10–50: Oberflächenschäden durch mitgerissene Fremdpartikel [16]

Bild 10–51: Verschleißerscheinungen als Folge der Einwirkung von Fremdpartikel zwischen Lagerrücken und -bohrung [18]

Bild 10–52: Riefenbildung durch Fremdpartikel [16]

Größere und harte Schmutzpartikel verursachen häufig Riefen, die, ähnlich einer Nut, zu einem Zusammenbruch des axialen Schmiermitteldruckes führen und dadurch die Tragfähigkeit vermindern (Bild 10–52). Man erkennt die Einwirkung des Schmutzes dadurch, daß am Ende derart entstandener Riefen ein schwarzer Punkt mit glänzendem Hof sichtbar ist. Umgekehrt kann es vorkommen, daß ein Schmutzteilchen in die Lageroberfläche eingedrückt wird. Der sich dann bildende Wulst wird während des weiteren Betriebes verschmiert, wobei das Schmutzpartikelchen mit Lagermetall überdeckt werden kann. Dadurch entsteht auf der Oberfläche ein hellglänzender Hof um den dunklen Punkt. Führen die Riefen zu dem Schmutzteilchen hin, so handelt es sich dabei um Verunreinigungen, die mit dem Ölstrom in den Lagerspalt gelangen. Bestehen die Schmutzpartikel aus einer bröckeligen Substanz, so werden die Einzelteilchen häufig herausgeschwemmt. Sind die Schmutzteilchen sehr klein, so können sie sich z. B. in die galvanische Schicht eines Mehrstofflagers einbetten, ohne daß die darunterliegende Schicht beschädigt wird (Bild 10–53).

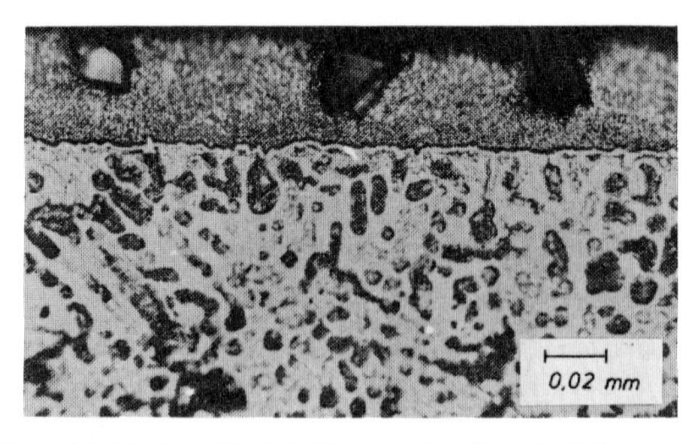

Bild 10–53: In der Gleitschicht eines Dreistofflagers eingebettete Schmutzpartikel [18]

10.3.2.2 Verschleiß durch Mischreibung

Unter dem Begriff Verschleiß wird nach DIN 31661 eine Änderung der Mikrogeometrie und des Materialabtrages unter der abrasiven und adhäsiven Wirkung der relativ zueinander bewegten Oberflächen verstanden. Makroskopisch sind Verschleißbereiche dadurch gekennzeichnet, daß sie örtlich begrenzt sind und am Anfang und Ende allmählich in die normale Oberfläche übergehen. Die Verschleißzonen heben sich häufig durch Glanz von den übrigen Bereichen ab, so daß sie makroskopisch gut zu erkennen sind. Tritt jedoch nach längerer Betriebszeit eine Oxidation dieser Bereiche ein, so sind sie nicht mehr zu erkennen. In diesem Fall kann das Ausmaß des Verschleißes z. B. durch Messung der Wanddicke der Lagerschale ermittelt werden.

Der Einlaufverschleiß stellt gewissermaßen eine Nachbearbeitung der Zapfen- und der Lageroberflächen dar und konzentriert sich meistens auf die Hauptbelastungszone. Diese Art der Verschleißbildung kommt nach dem Einlaufvorgang zum Stillstand. Sie ist gekennzeichnet durch glänzende glatte Tragspuren über die ganze Lagerbreite oder an Druckstellen.

Dauerhafter Verschleiß wirkt sich auf die gesamte Gleitfläche aus; dabei kann, insbesondere bei Mehrschichtlagern, die ganze Laufschicht abgetragen werden. Kommt die härtere Zwischenschicht zum Tragen, so tritt in verstärktem Maße Zapfenverschleiß auf. Dadurch nimmt die Wärmeentwicklung rasch zu, so daß die Gefahr des Fressens wächst (Bild 10–54).

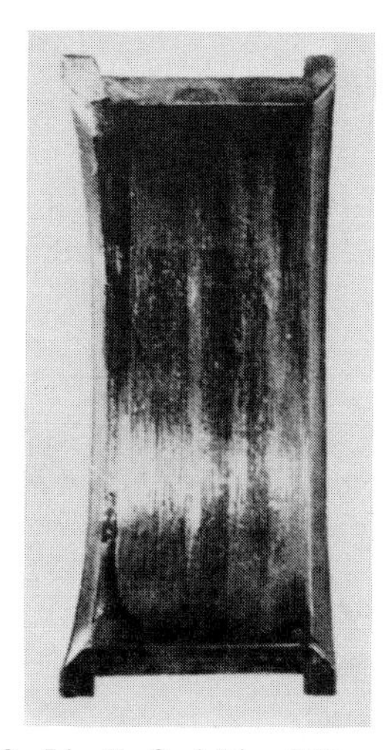

Bild 10–54: Freßschäden [16]

Bild 10–55: Verschleißerscheinungen durch schrägstehende Zapfen [18]

Die Lagen der Verschleißzonen lassen häufig Rückschlüsse zu auf die Güte des Fluchtens von Zapfen und Lager. Bild 10–55 zeigt z. B. Verschleißzonen eines Gleitlagers (Laufflächen), die erkennen lassen, daß die Zapfenachse zur Lagerachse schräg gestanden haben muß.

10.3.2.3 Ermüdung, Oberflächenzerrüttung

Wird der Werkstoff unter Betriebsbedingungen kurzzeitig oder durch zu hohe Dauerbeanspruchung überbeansprucht, so entstehen zunächst Metallverschiebungen, die zu kleinen Rissen in der Oberfläche führen können. Die Primärrisse treten zuerst in der Hauptbelastungszone in Schalenmitte auf. Sie verlaufen zunächst vorwiegend axial (Bild 10–56). Zum Rand hin verschiebt sich der Verlauf allmählich in Umfangsrichtung entsprechend den auftretenden Spannungen und Metallverschiebungen.

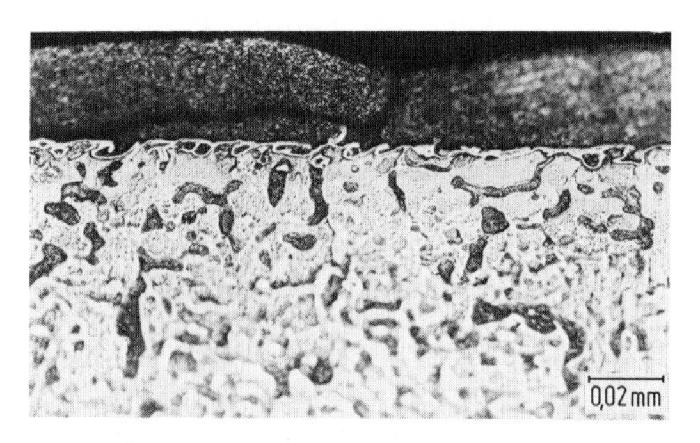

Bild 10–56: Rißbildung als Folge einer Lagermetallverschiebung [18]

Die Anrisse entstehen bei Mehrschichtlagern sowohl an der Oberfläche wie auch in der Nähe der Bindung. Die Rißausbildung ist sehr fein und verzweigt. Die Risse treffen teilweise zusammen, so daß ein unregelmäßiges Netzwerk von Rissen entsteht, welches den Spuren eines Borkenkäfers ähnlich ist. Daher nennt man dieses Schadensbild auch Borkenkäfer (Bild 10–57). Bei Weißmetallagern entstehen bei zu hoher Wechselbeanspruchung in der Lageroberfläche Risse, die sich derart ausbreiten, daß Ausbrüche entstehen, die einem Pflasterstein ähnlich sind; die Bruchart wird daher als Pflastersteinbildung bezeichnet.

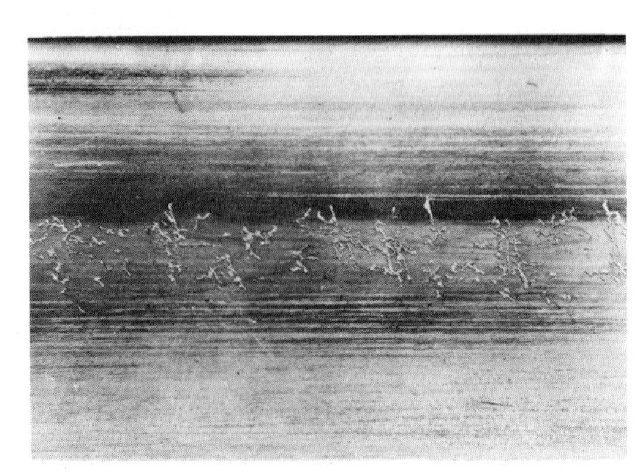

Bild 10–57: Örtliche Ermüdung (Borkenkäfer) in der galvanischen Laufschicht eines Dreistofflagers [18]

Derartige Risse entstehen in der Regel, ähnlich Schwingbrüchen, ohne mikroskopisch erkennbare plastische Verformung.

Die Werkstoffermüdung ist u.a. abhängig von der Dauerfestigkeit des Werkstoffes, wobei die Gleitlagerwerkstoffe eine ausgeprägte Abhängigkeit von der Mittelspannung aufweisen; eine erhöhte Gefährdung ist dann zu erwarten, wenn die auftretenden Schwingbeanspruchungen in das Gebiet der Zugspannungen hineinreichen. Dabei ist zu beachten, daß bei hydrodynamischer Schmierung das Druckgefälle im Schmierspalt in der Lageroberfläche zu einer Zugspannung führen kann [19].

Die stufenweise Entwicklung des Ermüdungsschadens ist aus Bild 10–58 zu erkennen: Nach der Entstehung eines einzelnen axialen Anrisses bilden sich mehrere Anrisse, die sich vereinen und schließlich zu Ausbrüchen führen.

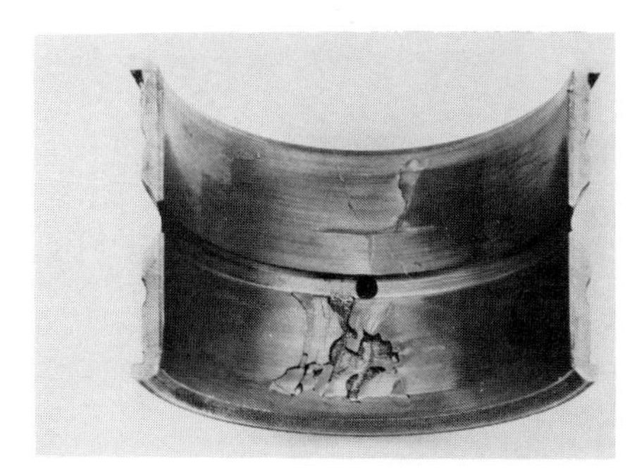
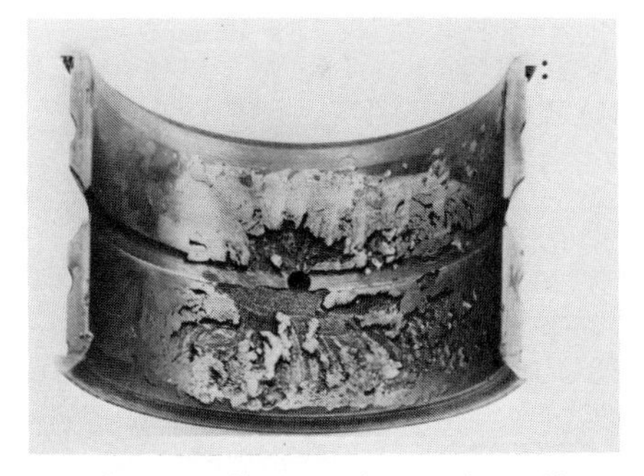

Bild 10–58: Entwicklung eines Ermüdungsschadens an einem Treibstangenlager mit Weißmetall [20, 21]

10.3.2.4 Auswaschung, Kavitationserosion

Mit Kavitation bezeichnet man eine Hohlraumbildung, die z. B. in schnellbewegten Flüssigkeiten als Dampfbildung infolge von Absinken des Druckes eintritt. Beim Zusammenbrechen der Dampfhohlräume durch erhöhten Druck wird Energie frei, die den betroffenen Werkstoff mechanisch stark angreift und örtlich aushöhlt.

Unter Erosion versteht man eine durch Spülwirkung verursachte mechanische Schädigung des Werkstoffes, die von der Oberfläche ausgeht, z. B. durch Festkörperteilchen enthaltende Flüssigkeiten. Dabei spielen Einflüsse wie Querschnittsverminderungen, Wirbelbildung, eine wesentliche Rolle. Mit Erosion bezeichnet man daher Oberflächenschäden, die durch mechanische Wirkung, insbesondere durch Festkörperteilchen enthaltende Betriebsmedien, z. B. verschmutztes Öl, entstehen. Dadurch können kanalartige Vertiefungen in den Laufflächen entstehen.

Erosion und Kavitation treten häufig gemeinsam auf; man spricht dann von Kavitationserosion. Sie führen bei Gleitlagerschalen, insbesondere bei hohen

Bild 10–59: Kavitationsschaden in einem Weißmetallausguß [22]

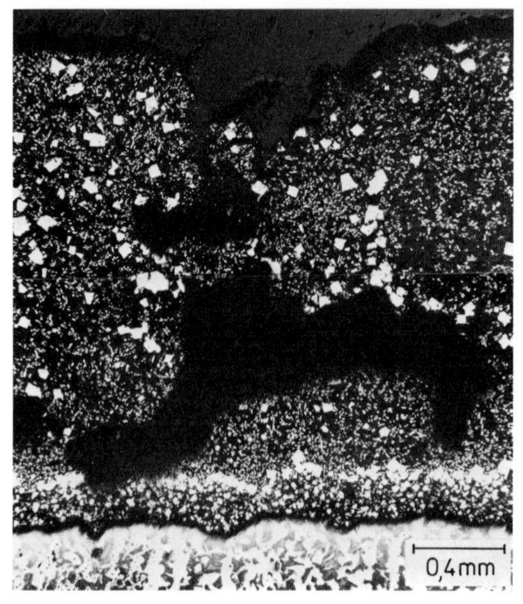

Bild 10–60: Oberflächenschäden eines Weißmetallausgusses durch Kavitation [22]

Gleitgeschwindigkeiten, zu sogenannten Auswaschungen. Dabei wird die Gleitschicht fleckenartig entfernt, wobei der Übergang an den Rändern sehr steil ist. Die Einwirkung hochfrequenter Schwingungen, Unstetigkeitsstellen im Schmierspalt und örtliche plastische Verformung begünstigen die Schadensbildung.

Durch Kavitation werden aus der Lauffläche Metallpartikel herausgerissen. Dadurch entstehen Hohlräume, die sich bis in den Bereich der Bindungszone erstrecken. Dieses Schadensbild ist ein charakteristisches Merkmal für die makroskopische Ausbildung derartiger Schäden (Bild 10–59 und 10–60); die mikroskopische Ausbildung der Lauffläche zeigt Bild 10–61.

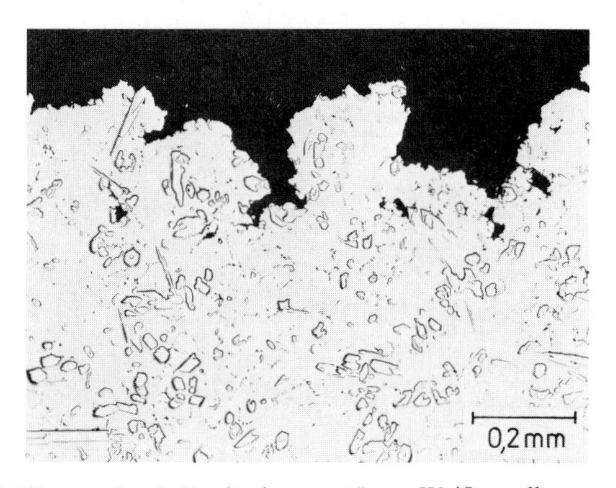

Bild 10–61: Querschliff eines durch Kavitation zerstörten Weißmetallausgusses [22]

Querschnittsübergänge in Gleitlagern, wie Ölbohrungen, Nuten, Taschen, führen zu einer Änderung der Strömung bis zur Ablösung und Wirbelbildung. Dies führt häufig zu einer zungenförmig ausgebildeten Materialabtragung, gekennzeichnet durch eine scharfe Bruchkante (Bild 10–62).

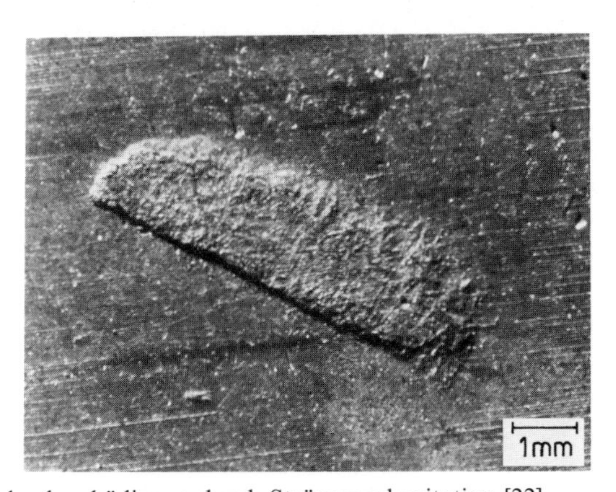

Bild 10–62: Laufflächenbeschädigung durch Strömungskavitation [22]

10.3.2.5 Tribochemische Reaktion, Korrosion

Korrosionsschäden entstehen durch chemische Angriffe durch das Schmiermittel. Sie führen zu einer

- örtlichen Dunkelfärbung der Laufschicht
- Aufrauhung der Gleitschicht
- Herauslösung einzelner Bestandteile durch selektive Korrosion.

Das makroskopische Erscheinungsbild der Aufrauhung hat eine Ähnlichkeit mit Verschleißschäden. Mikroskopisch erkennt man jedoch, daß in dem korrodierten Bereich Stellen (Inseln) des korrosionsbeständigen Anteils der Gleitschicht vorliegen. Außerdem sind die Übergänge zwischen den beschädigten und den korrosionsbeständigen Bereichen wesentlich übergangsloser als die der Verschleißzonen.

In den dunkel gefärbten Laufschichtbereichen ist mikroskopisch auch eine Aufrauhung durch den chemischen Angriff zu erkennen.

Schadensursachen

Die genannten Schadensarten können entstehen durch

- Öle mit aggressiven Bestandteilen im Neuzustand
- Bildung aggressiver Bestandteile nach längerem Betrieb, durch Kontamination, z. B. mit Wasser, Frostschutzmitteln, Verbrennungsrückständen
- unzureichende korrosionshemmende Bestandteile der Gleitschicht im Neuzustand oder infolge von Diffusionsvorgängen während des Betriebes
- erhöhte Temperaturen (> 100 °C); dadurch werden außerdem die genannten Vorgänge begünstigt.

Die Schadensbildung kann erheblich beeinflußt werden durch Mehrschichtlager, wodurch herstellungsbedingte Einflüsse, z. B. die Bildung spröder Schichten und insbesondere die durch Diffusion bewirkten Legierungsänderungen in der Laufschicht während des Betriebes vermindert werden. Bild 10–63 zeigt den Aufbau eines Dreistofflagers; die Lager werden vorwiegend in Verbrennungsmotoren verwendet. Die dünne Gleitschicht ist durch Zinn korrosionsfest gemacht, der Nickeldamm verhindert eine Diffusion in die Bleibronze.

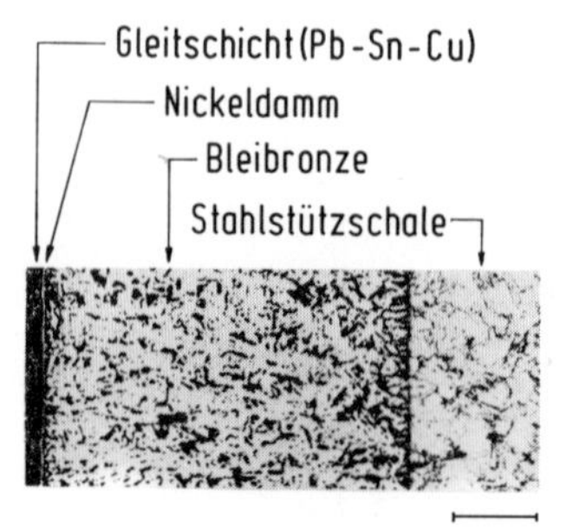

Bild 10–63: Aufbau eines Dreistofflagers [18]

10.3.2.6 Schwingungsverschleiß (s. Kap. 9)

Schwingungsverschleiß entsteht, wenn zwei kraftschlüssig gepaarte Flächen unter dem Einfluß einer gegenseitigen Anpreßkraft bei Schwingbeanspruchung einer wechselnden Schubspannung infolge kleiner Relativbewegungen unterworfen werden. Dadurch entsteht eine Oberflächenbeschädigung, die als Schwingverschleiß (Reibkorrosion) bezeichnet wird. Eine wesentliche Einflußgröße ist das Ausmaß der Relativbewegung. Diese kann vermindert werden durch Erhöhung der wirksamen Normalkraft. Daher werden häufig die Lagerschalen mit einem hohen Preßsitz, z. B. durch ein Übermaß des Außendurchmessers gegenüber dem Durchmesser der Bohrung, eingebaut, um einen ausreichenden Radialdruck zu erzeugen.

Bild 10–64: Schwingungsverschleiß auf der Rückseite einer Lagerschale [21]

Derartige Schäden treten sowohl auf dem Lagerrücken (Bild 10–64), wie auch in der Grundbohrung auf (Bild 10–65); sie vermindern die Lebensdauer der Stützelemente außerordentlich stark.

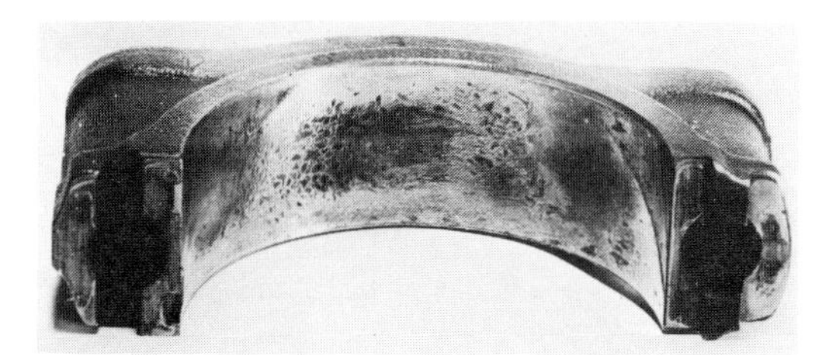

Bild 10–65: Schwingungsverschleißschaden in einem Pleuellagerdeckel [18]

10.3.2.7 Überwachungs- und Schutzeinrichtungen

Temperaturüberwachung: Durch die Temperaturmessung des Schmierfilmes und der Lagerbauteile selbst ist eine zuverlässige Lagerüberwachung gewährleistet. Die bestgeeignete Meßstelle liegt im Bereich des engsten Schmierspaltes. Dabei sollen die Temperaturfühler erfahrungsgemäß etwa 1,5–2 mm unter der Gleitfläche liegen. Bei Verwendung von Weißmetallgleitflächen haben sich die Grenzwerte für Alarmgabe bei ca. 90 °C und für Abschaltung bei ca. 120 °C bewährt. Bei Axiallagern sind zur Überwachung der Lagermetall-Temperatur Vergleichsmessungen bei mehreren am Umfang verteilten Kippsegmenten notwendig.

Bei Lagermetall-Temperaturerhöhungen treten Lagerschäden meistens schnell und kurzzeitig auf. Daher ist eine schnelle Reaktion, z. B. Abschalten, bei Erreichen der Grenzwerte, erforderlich.

Schmierstoff-Temperatur: Der Temperaturfühler soll die Schmieröltemperatur an der Stelle messen, wo der Schmierstoff des Lagers aktiv beteiligt ist, d. h. im Bereich des engsten Querschnittes. Die Grenzwerte sind in diesem Falle niedriger zu wählen, z. B. 80 °C für Alarmgabe und 100 °C für die Abschaltung.

Schmierstoffdruck: Die Alarmgabe bzw. die Abschaltimpulsreaktion werden erfahrungsgemäß so eingestellt, daß bei ca. 50% des Sollwertes des Schmierstoffdruckes der Alarmimpuls und bei etwa 30% der Abschaltimpuls betätigt werden.

Maximaler Schmierfilmdruck: Diese Methode ist die aussagekräftigste Methode. Sie wird jedoch aus meßtechnischen Gründen nur vereinzelt verwendet. Die Wirkungsweise beruht darauf, daß plötzliche Veränderungen des Schmierfilmdruckes normalerweise erst bei Lagerschäden auftreten; allmähliche Veränderungen deuten auf Änderungen der Wirkungsweise des Aggregates hin. Durch Anpassung des Schmierfilmdruckes an die Festigkeitseigenschaften des

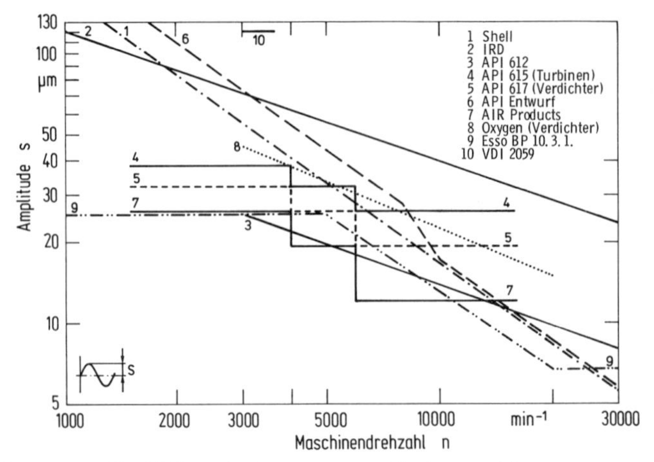

Bild 10–66: Grenzwerte für Wellenschwingungen von Turbomaschinen

Lagermetalles können die Alarm- und Abschaltungsimpulse mit genügender Genauigkeit abgeleitet werden, so daß eine ausreichende Sicherheit gegenüber Schadensbildung gewährleistet ist.

Laufruheüberwachung: Eine dynamische Überlastung kann frühzeitig durch Laufruhemessungen festgestellt werden, am besten mittels einer Wellenschwingungsüberwachung. Zu Beurteilung der Gefährdung von Gleitlagern wurde die VDI-Richtlinie 2059 entwickelt, die ermöglicht, anhand von Grenzwerten den Bereich der zulässigen Wellenschwingungen festzulegen (Bild 10–66). Dieses Verfahren weist folgende Vorteile auf:

- Eignung für Maschinen mit konstanter und wechselnder Drehzahl
- anwendbar bei höheren Temperaturen
- berührende und berührungsfreie Meßaufnehmer
- mechanische, elektrische, elektronische Meßverfahren.

10.4 Wälzlager

Nach DIN 622 wird die Lebensdauer (nominelle Lebensdauer L_{nom}) ausgedrückt durch die Anzahl der Umdrehungen, die 90% einer genügend großen Menge offensichtlich gleicher Lager erreichen oder überschreiten, bevor die ersten Anzeichen einer Werkstoffermüdung auftreten.

Demnach betrachtet man als einzige Ausfallursache die Werkstoffermüdung. Die entsprechenden Untersuchungen erstrecken sich auf Kollektive von Wälzlagern einer Serienfertigung, die unter gleichen Untersuchungsbedingungen geprüft werden. Die derart beurteilten Wälzlager werden die vorgesehene Lebensdauer jedoch unter Betriebsbeanspruchung nur dann erreichen, wenn die gleichen Bedingungen gewährleistet sind. Da dieses häufig nicht oder nur bedingt zutrifft, muß mit Ausfällen durch Wälzlagerschäden gerechnet werden.

10.4.1 Schadensursachen

Die wichtigsten Schadensursachen können in folgende Gruppen zusammengefaßt werden:

- Überbeanspruchung
- unsachgemäße Lagerung
- Beschädigung vor dem Einbau
- Konstruktionsfehler
- Werkstoffehler
- Einbaufehler
- Stillstandserschütterung
- Transportschäden

- Schmierung
- Korrosion
- Schmutzeinwirkung
- Heißlaufen
- Stromdurchgang
- Ermüdung.

10.4.1.1 Unsachgemäße Lagerung

Trotz sorgfältigster Verpackung und Konservierung ist eine Lagerung in einem Raum, der eine relative Luftfeuchtigkeit von mehr als 60 % aufweist oder in dem starke Temperaturschwankungen auftreten, nicht zweckmäßig, weil dadurch Korrosion an Lauf- und Sitzflächen auftreten kann.

10.4.1.2 Beschädigung vor dem Einbau

Durch unsachgemäßes Zusammensetzen zerlegbarer Lager sowie beim Ein- und Ausschwenken der Außenringe von Pendellagern können Verschürfungen und Dellen entstehen. Diese Schäden verursachen während des Betriebes zunächst starke Laufgeräusche, dann eine Aufrauhung und schließlich eine Abschälung der Lauffläche (Bild 10–67 und 10–68).

Bild 10–67: Innenlaufbahn eines Zylinderrollenlagers mit Schürfstellen im Rollenabstand [24]

Bild 10–68: Abschälungen der Laufbahn des Außenringes eines Zylinderrollenlagers als Folge der Schürfstellen [24]

10.4.1.3 Konstruktionsfehler

In den Richtlinien der Wälzlagerhersteller sind ausführliche Angaben enthalten, z. B. über Toleranzen, Passungen, Anschlußmaße an Wellen, Gehäusen, Befestigungsteilen, Dichtungen [26]. Außerdem werden detaillierte Konstruktionshinweise gegeben, z. B. über die Ausbildung von Hohlkehlen an Wellen- und Gehäuseschultern, Gestaltung von Stützringen.

Darüber hinaus müssen funktionsbedingte Einflüsse, wie z. B. Verformungen beteiligter Konstruktionselemente, die eine Verspannung der Lager verursachen können oder Temperatureinflüsse, die eine ähnliche Auswirkung haben, sorgfältig beachtet werden, weil diese Einflußgrößen in der Regel die Lebensdauer der Lager erheblich vermindern. Derart verspannte Lager weisen fast immer starke Laufgeräusche auf. Außerdem wird der Laufwiderstand erhöht und dadurch die Temperatur, so daß nach kurzer Betriebszeit mit einem Ausfall gerechnet werden muß.

Man unterscheidet zwischen Radial-, Axial-, Schräg- und Ovalverspannung. Die makroskopische Ausbildung der einzelnen Verspannungsarten ist unterschiedlich.

Die Bilder 10–69, 10–70, 10–71 und 10–72 zeigen einige Beispiele.

Bild 10–69: Laufspuren im Außenring eines radial verspannten Pendelkugellagers [24]

Bild 10–70: Innenring eines Rillenkugellagers mit versetzter abgeblätterter Laufspur durch Axialverspannung [25]

Bild 10–71: Innenring eines schräg verspannten Rillenkugellagers [25]

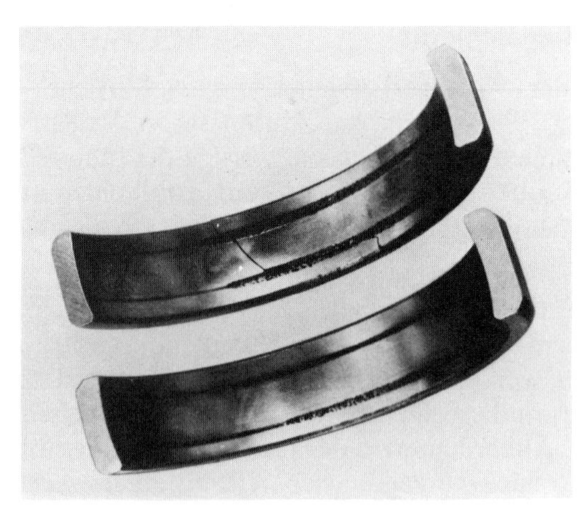

Bild 10–72: Außenring eines oval verspannten Pendelkugellagers (aufgeschnitten) [25]

10.4.1.4 Werkstoffehler

Werkstoffe mit Schlackenzeilen, Seigerungen, ungünstiger Gefügeausbildung eignen sich nicht für Wälzlagerteile, weil sie zu Schälungen und Brüchen führen. Die Eingangskontrolle beim Wälzlagerhersteller ist jedoch derart zuverlässig, daß Betriebsschäden an Wälzlagern durch Werkstoffehler weitgehend ausgeschlossen sind.

10.4.1.5 Einbaufehler

Wälzlager sind funktionsbedingt sehr empfindliche Maschinenelemente, die entsprechende Sorgfalt bei der Gestaltung der Lagerstellen wie auch beim Einbau der Lager selbst voraussetzen. Demgemäß müssen z. B. vermieden werden

- Fluchtungsfehler
- Verkanten
- Winkelbewegungen
- Abweichungen der Einbautoleranzen
- Verspannen durch elastische Verformung
- Teilung des Lagersitzes.

Diese Bedingungen lassen sich nicht immer verwirklichen. In diesen Fällen müssen konstruktiv Vorkehrungen getroffen werden, derartige Fehler in ihren Auswirkungen zu vermindern. So sollte z. B.

- die Endbearbeitung aller Sitzstellen in einem Arbeitsgang erfolgen
- eine Teilung des Lagersitzes vermieden werden
- ein geteiltes Gehäuse vor der Endbearbeitung durch Paßstifte reproduzierbar zusammengebaut werden
- bei einer Teilung des Gehäuses das Oberteil und Unterteil des Lagersitzes so stark ausgeführt werden, daß beim Anziehen der Verbindungsschrauben eine

Verformung weitgehend ausgeschlossen ist. Selbstverständlich erfolgt die Endbearbeitung des Lagersitzes mit betriebsmäßig definiertem Anzugsmoment der Schrauben

- beim Entwurf beachtet werden, daß sich beschädigte Wälzlager mit ausreichender Genauigkeit und wenig Aufwand auswechseln lassen
- die Erwärmung der Lager bei der Vorbereitung zum Einbau sehr sorgfältig erfolgen, um maßgebliche Veränderungen und damit Betriebsveränderung zu vermeiden. Die Hersteller empfehlen eine gleichmäßige Erwärmung bis maximal 100 °C
- bei der Montage kein gehärtetes Werkzeug benutzt werden, das zu Ausbrüchen führen könnte (Bild 10–73).

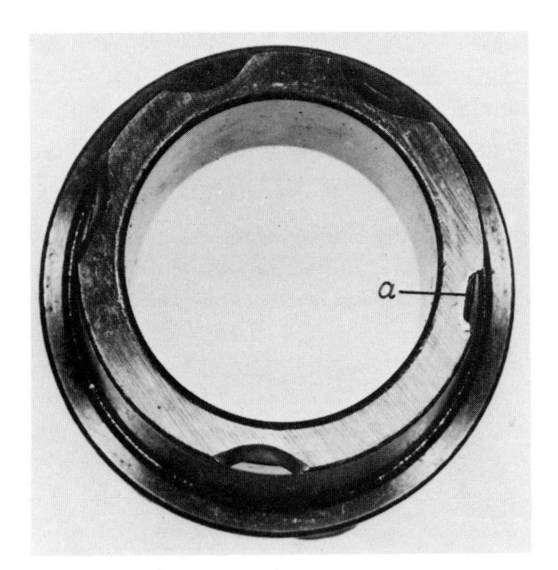

Bild 10–73: Kugelrollenlager mit einem Ausbruch (a), verursacht durch die Verwendung eines gehärteten Werkzeuges; die übrigen Ausbrüche sind Folgeschäden [25]

10.4.1.6 Schmierung

Der Schmierstoff verhindert im Wälzlager die unmittelbare Berührung zwischen Wälzkörpern, Lagerungen und Käfig. Ein ausreichend dicker Schmierfilm zwischen den Elementen des Wälzlagers muß verhindern, daß Mischreibung oder sogar Grenzreibung auftritt, weil sonst Adhäsion und Abrasion zum Verschleiß führen können [26, 27, 28]. Der Schmierfilm soll außerdem das Wälzlager gegen Korrosion schützen. Welcher Schmierstoff gewählt wird, hängt von den Betriebsbedingungen ab. Bei normalen Betriebsverhältnissen werden Wälzlager meist mit Fett geschmiert. Ölschmierung wird im allgemeinen vorgesehen, wenn hohe Drehzahlen oder Betriebstemperaturen eine Schmierung mit Fett nicht mehr zulassen, wenn Reibungs- oder Fremdwärme aus der Lagerstelle abgeführt werden soll oder wenn benachbarte Maschinenteile, wie Zahnräder, mit Öl geschmiert werden.

Zu berücksichtigen ist, daß die Schmierfähigkeit der Schmierstoffe im Laufe der Zeit infolge der mechanischen Beanspruchung durch Alterung nachläßt.

Schmierstoffmangel führt zu vorzeitigem Verschleiß. Zunächst tritt eine erhöhte Lauftemperatur auf, die zu Freßspuren an den Berührungsstellen Rollkörper/Laufbahnen führt. Dann tritt eine Aufrauhung der Berührungsflächen und schließlich eine Abschälung auf.

Überschmierung führt zu einer starken Erwärmung des Schmierstoffes, schließlich zu einer Zersetzung und zu einem Ausfall der Schmierung.

10.4.1.7 Schmutzeinwirkung

Störungen durch Schmutz verursachen stärkere Laufgeräusche. Sie treten auf, wenn

- infolge unzureichender Abdichtung Fremdpartikel in die Lager gelangen
- das Schmierstoffversorgungssystem nicht sauber gehalten wird
- die Lager nach der Entnahme aus der Originalpackung verschmutzt werden.

Bild 10–74 zeigt den Außenring eines zweireihigen Schrägkugellagers mit durch Schmutzpartikel ausgescheuerten Oberflächenbereichen.

Bild 10–74: Außenring mit ausgescheuerten Laufspuren durch Verunreinigung [25]

10.4.1.8 Korrosion

Die Korrosionseinwirkung wird begünstigt durch

- mangelhafte Abdichtung der Lagerstelle (Korrosion), Bild 10–75
- hohe Temperaturunterschiede (Rostnarben durch Kondenswasserbildung), Bild 10–76

Bild 10–75: Außenring eines Tonnenlagers mit starken Korrosionsschäden an Laufbahn und Sitzflächen [25]

Bild 10–76: Rostnarben auf der Laufbahn des Innenringes eines Zylinderlagers durch Kondenswasserbildung [25]

Bild 10–77: Innenring eines Zylinderrollenlagers mit ausgeprägter Reibkorrosion in der Bohrung [25]

- unzureichenden Korrosionsschutz durch den Schmierstoff
- längere Stillstandzeiten (Kontaktkorrosion)
- Schmierstoffmangel
- Passungsfehler der Sitzflächen (Reibrost), Bild 10–77.

Korrosionsschäden vermindern die Lebensdauer erheblich.

10.4.1.9 Heißlaufen

Heißlaufschäden können entstehen durch

- Einbaufehler
- Verspannung
- ungenügende Kühlung
- Verlust der Schmierstoffüllung
- übermäßige Schmierstoffversorgung
- Verbrennen des Schmiermittels
- starke Verschmutzung
- Durchdrehen der Lagerringe auf Welle bzw. im Gehäuse
- Wärmeeinwirkung von außen.

Derartige Schäden führen meist zu einer Zerstörung des Lagers (Bild 10–78).

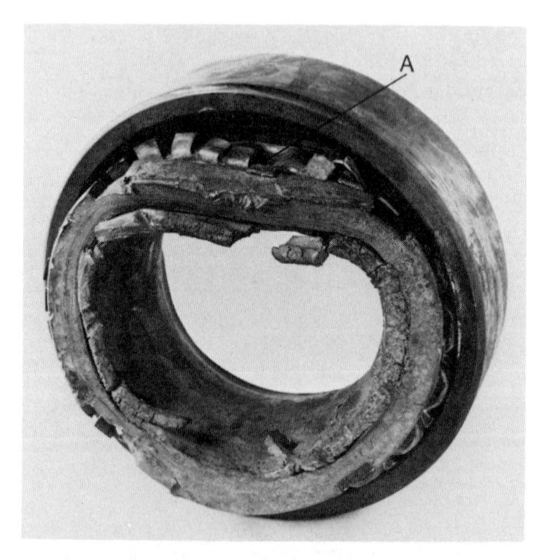

Bild 10–78: Heißlaufschaden eines Pendelrollenlagers [29] A Eindruck eines Wälzkörpers auf dem Innenring

10.4.1.10 Stillstandserschütterungen

Erschütterungen von Wälzlagern im Stillstand führen an den Berührungsstellen der Wälzkörper mit den Laufflächen häufig zu Reibkorrosion, wodurch eine Materialabtragung an den Kontaktstellen entsteht. Außerdem können örtlich begrenzte plastische Verformungen entstehen, die nach der Inbetriebnahme bei nicht durchgehärteten Lagerringen zu Rißbildung in der Härteschicht oder bei durchgehärteten Lagern zu Schälungen führen. Die durch Reibkorrosion verursachten Oberflächenschäden führen häufig zur Bildung von Rattermarken (Bild 10–79). Bei Anwesenheit von Wasserdampf, Schwitzwasser, Kondensat oder Fremdwasser im Schmiermittel kann auch Spaltkorrosion auftreten, insbesondere dann, wenn die Schmierstoffversorgung schlecht ist [21]. Derartige Schäden verursachen bei Inbetriebnahme eine abnormale Geräuschbildung. Alle aufgeführten Schadensarten vermindern die Dauerwechselfestigkeit an den betroffenen Stellen.

Bild 10–79: Außenringlaufbahn eines Zylinderrollenlagers mit Rattermarken als Folge von Erschütterung im Stillstand [25]

10.4.1.11 Stromübergang

Elektrische Maschinen sind gelegentlich gefährdet dadurch, daß die Ableitung von Stör- und Nutzströmen zur Erde über die Wälzlager erfolgt. Der Stromübergang führt zu Aufschmelzungen und zu einer ungleichen Härteverteilung (Bild 10–80). Bei stetigem Stromdurchgang entsteht häufig eine ausgeprägte Riffelbildung (Bild 10–81), bedingt durch die unterschiedlichen Härtewerte.

10.4.1.12 Ermüdung

Der Wälzvorgang bewirkt eine wechselnde Beanspruchung des Werkstoffes im elastischen Bereich. Dabei entstehen Druckspannungen in der Größenordnung von 1000 N/mm^2, die zu lokalen plastischen Verformungen führen. Bei Überschreitung der Dauerwechselfestigkeit entstehen Ermüdungsrisse (Bild 10–82), die zu muldenförmigen Ausbrüchen (Grübchen) in der Oberfläche der Laufbahn führen (Bild 10–83).

Bild 10–80: Kraterförmig ausgebildete Schweißstellen auf der Innenlauffläche eines Kugellagers durch Stromübergang [25]

Bild 10–81: Außenring eines Rillenkugellagers mit Schäden (Riffelbildung) durch stetigen Stromdurchgang [25]

Bild 10–82: Fein ausgebildete Ermüdungsanrisse [30]

Bild 10–83: Vergrößerung der Anrisse zu Grübchen [30]

Bild 10–84: Schälung der Rollflächen [30]

Bild 10–85: Gewaltbruch als Folge von Ermüdungsschäden [30]

Nach weiterer Beanspruchung tritt eine Schälung der Rollflächen auf (Bild 10–84); die dadurch ausgebrochenen Teilchen führen schließlich zum Gewaltbruch (Bild 10–85).

Der Schädigungsvorgang wird durch die Einflußgrößen Werkstoff, Schmierung, Belastung und Härte wesentlich beeinflußt.

Werkstoff: Die Ringe und Wälzkörper werden im allgemeinen aus Chromstählen mit hoher metallurgischer Reinheit hergestellt. Nach dem Stahl-Eisen-Werkstoffblatt 350 kommen Stähle in Betracht, wie z.B. 105Cr2, 105Cr4, 100Cr6 und 100CrMn6 mit Oberflächenhärten von 58 HRC bis 66 HRC, wobei der Wälzlagerstahl 100Cr6 die größte Bedeutung hat. Diese Stähle können bei Betriebstemperaturen bis + 125 °C eingesetzt werden. Sind die Betriebstemperaturen höher, so müssen die Lager einer besonderen Wärmebehandlung (Stabilisierung) unterzogen werden. Nach [31] kann eine im Vakuum durchgeführte Umtropfung besonders reiner Stähle im Vergleich mit den genannten Standardwerkstoffen zu einer Verdoppelung der Lebensdauer führen.

Schmierung: Durch geeignete Schmiermittel können die Berührungsflächen in einem Wälzlager getrennt werden. Hierzu eignen sich Hydrauliköle ohne Hochdruckzusatz, wenn die Schmierfilmdicke ein Mindestmaß überschreitet. Ist dieses nicht der Fall, so bilden sich Anrisse.

Belastung: Die Belastung, ausgedrückt durch die Hertzsche Flächenpressung, wirkt sich unterschiedlich auf die Lebensdauer aus. Nach [31] kann durch eine Belastung, die zu plastischer Verformung der Laufbahn führt, die Lebensdauer bis zu einem Grenzwert dann erhöht werden, wenn durch die Verformung eine geometrische Anpassung von Rollkörpern und Laufbahn bewirkt wird.

Härte: Untersuchungen über die Abhängigkeit der Lebensdauer von der Härte wurden mit verschiedenen Wälzlagerstählen durchgeführt mit dem Ergebnis, daß tendenziell die Gebrauchsdauer mit steigender Härte zunimmt. Nach [31] ist es jedoch im Bereich der für die Praxis interessierenden Härte nicht möglich, von der Härte auf die zu erwartende Ermüdungslebensdauer zu schließen, d. h. eine hohe Härte ist nicht gleichbedeutend mit einer langen Lebensdauer. Es erscheint jedoch zuzutreffen, daß eine Abhängigkeit zwischen der Lebensdauer und der Elastizitätsgrenze besteht.

10.4.1.13 Maßnahmen zur Schadensfrüherkennung

In kritischen Fällen werden insbesondere dann, wenn hohe Folgekosten durch unerwartetes Auftreten eines Lagerschadens zu erwarten sind, die gefährdeten Lager nach Erreichen einer bestimmten Lebensdauer ausgewechselt. Diese Methode setzt eine allerdings gezielte Unterbrechung des Betriebes voraus, erfordert nicht unerhebliche Kosten und gewährleistet außerdem keinen störungsfreien Betrieb.

Eine weitere Möglichkeit der Schadensfrüherkennung besteht in der Überwachung der Lagerkörpertemperatur am festen Lagerring mittels Temperaturfühler; dabei soll die Messung möglichst nahe an der Sitzfläche des Lagerringes erfolgen. Empfehlenswert ist eine Differenztemperaturmessung gegenüber der

Umgebung. Ist eine Überwachung der Lagerringtemperatur nicht möglich, so sollte die Temperatur des Lagergehäuses überwacht werden. Ist auch dieses nicht möglich, so besteht noch die Möglichkeit, die Temperatur des Schmiermittels zu überwachen.

Die Beobachtung des Schmiermitteldruckes wird ebenfalls häufig zur Überwachung des Lagerzustandes herangezogen.

Besonders bewährt hat sich jedoch die Stromimpulsmethode, durch die eine Körperschallüberwachung erfolgt. Hierzu werden die Lager mit einem elektronischen Aufnehmer ausgerüstet, der, sobald das Wälzlager kleine Anfangsschäden aufweist, ein elektrisches Signal auslöst. Ausgewertet wird der ballistische Stoß, der in Wälzlagern durch den Aufprall der Wälzkörper an schadhaften Stellen entsteht. Die Auswerteeinheit kann auf das zu überwachende Lager programmiert werden, so daß die subjektive Beurteilung entfällt. Die Signale verschiedener Lager können in einer Überwachungszentrale zusammengefaßt werden. Bild 10–86 zeigt schematisch die Anordnung einer derartigen Überwachungseinrichtung.

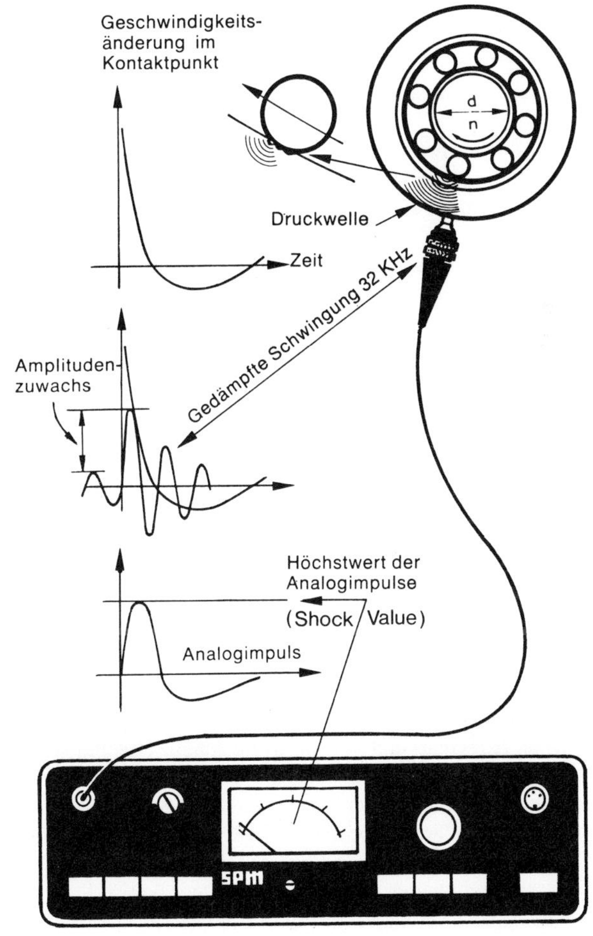

Bild 10–86: Methode zur Früherkennung von Wälzlagerschäden [33]

Literatur Kapitel 10

[1] *Archer, S.:* Some Teething Troubles in Post-war Reduction Gears. The Institution of Marine Engineers, Transactions, 14. 2. 1956
[2] *Streng, H.:* Ermüdungsverhalten von Zahnradpaarungen. VDI-Berichte Nr. 268, S. 207–220. VDI-Verlag, Düsseldorf 1976
[3] *Ehrenspiel, K.:* Schäden an stationären Getrieben und ihre Verhütung. Schäden an geschmierten Maschinen. In: Bartz, W. J. u. a.: Kontakt & Studium, Band 28, S. 79–102, expert-verlag GmbH, Grafenau 1979 (B)
[4] Allianz: Handbuch der Schadensverhütung, 2. Aufl. 1976, Allianz Versicherungs-AG, München und Berlin (B)
[5] *Hanisch, F.:* Zahnradschäden und ihre Beeinflussung durch Schmierstoffe. Erfahrungsberichte, H. 2. Allianz Versicherungs-AG, München und Berlin 1965
[6] *Winter, H.:* Zahngetriebe. In: Dubbel Taschenbuch für den Maschinenbau, 14. Aufl. S. 451–485. Hrsg.: Beitz, W., Küttner, K.-H., Springer-Verlag 1981 (B)
[7] *Stüdemann, H.:* Werkstoffprüfung und Fehlerkontrolle in der Metallindustrie. Carl Hanser Verlag, München 1971 (B)
[8] *Habig, K.-H.:* Verschleiß und Härte von Werkstoffen. Carl Hanser Verlag, München Wien 1980 (B)
[9] *Goll, S.:* Schäden an Zahnrädern für Fahrzeuggetriebe und ihre Verhütung. Kontakt & Studium, Band 28, S. 103–126, expert-verlag GmbH, Grafenau 1979 (B)
[10] *Kritzer, R.:* Die dynamische Festigkeitsberechnung der Kurbelwelle. Konstruktion 10 (1958) 7, S. 253–260
[11] *Pfender, M., Amedick, E., Sonntag, G.:* Einfluß der Formgebung auf die Spannungsverteilung in Kurbelkröpfungen. MTZ 27 (1966) 6, S. 225–227
[12] *Färber, M.:* Einfluß der Form auf die Spannungsverteilung in Kurbelelementen. Diss. Darmstadt 1950.
[13] *Matthaes, K.:* Untersuchung von Kurbelwellenbrüchen. Zeitschrift für Metallkunde Bd. 66 (1975) H. 10, S. 593–600
[14] *Neuhoff, O.:* Schäden an Kolbenmaschinen. Der Maschinenschaden 30. Jahrg. (1957) H. 3/6, S. 74–77
[15] *Pohl, E. J.:* Das Gesicht des Bruches metallischer Werkstoffe, Bd. 1/2. Allianz Versicherungs-AG München und Berlin 1956 (B)
[16] *Lang, O. R., Steinhilper, W.:* Gleitlager. Konstruktionsbücher, Bd. 31, Springer-Verlag, Berlin, Heidelberg, New York 1978 (B)
[17] *Engel, L., Klingele, H.:* Rasterelektronenmikroskopische Untersuchungen von Metallschäden. Gerling Institut für Schadensforschung und Schadensverhütung GmbH, Köln 1974 (B)
[18] *Roemer, E.:* Gleitlagerschäden an Kolbenmaschinen und ihre Verhütung. In: Bartz, W. J. u. a.: Schäden an geschmierten Maschinenelementen. Bd. 28, S. 151–207, Kontakt & Studium, Tribotechnik, expert-verlag, Grafenau 1979 (B)
[19] *Lang, O. R.:* Gleitlager-Ermüdung unter dynamischer Last. VDI-Berichte Nr. 248, S. 57–67. VDI-Verlag, Düsseldorf 1975
[20] *Huppmann, H.:* Schäden an Gleit- und Wälzlagern. VDI-Berichte Nr. 141, S. 97–105. VDI-Verlag, Düsseldorf 1970
[21] *Huppmann, H.:* Gleit- und Wälzlager. In: Allianz Handbuch der Schadensverhütung, 2. Aufl., S. 645–694. Allianz Versicherungs-AG München und Berlin 1976 (B)
[22] *Hilgers, W.:* Erkennung der Ursachen von Schäden an dickwandigen Verbundlagern. Schmiertechnik + Tribologie, 24 (1977) H. 5, S. 124–130 und (1977) H. 6, S. 159–163
[23] *Huppmann, H.:* Schäden an stationären Gleitlagern und ihre Verhütung. In: Bartz, W. J. u. a.: Schäden an geschmierten Maschinenelementen. Bd. 28, S. 209–266, Kontakt & Studium, Tribotechnik, expert-Verlag, Grafenau (1979) (B)

[24] *Bachmeier, H.*: Wälzlagerschäden und ihre Verhütung. In: Bartz, W. J. u. a.: Schäden an geschmierten Maschinenelementen, Band 28, S. 127–150, Kontakt&Studium, Tribotechnik, expert-Verlag, Grafenau 1979 (B)
[25] *Bachmeier, H.*: Die Analysierung von Wälzlagerschäden. Der Maschinenschaden 40 (1967) 4, S. 113–123
[26] SKF-Hauptkatalog. SKF Kugellagerfabriken GmbH, Schweinfurt (B)
[27] *Eschmann, P., Hasbargen, L., Weigand, K.*: Die Wälzlagerpraxis. R. Oldenburg Verlag, München Wien 1978
[28] *Habig, K.-H.*: Verschleiß und Härte von Werkstoffen. Carl Hanser Verlag, München Wien 1980 (B)
[29] N. N.: Beschädigung eines Saugzuggebläses durch Blockieren eines Pendelrollenlagers. Der Maschinenschaden 40 (1967) H. 4, S. 123–124
[30] *Eschmann, P.*: Das Leistungsvermögen der Wälzlager. Springer-Verlag 1964 (B)
[31] *Carter, T. L., Zavetzky, E. Y., Anderson, W. J.*: Effect of hardness and other mechanical properties on rolling contact fatigue life of four high temperature bearing steels. NASA TND 270 (1960)
[32] Prüf- und Überwachungseinrichtung für Wälzlager. Werkstoffe und Korrosion, 26. Jahrg. (1975), H. 11

Ergänzende Literatur

Niemann, G.: Maschinenelemente. Bd. I, 2. Aufl., Springer-Verlag Berlin 1973 (B)
Niemann, G., Winter, H.: Maschinenelemente, Bd. II, 2. Aufl., Teil A und B, Springer-Verlag Berlin 1981 (B)
Köhler, G., Rögnitz, H.: Maschinenteile, Bd. 2, 5. Aufl., Teubner-Verlag Stuttgart 1976 (B)
Vogelpohl, G.: Betriebssichere Gleitlager. Springer-Verlag Berlin 1958 (B)
Niemann, G.: Maschinenelemente. Bd. I, 2. Aufl., Springer-Verlag Berlin 1973 (B)
Decker, K.-H.: Maschinenelemente – Gestaltung und Berechnung. Carl Hanser Verlag, München Wien 1982
Lang, O. R.: Triebwerke schnellaufender Verbrennungsmotoren. Grundlagen zur Berechnung und Konstruktion. Springer Verlag, Berlin 1966
N. N. Gleitlagerwerkstoffe und Gleitlagertechnik. Goldschmidt informiert. 3/80, Nr. 52. Hrsg.: Th. Goldschmidt AG, Essen
DIN 622 T1: Tragfähigkeit von Wälzlagern; Begriffe Tragzahlen, Berechnung der äquivalenten Belastung und Lebensdauer. Beuth Verlag, Berlin 1979
DIN 3979: Zahnschäden an Zahngetrieben. Berechnung, Merkmale, Ursachen. Beuth Verlag, Berlin 1979
DIN 17200: Vergütungsstähle. Beuth Verlag, Berlin 1969
DIN 31661: Gleitlager. Begriffe, Merkmale und Ursachen von Veränderungen und Schäden. Beuth Verlag, Berlin 1983
DIN 50282: Das tribologische Verhalten von metallischen Gleitwerkstoffen. Kennzeichnende Begriffe. Beuth Verlag, Berlin 1979
VDI-Richtlinie 2059: Getriebegeräusche. Meßverfahren – Beurteilung – Messen und Auswerten, Zahlenbeispiele. Beuth Verlag, Berlin
VDI-Richtlinie 2151: Betriebsfaktoren für die Auslegung von Zahnradgetrieben, Beuth Verlag, Berlin

11 Einflußbereich Betrieb

11.1 Allgemeine Betrachtung

Die erwartete Lebensdauer technischer Bauwerke, wie Maschinen oder Apparate, wird vorbestimmt durch die voraussichtliche Nutzungsdauer. Mit der Forderung einer bestimmten Lebensdauer der Gesamtheit ist zwangsläufig die Forderung der entsprechenden Lebensdauer jedes einzelnen Bauteiles verbunden. Demnach muß jedes einzelne Teil so ausgelegt sein, daß die erwartete Lebensdauer unter den Betriebsbedingungen erreicht wird.

Während der kalkulierten Lebensdauer soll die optimale Erfüllung der Anforderungen, die an die Maschine oder an technische Anlagen hinsichtlich der Funktionsfähigkeit, der Verfügbarkeit und einer optimalen Sicherheit gestellt werden, gewährleistet sein. Die Forderung setzt voraus, daß sich während der vorgesehenen Zeit das funktionelle Zusammenwirken der einzelnen Bauteile nicht ändert.

Während des Betriebes treten jedoch in der Regel zusätzliche Einflüsse auf, die ohne entsprechenden Aufwand bei der Auslegung, Berechnung, Konstruktion und Fertigung nicht mit ausreichender Genauigkeit berücksichtigt werden können; hierzu gehören z. B. Bedienungsfehler, Wartungsfehler, Verschleiß mit Folgeschäden, Korrosion, Reibrost, Versagen von Schutzeinrichtungen, Resonanzschwingungen. Selbst unter Berücksichtigung derartiger betriebsbedingter Einflüsse ist es schwierig, die gegenseitige Beeinflussung von Werkstoffverhalten, Fertigungseinflüssen, mechanischer, thermischer und chemischer Beanspruchung während des Betriebes zu erfassen. Außerdem ist es meistens nicht möglich, alle Bauteile auf die geforderten Kennwerte zu überprüfen, so daß mit einer Streuung der Bauteileigenschaften gerechnet werden muß. Darüber hinaus treten häufig unbeabsichtigte Eigenschaftsänderungen auf, z. B. bei der Wärmebehandlung, beim Fügen, bei der Fertigung, bei der Montage und während des Betriebes. Hierzu gehören vor allem Einflüsse wie Verfestigung und Eigenspannungen.

Alle aufgeführten Einflußgrößen führen meistens zu einer Überbeanspruchung oder zu einer erheblichen Verminderung der Tragfähigkeit, weil z. B.

- bei Verschleiß, Fressen, Riefenbildung, Ausbrüchen oder bei plastischer Verformung Oberflächenschäden entstehen können
- nach plastischer Verformung oder Verminderung der Vorspannung eine schwingende Beanspruchung in eine schlag- bzw. stoßartige Beanspruchung übergehen kann
- durch derartige Schäden der Lauf der Anlage unruhiger wird
- in den Randbereichen Werkstoffveränderungen auftreten können (Reibkorrosion, Passungsrost, Verhämmerungen, Verfestigung)
- zusätzliche Spannungen (Eigenspannungen) und Werkstoffveränderungen (Verfestigung) wirksam werden.

Die Auswirkungen derartiger Einflüsse auf Beanspruchung und Tragfähigkeit werden begünstigt, z. B. durch

- ungeeignete Konstruktion
- ungeeigneten Werkstoff
- ungünstige Gestaltung von Verbindungen, wie z. B. Schraub-, Schrumpf-, Preß-, Keil- und Paßfeder-Verbindungen
- ungünstige Fertigungsverfahren
- ungeeignete Oberflächengüte.

11.2 Vermeidung von Schäden

Durch geeignete Maßnahmen können Zusatzbeanspruchungen durch Bedienungsfehler weitgehend vermieden werden. Dies erfordert, das vorgesehene Bedienungs- und Wartungspersonal während der Zeitspanne bis zur Übernahme so einzuweisen und mit der Anlage vertraut zu machen, daß Bedienung und Wartung einwandfrei durchgeführt werden können. Hierzu gehört natürlich die Verfügbarkeit einer eingehenden und für das Personal verständlichen Bedienungs- und Wartungsanleitung [1]. Daneben sollten Wartungs- und Inspektionspläne vorliegen mit Hinweisen auf Reserveteile, die zweckmäßigerweise aufgrund von Erfahrungen bereitgehalten werden.

Zusammenfassend soll zur Vermeidung von Fehlern während des Betriebes sichergestellt sein, daß folgende Bedingungen gewährleistet sind:

- richtige Bedienung
- optimale Überwachung, wobei die zu überwachenden Größen sehr vielseitig sein können. Dabei ist es wichtig, nur die maßgeblichen Größen zu erfassen und den Zusammenhang zwischen dem Meßwert und der zulässigen Beanspruchung zu kennen. In kritischen Fällen kann es erforderlich sein, anstelle einer Warnung eine automatisch wirksame Abschaltung vorzusehen.
  Die Überwachungseinrichtungen sollten so beschaffen sein, daß eine regelmäßige Überprüfung auch während des Betriebes möglich ist.
- optimale Wartung: Die Wartungsarbeiten sind entsprechend dem Wartungsplan termingerecht durchzuführen. Dabei sollen außergewöhnliche Vorkommnisse erkannt, ausgewertet und sich daraus ergebende Maßnahmen sofort getroffen werden. Die durchgeführten Arbeiten müssen erfaßt und registriert werden.
- Inspektionen: Hierunter versteht man spezielle Maßnahmen, Maschinen oder Anlagen aufgrund besonderer Ereignisse oder aufgrund bestehender Pläne zu kontrollieren. Diese Maßnahmen bezwecken, den technischen Zustand zu erfassen und die Mängel möglichst frühzeitig zu erkennen.
- Revision: Die Revision dient dazu, im aufgedeckten Zustand der Anlage eingetretene Veränderungen und Schäden festzustellen und Schadensauswei-

tungen zu vermeiden. Dabei ist es wesentlich, alle fehlerhaften Teile zu erkennen und auszuwechseln. Hierzu ist es vorteilhaft, wenn der Hersteller in einem Revisionsplan Hinweise auf mögliche Schwachstellen gibt.

11.3 Instandsetzung

Ist ein Schaden eingetreten, so liegt meistens eine Schwachstelle vor. Nach DIN 31051 (Instandhaltung, Begriffe) versteht man unter Schwachstelle eine Schadensstelle oder schadensverdächtige Stelle, die mit technisch möglichen und wirtschaftlich vertretbaren Mitteln so verändert werden kann, daß Schadenshäufigkeit und/oder Schadensumfang sich verringern. Dabei ist zunächst zu unterscheiden, ob der Schaden zufällig aufgetreten ist oder zum wiederholten Mal. In jedem Fall ist jedoch die Ermittlung der primären Schadensursache durch eine systematisch gegliederte und sorgfältig durchgeführte Schadensanalyse erforderlich. Dabei ist es notwendig, auch benachbarte Bereiche in die Untersuchung mit einzubeziehen, insbesondere auch Konstruktions- und Berechnungsunterlagen, Werkstoffspezifikationen u.a. (s. Kap. 12). Die Schadensanalyse ist die beste Methode, um die Ursachen von Störungen und Schäden zu erkennen und hieraus Maßnahmen zur Vermeidung derartiger Schäden abzuleiten. Erst die systematische Analyse eines Schadens und die Auswertung liefern die zuverlässigsten Kenntnisse über das Langzeitverhalten der Bauteile unter Betriebsbedingungen. Daraus ergeben sich Hinweise, z.B. für eine geeignete Wahl des Werkstoffes, für die Verbesserung von Konstruktion und Fertigung, für die betriebliche Überwachung, Schadensfrüherkennung und Instandhaltung.

Bei der Instandsetzung ist zu unterscheiden, ob ein Auswechseln beschädigter Teile oder eine Reparatur zweckmäßig erscheint. In jedem Fall muß gesichert sein, daß die Ursache des Schadens dabei berücksichtigt und bei weiterem Betrieb ein ähnlicher Schaden vermieden wird.

Liegt ein wiederholter Schaden vor, ist zu überprüfen, ob eine Verbesserung technisch möglich und wirtschaftlich tragbar ist. Trifft dies zu, so ist bei der Instandsetzung eine Verbesserung durch geeignete Veränderungen anzustreben; andernfalls müssen betriebssichere Bauelemente die Schwachstellen ersetzten.

In jedem Fall sollte bei einer Instandsetzung der Hersteller hinzugezogen werden, weil dieser über entsprechende Erfahrungen verfügt und meistens in der Lage ist, aufgrund der Schadensanalyse Vorschläge zur Vermeidung derartiger Fehler zu machen [2, 3].

11.4 Schadensbeispiele

Schaden: Kurbelwelle eines Dieselmotors, Nennbelastung 2100 PS

Nach einer Betriebszeit von etwa 8000 Stunden trat an einem Hubzapfen ein Pleuellagerfresser auf; nach weiteren 150 Stunden mußte wegen Lagermetallschäden ein neues Lager eingebaut werden. Nach etwa 650 Stunden erfolgte wegen unruhigen Laufens eine Kontrolle des Lagers. Dabei wurden netzartig verlaufende Risse in der Chromschicht des zugehörigen Kurbelwellenzapfens festgestellt; die Risse sollten vor weiterer Inbetriebnahme durch Nachbearbeitung beseitigt werden. Etwa 12 Monate später erfolgte eine erneute Kontrolle. Dabei wurde festgestellt, daß die Oberflächenrisse nicht beseitigt, sondern lediglich nachpoliert wurden. Außerdem wurde in dem Übergang Zapfen/Wange ein weiterer etwa 50 mm langer Riß festgestellt.

Alle Lagerzapfen sind hartverchromt; Schichtdicke 0,02 mm.

Makroskopische Untersuchung: In den Hubzapfen ist in der Nähe der Ölbohrung eine etwa rechtwinklig verlaufende, ca. 6 mm tiefe Nut eingeschliffen (Bild 11–1). Nach Behandlung der Oberfläche mit einem Riß-

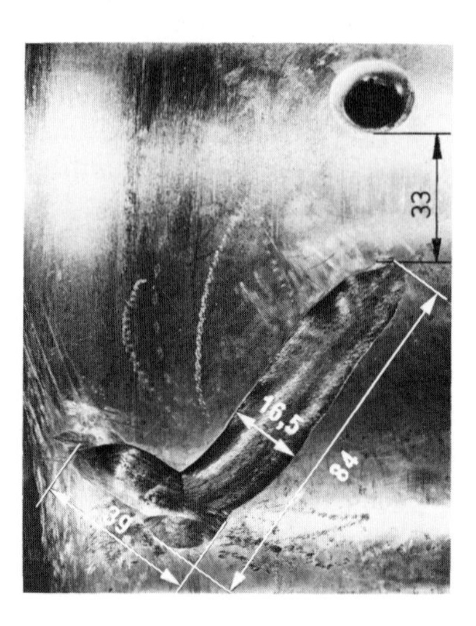

Bild 11–1: Eingeschliffene Nut mit Rißbildung

prüfmittel waren im Nutgrund ein ausgeprägter Riß und weitere kleinere Risse zu erkennen (Bild 11–2). Auf der gegenüberliegenden Zapfenoberfläche befinden sich zahlreiche in Achsrichtung verlaufende fein ausgebildete Risse (Bild 11–3).

Die Oberfläche weist über dem Umfang verteilt Bereiche auf, die sich durch eine hellere Farbe abheben; in den dunkleren Bereichen sind teilweise Laufriefen zu erkennen.

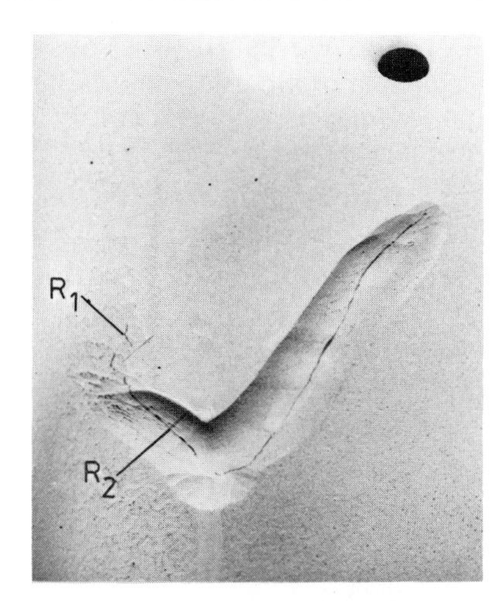

Bild 11–2: Eingeschliffene Nut nach Behandlung mit einem Rißprüfmittel
R_1 Anrisse; R_2 Primäranriß

Bild 11–3: Lage und Ausbildung der Oberflächenrisse
Q Querschliff

Mikroskopische Untersuchung: Das Gefüge ist in der Randzone sehr feinkörnig und ferritisch-perlitisch ausgebildet, vergleichbar mit dem normalgeglühten Zustand; vereinzelt liegen jedoch eng begrenzte Martensitbereiche vor. Unterhalb der Randzone ist das Gefüge ebenfalls ferritisch-perlitisch, jedoch wesentlich grobkörniger ausgebildet.

Die Oberflächenrisse sind nur etwa 0,1 bis 0,2 mm tief. Der in Bild 11–2 gezeigte Riß wurde nach entsprechender Probenentnahme aufgebrochen. Die Bruchfläche zeigt eindeutig die Merkmale eines Torsionsschwingungsbruches.

Die Chromschicht ist teilweise nicht mehr vorhanden; in den übrigen Bereichen schwankt die Dicke zwischen 0,0005 und 0,002 mm.

Werkstoff: Die chemische Zusammensetzung entspricht den Werten für den vorgesehenen Stahl Ck45, ebenso die im Zugversuch ermittelten Festigkeitswerte. Der Werkstoff ist jedoch sehr alterungsanfällig. In diesem Falle erhöht sich das Streckgrenzenverhältnis auf 0,93 bis 0,99. Die Kerbschlagarbeit A_v ist mit 10 bis 20 J sehr gering.

Der Werkstoff weist ausgeprägte Seigerungszonen auf, die in den Querschnittsübergängen Zapfen/Wange und in der Ölbohrung angeschnitten wurden (Bild 11–4).

Bild 11–4: Durch spanende Bearbeitung und angeschnittene Seigerungszeilen

Bild 11–5: Ausgeprägte Bearbeitungsriefen (B) in dem Querschnittsübergang Zapfen/Wange

Die spangebende Bearbeitung in den Querschnittsübergängen führte zu ausgeprägten Bearbeitungsriefen (Bild 11–5) und entspricht demnach nicht den Angaben der Zeichnung „prägepoliert".

Folgerung: Das Gefüge des Werkstoffes ist sehr grobkörnig ausgebildet mit Ausnahme der Randzone, die ein sehr feinkörniges Gefüge aufweist, welches eng begrenzte Martensitzonen einschließt. Die Gefügeausbildung in der Randzone entspricht, ausgenommen die Martensiteinschlüsse, derjenigen, wie sie durch Normalglühen entsteht. Daraus ergibt sich, daß während des Betriebes örtlich eine Temperatur eingewirkt hat, die höher als Ac_3, d. h. höher als 780 °C, war und die zu der Bildung der martensitischen Bereiche geführt hat.

In den hocherhitzten Randzonen ist ein Rißnetz entstanden mit zahlreichen, fein ausgebildeten und nicht tiefreichenden Oberflächenrissen. Von einer beanspruchungsmäßig bevorzugten Stelle ist der in Bild 11–2 gezeigte Torsionsdauerbruch ausgegangen.

Primäre Schadensursache: Heißlaufen.

Schaden: Schäden an einer Walze mit korrosionsbeständigem Überzug (∅ = 160 mm; Länge ca. 1550 mm)

Nach einer Betriebszeit von etwa 1 1/2 Jahren, entsprechend etwa $6 \cdot 10^7$ Schwingspielen, trat der Bruch ein. Nach der Werkstattzeichnung ist die Walze aus einem Rohr mit angepaßten Zapfen, die an den Stirnseiten des Rohres verschweißt sind, zusammengesetzt. Die gesamte Walze einschließlich der Zapfen, mit Ausnahme der Lagerstellen, ist mit einem nichtmetallischen Überzug versehen (Bild 11–6).

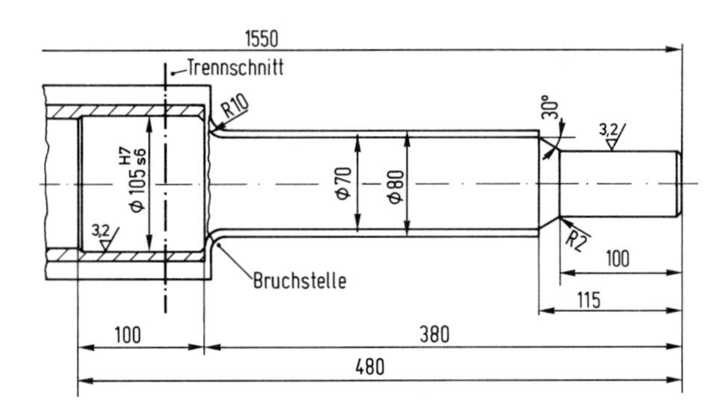

Bild 11–6: Ausschnitt aus der Werkstattzeichnung

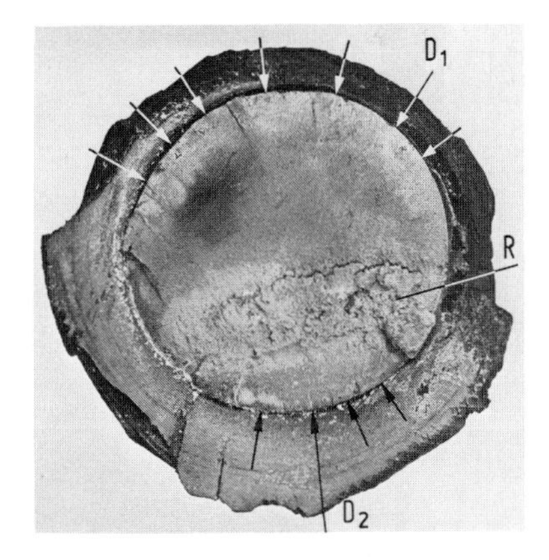

Bild 11–7: Makroskopische Ausbildung des Bruches; D_1 Ausgang des primären Dauerbruches; D_2 Ausgang des sekundären Dauerbruches; R Rest- (Gewalt-)-bruch

Makroskopische Untersuchung: Der Bruch ist an der in Bild 11–6 gekennzeichneten Stelle in dem Querschnittsübergang des Zapfens aufgetreten. Nach Bild 11–7 liegt ein Dauerbruch vor, der primär von einem großen Umfangsbereich ausgegangen ist. Sekundär hat sich auf der gegenüberliegenden Seite ein weiterer Dauerbruch ausgebildet. Beide Dauerbrüche haben sich über einen großen Bereich des Querschnitts ausgedehnt; die während des Betriebes auftretende Nennbeanspruchung war demnach nur sehr gering.

An dem gegenüberliegenden nicht gebrochenen Wellenabsatz wurde festgestellt, daß der Überzug aufgerissen ist.

Mikroskopische Untersuchung: Der nicht gebrochene Wellenzapfen weist an der Stelle der Schädigung des Überzuges Korrosionsschäden auf, die zu einer erheblichen Materialabtragung geführt haben (Bild 11–8). Derartige

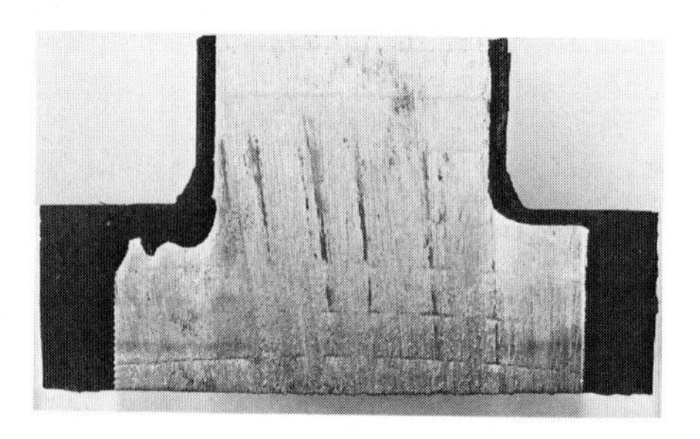

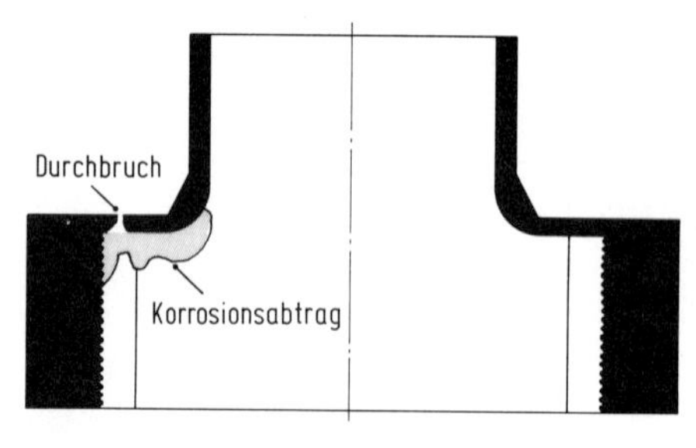

Bild 11–8: Längsschnitt durch den nichtgebrochenen Querschnittsübergang

Korrosionsschäden bewirken neben der Querschnittsverminderung eine erhebliche Verminderung der Schwingfestigkeit, so daß selbst bei niedriger Betriebslast ein Dauerbruch unvermeidlich ist.

Primäre Schadensursache: Durchbruch des korrosionsbeständigen Überzuges.

Schaden: Zapfen des Federbockes eines LKW-Kipper-Fahrgestells

Makroskopische Untersuchung: Der Bruch erfolgte ca. 10 mm vor dem Übergang zwischen Zapfen und Platte (Bild 11–9). Die Bruchfläche ist, abgesehen von einigen blanken Druckstellen, grobkörnig, teilweise zerklüftet und auf der Zugseite leicht strähnig ausgebildet; am Rand ist eine etwa 0,5 mm dicke feinkörnige Schicht zu erkennen. Die Zapfenoberfläche

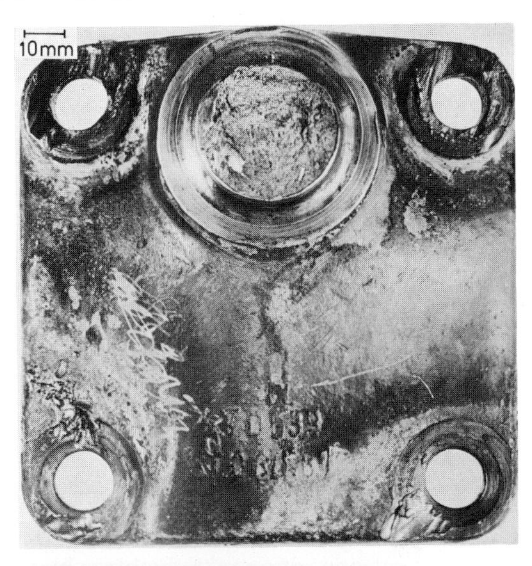

Bild 11–9: Lage des Bruches und Bruchausbildung

ist teilweise beschädigt und weist Riefen auf, von denen fein ausgebildete Risse ausgehen, die nicht parallel zur Bruchfläche verlaufen. Die Häufigkeit der Risse ist auf der Zugseite am größten.

Mikroskopische Untersuchung: Die Dicke der gehärteten Randzone beträgt etwa 0,6 mm. In dieser sind Risse zu erkennen, die sich lediglich auf

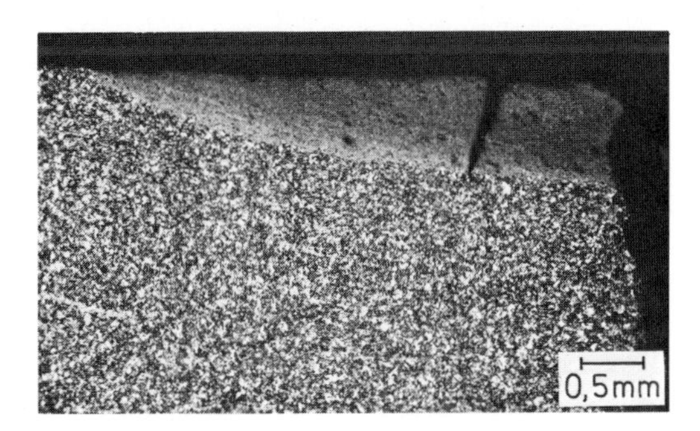

Bild 11–10: Gehärtete Randzone mit Rißbildung

den Bereich der Randzone erstrecken (Bild 11–10). Darüber hinaus sind an zahlreichen Stellen der Oberfläche kleine, nur schwach angeätzte Bereiche mit einer Dicke von 0,01–0,02 mm zu erkennen, die stark rißhaltig sind (Bild 11–11).

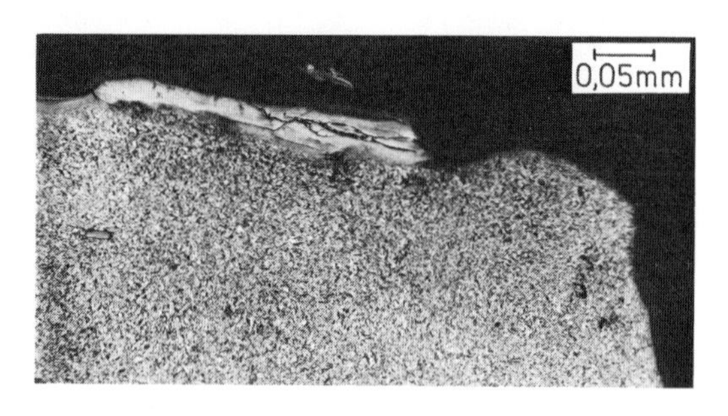

Bild 11–11: Gehärtete Randzone mit durch Reibschweißung entstandenen Oberflächenschäden

Folgerung: Der Bruch ist durch Gewaltbeanspruchung entstanden. Die zahlreichen dünnen Schichten bildeten sich durch Reibverschweißung (Fressen); sie führten zu einer erheblichen Verminderung der Tragfähigkeit. Die Anrisse auf der Oberfläche sind während des Bruchvorganges sekundär entstanden, weil die gehärtete Randzone sehr spröde ist.

Primäre Schadensursache: Überbeanspruchung; Oberflächenschäden durch Fressen und Reibverschweißung begünstigen in erheblichem Maße den Schadensablauf.

Schaden: Versagen der Zugstange eines Gerätes zum Ziehen eingerammter Stahlprofile

Konstruktion: Die konstruktive Ausbildung und die Hauptabmessungen sind in Bild 11–12 gezeigt; Werkstoff 14NiCr18, oberflächengehärtet. Die

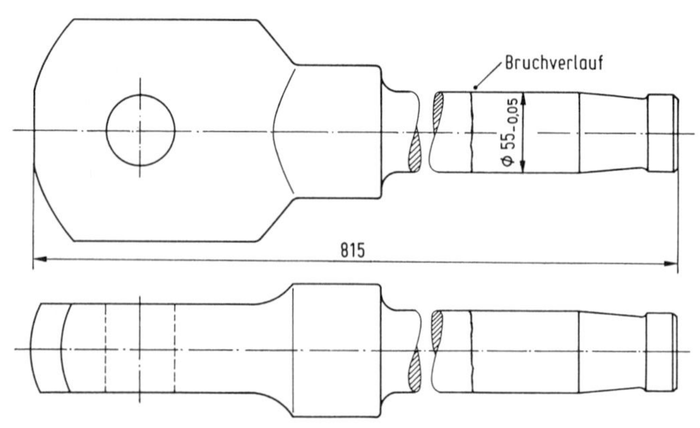

Bild 11–12: Konstuktive Ausbildung und Abmessungen der Zugstange

Einhärtetiefe soll 0,5 mm und die Oberflächenhärte 50 ± 2 HRC betragen.

Makroskopische Untersuchung: Die Lage des Bruches ist in Bild 11–12 eingetragen; nach Bild 11–13 liegt ein Schwingbruch vor. Der Bruch ist durch Zug- oder durch einseitige Biegebeanspruchung bei niedriger Nennbeanspruchung entstanden; der Bruchausgang liegt an der in Bild 11–13 mit A gekennzeichneten Stelle. Die Bruchfläche verläuft senkrecht zur Zugstangenachse.

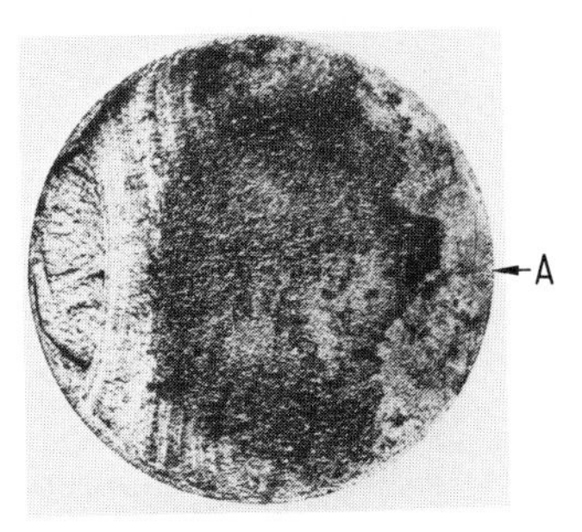

Bild 11–13: Makroskopische Ausbildung der Bruchfläche (A Bruchausgang)

An der Stelle des Bruchausganges weist die Mantelfläche ausgeprägte Freßspuren, die zu örtlicher Kerbwirkung führten, auf (Bild 11–14). Durch Anwendung eines Oberflächenrißprüfmittels (Farbeindringverfahren) wurden in der Nähe der Rißausgangsstelle zahlreiche weitere Anrisse nachgewiesen.

Bild 11–14: Oberflächenbeschädigung (Fressen) an der Stelle des Bruchausganges

Werkstoff: Die chemische Analyse des Werkstoffes ergab, daß der vorgeschriebene Werkstoff nicht verwendet worden war, sondern der Stahl 15CrNi6. Dieses wurde durch Ermittlung und Vergleich der Werkstoffkennwerte bestätigt. Die Härtetiefe der Oberflächenhärtung entspricht den Angaben in der Zeichnung, nicht jedoch die Härte selbst.

Bild 11–15: Oberflächenrisse in der gehärteten Randzone

Mikroskopische Untersuchung: Die metallurgische Reinheit des Werkstoffes ist gut. In der oberflächengehärteten Randzone, die aus äußerst feinem Martensit besteht, liegen zahlreiche Risse vor (Bild 11–15). Unterhalb der gehärteten Randschicht ist das Gefüge ebenfalls martensitisch, jedoch wesentlich gröber ausgebildet. Die in der Nähe des Bruches vorliegenden zahlreichen fein ausgebildeten Risse gehen von den Freßriefen aus (Bild 11–16), der Dauerbruch ebenfalls.

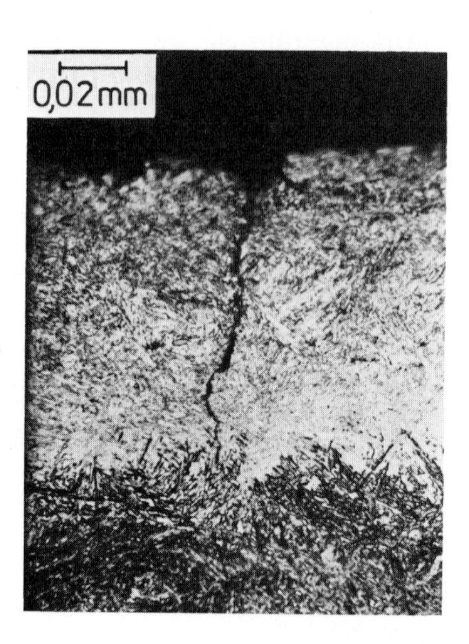

Bild 11–16: Rißbildung durch Freßriefen

Folgerung: Der verwendete Werkstoff entspricht nicht der Forderung entsprechend der Herstellungszeichnung; die Werkstoffkennwerte $R_{p0,2}$ und R_m sind etwa 23% niedriger als die vorgeschriebenen Werte. Dies führte zu einer Überbeanspruchung, die zunächst eine Oberflächenbeschädigung und dadurch eine erhebliche Verminderung der Schwingfestigkeit bewirkte, so daß bei normaler Betriebsbeanspruchung ein Anriß entstand, der sich selbst bei einer geringen durchschnittlichen Nennbeanspruchung zu einem Dauerbruch ausbreiten konnte.

Primäre Schadensursache: Werkstoffverwechslung während einer Reparatur

Schaden: Bruch mehrerer Kupplungsbolzen
Werkstoff: C 60

Makroskopische Untersuchung: Die Oberfläche der Bolzen weist Bereiche mit ausgeprägten Reibkorrosions- und Freßschäden auf (Bild 11–17). Der Bruch ist durch doppelseitige Biegung entstanden. Der Primäranriß ist in dem mit B gekennzeichneten Umfangsbereich aufgetreten, wo über-

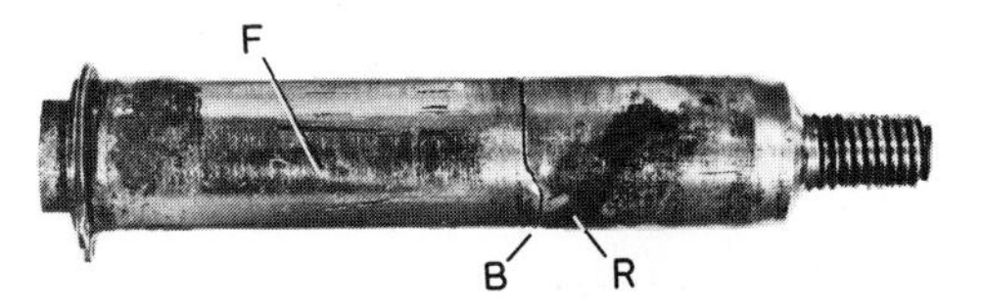

Bild 11–17: Kupplungsbolzen mit Schäden durch Fressen (F) und Reibkorrosion (R); B Bruchausgang

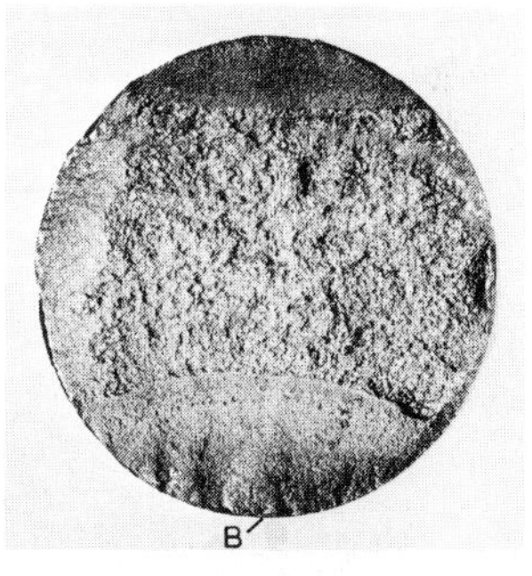

Bild 11–18: Ausbildung der Bruchfläche der Kupplungsbolzen; B Primäranriß

wiegend Reibkorrosionsschäden vorliegen; auch der sekundär entstandene Anriß ging von derartigen Schäden aus. Die Anrisse führten zunächst zu Dauerbrüchen und schließlich zum Gewaltbruch (Bild 11–18). Die wirksame Nennbeanspruchung war, beurteilt nach dem Verhältnis Dauerbruchfläche zur Restbruchfläche, relativ groß.

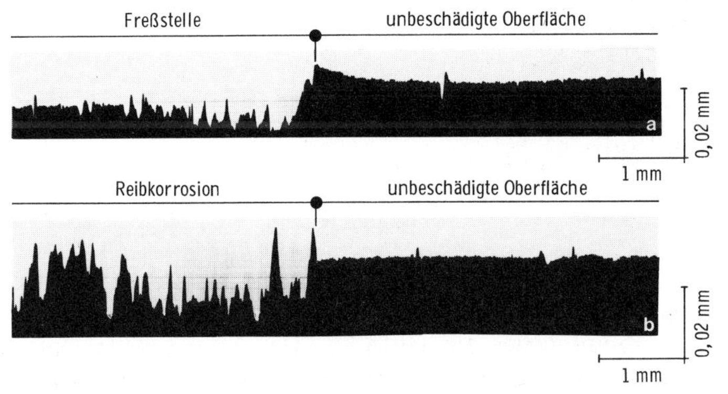

Bild 11–19: Beeinflussung der Oberflächenfeingestalt durch a) Fressen; b) Reibkorrosion

Werkstoff: Die im Zugversuch ermittelten Eigenschaften sowie die Kerbschlagarbeit entsprechen den Werten nach DIN 17200.

Oberflächenfeingestalt: Die Rauhtiefe der Oberfläche wurde durch die Vorgänge Reibkorrosion bzw. Fressen entsprechend Bild 11–19 verändert.

Primäre Schadensursache: Fehlerhafte Passungen nach einer Instandsetzung.

Schaden: Zusammensturz eines Absatzgerätes

Bei einer Außentemperatur von – 16 °C trat plötzlich der Bruch eines Knotenbleches der Stahlbaukonstruktion auf; das Absatzgerät stürzte zusammen (Bild 11–20).

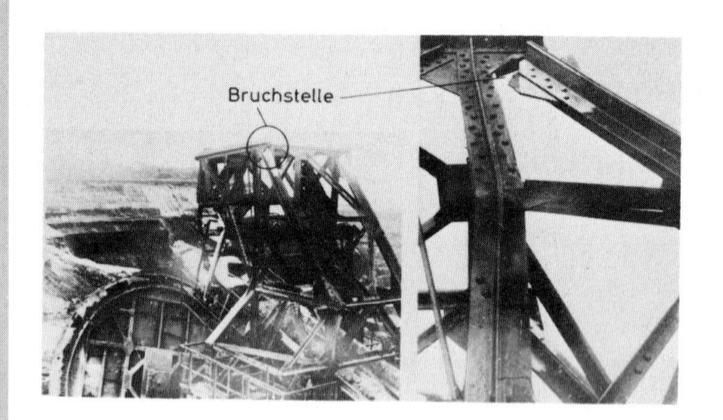

Bild 11–20: Schadensauswirkung

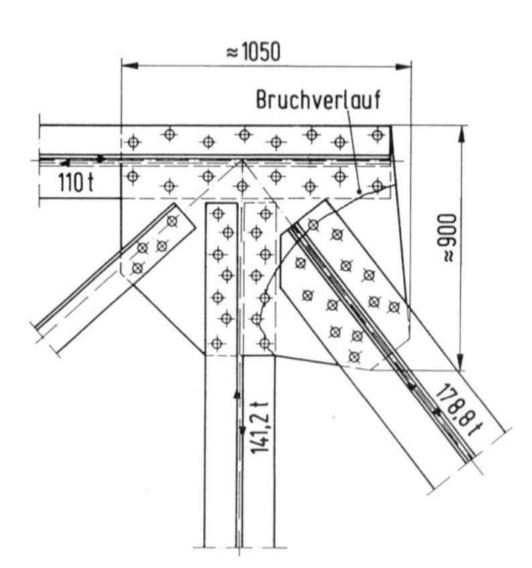

Bild 11–21: Lage des Bruches

Makroskopische Betrachtung: Der Bruch trat an der höchstbeanspruchten Stelle des Knotenbleches auf (Bild 11–21). Als Konstruktionswerkstoff war der Baustahl St 52-2 vorgeschrieben. Die Bruchfläche ist nahezu verformungslos (Bild 11–22); die Bohrungsränder lassen jedoch eine Ein-

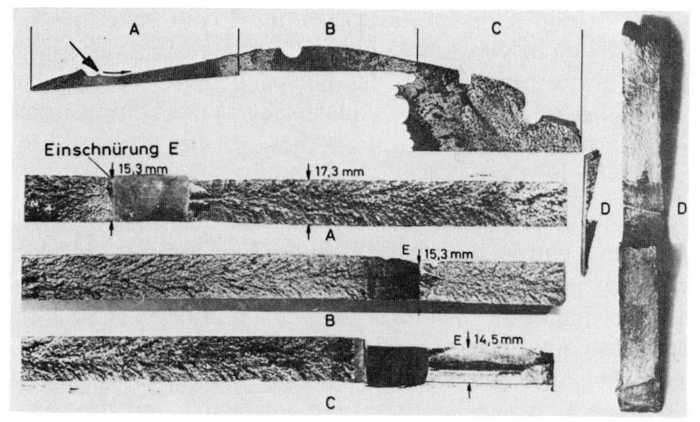

Bild 11–22: Bruchausbildung A, B, C, D Teilabschnitte der Bruchfläche; Pfeil Bruchausgang

schnürung durch plastische Verformung erkennen. Die Oberflächengüte der Nietbohrungen ist schlecht; die Bohrungswandungen sind stark korrodiert. Die Blechoberfläche ist unter der Rostschutzfarbe ebenfalls stark korrodiert.

Werkstoffuntersuchung:

Chemische Analyse: Der Kohlenstoffgehalt beträgt 0,265 %; für St 52-2 ist die Höchstgrenze auf 0,20 % begrenzt.

Im Zugversuch ermittelte Werkstoffeigenschaften: Die ermittelten Werkstoffkennwerte sind in Bild 11–23 aufgeführt und den entsprechenden Richtwerten für St 42 und St 52 gegenübergestellt. Demnach sind die Festigkeitswerte des Knotenblechwerkstoffes dem Baustahl St 42 zuzuordnen.

Bild 11–23: Festigkeitseigenschaften im normalgeglühten Zustand (N) und nach Reckalterung (A)

Werkstoff	Zustand	$R_{p0,2}$	R_m	A_{10}
		N/mm^2		%
Knotenblech St 52 St 42	N	264 360 230	446 520/620 420/500	28,3 24,0 25,0
Knotenblech	A	442	450	13,5

Der Werkstoff ist stark alterungsanfällig. Die Streckgrenze erhöht sich durch künstliche Alterung auf 442 N/mm^2, d. h. um etwa 67 %; die Bruchdehnung vermindert sich um etwa 48 %.

Die Kerbschlagarbeit vermindert sich je nach Lage der Proben auf Werte < 10 J.

Mikroskopische Untersuchung: Der Werkstoff ist stark geseigert und durch Schlackeneinschlüsse stark verunreinigt.

Folgerung: Der in der Konstruktionszeichnung vorgeschriebene Werkstoff St 52-2 wurde nicht verwendet, sondern ein Baustahl der Güteklasse St 42. Dadurch trat an den Stellen der höchsten Betriebsbeanspruchung eine Überbeanspruchung auf, die zu plastischer Verformung führte. Da der Baustahl alterungsanfällig ist, mußte dies zu einer Versprödung führen.

Durch das Setzen neuer warm geschlagener Niete aufgrund einer Revisionsbeanstandung wurde der Alterungsvorgang dadurch beschleunigt, daß erhöhte Temperaturen in dem verformten Bereich wirksam wurden. Die dadurch beschleunigte Versprödung des Werkstoffes, die sich bei niedriger Betriebstemperatur besonders ungünstig auswirkt, führte dazu, daß sich die Kerbspannung voll auswirken konnte und ein Anriß entstand. Der Anriß stellte eine wesentlich schärfere Kerbe dar und führte zu einer spontanen Ausbreitung des Risses. Derselbe Vorgang wiederholte sich bei der nächstliegenden Bohrung, nur infolge des geringeren Querschnittes in schnellerem zeitlichen Ablauf.

Die Rißbildung wurde begünstigt durch die Schlackeneinschlüsse, die hohe Rauhtiefe der Bohrungsoberfläche und die korrodierten Blechoberflächen.

Primäre Schadensursache: Ungeeigneter Werkstoff infolge Werkstoffverwechslung.

Schaden: Montagekranunfall verursacht durch Versagen eines Bauteiles

Die Konstruktion des Montagekranes ist derart, daß mit Hilfe einer Montagebühne und eines Hilfsmastes der Kran ohne weitere Hilfsmittel montiert und demontiert werden kann (Bild 11–24). Bei der Demontage kippte der Hilfsmast plötzlich um und führte zum Zusammensturz des Kranes.

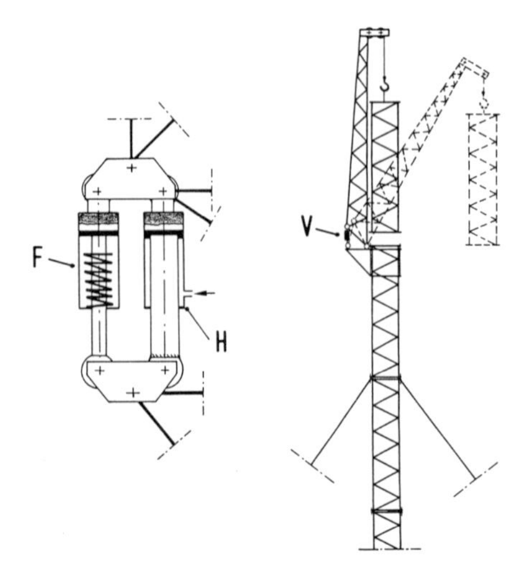

Bild 11–24: Hydraulik-Vorrichtung V zum Heben und Senken des Hilfsmastes (schematisch)
F Federsicherung; H Hydraulikzylinder

Zwecks Ermittlung der Ursache des Schadens wurden alle Bruchstellen der Stahlkonstruktion untersucht mit dem Ergebnis, daß alle Brüche als Folge des Zusammensturzes durch Überbelastung entstanden sind.

Die Bewegung des Hilfsmastes erfolgte durch eine Hydraulikvorrichtung, der ein Federkörper parallel geschaltet ist, um einen Teil der bei der Abwärtsbewegung des Hilfsmastes auftretenden Beanspruchung aufnehmen zu können (Bild 11–24). Es wurde festgestellt, daß die Schweißnaht zwischen dem Plunger und der Öse gebrochen ist (Bild 11–25). Die Hydraulikvorrichtung war aufgrund einer Beanstandung (Ölverlust) überholt worden; der Bruch trat unmittelbar nach dem Einbau der überholten Vorrichtung auf.

Bild 11–25: Lage des Bruches

Makroskopische Untersuchung: Die Bruchfläche der Öse läßt erkennen, daß gegenüber der Konstruktionszeichnung eine abweichende Fertigung der Schweißverbindung Plunger/Öse erfolgt ist. Demnach wurde die ursprüngliche Schweißnaht und der Gewindeansatz durchgetrennt, die Fläche maschinell spanend bearbeitet und eine weitere Schweißverbindung zwischen dem Plunger und der Öse hergestellt (Bild 11–26). Die Bruchfläche der Schweißnaht verläuft schwach geneigt zur Mantellinie des Plungers.

Mikroskopische Untersuchung: Quer zur Schweißverbindung entnommene Schliffproben lassen erkennen, daß die Verbindung nicht entsprechend der Werkstattzeichnung hergestellt wurde. Der tragende Querschnitt ist stellenweise nur 0,7 mm tief (Bild 11–27); eine Spannungsarmglühung erfolgte nicht.

Folgerung: Die ursprünglich vorhandene Schweißnaht wurde bei der Instandsetzung ebenso wie der in der Zeichnung vorgesehene Gewindeansatz durchgetrennt und die Trennfläche der Öse spanend bearbeitet. Ein Ersatzplunger wurde hergestellt, jedoch ohne Gewindeansatz, und mit der Öse verschweißt. Der tragende Querschnitt der Schweißverbindung reichte bei weitem nicht aus, die auftretenden Beanspruchungen zu übertragen.

Primäre Schadensursache: Instandsetzungsfehler

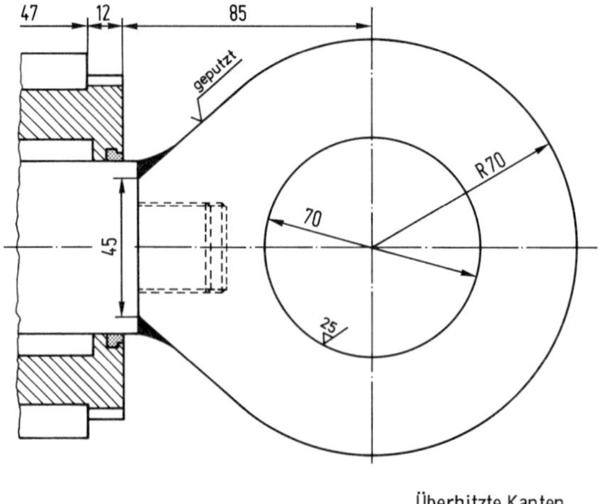

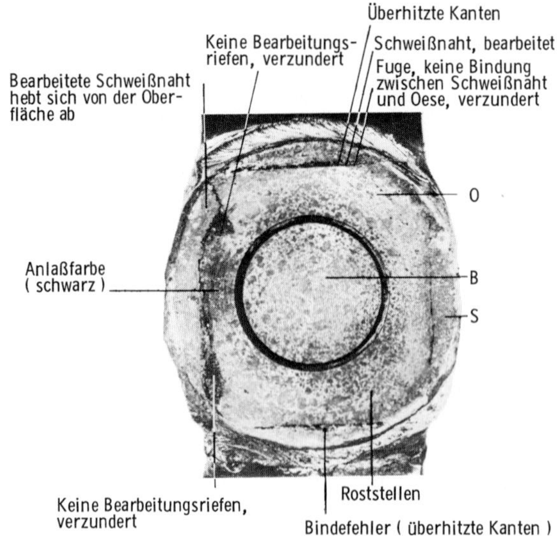

Bild 11–26: Detail der Konstruktionszeichnung und Ausbildung der Bruchfläche O Oberfläche der Öse; B Trennfläche des Gewindeansatzes; S Trennfläche der primären Schweißnaht

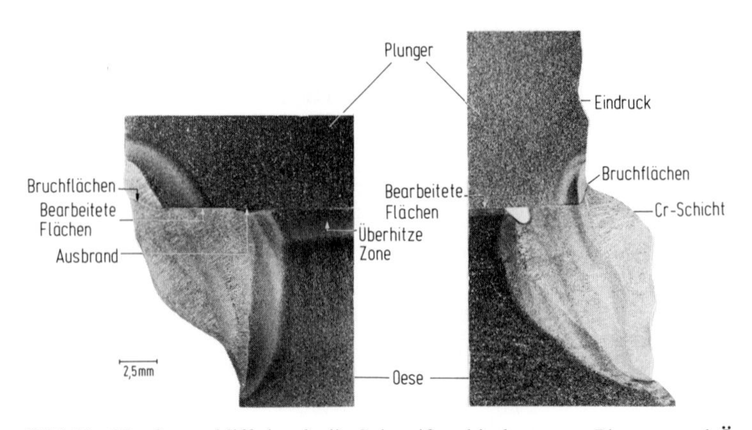

Bild 11–27: Querschliff durch die Schweißverbindung von Plunger und Öse

Schaden: PKW-Kurbelwelle

Bei einem Motorschaden, bei dem die Kurbelwelle verbogen wurde, trat nach der Instandsetzung nach kurzer Betriebszeit erneut ein Motorschaden auf, der den Bruch der Kurbelwelle zur Folge hatte.

Makroskopische Untersuchung: Der Bruch ist durch Biegebeanspruchung in dem der Kupplungsseite nächstgelegenen Querschnittsübergang zum Kurbelzapfen eingetreten (Bild 11–28). Der Primäranriß liegt an der Stelle I, der sekundär aufgetretene Anriß erstreckt sich über den Umfangsbereich II; die durchschnittliche Nennbeanspruchung war gering. Die geometrische Ausbildung (Übergangsradius) und die Oberflächengüte (Rauhtiefe) des Querschnittsüberganges entsprechen nicht den Angaben in der Ausführungszeichnung (Bild 11–29). Außerdem wurden die vom Hersteller für eine Reparatur vorgesehenen Maße der Hauptlager- und Pleuellagerzapfen bei der Reparatur nicht eingehalten.

Primäre Schadensursache: Instandsetzungsfehler

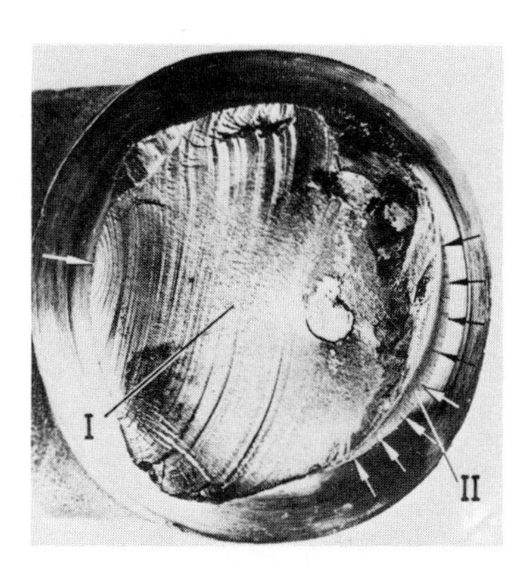

Bild 11–28: Ausbildung der Bruchfläche
I Primäranriß; II Sekundäranriß

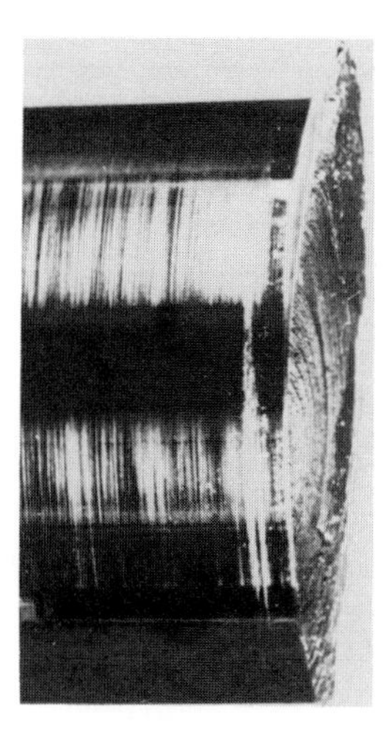

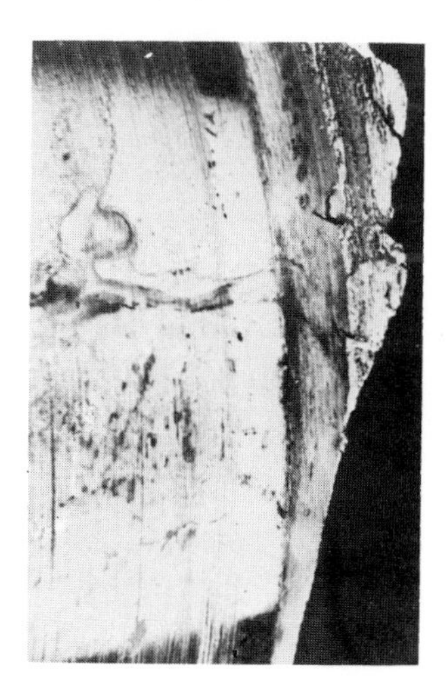

Bild 11–29: Oberflächenbeschaffenheit des der Kupplungsseite nächstgelegenen Querschnittsüberganges

Literatur Kapitel 11

[1] *Rodenacker, W. G.:* Bedienungsfehler im System Mensch und Maschine. Allianz Versicherungs-AG, Sonderdruck (1972), Bestell-Nr. ATI so 78

[2] *Essler, R.:* Erfolge und Mißerfolge bei Reparaturen. Der Maschinenschaden 38 (1965) H. 1/2, S. 11–23

[3] *Pahl, E.:* Moderne Reparaturverfahren. Der Maschinenschaden 46 (1973), H. 2, S. 35–46

Ergänzende Literatur

Splittgerber, E.: Angaben und Möglichkeiten der Schadenverhütung. In: Handbuch der Schadenverhütung. Hrsg.: Allianz Versicherungs-AG München und Berlin 1976 (B)

DIN 17200: Vergütungsstähle – Technische Lieferbedingungen. Beuth Verlag, Berlin 1982

DIN 31051: Instandhaltung – Begriffe. Beuth-Verlag, Berlin 1980

12. Systematische Vorgehensweise bei der Untersuchung eines Maschinenschadens

12.1 Allgemeine Betrachtung

Die Schadensanalyse bezweckt:

- eine eindeutige Beurteilung des Schadens zu ermöglichen,
- die primäre Ursache des Schadens zu ermitteln,
- Hinweise zwecks Schadensvorbeugung zu erarbeiten und
- Maßnahmen zur Verhütung künftiger Schäden zu erstellen.

Die Durchführung der Schadensanalyse ist in der Regel schwierig, weil

- das Schadensbild selten eine eindeutige Aussage über die primäre Schadensursache ermöglicht,
- die Vorgänge, die zum Schaden geführt haben, komplexer Art sind,
- der Schaden meistens nicht auf eine einzige Schadensursache zurückzuführen ist, sondern durch das Zusammenwirken mehrerer Einflußbereiche entsteht, die konstruktiver, werkstoff-, fertigungs- und/oder betriebstechnischer Art sein können,
- die Erfassung der anteilmäßigen Auswirkung der einzelnen Einflußgrößen, die sich gegenseitig beeinflussen, schwierig ist,
- während des Betriebes unvorhersehbare Zusatzbeanspruchungen auftreten können, z. B. durch Resonanz, Passungsfehler, Verschleiß,
- häufig der Schaden nicht mehr in reiner Form vorliegt, z. B. durch Auslauf der Maschine, durch Umgebungseinflüsse.

12.2 Ermittlung der primären Schadensursache

Die Ermittlung der primären Schadensursache erfordert demnach zunächst eine systematische Zerlegung des Gesamtkomplexes in Einflußbereiche und in Einzeleinflußgrößen sowie eine folgerichtig geordnete Aufgliederung der Einflußgrößen derart, daß die primäre Auswirkung der einzelnen Größen eindeutig erfaßt werden kann. Dabei ist zu beachten, daß häufig eine gegenseitige Beeinflussung stattfindet, insbesondere auch durch Einflüsse, die bei der Auslegung nicht oder nicht ausreichend beachtet wurden. Demnach setzt sich der Arbeitsprozeß zunächst aus einer Analyse der Vorgänge, die möglicherweise zum Schaden geführt haben, und einer Verarbeitung der ermittelten Erkenntnisse, z. B. durch Vergleich mit ähnlichen bekannten Vorgängen, zusammen.

Grundsätzlich bieten sich demnach für die Schadensanalyse in Übereinstimmung mit der VDI-Richtlinie 3822, Blatt 1–4 u. 6 [1, 9, 10, 39, 41], folgende Untersuchungsschritte an:

- Voruntersuchung; Schadensaufnahme
- Makrofraktographie: Makroskopische Schadens- und Bauteiluntersuchung
- Konstruktive Auslegung: Besonderheiten, Verbindungen
- Werkstoff: Kennwerte, Eigenschaften, Makro- und Mikrogefüge
- Fertigung: Formgebung, Wärme- und Oberflächenbehandlung, Oberflächenfeingestalt, Maßhaltigkeit
- Sonstige Einflußgrößen; Eigenspannungen
- Auswertung: Primäre Schadensursache
  Maßnahmen zur Schadensvorbeugung und -verhütung
  Dokumentation

Einen Überblick über eine zweckmäßige Vorgehensweise vermittelt Bild 12–1. Dabei ist zu empfehlen, zunächst möglichst einfach durchzuführende Untersuchungsmethoden einzusetzen und erst mit zunehmender Komplexität der Versagensprobleme Geräte zu verwenden, die z. B. eine größere Aussagefähigkeit ermöglichen, wie das Rasterelektronenmikroskop (s. Kap. 2).

Bei komplexen und umfangreichen Problemen ist eine Aufgliederung in übersehbare Teilbereiche und eine systematische Zuordnung der einzelnen Einflußgrößen unumgänglich. Daraus resultiert, daß derartige Probleme schrittweise gelöst werden müssen.

Bild 12–2 enthält eine ausführliche Darstellung der Vorgehensweise bei der Schadensuntersuchung. In systematischer Aufgliederung und in methodisch folgerichtiger Bearbeitungsfolge sind die einzelnen Arbeitsschritte, die zur Ermittlung der primären Schadensursache notwendig sind, aufgegliedert; sie sind dem vorliegenden Problem anzupassen.

Das methodische Vorgehen bei einer Problemlösung besteht im wesentlichen aus einer Informationsgewinnung und einer Informationsverarbeitung. Die Schadensanalyse liefert die Informationen; die Informationsverarbeitung geschieht häufig durch Vergleich, z. B. mit

- bewährten Werkstoffkennwerten,
- Untersuchungsergebnissen, die an Proben des zu beurteilenden Werkstoffes, gegebenenfalls unter betriebsnahen Bedingungen, ermittelt werden,
- Untersuchungsergebnissen an entsprechenden Bauteilen,
- Festigkeits- oder Lebensdauerberechnungen,
- Ergebnissen aus der Fachliteratur,
- Erfahrungswerten.

Jedem Hauptarbeitsschritt folgt ein Entscheidungsschritt. Führt die Auswertung der ermittelten Informationen eindeutig zu der primären Schadensursache (PS), so ist die Analyse beendet, und der entsprechende Untersuchungsbericht kann erstellt werden. Ist die Aussage der Information nicht eindeutig (?), so führt die Entscheidung zu dem nächsten Hauptarbeitsschritt, wobei dieser den jeweiligen Verhältnissen und dem Ergebnis der vorliegenden Information ange-

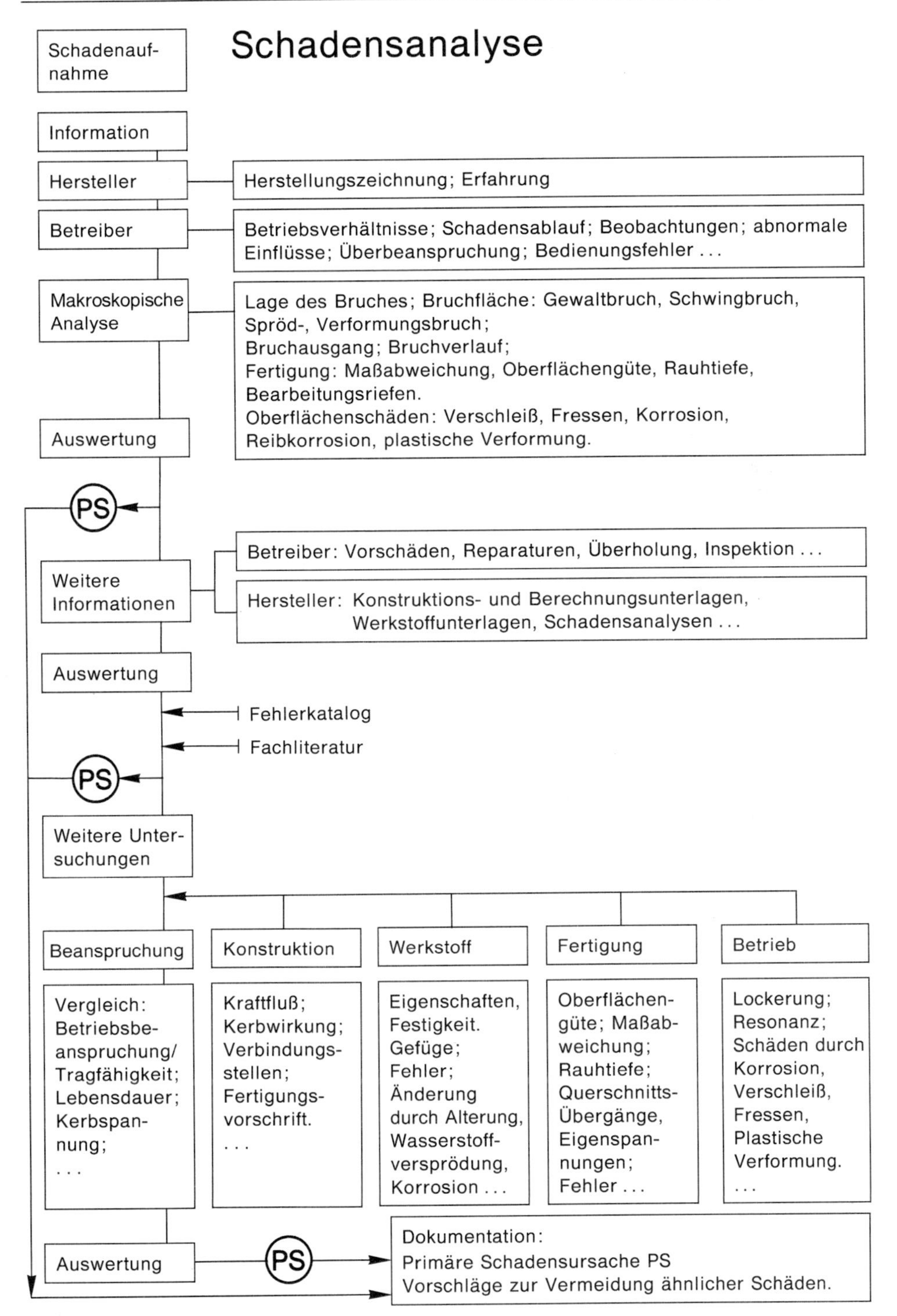

Bild 12–1: Arbeits- und Entscheidungsschritte bei der Schadensanalyse.
PS: Primäre Schadensursache

paßt wird. Demnach können beliebige Arbeitsschritte, die zur Klärung des vorliegenden Schadensfalles zweckmäßig erscheinen, gewählt werden; die anderen bleiben unberücksichtigt. Daraus resultiert eine weitgehende Anpassungsmöglichkeit an die verschiedensten Schadensfälle, wobei die systematische folgerichtige Zuordnung der jeweiligen Arbeitsschritte und die methodische Durchführung der Schadensanalyse gewahrt bleiben; außerdem ist dadurch die Schadensanalyse jederzeit nachvollziehbar. Zur Information sind den einzelnen Teilarbeitsschritten Hinweise auf die entsprechende Fachliteratur zugeordnet.

Der Untersuchungsbericht sollte eine eingehende Dokumentation der Untersuchung und der entsprechenden Ergebnisse enthalten, so daß eine eindeutige Nachvollziehbarkeit der Schadensanalyse jederzeit möglich ist.

Die Ergebnisse sollten außerdem so ausgewertet werden, daß Vorschläge zur Vermeidung derartiger Schäden gemacht werden können; dadurch kann eine erhebliche Erhöhung der Sicherheit und Zuverlässigkeit erreicht werden.

Außerdem können derartige Ergebnisse, wenn sie zentral erfaßt und statistisch ausgewertet werden, wertvolle Erfahrungswerte liefern, z. B. beim Hersteller hinsichtlich des Werkstoffverhaltens in bestimmten Anwendungsgebieten, der Wahl der Fertigungsverfahren und der Wärmebehandlung.

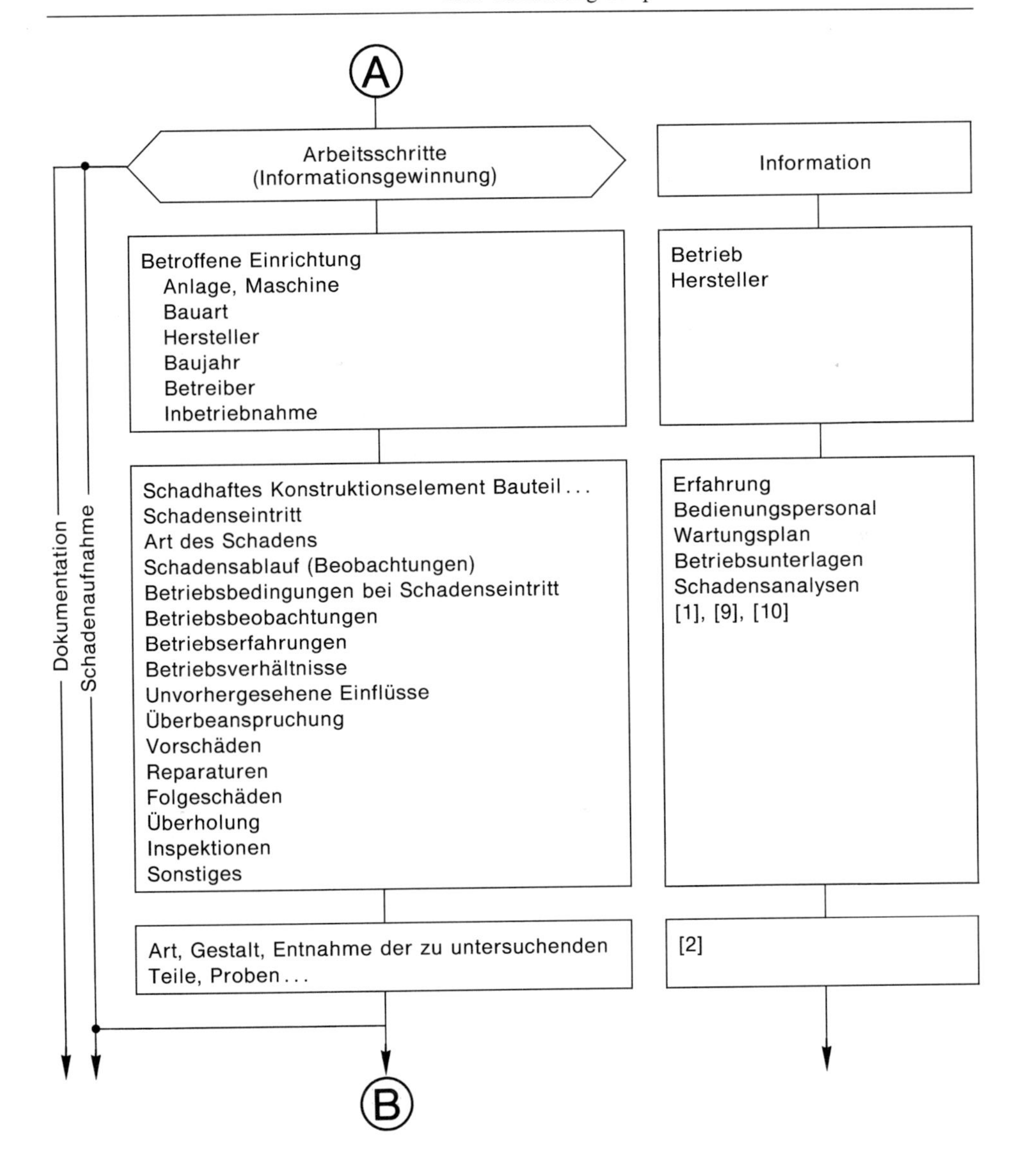
A
Arbeitsschritte
(Informationsgewinnung)
Information
Betroffene Einrichtung
Anlage, Maschine
Bauart
Hersteller
Baujahr
Betreiber
Inbetriebnahme
Betrieb
Hersteller
Schadhaftes Konstruktionselement Bauteil ...
Schadenseintritt
Art des Schadens
Schadensablauf (Beobachtungen)
Betriebsbedingungen bei Schadenseintritt
Betriebsbeobachtungen
Betriebserfahrungen
Betriebsverhältnisse
Unvorhergesehene Einflüsse
Überbeanspruchung
Vorschäden
Reparaturen
Folgeschäden
Überholung
Inspektionen
Sonstiges
Erfahrung
Bedienungspersonal
Wartungsplan
Betriebsunterlagen
Schadensanalysen
[1], [9], [10]
Art, Gestalt, Entnahme der zu untersuchenden Teile, Proben ...
[2]
Dokumentation
Schadenaufnahme
B

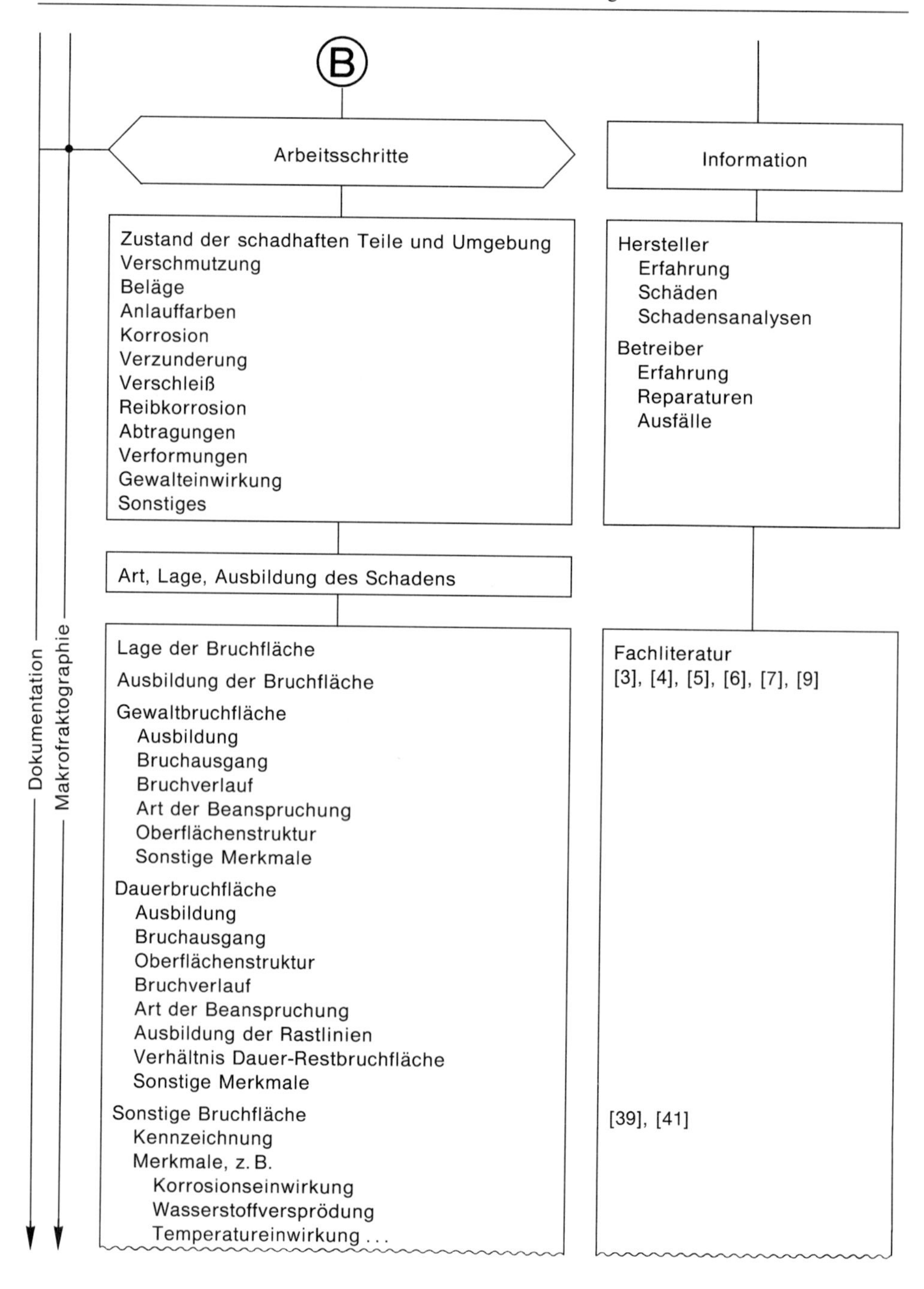
B
Arbeitsschritte
Information
Zustand der schadhaften Teile und Umgebung
Verschmutzung
Beläge
Anlauffarben
Korrosion
Verzunderung
Verschleiß
Reibkorrosion
Abtragungen
Verformungen
Gewalteinwirkung
Sonstiges
Hersteller
Erfahrung
Schäden
Schadensanalysen
Betreiber
Erfahrung
Reparaturen
Ausfälle
Art, Lage, Ausbildung des Schadens
Lage der Bruchfläche
Ausbildung der Bruchfläche
Gewaltbruchfläche
Ausbildung
Bruchausgang
Bruchverlauf
Art der Beanspruchung
Oberflächenstruktur
Sonstige Merkmale
Dauerbruchfläche
Ausbildung
Bruchausgang
Oberflächenstruktur
Bruchverlauf
Art der Beanspruchung
Ausbildung der Rastlinien
Verhältnis Dauer-Restbruchfläche
Sonstige Merkmale
Sonstige Bruchfläche
Kennzeichnung
Merkmale, z. B.
Korrosionseinwirkung
Wasserstoffversprödung
Temperatureinwirkung ...
Fachliteratur
[3], [4], [5], [6], [7], [9]
[39], [41]
Dokumentation
Makrofraktographie

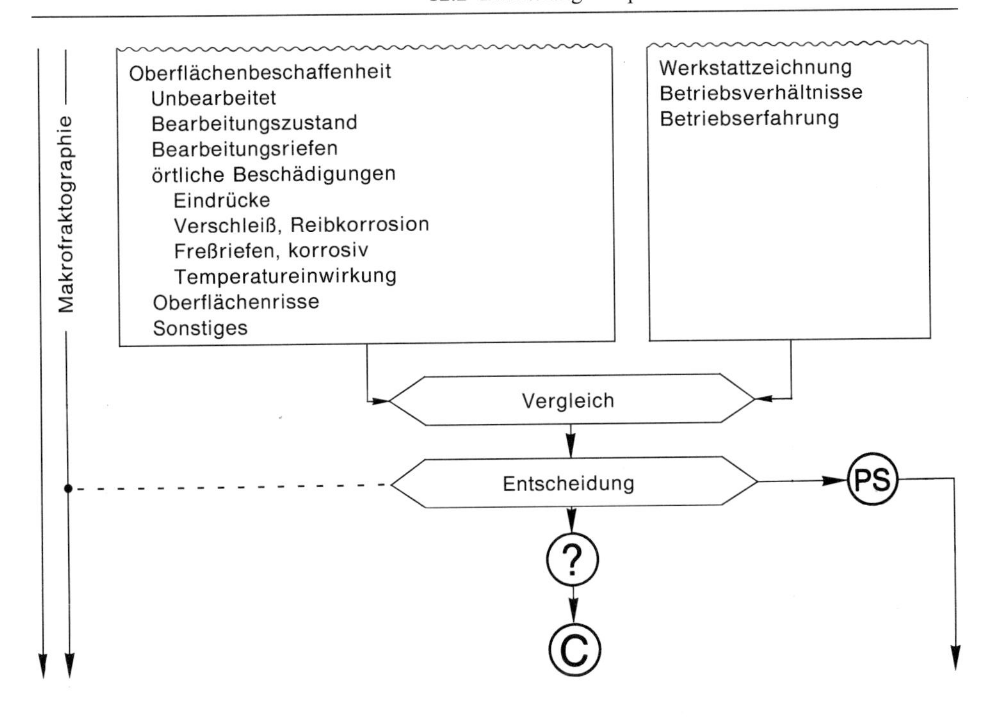
Makrofraktographie
Oberflächenbeschaffenheit
Unbearbeitet
Bearbeitungszustand
Bearbeitungsriefen
örtliche Beschädigungen
Eindrücke
Verschleiß, Reibkorrosion
Freßriefen, korrosiv
Temperatureinwirkung
Oberflächenrisse
Sonstiges
Werkstattzeichnung
Betriebsverhältnisse
Betriebserfahrung
Vergleich
Entscheidung
PS
?
C

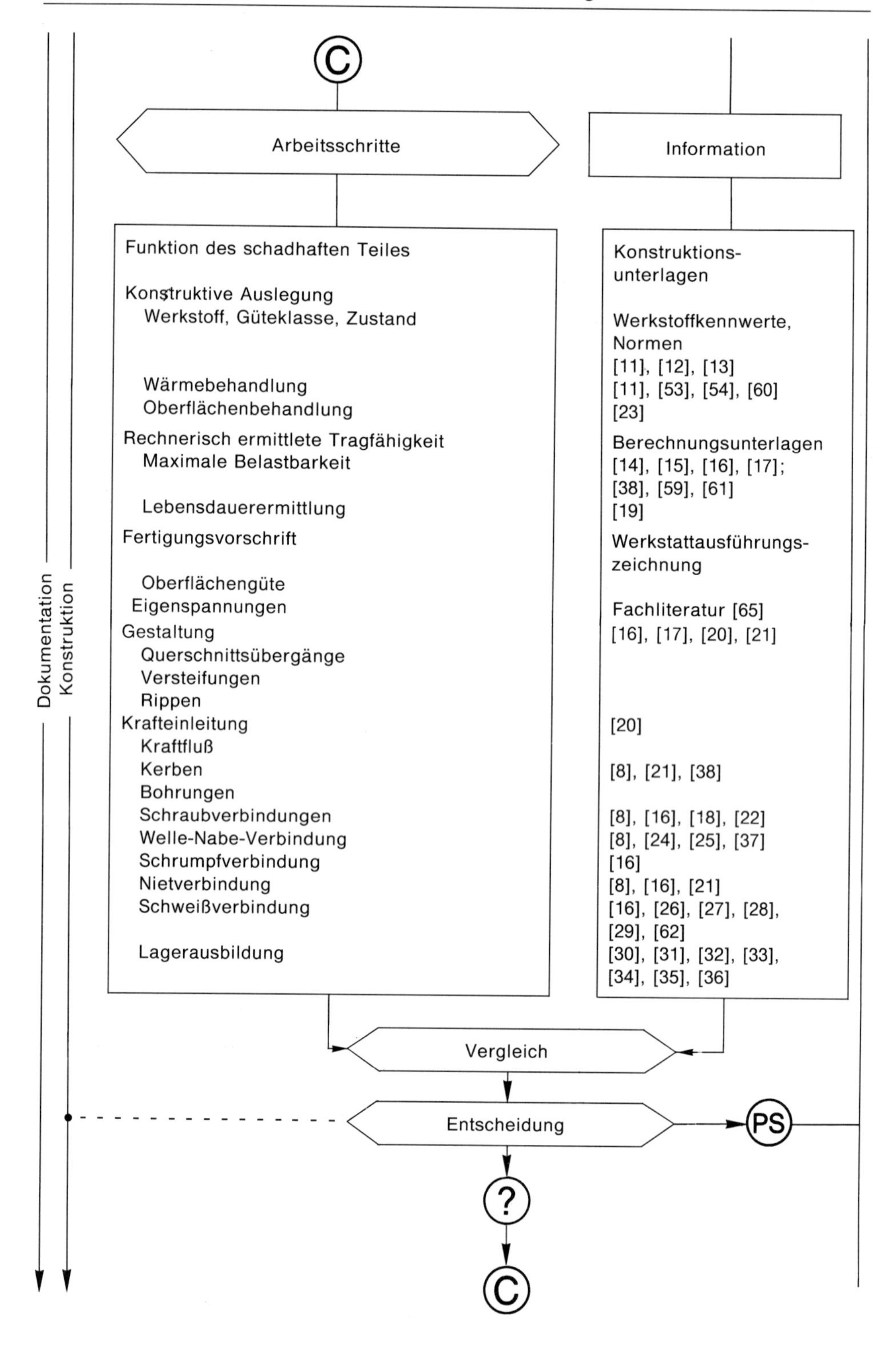
C
Arbeitsschritte
Information
Funktion des schadhaften Teiles
Konstruktive Auslegung
Werkstoff, Güteklasse, Zustand
Wärmebehandlung
Oberflächenbehandlung
Rechnerisch ermittlete Tragfähigkeit
Maximale Belastbarkeit
Lebensdauerermittlung
Fertigungsvorschrift
Oberflächengüte
Eigenspannungen
Gestaltung
Querschnittsübergänge
Versteifungen
Rippen
Krafteinleitung
Kraftfluß
Kerben
Bohrungen
Schraubverbindungen
Welle-Nabe-Verbindung
Schrumpfverbindung
Nietverbindung
Schweißverbindung
Lagerausbildung
Konstruktions-unterlagen
Werkstoffkennwerte, Normen
[11], [12], [13]
[11], [53], [54], [60]
[23]
Berechnungsunterlagen
[14], [15], [16], [17];
[38], [59], [61]
[19]
Werkstattausführungs-zeichnung
Fachliteratur [65]
[16], [17], [20], [21]
[20]
[8], [21], [38]
[8], [16], [18], [22]
[8], [24], [25], [37]
[16]
[8], [16], [21]
[16], [26], [27], [28],
[29], [62]
[30], [31], [32], [33],
[34], [35], [36]
Vergleich
Entscheidung
PS
?
C
Dokumentation
Konstruktion

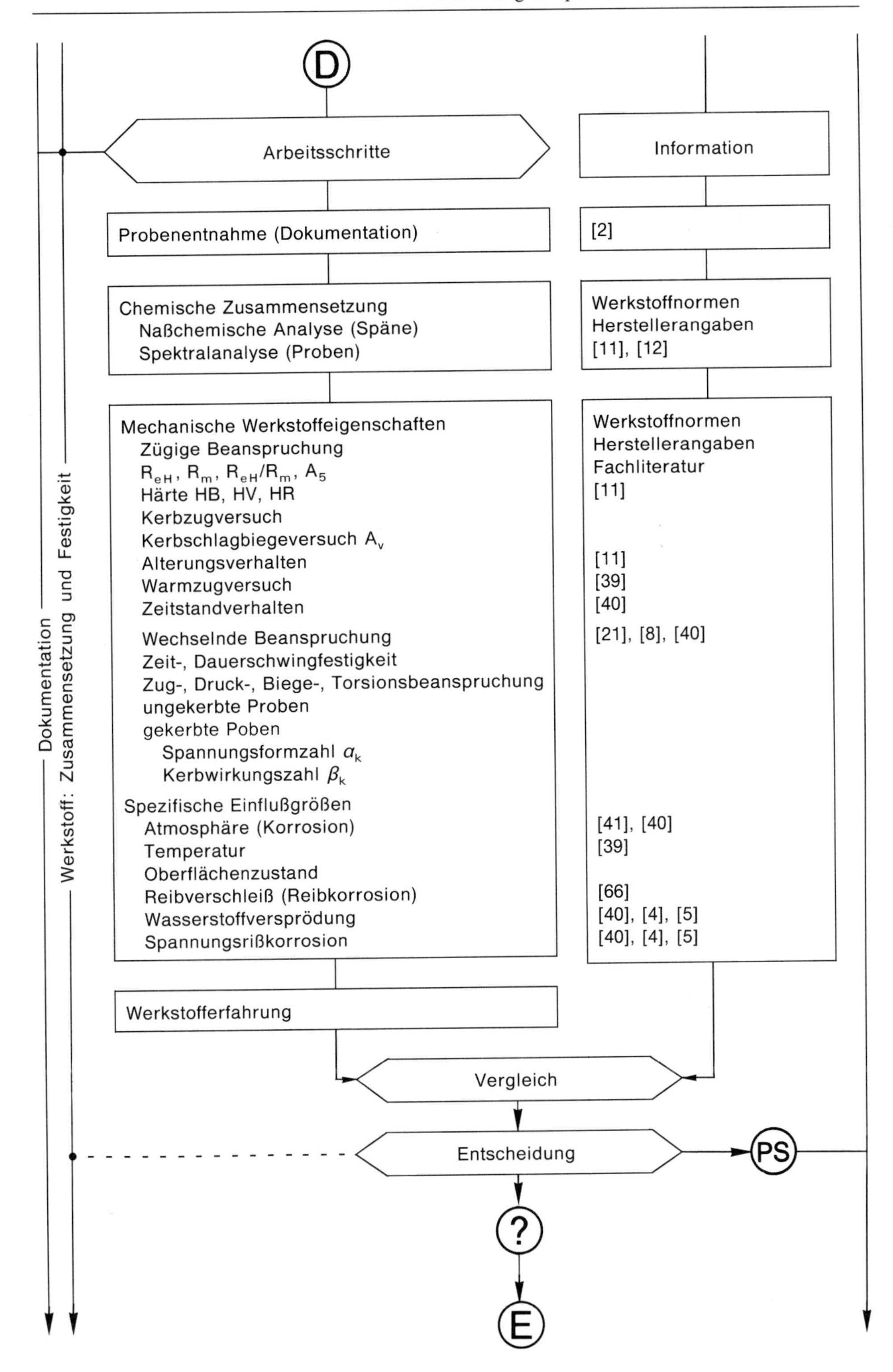
D
Arbeitsschritte
Information
Probenentnahme (Dokumentation)
[2]
Chemische Zusammensetzung
Naßchemische Analyse (Späne)
Spektralanalyse (Proben)
Werkstoffnormen
Herstellerangaben
[11], [12]
Mechanische Werkstoffeigenschaften
Zügige Beanspruchung
R_{eH}, R_m, R_{eH}/R_m, A_5
Härte HB, HV, HR
Kerbzugversuch
Kerbschlagbiegeversuch A_v
Alterungsverhalten
Warmzugversuch
Zeitstandverhalten
Wechselnde Beanspruchung
Zeit-, Dauerschwingfestigkeit
Zug-, Druck-, Biege-, Torsionsbeanspruchung
ungekerbte Proben
gekerbte Poben
Spannungsformzahl α_k
Kerbwirkungszahl β_k
Spezifische Einflußgrößen
Atmosphäre (Korrosion)
Temperatur
Oberflächenzustand
Reibverschleiß (Reibkorrosion)
Wasserstoffversprödung
Spannungsrißkorrosion
Werkstoffnormen
Herstellerangaben
Fachliteratur
[11]
[11]
[39]
[40]
[21], [8], [40]
[41], [40]
[39]
[66]
[40], [4], [5]
[40], [4], [5]
Werkstofferfahrung
Vergleich
Entscheidung
PS
?
E
Dokumentation
Werkstoff: Zusammensetzung und Festigkeit

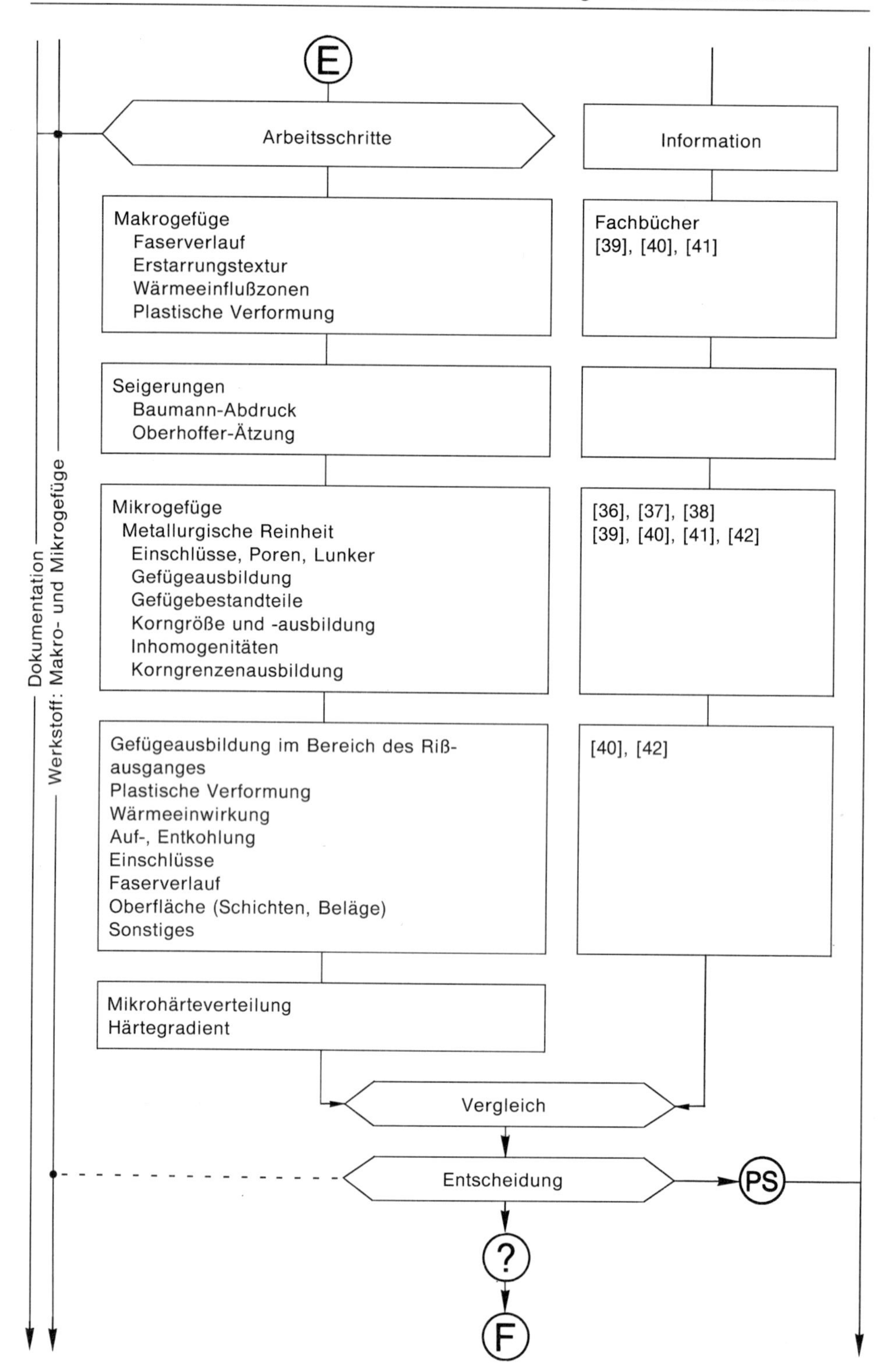
E
Arbeitsschritte
Information
Makrogefüge
Faserverlauf
Erstarrungstextur
Wärmeeinflußzonen
Plastische Verformung
Fachbücher
[39], [40], [41]
Seigerungen
Baumann-Abdruck
Oberhoffer-Ätzung
Mikrogefüge
Metallurgische Reinheit
Einschlüsse, Poren, Lunker
Gefügeausbildung
Gefügebestandteile
Korngröße und -ausbildung
Inhomogenitäten
Korngrenzenausbildung
[36], [37], [38]
[39], [40], [41], [42]
Gefügeausbildung im Bereich des Rißausganges
Plastische Verformung
Wärmeeinwirkung
Auf-, Entkohlung
Einschlüsse
Faserverlauf
Oberfläche (Schichten, Beläge)
Sonstiges
[40], [42]
Mikrohärteverteilung
Härtegradient
Vergleich
Entscheidung
PS
?
F
Dokumentation
Werkstoff: Makro- und Mikrogefüge

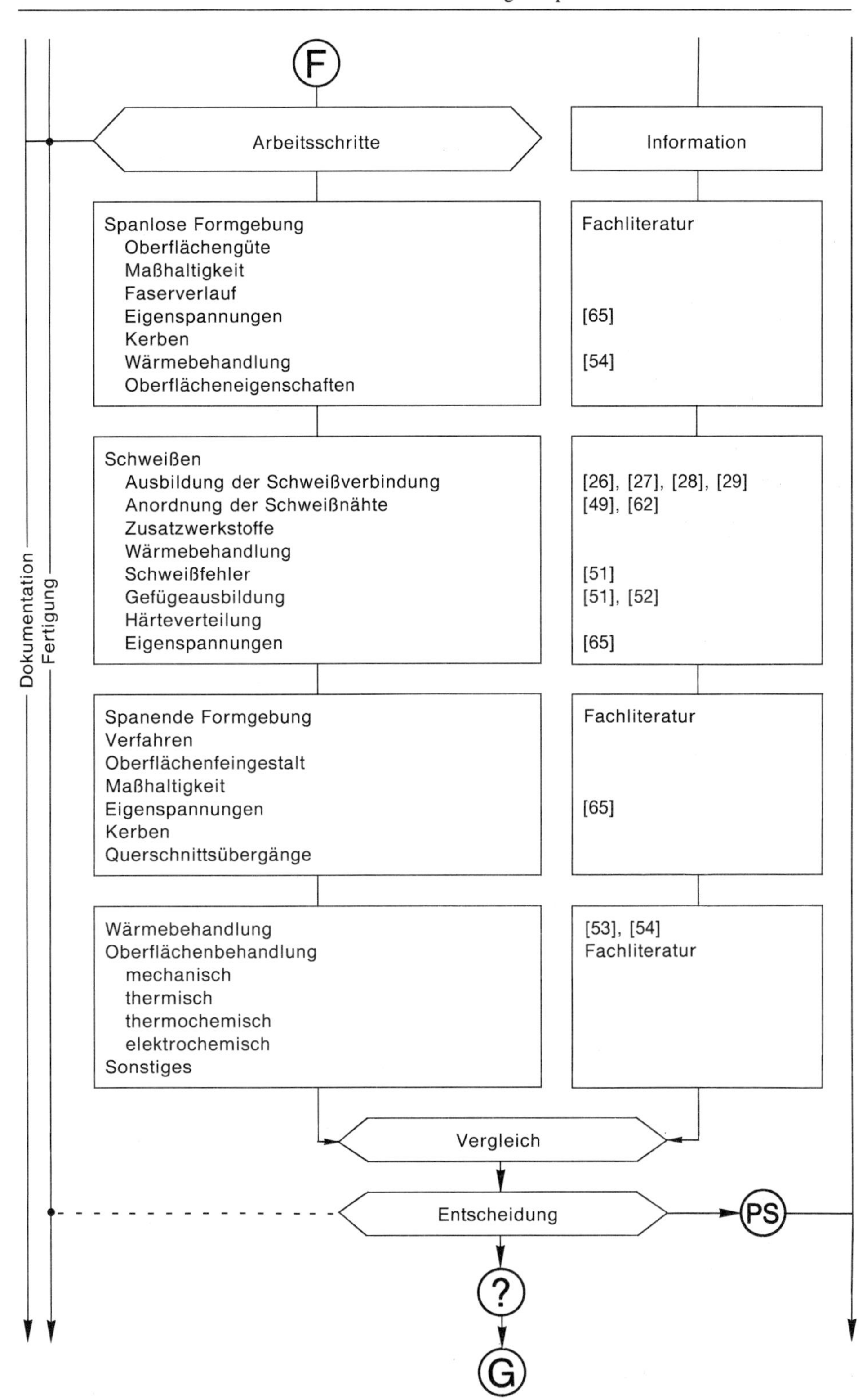
F
Arbeitsschritte
Information
Spanlose Formgebung
Oberflächengüte
Maßhaltigkeit
Faserverlauf
Eigenspannungen
Kerben
Wärmebehandlung
Oberflächeneigenschaften
Fachliteratur
[65]
[54]
Schweißen
Ausbildung der Schweißverbindung
Anordnung der Schweißnähte
Zusatzwerkstoffe
Wärmebehandlung
Schweißfehler
Gefügeausbildung
Härteverteilung
Eigenspannungen
[26], [27], [28], [29]
[49], [62]
[51]
[51], [52]
[65]
Spanende Formgebung
Verfahren
Oberflächenfeingestalt
Maßhaltigkeit
Eigenspannungen
Kerben
Querschnittsübergänge
Fachliteratur
[65]
Wärmebehandlung
Oberflächenbehandlung
mechanisch
thermisch
thermochemisch
elektrochemisch
Sonstiges
[53], [54]
Fachliteratur
Vergleich
Entscheidung
PS
?
G
Dokumentation
Fertigung

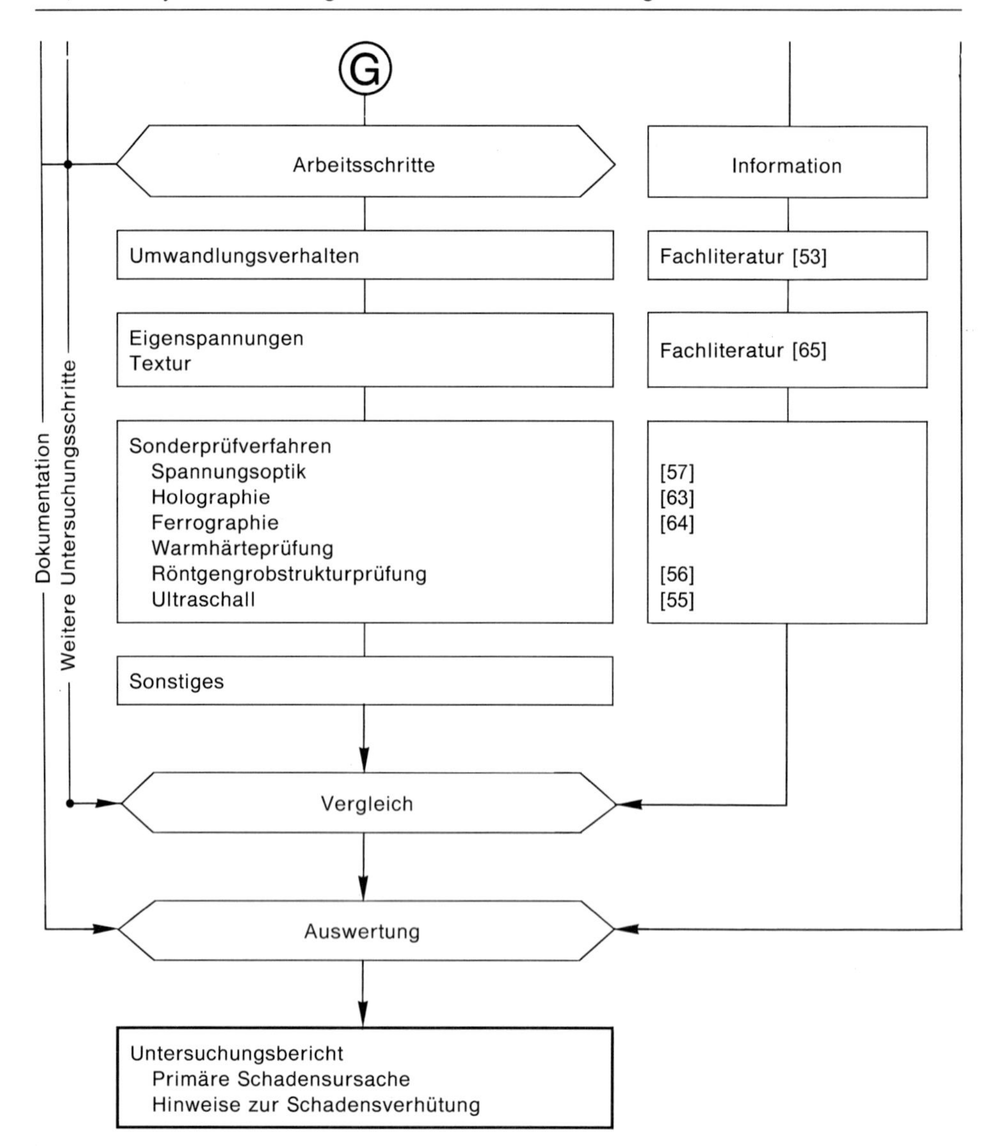

Bild 12–2: Darstellung der Vorgehensweise bei der Schadensuntersuchung in systematischer Aufgliederung der Entscheidungsschritte und in methodisch folgerichtig abgestimmten Bearbeitungsschritten

Literatur Kapitel 12

[1] VDI 3822, Blatt 1: Schadensanalyse; Grundlagen, Begriffe und Definitionen. Ablauf einer Schadensanalyse. VDI-Verlag, Düsseldorf 1980
[2] Allianz-Merkblatt Nr. 6, Ausgabe 1970. Entnahme, Kennzeichnung, Behandlung und Versand von Untersuchungsstücken. Redaktion der Zeitschrift „Der Maschinenschaden“, München
[3] *Pohl, E. J.:* Das Gesicht des Bruches, Bd. I/II u. III. Allianz Versicherungs-AG, München und Berlin 1956 (B)
[4] Zeitschrift „Der Maschinenschaden“: Schadenforschung und Schadenverhütung bei technischen Anlagen. Allianz Versicherungs-AG, Berlin und München
[5] Allianz: Handbuch der Schadenverhütung. 2. Aufl. Allianz Versicherungs-AG, München und Berlin 1976 (B)
[6] *Naumann, F. K.:* Das Buch der Schadensfälle. Dr. Riederer-Verlag, Stuttgart 1976 (B)
[7] *Lange, G.:* Systematische Beurteilung technischer Schadensfälle. Deutsche Gesellschaft für Metallkunde, Oberursel 1983 (B)
[8] *Tauscher, H.:* Dauerfestigkeit von Stahl und Gußeisen. VEB Fachbuchverlag, Leipzig 1969 (B)
[9] VDI 3822, Blatt 2: Schadensanalyse; Schäden durch mechanische Beanspruchungen. VDI-Verlag, Düsseldorf 1980
[10] VDI 3822, Blatt 6: Erfassung und Auswertung von Schadensanalysen. VDI-Verlag GmbH, Düsseldorf 1981
[11] *Daeves, K.:* Werkstoff-Handbuch Stahl und Eisen, 4. Aufl. Verlag Stahleisen mbH, Düsseldorf 1965 (B)
[12] Stahlschlüssel. 12. Aufl., Verlag Stahlschlüssel Wegst GmbH & Co., Marbach 1980 (B)
[13] Deutsche Gesellschaft für Metallkunde: Werkstoffhandbuch Nichteisenmetalle, Teil I bis IV. VDI-Verlag, Düsseldorf 1960 (B)
[14] *Leipholz, H.:* Festigkeitslehre für den Konstrukteur. Springer-Verlag 1969 (B)
[15] *Wellinger, K., Dietmann, H.:* Festigkeitsberechnung. Alfred Kröner Verlag, Stuttgart 1967 (B)
[16] *Tochtermann, W., Bodenstein, F.:* Konstruktionselemente des Maschinenbaues, Teil 1, 9. Aufl. Springer-Verlag 1979 (B)
[17] *Koller, R.:* Konstruktionsmethode für den Maschinen-, Geräte- und Apparatebau. Springer-Verlag 1976 (B)
[18] VDI 2230: Systematische Berechnung betriebsbeanspruchter Schraubenverbindungen. Beuth Verlag, Berlin und Köln
[19] VDEh: Leitfaden für eine Betriebsfestigkeitsrechnung. Bericht der Arbeitsgemeinschaft Betriebsfestigkeit (VDEh, Bericht Nr. ABF 01)
[20] *Pahl, G., Beitz, W.:* Konstruktionslehre. Springer-Verlag 1976 (B)
[21] *Hertel, H.:* Ermüdungsfestigkeit der Konstruktionen. Springer-Verlag 1969 (B)
[22] *Wiegand, H., Illgner, K.-H.:* Berechnung und Gestaltung von Schraubenverbindungen. Springer-Verlag 1962 (B)
[23] N. N.: Verschleißschutz durch Oberflächenschichten. VDI-Berichte 333, VDI-Verlag, Düsseldorf 1979 (B)
[24] *Decker, K.-H.:* Verbindungselemente. Gestaltung und Bezeichnung. Carl Hanser Verlag, München Wien 1963 (B)
[25] *Steinhilper, W., Röper, R.:* Maschinen- und Konstruktionselemente, Bd. 1. Grundlagen der Berechnung und Gestaltung. Springer-Verlag 1982 (B)
[26] *Ruge, J.:* Handbuch der Schweißtechnik. 2. Aufl. 1980, Bd. 1: Werkstoffe. Bd. 2: Verfahren und Fertigung. Bd. 3: Berechnen und Gestalten von Schweißkonstruktionen. Springer-Verlag (B)
[27] *Wirtz, H.:* Das Verhalten der Stähle beim Schweißen. Tl. 1: Grundlagen, 2. Aufl. 1983. Tl. 2: Anwendung, 2. Aufl., Deutscher Verlag für Schweißtechnik, Düsseldorf 1977 (B)

[28] *Radaj, D.:* Festigkeitsnachweise. Tl. I: Grundverfahren, Nennspannungsnachweis, Sprödbruch, Ermüdungsbruch, Kaltriß, Heißriß, Eigenspannung, Fehlerprüfverfahren, Traglastversuch. Tl. II: Sonderverfahren. Finite-Element-Verfahren, Bruchmechanik, Traglastverfahren, Kerbspannungsnachweis, Bauteilmessung. Deutscher Verlag für Schweißtechnik, Düsseldorf 1974 (B)

[29] *Malisius, R.:* Schrumpfungen, Spannungen und Risse beim Schweißen. Deutscher Verlag für Schweißtechnik, Düsseldorf 1967 (B)

[30] *Lang, O. R., Steinhilper, W.:* Das Gleitlager. Springer-Verlag 1978 (B)

[31] *Vogelpohl, G.:* Betriebssichere Gleitlager. Bd. I: Grundlagen und Rechnungsgang, 2. Aufl., Bd. 2: Ergänzungen und Sonderprobleme. Springer-Verlag 1967 (B)

[32] *Eschmann, P., Hasbargen, L., Weigand, K.:* Die Wälzlagerpraxis. 2. Aufl., Verlag R. Oldenbourg, München 1978 (B)

[33] *Bartz, W. J. u. a.:* Schäden an geschmierten Maschinenelementen; Gleitlager, Wälzlager, Zahnräder. expert-Verlag, Grafenau 1979 (B)

[34] DIN 31 661: Gleitlager; Begriffe; Merkmale und Ursachen von Veränderungen und Schäden. Beuth Verlag, Berlin

[35] DIN 622: Tragfähigkeit von Wälzlagern. Begriffe, Tragzahlen, Berechnung der äquivalenten Belastung und Lebensdauer. Beuth Verlag GmbH, Berlin

[36] *Czichos, H. u. a.:* Reibung und Verschleiß von Werkstoffen, Bauteilen und Konstruktionen. expert-Verlag, Grafenau 1982 (B)

[37] *Seefluth, R.:* Dauerfestigkeitsuntersuchungen an Wellen-Naben-Verbindungen. Dissertation Berlin, 1970, Fakultät für Maschinenwesen

[38] *Hänchen, R., Decker, K.-H.:* Neue Festigkeitsberechnung für den Maschinenbau. 3. Aufl., Carl Hanser Verlag, München 1967 (B)

[39] VDI 3822, Blatt 4: Schadensanalyse; Schaden durch thermische Beanspruchungen. Beuth Verlag, Berlin

[40] Allianz: Bruchuntersuchungen und Schadenklärung. Allianz Versicherungs-AG, München und Berlin 1976 (B)

[41] VDI 3822, Blatt 3: Schadensanalyse; Schäden und Korrosion in wäßrigen Medien. Beuth Verlag, Berlin

[42] Autorenkollektiv der Stahlberatungsstelle Freiberg: Stahlfehleratlas. VEB Deutscher Verlag für Grundstoffindustrie, Leipzig 1971 (B)

[43] *Schumann, H.:* Metallographie. VEB Deutscher Verlag für Grundstoffindustrie, Leipzig 1969 (B)

[44] *Kauczor, E.:* Metall unter dem Mikroskop. Springer-Verlag 1974 (B)

[45] *Kauczor, E.:* Metallographie in der Schadenuntersuchung. Springer-Verlag 1979 (B)

[46] *Henry, G., Hrostmann, D.:* De Ferri Metallographia. Verlag Stahleisen GmbH, Düsseldorf 1979 (B)

[47] *Mitsche, R., Maurer, K. L., Schäffer, H.:* Stahlgefüge im Licht- und Elektronenmikroskop, Radex-Rundschau (1974) H. 2, S. 68–107

[48] *Mitsche, R., Jeglitsch, F., Scheidl, H., Stanzl, St., Pfefferkorn, G.:* Anwendung des Rasterelektronenmikroskops bei Eisen- und Stahlwerkstoffen. Radex-Rundschau (1978) H. 3/4, S. 571–890

[49] *N. N.:* Werkstoffbeeinflussung durch die Weiterverarbeitung. VDI-Berichte 256, VDI-Verlag, Düsseldorf 1976

[50] *Horn, V.:* Schweißtechnischer Gefügeatlas. Deutscher Verlag für Schweißtechnik (DVS), Düsseldorf 1974 (B)

[51] Fehler im Schweißgut. Deutscher Verlag für Schweißtechnik (DVS), Düsseldorf 1962 (B)

[52] *Ladien, U., Müller, M., Schulze, G., Teske, K.:* DVS Gefügerichtreihe Stahl. Deutscher Verlag für Schweißtechnik (DVS) GmbH, Düsseldorf 1979 (B)

[53] *Rose, A., Wever, F.:* Atlas zur Wärmebehandlung für Stähle. Teil 1. Verlag Stahleisen mbH, Düsseldorf 1961 (B)
[54] *Eckstein, H.-J.:* Technologie der Wärmebehandlung von Stahl. VEB Deutscher Verlag für Grundstoffindustrie, Leipzig 1976 (B)
[55] *Krautkrämer, J. u. H.:* Werkstoffprüfung mit Ultraschall, 4. Aufl., Springer-Verlag 1980 (B)
[56] *Glocker, R.:* Materialprüfung mit Röntgenstrahlen unter besonderer Berücksichtigung der Röntgenmetallkunde, 5. Aufl., Springer-Verlag 1971 (B)
[57] *Föppl, L., Münch, E.:* Praktische Spannungsoptik, 3. Aufl., Springer-Verlag 1972 (B)
[58] *Thielsch, H.:* Fehler und Schäden an Druckbehältern und Rohrleitungen. Vulkan-Verlag Dr. W. Classen, Essen 1967 (B)
[59] VDI 2227: Festigkeit bei wiederholter Beanspruchung, Zeit- und Dauerfestigkeit metallischer Werkstoffe, insbesondere Stählen. VDI-Verlag, Düsseldorf 1974
[60] *Benninghoff, H.:* Wärmebehandlung der Bau- und Werkzeugstähle. 3. Aufl., BAZ Bachverlag, Basel 1978 (B)
[61] *Neumann, A.:* Probleme der Dauerfestigkeit von Schweißverbindungen. VEB Verlag Technik, Berlin 1960 (B)
[62] *Meves, W.:* Kleine Schweißkunde für Maschinenbauer. VDI-Verlag, Düsseldorf 1978 (B)
[63] *Neumann, W.:* Zerstörungsfreie Werkstoffprüfung mittels holographischer Interferometrie. Forschungsberichte des Landes NW, Nr. 2619
[64] *Westcott, V. C., Scott, D.:* Verfahren der ferrographischen Analyse. Schmiertechnik + Tribologie 25 (1978) H. 4, S. 127–132
[65] *Hauk, V., Macherauch, E.:* Eigenspannungen und Lastspannungen. Moderne Ermittlung – Ergebnisse – Bewertung. Carl Hanser Verlag München Wien 1982
[66] *Kreitner, Ludwig:* Die Auswirkung von Reibkorrosion und von Reibdauerbeanspruchung auf die Dauerhaltbarkeit zusammengesetzter Maschinenteile. Diss. TH Darmstadt 1976

Sachwortverzeichnis

Abblätterung 392
Abdruckverfahren 81
Abgleitungen 107 ff., 130
Abkühlen 272
Abrasion 326, 371, 420
Abzugsgeschwindigkeit 35
Adhäsion 326, 371
Ätzverfahren 81
Aktivzeit 19
Alterung 160 f., 289
Analyseverfahren 85
Anlassen 273
Anriß (s. Riß)
Aufhärtung (s. Härtung)
Auftragsschweißung 304
Ausfälle 22, 30
Ausfall-
  rate 22
  steilheit 22 f.
  verhalten 21
  verteilung 27
  wahrscheinlichkeit 12 f., 18, 21 ff., 27, 61
Ausgleichsgerade 23, 41
Auslastung 29
Ausscheidungen 129, 132
Ausschuß 29
Auswertung, statistische 30
Bauteil-
  abnahme 11
  prüfung 23
Beanspruchung 197, 409
  dehnwechselnd 187 ff.
  ruhend 67, 181
  schlagartig 62, 180 f.
  schwingend 36, 177 ff.
  thermisch 181
  tribologisch 325
  wechselnd 95
  zeitlich veränderlich 185 ff.
  zügig 35, 95, 171 ff.
Beanspruchungs-
  art 35, 43
  geschwindigkeit 98
  kollektiv 43, 53 ff., 331
  merkmal 53
  schrieb 51
  verlauf 54
  zeitfunktion 48 ff., 58
Bearbeitung, spanende 254
Beizprobe 74
Belastbarkeit 16 f.
Belastung
  deterministisch 33 f., 50 f.
  stochastisch 33 f., 50 f.
Belastungs-
  art 29, 34
  bereich 51
  ermittlung 196
  folge 44 f., 56
  kollektiv 53 ff.
Bemessungsmethode 37
Betrachtungsmethoden 5
Betriebs-
  beanspruchung 19 f., 29, 33, 37, 42
  bedingungen 29
  belastung 37, 47
  einflüsse 197, 447
  fehler 8
  festigkeit 17, 37, 47, 57
  funktion 8
  last 17
  schwingversuch 47 ff.
  temperatur 8, 181
  untersuchungen 29 f.
  verhalten 30
Blockprogrammversuch 45, 55 f.
Borkenkäfer 424
Bruch 95 ff.
  Dauer(schwing)- 95, 131, 412 ff.
  duktil 107 ff
  Gewalt- 95 ff
  makroskopisch 111, 143
  mikroskopisch 103, 142
  Misch- 102
  Normalspannungs- 102
  Rest- 137 f.
  Schubspannungs- 107 f.
  Schwing- 125 f.
  Spalt- 103
  Spröd 3 f., 62, 66, 97 ff., 103
  Verformungs- 62, 66, 100, 107
  Zeitstand- 95, 122 ff.
Bruch-
  ausbildung 103, 110 f, 143 ff.
  aussehen 95
  dehnung 97

Bruch-
  einschnürung 97, 102
  entstehung 95, 131
  festigkeit 95
  flächentopographie 136
  front 137
  mechanik 65
  mechanismus 10
  riefen 136
  schwingspielzahl 36, 38, 44
  Verhältnis 41
  verhalten 4, 62
  versagen 12
  wahrscheinlichkeit 38 f.
  zähigkeit 66 f.

Chemische Elemente, Nachweis 85 f.

Datenbank 20
Dauer- (s. auch Schwing-)
  bruchfläche 144 f.
  haltbarkeit 231 f.
  schwingbeanspruchung 16
  schwingfestigkeit 34
  standfestigkeit 68
Debye-Scherrer-Verfahren 87
Dehngeschwindigkeit 35, 173 f.
Dehnungs-
  behinderung 24
  meßstreifen 49 f.
Dehnwechselbeanspruchung 187 ff.
Deterministische Belastung 33 f, 50
Dichtefunktion 22 f.
Dopplung 158, 289
Duktilität 102, 107 ff.
Dynamische Tragzahl 27

Eigenschwingungen 196
Eigenspannungen 50, 86, 214 ff., 255, 269, 273, 287, 295, 314
Eigenspannungsermittlung 86
Einheitskollektiv 55
Einsatzzeit 10
Einschlüsse 16, 101, 132, 155 f., 178, 289
Einschnürbereich 102
Einschnürung 102, 132
Einstufen-Dauerschwingbeanspruchung 35, 44
Einwirkungsfaktoren 29
Elastizitätsgrenze 11
Elastizitätsmodul 141
Elektrodenzündstellen 313 ff.
Elektronenmikroskop 83 ff.
Entfestigung 128 ff.
Entlastungskerben 211, 221
Entwicklung 6
Erlebenswahrscheinlichkeit 28 f.
Erlebenswahrscheinlichkeitsbeiwert 28
Ermüdung 24, 125 ff., 132, 439 ff.
Ermüdungs-
  belastung 44
  bruchfläche 136
  erscheinungen 24 ff.
  gleitbänder 121 ff., 130 f.
  laufzeit 24 ff.
  phase 25 f.
  prozeß 177
  schäden 25 f.
  verhalten 25 f.
Erosion 425
Erprobungsprogramm 30
Erschütterungen 439
Erwärmen 271
Exponentialverteilung 23
Extrusion 129 ff.

Fail-safe-Bauweise 137
Farbeindringverfahren 74
Faserstruktur 16, 159
Fehler
  Makro- 16
  Mikro- 16, 24
  -erkennung 9, 300
  -quellen 8
  -ursachen 8, 296
Feinkornbaustähle 290
Fertigungstechnische Maßnahmen 214 f.
Festigkeit 11
  theoretische 99
Festigkeits-
  berechnung 11
  bereiche 61
  eigenschaften 18
  kennwerte 33
  nachweis 198
Fließen 97, 100, 171
Fließ-
  behinderung 97
  kurven 2
  muster 105
Flockenrisse 162, 357
Folge-
  kosten 4, 29
  schaden 29
Formänderungsvermögen 18, 34, 160
Formparameter 22 f.

Formzahl 201
French-Verfahren 38
Fressen 393ff.
Frühausfälle 22, 30

Gamma-Strahlen 80
Gasblasen 24, 155f.
Gauß'sche Normalverteilung 12, 17
Gefüge-
  änderung 184
  aufbau 96
  ausbildung 82, 292ff.
  bestandteile 82
  fehler 159
  inhomogenität 16f. 135, 160
  zustand 73
Gesamtsicherheitsbeiwert 11
Gestaltänderungsenergiehypothese 97, 216
Gestaltfestigkeit 211
Gewaltbruch 26, 95f., 111, 388f.
Gitter-
  baufehler 24, 84
  störstellen 162
Gleit-
  bänder 99, 126f., 132
  bandrisse 134
  bruch 96, 112
  ebene 99, 127, 133f.
  lager 323, 419ff.
  linie 34, 127ff.
  vorgänge 107, 123
  widerstand 98
Glockenkurve 13
Glühdauer 183
Glühen 294
Graphische Darstellung 19
Grenz-
  schwingspielzahl 36, 37, 38 f.
  spannung 11
Größeneinfluß 12, 212
Großzahl-
  prüfung 26
  versuch 16
Grübchen 25f., 109, 389ff.

Härterisse 281f
Härtung 218ff., 270ff., 288, 295, 314
Härtungsgefüge 289
Häufigkeit 23
Häufigkeitsverteilung 13ff
Haltedauer 272
Heißlaufen 438
Hydridbildung 162
Hypothese
  Corten-Dolan 46f
  Gestaltänderungsenergie- 97
  Neumann 133f
  Palmgren-Miner 44ff.
  Wood 132f.
  Zeitstandbeanspruchungs- 186
Hysterese-
  schleife 34, 128, 188f.
  versuch 127f.

Impulsechoverfahren 74
Inhomogenität 16f., 26
Instand-
  haltung 9, 449
  setzungskosten 4
Interferenz 86
Intrusion 129ff.

Kaltriß 294f., 289
Kaltumformung 253
Kapillarverfahren 74
Kavitation 425ff.
Kerb-
  empfindlichkeit 11, 18, 160, 178, 200ff.
  entfestigung 173
  spannung 144, 288, 348
  verfestigung 173
  wirkung 196, 200, 221f., 410
  wirkungszahl 204ff.
  zugfestigkeit 98, 171ff.
Kerbschlagbiegeversuch 62ff., 73
  Arbeit 62
  Kraft-Zeit-Verlauf 63
  Probenform 64
  Prüfmethode 62
Klassen-
  grenzen 51
  häufigkeit 53
Knickspannung 11
Kohlenstofflöslichkeit 290
Kollektiv 26
  -form 54
  -umfang 54f.
Kompromißlösung 5
Konstruktion, schweißgerechte 287f.
Konstruktions-
  einfluß 20, 193
  fehler 195
  werkstoffe 170ff., 185
Kontrast 82

Korn-
feinung 179
flächen 82
flächenätzung 82
Korngrenzen 82, 96f.
Großwinkel- 99
Kleinwinkel- 99
Korngrenzen-
ätzung 82
bruch 124
gleiten 124
poren 123
Korrosion 181, 343, 371, 428, 436
Flächen- 347f.
interkristalline 87ff.
Kontakt- 354f.
Loch(fraß)- 348ff.
Schwingungsriß- 258ff.
Spalt- 351ff.
Spannungsriß- 87f., 355ff.
Stillstands- 20, 396
Korrosions-
arten 347
prüfung 87ff.
vorgänge 343
Kraftfluß 207, 221f., 287, 410
Kraft-Verformungs-Schaubild 63
Kriech-
geschwindigkeit 122f.
kurven 122f.
verhalten 182
vorgänge 122f.
widerstand 182
Kristall 86
Kurbelwelle 409ff.

Laborproben 23f.
Lagerbelastung (Wälzlager) 27
Lagerkollektiv 27
Langzeitversuch 68
Larson-Miller-Parameter 72
Last-Zeit-Funktion 33f., 51, 58
Laufzeit 26ff.
Lebensdauer 10f., 19f., 27ff., 34ff., 42, 68, 207ff., 229f., 447
charakteristische 23
modifizierte 28f.
nominelle 28
Rest- 72
Lebensdauer-
abschätzung 45
ermittlung 21f.
funktion 43
gleichung 27f.
linien 61
netz 23
variable 21f.
Leerstellen 96, 132, 184
-diffusion 123
Leichtbau 10, 12, 18, 34, 37, 42f., 48, 137
Leistungs-
gewicht 35
verlust 35
Lichtemissions-Spektroskopie 85
Lichtmikroskop 82
Lötverbindung 308
Lognormalverteilung 21
Lokalelementbildung 345
Lotbrüchigkeit 309
Lunker 154, 289
Faden- 154
Mikro- 155
Primär- 154
Sekundär 154

Magnetpulverprüfung 76
Werkstoffbeeinflussung durch 317f.
Makroskopische Untersuchung 81
Martensit 270, 273, 292
Mehrstufenversuch 55f.
Merkmalausprägung 15
Metallographische Untersuchungsmethoden 81
Metallurgische Reinheit 82
Mikrorisse 34, 134 (s. auch Risse)
Mikroskopie 82ff.
Mikroskopische Bruchausbildung 103f., 142f.
Mikrostruktur 16 (s. auch Gefüge)
Mischbruch 102
Mischreibung 422
Modellversuch 19
Montagefehler 29

Näherungsverfahren 41
Nennspannung 201
Normalspannungsbruch 102
Normalspannungshypothese 216
Normalverteilung 12ff., 21ff., 38, 45, 54
logarithmische 21ff.
Standard- 14ff.
Nutzungszeit 52

Oberflächen-
behandlung 337ff.

güte 23, 214, 255
risse 393
rißprüfung 74ff.
struktur 34, 143
zerrüttung 327, 334, 371, 424
Ölkochprobe 74
Oxide 154ff., 159

Palmgren-Miner-Hypothese 44
-Aussagefähigkeit 44
-Modifikation 45f.
Passungsrost 371
Phasengrenze 99, 132
Physikalische Analyseverfahren 85
Piezoelektrischer Effekt 74
Pitting 26
Planungsfehler 195
Poren 24, 100f., 107, 155f., 289, 304f.
-bildung 101f., 108
Probengeometrie 34, 138
Produktfehler *8*, 193
Prognostik *5*
Prototyp 18f., 29, 48
Prüf-
bedingungen 26
frequenz 57
standuntersuchungen 18, 24ff.
verfahren 35, 74ff.
p-Wert-Kollektiv 55

Qualitätssicherung *9*
Querschnittseinfluß 12
Querschnittsübergänge 200ff., 270
q-Wert-Kollektiv 35

Randentkohlung/-aufkohlung 274ff.
Randlochkarte 20
Randomversuch 48, 58
Rasterelektronenmikroskop 83
Rastlinien 144
Reckalterung 160
Regressionsrechnung 40
Reibrost, -korrosion 395, 429
Reibung 320, 371
Bohr- 321
Festkörper- 321, 323
Flüssigkeits- 321f.
Gas- 322
Gleit- 321
Grenz- 321, 323
Misch- 322f.
Roll- 321
Wälz- 321
Reibrost, -korrosion 372, 395, 429
Reibungs-
arten 321
koeffizient 322f.
minderung 323, 337
prüfmethoden 335ff.
Reißlackverfahren 48f.
Relaxation 182
Reparatur 29
-kosten *4*
Reservezeit 19
Restbruch(anteil) 137, 143f.
Restlebensdauer 72f.
Restspannungen 254
Riß
interkristallin 356
Korngrenzen- 134
Primär- 102
transkristallin 99, 356
Riß-
ausbreitung 10, 66, 100ff., 134, 140ff.
ausbreitungsgeschwindigkeit 34, 135ff., 144
(ausbreitungs)modell 136
bildung 25, 95, 177, 273f., 355f.
entstehung 43f., 99ff., 132
erweiterungskraft 100
fortschrittsphase 43f., 365
keim 132
länge 138
prüfung 317
spitze 95, 139
verlängerung 100
wachstum 95
zähigkeit *4*, 10, 65
Röntgen-
beugung 86
feinstruktur-Analyse 86f.
prüfung 78
spektroskopie 86
Rosettenbruch 106
Rotbruch 289

Sättigung 128ff.
Schadens-
akkumulation 42ff., 189f.
akkumulationshypothese 42ff.
analyse 467
forschung *4*
früherkennung 442
kriterien 34

Schadens-
  kunde 2f.
  linie 37f.
  summe 45
  untersuchung 467
  ursachen *8*
  verhütung *9*, 448
Schädigungsablauf 43
Schärfentiefe 82f.
Schiebungsbruch 96
Schmierung 322f., 435
Schraubverbindung 221ff.
Schubspannungsbruch 108 (s. auch Bruch)
Schubspannungshypothese 216
Schwachstelle 449
Schweiß-
  eignung 288f.
  sicherheit 294
Schweißverbindung 287
  ferritischer Stahl 288f.
  ferritischer/austenitischer Stahl 290f
Schwindung 154
Schwing-
  breite 139f.
  bruch 125ff., 132, 143, 389 (s. auch Bruch)
  festigkeit 34, 177, 213, 228, 313, 315
  spielzahl 36
Schwingungen 29
Schwingungsstreifen 137, 141f., 144
Schwingungsverschleiß 371ff., 382, 429
Seigerung 16, 24, 26, 82, 96, 157, 178, 241f., 289
  Block- 158
  Gasblasen- 158
  Kristall- 157, 294
  Schwere- 157
Sicherheit *1*, 9, 13, 33
Sicherheits-
  beiwert *3*, 11ff., 17
  forderung 40
Silikate 156, 159
Spalt-
  barkeit 103
  bruch 103ff.
  bruchflächen 105f.
  fächer 106
Spanende Bearbeitung 254
Spannungs-
  amplitude 12
  armglühen 294
  ausschlag 34f.
  -Dehnungs-Kurve 2 (s. auch Fließkurve)
  feld 139
  formzahl 97, 171ff.
  gradient 50, 200, 213
  horizont 38ff.
  hypothesen 216
  intensitätsfaktor 65f., 139f.
  konzentration 59, 99, 134, 223
  rißkorrosion 87, 291
  spitzen 132, 270
  trajektorien 59
  versprödung 66
  zustand (ein-, mehrachsig) 3, 24, 35, 171f., 181, 200
Speckschicht 242
Spektralanalyse 85
Spitzenbelastung 37
Sprödbruch 4, 62ff., 96ff., 103ff., 173, 181, 289
Standardabweichung 12ff.
Standversuch 67ff.
Stapelfehler 96
Statistik 12f., 19f.
Steifigkeit 211
Stichprobe 22
Stichprobenumfang 14
Stillstandserschütterung 439
Stochastische Belastung 33f., 55
Streckgrenze 2f., 11, 98
Streckgrenzenverhältnis 4
Streuband 12ff.
  -auswertung 71
Streubereich 16f., 26
Streuung 16ff., 24, 195
Stribeck-Kurve 322
Stromübergang 315f., 396, 439
Sulfide 155, 159, 289
Summen-
  gerade 15
  häufigkeitskurve 18, 54ff.
Systemanalyse 329ff.
Systemtechnik 5

Teil-
  folgen 56
  schädigung 43f.
Temperatur
  kritische 175f.
  -profil 19, 271f.
  -wechsel 20
Terrassenbruch 289
Teststrecke 30
Textur 24

Thermoschockbeanspruchung 190
Toleranz 29
Tragfähigkeit 197, 228
Trainiereffekt 56
Transmissionselektronenmikroskop 83f.
Trendextrapolation 5
Trenn-
  bruch 96ff., 110
  festigkeit 97ff.
Treppen-
  kurve 54
  stufenverfahren 41f.
Tribologische Kenngrößen 333f.
Tribooxidation 327, 371, 428
Tribosystem 330ff.
Tripelpunkt 123, 134
Turbinen-
  blockleistung 6
  Gaseintrittstemperatur 6
  schaufelkühlung 6

Überlastsicherung 196
Überlebenswahrscheinlichkeit 21, 38f.
Überwachung 430
Ultraschallprüfverfahren 74
Umgebungseinfluß 34
Umweltschutz 9
Unsicherheitsfaktoren 11
Untersuchungsmethoden 33, 81

Verfestigung 123, 125ff., 220
  Wechsel- 126ff.
Verformung, plastische 99f., 126ff.
Verformungs-
  alterung 160
  bruch 62, 96f., 100ff., 107ff.
  geschwindigkeit 97f.
  gradient 50
  kennwerte 333
Vergleichsspannung 97f., 216f., 321
Versagenskriterien 12
Verschleiß- 321f., 325f., 371, 395
  arten 326
  ausfälle 22, 30
  erscheinungsformen 326
  mechanismen 326
  meßgrößen 326
  minderung 337
  prüfmethoden 335
Versetzungen 24, 96, 99
Versetzungs-
  bewegung 99f.
  quelle 99
  stränge 129
  struktur 128
  verteilung 129
  wanderung 129
Versprödung 181
Versuchs-
  ergebnisse 59
  serie 26
  technik 34
Verteilungsfunktion 18f.
Verunreinigungen 24, 26, 29, 101, 108
Vorgehensweise 467ff.
Vorwärmen 292

Waben 107ff., 143
Wälzlager 24ff., 431
  -prüfung 24
Wälzverschleiß 395
Wärmebehandlung 218ff., 269ff., 292ff.
Wärmespannung 19
Wahrscheinlichkeit 15
Wahrscheinlichkeits-
  dichte 13f.
  netz 15, 27, 39f.
  rechnung 26
Warm-
  festigkeit 12
  risse 294f., 298
  umformung 254
  zugfestigkeit 70
Wartung 29
Wasserstoffinduzierte Fehler 161ff.
Wasserstoffversprödung 357
Wechsel- (s. auch Schwing-)
  beanspruchung 129ff.
  verfestigung 126f.
  verformung 72, 133
Weibull-
  Lebensdauernetz 23
  Verteilung 21ff.
  Verteilungsfunktion 21f.
Welle-Nabe-Verbindung 228
Werkstoff-
  beanspruchung 186
  eigenschaften 185
  fehler 16, 24, 153, 289, 415, 434
  herstellung 16
  inhomogenität 24
  kennwerte 38, 185f.
  schädigung 37f., 43
  verarbeitung 16
  zerrüttung 38, 43

Wöhler- (s. auch Schwingfestigkeit)
kurve 36ff.
kurve, modifizierte 45f.
verfahren 36
versuche 36ff., 42

Zählverfahren 50ff.
Zahnräder 387ff.
Zeilenstruktur 16, 159
Zeit-Dehnlinie 68
Zeit-Dehngrenze 68
Zeitfaktor 48
Zeitfestigkeit 36, 40f.
Zeitschwingfestigkeit 38
Zeitstand-
bruch 95, 122
dehngrenze 68
dehnlinie 68
festigkeit 68, 181ff.
schaubild 68
versuch 67ff.
Zeitverfügbarkeit 30
Zellbildung 128
Zerspanung 254ff.
Zerstörungsfreie Prüfverfahren 74
Zerstörungsvorgang 29
Zufalls-
ausfälle 22, 30
beanspruchung 10
funktion 33
größen 15, 18
Zug-
Druck-Wechselfestigkeit 41
festigkeit 2, 11, 16, 70, 97
schwellbelastung 16
schwellfestigkeit 40
Zunder 345
Zusammensetzung, chemische 16
Zuverlässigkeit 9, 21
Zwillingsgrenze 99, 130